潘知常生命美学系列

生命美学

潘知常 著

江苏凤凰文艺出版社

图书在版编目（CIP）数据

生命美学 / 潘知常著. —南京：江苏凤凰文艺出版社，2023.2
ISBN 978-7-5594-6067-7

Ⅰ.①生… Ⅱ.①潘… Ⅲ.①生命－美学－研究－中国 Ⅳ.①B83-092

中国版本图书馆CIP数据核字(2022)第187616号

生命美学

潘知常　著

出 版 人	张在健
责任编辑	孙金荣
责任印制	刘　巍
出版发行	江苏凤凰文艺出版社
	南京市中央路165号，邮编：210009
网　　址	http://www.jswenyi.com
印　　刷	南京新洲印刷有限公司
开　　本	890毫米×1240毫米　1/32
印　　张	18.375
字　　数	520千字
版　　次	2023年2月第1版
印　　次	2023年2月第1次印刷
书　　号	ISBN 978-7-5594-6067-7
定　　价	98.00元

江苏凤凰文艺版图书凡印刷、装订错误，可向出版社调换，联系电话025-83280257

潘知常

南京大学教授、博士生导师,南京大学美学与文化传播研究中心主任;长期在澳门任教,陆续担任澳门电影电视传媒大学筹备委员会专职委员、执行主任,澳门科技大学人文艺术学院创院副院长(主持工作)、特聘教授、博导。担任民盟中央委员并江苏省民盟常委、全国青联中央委员并河南省青联常委、中国华夏文化促进会顾问、国际炎黄文化研究会副会长、全国青年美学研究会创会副会长、澳门国际电影节秘书长、澳门国际电视节秘书长、中国首届国际微电影节秘书长、澳门比较文化与美学学会创会会长等。1992年获政府特殊津贴,1993年任教授。今日头条频道根据6.5亿电脑用户调查"全国关注度最高的红学家",排名第四;在喜马拉雅讲授《红楼梦》,播放量逾900万;长期从事战略咨询策划工作,是"企业顾问、政府高参、媒体军师"。2007年提出"塔西佗陷阱",目前网上搜索为290万条,成为被公认的政治学、传播学定律。1985年首倡"生命美学",目前网上搜索为3280万条,成为改革开放新时期第一个"崛起的美学新学派",在美学界影响广泛。出版学术专著《走向生命美学——后美学时代的美学建构》《信仰建构中的审美救赎》等30余部,主编"中国当代美学前沿丛书""西方生命美学经典名著导读丛书""生命美学研究丛书",并曾获江苏省哲学社会科学优秀成果一等奖等18项奖励。

总　序

加塞尔在《什么是哲学》中说过:"在历史的每一刻中都总是并存着三种世代——年轻的一代、成长的一代、年老的一代。也就是说,每一个'今天'实际都包含着三个不同的'今天',要看这是二十来岁的今天、四十来岁的今天,还是六十来岁的今天。"

三十六年前,1985年,我在无疑是属于"二十来岁的今天",提出了生命美学。

当然,提出者太年轻、提出的年代也年轻,再加上提出的美学新说也同样年轻,因此,后来的三十六年并非一帆风顺。更不要说,还被李泽厚先生公开批评过六次。甚至,在他迄今为止所写的最后一篇美学文章——那篇被李先生自称为美学领域的封笔之作的《作为补充的杂记》中,还是没有放过生命美学,在被他公开提到的为实践美学所拒绝的三种美学学说中,就包括了生命美学。不过,我却至今不悔!

幸而,从"二十来岁的今天"、"四十来岁的今天"走到"六十来岁的今天",生命美学已经不再需要任何的辩护,因为时间已经做出了最为公正的裁决。三十六年之后,生命美学尚在!这"尚在",就已经说明了一切的一切。更不要说,"六十来岁的今天",已经不再是"二十来岁的今天"。但是,生命美学却仍旧还是生命美学,"六十来岁的今天"的我之所见竟然仍旧是"二十来岁的今天"的我之所见。

在这方面,读者所看到的"潘知常生命美学系列"或许也是一个例证。从"二十来岁的今天"、"四十来岁的今天"走到"六十来岁的今天",其中,第一辑选入的是我的处女作,1985年完成的《美的冲突——中华民族三百年来的美学追求》(与我后来出版的《独上高楼:王国维》一书合并),完成于1987年岁末的《众妙之门——中国美感心态的深层结构》,以及完成于1989年岁末的生命美学的奠基之作《生命美学》,还有我1995年出版的《反美学——在阐释中理解当代审美文化》、1997年出版的《诗与思的对话——审美活动的本体论内涵及其现代阐释》(现易名为《美学导论——审美活动的本体论内涵及其现代阐释》)、1998年出版的《美学的边缘——在阐释中理解当代审美观念》、2012年出版的《没有美万万不能——美学导论》(现易名为《美学课》),同时,又列入了我的一部新著:《潘知常美学随笔》。在编选的过程中,尽管都程度不同地做了一些必要的增补(都在相关的地方做了详细的说明),其中的共同之处,则是对于昔日的观点,我没有做任何修改,全部一仍其旧。至于我的另外一些生命美学著作,例如《中国美学精神》(江苏人民出版社1993年版)、《生命美学论稿》(郑州大学出版社2000年版)、《中西比较美学论稿》(百花洲文艺出版社2000年版)、《我爱故我在——生命美学的现代视界》(江西人民出版社2009年版)、《头顶的星空——美学与终极关怀》(广西师范大学出版社2016年版)、《信仰建构中的审美救赎》(人民出版社2019年版)、《走向生命美学——后美学时代的美学建构》(中国社会科学出版社2021年版)、《生命美学引论》(百花洲文艺出版社2021年版)等,则因为与其他出版社签订的版权尚未到期等原因,只能放到第二辑中了。不过,可以预期的是,即便是在未来的编选中,对于自己的观点,应该也毋需做任何的修改。

生命美学,区别于文学艺术的美学,可以称之为超越文学艺术的美学;区别于艺术哲学,可以称之为审美哲学;也区别于传统的"小美学",可以称之为"大美学"。它不是学院美学,而是世界美学(康德);它也不是"作为学科的美学",而是"作为问题的美学"。也因此,其实生命美学并不难理解。只要注意到西方的生命美学是出现在近代,而中国传统美学则始终就是生命美学,就不难发现:它是中国古代儒道禅诸家的美学探索的继承,也是中国近现代王国维、宗白华、方东美的美学探索的继承,还是西方从"康德以后"到"尼采以后"的叔本华、尼采、海德格尔、马尔库塞、阿多诺等的美学探索的继承。生命美学,在西方是"上帝退场"之后的产物,在中国则是"无神的信仰"背景下的产物,也是审美与艺术被置身于"以审美促信仰"以及阻击作为元问题的虚无主义这样一个舞台中心之后的产物。外在于生命的第一推动力(神性、理性作为救世主)既然并不可信,而且既然"从来就没有救世主",既然神性已经退回教堂,理性已经退回殿堂,生命自身的"块然自生"也就合乎逻辑地成为了亟待直面的问题。随之而来的,必然是生命美学的出场。因为,借助揭示审美活动的奥秘去揭示生命的奥秘,不论在西方的从康德、尼采起步的生命美学,还是在中国的传统美学,都早已是一个公开的秘密。

换言之,美学的追问方式有三:神性的、理性的和生命(感性)的,所谓以"神性"为视界、以"理性"为视界以及以"生命"为视界。在生命美学看来,以"神性"为视界的美学已经终结了,以"理性"为视界的美学也已经终结了,以"生命"为视界的美学则刚刚开始。过去是在"神性"和"理性"之内来追问审美与艺术,神学目的与"至善目的"是理所当然的终点,神学道德与道德神学,以及宗教神学的目的论与理性主义的目的论则是其中的思想轨迹。美学家的工作,就是先以此为基础去解释生存的合理性,然后,再把审美与艺术作为这种解释的附庸,并且规范在神性世界、理性世界内,并赋予以不无屈辱的合法地位。理所当然的,是神学本质或者伦理本质牢牢地规范着审美与艺术的本质。现在不然。审美和艺术的理由再也不能在审美和艺术之外去寻找,这也就是说,在审美与艺术之外没有任何其他的外在的理由。生命美学开始从审美与艺术本身去解释审美与艺术的合理性,并且把审美与艺术本身作为生命本身,或者,把生命本身看作审美与艺术本身,结论是:真正的审美与艺术就是生命本身。人之为人,以审美与艺术作为生存方式。"生命即审美","审美即生命"。也因此,审美和艺术不需要外在的理由,说得犀利一点,也不需要实践的理由。审美就是审美的理由,艺术就是艺术的理由,犹如生命就是生命的理由。

这样一来,审美活动与生命自身的自组织、自协同的深层关系就被第一次发现了。审美与艺术因此溢出了传统的藩篱,成为人类的生存本身。并且,审美、艺术与生命成为了一个可以互换的概念。生命因此而重建,美学也因此而重建。也因此,对于审美与艺术之谜的解答同时就是对于人的生命之谜的解答;对于美学的关注,不再是仅仅出于对于审美奥秘的兴趣,而应该是出于对于人类解放的兴趣,对于人文关怀的兴趣。借助于审美的思考去进而启蒙人性,是美学的责无旁贷的使命,也是美学的理所应当的价值承诺。美学,要以"人的尊严"去解构"上帝的尊严""理性的尊严"。过去是以"神性"的名义为人性启蒙开路,或者是以"理性"的名义为人性启蒙开路,现在却是要以"美"的名义为人性启蒙开路。是从"我思故我在"到"我在故我思"再到"我审美故我在"。这样,关于审美、关于艺术的思考就一定要转型为关于人的思考。美学只能是借美思人,借船出海,借题发挥。美学,只能是一个通向人的世界、洞悉人性奥秘、澄清生命困惑、寻觅生命意义的最佳通道。

进而,生命美学把生命看作一个自组织、自鼓励、自协调的自控系统。它向美而生,也为美而在,关涉宇宙大生命,但主要是其中的人类小生命。其中的区别在宇宙大生命的"不自觉"("创演""生生之美")与人类小生命的"自觉"("创生""生命之美")。至于审美活动,则是人类小生命的"自觉"的意象呈现,亦即人类小生命的隐喻与倒影,或者,是人类生命力的"自觉"的意象呈现,亦即人类生命力的隐喻与倒影。这意味着:否定了人是上帝的创造物,但是也并不意味着人就是自然界物种进化的结果,而是借助自己的生命活动而自己把自己"生成为人"的。因此,立足于我提出的"万物一体仁爱"的生命哲学(简称"一体仁爱"哲学观,是从儒家第二期的王阳明"万物一体之仁"接着讲的,因此区别于张世英先生提出的"万物一体"的哲学观),生命美学意在建构一种更加人性,也更具未来的新美学。它强调:美学的奥秘在人,人的奥秘在生命,生命的奥秘在"生成为人","生成为人"的奥秘在"生成为审美的人"。或者,自然界的奇迹是"生成为人",人的奇迹是"生成为生命",生命的奇迹是"生成为精神生命",精神生命的奇迹是"生成为审美生命"。再或者,"人是人"——"作为人"——"成为人"——"审美人"。由此,生命美学以"自然界生成为人"区别于实践美学的"自然的人化",以"爱者优存"区别于实践美学的"适者生存",以"我审美故我在"区别于实践美学的"我实践故我在",以审美活动是生命活动的必然与必需区别于实践美学的以审美活动作为实践活动的附属品、奢侈品。其中包含了两个方面:审美活动是生命的享受(因生命而审美,生命活动必然走向审美活动,生命活动为什么需要审美活动);审美活动也是生命的提升(因审美而生命,审美活动必然走向生命活动,审美活动为什么能够满足生命活动的需要)。而且,生命美学从纵向层面依次拓展为"生命视界""情感为本""境界取向"(因此生命美学可以被称为情本境界论生命美学或者情本境界生命论美学),从横向层面则依次拓展为后美学时代的审美哲学、后形而上学时代的审美形而上学、后宗教时代的审美救赎诗学;在纵向的情本境界论生命美学或者情本境界生命论美学的美学与横向的审美哲学、审美形而上学、审美救赎诗学之间,则是生命美学的核心:成人之美。

最后,从"二十来岁的今天"、"四十来岁的今天"走到"六十来岁的今天",如果一定要谈一点自己的体会,我要说的则是:学术研究一定要提倡创新,也一定要提倡独立思考。正如爱默生所言,"谦逊温驯的青年在图书馆里长大,确信他们的责任是去接受西塞罗、洛克、培根早已阐发的观点。同时却忘记了一点:当西塞罗、洛克、培根写作这些著作的时候,本身也不过是些图书馆里的年轻人"。也因此,我们不但要"照着"古人、洋人"讲",而且还要"接着"古人、洋人"讲",还要有勇气把脑袋扛在自己的肩上,去独立思考。"我注六经"固然可嘉,"六经注我"也无可非议。"著书"却不"立说","著名"却不"留名"的现象,再也不能继续下去了。当然,多年以前,李泽厚在自己率先建立了实践美学之后,还曾转而劝诫诸多在他之后的后学们说:不要去建立什么美学的体系,而要先去研究美学的具体问题。这其实也是没有事实根据的。在这方面,我更相信的是康德的劝诫:没有体系,可以获得历史知识、数学知识,但是却永远不能获得哲学知识,因为在思想的领域,"整体的轮廓应当先于局部"。除了康德,我还相信的是黑格尔的劝诫:"没有体系的哲学理论,只能表示个人主观的特殊心情,它的内容必定是带偶然性的。"

"子曰:何伤乎!亦各言其志也!"

需要说明的是,从"二十来岁的今天"到"六十来岁的今天",我的学术研究其实并不局限于生命美学研究,也因此,"潘知常生命美学系列"所收录的当然也就并非我的学术著述的全部。例如,我还出版了《红楼梦为什么这样红——潘知常导读〈红楼梦〉》《谁劫持了我们的美感——潘知常揭秘四大奇书》《说红楼人物》《说水浒人物》《说聊斋》《人之初:审美教育的最佳时期》等专著,而且,在传播学研究方面,我还出版了《传媒批判理论》《大众传媒与大众文化》《流行文化》《全媒体时代的美学素养》《新意识形态与中国传媒》《讲"好故事"与"讲好"故事——从电视叙事看电视节目的策划》《怎样与媒体打交道》《你也是"新闻发言人"》《公务员同媒体打交道》等,在战略咨询与策划方面,出版了《不可能的可能:潘知常战略咨询与策划文选》《澳门文化产业发展研究》,关于我在 2007 年提出的"塔西佗陷阱",我也有相关的专门论著。有兴趣的读者,可以参看。

是为序。

潘知常

2021.6.6　南京卧龙湖,明庐

目录

[1] 代前言　美学何处去

[1] 绪论一　生命活动：美学的现代视界
壹　美学是一座迷宫——贰　我审美故我在——叁　美学的问世——肆　生命美学——伍　"我要在世上点一把火，而我更希望它早已燃着了"

[15] 绪论二　从实践美学到生命美学
壹　实践美学的歧路——贰　"自然的人化"的问题——叁　把美学的问题转换为美学发生学的问题——肆　"这场论争同时将标志着中国（现代）美学学科的完全确立"——伍　论战的焦点——陆　"在活动时享受了个人的生命表现"——柒　对话而不是对抗——捌　美学的重建——玖　以人类的超越性的生命活动作为自己的逻辑起点——拾　"理想"地实现了人类的自由本性——拾壹　"我们总是过迟地意识到奇迹曾经就在我们身边"

[75] 第一章　因生命，而审美
第一节　审美活动：享受着人的本质
§1. 生命之光——§2. 真实的生命——§3. 美能拯救人类

第二节　理想生命的理想实现

§1. 从对于人的追问开始——§2."为什么存在者在而'无'倒不在?"——§3. 人之所是——§4."还原预设"的误区——§5. 全新的规定

第三节　最高需要的理想实现

§1."为了有所行动而满足自己的活体的需要"——§2. 第一需要——§3."我们现在假定人就是人"

第四节　自由个性的理想实现

§1. 个体自我的最高成果——§2. 逻辑与历史的角度——§3. 全面性、自主性、能动性、创造性

[125]　第二章　关于审美活动

第一节　审美活动的起点：自我审判

§1. 审美活动的逻辑起点——§2. 虚无的生命超越方式——§3. 生命的孤独——§4. 绝望就是希望——§5."人的灵魂的伟大审问者"

第二节　审美活动的内涵：生命的超越

§1. 人必须企达无限——§2. 生命的沉沦——§3. 生命的自我拯救——§4. 生命的创造

第三节　审美活动的标准：终极关怀

§1."处处指出人类的尊严"——§2. 现实关怀——§3. 终极价值——§4."人类失去了它的尊严,但是艺术拯救了它"——§5."另一副眼光"

[199]　第三章　生命的反诘

第一节　美丑之间

§1. 审美活动的分类——§2."自然向人生成的历史"

第二节　丑:生命的清道夫

§1. 丑是生命的不自由——§2. 美的全面消解——§3. 化丑为美——§4. 丑永恒,生命才永恒

第三节　荒诞:丑对美的调侃

§1. 生存的焦虑——§2. 被丑在嬉笑中撕得粉碎——§3. 无畏的期待

第四节　悲剧:丑对美的践踏

§1. "最能肯定生活的却是死亡"——§2. 一种有价值、有意义的东西的毁灭——§3. 生命犹如故事——§4. "无物之阵"

第五节　崇高:美对丑的征服

§1. 生命活动的奇观——§2. "最大的病痛"——§3. "成为伟大,而非显得伟大"——§4. 不断把探索的触角伸向生命的有限之外

第六节　喜剧:美对丑的嘲笑

§1. 生命的智慧——§2. "愉快地和自己的过去诀别"——§3. "大地一笑场"

第四章　"美是难的"

第一节　审美活动:对于自身价值的体验

§1. 审美主客体问题——§2. 实现了的自我

第二节　自然美　社会美　艺术美

§1. 自然美——§2. 社会美——§3. 艺术美

第三节　美是自由的境界

§1. "知道什么是美的人竟如此之少"——§2. 美是生成的——§3. "世界三"——§4. 自由生命的形式——§5. 美感——§6. 审美关系

3

[279] 第五章　审美活动的方式

第一节　审美体验

§1. 生命的澄明——§2. 生命之思——§3. 从"无明"到"明"

第二节　在时间中征服时间

§1. 时间的秘密——§2. 误解一:现实时间——§3. 误解二:宇宙时间——§4. 审美时间——§5. 时间的拯救者

第三节　回忆:生命的反刍

§1. 为生命辩护——§2. 遗忘,会使人死去无数次——§3. "回过头来必须思的东西"——§4. 生命的富矿

第四节　想象:"阿米达的魔杖"

§1. 超越现实而达到理想的虚构——§2. "同时生存在一千个世界里"——§3. 生命的隐喻

第五节　感性存在的历史生成

§1. 被疏忽了的生命的秘密——§2. "享受的感觉"——§3. "感觉的革命"

[343] 第六章　因审美,而生命

第一节　人类为什么需要审美活动

§1. 生理层面:"应激反应"与情感的"代偿机制"——§2. 心理层面:"神性"与"人性"的双重变奏——§3. 形式层面:审美活动满足人类生存需要的特定方式——§4. 人类的精神家园的守望——§5. 人的微观解放——§6. 必须学习哭泣

第二节　审美活动:生成着人的本质

§1. 发现生命　确证生命　丰富生命——§2. "唤醒了人们的一种新的欲望"——§3. "带着爱上路"

第三节　无神的世界与审美救赎

§1.审美救赎——§2.审美活动理所当然地成为人们所瞩目的中心——§3.审美方式的从认识方式向生存方式的转移——§4."欲不死,生于诗"——§5.虚无主义的世纪——§6.信仰如何可能——§7.审美观念的根本转换——§8.以审美促信仰

[467]　附录一　"通向生命的门"——生命美学三十年
[492]　附录二　生命美学:"我将归来开放"——重返80年代美学现场
[525]　附录三　生命美学:"归来仍旧少年"

代前言　美学何处去

一、相当一段时间内,美学成了"冷"美学。

美是不吝赐给的。但是,摆在我们面前的,偏偏是理性的富有和感性的贫困——美的贫困。

无论是康德的"哥白尼式的革命",还是黑格尔的包容一切的庞大体系,都没有也不可能造就美的富有。他们把美当作理性对感性的扬弃,当作一种舍弃掉个体意义的历史规定性,当作一种普遍和先验地凝聚了人的类本质的抽象本性。尽管,在古代美学中,美往往被描述为一种纵的历史逻辑,而在近代美学中,则被变本加厉地推演为一种横的结构。

在中国,近百年来美学的坐标一直遥遥指向西方——因此也就不是指向美,而是指向理性的"知"或者道德的"善"。从最初对康德、黑格尔的崇拜,到接受马克思美学之后自觉不自觉地从康德、黑格尔美学出发的自以为是的理解,直到当前对西方当代美学的一知半解的亦步亦趋,都如此。

由是,美,或者被归之于某种本质、理想的形象显现,或者被推入超现实、超人类的彼岸世界,成了纯净而毫无烟火气的,甚至是神秘而不可捉摸的东西。审美,则始终是一种形象地认识生活的手段,是一个从此岸世界跃入彼岸世界的环节。从审美走向知识、道德,就是它的必然归宿。

而作为感性存在的人、个体存在的人、一次性存在的人,却完全被不屑一顾地疏忽、放过或者遗忘了。即或有记起的一刻,也只是作为"坏的感性",作为社会、历史、理性的外化或异化状态而匆匆一带而过。

伏尔泰的嘲讽是辛辣的:没有上帝,人们也习惯于创造一个。在美学领域中,我们一再看到的正是这样的一幕。

二、"冷"美学是知识美学,它雄踞尘世之上,轻蔑地俯瞰着人生的悲欢离合。

"冷"美学是宗教美学,它粗暴地鞭打人们的肉体,却假惺惺许诺要超度他们的灵魂。

难怪西方美学与西方文化一起潮水般涌入中国后,竟然给一向服膺中国古典美学的中国人带来如许的迷惑和烦恼;难怪熊十力失望地声称:西方美学能使人思,却不能使人爱;难怪王国维在深入研究了西方美学后,竟然哀叹其"可信者不可爱,可爱者不可信"……

这一切都呼唤着既能使人思、使人可信而又能使人爱的美学,呼唤着真正意义上的,面向整个人生的,同人的自由、生命密切联系的美学。

三、真正的美学应该是光明正大的人的美学、生命的美学。

美学应该爆发一场真正的"哥白尼式的革命",应该进行一场彻底的"人本学还原",应该向人的生命活动还原,向感性还原,从而赋予美学以人类学的意义。

马克思深刻地指出:"人在对象世界中,不仅通过思维,而且通过一切感觉来确立自己。""通过思维"来确立自己,无疑指的是最终扬弃感性,从而从感性走向理性的哲学、伦理学。"通过一切感觉来确立自己"呢?难道不正是指的最终扬弃理性,从而超越理性回到感性的美学吗?由此可见,美学研究的是作为感性的人,是人类如何"通过一切感觉来确立自己"。倘若美学研究应该有其核心、中心或主体工程,那么,除此之外,确乎不可能再有别的什么了。

四、因此,美学有其自身深刻的思路和广阔的视野。它远远不是一个艺术文化的问题,而是一个审美文化的问题,一个"生命的自由表现"的问题。

由是,美学有必要重新确立自己的领域。它不仅要果断地将曾经属于自己的某些方面割舍给其他学科,更要积极渗入其他学科。

然而,不论是果断地割舍,抑或积极地渗入,美学都将明智地保持自己的真实面目,亦即:美学不是以悲天悯人的救世主身份俯瞰甚至鄙视人,而是深切关注着人,深切关注着人类的生命活动自身。它无声无息地渗入人生的每一个角落,与唾手可得的人世的感性快乐密不可分。

总之,美,是以人的自由的理想实现为特征的,它表现为合规律与合目的、必然与自由的内在超越。而审美,则不是一种形象地认识生活的手段,不是一个从此岸世界跃入彼岸世界的环节,而是人生的最高境界——超知识、超道德的审美本体境界,从而从知识、道德走向审美,也就成为美学的必然归宿。

"美可以拯救人类",陀思妥耶夫斯基的断语未免过之。但美可以推动人类向前向上,这却是确凿不移的事实。

五、或许由于偏重感性、现实、人生的"过于入世的性格",歌德对德国古典美学有着一种深刻的不满,他在临终前曾表示过自己的遗憾:"在我们德国哲学里,要做的大事还有两件。康德已经写了《纯粹理性批判》,这是一项极大的成就,但是还没有把一个圆圈画成,还有缺陷。现在还待写的是一部更有重要意义的感觉和人类知解力的批判。如果这项工作做得好,德国哲学就差不多了。"

我们应该深刻地回味这位老人的洞察。他是熟识并推誉康德《判断力批判》一书的,但并未给予较高的历史评价。这是为什么?或许他不满意此书中过分浓烈的理性色彩?或许他瞩目于建立在现代文明基础上的马克思美学的诞生?没有人能够回答。

但无论如何,歌德已经有意无意地揭示了美学的历史道路。确实,这条道路经过马克思的彻底的美学改造,在 21 世纪,将成为人类文明的希望![1]

---

[1] 本文写于 1984 年 12 月 12 日 28 岁生日之夜。原载《美与当代人》1985 年第 1 期。它是生命美学的奠基之作。令人欣慰的是,早在三十六年之前,这篇文章就已经指明了生命美学的根本方向以及生命美学在"21 世纪""人类文明"中的重大作用,而且,迄今也没有过时。可参见我的《走向生命美学——后美学时代的美学建构》(中国社会科学出版社 2021 年版)以及续篇《我审美故我在——生命美学论纲》(中国社会科学出版社,即出)。

# 绪论一

生命活动:美学的现代视界

壹　美学是一座迷宫

美学是一种神奇,美学也是一种诱惑。而且,当数之不清的学子在美学殿堂外徘徊流连、怅然而返时,甚至还可以说,美学——是一座迷宫。

这样讲,无疑因为我本人就是这徘徊流连、怅然而返的学子中的一个。几年来,虽然我一直狂热地沉浸在美学的大海里,虽然我也曾就美学尤其是中国美学中的某些问题提出过自己的一些看法,我的内心却从来不曾泯灭过一种难以名状的困惑。并且,随着时光的流逝,这困惑也就变得越发浓重。我痛楚地感到,我所热爱的似乎是一种无根的美学,似乎是一种冷美学,我所梦寐以求渴望着的似乎只是一个美丽的泡影。

唉,"也许我们的心事总是没有读者,也许路开始已错,结果还是错,也许我们点起一个个灯笼,又被大风一个个吹灭,也许燃尽生命烛照黑暗,身边却没有取暖之火"(舒婷)……

我知道,我是误入了美学的迷宫。

那么,阿丽安娜的线团安在?

贰　我审美故我在

令人欣慰的是,经过几年的思考和求索,我自信已经抓住了阿丽安娜的线团。尽管讲清楚这思考和求索将是本书的任务,但在这篇绪论中,我却仍然有必要告知并使读者谨记我的基本结论。这就是:美学必须以人类自身的生命活动作为自己的现代视界,换言之,美学倘若不在人类自身的生命活动的地基上重新建构自身,它就永远是无根的美学,冷冰冰的美学,它就休想真正有所作为。

为什么呢?让我从美学为什么至今未能真正有所作为谈起。

平心而论,美学研究是取得了很大的成绩的。但是又毋庸讳言,在这很大的成绩背后,也确实潜藏着令人触目惊心的失误。

这触目惊心的失误,起码表现在三个方面:

首先,是研究对象的失误。研究对象是美学研究中首先要确定的问题。为什么这样说呢?当然是因为:确定一种研究对象同时也就意味着确定了对美学的一种理解,确定一种研究对象同时也就意味着确定了美学研究者同美学之间的一种对话方式。因此,有什么样的研究对象就有什么样的美学家,有什么样的研究对象就有什么样的美学体系。

在这个意义上,我甚至想说,美学的研究对象问题,就像每一个在人生路口徘徊的还乡者都会碰上的斯芬克斯一样,它"向每个这样的思想家说:请你解开我这个谜,否则我便会吃掉你的体系"(普列汉诺夫)。

遗憾的是,关于美学的研究对象,在美学研究中始终未能解决。不论是以美为研究对象,以美感为研究对象,以艺术为研究对象,还是以审美关系为研究对象,都是以一个外在于人的对象作为研究对象,因而都是以人类自身的生命活动的遮蔽和消解为代价。这样,也就最终地确定了一种对美学的理解方式和对话方式:以理解物的方式去理解美学,以与物对话的方式去与美学对话。

于是,我们的美学迷路了!它迷失在远离人的暗无天日的黑色森林里,成为既聋又瞎而且不会开口的对象世界的附庸。它笨拙地学舌着"历史规律""必然性""本质""反映"之类的字眼,不但对人世间的杀戮、疯狂、残暴、血腥、欺骗、冷漠、眼泪、叹息和有命无运"无所住心",不但对生命的有限以及由于生命的有限所带来的人生不幸和人生之幸"无所住心",而且真心实意地劝慰人们在对象世界的泥淖中心甘情愿地承受种种虚妄,把自己变成对象世界的工具,并悲壮地埋入对象世界的坟墓。

伏尔泰的嘲讽是辛辣的:没有上帝,人们也习惯于创造一个。果然如此,继彼岸的上帝(宗教世界)之后,此岸的对象世界(物质世界)现在又成为我们的上帝。我无法否认,每当我想到这一切竟然是由于美学的奴颜婢膝造成的,心情就久久也不能平静。

其次,是研究内容的失误。由于研究对象的失误,对于美学研究内容的界定,也往往以对象世界为核心。因此,往往局限于认识,局限于思维与存在的关系,局限于"美学何谓",局限于作为本质的问题(诸如美的本质、美感的本质,等等),而忽略了"美学何为",忽略了作为意义的问题(审美活动的意义),因此也就忽略了内在的生命活动,忽略了生命、情感、境界,忽略了美学与人类解放这一根本取向。

结果,我们虽然终于有了一部又一部美学教材,也虽然终于有了一个又一个美学体系,但却偏偏没有自己的美学。理由很简单,在这些美学教材和体系中,你能够看到生命的绿色,听到人们的欢乐和哭泣,感受到无所不在的挚爱,寻找到人类生存之根吗?……在令人眼花缭乱的历史中孤苦无告的灵魂在渴望什么、追寻什么、呼唤什么?在命运车轮下承受碾压的人生在诅咒什么、悲叹什么、哀告什么?尤其是,在无限瑰丽辉煌的背景下展开的生命在超越什么、创造什么、皈依什么?有谁能够想到,这一切竟然统统被我们的美学不屑一顾地抛在一边,统统被我们的"美学"漫不经心地忘却了呢?试问,这样的"美学"又怎么可以被称为美学呢?

美学,从来就是人类精神家园的拳拳忧心,清醒地守望着世界。这种守望是美学永恒的圣职。而我们的美学却冷漠地面对这一切,谁能说这不是一种美学自身的令人瞠目结舌的消解?谁又能否认,在这样的美学背景下,"美学热"静悄悄地冷却下去,不是一种历史和逻辑的必然?

费尔巴哈在黑格尔的逻辑学面前"战栗"和"发抖"。他说:这是彩蝶在蛹虫面前的战栗,是生命在死亡面前的发抖。我不想掩饰,面对国内的美学研究,我竟然也在不由自主地"战栗"和"发抖"。

最后,是研究方法的失误。对美学的错误的理解方式和对话方式,也造成了美学的研究方法的失误。最典型的就是对于知识论的美学范式的盲目推崇。我们的美学家似乎已经习惯于在"光明"隐喻(知识论)、"镜子"隐喻(符合论)、"信使神"隐喻(证明体系)之类的"文字障"中"审美"了。他们先是用这类"文字障"蒙蔽生命,蒙蔽自己,然后又用这类"文字障"取代生命,取代自己,最后则干脆生息于这类"文字障"之中,让这类"文字障"成为生命,成为自己。或者说,他们先是抽干生命的血,剔除生命的肉,把他钉死在"光明"隐喻(知识论)、"镜子"隐喻(符合论)、"信使神"隐喻(证明体系)之类的"文字障"的十字架上,使之成为不食人间烟火而又高高在上的标本,然后站在一旁,像彼拉多指着耶稣那样大声喊道:"瞧,这就是美!"

王昌龄诗云:"荷叶罗裙一色裁,芙蓉向脸两边开。乱入池中人不见,闻歌始觉有人来。"

当我们把自己的生命推入作为对象世界的"光明"隐喻(知识论)、"镜子"隐喻(符合论)、"信使神"隐喻(证明体系)之中,不也就把自己推入"人不见"的困窘之中了吗?人所创造的对象世界竟然抽象了人,人所创造的"光明"隐喻(知识论)、"镜子"隐喻(符合论)、"信使神"隐喻(证明体系)竟然消解了人,这很有点滑稽,但却又是美学研究中的一个很有点滑稽的事实。

就是这样,美学研究在令人触目惊心的失误中挣扎着、扭曲着,也沉沦着。一方面是美学体系、美学教材、美学门派的虚假的繁荣,一方面是生命在这虚假的繁荣中被可怜地冰僵;一方面是"美学热"在少数人中的病态的高涨,一方面是"美学热"在多数人中的急剧的冷却;一方面是小楼斗室中对于美的粗制滥造,一方面是街市商场上对于美的无情践踏。试问,面对此情此景,美学又怎能真正有所作为?

我记得,康德在弥留之际曾经喊出几声呢喃:"我还没有失去人性的意识!"那么,我们的美学家在结束自己的美学研究之前,是不是也敢这样陈言呢?我很怀疑。

叁　美学的问世

值得庆幸的是,这一切毕竟并非最后的结局,也毕竟并非美学的必然。

在我看来,在现实的意义上,我们固然应该承认对象世界创造着人类自身。但在美学的意义上,我们首先要强调的却只能是:人类自身对于对象世界的创造。"规律不会行动,只有现实的人才会行动"(黑格尔),"不能靠真理生活"(尼采),"完善的真理使人痛苦"(科恩),确实如此。只有承认人类自身对于对象世界的创造,才能真正承认人,才能承认虚无冷漠和同情温柔、铁血讨伐和不忍之心、专横施虐和救赎之爱永远不允等同,也才能承认欢乐、哭泣、温情和美的存在。

只有这样,才会有真正的美学的问世。它不是征服自然的普罗米修斯,而是恬然澄明的俄耳浦斯和那喀索斯。它穿越不透明的对象世界的屏障,赋予人以超越这一切所划定的虚幻界限的尊严,使人在奴颜婢膝的束手待毙中傲然站立起来,使人成为人。

它是生命的宣言、生命的自白,也是人类生存的天命。人的生存总是蕴含着意义阐释这一事实,人类借此探询和回答自身的生存及其超越如何可能。所以,尽管它也和人本身一样会处于迷误之中,尽管它的历史也和人本身的历史一样曾呈现本真和非本真的形象,但它向人昭示的却永远是源于人类家园并必然返回人类家园的活动这一根本线索。它的历史就是人类的历史。人类存在着,它就存在着;人类不会消亡,它就不会消亡。这就从根本上规定了它的性质:美学即生命的最高阐释,即关于人类生命的存在及其超越如何可能的冥思。

它是生命的福音,生命的忧心,也是人类的生命之岛。它深知:从对象世界的角度无法回答生命的意义。假如一定要回答,那准是人类的末日。而且,生命本身也不能作为一个无误的事实接受下来,假如一定要接受下来,那么同样是人类的末日。因此,它不追问美和美感如何可能,不追问审美主体和客体如何可能,也不追问审美关系和艺术如何可能,而去追问作为人类最高生命存在方式的审美活动如何可能,并且借此去探索人类自身的解放。也因此,它时时顾念着人的现实历史境遇,顾念着人的生存意义,顾念着有限生命的超越,顾念着生命中无比神圣的东西,必须小心恭护的东西,充满爱意、虔敬的东西。

它是思着的诗、诗化的思,也是回到生命本身。在它看来,过去的美学还没有学会思,更没有思进去,去思应思的东西。其实,美学是一个绝对的永远的开始。它是生命的自我拯救。它在衰亡着的生命废墟上,孕育着一个活泼泼的生命。它是生命中的最为辉煌的瞬间,在这一瞬间,生命与天地间的一切圣者、一切人灵,与庙中之佛、山中之仙、天上之神一起醒来;它又是生命中的最为神圣的悦乐,这悦乐使世界开口说话,使石头开口说话。不难想象,当我们一旦栖居于这瞬间和悦乐之中,该会以何等惊奇、何等陌生的目光疑惑不解地注视着我们曾经见惯不惊的天地、宇宙、人生!

毋庸多言,这正是我所说的以生命作为现代视界、以审美活动为中心去探索人以及人的解放的美学。

肆 生命美学

从这样一个特定的视界出发去探索美学,显然就严格区别于国内从认识论、伦理学、心理学、社会学的视界出发对美学的种种探索。在后者,更多地关注于审美的单方面的意义或外在有效性,而审美的本体意义、存在意义、生命意义却被疏忽了。在前者,却正是关注于审美的本体意义、存在意义、生命意义。这也就是说从这样一个特定的视界出发,审美活动与人类生存的生命攸关的那些方面受到了高度重视。例如,审美活动与人的自由自觉的生命活动这一最高的生命存在方式的密切关系。只有从这样一个特定的视界出发,审美活动在现实社会中作为人类生命活动的最高表现以及在理想社会中作为人类生命活动的普遍形式这一性质才会被充分突出出来。又如审美活动与人的解放这一最终目标的密切关系。同样只有从这样一个特定的视界出发,审美活动作为人类自身的超越与生成的中介作用也才会被充分突出出来,等等。总之,从这样一个特定的视界出发,我们的美学本身才会形成一系列全新的成果,也才会真正有所作为。

例如,从这样一个特定的视界出发,有助于使对于审美活动的考察从认识论、价值论的层次进入到本体论的层次。长期以来,美学界往往根据马克思在《政治经济学批判·导言》中的指示,从对世界的审美或艺术的把握方式与对世界的理论的、宗教的和实践——精神的把握方式的区别去考察审美活动,并且因此把审美活动同科学活动、道德活动并列起来,简单地理解为一种认识和评价世界的方式。实际上,这是不尽恰当的。首先,马克思的指示无疑是十分深刻、十分重要的,但它毕竟是针对把握世界的方式而言的,并没有进一步去揭示审美活动自身。因此,尽管我们从操作过程的角度把审美活动规定为一种把握世界的方式显然是无可非议的,但若进而从本体的角度把这种把握方式规定为审美活动的本质,则显然是错谬的。其次,深入言之,美学界往往把审美活动同科学活动和道德活动等同起来,认为它们只有把握方式上的差异,但在同为把握方式这一点则毫无疑问。这显然与我们往往从认识论、价值论角度认识审美活动有关。从这一角度出发,显然会把"审美活动是什么"作为考察的出发点。遗憾的是,这实际是把审美活动作为一种身外之物、一种存在物来考察,因而只能抓住一些与科学活动、道德活动相互区别的操作过程方面的审美活动的外部特征。在此基础上,把审美活动同科学活动、道德活动等同起来,是不奇怪的。但若从本体的角度出发,情况便不同了。在这里,考察问题的出发点则只能是"人类为什么需要审美"。它意味着转而把审美活动作为一种本体活动或一种生命存在方式,并由此出发去考察审美活动。在我看来,毋庸讳言,只有这后一个角度,庶几可以期望破解审美活动之谜,至于前一个角度,则失之肤浅和片面。

进而言之,从人类自身的生命活动来说,所谓本体的角度,是指的"生命如何可能"或"生命的存在与超越如何可能",即指的生命的终极追问、终极意义、终极价值。在此意义上,审美活动是无法与科学活动、道德活动并列的。科学活动、道德活动固然是人的生命活动,但人的生命活动并不就是科学活动、道德活动。科学活动、道德活动所面对的是被分解了的生命活动,因而是被排斥在生命的终极追问、终极意义、终极价值之外的。而审美活动面对的则是被马克思称为作为"人类历史的第一个前提"的"生命存在"本身。因此,审美活动是作为活动之活动的根本活动。相比之下,倒是虚无主义的生命活动、宗教的生命活动与审美的生命活动可以相提并论。不过,虚无主义的生命活动是用中止价值关怀的生命存在方式对生命的终极追问、终极意义、终极价值的回答,宗教的生命活动则是用虚幻的价值关怀的生命存在方式对生命的终极追问、终极意义、终极价值的回答(不妨回顾一下蒂利希的话:"宗教不是人类精神生活的一种特殊机能,而是人类精神生活所有机能的基础"。宗教是一种"终极的眷注")。那么,审美的生命活动呢?它是怎样作出对生命的终极追问、终极意义、终极价值的回答的呢?显而易见,它是用绝对的价值关怀的生命存在方式对生命的终极追问、终极意义、终极价值的回答。而对于审美活动的研究,也就正是对于这种绝对的价值关怀的生命存在方式的研究,弄清楚这一点,应该说,是美学研究的根本前提。

又如,从这样一个特定的视界出发,有助于清醒地认识到审美活动的核心地位。在国内已有的美学研究中,往往以美、美感、审美关系或艺术作为美学的核心。从这样一个特定的视界出发,则不难看出:应以审美活动作为美学的核心。为什么呢?关键在于对人的理解。与一般把人的理想本性规定为自然存在、社会存在或理性存在相反,我们则把人的理想本性规定为:超越存在的存在,即不断向意义的生成。这意味着从超验而不是从经验的角度,从未来而不是从过去的角度,从自我而不是从对象的角度去规定人。因此,从这一视界出发,占据着美学的核心地位的,显然不可能是作为次生现象或结果的美、美感、审美关系或艺术,而只能是作为本源现象或原因的审美活动。它是最为内在、最为源初的,是自我规定、自我说明、自我创设、自我阐释的。至于为某些美学家所津津乐道的美、审美、审美关系或艺术,则不过是审美活动的外化、内化、凝固或二级转化。

再如,从这样一个特定的视界出发,有助于准确地把握审美活动的本质。国内已有的美学研究,往往把审美活动作为一种对于美的把握方式,这显然是一种谬误之见。而从这一视界出发,我们才能认识到:审美活动绝不是一种对于美的把握方式,而是一种充分自由的生命活动,一种人类最高的生命存在方式。它根源于对于生命自身的自我审判,以超越生命为旨归,屹立在未来的地平线上,从终极关怀的角度推进着人类自身价值的生成。具体来说,自我审判是指对于生命的有限的拒斥。审美活动源于人类的企望无限的渴求,是灵魂中的美妙音乐,因此永远不可能是被蒙蔽的、硬化或板结的有限生命的附属品,而只能是有限生命的虚无和荒诞的见证者。不过,这又并不意味审美活动的逃避现实,恰恰相反,审美活动是最趋近现实的,它靠否定现实去趋近现实。审美活动是人类有限生命的挑战者和揭露者,又是真实生命的真实显现。它一面控诉有限生命,一面也就复现了真实生命。所谓超越生命是指对生命的重建、存在的重建。正是在审美活动中,人类不但征服世界,而且理解世界,与世界交流、对话,为世界创造出意义,从而也就不断地推动着人性的生成,不断地确立着人性的尊严。至于终极关怀则是指人的全部可能性的敞开。在此意义上,审美活动是人类自由的瞳孔。它永远屹立在未来的地平线上,引导着人性的回归。它是我们为告别这个世界所描绘的一幅希望的肖像,又是我们对于这个世界的一种终极关怀。它允诺着某种有限生命中所没有的东西,把尚未到来的东西、尚属于理想的东西、尚处于现实和历史之外的东西,提前带入生命,展示给沉沦于虚无之中的有限生命。也正是因此,审美活动就成为设定这个世界的根据。或者说,审美活动所建构的世界就成为现实世界的样板,成为现实世界中的唯一真实。

再如,从这样一个特定的视界出发,有助于深刻地揭示审美主体与审美客体的划分的虚妄。把审美活动划分审美主体与审美客体,是美学的重大失误。其实,从人类自身的生命活动出发,审美活动显然不是别的什么,而只是对人的不断向意义的生成的理想本性的体验,所谓"意向性体验"。它必然要把主客体的对峙"括出去",必然要从主客体的对峙超越出去,进入更为源初、更为本真的生命存在,即主客体同一的生命存在。因此,在审美活动中不存在彼此对峙的审美主体、审美客体,只存在互相决定、互相倚重、互为表里的审美自我与审美对象。在这里,审美自我起着一种不断的揭示作用,而审美对象则是对现实世界中客体的超越,是"直接价值",是人的"无机身体","成了他自身"。

再如,有助于我们认识到"美"的虚妄。过去的美学研究或者认为美在物,或者认为美在心,互相攻讦,各不相让,结果,真正意义上的美并未被把握住,或者说,它自行隐匿起来了。其实,并不存在一个类似"绝对存在物"或"上帝"的美。美是审美活动的静态呈现。它只相对于审美活动而存在,在审美活动之上,在审美活动之外,都不存在美。为什么呢?关键仍然在于审美活动的特殊禀赋。外在于审美活动的美对于以对人的理想本性的体验为核心的审美活动来说,是不可能的。正如"关于某种异己的存在物,关于凌驾于自然界和人之上的存在物的问题,即包含着对自然界和人的非实在性的承认的问题,在实践上已经成为不可能的了"(马克思)。那么,从这样一个特定的视界出发,美学是否承认"美"的存在呢?当然是承认的。不过,只是从审美活动的成果的角度,在次生的意义上承认。这样,美就既不是自由的形式也不是自由的象征,而只是自由的境界。它的内涵起码应包括这样几个方面:第一,自由境界是人类安身立命的根据,是人类生命的自救和自由的谢恩,是恬然澄明的生命之岛。第二,自由境界体现了人和世界的一种更为源初、更为本真的关系,它先在于以主客体对峙为基础的人与科学和意识形态或人与物质世界的关系,是人与世界间的一种相互理解。或者说,人既不在世界之外,世界也不在人之外,人和世界都置身自由境界之中。第三,在自由境界中,人诗意地理解着世界,重新发现了界定之前的"未始有物"的世界,并且"诗意地存在着"。或许正是因此,海德格尔才会出人意料地宣布:"美是无蔽的真理的一种现身方式。"而我们也才有充分的理由宣布:审美活动不但是人的存在方式,而且同时也是作为自由境界的美的存在方式。第四,自由境界是最为普遍、最为平常的生命存在,犹如禅宗讲的"如人骑牛至家"。只是由于人类的迷妄和愚蠢,才把它弄得不普遍、不平常了。因此,重返自由境界,重新领承审美活动的馈赠,就不能不成为人类的天命。

又如,从这样一个特定的视界出发,有助于最终挣脱构建体系的自我满足。构建体系,是时下很多美学家的宿愿,但从这一视界来看却只是一种虚妄。美学当然应该是有体系的,但是它的最高境界却是不断地自我超越,是"知行合一"。[①] 它是叔本华所谓的"百门之堡",是雅斯贝斯所谓的"在路上"。它是对真理的参与而不是对真理的占有;它的圣职是"以身体之,以心

[①] "知行合一",是生命美学的一大特色。因此,我作为生命美学的提出者,三十多年来从事了大量的战略咨询策划工作、美学普及工作,所谓"直向那边会了,却来这边行履"。在这个意义上,生命美学类似王阳明的"心学",可以被视作它的现代版。遗憾的是,现在研究生命美学的学者尽管很多,但是对生命美学的这一特色却关注得很不够。

验之";它永远没有答案也不需要答案;它是维特根斯坦所谓的"不要想,而要看",是海德格尔所谓的"领会先于解释",是"德山棒",是"临济喝",是唤醒,是惊异,是"篇终接混茫",是阻止"知解宗徒"的贪婪和盘剥,是粉碎"寻声逐响人、虚生浪死汉"的痴心妄想,是使人在更高的意义上重新回到生命的本真状态,是"一声霹雳天门开,唤起从前自家底",是推动人进入"思"的人生之诗。尼采说:"我不信任一切体系制造者,并且避开他们。构造体系的意愿是一种诚实的缺如。"对于美学而言,应该说,尤其如此。

综上所述,尽管我们仅仅列举了若干方面的探讨,但已经不难看出,以生命活动作为视界的美学显然已经不能等同于国内已有的美学。或许,应该称之为生命美学或审美哲学,称之为生命哲学或第一哲学? 这种种名称当然都有其合理之处。不过,无论如何,绝对不能漠视它们的开创性,都不应被漠视为美学之一种,才是问题的关键。实际上,不论是生命美学或审美哲学,还是生命哲学或第一哲学,都表现为美学的现代视界,都与美学本身相等同。因此,我认为,它们虽然都以人类自身的生命活动作为自身的现代视界,但却应该毅然宣称自己的名称为:美学。只有这样,才能唤起人们对它们的高度重视,才能使它们正式进入美学的殿堂。

伍 "我要在世上点一把火,而我更希望它早已燃着了"

本书正是从上述现代视界出发,对于美学的一次艰难探索。

本书题名为"生命美学",这并不表明著者又开创了什么部门美学。"生命美学"就是美学,在美学前面加上"生命"二字,只是对它的现代视界加以强调而已。它意味着:本书将不去追问作为实体或实体的某些属性的美,更不去追问作为美的反映的美感(在本书看来,这一切统统是"假问题"。何况,美学要探讨的并非问题,而是秘密)。本书要追问的是审美活动与人类解放的关系即生命的存在与超越如何可能这一根本问题。换言之,所谓"生命美学",意味着一种以探索人类解放、探索生命的存在与超越为旨归的美学。

本书分为三部分：第一章和第二章为第一部分，讨论的中心是审美活动是什么。审美活动的性质如何规定，审美活动的起点、内容和标准如何规定，就是它们要回答的问题。第三章、第四章和第五章为第二部分，讨论的中心是审美活动怎么样。它要回答的问题是审美活动呈现自己的本质的特有方式。其中包括审美活动的分类、审美主体与审美客体、哲学活动与艺术活动、美的本质、审美体验，等等。第六章为第三部分，讨论的中心是审美活动为什么。它是对审美活动的意义、功能的讨论，也是本书的理所当然的结束。

日本著名美学家今道友信曾经在他的《关于爱》一书的序言中说过："所谓思考，有两种类型，一种是始终以叙述的态度，与思考的对象保持一定的距离，从而对思考的对象进行分析；另一种则是像追求理想那样，尽可能缩小与对象的距离，努力争取使自己的人格成长为与其贴近甚至一致。""所谓思考，就是要在统领各种从长期的学术传统中培育起来的理论、汲取当代的智慧的同时，发现自己的问题，以及相应的方法，从逻辑上、观念上探究自己的问题。这样，到了能够提出以前的思想巨匠们提不出的问题之时，到了靠巨匠们已有的成就都解不开的问题不仅给出论证，而且作了理论上全新的解释之时，只有到了这样的时刻，才算有了独立的思想。"在我看来，这实在应该被每一位以学术研究为生命者视为金玉良言。至于我自己，无疑是不能夸口已经"不仅给出论证，而且作了理论上全新的解释"，已经"有了独立的思想"，但却可以毫无愧色地宣告：我正是试图这样去"思考"的，并且期望读者在读完本书之后，也能引起相应的"思考"。

耶稣在辞世前曾经慷慨陈言："我要在世上点一把火，而我更希望它早已燃着了。"在结束本文之前，我想说，这也是我所希望的！

绪论二

从实践美学到生命美学

本章的前面三部分原刊载于《学术月刊》1994年第12期，原题目为"美学的困惑"，发表时被改为"实践美学的本体论之误"。当时，这篇文章是与杨春时的《走向后实践美学》一文一起，由《学术月刊》同时约稿的，也都属于意在引起讨论的重要约稿。只是因为讨论争鸣的需要才陆续刊出，杨春时的文章是发表在《学术月刊》1994年第4期，作为第一篇；我的文章则是发表在《学术月刊》1994年第12期，作为第二篇，而且，这也是当时与"实践美学"论争的第二篇重要文献（因此，为保持原貌，本文基本不予改动）。但是，在《学术月刊》编选《实践美学与后实践美学——中国第三次美学论争论文集》（上海三联书店2018年版）一书的时候，尽管我正式提出了不同意见，但是杨春时的文章是按照历史事实被放在了最前面，我的这篇文章却出人意外地被放在了远远的后面，与杨春时的文章之间隔了27篇文章。这显然不符合历史事实，也是不应该出现的一个遗憾。幸而，早在1985年，我就发表了与实践美学逆向而行的《美学何处去》，早在1990年，我就发表了《生命活动：美学的现代视界》，早在1991年，我就出版了《生命美学》，要远远早于"后实践美学"出现的1994年。而且，所谓"后实践美学"的基本思路，在我从1985年开始的论述中早就已经出现了。更有意思的是，这篇文章竟然没有被放在"中国知网"，原因为何？有待后人考证。

壹　实践美学的歧路

在20世纪80年代的中国,实践美学曾经一度成为主流美学。它把实践原则引入认识论,赋予美学以人类学本体论的基础,并且围绕着"自然的人化"这一基本的美学命题,在美学的诸多领域,力求予以开拓。然而,无可避讳,从20世纪80年代中后期开始,中国当代美学又一次徘徊不前,这一切,集中地表现在美学基本理论方面不但鲜有建树,而且反而陷入了停滞、迷茫与困惑。那么,原因何在呢?"困惑的结果总是产生于显而易见的开端(假设)。正因为这样,我们才应该特别小心对待这个'显而易见的开端',因为正是从这儿起,事情才走上了歧路。"[1]不难推测,中国当代美学之所以陷入困境,也正是产生于"这个'显而易见的开端'"。我的讨论无疑应该从这里开始。

要弄清楚这个问题,就必须回到传统美学的逻辑起点。

传统美学的逻辑起点是它的理性主义以及在此基础上形成的主体性原则。当然,这一起点在美学的历史进程中是起到了极大的推动作用的,然而,往往为我们所忽视的是:任何一次洞察都同时又是一次盲视。任何一次成功的"开端"也必然是有效性与有限性共存。传统美学同样也有其"盲点"和"有限性"。犹如它的"洞察"和"有限性"造成了它的贡献,它的"盲点"和"有限性"也造成了它的困境。遗憾的是,过去我们往往把它当成真理而不是当成视角,因此有意无意地忽视了这个问题。

事实上,任何一种"开端"都只是角度而并非真理。理性主义也不例外。福柯就曾经利用知识考古学的方法证实,理性在历史上根本就是历史的。

---

[1] [美]布洛克:《美学新解》,滕守尧译,辽宁人民出版社1987年版,第202页。

理性不是自己的根据,而是历史地与权利联系在一起的。① 因此,把理性主义从一种普遍原则还原为历史,明确它只是一种非常武断的、被权利弄出来的理论话语,对于深刻理解当代审美文化来说,意义重大。

理性主义渊源于西方古希腊文化的理性传统,其间经过中世纪的宗教主义的补充,以及近代社会的人文精神的阐释,最终形成一种"目的论"的思维方式和"人类中心论"的文化传统。这样,绝对肯定理性的全知全能、关注超验的绝对存在,并且刻意强调在对象身上所体现的人"类"的力量,就成为西方文化的必然选择。

正如我在前面已经剖析的,西方人由此发现了人类深刻地区别于动物和大自然的魅力所在。于是,就力图在一切事物身上打下人类的烙印,在一切对象的身上,都希望发现人的力量、人的伟大,似乎不把世界的面目塑造得与人类自身相近,就不会得到安慰,也很难找到自己的家园。整个西方开始在本体与现象的二元对立中运思,现象与本质、表层与深层、非真实与真实、能指与所指……的划分,意义的清晰性、价值的终极性、真理的永恒性以及"元叙事"、"元话语"、"堂皇叙事"和"百科全书式的话语世界"的追求,人为地构筑了一个规律井然的世界。一切现象都在逻辑之内,都是有原因的,找不到原因的就是违反逻辑的、偶然的。世界因为被赋予了一个外在的"目的"和"人类中心"而确立了一种虚假的稳定感。②

---

① 福柯给自己提出的问题就是重新思考尼采提出的问题:"在我们这个社会里,人们为什么会这样重视'真理',使之成为绝对束缚我们的力量呢?"并且猜测到:"哲学家甚至一般的知识分子,为了表明他们的身份,都试图在知识和行使权利之间划一条几乎是无法逾越的界限。使我吃惊的是,所有人文科学知识的发展,都不能绝对地与行使权利分开。"(P.邦塞纳:《论权利——一次未发表的与米歇尔·福柯的谈话》,译文载《国外社会科学动态》1984年第12期)

② 于是,理性的生活就成为西方的生活,理性的家园就成为西方的家园。苏格拉底所谓一生只追求真理,给我们留下了深刻的印象,但实际上,他追求的只是知识。他的大义凛然、饮鸩而死,也只是追求事物的普遍定义。柏拉图的著名的洞穴比喻,说的也是这么一回事:没有理性之光的指引,人类只能在洞穴中为虚幻的阴影所迷惑。既然人类只有靠知识才能爬出洞穴,那么,是做哲学王,还是做洞穴人?他的结论是明明白白的:合乎理性的生活才是人类唯一值得一过的生活。

而这种"目的论"的思维方式和"人类中心论"的文化传统,也必然升华为传统美学所赞叹的美①。果然,由柏拉图肇始,经鲍姆嘉通为美学划出独立的领地,再经过黑格尔的全力修整,传统美学的一整套理性主义的"堂皇叙事"也几乎达到完美的程度。在其中,"人类中心"的存在意味着西方美学的全部魅力:只有当人站在环境和历史之外的时候,人才可能去客观审视;也只有当人学会把自己当成主体,从客体中自我分离,然后才能回过头来客观地审视对象。结果,既站在世界之中,又站在世界之外,使世界成为"审"的对象,换言之,审美者成为一个共同的自我,现实成为一个独立的非我,既然期待着一个共同的自我,因此就必须回到其中,才能获得意义,于是现实必须被人的神性或理性来诗化(美化)。这就是西方意义上的审美活动的内在根据。② 传统美学意义上的美就是这样被"审"出来的。而为我们所熟悉的"美""美感""审美关系""审美主体""审美客体""距离""无功利""悲剧""崇高""优美""再现""表现""浪漫主义""现实主义"……也是这样虚构出来的。③ 不难想象,一旦社会条件发生根本变化(从宗教时代、科学时代进入美学时代),它就会成为巨大的障碍。

贰 "自然的人化"的问题

作为传统美学的一种特殊形态,实践美学的"显而易见的开端"同样是

---

① 最典型的例证莫如赫拉克利特所说:最美的猴子也比人难看。但实际上,人道主义无非是人对自然的利己主义。
② 恰似苏格拉底一味追求抽象的美,却视青春美貌为"毒蜘蛛",西方美学也把人类生存的意义问题、具体的喜怒哀乐挤到了边缘,而把那种"类"的本质放在了中心的位置上。从表面上看,它时时都在追求真理,实际上却是在追求公认的判断,是在向知识、理性、必然性效忠,是千百年来人类屈从于理性的又一例证,也是人类钟爱自己的又一例证。
③ 注意:通过考察这些范畴在西方的发生发展过程以及在中国的接受过程,从而深刻揭示它们得以形成的权利基础,然后把它们话语化,并且把过去因为组织话语的需要而被边缘化的东西重新突出出来加以研究,最终对过去的许多固有的认识达成一种新的理解,是中国当代美学在20世纪末亟待着手的一项"世纪工程"。

一种理性主义,在此基础上,它还形成了一种主体性原则的特殊形态:"实践"原则。因此,"目的论"的思维方式和"人类中心论"的文化传统,同样构成了它的内在根据。

首先来看看"实践"原则。暂且不说实践美学的"实践""本质力量""对象化"与西方理性主义美学的"认识""理念""感性显现"之类理论话语的基本相似,就是它的从"实践"原则出发去建构美学体系,便已经令人疑窦丛生了。我们知道,实践活动与审美活动是一对相互交叉的范畴,既相互联系,更相互区别。例如,实践作为人类的以制造和使用工具为前提的一种改造世界的活动,是物质性的活动,它与审美活动密切相关——准确地说是审美活动的基础,但却毕竟不是审美活动本身。① 又如,实践活动是一种在理性指导下的活动,可以用合规律性、合目的性或者合规律性与合目的性的统一来概括。② 它所追求的自由也可以用"对必然的认识与改造"来概括,总之是可以在一定程度上把理性与人本身等同起来。但审美活动却不仅仅是理性的活动,而且在很大程度上是非理性的活动,不但无法用合规律性、合目的性或者合规律性与合目的性的统一来概括,而且也无法用"对必然的认识与改造"来概括,更不能把理性与它等同起来。再如,实践活动是一种社会活动,它强调的是人类总体的社会历史实践,但审美活动就大为不同了。它也有其社会属性,但却只能以个体活动作为形式表现出来。再如,实践活动本身并不包含终极意义上的"价值判断",更不必然导致人类的最终目的的实现。不论被人们评价为"好"或"坏"的实践活动,它都毕竟只是实践活动,审

---

① 有学者看到了这一难点,便把"人的本质力量"概念的内涵扩大到意识、情感、思想,以便把审美活动包含进去,但这与马克思为了区别于费尔巴哈的"类本质"而采用的"人的本质力量"(物质性的实践活动)概念不尽吻合。
② 中国当代美学非常喜欢讲"真"与善,但其理解非常可疑。人用大粪去肥田就是既合规律性也合目的性,但是,美吗?原子弹也既合规律性也合目的性,但是,美吗?以真为例,真是一种认识范畴,是一种符合,说它是独立于人类主观之外的一种历史观必然性,是难以令人置信的。在我看来,真之所以与审美活动相关,关键在于不但是一个认识论范畴,而且是一个价值论范畴,与审美活动相关的,主要是后者,是因后者而引起的情感反映。

美活动却与"价值判断"和人类的最终目的密切相关。而且,实践还是一个矛盾的结构,不但会把真善美对象化,而且会把假恶丑对象化。① 审美活动当然不是这样。再如,实践活动是现实活动,它主要表现为物质活动、功利活动,但审美活动却是超越现实的活动,它主要表现为精神活动、超功利活动,前者直接指向感性对象,后者却并不直接指向感性对象,前者的中介是物质性劳动工具,后者的中介却是广义的语言符号,前者是世界的现实的改造,后者却是世界的"理想"的改造。因此,在美学研究中以对前者的研究作为对后者的指导,是可以理解的,但若作为后者研究的起点和归宿,则是错误的。这种把对后者的研究挟裹在对前者的研究之中,甚至把后者作为前者的一个例证的做法,无疑会难免导致美学的失误。

然而,上述"失误"可以说在美学界尽人皆知,但却从未有过稍微认真的纠正,原因何在? 看来,除了思维方法方面的偏颇之外,还有更为深层的原因。

我们知道,从实践活动出发考察人与世界的关系,是马克思主义的出发点,然而,这并不意味着实践原则就应该成为唯一原则,更不意味着实践原则就应该成为美学原则。事实上,人类的实践活动只是一个抽象的存在,而不是一个具体的存在;② 也只是一个事实存在,而不是一个价值存在。我们固然可以由此出发,但却应该进而走向一个具体性的美学原则;固然可以从自身的价值规范出发去对它加以规定,但却不能把这种"规定"与作为一种客观存在的实践活动本身等同起来。换言之,本来,从实践原则出发,我们应该探讨的是审美活动的实践本性,但是,现在我们却停留在实践原则的范

---

① 实践美学往往只强调实践活动的积极意义,却不敢讲实践活动的消极意义,但实际上这两重意义都是人类实践活动的应有内涵。实践活动不会只以一种理想状态存在,人们常说的所谓异化活动,不论产生多么消极的后果,也不能被掩饰为自然的异化、神的异化,而只能被真实地理解为实践活动本身的异化。马克思所往往同时提到的自然的历史与历史的自然、自然史与人类学,正是着眼于这一点。
② 马克思晚年较少提到实践,而转向对于从中生发出的具体范畴,如物质生产、精神生产、艺术生产的研究,就是出于这一原因。

围内,转而探讨起实践活动的审美本性。实践活动与审美活动,实践的成果与美学的成果统统被放在同一层面,被看作同一系列的范畴,以至于忘记了一个最基本的事实:实践活动不能与人类的审美活动相互等同,更不能与人类的最终目的的实现相互等同。否则,就会为实践活动涂上一层伦理色彩,从而使"目的论"的思维方式和"人类中心论"的文化传统乘虚而入。

不难看出,实践美学真正的失误正在此处。

在此基础上,实践美学所能建构的美学是如何虚幻就可想而知了。就以"自然的人化"这一由实践原则推演而来的美学命题为例。

"自然的人化"确实是马克思所使用的理论命题,然而,以我在学习过程中形成的浅见来看,与其说它是美学命题,远不如说是哲学命题更为恰当。马克思使用这个理论命题的主旨,是为了从实践的角度恢复人的真正地位,指出人类的感性活动是人类社会历史中的最为重要的事实,但他从来就没有把这一事实唯一化,更没有把这一事实美学化。

况且,从事实的层面看,"自然的人化"并非就是美学意义上的自然,人类的本质力量的对象化也并非就是美学意义上的对象化。它可以生产出像人一样活动的物,但也可以生产出像物一样活动的人。它可以自豪地宣称:给我一个支点,我就可以移动地球,但也可以卑怯地承认:人是物质的一种疾病。它可以扩大人的工具职能,但也可以扩大人的灵魂虚无。它所创造的工业社会无疑"是人的本质力量的打开了的书本,是感性地摆在我们面前的、人的心理学",然而却并非美的"书本"和"心理学",因为,"通过工业而生成——尽管以一种异化的形式——的那种自然界,才是真正的、人本学的自然界。"[①]人类在合规律与合目的的实践活动中所干下的令人脸红之事实在太多了,正如阿多诺揭示的:并非所有历史都是从奴隶制走向人道主义,还有从弹弓时代走向百万吨炸弹时代的历史。对此,我们必须正视。

从理论的层面看,"自然的人化"是马克思对于人类活动的一种抽象规

---

① [德]马克思:《1844年经济学—哲学手稿》,刘丕坤译,人民出版社1979年版,第80—81页。

定,不独审美活动如此,而是一切活动皆然。但也正是如此,又可以说,不独对于审美活动不能照搬这个抽象规定,而且对于一切活动都不能照搬这个抽象规定。在这个意义上,应该看到:"自然的人化"或多或少涉及到了审美活动与实践活动的同一性的一面,但对于其中的相异性这更为重要的一方面,却根本没有涉及——也不可能涉及。美毕竟是审美活动创造的,实践活动只是作为审美活动的基础而间接创造了美。① 在实践活动与审美活动之间还存在着无数幽秘的中介。犹如人类是自然的一分子,但对于自然的规定却无法贴切地规定人,审美活动也不是"自然的人化"所可以规定的。

再从思辨的层面看,"从思维抽象上升到思维具体"固然是理论演绎的必须,但其中的逻辑起点却应是美学范畴而不是哲学范畴。否则就会像黑格尔那样,把美学变成一部美学的哲学思辨史。再说,即便是从哲学范畴开始,"自然的人化"作为一种哲学范畴(实践活动的本质规定),在向美学范畴(审美活动的本质规定)的转化过程中,也应该是从抽象到具体的演绎,现在却是从抽象到抽象,它的内涵始终没有增加,外延也始终没有减少,实践活动是"自然的人化",审美活动也是"自然的人化",这岂不是什么也没有说吗?一个范畴能够如此毫无限制地使用,这本身就是值得怀疑的。何况,除了主体的对象化之外,主体的被对象化是否也是必不可少的呢?还有,劳动者在被对象化了的"本质力量"面前所感到的喜悦,究竟是功利的还是审美的?这种喜悦是否还要经过某些关键性的转化才能够成为审美的?……诸如此类的问题,我们在思辨的过程中没有理由不加以考虑。

---

① 有人把"劳动创造了人"作为一般规律,是不对的。劳动不可能为猿所有,但又不会独立于猿与人之外,假如说是劳动创造了人,那岂不是说:这创造了人的劳动本来就为人所具备?那么,是谁创造了劳动呢?在我看来,在从猿到人的过程中,应当承认是自然进化起着重要作用,而在人产生之后的自我完善中,劳动才起着关键性作用。应当指出,恩格斯在这个问题上的讨论是不尽清晰的。这表现在一方面承认猿的活动是劳动,另一方面又强调猿的活动不是劳动;一方面承认在从猿到人的过程中的"手和脚的分化""直立行走""滥用资源"等关键性变化不是靠的劳动,另一方面又承认在从猿到人的过程中的人手的形成、语言的形成、猿脑髓转变为人脑髓等关键性变化是靠劳动完成的。

值得注意的是,上述问题并没有引起应有的注意。为了迁就那个"显而易见的开端"——理性主义以及在此基础上形成的"实践"原则,人们甚至有意对此视而不见。本来,"自然的人化"陈述的只是一个事实——尽管是一个极为重要的事实,但是,马克思早已指出:"人化的自然"与"非人化的自然","这种区别只有在人被看作是某种与自然界不同的东西时才有意义。"①因此只有一个"人化的自然",而没有什么"非人化的自然"。但人们(从"人类中心论"出发,为了"独尊"人类的本质力量)却不惜先把自然界和人抽象掉,即把它们当作是不存在的,然后再煞费苦心地证明"非人化的自然"的产生和存在,以便把它从事实存在转为价值存在,从而把"非人化的自然"等同于非美,把"人化的自然"等同于美。然而人们忘记了,所谓"非人化的自然"实际上也是"人化的自然",是人想象、抽象、推论的结果。它事实上并不存在,只具有逻辑的意义,把它"当作"客观存在的东西,只不过是用思维与存在的同一性来证明思维产物的现实性的黑格尔主义的旧态复萌,只是为了把"人化的自然"美学化而已。这是一个思维的怪圈!其结果,一方面使实践活动因为自身的种种恶的表现的被拒之门外而丧失了它的丰富多样的内容,使实践活动因为限定在美学目的论的领域内而丧失了它的客观性和现实性,另外一方面则使审美活动因为被人为地扭曲而等同于实践活动。

于是,审美活动名正言顺地成为实践活动的典型形态,成为一种现实活动。美成为实体范畴,成为客观的社会(现实)属性,因而现实中的不自由,可以在审美活动中实现,自然与人、真与善、感性与理性、规律与目的、必然与自由,在审美活动中才具有真正的矛盾统一。至于美,则就内容而言是现实以自由形式对实践的肯定,就形式而言,是现实肯定实践的自由形式。审美活动的性质被渲染为一种审美主义或审美目的论。例如:历史不过是自然向人生成的历史。似乎自然一旦为人类所"对象化",人类就达到了自由的目的,或者说,人类在完成了对于自然的"人化"的同时,就完成了自然的

---

① 《马克思恩格斯全集》第3卷,人民出版社1960年版,第60页。

"美"化①。然而,既然人类可以在改造自然的同时完成审美活动,为什么还会有审美活动的独立存在呢? 更为令人难以自圆其说的是,人类的审美活动为什么越来越不与改造自然的活动同步甚至背道而驰呢? 人类的历史难道仅仅就是自然向人的生成史或人向自然的对象化史吗? 是否还存在一个人类向自然的复归史或自然向人的对象化史(非对象化或人的被对象化)呢? 假如存在,那么审美活动将何以立足呢? 难道只有为人类从自然向人的生成史或人向自然的对象化史欢呼雀跃才是审美活动的应尽之责吗?②也正是因为上述原因,人们对审美活动的性质的考察也就实在难以令人信服。其中,对个体在审美活动之中的根本作用的漠视,应该说,是一个通病。人们把审美活动作为一种历史、理性、社会的东西积淀到个体身上的结果,把"人的本质力量"作为一种先在的东西,把美作为一种形象的显现,把审美

---

① 所谓完成了对于自然的人化,十分可疑。有人提出实践活动已经变"害"为"益",化"敌"为"友",已经建构了美的世界。然而,首先,从整体的角度,这是人类永远不可能做到的。因此,其次,这里的"敌"只是相对的,这里的"友",也只是相对的。一味把它们简单化,正是实践美学一贯的做法。自然不可能只是人类的朋友,也不可能只是人类的敌人。靠加大实践的力度来建立审美活动的根据,是徒劳的。何况,在实践的力度毕竟十分有限的古代,美的世界的建构又如何解释呢?
② 片面地强调自然的人化实在是一种虚伪的美学。"在养成这种习惯以后……(人们)会进一步说到风景的悲哀、岩石的冷漠以至煤桶的愚昧无知。这些新的直喻并不能对我所观察的物件补充什么有分量的知识,但这时,物的世界倒全彻底被我的感情所浸透,以至于它从此便可以容纳任何一种感情和任何一种特性。而我也会忘记,事实上感到悲哀或孤独的是我自己,而且不过只是我自己。"([法]阿兰·罗布-格里耶:《自然、人道主义、悲剧》,转引自《新小说派研究》,中国社会科学出版社1986年版,第71页)实际上,自然有其自己的本质。人类如此苛求于它,只是反映了自己的一种心理病态。正如弗洛伊德证实的,人脱离了母体,便永远不能回归,尽管他一直受到回归母体的冲动、欲望的煎熬。在传统文学中,我们经常可以看到,作品中的人物与环境保持着一种一致的关系。人物的每一种表情都会在环境中激起反响。环境烘托人物、说明人物、反衬人物,成为人物的奴仆。这很像处于"镜子阶段"的儿童,在"镜子阶段"极为容易培养起"虚伪自我"。在这个意义上,新小说派与其说是创造一种技巧,不如说是向传统美学挑战。"人看着世界,而世界并不回敬他一眼。"(阿兰·罗布-格里耶:《自然、人道主义、悲剧》,转引自《新小说派研究》,中国社会科学出版社1986年版,第74页)

活动作为一种单纯的外化活动,给人的感觉似乎是在考察实践活动而不是审美活动。① 在审美活动中,人们只能以个体方式介入现实与历史。所谓"本质力量"也只能通过个体的再阐释、再选择、再创造,才能进入审美活动。因此,在审美活动中,人的存在并不是一个既成事实,而是一个过程。人的本质力量则是人的展开的结果,或者说是这展开的逻辑必然。换言之,人固然可以面对本质力量去认识,但却不能把本质力量与审美活动对立起来,因为这样做的结果正是人的消解、人的可能性的丧失,也因此,这样做的结果并不具有本体性、存在性。而我们的美学研究却恰恰忽视了这一点。它把审美理解为对于对象化在世界之中的人的本质力量的直观。"怎样欣赏美"是其不约而同的逻辑起点。审美创造是人的本质力量的确证;审美作品是人的本质力量的展现;审美接受是人的本质力量的认同。这一切表面上固然不错,但在这一切背后的创造过程(包括对于本质的创造)是否被疏忽了?审美者是否被以"审美"的方式架空了(审美活动因此而徒具虚名)?真正属于审美者的过程是否也消失了?而且,难道审美者的审美创造的本质力量就是先验地给定的吗?果真如此,就必须承诺一个必不可少的前提:作为审美活动的源头的"本质力量"是不允诘问、不允怀疑、不允审判的,这当然又

---

① 即便是实践活动,也不是如此简单。群体与个体的关系不能归纳为"积淀"与被"积淀"的关系。同理,人们往往强调自己在美学研究中没有忽视个体,但要知道,哪怕是言必称个体也未必就是重视个体。只是在被"积淀"的意义上尊重个体,似乎还不能算是没有忽视个体。事实上,只看到实践活动把历史、理性、社会的东西积淀到个体身上,表现为一种结果,却忽视了实践活动更多地通过个体去对它们加以阐释、选择、创造,从而表现为一种过程,只看到实践活动对于以往成果的肯定一面,却忽视了实践活动对于以往成果的否定一面,是错误的。没有对于积淀的否定,实践活动也就失去了意义。只讲积淀,是否有些太黑格尔主义了呢?顺便强调一句,近年来美学研究领域中(事实上整个人文领域也是如此)的"黑格尔主义"问题,是我感受最深的一个问题。似乎从马克思回到黑格尔,是中国美学家难以回避的一种宿命。正如马克思当年曾经把黑格尔颠倒过来去思考一样,中国的美学家现在又不自觉地把马克思颠倒过去来思考了。这其中的深层意蕴是什么?

是一个谬误。①

更令美学研究者困窘不堪的是,对于审美活动的研究本身也因此而停留在主客二分的层面上。在1994年以前出版的六部专著中,我已经反复强调:审美活动绝不是理性认识所可以解释的,因为它是在先于主客二分的层面上发生的,而所谓"本质力量"也只是它的逻辑展开。但我们的美学却把审美活动局限在主客二分的层面,把它看作一个既成事实。在这种美学的眼中,审美活动只是一个静态的、固定的东西,最终就误将被人类所创造出来的东西当作人类创造的本源,我们所津津乐道的"本质力量"岂不正是这样一种创造的本源吗?作为一种被给定的东西,它与黑格尔的"绝对精神""理念"如出一辙。进而言之,在主客二分的层面上考察审美活动,就必然会导致把思维与存在、精神与物质的对立作为前提肯定下来,必然会导致把审美活动与人类生活的关系曲解为"思维"与"存在"的对立。原因很简单,不以这样的对立为前提,那个等待着"对象化"出去的抽象的"类"就无法找到。但以此来理解审美与人类生活的关系,结果又令人困惑。因为在审美活动中根本就不存在这样的前提,一味如此,就会导致两者的割裂:"人类社会生活"成为纯粹的反映对象,成为外在于人的单纯客体,成为审美活动的对立面,而审美活动则是这种外在的社会生活反映在审美者头脑中的观念形式。审美活动与人类生活的内在联系不见了,剩下的只是一种纯粹的对象化与被对象化的关系。从而把"人类社会生活"看成是与"思维"对立的"对象",看成是纯粹的认识客体,错误地转而在思维与存在的框架里谈论人类生活的本质。② 与此相关的是把美定义"人的本质力量的形象显现",这也是可以

---

① 这种把每一个人间离出来的本质力量,最大的危险似乎还不在于我们安排了一个十分可疑的审判者出场,也不在于这个审判者的同样十分可疑的绝对权威,甚至不在于整个审判过程的十分可疑的钦定的程序设计,而是在于,是谁指定这个审判者的出场?是谁给予这个审判者以绝对权威?是谁钦定了整个审判过程的程序设计?

② 在认识论层面上解决"对象化"的问题,那当然只能是一种虚幻的解决,两者之间的鸿沟并没有真正填平。因为就认识论而言,"对象化"与"被对象化"之间的关系是概念与事物的关系,它们之间的对立根本无法消除。

商榷的。如此定位,岂不是承认审美活动只是一种符号传达活动了吗?既然是符号传达,审美活动的对象就只能是认识的对象,因为符号传达必然把情感变为认识的对象,变为认知的符号,而不是体验的对象,于是又一次回到了传统的理性主义的老路:否定审美的本体性,从认识的角度为审美的本质定位,仍然是把审美活动看成认识的形式,把美看成认识的对象、用符号传达出来的情感,审美活动的本质仍然没有被揭示出来。①

也正是因此,在美学研究中,我们越是强调"自然的人化",就越是找不到自己独立的研究对象,越是无法为审美活动建构自己的家园。最终只好沿袭理性主义的研究方式,以某种抽象本质作为美学的栖身之地。首先肯定存在一种先在的人的抽象本质,然后把它"对象化"到对象身上,使这个先在的抽象本质转化为客观存在(这就是所谓"美"),然后再通过人的感觉确证它的存在(这就是所谓"审"美活动),并通过艺术的手段使之呈现出来(这就是所谓艺术美的创造),诸如此类就成为中国当代美学的逻辑归宿。结果,审美活动从历史的进程之中被剥离出来,美从"美的"之中被剥离出来。美学被定位为一门关于(被抽象出来的)美的本质的学问。进而言之,美的本质既然是抽象的东西,那就只有思维才能把握,因此,审美活动与人类生命活动的关系就被转换为思维对存在的关系。这样,思维与存在的关系就成为美学的基本问题,而从审美活动与客观世界的联系来看审美活动的本质,就成为雄踞中国当代美学的一个传统。我曾经多次指出:中国当代美学不论是以美为研究对象,还是以美感为研究对象,以艺术为研究对象,还是以审美关系为研究对象,都是以一个外在于人的对象作为研究对象,因而都是以人类自身的生命活动的遮蔽和消解为代价的,都是以理解物的方式去

---

① 审美不等于传达,传达是一种媒介手段,意在达到外在的目的,其本身是完全透明的,但审美却是为审美而审美,自身并不透明而且就是目的。加里·哈堡曾提出:"避开内心情感与外在符号这对二元论范畴。"就是因为看到了其中的缺陷:作品的意味通过符号表现出来,结果作品本身的意义就不再重要了,作品之外的那个意义才是最重要的。符号当然要借助外在目的的赋予才能获得自己的生命,但审美活动也以这种方式,就是谬误的。这与"形象思维"的错误是一样的。

理解审美活动,以与物对话的方式与审美活动对话。正是着眼于这一点。

叁　把美学的问题转换为美学发生学的问题

其中,最为值得注意的,是实践美学讨论问题的角度。它非常喜欢把美学的问题转换为美学发生学的问题。美的本质与美的根源、"美如何可能"与"美在何处"、美的本质与人的本质、审美活动的本质与实践活动的本质,诸如此类的问题都往往以后者来取代前者。例如,"审美活动如何可能?""美如何可能?"之类美学意义上的问题就往往被我们转换成为"审美活动如何产生?""美如何产生?"之类发生学意义上的问题。这种把"逻辑上的先验"转换为"时间上的先验"、把"性质"转换为"根源"的隐秘心态,显然是由于它在"如何可能"方面对于理性主义的认同所导致,换言之,它并不认为"美是理念的感性显现"的美学内涵(例如对于"本质先于存在"的强调)有何不妥,只是认为要从根源上给以说明,解决"头足倒置"的问题(实践美学十分强调积淀说,道理正在此处)。也正是因此,姑且不论关于"根源"的说明是否成功,在"审美活动如何可能?""美如何可能?"的追问上它仍固执着理性主义的视角,却是无可置疑的。

进而言之,这种内在的转换,要求把自足的一元世界变成非自足的二元世界,然后通过被动地从追溯和还原的途径描述二元世界间的发生学渊源的方式,去追问作为终极价值的美。这导致美学必须以对超验的绝对存在的假定为前提。为此,就必须把世界割裂为主体与客体,然后,把客体放在对象的位置上去冷静地加以抽象,从客体的大量偶然性中归纳出某种必然性,某种终极真理,最终,在动态的、现实的、丰富多彩的彼岸世界之上,建构起一个静态的、永恒的、绝对的世界,这是一个美的世界,一个纯粹概念的、外在的、目的论的世界。事实上,美不可能实体化,其本身也不能分裂为一种对象性的关系以便去加以证实或证伪。但发生学的追问的失误正在这里。二元结构迫使它不得不把逻辑的设定实在化,接纳一种独断论前提,并且不得不寻觅一种超出于人的视界,去客观地超时空地约定和建构美,结果,逻辑的约定和建构变成了历史的描述和说明,无论如何也无法达到逻辑的自足,相反却陷入了二律背反的悖论,本体论自身也走向了非历史性、非敞开性、非自足性。越是追问,美就越是不在。"人人尽怀刀斧意,不见山花映水红"。这似乎可以作为我们的无根的追问的写照。①

更为严重的是,从"自然的人化"出发,美学的疆域受到了极大的限制。审美活动被等同于审"优美"活动(美学家们关于审美活动的定义事实上往往都是审优美的定义,其他如审丑活动则只是在与它的比较中被定义,而优美,正是希腊理性文化的产物),并且被从生活中剥离出来,成为一种高踞于生活之上的东西(犹如理性高踞于生活之上)。它导致一种对于人类意志的片面的渴望。错误地认定"人的本质力量"作为共同本质所概括的群体越大,也就越现代、越美。因而不但处处假定存在着一种共同的本质,并且处处以能够代其立言自居。结果,就会处处强调一种对立的价值观念,着眼于感性与理性、主观与客观、物质与精神、真与假、善与恶、美与丑……的互相冲突或截然对峙,而且人为地以一方压倒另外一方为前提。在逻辑选择上水火不容,在情感取向上爱憎分明,非白即黑,非好即坏,非善即恶,非美即丑,非此即彼,不承认相对性和多元化,处处站在"我们"的立场上发言,把审美活动拔高为宣讲真理、启蒙民众的武器。另一方面,却又未能顾及肯定了一个绝对,会否定了无数个实际的存在,未能顾及美学不能在生存活动之外

---

① 值得注意的是,在对美的看法上,人们往往持"自然的人化"的看法,并以此区别于黑格尔的"美是理念的感性显现"。然而,在黑格尔,这无疑是合乎逻辑的。他的"理念"与具体的存在无关,要证明自己的存在,只有通过对象化的道路,而"理念"要对象化到世界身上,靠谁来完成呢? 只有人。人不是我们说的物质存在,而是"理念"的替身。因此在他那里,美只能是"是理念的感性显现"。本质先于存在,先有一个人的本质力量,再有把它加以对象化的过程,最后是人通过自己的感觉确证它的存在并且为之感到愉快。在我们,"自然的人化"则是不合逻辑的。因为,我们所谓的人的本质力量已经不再存在昔日那种头足倒立的谬误,已经从概念的层面回到了感性的生命活动本身,既然如此,人类有什么必要再压抑自己来证实人类的力量的伟大呢? 有什么必要要一再地通过外物来证明"本质力量"呢? 既然没有必要"证明",又何以产生愉悦呢? 这就使我们不但陷入了比黑格尔更为难堪的理论困窘之中,而且预示着我们仍未走出传统的理性主义的美学之路。

精心编制概念之网(它必须学会理解生存,关注生存,否则,无异于一种十分乏味的语言的游戏),未能顾及人毕竟不是钢琴琴键(生活与其说是由"必然""自由""本质"构成的,远不如说是由"偶然""局限""现象"构成的更为令人信服)。长此以往,难免会形成一种畸形的审美自尊和一种对于日常生活的漠视,也难免成为人类精神的误导者。

就理论形态而言,也是如此。它过分热衷于"权力话语",以致对理论的同质性、整体性、同一性的获得无疑是以牺牲掉异质性、个别性、非同一性为代价和它本身就是以排除和删除局部、个别、差异、偶然为前提的这一根本前提视而不见。① 热衷于展示一个无生命的、概念的王国(在这里人的地位偏偏不是被高扬,而是被贬低)。而且,出于对理性的绝对信任,它甚至往往拒绝人以外的存在,拒绝理性所不能解释的事物,处处寻找一种生活的本质、绝对的目的、形而上的真实,一种比现实更加真实的真实。丰富的生命活动被压缩到了理性活动之中,人与世界、本质与现象、目的与手段、美与丑通通被绝对地对立起来。世界被整个地人化了,② 人成为一切现象的原因,

---

① 幻想人类必须站在绝对基础之上,被伯恩斯坦称为一种"笛卡尔式的忧虑"。不仅仅是过去的一百年,按照马克思的说法,从 15 世纪开始,包括美学在内的人文科学就被"形而上学的思维方式"垄断着,习惯于事事静止、孤立地看问题:"不是把它们看作运动的东西,而是看作静止的东西;不是看作本质上变化着的东西,而是看作永恒不变的东西,不是看作活的东西,而是看作死的东西。"它造成的是"使教师和学生、作者和读者都同样感到绝望的那种无限混乱的状态"。(《马克思恩格斯选集》第 3 卷,人民出版社 1972 年版,第 60 页、62 页)

② 马克思曾经瞩目于"人向自身、向社会的(即人的)人的复归",并把它作为"人和自然界之间,人和人之间的矛盾的真正解决,是存在和本质、对象化和自我确证、自由和必然、个体和类之间的斗争的真正解决。它是历史之谜的解答,而且知道自己就是这种解答。"(《马克思恩格斯选集》第 42 卷,人民出版社 1979 年版,第 120 页)这就是著名的"历史之谜"。本来,它只是一种形而上学的,而且非历史的设想,事实上,人类是不可能实现这两个"真正解决"的,否则,人类自己也就被解决了,被宣告终止了。但它却被实践美学错误地加以利用,并且发挥说:美就表现为真的达到和善的实现。这实在是一个美丽的谎言。审美活动与实践活动并不同步。把人类历史理解为美的异化史或者美的复归史,是非常令人吃惊的。真、善是永远也无法实际地达到的,对此,马克思后来已有明确的认识:"历史并不是把人

因而过于关注"审什么"而不是关注"怎么审"。然而,理性只是人类的视角之一,考察人的理性的本意也只是为了证明人的伟大,现在既然是通过把理性与感性对立起来完成的,反而也就论证了神的伟大。所谓胜利即失败,事情就是如此荒诞。难怪费尔巴哈感叹云:他在黑格尔的逻辑学面前竟然会"战栗"和"发抖"!

肆 "这场论争同时将标志着中国(现代)美学学科的完全确立"①

无疑是出自对于实践美学的根本缺憾的明确洞察,生命美学从1985年开始,就毅然与实践美学背道而行。开始是1985年的《美学何处去》(《美与当代人》1985年第1期),然后是1990年的《生命活动:美学的现代视界》(《百科知识》1990年第8期),然后是1991年的《生命美学》(河南人民出版社1991年版),然后是从1994年开始,在《文艺研究》《学术月刊》《光明日报》等报纸杂志上刊发了一系列与实践美学论争的文章,并且与实践美学展开了旷日持久的争论。这一争论,取代了自20世纪50年代始的美学界四大学派之间的论战,成为90年代中国美学界最为重要、最为引人瞩目的论战之一。1998年岁末,《光明日报》专门邀请实践美学的代表人物刘纲纪先生与生命美学的代表人物潘知常分别撰文,并展开争鸣,更意味着这一争鸣的趋于高潮。对此,著名美学家阎国忠先生曾经专门撰写长篇论文,就实践美学与生命美学之间的论战加以述评,并断言:这场论战"虽然也涉及哲学基础

当作达到自己目的的工具来利用的某种特殊人格。历史不过是追求着自己目的的人的活动而已。"(参见《马克思恩格斯全集》第2卷,人民出版社1957年版,第119页;《马克思恩格斯选集》第1卷,人民出版社1972年版,第51页)因此美并不是真与善的实现,否则,它就会成为某种目的论和审美主义的东西。美,只能真实地想象真的达到和善的实现。在此意义上,我意外地发现:马克思提出的"历史之谜"虽然并不具备现实性,但却充盈着理想性,实际上只是"美学之谜"。

① 从本节开始,直到第七节,原为我的一篇论文《再谈生命美学与实践美学的论争》,刊载于《学术月刊》2000年第5期。

方面问题,但主要是围绕美学自身问题展开的,是真正的美学论争,因此,这场论争同时将标志着中国(现代)美学学科的完全确立"。① 这,对于在论战中的双方而言,都无疑是一个公允的评价。因此,尽管到了20世纪末这场论争还远未结束,而且势必延续到21世纪,但它在激活生命美学与实践美学双方的理论智慧,在推动中国美学的世纪转型以及在把一个充满活力的中国美学带入21世纪方面所禀赋着的内在功能,却已经和正在显示出来。

美学界一般认为,中国20世纪美学分别在世纪初、50年代、80年代出现了三次美学热潮,这三次美学热潮造就了以朱光潜为代表的第一代美学家,以李泽厚为代表的第二代美学家,以及正在茁壮成长之中的第三代青年美学家。同时,中国20世纪美学经过一百年的艰难探索,经过世纪之初的对于西方美学的介绍以及60年代的四大学派的论战之后,从80年代开始,也逐渐形成了三种不同的理论取向,这就是:从认识活动的角度考察审美活动的反映论美学、从实践活动的角度考察审美活动的实践论美学、从生命活动的角度考察审美活动的生命论美学,或者,也可以称之为前实践美学、实践美学、非实践美学。② 三者之中,对于反映论美学、实践论美学,人们耳熟能详,不论是它们的来龙去脉,还是它们的基本内容,都可以倒背如流。然而,对于生命美学,由于它的年轻,因此人们尽管并不陌生,然而倘若论及它的来龙去脉和基本内容,应该说,就并非尽人皆知了。因此,要论及生命美学与实践美学的论战,就不能不从生命美学本身谈起。

关于生命美学,目前美学界对它的界定主要是在两个层面上。其一是在广义上加以界定。生命美学即后实践美学,包括在实践美学之后出现的生存美学、生命美学、体验美学、超越美学,等等,在此意义上,生命美学代表

---

① 阎国忠:《关于审美活动——评实践美学与生命美学的论争》,《文艺研究》1997年第1期。同时,请参见我的论文《生命美学与实践美学的论争》,载《光明日报》1998年11月6日。
② 参见封孝伦《20世纪中国美学》,东北师范大学出版社1997年版;《第四届全国美学会议综述》,载《文艺研究》1994年第1期;以及《光明日报》1997年7月2日所载周来祥的文章,等。

着一种美学思潮,而并非某一具体的美学理论。其二是在狭义上加以界定,即指某一具体的美学理论(本文所说的生命美学,统统是指的后者)。而在目前关于生命美学与实践美学的论战中,由于没有弄清楚这样两个层面。有些争论者在讨论问题时,把生命美学与诸如超越美学等后实践美学等同起来,却忽视了它们彼此在区别于实践美学这一共同性之外的大量的差异,以致造成了不少以讹传讹的误解,也在论战中形成了不必要的内耗。

以问世的时间为例,生命美学并非问世于1994年以后的实践美学与后实践美学的论战,与在1994年以后问世的超越美学、存在美学等不同,生命美学问世于20世纪80年代。而且,早在20世纪80年代后期,就有学者专文对之加以评述,并把生命美学称为"中国当代美学的第五派"。据封孝伦教授《20世纪中国美学》(东北师范大学出版社1997年版)以及他的《从自由、和谐走向生命——中国当代美学本质核心内容的嬗变》一文[1]介绍:早在20世纪初,就有范寿康、吕澂、宗白华等的对于生命与美学的关系研究的大力提倡(还应加上王国维、鲁迅、方东美——引者),自20世纪50年代迄80年代,又有蒋孔阳、高尔泰、周来祥等一批著名美学家的积极支持,更有众多美学学者的积极响应。到了90年代,则即便是对生命美学持反对态度的学人,也不得不承认,生命美学已经从昔日的边缘状态逐渐进入美学界所瞩目的前台,不但更"为一些学人所看好",而且被认为"孕育着美学走出理论困境的生机"。由此不难看到,生命美学与超越美学、存在美学等后实践美学之间,是存在着鲜明的差异与界限的。不宜混同,也不应混同。

而从美学界的反响来看,对于生命美学,尽管像对反映论美学、实践论美学一样评价各异,但是对于它的出现本身却大多给以积极的肯定与回应。对此,我们不难在中国当代美学史的研究者的笔下看到。例如封孝伦教授曾概括说:"近年来",在美学研究中"生命论崛起"。"'生命'和'生命意识'在论美的文章和著作中频繁出现。许多关注美本质问题的学者,几乎是不约而同地把眼光投向了人的生命。"并评论云:"'生命'确实对审美研究有着

---

[1] 载《新华文摘》1995年第11期,同时又载人大《美学》复印资料1995年第12期。

巨大的潜力,而且笔者认为,捉住了生命,也就捉住了美的真正内涵。当我们把人的生命的秘密揭开,美的秘密,也就自在其中了。"①而在他的约40万字的新著《20世纪中国美学》(东北师范大学出版社1997年版)的最后一章"尾声　生命美学叩击世纪之门"之中,也对生命美学的百年历程、内涵作出了详尽的评述。更值得注意的是,著名美学家阎国忠、陈望衡教授在他们的20世纪中国美学史研究专著《美学建构中的尝试与问题》(安徽教育出版社2001年版)、《走出古典——中国当代美学论争述评》(安徽教育出版社1996年版)、《20世纪中国美学本体论问题》(湖南教育出版社2001年版)都把生命美学列入20世纪的几大美学构想之一,对于生命美学以及生命美学的代表人物予以专章或者专节的介绍。另一方面,更为值得注意的是,一些坚持实践美学观点的美学家,也同样对生命美学的出现予以实事求是的认可。例如,朱立元教授曾评价说:"除了原有四派外,新时期又涌现了一些有影响的、与四派不同的美学学派或观点。……在80年代中后期,一些中青年在吸收西方现当代美学新成果的基础上,也提出了与原有几派美学从思路、方法到范畴全然不同的新的美学理论构架,如系统美学、体验美学、生命美学、接受美学、审美活动论美学、心理学美学、语言美学、符号论美学,等等。"②丁枫教授也评价说:当代美学的进步还"体现在美学体系的重新建构,诸如建立生命美学、体验美学、自由美学、超越美学,等等。这是美学内涵的递嬗和深化,是以新的视角,来回答新的提问",③等等。

就我本人而论,从1985年发表《美学何处去》,④提出生命美学,1990年发表《生命活动:美学的现代视界》,⑤提出生命美学的基本构想,到1991年

---

① 封孝伦:《从自由、和谐走向生命——中国当代美学本质核心内容的嬗变》,载《新华文摘》1995年第11期,同时又载人大《美学》复印资料1995年第12期。
② 朱立元:《"实践美学"的历史地位与现实命运》,载《学术月刊》1995年第11期,同时又载人大《美学》复印资料1996年第1期。
③ 丁枫:见《社会科学战线》1996年第1期,又载人大《美学》复印资料,1996年第1期。
④ 《美与当代人》1985年创刊号。
⑤ 《百科知识》1990年第8期。

出版《生命美学》(河南人民出版社1991年版),①应该说,是始终坚持了从生命活动的角度考察审美活动这一生命美学的基本取向。对此,美学界的同仁、专家在总结中国当代美学的学术进展之时,也都曾给以认真的关注和热情的鼓励。例如,阎国忠教授就曾专门撰文就生命美学与实践美学之间的差异予以认真的讨论。② 而且,在他的《走出古典——中国当代美学论争述评》一书中对生命美学的出现及其基本内容也予以详尽的介绍,并指出:"'生命美学'这一概念,也许最早不是由以此为名的一本著作的发表,才为人所知。但这部著作却是最完整和系统地阐明了它的涵义。作者潘知常在此书的开头,就'生命美学'的宗旨及它与其他美学的不同作了明确的说明。""潘知常的生命美学坚实地奠定在生命本体论的基础上,全部立论都是围绕审美是一种最高的生命活动这一命题展开的,因此保持理论自身的一贯性与严整性。比较实践美学,它更有资格被称为一个逻辑体系。"③

当然,作为一种年轻的美学思考,生命美学的历程并不平坦,生命美学本身也还并不成熟,甚至还可能有其幼稚之处,确实还有待继续艰苦努力,然而,另一方面,我也曾经多次说过,对于一个新理论来说,在某种意义上,

---

① 此外还有《为美学定位》,载《学术月刊》1991年第10期;《建立现代形态的马克思主义美学体系》,载《学术月刊》1992年第11期;《实践美学的本体论之误》,载《学术月刊》1994年第12期,该文原题为"美学的困惑",现名为发表时编辑所改;《美学的重建》,载《学术月刊》1995年第8期;《关于审美活动的本体论内涵》,载《文艺研究》1997年第1期,等等。

② 《关于审美活动——评实践美学与生命美学的论争》,载《文艺研究》1997年第1期。令人略感遗憾的是,该文中所引的国内关于生命美学的看法,均出自我的《反美学》(学林出版社1995年版)一书,由于该书主要是对于西方当代审美文化的考察,其中的观点大多并非我本人关于生命美学的正面观点,而是对于西方当代美学的一些评述、阐发,因此,难免会影响读者对于生命美学的理解以及文章作者对于生命美学的全面评价。

③ 阎国忠:《走出古典——中国当代美学论争述评》,安徽教育出版社1996年版,第469、410页。同时可参见封孝伦:《从自由、和谐走向生命——中国当代美学本质核心内容的嬗变》,载《新华文摘》1995年第11期,同时又载人大《美学》复印资料1995年第12期。

不成熟甚至幼稚,都毕竟并非它的缺点,而是它的优点,至于它的成熟,则是完全可以预期的。也因此,我必须指出的是,在相当长的时间里,我们的美学探索曾一直处于一种不尽正常的状态之中。在这方面,20世纪50年代出现的那种为了进行美学探索而被打成右派、送去劳改的情况,或者20世纪80年代出现的那种为了进行美学探索而被扣帽子、打棍子、抓辫子的情况,都是人们所熟知的。然而,进入20世纪90年代以后,这种情况毕竟有了根本的改观,尽管个别自称"坚定的马克思主义者"而且受尽人们"嘲笑、谩骂、嘲弄"的人,一方面从不研究美学,另一方面却又君临美学界并颐指气使地对人们的美学探索指手画脚,动辄点名指责他人的美学探索为异端,有时甚至还会利用美学探索中的某些不成熟,在涉及探索者的荣辱、利害、进退、毁誉、升降等方面做些手脚,然而,时代毕竟已经不同了,事实证明,美学界的同仁已经完全能够不约而同地视此为学术噪音、学术公害,并根本就不屑于去理睬。

不过,为人们所忽视了的,是在我们的美学探索中还存在着另外一种不尽正常的状态。长期以来,学术界似乎已经习惯了一种以不创新为创新的"平庸"。本来,任何一种理论探索的实质都应该是创新,都应该是在马克思主义美学的基础上勇于总结新经验、发现新问题、提出新构想的结果,然而,有些学者却已经习惯了一种平庸的学术境界。他们以"一贯正确"自居,不但把创新与严谨割裂开来而且片面地强调严谨,以致在美学研究中不敢有所前进,有所突破,更不敢有所探索。结果,"炒剩饭""拾人牙慧"之作可以相安无事,但是勇于创新之作却往往被视为异端,然而,在我看来,这恰恰有悖学术研究的根本精神,而且是美学研究长期停滞不前的根本原因之一。事实上,一贯正确的人和一贯正确的学术研究都是没有的,在某种意义上,"一贯正确"肯定就是"一贯不正确"。在人类的思想史中,只有神学才是永远"正确"的,还有一种永远"正确"的理论,那就是废话或者平庸之作。我们经常可以看到,个别人往往以著作的"严谨"而自我标榜,甚至沾沾自喜,但是在其著作中能否找到创见呢?其结果往往也会令人失望。其中的道理十分简单,严谨与创新是辩证的统一,创新无疑应该以严谨为基础,然而严谨也应该以创新为主导。缺乏创新精神的严谨实在算不上什么严谨,而只能是平庸。在此意义上,我们甚至应该说,为严谨而严谨实在不值得片面地过分夸耀,它有时甚至是令人羞耻的,因为它还很可能正是平庸者的护身符,是中国当代美学繁荣发展的拦路虎!也正是在这个意义上,生命美学才不但时时刻刻力求严谨,而且更时时刻刻力求创新(而要创新就必然会出现暂时的不成熟甚至幼稚)。在它看来,只有不断创新,才真正有可能把一个充满活力的美学带入 21 世纪。

伍　论战的焦点

生命美学的出现,一直是以与实践美学之间的彼此激烈论战而引人瞩目。例如,光被李泽厚先生公开批评,就有六次之多。那么,论战的焦点究竟何在,就不能不是我们首先要弄清楚的问题。我一直认为,学术研究的最高境界是不争而鸣,其次是既争又鸣,最下则是争而不鸣。在生命美学与实践美学的论战中也如此。然而,要争取不争而鸣或者既争又鸣,或者是避免争而不鸣,其关键都在于要弄清楚美学研究进展的当下状况。那么,生命美学为什么要在实践美学之外去探索新的理论取向?其中的原因,显然并不是由于实践美学对于马克思主义实践原则的抉择,而是由于:首先,它对于马克思主义的实践原则的理解有误;其次,它对于审美活动的特殊性的理解有误。而生命美学这一新的理论取向则可以较好地解决这两个问题,从而把美学研究进一步推向深入。

所谓对于马克思主义的实践原则的理解有误,涉及对于马克思主义的实践原则的理解问题,必须强调,事实上,论战的双方都并不反对马克思主义的实践原则,根本的分歧在于如何理解这一原则。众所周知,在美学界,事实上存在着三类与实践原则相关的美学,一类是马克思本人的"实践的唯物主义"的美学,一类是以马克思主义实践原则作为自己的某种理论基点的种种美学(其中也包括生命美学),第三类是 20 世纪 80 年代风靡一时的"实践本体论美学"(即过去的客观社会派的演变,以李泽厚、刘纲纪先生为代表)。美学界所谓"实践美学"从来都是指的"实践本体论美学",生命美学所与之商榷的"实践美学"也只是"实践本体论美学"。因此对实践美学的批评完全不同于对马克思本人的"实践的唯物主义"的美学的批评。在论战中经常看到一些学者为了强调实践美学的正确性,而大讲特讲马克思主义实践原则的重要意义,然而,在论战中究竟有谁反对过马克思主义的实践原则呢?这实在是一个虚拟的论题。生命美学对于实践美学的批评,是从考察实践美学本身关于马克思主义实践原则的阐释中得出的结论,而不是从考察马克思本人关于实践原则的论述中得出的结论。有人认为批评实践美学对于马克思主义实践原则的错误理解就是批评马克思主义的实践原则,这实在是风马牛不相及的事情。在这方面,一些实践美学的维护者在论战中存在着自觉不自觉地把实践美学与马克思本人的"实践的唯物主义"的美学混同起来的错误,以及把对实践原则的阐释与被阐释的实践原则混同起来的错误。而从学术讨论本身而言,这种情况的出现则意味着:这些人并非是在进行学术争鸣,而是在进行一场"美学拱猪"的游戏,似乎是把反实践原则这个罪名"拱"给谁,谁就肯定是这场论战的失败者了。遗憾的是,在这场论战之中,不论生命美学,抑或实践美学,都并非马克思主义实践原则的反对者。关键在于:这场"美学拱猪"本身就完全是虚拟的。而就这场"美学拱猪"的发起者而言,则无疑是其自身虚弱的典型表现。

这样,我们看到,正如生命美学所早已反复指出的,生命美学之所以要对实践美学提出批评,并不是由于实践美学的以马克思主义实践原则作为自己的理论指导这一正确选择——在这个方面,生命美学与实践美学并无分歧,而是由于实践美学对于马克思主义实践原则的阐释有其根本的缺陷。在这方面,正如在论战中许多文章所指出的那样,实践美学对于马克思主义实践原则的阐释存在着严重的偏颇。鉴于这些严重的偏颇在美学界所已经产生的广泛影响,倘若不予以认真清理,事实上已无法推动美学自身的进步。

具体来看,实践美学对于马克思主义实践原则的阐释中所存在着的严重偏颇,表现在两个层面,首先,是对于马克思主义实践原则的阐释本身中所存在的严重偏颇。例如,实践美学往往只强调实践活动的积极意义,却看不到实践活动的消极意义,但实际上这两重意义都正是人类实践活动的应有内涵。事实上,实践活动不会只以一种理想状态存在,人们常说的所谓异化活动,不论产生多么消极的后果,也不能仅仅被掩饰为自然的异化、神的异化,而只能被真实地理解为实践活动本身的异化。正是在这个意义上,马克思才强调说:劳动创造了美,但也创造了丑。"劳动创造了宫殿";"劳动为富人生产了奇迹般的东西";[①]"劳动变化了他自己的自然";[②]"劳动产生了智慧"。[③] 但是另外一方面,劳动也"给工人创造了贫民窟";劳动"使工人变成畸形";劳动"给工人生产了愚钝和痴呆"。[④] 再如,实践美学在对于实践活动的阐释中片面地强调了人之为人的力量。它强调"人是大自然的主人",并且以对于大自然的战而胜之作为实践活动的标志。然而,这种"强调"和"战而胜之"哪里是什么实践活动,充其量也只是一种变相的动物活动。因为只有动物才总是幻想去主宰自然、主宰世界,就像猫主宰着老鼠那样。又如,就以实践活动与审美活动之间的关系而言,实践美学也存在着夸大了实践活动作为审美活动的根源的唯一性的缺憾。然而,实践活动毕竟只能改造自然而不能创造自然,因此,恩格斯才强调:只是"在某种意义上不得不说,劳动创造了人本身"。[⑤] 在什么意义上呢? 在"整个人类生活的第一个基本条件"的意义上。然而,这却并不意味着"劳动是一切财富的源泉",而恰恰意味着"劳动和自然一起才是一切财富的源泉"。因此,必须指出,只是在审美活动的后天性的基础上,即审美活动的诞生是后于自然进化这一普遍规律但却并不无关于实践活动这一特殊规律的基础上,实践活动才是审美活动的根源("自然的人化");然而在审美活动的先天性的基础上,即审美活动的诞生是有关于实践活动这一特殊规律但却并不先于自然进化这一普遍

---

① 《马克思恩格斯全集》第42卷,人民出版社1979年版,第93页。
② [德]马克思:《资本论》第1卷,人民出版社1956年版,第194页。
③ 《马克思恩格斯全集》第42卷,人民出版社1979年版,第93页。
④ 同上,第93页。
⑤ 《马克思恩格斯全集》第20卷,人民出版社1971年版,第509页。

规律的基础上,自然进化才是审美活动的根源("自然界向人生成")。而实践美学对于实践活动的错误理解,所导致的却恰恰是对于审美活动的先天性的忽视。

其次,是对于马克思主义实践原则的阐释背景中所存在的严重偏颇。犹如李泽厚先生的往往从黑格尔去阐释康德,实践美学也存在着从传统的理性主义、目的论、二元论、人类中心论等知识背景的角度去阐释马克思主义实践原则的缺憾。上述实践美学的片面强调实践活动的积极意义、片面强调人之为人的力量、片面强调实践活动作为审美活动的根源的唯一性等等缺憾,实际上不就正是传统的理性主义、目的论、人类中心论、审美主义等偏颇所导致的必然结果吗?

在这里,尤为值得一提的,是理性主义与非理性主义的问题。生命美学对于实践美学的从传统的理性主义出发去阐释实践活动的偏颇的批评,并不意味着生命美学认为马克思主义的实践原则本身也是理性主义的。个别学者在论战中把这根本不同的两者有意无意地扯在一起,显然是错误的。另外,生命美学对于实践美学的从传统的理性主义出发去阐释实践活动的偏颇的批评,也并不意味着生命美学就是要从非理性主义出发去提倡非理性的生命活动。

在生命美学看来,第一,仅仅是针对实践美学对于非理性活动的蔑视,生命美学才强调不但要重视理性活动的重要性,而且要重视非理性活动的重要性。并且强调指出:非理性主义无疑是错误的,但非理性则是非常重要的。人类在理性主义的旱地上毕竟停留得太久了,以至于总是喜欢把批评理性的局限性的人说成是"反理性"。而且,批评理性的局限的生命美学也确实经常指出所谓"人"的死亡,但它不是指的有血有肉的人的死亡,而是指的"被理性主义地理解了的'人'的死亡"。消解掉这些思想的累赘,其结果是,人类反而更加自由了。更重要的是,只有当理性能够认识非理性的时候,理性才称得上是理性;如果理性只能认识理性,只能停留在自身之内,那么走向灭亡的就应该是理性本身。何况,需要强调的是,有人一看到"非理性主义"之类字眼就以为一定是根本否定理性的,实际不然,即便是非理性主义也仍然是一种理性思维,只是在学理上否定理性主义对于理性的奉若神明而已。它着眼于揭露理性主义的有限性、非完备性,其目的则是试图恢复一个有弹性的世界、一个能够在其中遭遇成功与失败的世界,因此同样是非常严肃的学术讨论。而在非理性主义的背后,则意味着人类的一场新的思想历程,这就是:从理性万能经过对于理性的有限性的洞察,转向对于非理性的认可;从理性至善经过对于理性的不完善性的洞察,转向对于理性并非就是人性的代名词的承认;从乐观的历史目的论经过对于历史的局限性的探索,转向对于一种积极的人类历史的悲剧意识的合理存在的默许。总之,是从传统理性走向现代理性,从理性主义回到理性本身。

第二,更为重要的是,生命美学对于非理性的强调,意味着对于理性与非理性的关系的重新思考。在生命美学看来,理性与非理性不但有对立的一面,而且还有统一的一面。因此,最为重要的不是在其中妄自取舍,而是在更高的意义上(超理性意义上)重新理解它们之间的关系。之所以如此,原因很简单,理性与非理性只是一个非常相对的概念。因为,极端的理性与极端的非理性是相通的。理性的极点必然是非理性,非理性的极点必然是理性。同时,理性与非理性不但是相通的,而且是相辅的。生命活动中只有以理性或者以非理性为主的活动,没有纯粹理性或者非理性的活动。这恰似磁铁中的S极与N极事实上根本无法分开一样。纯粹的理性、纯粹的非理性在人类生命活动中都并不存在,所以中国人经常说"合情合理"。而在审美活动中,就更是如此了。这样,在论战中真正的失误就不在于要不要理性或者要不要非理性,而在于只要理性或者只要非理性。例如,非理性主义对理性主义的批判就是如此。有人一看批判理性主义就以为是要批判理性,这是典型的无知。实际上非理性主义批判的只是对理性的神化,或者说,它批判的只是理性的异化物即泛逻辑思维模式。因此,正是在非理性中我们看到了其中蕴含着的理性的根本精神。而且归根结底,非理性的胜利还是人类理性的胜利。它的重大意义在于启发我们重新思考理性与非理性的关系,在于通过非理性层面扩展出新的研究领域。例如有助于揭露审美活动的否定方面,进一步展开审美活动的应有内涵,并且从非理性方面来进一步规定审美活动,等等。这样,既然没有非理性的理性是苍白的,没有理性的非理性是盲目的,两者必须彼此包含,彼此补充,那么作为矛盾的积极扬弃,就应该是学会比理性主义更会思想,而不是简单地拒绝思想。而生命美学之所以强调非理性的重要性,也正是由衷地希望比前此的美学探索更会思想,而不是简单地拒绝思想。

陆 "在活动时享受了个人的生命表现"

实践美学的失误,除了表现在对于马克思主义的实践原则的理解的偏颇之外,还表现在对于审美活动的特殊性的理解的偏颇上。生命美学为什么一定要强调从生命活动入手去考察审美活动呢?无疑因为实践活动与审美活动并不对等。生命活动是一个与人类自由的实现相对的范畴,而实践活动、理论活动、审美活动则无非是它的具体展开(犹如自由也相应地展开为基础、手段、理想等三个重要维度一样),其中,实践活动对应的是自由实现的基础,理论活动对应的是自由实现的手段,审美对应的是自由实现的理想。或者说,实践活动是实际地面对世界、改造世界,理论活动是逻辑地面对世界、再现世界,审美活动则是象征地面对世界、超越世界。因此,从生命活动入手,就可以进而把审美活动作为生命活动的一种特殊类型来加以把握,并且从作为人类自由生命活动的理想实现这一特定角度,去考察审美活动本身。

不可思议的是,从论战中的文章看,个别学人显然从未认真阅读过生命美学的有关论著甚至有关论文,加之缺乏严谨求实的学风,竟然无视生命美学的上述基本思路,望文生义地在生命美学的"生命"二字上大做文章,把生命美学曲解为是对于离开实践活动的生命活动的强调,甚至是对于人的非理性、动物性的强调,或者竟然把生命美学与西方的生命哲学等同起来,结果是断言生命美学否认马克思主义实践原则对于美学研究的指导作用,是从实践原则基点"倒退",这显然是极为随意的,而且与生命美学根本风马牛不相及。实际上,暂且不说中国传统美学与西方现当代美学都是从生命活动出发去考察审美活动的这一美学史的基本事实(因此,生命美学较之反映美学、实践美学要远为能够得到中外美学的思想传统的支持),也不说生命美学与西方所谓生命哲学、生命美学的根本区别,更不说把生命美学的"生命"理解为对于动物生命的强调、对于非理性的强调,在美学知识上是何等的贫乏。这里,我们只要看看马克思本人对于生命活动的论述,一切也就释然了。

在生命美学看来,它强调从人类生命活动的角度考察审美活动,其最为真实、最为深刻的思想背景,不是来自别的什么地方,而正是来自马克思主义美学本身。从生命活动的角度考察人类自身,在马克思的著作中有着大量论述。例如:马克思强调:"任何人类历史的第一个前提无疑是有生命的个人的存在。"[①]"生命活动的性质包含着一个物种的全部特性、它的类的特性,而自由自觉的活动恰恰就是人的类的特性。""动物是和它的生命活动直接同一的。它没有自己和自己的生命活动之间的区别。它就是这种生命活动。人则把自己的生活活动本身变成自己的意志和意识的对象。他的生活活动是有意识的。这不是人与之直接融为一体的那种规定性。有意识的生活活动直接把人跟动物的生命活动区别开来。"[②]并且,就一般意义而言,"我的劳动是自由的生命表现,因此是生活的乐趣","在活动时享受了个人的生命表现",我"在劳动中肯定了自己的个人生命",[③]劳动是人的"正常的生命活动",[④]是"生命的表现和证实";[⑤]就现实意义而言,"在私有制的前提下,它是生命的外化,……我的劳动不是我的生命"。[⑥]"他的生命表现为他的生命的牺牲,他的本质的现实化表现为他的生命的失去现实性";[⑦]"人同

---

① 《马克思恩格斯全集》第3卷,人民出版社1960年版,第23页。
② [德]马克思:《1844年经济学—哲学手稿》,刘丕坤译,人民出版社1979年版,第50页。
③ 《马克思恩格斯全集》第42卷,人民出版社1979年版,第38页。
④ 《马克思恩格斯全集》第23卷,人民出版社1972年版,第60页。
⑤ 《马克思恩格斯全集》第25卷,人民出版社1974年版,第921页。
⑥ 《马克思恩格斯全集》第42卷,人民出版社1979年版,第36页。
⑦ 《马克思恩格斯全集》第42卷,人民出版社1979年版,第124页。

自己的劳动产品、自己的生命活动、自己的类本质相异化这一事实所造成的直接结果就是人同人相异化。"①资本主义生产"已经多么迅速多么深刻地摧残了人民的生命根源",②"因此,私有财产的积极的扬弃,作为对人的生命的占有,是一切异化的积极的扬弃",③等等。

事实证明,至今为止,似乎还没有人会把马克思在谈及人类时所说的"生命活动"与动物的生命活动混同起来,会认为马克思只要提及生命活动,就肯定是提倡动物性、非理性,会把马克思对于人类生命活动的考察降低到西方生命哲学、生命美学的水平上。那么,当我们沿着马克思所开辟的思想道路,把从人类生命活动的角度考察审美活动的美学,约定俗成地称为生命美学(恰似因为强调从实践活动的角度考察审美活动而被约定俗成地称为实践美学),又有什么可以非议之处呢？何况,强调人类生命活动并不必然意味着对于实践在人类生命活动中的地位的排除,难道马克思在使用"生命活动"来描述"人的类特性"时是"排除"了实践在人类生命活动中的地位吗？显然没有。为什么当生命美学使用生命活动这一术语时就是对于实践在人类生命活动中的地位的"排除"呢？实践活动是生命活动的基础,也是生命活动的重要内容,同时还是人类与动物相互区别的关键之所在,离开实践活动,何谈人类的生命活动？这难道不是生命美学所反复强调的基本原则吗？而我本人也反复强调:"假如人类进化是审美活动成为可能的一般基础,人类实践则是审美活动成为可能的特殊基础。确实,以制造并使用工具为特征的实践活动,在使审美活动成为可能中起到了极为特殊的作用。""最终,它不但奠定了审美活动的物质前提(物质文明的诞生),而且奠定了审美活动的感性前提。"④不过,从另外一方面看,人类的生命活动又毕竟并非只是实践活动,在其中,还存在着一种生命活动的特殊类型——审美活动。它有其特殊的价值、特殊的内容、特殊的功能、特殊的规律、特殊的意义。从生命活动类型的角度而言,它既不与实践活动重叠,也不与认识活动重叠;从生

---

① 《马克思恩格斯全集》第42卷,人民出版社1979年版,第97页。
② 《马克思恩格斯全集》第23卷,人民出版社1972年版,第300页。
③ 《马克思恩格斯全集》第42卷,人民出版社1979年版,第121页。
④ 潘知常:《诗与思的对话》,上海三联书店1997年版,第74—75页。

命活动的价值类型的角度而言,它既不与求真活动相重叠,也不与向善活动相重叠;从生命活动的超越类型的角度而言,它既不与现实超越重叠,也不与宗教超越重叠。它是自由内化为人的本性、内化为人的需要的结果。而且,更为重要的是,美学之为美学所要研究的又毕竟只是作为一种生命活动的特殊类型——审美活动。也因此,在美学研究中煞有介事地介绍哲学方面关于实践活动的研究成果,对于美学的学科建设而言,毕竟意义不大,而斤斤计较于实践活动与审美活动的同一性关系——尽管这关系确实十分重要,也毕竟并非美学的全部。

进而,亟待看到的是,生命美学正是从马克思的《1844年经济学哲学手稿》"接着讲"的。一般认为,马克思的《1844年经济学哲学手稿》尽管是以"人的解放"为核心,但是却也隐含着人文视界与科学视界、人文逻辑与科学逻辑亦即人道主义的马克思主义与唯物主义的马克思主义、人本主义的马克思主义与科学主义的马克思主义的不同指向。其中的后者,经过《德意志意识形态》乃至《资本论》,已经形成了马克思所谓的"唯一的科学,即历史科学"。可是,其中的前者却被暂时剥离了出来,且至今都还亟待拓展。它意味着与"历史科学"彼此匹配的"价值科学"的建构。而且,犹如作为"历史科学"之最高成果的《资本论》的出现,而今也无疑期待着作为"价值科学"的最高成果的出现。换言之,生命美学并不直接与马克思的实践唯物主义历史观、政治经济学和科学社会主义相关,而是直接与前三者所无法取代的马克思的人学理论相关。人不仅仅是实践活动的结果,还是实践活动的前提。离开实践活动来研究人固然是不妥的,但是,离开人来研究实践活动也是不妥的。人是实践活动的主体,也是实践活动的目的,实践活动毕竟要通过人、中介于人。人的自觉如何,必然会影响实践活动本身。没有人就没有实践活动的进步,因此马克思指出:"个人的充分发展又作为最大的生产力反作用于劳动生产力"。[①] 何况,实践活动的进步又必然是对人的肯定。这就是所谓的"以人为本""人是目的"。因此,从实践活动对于人的满足程度来

---

① 转引自韩庆祥:《现实逻辑中的人——马克思的人学理论研究》,北京师范大学出版社2017年版,第44页。

评价实践活动的进步与否,也是十分必要的。人,完全可以成为一个独立的研究对象。它所涉及的是:人性、人权、个性、异化、尊严、自由、幸福、解放,"我们现在假定人就是人"、"通过人而且为了人"、"作为人的人"、"人作为人的需要"、"人如何生产人"、"人的一切感觉和特性的彻底解放"、"人不仅通过思维,而且以全部感觉在对象世界中肯定自己"以及区别于"人的全面发展"的"个人的全面发展"……毫无疑问,在这条道路的延长线上,恰恰就是生命美学的应运而生。通过追问审美活动来维护人的生命,守望人的生命,弘扬人的生命的绝对尊严、绝对价值、绝对权利、绝对责任,这正是生命美学的天命。令人遗憾的是,所谓实践美学却恰恰不在这条道路的延长线上。

更为重要的是,20世纪80年代问世的生命美学的全部历程证明,它从未忽视过对于马克思主义实践原则的关注,也从未片面强调过人的非理性、动物性,更时时都在注意划清生命美学与西方生命哲学的根本界限。至于生命美学与实践美学之间的根本区别,在我看来,就在于:实践美学把实践原则直接应用于美学研究;生命美学则只是把实践原则间接应用于美学研究。生命美学强调,在美学研究中,要从实践原则"前进",把它转换为美学上的人类生命活动原则(涉及的是马克思的人学理论),并且在此基础上,从把审美活动作为实践活动的一种形象表现(实践美学),转向把审美活动作为人类生命活动中的一种独立的以"生命的自由表现"(马克思)为特征的活动类型,予以美学的研究。由此入手,不难看出实践美学的局限性。实践美学只是从"人如何可能"(实践如何可能)的角度去阐发"审美如何可能""美如何产生"(客体为什么会成为美的)、"美感如何产生"(主体为什么会有美感)以及"实践活动与审美活动的同一性"的实践美学的考察,是从"审美活动与实践活动之间的同一性、可还原性"开始的对于人如何"实现自由"(马克思)的一种非美学的考察。所以它才会如此强调"美的本质、根源来自实践"这样一个基本立场(实践美学的贡献与偏颇也都可以从这句话中看到),然而,在美学研究中,完全可以假定人已经可能,已经在哲学研究中被研究过了,而直接对审美如何可能加以研究。打个比方,人当然是从动物进化而来,但假如认为对于动物的研究就可以僭代对于人本身的研究,岂非本末倒置?实践美学的局限恰恰在于把"人如何可能"与"审美如何可能"等同起来,并且以对前者的研究来取代对于后者的研究。因此实践美学往往从"实践活动如何可能就是审美活动如何可能"这样一个内在前提出发,把"审美活动如何可能"这类美学意义上的问题偷换为"审美活动如何产生"这类发生学意义上的问题,把对于审美活动的"性质"的研究偷换为对于审美活动的"根源"的研究,其结果,就是在实践美学中真正的美学问题甚至从来就没有被提出,更不要说被认真地加以研究了(须知,作为一种理论思维,对于美学而言,最为重要的不是"因为什么",而是"如何可能")。生命美学与实践美学的区别恰恰在这里。它强调在美学研究中必须将"人如何可能"与"审美如何可能"分离开来,将"人如何可能"深化为"审美如何可能",在生命美学看来,"实践如何可能"并不直接导致"审美如何可能"。审美活动虽然与实践活动有着密切的关系,但却毕竟不能被简单还原为实践活动,实践活动是审美活动得以产生的必要条件,但却毕竟并非审美活动本身。没有它,不会有审美活动,但只有它,也不会有审美活动。实践活动虽然规定了审美活动的"不能做什么",但却并没有规定审美活动的"只能做什么",在"不能做什么"与"只能做什么"之间还存在着一个广阔的"生命的自由表现"的空间,一个人类的理想本性、最高需要、自由个性的理想实现的领域,一个无穷的自由地体验自由的天地。而这,正是审美活动的广阔疆域,也正是美学之为美学的独立的研究对象。因此,生命美学强调的是"审美活动如何可能"(审美活动如何为人类生命活动所必需)、"美如何可能"(美何以为人类生命活动所必需)、"美感如何可能"(美感何以为人类生命活动所必需),是从"审美活动与实践活动之间的差异性、不可还原性"开始的对于人如何"自由地实现自由"(马克思)的一种美学的考察。显而易见,只有如此,美学才真正找到了只属于自己的问题,也才真正完成了学科自身的美学定位。

柒　对话而不是对抗

在20世纪的最后一个二十年,出现生命美学与实践美学的论战,显然并非偶然。在我看来,这正意味着当代中国的美学界已经真正进入了一个美学的战国时代,更意味着在世纪之交迫切需要人类具备更为博大的美学智慧。也因此,当我们面对这场论战之际,就必须超越生命美学或者实践美学之间的谁是谁非,把目光转向美学提问方式的转型和美学问题的转型这一根本问题上来,以求得在论战中的共同的美学收获。

遗憾的是,美学界在这个方面却并未达成应有的共识。例如,尽管我们十分欣慰地看到,实践美学的上述缺陷,在论战中经过广泛的讨论,目前已经程度不同地取得了双方的共识。最有力的例证,就是即便是竭力维护实践美学的学者,也已经承认实践美学自身确实存在着重大的缺憾(由此可见,生命美学对实践美学的实践原则的批评是切中了要害的,也是善意的)。可惜,目睹实践美学的尴尬之后,一些学者所提倡的"改造"或者"超越"实践美学,却仍旧令人疑惑重重。实践美学有其特定的内涵,那种以自己对实践原则的理解来僭代实践美学对实践原则的特定理解并且宣称是在"改造"实践美学(并且宣称出现了种种新的"实践美学学派")的做法,我个人认为在论战中不宜提倡。须知,实践美学是有其特定的理论框架的,对它的"改造"也必须遵循这一框架,因此并不是任何一种以马克思主义实践原则作为自己的某种理论基点的美学都可以被称为"实践美学"的——哪怕是被"改造"后的"实践美学"(假如自己平时并不研究美学基本理论,甚至连这方面的一部专著、一篇专门的论文都没有,现在只是一方面悄悄地对生命美学对实践美学的批评加以借鉴,一方面三言两语地草率提出一个新的实践美学的设想,就自认为自己可以代表"改造"后的实践美学,这种做法,除了巧妙地自立门户之外,我认为没有什么学术上的积极意义)。那么,从实践美学的内部出发的对于实践美学的改造呢?尽管这无疑是一种积极的态度,但是我也并不完全赞成。因为这种做法只是在实践美学内部才是有效的,而且是积极的。但是假如从这一看法出发去看待美学研究本身,以为经过"改造"后的实践美学仍旧应该承担起包打天下的使命,并且因此而拒绝与其他的任何美学观点对话,那显然仍旧是不明智的并且是完全错误的。至于"超越"实践美学的提法,我也并不赞成。因为假如实践美学等于美学,那显然无从超越也不能超越。假如实践美学只是美学中的一种,那显然无须超越也不必超越。

那么,为什么会出现上述做法呢？除了个人的某些原因之外,一个共同的原因,还是在争论的双方中都存在着一种"是非对错""谁胜谁负""定于一尊"甚至"唯我独尊"的传统心态,以及彼此画地为牢彼此拼一个你死我活的错误倾向。这,无疑是极为狭隘的。在我看来,这场论战的意义不在对抗而在对话,其目的也不是砌墙而是造桥,是让不同的美学之间可以交流,而不是让不同的美学走向对抗,是在宽容中找到一些边界,让不同的美学可以共生,而不是画地为牢让它们拼一个你死我活。换言之,论战的目的并非再造就一个同心圆,尽管大圆里有小圆,圆中有圆,但是核心始终是一个固定的点,所有的圆都要围绕着这个点旋转。对于这场论战而言,应该是只有"交点"而没有"圆心"。并且,不是东风要压倒西风,也不是西风要压倒东风,而是东风与西风共存于世界。

只有这样,通过生命美学与实践美学的论战(当然还通过其他的美学论战),才能够使得当代美学禀赋着明显区别于传统美学的别一种智慧、别一种眼光。事实上,美学研究并不存在一个共同认可的前提。在这方面,过去一直存在着某种误区。理性主义的视界,使得美学固执于一种无限性的立场。对于它来说,美学的范式是必须共同遵循的。这共同的美学范式使得美学家彼此之间可以同一,可以通约,同时,也使得美学家们的研究成果被误认为是可以"放之四海而皆准"的,并且因此而养成了那种"谁胜谁负""定于一尊"甚至"唯我独尊"的不良心态。而在当代美学看来,美学只能立足于有限性的立场,在这里,美学的范式是个体化的,这样,不同的美学范式,使得不同的美学之间既不能同一,也不能通约,而且任何一种美学的研究成果也必然是"洞察"与"盲点"共存。显而易见,这意味着:美学研究没有绝对的出发点。一种理论类型的高下优劣也不应以另外一种理论类型为标准或参照系来判断,不论这种理论类型是来自传统,还是来自某种预设的理论标准,而应视它本身的实践价值即对人类审美活动的有效阐释的深度与广度而定。

更为重要的是,从历史上看,任何一种美学体系,其走向错误的开端,都是由于狂妄地把自己看作中心,固执地只在自己的视界所及的范围内阐释世界,而且认定这才是唯一的阐释世界的途径,从而不惜通过把其他体系排斥在边缘的方式以把自己的体系神圣化。也就是说,通过自我封闭的方式来达到自我褒扬。然而,不同美学的形成过程,完全是相互交流的结果。在美学界不可能存在高高在上的美学法官。其中的原因十分简单,美学是一个系统,对于系统来说,最为重要的不是中心,而是系统的秩序。何况,考察审美活动是所有美学体系的共同的心理根源,至于采取何种方式则决定于不同的思维方式,这就是说,对审美活动的考察方式不存在唯一性,每种考察方式都提供了相应的意义。这样,至关重要的就已经不是过去的所谓"老子天下第一""唯我独尊""谁胜谁负""定于一尊",而是公开承认自己的研究是建立在有限性的基础上的,是美学学术研究的一长串链条中的一个环节,而且,任何一个美学家的研究都有可能成为别人的对话对象,也会成为美学史中的一段内容。自己有权与别人对话,别人也有权与自己对话,自己可以与前人对话,后人也可以与自己对话,因而不必自己崇拜自己,也不必否认意见的尖锐对立,更不必简单地加以判断甚至否定,而是尽量寻找不同意见之间的合理性、互补性、差异性。也因此,真正的美学进步,并不表现在把某一种美学(例如实践美学)与美学本身等同起来,并且人为地把它抬高到去包打天下的地步,而是表现在能够自觉地意识到任何一种美学都必然有其长处,同时也必然有其局限,表现在不同美学之间都自觉地保持着一种平等共存(而不是超越)和对话(而不是对抗)的关系。不同的美学之间彼此都因为自己存在局限而被对方所吸引,又因为自己存在长处而吸引对方,从而各自到对方去寻找补充,并自觉地从昔日的"不破不立"或"先立后破"的做法转向"立而不破"。而生命美学之所以要与实践美学进行美学对话,正是要找到在彼此之间都存在着的美学边界,找到只属于自己的独立的新的美学天地,以便更好地进行美学研究。"我欣赏我所提供的这一阐释模式,但是,我同时也尊重别人所提供的其他阐释模式。"这,就是生命美学的选择,同时,也应该是美学本身的选择!

捌　美学的重建[①]

由上所述,不难看出,我们也就必然要从对实践美学的重大失误的考察转向对于美学本身的重建的考察,因为,实践美学的重大失误无疑就蕴含着美学本身的历史性重建这一不容置疑的必然。

同样不容置疑的是,美学的重建应该从它自身的局限性开始,换言之,它自身的局限性就是美学重建的逻辑起点。

关于美学的局限性,正如我在前面所指出的,就在于:它的逻辑起点是理性主义的。[②] 因此,现在要从中超越而出,就必须把非理性引入理性,并且成功地沟通两者。[③]

思路的转换确实极为重要。试想,按照牛顿的思路,又怎么能够创造出爱因斯坦的相对论呢?何况,思路的转换也已经有了现实的可能。毫无疑问,我这里指的是当代文化所出现的历史性漂移。

人们已经十分熟悉,在 20 世纪,根深蒂固的理性主义传统遇到了强劲的挑战。哥白尼的日心说、达尔文的进化论、马克思的唯物史观、爱因斯坦

---

① 从本节开始,系出自我的论文《美学的重建》,原载《学术月刊》1995 年第 8 期。
② 这理性主义,可以称之为"黑格尔主义"。中国的美学研究乃至中国的意识形态与"黑格尔主义"的关系,实在是一个世纪性的课题。其中,马克思本来是从批判"黑格尔主义"起步,而中国的接受马克思却偏偏从接受"黑格尔主义"起步,就实在是一个世纪之谜。再如,中国美学对于康德的接受也是通过"黑格尔主义",同样是一个世纪之谜。
③ 当然,过去美学家也并不是没有注意到非理性,但只是在附庸、陪衬的意义上注意到的。结果,除了又多了一个理性/非理性的二元对峙之外,没有别的实质性收获。

的相对论、尼采的酒神哲学、弗洛伊德的无意识学说,作为历史性的非中心化运动,分别从地球、人种、历史、时空、生命、自我等一系列问题上把人及其理性从中心的宝座上拉了下来。① 1+1=2为什么就应该而且能够支配人类的命运?是谁赋予它以如此之大的权力?人类被迫发出了最后的吼声。这实在是一个比康德的纯粹理性批判还更为深刻的提问。

而在此时再一次回顾历史,也不难想到我在前面就已经指出的:西方的理性主义美学之所以着意强调"本质"的审美,实际上也只是在人类社会不发达的时期所采取的一种心理维护的手段、一种镜像心理,并且是以人格分裂的特殊方式来完成的。而现在,理性主义的终结终于成为现实。从此,传统的逻辑前提——现象后面有本质,表层后面有深层,非真实后面有真实,能指后面有所指——被粉碎了,包括语言符号在内的整个世界都成为平面性的文本。世界成为一本根本就不可能完全读懂的书,因为原稿丢失了。不再是事事有依据、一切确定无疑,世界也不再可以被还原成为1+1=2那样简单明了的公式。传统的世界的稳定感不复存在。一切都再无永恒可言。

需要强调的是,关于上述现象,美学界有目共睹,事实上并无争论。但是,为什么非理性的问题得不到应有的重视?为什么它在美学研究中仍然只有附庸的地位呢?原来,相当多的学者往往是从"理性被世界消解"的角度来评价这一现象的。在他们看来,不是人类的理性话语出了问题,而是世界出了问题,是世界打败了理性话语。理性话语本身并无责任——顶多是总结经验教训。但实际上却应该从"理性被人类消解"的角度来评价这一现象。真实的情况是:理性自身出了问题!人类着重批判的,不是世界的虚妄,而是理性的虚妄!因此,人类面对的主要问题,不是走出外在的物质世界,而是走出内在的理性世界,走出用理性主义、绝对精神、人道主义编织的

---

① 还要强调一次,在美学,思想的转变中,人类文化从口传文化到印刷文化最后到电子文化的重构非常值得注意。理性主义文化与人类的文字时代关系密切。正是从把一切现象都抽象为文字,人类学会了把一切现象都抽象为本质。电子文化的时代则是对此的破坏。

伊甸乐园。

其中的关键是：不再将复杂性还原成为简单性，世界真正成为世界。有人说，这样岂不是把世界搞复杂了？确实如此。但之所以把世界搞复杂了，那是因为世界本来就不像僵化者的头脑中想的那么简单，本来就没有一个绝对的支点使理论和秩序合法化，例如，传统理性本来也只是一种视角，在追求"本质""统一""实体"（那是什么？）之时，在它的一元论的背后，就已经假定了一种多元论（对于我那是什么？）。然而我们追求简单，把它作为唯一的一元，结果铸成大错。难道只有固定不变的才是有价值的？难道只有永恒、完美的东西才是值得追求的东西？难道变化的就不真实，属于过程、瞬间的就是不值一顾之物？一切曾经见惯不惊的观念通通被人们重新加以思考。

人类由此进入了一个没有绝对"真理"的时代。尼采曾为此发出骇人听闻的悲鸣："上帝死了！"然而，上帝又何死之有？其实它从来就没有活过。所谓"上帝死了"，无非是一种传统的"理性"死了，一种关于上帝的话语消解了，一种稳定的心理结构崩溃了。这场景，曾经令很多学者痛不欲生。断了线的风筝，这似乎并非人类所能忍受的命运。然而，相对于往日的"理性"，又未尝不是一件好事。须知，"理性主义"本来就是一种权利话语，一旦无限夸大，就会成为束缚人的东西。再说，拒绝抽象的理性生活，固然是一种痛苦，但像某些固执于理性主义的前人那样一生生活在虚伪之中，岂不也是一种痛苦？何况，只有如此，人类才能走出精神的困境——当然，其中也包括美学的困境。

玖　以人类的超越性的生命活动作为自己的逻辑起点

对于理性主义的拒绝，使得美学的重建有了令人信服的合法性。当然，这并不意味着以非理性取消理性，而只是意味着扩大美学研究的范围，实现美学研究中心的转移，从而做到真正作为美学家来说话，说美学自己的话。

这里的扩大美学研究的范围,是说美学应该从实践活动原则扩展为生命活动原则。至于实现美学研究中心的转移,则是说美学应该从实践活动与审美活动的差异性入手,以人类的超越性的生命活动作为自己的逻辑起点。

本节先讨论前者。

实践原则,体现着马克思哲学思想的基本精神,也是他所带来的哲学变革的根本指向。然而,它本身又同时就是一个期待着阐释的原则。在一定时期内,人们把它理解为唯一原则,认为一切问题都可以直接从中得到说明。然而,现在看来,这也许只是一种关于实践原则的阐释系统而已。[①] 在我看来,实践原则并非唯一原则,而只是根本原则。人类的生命活动确实以实践活动为基础,但却毕竟不是"唯"实践活动。因此,我们应该把目光拓展到以实践活动为基础的人类生命活动上面来(实践活动只是生命活动的物质基础),从实践活动原则转向生命活动原则,而这就意味着:美学要在人类生命活动的地基上重新构筑自身。

我这样讲,理由在前面就已经略有提及。这就是:实践活动原则虽然在结束传统哲学方面起到了决定性的作用,但却毕竟仍然只是一个抽象的原则,只有以实践活动为基础的人类生命活动原则才是具体的原则。

且看实践活动原则在结束传统哲学方面是怎样起到决定性的作用的。

就西方传统哲学而言,或者抓住了人类活动的物质方面,或者抓住了人类活动的精神方面,都是从抽象性的角度出发建立自己的体系。人类的思辨历程是一个否定之否定的过程。最初开始于一种抽象的理解。或者是抽象的外在性,奉行实体性原则,它总是抓住世界的某一方面,固执地认定它就是一般的东西。这在人类从自然之中抽身而出的时代,强调人同自然的区分,固然是一大进步——由此我们不难理解希腊哲学家泰勒斯声称"水是

[①] 犹如说"自然的人化"只是马克思美学思想的一种阐释系统而已,在生命美学看来,"自然界向人生成",就可以也是马克思美学思想的一种阐释系统。何况,马克思本人并没有直接提出"自然的人化"这个美学命题。

万物的本原",为什么在西方哲学史中总是被认定为哲学史的开端,并且享有极高的地位,它意味着西方人真正地走出了自然,开始把人与自然第一次加以严格区分,开始以自然为自然,不再以拟人的方式来对待自然——但却毕竟只是一种抽象的自然,而且无法达到内在世界。或者是抽象的内在性,奉行主体性原则,它总是抓住主体的某一方面,或者是人区别于动物的某一特征,如理性、主观、意志、符号,等等;或者是人的活动的某一方面,如工具制造、自然活动、政治活动、文化行为,等等。固然,这在强调人同内在自然的区分上是十分可贵的。通过这一强调,人才不但高于自然,而且高于肉体,精神独立了,灵魂也独立了。"目的"从自然手中回到了人的手中,古代的那种人虽然从自然中独立出来,但却仍旧被包裹在"存在"范畴之中的情况,也发生了根本的改变。通过思维与存在的对立,人的主体性得到了充分的强调。笛卡尔的"我思故我在",可以看作这种强调的一个标志。唯理论与经验论是对于主体性的两个方面的强调,而康德进而把认识理性与实践理性作了明确划分,从而成功地高扬了人类的主体能动性,但却毕竟只是一种抽象的主体。后康德哲学则开始尝试从抽象的外在性与抽象的内在性的对立走向一种具体性,以达到对于人类自身的一种具体把握。黑格尔把历史主义引进到纯粹理性,以对抗非历史性,提出了所谓思想客体,费尔巴哈则引进人的感性的丰富性以对抗理性主义对人的抽象,提出所谓感性客体,但他们所代表的仍旧是唯心主义或唯物主义的抽象性。现代哲学也不例外,或者划定理性的界限,或者反而关心非理性的方面,借助于对这些方面的夸大,起到了对于人类自身的一种具体把握的追求的补充效应,但也仅此而已,也只是抓住了非基础性的方面。正如施太格缪勒说的:存在哲学和存在主义的"本体论都企图通过向前推进到更深的存在领域的办法来克服精神和本能之间的对立"。① 然而,在其中心灵与世界的抽象对立始终存在,虽然不再简单地归于一方了。

---

① [德]施太格缪勒:《当代哲学主流》上卷,王炳文等译,商务印书馆1986年版,第168页。

马克思主义的实践活动原则则正是这种抽象对立的真正解决。① 最后解除外在性与内在性的抽象对立而达到一种具体性,达到一种对于人类自身的具体的把握的,正是人类的实践活动。在实践活动中,不再用一种抽象性取代另一个抽象性,抽象的客体与抽象的主体真正统一起来了,转而成为实践活动的两种因素,正是在这个意义上,马克思才说:"不在现实中实现哲学,就不能消灭哲学",不消灭哲学,就不能"使哲学变成现实"。②

但也正是因此,我们就不能不指出,马克思实践活动原则的提出,并非人类克服抽象性原则的结束,而只是开端。道理很简单,假如离开了人类生命活动的方方面面的支持,单纯的实践活动原则只能是一个抽象的原则。③ 马克思在当时格外突出了实践活动,主要是因为传统哲学最为忽视的正是这个作为人类生命活动的基础的东西。同时也因为人类对于自身生命活动的方方面面的研究还没有开始,还不可能把它展开为一个具体的原则。因此我们在注意到实践原则的基础地位的同时,也无须把它夸大为唯一的原则。迄至今日,当我们面对把实践活动展开为一种具体的原则的历史重任,尤其是当人类已经在方方面面对于人类的生命活动加以研究之后,无疑有

---

① 黑格尔在自己的思想探索中已经初步涉及了现实的人的劳动,但是却失之交臂,未能把握住这一关键环节,而且,黑格尔是从现实劳动到自我意识再到绝对理念,结果把自己蕴藏的革命活力和革命思想完全窒息了,马克思却是从绝对理念到自我意识再到现实劳动。
② 《马克思恩格斯全集》第1卷,人民出版社1956年版,第7页。
③ 所谓人的本质力量,既是原始本质,又是理想目标,这只是一种循环论证,在逻辑上是不成立的,而且也无法说明异化的产生。因此只能令人疑窦丛生。在人类的主客体分化过程中,人的实践能力也处在形成过程中,因此实践活动并不是最早的活动,但其时生命活动却是存在的。恩格斯说过:"劳动创造了人本身。"(《马克思恩格斯全集》第23卷,人民出版社1972年版,第202页)这里的劳动显然不是实践,否则,实践是人的本质,但实践又创造了人,这不是矛盾的吗?可见,人类生命活动在时间上先于实践活动;其次,生命活动分为外部活动、内部活动,实践活动则是外部活动,例如必须是"感性活动"。可见,在内涵上也较之于实践活动更为全面。

必要同时有可能把它扩展为人类的生命活动原则。① 从实体原则——到主体原则——到实践活动原则——到生命活动原则,应该说既忠实于马克思主义的哲学,又充分体现了发展着的时代精神,在我看来,这正是马克思主义哲学的题中应有之义。②

换言之,从实践活动原则扩展为生命活动原则也完全与当代哲学的从"知识论"(海德格尔称之为"范畴原则")向"生命论"(海德格尔称之为"生存论原则")的根本转向彼此一致,是深入挖掘实践原则的生命论内涵的必然结果。

就深入挖掘实践原则的生命论内涵而言,当然,马克思没有提过生命原则,也没有提过个体存在,而且众所周知,马克思的实践原则强调的是社会存在,意识到这一点,无疑有助于我们对于当代西方的生命哲学保持清醒的头脑。例如,在当代西方的生命哲学那里,所谓"感性""生命"仍旧只是一种现成的摆在那里的存在,而不是一种真正的属人的存在,仍旧是一种脱离历史性、现实性的独立不依的对象,因此像以理性为根据一样,当代西方生命哲学的以感性为根据仍旧是错误的。再如,马克思的实践原则的对于确立个人对于偶然性和关系的统治的强调以及对于关系和偶然性的对于个人的统治的批判,也是值得我们认真理会的。无论如何,为生存需要所引导的物质生产活动、物质生产活动方式以及人们通过生产活动建立起来的各种社

---

① 从时间上说,在100亿年的时间长河中,人类占有多少呢? 300万年,而且其中的99%以上还属于未开化的原始社会。若将这100亿年比作一年,那么,原始生命是在这一年的12月14日诞生的,人类是在12月31日23时45分诞生的。而在20世纪的我们只相当于零点零几秒,在这样短暂的时间里去探求整整"1"年的事情,实在是不可能的。从空间上说,假如把这100亿光年的空间想象成地球,那么跨度为10万光年的银河系只是一枚直径为10米的巨大"铁饼",太阳也只是像氢原子一样,只有用电子显微镜才能找到,我们人类更是连沧海一粟也算不上,我们又如何去探索空间?(参见巴仁编著:《科学——智慧的沉思》,上海科技教育出版社1991年版。)

② 人们总是忽视马克思与柏拉图、黑格尔为代表的知识论美学传统的根本差异,从而把它的基本问题——思维与存在的关系问题当作马克思美学的基本问题。实际上,马克思探讨的是作为认识和思维活动的基础和前提——人类的生命活动。

会关系,都是人类生命存在的基础。但是,就其实质而言,又应该说,实践并不外在于个体,因为它所揭示的正是人类生存与自我生成的根本关联,正是个体如何向自由人联合体转化的内在奥秘。马克思本人不就一再强调,我们的出发点只能是现实的有生命的个人?古今哲学历史都包含着对于生命的终极性关注,都不可回避地以自己的方式表达着这种关注,问题在于我们从来就未能对此给以应有的关注。对此加以必要的新的解读,正是我们的历史使命。

换言之,在马克思那里,关注的人类解放事实上是两个方面:一个方面,是物质关系的解放,包括社会关系、经济关系、政治关系,等等;另一个方面,是精神关系的解放,包括心理关系、伦理关系、道德关系、审美关系,等等。马克思在《1844年经济学—哲学手稿》中指出:"私有财产的积极的扬弃,作为人的生活的确立,是一切异化的积极的扬弃,从而是人从宗教、家庭、国家等等向自己的合乎人的本性的存在亦即社会的存在的复归。宗教的异化本身只是发生在人内心深处的意识领域中,而经济的异化则是现实生活的异化,——因此异化的扬弃包括两个方面。不言而喻,在不同的民族那里,这一运动是从哪个领域开始,这取决于该民族的公认的生活主要地是在意识领域中进行还是在外部世界中进行,这种生活更多地是观念的生活还是现实的生活。"①请注意,虽然马克思在这里所谈到的只是"宗教的异化"和"经济的异化",但是,却完全可以看作是马克思对精神关系的解放和物质关系的解放的集中表述。例如,"异化的扬弃包括两个方面"、"宗教的异化本身只是发生在人内心深处的意识领域中"、"在意识领域中进行"、"观念的生活"……因此,不难看出,实践原则针对的是人怎样从现实的物质关系中获得解放,生命原则针对的则是人怎样从精神关系中获得解放。

遗憾的是,某些以坚持实践原则自居的学者往往对生命原则自觉不自觉地加以拒绝,他们或者把生命原则看作动物性的原则,或者是把生命原则

---

① [德]马克思:《1844年经济学—哲学手稿》,刘丕坤译,人民出版社1979年版,第74页。

与西方生命哲学的思潮混同起来,由于后者的对于生命的非理性注意的理解,因而也就迁怒于生命原则,这无疑都是不正确的。生命原则显然与动物性的原则无关,西方生命哲学的思潮显然应该成为一个极为重要的思想资源——甚至一个必不可少的思想起点,但是却毕竟不是我们所说的生命原则本身。在我们看来,事实上,实践论与生命论的内涵应该是彼此互释的,彼此之间不存在一个谁先谁后的问题。有人在实践破除了传统的神话之后,又一厢情愿地把实践奉若神话。这实在荒诞。实践规定一切,那么谁来规定实践?实际上,从目的角度说,一旦把实践贯彻到底,就必然与生命存在密切相关。实践不过是为了更好的生存。无视生命存在的实践是无根的实践。何况,实践只是手段,不是目的,生命存在本身才是目的。从内涵的角度说,首先,实践是感性而不是实证的,这无疑就与生命存在直接相关。而且,假如说在认识论的意义上,实践确实有其绝对先在的意义,从生存的角度,就无论如何也不能这样讲了。我们反而要说,实践作为人类的积极的求生活动,应该从属于生命存在。其次,除了我在前面已经强调过的实践的负面价值之外,还应看到,人类的具备实践能力,与其看作人类的特权,远不如看作人类的责任。人类的发展不能归纳为物质条件的改善,也不能以与大自然的分离为前提。因此,实践不仅是人与自然的分裂,而且更是人与自然的统一。这正是实践在自然的层面上所显示出来的生存论的意义。从指向的角度,实践原则使得人类的目光从对于"本质的"或者"非本质的"考察转向"对于生命存在本身"的关注,从而直接赋予现实生活以本体论意蕴。这意味着:实践原则从"以不同的方式解释世界"转向"改变世界",转向对于"现实的人及其历史发展"的关注,而这当中就蕴涵着生命论内涵的开掘。因为只有生命论内涵才有可能从人类特有的生命存在的角度使得实践的内涵获得全面的、深入的理解,从而避免把实践原则简单地理解为某种抽象的客观活动。

而就当代哲学的从"知识论"向"生命论"的根本转向而言,将实践原则扩展为生命活动原则,显然也可以更好地容纳当代哲学所面对的大量新老问题。随着时代的发展,一切已经发生了根本的变化,哲学所面对的新老问题都已经面目一新。老问题如自由问题、主客体的分裂问题、真善美、自由与必然、事实与价值、规律与选择、感性与理性、灵与肉的分裂,但它们也有了新内容。新问题如痛苦、孤独、焦虑、绝望、虚无,因核武器、环境污染、生态危机所导致的全球性人类生存问题;相对论、测不准关系、控制论、信息论、耗散结构,以及发生认识论、语言哲学、科学哲学所涉及的哲学问题……这些问题用实践活动是难以概括的。事实上,这些新老问题都是根源于人类的生命活动,发展于人类的生命活动,也最终必然解决于人类的生命活动。因此,从生命活动而不是时间活动的角度无疑更有助于对于上述问题的把握。而且,更为重要的是,上述新老问题事实上集中表现为一个问题,这就是我在不同场合反复强调的所谓"生命的悖论"。生命的完全敞开,使得生命的悖论作为真实的一幕袒露而出,它是生命中的某种积极的动力,也是生命中的一个大有深意的谬误,而且是生命中的一个前提性的问题,意识不到这一点,不论生命还是美学就必然是苍白的,而一旦意识到这一点,则必然会从实践活动原则转向人类生命活动原则,以便更好地为之提供本体论的理论根据。

换言之,就当代哲学的从"知识论"向"生命论"的根本转向而言,将实践原则扩展为生命活动原则,还可以更准确地表达对于当代美学的自我理解。在传统哲学,尽管形态可以各异,但是维护"人对人的依附性",则是其中的共同之处,因此,就必须树立某种"神圣形象",同样,也就必须强调抽象的、普遍的、绝对的、必然的、确定的总之是本质的东西,并且压抑个别的、具体的、相对的、偶然的、不确定的总之是现象的东西。而在时代转换之后,为了转而维护"以物的依赖性为基础的人的独立性",又必须树立某种"非神圣形象",因此也必须强调个别的、具体的、杂乱的、偶然的总之是现象的东西,并且排斥抽象的、普遍的、统一的、必然的总之是本质的东西。现在,为了维护"以个人全面发展为基础的自由个性",无疑也就必须把这上述本质主义与非本质主义的哲学在生命论基础上统一起来,这样就必须同时反对"神圣形象"和"非神圣形象"的"自我异化",消解"人对人的依附性"和"以物的依赖性为基础的人的独立性"。有鉴于此,以生命论转向来表达哲学的这一自觉,应该说,不但比所谓实践论转向要更为准确,而且可以避免在实践论转向中往往难以避免的实证化、庸俗化的弊端。

拾 "理想"地实现了人类的自由本性

美学的从实践活动原则扩展为生命活动原则,就必然导致美学的研究中心的转移。

生命活动原则使我们有可能从更为广阔的角度考察审美活动。这使我们意识到:实践活动相对于审美活动来说,只是某种基础性的存在,但却并非审美活动本身。传统美学强调两者完全无关,显然是错误的,实践美学强调两者大同小异,也同样无法避免某种片面性的存在。正确的做法是:找到一个在它们之上的既包含实践活动又包含审美活动的类范畴,然后在类范畴之中既对实践活动的基础地位给以足够的重视,同时又对其他生命活动类型的相对独立性给以足够的重视。毫无疑问,这个类范畴应当是人类的生命活动,而实践活动、审美活动(包括艺术活动)以及认识活动则是其中最主要的生命活动类型。那么,美学的研究中心是什么呢?无疑应该是相对独立于实践活动的审美活动,不过,需要强调一下的是,假如从不"唯"实践活动的生命活动原则出发,那么应当承认:这里的审美活动不再被等同于实践活动,而被正当地理解为一种超越性的生命活动。

这样,中国当代美学的或者以美,或者以美感,或者以审美关系,或者以艺术为研究中心的失误也就从根本上得到了匡正。当我们把审美活动理解为一种超越性的生命活动之时,不难发现:传统美学一直纠缠不休的被抽象理解了的美、美感、审美关系、艺术,实际上只是审美活动的若干方面,例如,美不过是审美活动的外化,美感不过是审美活动的内化,审美关系不过是审美活动的凝固化,艺术不过是审美活动的二级转化,等等。[①] 因此,传统美学

[①] 还有不少美学家为审美主客体而大费心思。实际上,审美主体无非是进入审美活动的主体,审美客体也无非是进入审美活动的客体而已。

无论是以美为对象,还是以美感、审美关系、艺术为对象,都是遮蔽了审美活动本身的必然结果,都是一种实体思维或主体性思维。而全部美学史也无非一部对于人类的审美活动的抽象理解的历史而已。或者无法准确说明主体,或者无法准确说明世界。而要恢复美学研究的真正面目,就要把这一切统统括起来,转而去寻找它们的根源,否则,美学研究就会永远停留在我常常提示的那种"无根"的失家状态之中。而一旦以审美活动作为它们的根源,就会意识到:自古以来纠缠不休的美与美感的对立,无非是具体的审美活动内部的两个方面的对立,我们之所以视而不见,只是因为我们对于审美活动的抽象理解所致。换言之,假如说,美是什么是古代的问题,美感是什么是近代的问题,那么,审美活动如何可能以及在此基础上的美如何可能、美感如何可能,则是现代的问题了。于是,美学基本问题从对于美或者美感的研究转化为对于审美活动的研究。美学本身也转而出现一种全新的形态。

当然,以审美活动为美学研究的中心,也并非本文独创。然而,我所说的审美活动却与其他美学家有着根本的不同。在那些美学家看来,审美活动只是一种把握方式、一种形象思维活动,把审美活动理解为一种超越性的生命活动,是他们所不能接受的。在他们那里,实践活动成为决定一切的东西,但却未能进入超越性的生命活动的层面,结果,他们错误地保留了主体与客体、美与美感的给定性,虽然言必称实践活动,但却只是以实践活动作为联结主体与客体、美与美感的桥梁,从未深刻意识到人类与自然之间固然存在连续性,因此才能够反映外在世界,但人类与自然之间更存在着间断性,否则人类就不可能从自然界中超越而出。结果,充其量也只能是在物质本体论的基础上去强调主观能动性,然而,这又怎么可能?须知,在此基础上两者之间的矛盾是根本不可调解的。最终,只能或者抽空物质世界,或者抽空主观能动性,或者美被美感所点燃,或者美感是美的反映。就后者而论,主观性被还原为客观性(全部内容无非是通过反映而得到的客观性),主观能动性被还原为物质决定论,人的主体地位,就是这样成为一纸空文。生命活动的超越性不见了,剩下的只是对于客观的反映性,人对现实的超越变成了自然通过人所达成的自我超越,人的自由变成了对于必然规律的服从,人的主观能动性变成了对于客观规律的主动服从……不难看出,这类对于审美活动的提倡,只是为了设法回避矛盾,取消矛盾,在理论上把实际存在的矛盾一笔抹杀,因此才会不断地把主观性还原为客观性、把精神还原为自然,或者把自然还原为精神、把客观性还原为主观性……最终自觉不自觉地重蹈了旧唯物主义的覆辙。由此,我不禁想起了马克思的一句名言:"这种对立的解决绝不是认识的任务,而哲学未能解决这个任务,正因为哲学把这仅仅看作理论的任务。"①确实,要解决美学的千古大谜,关键不在于不断地还原,而在于找到一个更高的范畴,把它们统一起来,"主观主义和客观主义,唯灵主义和唯物主义,活动和受动,只是在社会状态中才失去了它们彼此间的对立,并从而失去它们作为这样的对立面的存在;我们看到,理论的对立本身的解决,只有通过实践的方式,只有借助于人的实践力量,才是可能的。"②这意味着:主体与客体、美与美感的对立,在审美活动中是两者同时存在的,对立的解决因此也就应该现实地加以解决,而不能通过还原的方法回避。换言之,应该既在自然对象的面前承认人类的主体存在,也在人类的主体存在的面前承认自然对象的存在,既在客观性面前承认主观性,也在主观性面前承认客观性,既承认自由的实现应该以对于自然规律的认识为前提,也承认自由的实现本身应该是对于现实的超越。而这就必然导致把审美活动合乎逻辑地理解为一种超越性的生命活动。③

事实也确实如此,假如从不"唯"实践活动的生命活动原则出发,那么应当承认,审美活动无法等同于实践活动,它是一种超越性的生命活动。具体来说,在人类形形色色的生命活动中,多数是以服从于生命的有限性为特征

---

① 《马克思恩格斯全集》第 42 卷,人民出版社 1979 年版,第 127 页。
② 《马克思恩格斯全集》第 42 卷,人民出版社 1979 年版,第 127 页。
③ 对于这些美学家而言,康德、黑格尔、席勒的美学思想或许是他们所深以为然的。然而,在康德等人那里固然已经开始了对于审美活动的考察,但或者是只具有纯粹主观意义的心理活动(康德),或者是被从客观唯心主义的角度夸大了的精神活动(黑格尔),或者是试图突破康德的主观性从而走向客观性,开始据有较多的现实感的人性活动(席勒),其共同缺陷是离开了人类的生命活动这一根本基础,因而不可能真正说明审美活动。

的现实活动,例如,向善的实践活动,求真的科学活动,它们都无法克服手段与目的的外在性、活动的有限性与人类理想的无限性的矛盾,只有审美活动是以超越生命的有限性为特征的理想活动(当然,宽泛地说,还可以加上宗教活动)。审美活动以向真、向善等生命活动为基础但同时又是对它们的超越。在人类的生命活动之中,只有审美活动成功地消除了生存活动中的有限性——当然只是象征性地消除。作为超越活动,审美活动是对于人类最高目的的一种"理想"的实现。通过它,人类得以借助否定的方式弥补了实践活动和科学活动的有限性,使自己在其他生命活动中未得到发展的能力得到"理想"的发展,也使自己的生命活动有可能在某种意义上构成一种完整性。例如,在求真向善的现实活动中,人类的生命、自由、情感往往要服从于本质、必然、理性,但在审美活动之中,这一切却颠倒了过来,不再是从本质阐释并选择生存,而是从生存阐释并选择本质,不再是从必然阐释并选择自由,而是从自由阐释并选择必然,也不再是从理性阐释并选择情感,而是从情感阐释并选择理性……①这一切无疑是"理想"的,也只能存在于审美活动之中,但是,对于人类的生命活动来说,却因此而构成了一种必不可少的完整性。

在这里,审美活动的超越性质至关重要。审美活动之所以成为审美活动,并不是因为它成功地把人类的本质力量对象化在对象身上,而是因为它"理想"地实现了人类的自由本性,是"理想"自我的对象化。阿·尼·列昂捷夫指出:最初,人类的生命活动"无疑是开始于人为了满足自己在最基本的活体的需要而有所行动,但是往后这种关系就倒过来了,人为了有所行动而满足自己的活体的需要"。②这就是说,只有人能够,也只有人必须以理想本性的对象性运用——活动作为第一需要。人在什么层次上超出了物质需要(有限性),也就在什么程度上实现了真正的需要,超出的层次越高,真正

---

① 参见我的著作《众妙之门》,黄河文艺出版社1989年版,第327—338页。
② [苏]阿·尼·列昂捷夫:《活动 意识 个性》,李沂等译,上海译文出版社1980年版,第144页。马克思也曾指出人所具有的"为活动而活动""享受活动过程""自由地实现自由"的本性,参见我的论著与论文。

的需要的实现程度也就越高。一旦人的活动本身成为目的,人的真正需要也就最终得到了全面实现。这一点,在理想的社会(事实上不可能出现,只是一种虚拟的价值参照),可以现实地实现;在现实的社会,则可以"理想"地实现。而审美活动作为理想社会的现实活动和现实社会的"理想"活动,也就必然成为人类"最高"的生存方式。

审美活动的超越性质使它终于有可能克服和超越主客二分的层面,走向了非二元性、非实体性的层面。在理性主义的影响下,人类已经习惯于"在世界之外思考",他不断地把生命活动对象化、概念化、逻辑化,自以为这就是生命活动的全部意义之所在,但实际上只是一种自我欺骗:特定思维方式及其思维手段决定了它与人类理想的生命活动的格格不入。但在审美活动之中,这一切却截然不同了。审美活动不同于其他活动,它进入的实际是一个"洪钟未击"的世界。它把被对象化思维筛选、简约、分门别类的世界搁置起来,去读那本真的、源初的世界。它"在世界之中思考",不再屈从于对象性活动的分门别类,也不再屈从于从对象性活动出发对人类生命及其世界的理解,而与生存及其世界建立起一种更为根本、更为源初的真实关系。它追问的是,世界之所以是世界的那个"是",而不是作为对"是"的回答的那个"什么",追问的是人与世界的关系,而不是人与世界的某一方面的关系,①是人看到的世界,而不是人看到的某一方面的世界。前者是一种源初的东

---

① 因此,不能简单解释为"人的本质力量的对象化",而犹如中国的"道生之""道……生天生地"。这里的"生"并非积极意义上的、创生意义上的,而是消极意义上的"无生之生"。中国美学讲的"甲生乙",未必就是"甲创生乙",在相当情况下是指的"乙出于甲,而以甲为超越根据",审美活动只能在超越根据的角度去认识,只能作为一切存在得以显现的过程而加以肯定。"道生之",是指:不对一切存在物加以限定、限制,不塞、不禁,使它们自由地生长。例如,"天地不仁,以万物为刍狗"。即不以具体的内涵去对道加以限制,因为一旦把道定在某一个方向、一个地方、一个内涵里,道就无法开出无限的可能,而被定住、僵滞,以至名存实亡了。因此,道之为道,关键不在于成就自己,而在于成就万物,不是事事主动上前一步,去限制对方,而是处处让开一步,去让对方存在,并且在成就对方之时同时成就自己。所谓"大器晚成"。

西,一个在客体化、对象化、概念化之前的本真的、活生生的世界。① 后者则是一种派生的东西。王夫之描述云:"俱是造未造,化未化之前,因现量而出之。一觅巴鼻,鹘子即过新罗国去矣。"应该说是非常精确的。

同时,更为重要的是,审美活动的超越性质还使它与纷纭复杂的审美形态严格地区分开来,从而真正摆脱了审美主义或者审美目的论的纠缠。我们已经看到,长期以来,传统美学把人类的主体性的活动或者对象化的活动,与审美活动等同起来,但事实上,它们之间固然在一定时期内相互交叉,但毕竟相互区别,而且在更多的时候甚至背道而驰。正如我已经指出的,主体性的世界,"对象化"的世界,固然是人类的本质力量的"类化"的结果,但更是人类自身被束缚的见证。因此,它本身就含蕴着自我解构的因素,甚至含蕴着"伪造人类历史"的非人性因素。审美活动无疑并非如此,它是人类在理想的维度上追求自我保护、自我发展从而增加更多的生存机遇的一种手段。正在这个意义上,可以说,是生命活动选择了审美活动,生命活动只是在审美活动中才找到了自己。也正是在这个意义上,还可以说,审美活动本身是一种超越性的生命活动,它与主体性的活动或者对象化的活动并非一回事,尽管后者在一定时期可以成为审美活动的特定形态。推而广之,人类的许许多多的生命活动在一定时期都可能成为审美活动的特定形态,但也同样并不就是审美活动本身。

例如,从大的方面说,人类的生命活动可以分为从自然走向文明和从文明回到自然两种类型,这两种类型在人类审美活动的东方、西方形态与传

---

① 胡塞尔曾强调:"一个想看见东西的盲人不会通过科学论证来使自己看到什么,物理学和生理学的颜色理论不会产生像一个明眼人所具有的那种对颜色意义的直观明晰性。"(胡塞尔:《现象学的观念》)梅洛-庞蒂也强调只有回到"概念化之前的世界",回到"知识出现前的世界",才能找到直觉的对象。"回到事物本身,那就是回到这个在认识以前而认识经常谈起的世界,就这个世界而论,一切科学规定都是抽象的,只有记号意义的、附属的,就像地理学对风景的关系那样,我们首先是在风景里知道什么是一座森林、一座牧场、一道河流的。"(梅洛-庞蒂:《知觉现象学》)杜夫海纳则声称:"我在认识世界之前就认出了世界,在我存在于世界之前,我又回到了世界。"(杜夫海纳:《美学与哲学》)

统、当代形态中都可以成为审美活动,但也都可以不成为审美活动。在东方形态中,从文明回到自然就成为审美活动的特定形态,而从自然走向文明则没有成为一种审美活动的特定形态。但在西方形态中,情况却恰恰相反。在传统形态中,从自然走向文明就成为一种审美活动的特定形态,但从文明回到自然则没有成为一种审美活动的特定形态。但在当代形态中,情况又是恰恰相反。再从小的方面说,一种真正充满生命力的审美活动,必然应该是有其丰满的表现形态,就一个时代的审美活动看是这样,就整个人类的审美活动看也是这样。就前者而言,斯宾格勒曾经举过一个极好的例子:"西方的灵魂,用其异常丰富的表达媒介——文字、音调、色彩、图像的透视、哲学的传统、传奇的神话,以及函数的公式等,来表达出它对世界的感受;而古埃及的灵魂,则几乎只用一种直接的语言——石头,来表达之。"①道理很清楚,"西方的灵魂"之所以能够延续至今,就是因为它不是只是用"石头"这一种形态"表达它对世界的感受"。就后者而言,人类的审美活动无疑也有其丰富的表现形态。空间上的东方与西方形态,时间上的传统与当代形态,古典主义、现实主义、浪漫主义、现代主义与后现代主义,理性层面与感性层面,观照层面与消费层面,艺术与生活,和谐与不和谐,完美与不完美,主体性与个体性,深度与平面,美与丑,雅与俗,创造与复制,超越与同一,无功利与功利,距离与无距离,反映与反应,结果与过程,形象与类像,符号与信号,完美与完成,风花雪月与理论概念,中心性与非中心性,确定性与非确定性,整体性与多维性,秩序性与无秩序性……诸如此类的一切都可以成为审美活动的特定形态,但又都不是审美活动本身。它们的美学属性可以从审美活动的超越性中得到深刻的说明,但审美活动的超越性却不可能在它们身上得到完整地说明。

而审美活动千百年来最为令人迷惑不解的奥秘也就在这里。它可以是一切,但它并不就是一切,原来,作为一种不是因为创造对象而去自我确证而是因为自我确证而去创造对象的审美活动,世界的一切都是它"理想"地

---

① [德]斯宾格勒:《西方的没落》,陈晓林译,黑龙江教育出版社1988年版,第135页。

实现人类的自由本性的媒介,或者说,都是它的特定形态,但又并不就是它本身。假如我们把审美活动与任何一种特定的审美形态等同起来,都难免造成对于审美活动的误解。例如,传统美学对于人的人类性的赞颂,是相对于当时要比人类强大百倍的肆虐的大自然而言的,是人类要"理想"地实现自由本性的需要;当代美学对于人的自然性的赞颂,则是相对于现在的几乎已经把人类自身完全束缚起来的人类文明而言的,同样是人类要"理想"地实现自由本性的需要。① 只有这种"理想"地实现人类的自由本性的需要才是审美活动的真正内涵,至于对于人的人类性的赞颂与对于人的自然性的赞颂,则只是审美活动的特定形态而已。因此,审美活动是人类的一种超越性的生命活动,它是对于现实的否定,但这种否定却不同于革命,它是现实的否定,当然也不同于宗教,它是被现实否定,审美活动的否定却是因为现实暂时还无法否定才会出现的一种否定。显而易见,审美活动的否定只是一种"理想"的否定。它的价值形态是一种虚幻的形态,它的出现也不是为了直接地改变现实,而是为了弥补无力改变现实的遗憾,疏导失望、痛苦、绝望、软弱情绪,是对于生存的一种鼓励。当然,它不可能现实地改变社会,而只能通过改变生命活动的质量的方式来间接地唤醒社会,因此,它不可能是一种审美主义的或者审美目的论的存在,因为它一旦得以实现,就不再是审美活动了。在这个意义上,我们可以说,即便是到了人类的理想社会,人类

---

① 因此,自然的人化不是美的直接来源,美的直接来源在于自然的属人化。"在人类历史中即在人类社会的产生过程中形成的自然界是人的现实的自然界;因此,通过工业——尽管以异化的方式——形成的自然界,是真正的、人类学的自然界。"(《马克思恩格斯全集》第42卷,人民出版社1979年版,第128页)在这里,"人的现实的自然界"与"人类学的自然界"是不同的。后者是指把自然改造为人类第二自然,前者则是指自然仍然保持自身的特性,只是进入了人类的视界。这就是自然的属人化。它一方面区别于不属人的自然界;一方面区别于人实际改造过的自然界——劳动产品。而且,正是这种以对象化为基础而出现的对世界的属人化观照,才是美的直接来源(属人化不一定具有社会性,而人化必然具备社会性。实践美学事实上是用社会美的创造取代了一切美的创造)。因此,片面强调"自然的人化",审美活动的意义就被抹杀了。

的审美活动还只能是一种"理想"性的存在。审美活动就是因为它永远无法变成现实活动才是审美活动,它一旦变成了现实活动,就不再是审美活动了!而美学的全部任务,无非也就是从不同角度、不同层面、不同领域去揭示这样一种作为超越性的生命活动的审美活动的全部秘密!

拾壹　"我们总是过迟地意识到奇迹曾经就在我们身边"

不难想到,美学的研究范围的扩大和美学研究中心的转移,无疑才真正导致美学学科本身的确立。

在相当长的时间内,美学一直没有自己独立的研究对象,就中国的美学而言,姑且不说它往往只是停留于对于实践活动的审美本性的说明,即便是国内目前较为流行的从审美活动的角度所建构的美学体系,由于未曾敏捷地从实践活动转到生命活动的起点上来,未曾明确揭示审美活动并非把握方式而是生存方式这一根本特性,更未曾及时赋予审美活动以一种独立的、本体的地位,因此也就仍旧停留在对于审美活动的理性层面的说明上,这就难免使得审美活动总是给人以理性的附庸或理性的低级阶段之类的感觉,而以研究审美活动为主旨的美学学科也就难免总是给人以只是其他学科的附庸的强烈印象,而现在从生命活动的地基上重新为审美活动定位,无疑可以把审美活动从理性的附庸或理性的低级阶段这类屈辱形象中拯救出来,当然也就同时可以把美学学科从其他学科的附庸这类屈辱形象中拯救出来。它意味着:审美活动与理性活动并非附庸与被附庸的关系。因此应该超出理性活动去为审美活动重新定位。[1] 这使我们发现:事实上,理性活动有理性活动的用处,审美活动有审美活动的用处。它们是对于人类的不同

---

[1] 非理性主义是错误的,但非理性则是非常重要的。人类在理性的旱地上毕竟停留得太久了,以至于总是喜欢把批评理性的局限性的人说成是"反理性"。不妨看看祁理雅为柏格森的辩护:"所谓它的反理性主义只不过是他拒绝接受把对一个活生生的人或任何生动经验的现实理解归结为各种概念和概念知识而已。"([法]

需要的满足。而且,后者的满足要远为本体、远为根本、远为重要。

进而言之,在相当长的时间内,我们基本上是通过西方理性主义美学的眼光看待美学,并且是通过它的话语来描述和解释美学之为美学的。我们从来就没有去认真想过:西方理性主义美学的问题为什么会成为全人类的问题,尤其是为什么会成为我们的问题?而现在,我们终于有可能意识到:任何一种对于美的定义都与历史有关。从来就没有一种天生的放之四海而皆准的理论。事实上,任何一种理论的绝对化都与一定时代、一定历史有关(使理论权威化)。在这个意义上,西方理性主义美学实际上不是一个结论而是一个前提,但我们却把这个前提当作一个已知的固定的事实或结论肯定下来,直接从中演绎出一些其他结论。结果我们关于审美活动的任何讨论、任何结论都被组织在一种以西方理性主义美学为出发点的话语之中。实际上,很难说西方理性主义美学建构了广义上的所谓美学,而只能说它在近代历史上非常成功地创造了一个很有力量的权力话语体系。

而且,情况还不仅仅如此。多年来,我围绕着在生命活动的基础上建构现代美学的问题,从"理论、历史、现状"三个方面加以研究,结果越研究就越是强烈地意识到:西方理性主义美学并非如我们所说,是美学的唯一形态或者经典形态。实际上,就历史的角度而言,它存在着空间方面的局限性,无法阐释东方的审美活动,与东方的美学传统格格不入。[①] 就现状的角度而言,它存在着时间方面的局限性,无法阐释当代的审美实践,与当代的审美观念背道而驰。就理论的角度而言,它存在着逻辑方面的局限性,早已为西

祁理雅:《二十世纪法国思潮》,吴永泉等译,商务印书馆1987年版,第15页。)确实,批评理性的局限的人经常宣传所谓人的死亡,但它不是指的有血有肉的人的死亡,而是指的"被主观主义地理解了的'人'的死亡"。消解掉这些思想的累赘,人类反而更加自由了。更重要的是,只有当理性能够认识非理性的时候,理性才称得上是理性,如果理性只能认识理性,只能停留在自身之内,那么走向灭亡的就是理性本身。

① 例如中国。中国美学正是建立在生命活动的基础之上的。对此,我在我的著作《中国美学精神》中以近46万的篇幅作过深入的说明,可参看。

方当代美学所扬弃。① 因此,走出西方理性主义美学的封闭世界,在生命活动的基础上建构现代美学,毫无疑问,是可以在"理论、历史、现状"三个方面得到广泛的、强有力的支持的。

同样毫无疑问,一旦意识及此,美学的大门也就真正地敞开了。

美学的产生服从于人类的生存总是蕴含着超越性阐释(自我确证)这一事实。② 人类正是凭借着超越性阐释去探询和回答自身的生存及其超越如何可能。所以,尽管美学也和人类一样会处于迷误之中,尽管它的历史也和人类本身的历史一样曾呈现本真或非本真的形象,但它向人昭示的却永远是超越性阐释这一根本线索。人类的历史就是它的历史。人类存在着,它就存在着。人类不会消亡,它就不会消亡。在这个意义上,美学不可能是别的什么,而只能是人类生存的超越性阐释,只能是人类关于生命的存在与超越如何可能的冥思。它不去追问美和美感如何可能,也不去追问审美主体和审美客体如何可能,更不去追问审美关系和艺术如何可能,③而去追问作为人类超越性的生命活动——审美活动如何可能④。这就推动着美学从发

---

① 事实上,马克思的美学也是生命美学,而不是实践美学。对此,本文无法展开。
② 德国哲学家狄尔泰说过:人的生命的本质是释义的。其中包括文化的解读与反文化的解读。
③ 这是就美学研究的元问题而言,而并非美、美感、审美主客体、审美关系、艺术等问题不存在或者不重要。
④ 其中,最为值得注意的是"形式愉悦"。须知,作为一种独立的生命活动,假如实践活动是指向"事"的,科学活动是指向"理"的,审美活动则是指向"形式"的。人类生命活动是一种双重的活动,它首先改变了世界的内容,使它适应自己的物质需要,继而又改变了世界的形式,使它适应自己的精神需要(自我确证的需要)。与此相应,内容的快感与形式的美感也就成为人类的两大生命愉悦(只是,形式的愉悦在后)。因此,实践活动本身并不就是审美活动,只有扬弃它的实用内容,把它转化为一种"理想"的自我实现的过程,从而不再实际地占有对象,转而对世界的形式进行自由的欣赏,追求一种非实用的自娱、自我表现、自我创造——所谓"澄怀味象"时,才是审美活动。形式愉悦,是人类的超越性的生命活动的开始。形式愉悦的秘密就是审美活动的超越本性的秘密。破译这个秘密,应该说,是我们终于意识到了的美学之为美学的天职。

生学的追问真正转向了美学的追问①,从主客二元层面的考察真正转向了超主客二元层面的考察;也推动着美学的内容走出了局限于审"美"的困窘领域,审美活动终于恢复了它的真实面目,成为对人类生存的超越性阐释,成为大于审"美"、审"丑"活动……的超越性的生命活动。②还推动着美学从实体形态转向了境界形态,从封闭性、同质性、整体性、同一性的形态转向了开放性、异质性、非整体性、非同一性的形态;更推动着美学从孤立于人生之外的"分别智"(概念游戏)转向了沉浸于人生之中的"共命慧"。③

俄国诗人勃洛克说过:"我们总是过迟地意识到奇迹曾经就在我们身边"。令人欣慰的是,虽然"过迟",我们毕竟终于意识到了身边的"奇迹"。我们的心灵不再只为保尔的遭遇而悲泣,而且也为维罗纳晚祷的钟声而流泪。在人类生命活动的地基上,我们开始了美学的历史性重建。

当然,它可能还不尽成熟甚至十分幼稚,但对于一个新理论来说,这恰恰并非它的缺点,而是它的优点。至于它的成熟,则是完全可以预期的。

---

① 当然,这并不意味着抛弃当代美学的研究成果,而是意味着把它放入一个更为广阔的理论框架之内,并把它作为新美学的一个重要组成部分。犹如爱因斯坦的四维空间仍旧以牛顿的三维空间作为自己的特例一样。这个问题很大,本文从略。
② 全部的美学研究,无非是从不同层次、不同维度、不同方面对审美活动的揭示。例如,首先是审美活动"是什么"(性质)。它涉及到对审美活动的本体意义的性质的阐释。其次是审美活动"怎么样"(形态)。它涉及到对于审美活动是"怎么样"在具体的审美活动中展示出来的阐释。再次是审美活动"如何是"(方式)。它涉及到对于审美活动的方式的阐释。最后是审美活动"为什么"(根源),它关涉到对审美活动在人类生命活动中的意义的考察。
③ 因此,在我看来,美学甚至整个人文科学的任务就不仅仅是为人类的生命活动勾勒一个理想的蓝图,然后鼓励人类实现之,而且还是对人类的生命活动加以深刻地反省和批判。

第一章

因生命,而审美

第一节　审美活动：享受着人的本质

§1. 生命之光

生命之光是怎样地荡人心魄。当你流连在它辽阔的国度里,便开始从蛰伏的岁月中苏醒,并尝试着用另一种和煦的心情去抚平记忆中淡淡的刻痕和造访那温馨的你曾经久久踯躅其间的生命原野。

这是一个奇迹般的、无以名状的世界,生命举着美丽的花束,轻轻叩响尘封的心扉,蓝色的号角在远方送来隐隐约约的诱惑,灵魂不安地鲜艳起来,涨满了莫名其妙的骚动。

自我这只鸽子,一旦飞向混沌的地平线,生命的天空就意味深长地发蓝了。

然而,新世界结实而又陌生,充满诱惑而又令人迷茫。你甚至不知道如何去确立自己在这世界中的身份,如何去实现自己的价值,如何去寻找生命的意义。面前也不仅仅是一派春光明媚、彩霞四溢。甜美的梦被粗暴地践踏过,青春的音乐被无情地扯断过。生命突如其来地点化你,使你鲜艳明丽活力洋溢,然而,又在你还未意识到怎么回事时,又一把把它夺走;幸福把你迷得痴然如醉,奇怪的是,它对你浅然一笑就抽身远遁了;来去匆匆的青春像幻影一样,在一阵明明灭灭的奔放之后,便消失在皱纹与白发之间了。这样,我们的生存还只是自然的。

不属于自己主宰的生存,只是被动的、有限的、短命的,因而也是动物的生存。

属于被动、有限、短命的动物的生存,说明一切都还在无能的旋涡中挣扎,你还不是新世界的主人。

于是,沐浴着生命之光的你终于恍然彻悟:自己还只是蹒蹒跚跚在歧途中挣扎的零余者或无家可归者。"十月怀胎,一朝分娩",乃至生理上的从童年——到青年——到中年——到老年,并不意味着任何意义上的结束,而只意味着在一个更高的起点上的新的开始。为了成为新世界的主人,你不得不开始新的浪迹天涯的情感历程,不得不开始艰难地寻找一个在海水喁喁不绝的浸润中飘满花瓣的港湾,寻找一面在暴风中舒展着的无所畏惧的帆,寻找一种慰藉,一所红房子,一个不容他人窥视的拥有自己隐私的地方,乃至一个充溢着庇护与希冀的曾经遥远而又终将莅临的精神家园,总而言之,不得不开始艰难地寻找真实的生命。

然而,寻找真实的生命又绝非一件唾手可得的事情。它是灵魂的探险,是生命的分娩,是以带血的头去撞击世纪之门,是跋涉者危立于深渊边际的舞蹈。在这个世界上,尽管只要有人,只要有人对生命的求索,就不会没有那些沐血而成的断断续续的歌声,但是,音频却又可以各有自己的界限。因此,在寻找真实的生命的过程中,人们又往往会以种种理由说服自己滞留在路途中,并且自欺欺人地宣布寻找已经成功。对于他们,真实的生命始终是一片遥不可及的风景。由于遥不可及,他们便逐渐屈从于形形色色的粗俗目标而不再徒劳地迁徙和呼号,逐渐热衷于含混不清的呓语而不再回忆起那寻觅的歌声,不言而喻,这一切使得他们的生存显得异乎寻常的戏剧般的做作和夸张。

看来,事情竟是如此冷酷:几乎没有人会承认自己未曾找到真实的生命,但事实上又几乎没有人真正寻找到了真实的生命,犹如很少有人会承认自己生下来就已经死去,但事实上又很少有人真正地生存过一样。

§2. 真实的生命

不难猜想,讲到这里,许多一直焦灼地寻找真实的生命而又一再碰壁的性急的读者或许禁不住要问:为什么寻找真实的生命竟然如此艰难?!应该说,这是一个十分重要的问题,也是本书要回答的问题。不过,要回答这问题,就必须首先回答:什么是真实的生命?

在我看来,人类真是生而不幸但又生而有幸。所谓生而不幸,从宽泛的意义上看,是指世上万物,唯有人类自知生命的必然结束。试想,在生命的万里云天,偏偏扇动着死亡之神的黑色翅膀。生命从一个无法经验的诞生开始,又以一个必须经验的死亡结束。对于死亡的恐惧,作为生命的一切内心痛苦和自我折磨的最后之源,缓缓地从过去流向未来,负载着生命之舟,驶向令人为之悚然的尽头。有谁能说,这一切不是人类的最大不幸呢?何况,人类无论如何也无法逃避这一严酷的事实。正像卡尔·萨根指出的:

> 伴随着前额进化而产生的预知术的最原始结论之一就是意识到死亡。人大概是世界上唯一能清楚知晓自己必定死亡的生物。①

就是这样,死亡那苍凉而又喑哑的宣喻,在生命的广袤原野悲怆、阴郁而又令人战栗地回荡、弥漫、绵延、郁积,然后冷酷地洒落下来,在每一个人的心灵深处引起迷乱、困惑、悸动不宁的回声。释迦牟尼是净饭王的儿子,自幼在王室享受着人间的荣华富贵,无忧无虑,然而,一旦在城门口看到了生、老、病、死,他才发现,无忧无虑并非真实的人生,统治着生命的,并非令人乐而忘返的生活,而是似乎猝然而至的死亡的阴影。毋庸讳言,这当然并非释迦牟尼个人的不幸,而是人类的悲剧。释迦牟尼的不幸正是人类的悲剧的写照!

不过,人类所无法逃避的死亡这最大的不幸,又不仅表现为肉体上的消解,而且表现为生命的有限。为什么呢?这当然是因为死亡不光无情地消灭了血肉之躯,更无情地践踏了这血肉之躯的创造成果。奥·施莱格尔在《论戏剧艺术和文学》中的感伤何其精辟:"我们所做的事、所获得的成就都是暂时的,终归化为乌有。死亡在背后处处窥伺着,我们所过的每一片刻,不管过得好或坏,都使我们越来越靠近死亡;即使是一个非常幸运的人,乐享天年,毕生没有遭遇过重大的灾难,然而他转眼不得不离开世上对他具

---

① [美]卡尔·萨根:《伊甸园的飞龙》,吕柱等译,河北人民出版社1980年版,第73页。

有价值的一切,或者也可以说,他不得不被这一切所离弃。没有一种恩爱的联系不分散,没有一种享乐无失去之忧。可是当我们纵观我们的生存关系直到可能的极限时,当我们默想我们的生存完全依赖于种种不可见的因果的连结时,我们是多么软弱无能,要跟巨大的自然力及相互冲突的欲望作斗争,好像一出世就注定要遭到触礁之难,被抛到陌生世界的海岸上去……"在我看来,这才是生命的最大不幸。因此,从严格的意义上看,人类的生而不幸,就绝不仅仅是意识到生命的无法逃避的死亡,而首先是意识到生命的无法逃避的有限。

这生命的无法逃避的有限,是一种生命本体意义上的"沉沦"。它横逆而来,把人生天平的一端沉重地压了下去。人类一旦屈从于此,便会坠入永劫不复的深渊,使生命的生存与超越成为不可能。在这个意义上,它相当于基督教中作为人与上帝间相互区别的标志:罪。因此,不能把这种生命的无法逃避的有限所导致的生命本体意义上的"沉沦"简单地等同于历史意义上的"犯罪"、道德意义上的"邪恶"和科学意义上的"错误",后者并非生命的有限,而是生活的有限,它们是一种有具体对象的有限,也是完全可以避开的,因而并不涉及"生命的存在与超越如何可能"这类本体意义上的诘问。"在这里受到威胁的不是人的一个方面或对世界的一定关系,而是人的整个存在连同他对世界的全部关系都从根本上成为可疑的了。"[①]生命就意味着有限,有限就意味着使生命的存在与超越成为不可能的"沉沦"。卑贱者固然如此,伟人也无法例外。正如帕斯卡尔所揭示的:在生命本体的"沉沦"方面,伟人也完全一样。他们无论何等高大,却仍然与最卑贱者密切相关。他们并没有悬在空中,完全超越人类。他们之所以伟大,只是因为他们的头抬得更高,然而他们的脚仍然与卑贱者站在一起。因此,伟人也无法摆脱"沉沦",岂止是无法摆脱,伟人的"沉沦"更为可怕,需要一颗真正伟大的灵魂才能使之升华。显而易见,伟人也正是因此才成为伟人。

---

① [德]施太格缪勒:《当代哲学主流》上卷,王炳文等译,商务印书馆1986年版,第183页。

人生而不幸,尽管反映了生命的真实,但却毕竟只是问题的一个方面,而另一个方面,人又真是生而有幸。所谓生而有幸,是指人虽然必须承领生命的有限,但也正是这生命的有限逼迫人去孕育出一种东西来超越生命的有限,最终使生命的存在与超越成为可能。最终使人成为人。具体来说,人禀赋着无法逃避的生命的有限,一旦自知这生命的有限,就会把生命推向雅斯贝斯所谓的"边缘状态",为没完没了的生命痛苦所震撼。托尔斯泰笔下的列文就有过这种感受:"他现在才第一次清楚地认识到,在未来,等待着包括他在内的每个人的不是别的,而是痛苦、死亡和永远的灾难。因此他决定,他不能再这样生活下去,除非找到生命的意义,否则他必须杀死自己。"威廉·福克纳则说得更为明确:"我拒绝接受人类的末日。说什么人仅仅因为能挺得住,因为在末日来临前最后一个黄昏的血红色霞光中,从孤零零的最后一个堡垒上发出奄奄一息的最后一声诅咒时,即便在这个时刻也会有一丝振荡——柔弱的、难以忍受的人的颤抖的声音,所以人是不朽的,这种话说说倒是很容易的。可是我不同意这种说法。我相信,人不仅能挺得住,他还能赢得胜利。人之所以不朽,不仅因为在所有生物中只有他才能发出难以忍受的声音,而且因为他有灵魂,富有同情心、自我牺牲和忍耐的精神。诗人、作家的责任正是描写这种精神。作家的天职在于使人的心灵变得高尚,使他的勇气、荣誉感、希望、自尊心、同情心、怜悯心和自我牺牲精神——这些情操正是人类的光荣——复活起来,帮助他挺立起来。诗人不应该单纯地撰写人的生命的编年史,他的作品应该成为支持人,帮助他巍然挺立并取得胜利的基石和支柱。"[①]显而易见,他谈的绝非只是诗人和作家而是人本身。在这个意义上,生命的有限又"是作为把人引导到生命的最高峰,并使生命第一次具有充分意义的东西出现的"(施太格缪勒)。它是生命的永恒背景,人类正是从这里艰难起飞,冲破种种羁绊与桎梏,追寻着生命的存在与超越的可能。

这样看来,犹如上帝为人类送来了洪水,但又为人类留下了诺亚方舟,

[①] 《美国作家论文学》,刘宝瑞等译,三联书店1984年版,第367—368页。

人类虽然为自己带来了痛苦,但也为自己带来了希望。这正是人类生命的二律背反的奇观。歌德曾借浮士德的口自陈说:"在我的心中呵,盘踞着两种精神,这一个想和那一个离分!一个沉溺在强烈的爱欲当中,以固执的官能贴紧凡尘;一个则强要脱离尘世,飞向崇高的先人的灵魂。"波德莱尔也曾指出:"在每一个人身上,时时刻刻都并存着两种要求,一个向着上帝,一个向着撒旦。祈求上帝或精神是向上的意愿;祈求撒旦或兽性是堕落的快乐。"显然都是指的这种情况。而且,这种生命的二律背反又是一种永恒的现象:生命的有限有待生命的超越,但这种超越的成果转瞬又会成为新的有限,又会期待着新的超越,如此往复,以至无穷……苏轼有一首七绝《花影》:

> 层层叠叠上瑶台,
> 几度呼童扫不开。
> 刚被太阳收拾去,
> 却教月亮照将来。

苏轼的原意姑且不论,但用这首诗来比喻生命中这种永恒的二律背反的奇观,却无疑是发人深省的。

论述至此,似乎我们一开始所追问的问题——什么是真实的生命,已经有了答案。对于生命的有限的超越,不正是真实的生命的答案吗?应该说,确实如此。不过,问题的复杂性也恰恰从这里开始。要知道,对于生命的有限的超越,还有真实与虚假之分。真正的超越固然可以推动着生命不断地作出选择,走向生命的无限,最终使生命升华而出,使生命成为可能,但虚假的超越又反而会僵滞于生命的有限,最终使生命趋于毁灭,使生命成为不可能。因此,我们不能不回答的问题绝不仅仅是对于生命的有限的超越,而且更首先是:真正的对于生命的有限的超越是什么?这是一个更为艰难的问题,应该说,寻找真实的生命之所以十分艰难,关键的症结就在这里。

在我看来,古往今来关于生命的有限的超越的看法可谓数不胜数,但大致归纳一下,却可以分为三类:

其一是虚无的超越。它心甘情愿地承领生命的有限,并且与之同流合污。毛姆的名著《人性的枷锁》中有一个主角叫菲利浦,他有一段自白:"人生并没有什么意义,而且人活着没有什么目的。""一个人生下来了,或者没有生下来,他是活着还是死了,都无关紧要,活着不足道,死了无所谓。"这就是一种虚无的超越。《浮士德》中的恶魔靡非斯特也曾经宣称:"过去和全无,完全是一样东西!永恒的造化何有于我们?不过是把创造之物又向虚无投进。事情过去了!这意味着什么?这就等于从来未曾有过,又似乎有,翻来覆去兜着圈子,我所受的却是永恒的空虚。"这也是一种虚无主义的超越,这种超越无疑是虚妄的,对此,本书将反复加以揭露和批判。

其二是宗教的超越。它提供一种虚幻的生命存在方式去超越生命的有限,但实际上却不但并未超越,而且反过来庇护和容忍了生命的有限。尼采说了不少错话,但这句话却是完全正确的:宗教是生命的引诱,是自我欺骗的登峰造极的精致形式。确实如此。因此,宗教的超越显然同样是虚妄的。

那么,有没有一种真实的对于生命的有限的超越呢?当然是有的。这就是第三类看法,审美的超越。

§3. 美能拯救人类

审美活动是使我们在这个世界上永远难以安分的诱惑。生命是那样异乎寻常的沉重。在浸染着酸楚、苦闷与忧伤的生活道路上,你推动着锈损僵滞的伊克希翁的风火之轮,在永恒的失望、挣扎、消解与希望、憧憬、追求之间,徒呼无奈地咀嚼生命的艰辛和岁月的疲乏……然而,令人惊诧的是,在一个神奇的瞬间,你竟会寻觅到一线自由的缝隙,竟会眺望到那若隐若现地逗引着你的人生地平线,突然展示出它全部的瑰丽与神奇。

一切都是如此,地上没有路,你就是路;天上没有神,你就是神;世上没有光,你就是光。你以全新的生命重返伊甸乐园,无论在什么意义上,你都可以无愧地被称为——"还乡者"。

于是,世界以至圣的名义,一条河流、一片星空、一朵鲜花、一个微笑,统统充盈了几分潇洒、几分魅力、几分诗情和几分画意,物质也带着诗意的感性光辉向着你的全身心发出微笑。

你也以至圣的名义,把身心交给世界。生命突然站立起来,清纯得近乎透明,美丽得令人忧伤。人生不再是劳动而是诗篇,不再是赶路而是散步,即便是悲壮的跋涉,也充满情蕴,意趣盎然。

于是,你"提刀而立,为之四顾,为之踌躇满志"……

就是这样,审美活动为我们提供了一种唯一的生命存在方式去超越生命的有限,使生命的存在与超越成为可能——尽管只能在象征的意义上。它是个体置身世界时的内在体验,它是生命意义的完满、充盈、实现,是生命的沉醉,是永恒的自我解放、自我复归,又是永恒的自我祝福、自我重建。它也是瞬间产生的压倒一切的敬畏情绪,稍纵即逝的极强烈的幸福感,甚至是欣喜若狂、如醉如痴、失魂落魄的失落感。总之,审美活动是"万物皆备于我",是"天人合一",是"宇宙即是吾心,吾心即是宇宙",是人生的最高的生命存在方式。

因此,鉴于在现实的角度的对于生命的有限的超越的不可能、物质关系的解放的不可能,作为一种象征,作为一种精神关系的解放,审美活动成为了生命活动中唯一真实的东西,也是生命活动中最为神圣的东西。它类似西方一则寓言中所说的最后一根蛛丝:一副蜘蛛网只剩下了最后一根丝挂在树枝上,一天,蜘蛛出来巡视他的家,从这一根斜挂在他头上的丝爬下,这一根丝好像是来自遥远的虚空;蜘蛛想,这根丝一定是无用的,然后就恶狠狠地把它咬断;刹那间,整个蜘蛛网就落在地上,全部毁坏了。割断了审美活动这最后一根丝,生命活动这整个蜘蛛网也会全部毁坏。在这方面,最为典型的例子,是为世人所敬仰的贝多芬的一生。这个"靠心灵而成为伟大"的贝多芬,不幸而面临着生命的严峻考验。耳聋,对一般人而言,是生命之门的关闭,是生命的存在与超越成为不可能的借口。对于从事音乐工作的人而言,尤其是如此。但贝多芬却是一个神奇的例外。他不但没有向生命的有限屈服,而且勇敢地向它扔出了决斗的白手套。他扼住了命运的咽喉,不但重造了一个音响的世界,而且重造了一个真实的生命世界。对于他的神奇的一生,罗曼·罗兰曾经作过何等美丽的描述:"他的一生宛如一天雷雨的日子。——先是一个明净如水的早晨。仅仅有几阵懒懒的微风。但在静止的空气中,已经有隐隐的威胁,沉重的预感。然后,突然之间巨大的阴影卷过,悲壮的雷吼,充满着声响的、可怖的静默,一阵复一阵的狂风,《英雄交响乐》与《第五交响乐》。然后白日底清纯之气尚未受到损害。欢乐依然是欢乐,悲哀永远保存着一缕希望。但自一八一〇年后,心灵底均衡丧失了。日光变得异样。最清楚的思想,也看来似乎水汽一般在升化:忽而四散,忽而凝聚,它们的又凄凉又古怪的骚动,罩住了心;往往乐思在薄雾之中浮沉了一二次以后,完全消失了,淹没了,直到曲终才在一阵狂飙中重新出现。即是快乐本身也蒙上苦涩与犷野的性质。所有的情操里都混和着一种热病,一种毒素。黄昏将临,雷雨也随着酝酿。然后是沉重的云,饱蓄着闪电,给黑夜染成乌黑,挟带着大风雨,那是《第九交响乐》底开始。——突然,当风狂雨骤之际,黑暗裂了缝,夜在天空给赶走,由于意志之力,白日底清明重又还给了我们。"①那么,贝多芬是靠什么做到了这一切的?靠审美活动!用他自己的话说:"'是艺术',就只是艺术留住了我。啊!在我尚未把我感到的使命全部完成之前,我觉得不能离开这个世界。"②"艺术,这是高于一切的上帝!"③正是因此,贝多芬才能够为只给他无尽痛苦的生命创造出无尽的欢乐,才能够夺得人类生命史上最伟大的一次胜利,也才能够完成心灵中从未获得的辉煌凯旋!

具体来说,审美活动作为生命的最高存在方式,包括四个方面的涵义:同一性、超绝性、终极性、永恒性。

审美的同一性是指精神关系的解放中,在追求生命的意义、人生的价值生成的过程中与对象交融统一的境界,在审美中,人自身刹那间超升进入融合、完整、化一、和谐之境,人我同一,物我同一。"何方可化身千树,一树梅花一放翁"。这是审美的同一境界。"人看花,花看人。人看花,人到花里

---

① 傅雷:《傅译传记五种》,三联书店 1983 年版,第 164—165 页。
② 傅雷:《傅译传记五种》,三联书店 1983 年版,第 170 页。
③ 傅雷:《傅译传记五种》,三联书店 1983 年版,第 160 页。

去;花看人,花到人里来"。这是审美的同一境界。"山川脱胎于予,予脱胎于山川";"窗外竹青青,窗间人独坐,究竟竹与人,元来无二个",这也是审美的同一境界。审美的同一性使人从狭小的我—它关系中进入自由的我—你关系,这是人与对象之间真正意义上的相遇。"你"经由审美的中介与"我"相遇,"我"经由审美的中介步入与"你"的直接关系,"我"实现"我"时反而趋近"你",在实现"我"的过程中,"我"讲出了"你"。从这个角度讲,审美的同一性成就的人生最高存在,正是作为终极关怀的人类之爱。在这方面,马丁·布伯的精辟论析实在难以割爱:"情感为人所'心怀',而爱自在地呈现;情感寓于人,但人寓于爱,这非为譬喻,而乃确凿的真理,爱不会依附于'我',以至于把'你'视作'内容''对象',爱伫立在'我'与'你'之间。凡未曾以其本真自性领悟此理者,不可能懂得爱为何物,即使他把一生中所体味、经历、享有和表达过的感情归结成爱,爱以其作用弥漫于整个世界。在伫立于爱且从爱向外观照的人之眼中,他人不再被奔波操劳所缠绕。任何人,无论其善良邪恶,聪慧愚蠢,俊美丑陋,皆依次转为真切的实存。就是说,他们挣脱羁绊,站出世界而步入其惟一性,作为'你'而与我相遇。惟一性以其辉煌的方式时时呈现,由此人得以影响、帮助、治疗、教育、抚养、拯救。爱本为每一'我'对每一'你'的义务。从爱中萌生出任何情感也无从促成的无别,一切施爱者的无别,从最卑微者到最显贵者,从终生蒙承宠爱的幸运儿到这样的受难者——他整个一生都被钉在世界的十字架上,他置生死于度外,跨越了不可逾越之极点:爱一切人。"①

审美的终极性是指精神关系的解放中,在追求生命的意义、人生的价值生成的过程中对自身的终极价值的实现。在这一瞬间,人自身仿佛处于自身潜能、自我创造的巅峰,他觉得"天上天下唯我独尊",是独一无二的存在,是不可重复的我。他觉得自己就是作为万物主宰的上帝。马斯洛曾经猜测:"虽然我们永远不会成为纯粹意义上的'上帝',但是,我们能够或多或少地像上帝那样,多多少少地经常像'上帝'那样。"这正是讲的审美的终极境

---

① [德]马丁·布伯:《我与你》,陈维纲译,三联书店1986年版,第31页。

界。审美的终极性,使自我的心灵高飞远举,超越现实的束缚而遨游在自由的广阔之域,他感到自己"窥见了终极真理、事物的本质和生活的奥秘,仿佛遮掩知识的帷幕一下子拉开了"(马斯洛)。终极完成、终极体验、终极实现、终极价值,审美所达到的正是这终极之境。

审美的超绝性是指精神关系的解放中,在追求生命的意义、人生的价值生成的过程中自身的独立自足的状态,自我设定,自我证实,无目的,无功利,犹如围棋中作为最高境界的"平常心",也犹如中国古代哲人讲的"仁心","仁心常存,则其周行乎万物万事万变之中,而无一毫私欲搀杂,便无往不是虚静,仁心一失,则私欲用事,虽瞑目静坐,而方寸间便是闹市,喧扰万状矣。"(熊十力《明心篇》)在这个意义上,审美的超绝境界其实只是一首感恩的赞歌。在赞歌中流淌的又只是同一的旋律:自我创造。因此,审美的超绝性实在是永恒的启示。"它现时地存在于当下。此时,除了这种本原现象,我不知有任何启示。我不信仰任何启示,我不信仰自我命名的上帝,我不信仰在人前自我定义的上帝。启示之'道'即是:我就是我,启示者即启示者,在者即在,仅此而已。永恒之力泉永永不息,永恒之相遇永久不殆,永恒之宏声永永不寂。仅此而已。"[1]

审美的永恒性是指精神关系的解放中,在追求生命的意义、人生的价值生成的过程中把握到的绝对价值和意义。卢梭描述说:"有这样一种境界,心灵无须瞻前顾后,就能找到它可以寄托、可以凝聚它全部力量的牢固的基础;时间对它来说已不起作用,现在这一时刻可以永远持续下去,既不显示出它的绵延,又不留下任何更替的痕迹;心中既无匮乏之感也无享受之感,既不觉苦,也不觉乐,既无所求也无所惧,而只感到自己的存在,同时单凭这个感觉就足以充实我们的心灵;只要这种境界持续下去,处于这种境界的人就可以自称为幸福,而这不是一种人们从生活乐趣中取得的不完全的、可怜的、相对的幸福,而是一种在心灵中不会留下空虚之感的充分的、完全的、圆

---

[1] [德]马丁·布伯:《我与你》,陈维纲译,三联书店1986年版,第137页。

满的幸福。"①尽管我不大赞成用"幸福"来指称这一境界,但毕竟,他对这一境界的体会是准确而深刻的,审美的永恒境界真正从感性个体的有限性中超越出来,刹那凝化为永恒,寸土皆为大千,血肉之躯可以消失,但审美所把握到的永恒境界——绝对的价值和意义,却永远存在。

至此,我们已经不难看出:作为生命的最高存在方式,作为精神关系的解放,审美活动在人的对于生命的有限的超越方面,必然起着深刻的并且为其他活动所无法取代的作用。它尽管只是一种象征,但是却仍旧是一种真实。它是人的本质的享受。谢林指出:"没有审美感,人根本无法成为一个精神富有者。"这显然足以成为定评。并且,只有如此,我们才能读懂黑格尔的名言:"审美带有令人解放的性质。"我们也才能理解王夫之的难言之痛:"能兴即谓之豪杰,兴者,性之生乎气者也,拖沓委顺,当世之然而然,不然而不然,终日劳而不能度越于禄位田宅妻子之中,数米计薪,日以挫其志气,仰视天而不知其高,俯视地而不知其厚,虽觉如梦,虽视如盲,虽勤动其四体而心不灵,唯不兴故也。圣人以诗教以荡涤其浊心,震其暮气,纳之于豪杰而后期之以圣贤,此救人道于乱世之大权也。"(王夫之:《俟解》)

太好了!难怪雅典著名公民伯里克利斯会说:"我们是爱美的人!"难怪诗人萨福会说:"对我而言,光明与美是属于上天的愿望!"难怪蒲宁会说:"在这个莫名其妙的世界上,无论怎样叫人发愁,它总还是美的!"难怪巴尔扎克会说:"应该永远渴求美!"也难怪陀思妥耶夫斯基会说:"美能拯救人类!"

第二节 理想生命的理想实现

§1. 从对于人的追问开始

读者不难发现,作为最高的生命存在方式的审美活动,现在已经进入了我们的研究视野。那么,它的性质是什么?这显然是首先要追问的问题。

---

① [法]卢梭:《漫步遐想录》,徐继曾译,人民文学出版社 1986 年版,第 68 页。

在我看来,对于审美活动的性质,可以从三个方面去说明。

首先,审美活动与人的理想本性同在,是理想本性的理想实现。

让我们从对于人的追问开始。

人真的很神奇。他是宇宙间最辉煌、最美丽的生命现象,又是万物中最不可思议、最令人费解的生命现象。或许,我们不会忘记莎士比亚的赞叹:"人类是一件多么了不得的杰作!多么高贵的理性!多么伟大的力量!多么优美的仪表!多么文雅的举动!在行为上多么像一个天使!在智慧上多么像一个天神!宇宙的精华!万物的灵长!"但是,帕斯卡尔的洞见同样令人难忘:"人不过是一根苇草,是自然界最脆弱的东西,但他是一根能思想的苇草。用不着整个宇宙都拿起武器才能毁灭他,一口气、一滴水就足以致他死命了。"

因此,人的问题实在令人困惑,何况,我们又恰恰处在一个困惑的时代。对此,正像海德格尔在《康德和形而上学问题》中所大彻大悟的:"任何一个时代也没有像当前这样多地懂得人,但任何一个时代也没有像今天这样少地懂得什么是人的问题。任何一个时代,人都没有像我们当代一样地成为这样大的问题。"

在这个意义上,我想说,尽管我们并不是最早承受苦闷、最早疑惑、最早孤寂和最早焦虑的一代,但谁也无法否认,我们又确实是最为苦闷、最为疑惑、最为孤寂和最为焦虑的一代。

而且,困惑的挑战是那样沉重,我们一出生就已经衰老了,试问:我们能够成功地抗击这衰老吗?我们能够把一束人的光芒投入人的消解所导致的晦暗不明的历史深渊吗?我们能够重新推动那锈损僵滞的千古生命之轮吗?

不知道!不过,重要的并不在于成功,而在于重新开始!

§2. "为什么存在者在而'无'倒不在?"

那么,人是什么?

在我看来,要回答这一问题,首先要回答它追问的究竟是什么。毋庸讳言,在古今中外的论坛上,几千年来,各家各派曾经争相发表意见,并为固执各自的意见而争辩得难分难解。但是,他们的意见虽然互不一致,但在追问的路径上却又出人意料地保持着一致:他们都处心积虑地要找出一个"什么"来指征人,并且都宣布唯有自己的探索真正地找到了它。殊不知,任何一个"什么"毕竟只是"什么",而不是"是",更不是人之所"是"。结果,对"人是什么"的追问成了一种无根的追问。越是追问,人就越不在;越是追问,人就越消解;越是追问,人就越晦蔽。因此,海德格尔才站在时代的地平线上发出令人振聋发聩的诘问:"为什么存在者在而'无'倒不在?"

为什么呢?关键在于人的存在截然不同于万物的存在。正如海德格尔所颖悟的:"唯有人存在。岩石在,但它们并不存在;树木在,但它们并不存在;马匹在,但它们并不存在;天使在,但他们并不存在;上帝在,但他并不存在。"①这就意味着,物既不是肯定的也不是否定的,既不是主动的也不是被动的,既不是创造的也不是被造的,而只是其所是,只是它自己,并且完全被自己充实、胶着住了。人则不然,他的诞生本身就是自然界的唯一的否定性举动,因为被抛出了自然的一体性,他被两名手持利剑的天使无情地断绝了重返伊甸乐园的退路,并且因此而成为最软弱最无能的存在。但另一方面他又因此而进入永恒的创造、永恒的瞬间、永恒的开始,因此而需要不断地自我设定、自我确证、自我建构,在这个意义上,米朗多拉对人的断言尽管充溢着神的色彩,但又不乏精辟:"上帝在创造世界的最后一天创造了人,是为了让他认识这一大千世界的规律,学会热爱这一大千世界的美,赞叹它的美丽壮阔。造物主对亚当说,我不把你束缚在一个限定的地方,不强制你必须从事规定的事业,不用必然性捆住你的手脚,目的是让你自己根据自己的心愿去选择自己乐意的地方、事业和目标,并且支配这一切,其余的生物都只具有狭隘的天性,因此自身内部就受到我所确立的那些规律的限制,只有你一个不为任何狭窄的范围所钳制,可以在我交到你手里的那一自然界中随

---

① 转引自中国现代外国哲学学会编:《现代外国哲学》第5集,人民出版社1984年版,第326页。

心所欲地立标定界。我把你安置在世界中央,使你能更容易洞察周围的一切。我把你创造成不是天上的生物,然而又不纯粹是地上的生物,不是必然会死的生物,然而又不是不朽的生物,目的是使你超越束缚,自身成为创造者,亲手塑就自己最终的形象。"①这样,假如说追问物的时候是在追问物是什么,追问人的时候则是在追问人之所"是"。海德格尔讲得何等精辟:"也许'是'这个字以恰当的方式只能用来谈在,所以一切在者都不而且从来不'是'。"②因此,不应该也不允许用追问物的方式去追问人。而过去我们对人的追问之所以一再失误,其根源正是在这个地方。也就是说,我们往往习惯于用追问物的方式去追问人,往往在追问之前就已为追问对象从经验、过去和对象的角度规定了一个不可逾越的前提。因此,我们不是从人之所"是"出发,而是从人是"什么"出发,让"什么"粗暴地僭代了"是",却丝毫不去顾及从"什么"出发,实在是人的一种价值退化,实在是一场靡非斯特式的颠覆人的阴谋,丝毫不去顾及一旦把人现实化、对象化、关系化,无论再滔滔不绝地陈述多少辩证法,都实在不是把人作为人,而是把人作为物,最终也无非是盲目笃信地从一个前提滑向另一个前提,从一个"什么"滑向另一个"什么",无法确立起人之为人的终极根据。

雅斯贝斯指出:"人之所以为人,不能从我们所认识的东西上去寻找,而应该穿过他身上的一切可认知的东西,单单从他的起源上予以非对象地体验。"③在我看来,这正是对人的追问。它并不追问人是"什么"而是追问人之所"是";并不追问人的确定的肖像,而是追问人的最为宽广的可能性;并不追问人的现实属性,而是追问人的无法确指的实现机会;或者说,它并不追问什么存在着,而是追问怎样存在着;并不追问"有",而是追问"无"。这"无

---

① 转引自[苏]阿尼克斯特:《莎士比亚传》,安国梁译,中国戏剧出版社1984年版,第34页。
② 转引自中国科学院哲学研究所西方哲学史组编:《存在主义哲学》,商务印书馆1963年版,第107页。
③ 转引自中国科学院哲学研究所西方哲学史组编:《存在主义哲学》,商务印书馆1963年版,第230页。

是对在者一切加以全部否定"。"无既不是一个对象,也根本不是一个在者。'无'既不自身出现,也不依傍着它仿佛附着于其上的那个在者出现。无是使在者作为在者对人的存在启示出来的所以可能的力量。无并不是在有在者之后才提供出来的相对概念,而原始地属于本质本身。在在者的在中'无'之'不'就发生作用。"① 显而易见,只是在这追问中,长期被消解掉的人才有可能应运而生,长期晦暗遮蔽的人的问题才有可能恬然澄明。

§3. 人之所是

这样讲,或许有点谈玄的味道,不妨讲得具体一些。人们往往从人的自然存在、社会存在或理性存在方面来说明人是什么,且让我也由此开始。

从人的自然存在来考察人是什么,是很多人所坚持的看法。这种看法有其合理之处。人是自然的产物。作为人的存在的初始前提,人的自然存在,是自然界长期准备出来的"一种并非由他创造的自然前提"。② 在这个意义上,确实只有自然存在才是"主体"。正是因为看到了这一点,很多人才尝试从自然存在的角度来阐释人的本性及其一切活动。拉·美特利认为:人身上的一切都是自然所赐,整个宇宙是一架大机器,人也是一架机器,不同的只不过是这架机器更复杂一些而已。霍尔巴赫认为:"人是一个物理的东西,无论用什么方式观察他,他总是和普遍的自然联结着,而且服从于必然而不变的规则。"③

然而,人与自然的关系又毕竟不同于动物与自然的关系。动物与自然之间的关系是一种无主体的随机性的关系。动物绝对遵从自然必然性的制约。在这个意义上,确实可以说,自然存在的性质就是动物的性质。而人与自然的关系却是人自己主动建构起来的。在人与自然的关系中,人不仅是一种自然存在,更是一种超自然存在。换言之,人固然是自然的,但更是超

---

① 洪谦主编:《西方现代资产阶级哲学论著选辑》,商务印书馆1964年版,第347页。
② 《马克思恩格斯全集》第45卷上册,人民出版社1985年版,第488页。
③ [法]霍尔巴赫:《自然的体系》上卷,管士滨译,商务印书馆1964年版,第163—164页。

越的。因此,在说明人与自然的关系时,不但要讲清人的自然,尤其还要讲清人的超越性。正如恩格斯所指出的:"我们必须从'我',从经验的、肉体的个人出发,不是为了……陷在里面,而是为了从这里上升到'人'。"①

所谓超越性,是指人对自然的扬弃,也就是精神关系的解放。改变自然,人与动物都如此,但动物对自然的改变是盲目的、被动的、本能的,只有量的变化却无质的飞跃。它仍然是自然界编织的必然之网的一部分,既是客体自然的奴隶,又是自身自然的奴隶。唯一的命运就是不由自主地被"自然本能冲动"、自然必然性牵着走。作为万物之灵的人却不然。"一切动物的一切有计划的行动,都不能在自然界上打下它的意志的印记。这一点只有人才能做到。一句话,动物仅仅利用外部自然界,单纯地以自己的存在来使自然界改变,而人则通过他所作出的改变来使自然界为自己的目的服务,来支配自然界。这便是人同其他动物的最后的本质的区别。"②为什么会如此?关键在于人所特有的超越性的生命活动。这超越性的生命活动是对自然必然性的扬弃。也正是因此,自然必然性——不论是客体必然性或自身必然性——都不再是主宰他的主体,而成了受人主宰的客体。还是借用马克思的话来描述这一切:"一个对象世界的实践的创造,非有机的自然的加工再造是人类作为一个有意识的族类存在,作为一个本质的证明,人类恰恰就在对象世界的加工中才作为一个族类的存在来现实地证明自己,这种生产是他的勤劳的族类生活。经过生产,自然就表现成为他的作品和他的现实界"。③在这里,被人建构起对象性关系的自然存在,并非与人毫无关系的自然存在。正如马克思提示的:"被抽象地孤立地理解的,被固定为与人分离的自然界,对人说来也是无。"④这里的自然存在是"人化的自然界",是人的活动的对象。黑格尔曾经指出:与人相比,对象只是一种否定的东西、自

---

① 《马克思恩格斯全集》第27卷,人民出版社1972年版,第13页。
② [德]恩格斯:《自然辩证法》,人民出版社1962年版,第158页。
③ [德]马克思:《1844年经济学—哲学手稿》,刘丕坤译,人民出版社1956年版,第58—59页。
④ 《马克思恩格斯全集》第42卷,人民出版社1979年版,第178页。

我扬弃的东西,是一种虚无性。在人的自由自觉的生命活动的基础上深入理解这段话,无疑有助于深入理解人是什么。

从人的社会存在来说明人是什么,或许准确程度更高一些。因为在人与自然的关系中,人作为自然存在被积极地肯定着,同时又被积极地否定着。由此人扬弃他的自然存在,进入社会存在。社会存在正是对人与自然界和人与社会的双重关系的说明,尽管这种说明远非准确。

为什么从人的社会存在来说明人是什么准确程度更高一些?在人与自然的关系中我们把人作为同自然相对立的一种自然力、一种抽象的族类,但实际上人同自然发生关系时,又同时是置身一定的社会关系之中的。认识到并公开揭示这一点,显然就比用自然存在对人性本质的揭示更深刻。但另一方面,这种揭示又远非准确。因为在这里,社会存在无非是一种更高的必然性——植根于自然必然性而又扬弃了自然必然性的那种更为复杂的社会必然性。换言之,社会存在指的是受扬弃自然规律于自身的社会规律的规定,显而易见,这仍未区别于动物。"意识到必须和周围的人们来往,也就是开始意识到人总是生活在社会中的。这个开始和这个阶段上的社会生活本身一样,带有同样的动物性质,这是纯粹畜群的意识,这里人和绵羊不同的地方只是在于:他的意识代替了本能,或者说他的本能是被意识到了的本能。"[1]"我们的猿类祖先是一种社会化的动物,人,一切动物中最社会化的动物,显然不可能从一种非社会化的最近的祖先发展而来。"[2]而我们很多人却把社会存在视作外在于人的对象,视作不以人的意志为转移的历史规律。而人的作用仅仅在认识(所谓自由是对必然的认识)并最终顺应作为外在对象的历史规律或社会存在。不难看出,这种看法全然是一种"纯粹畜群的意识",而并非一种人的意识,它仍旧是对必然性的服从,在实践上则导致了历史宿命论和唯意志论的泛滥,或者说,导致人的消解。

---

[1] 《马克思恩格斯选集》第1卷,人民出版社1972年版,第35—36页。
[2] 《马克思恩格斯选集》第3卷,人民出版社1972年版,第510页。

之所以如此,关键在于"人永远是这一切社会组织的本质"。① 这就意味着我们不能单从社会存在这一点来规定人的本质。而应倒转来,从人来规定社会的本质。在这里,根本的区别在于人的活动和动物的活动的不同。与动物对于社会必然性的盲从殊异,在人的活动中,一方面人作为盲目的客体服从社会必然性,另一方面人又作为自觉的主体超出社会必然性,扬弃社会必然性。或者说,人的活动使人既加入一定的社会关系(社会必然性),又使人扬弃一定的社会关系开辟新的社会关系。由此类推,人与社会的关系是双重的。一方面,人不仅是受动的自然存在物,而且是扬弃这种存在的受动的社会存在物,说人的本质是社会存在在这个意义上是合理的;另一方面,人又不仅是受动的社会存在物,而且更是扬弃这种受动的能动的社会存在物,在这个意义上说人的本质是社会存在就不合理了。

人的自然存在无法说明人的本质,人的社会存在也无法说明人的本质,那么,人的理性存在能否说明人的本质呢?唯唯否否。人的理性存在根源于人与自我的关系。人们往往认为具有抽象的理性思维能力,是人的最为本质的特征,实际并不确切。恩格斯指出:"整个悟性活动,即归纳、演绎以及抽象……。对未知对象的分析……,综合……,以及作为二者的综合的实验……是我们和动物所共有的。就种类说来,所有这些方法——从而普遍逻辑所承认的一切科学研究手段——对人和高等动物是完全一样的。它们只是在程度上(每一情况下的方法的发展程度上)不同而已。只要人和高等动物都运用或满足于这些初等的方法,那末方法的基本特点对二者是相同的,并导致相同的结果,——相反地,辩证的思维——正因为它是以概念本性的研究为前提——只对于人才是可能的,并且只对较高发展阶段上的人(佛教徒和希腊人)才是可能的,而其充分的发展还晚得多,在现代哲学中才达到。"② 这就意味着,"在我个人的活动中,我直接证实和实现了我的真正的

---

① 《马克思恩格斯全集》第 1 卷,人民出版社 1956 年版,第 293 页。
② [德]恩格斯:《自然辩证法》,人民出版社 1962 年版,第 200—201 页。

本质,即我的人的本质,我的社会的本质。"①在人的社会存在的基础上,人不但能够认识自然、社会,而且能够把自我转化为对象,去自我认识、自我改造、自我调节、自我支配。马克思讲得十分清楚:"凡是有某种关系存在的地方,这种关系都是为我而存在的,动物不对什么东西发生返回到自身的'关系',而且根本不发生这种'关系'。对于动物说来,他对他物的关系不是作为关系存在的。"②这就是说:人的意识活动与动物的意识活动不同。人不仅在意识活动中同一定的对象发生关系,而且又以一定对象为中介使意识活动返回到自身,同自身发生对象性的关系。这样,人同对象的关系就中介着他同自身的关系,他同自身的关系又中介着他同对象的关系。唯有能够把自己认定是我的人——具有自我意识的社会动物——才能在自己的意识活动中发生这样双重的关系。康德说:"人能够具有关于自己的我的观念的那种情况,使他比地球上其他一切动物在本质上无比优越。"确实如此。

由上所述,自然存在、社会存在、理性存在,倘若有可能的话,我当然还可以举出数不胜数的关于人的论述,但总的来看,它们的失误又是共同的:用人是"什么"来代替人之所"是"。结果,每一个人都自以为弄清了什么是"是",可实际上说出的却只是"是什么",也就是说,错把关于人的属性的答案当成了关于人的本性的答案。其实,对于人来说,是没有任何外在对象或"什么"可以被规定为自身的本性的。正像马克思所告诫的:全部所谓世界史不过是人通过劳动生成的历史,不过是自然向人生成的历史。③那么,被规定为人自身的本性或人之所"是"的,毫无疑问,只有也只能是作为"自然向人生成的历史"中的人的超越性的生命活动本身。

所谓作为"自然向人生成的历史"中的人的超越性的生命活动,是与动物活动相区别的人所独具的生命活动,正是它,"不是把人当作某种驯服的自然之力来驱使,而是当作主体来看待。这种主体不是单纯地在自然、自发

---

① 《马克思恩格斯全集》第42卷,人民出版社1979年版,第37页。
② 《马克思恩格斯全集》第3卷,人民出版社1960年版,第34页。
③ 《马克思恩格斯全集》第42卷,人民出版社1972年版,第131页。

的形态之下,而是作为支配一切自然之力的活动出现在生产过程里面。"①具体来说,它既是对象性的感性活动,又是意识的能动活动。其根本特征有二:其一,作为"自然向人生成的历史"中的人的超越性的生命活动是一种自由的活动。要弄清这一点,先要弄清什么是"自由"。自由,作为一个概念,有其复杂涵义。作为政治概念,自由是人在社会中得到保障或被认可的法定权利;作为道德概念,自由是人根据内在道德准则选择行为的权利;作为认识论概念,自由是主体对客观事物及其必然性的服从。长期以来,我们往往从这个角度去理解人的活动,因此也就从根本上逃避了对人的正确理解。实际上,作为"自然向人生成的历史"中的人的超越性的生命活动所涉及的自由,与上述看法均无关系。它是终极意义上的自由,即对必然性的自我抗争和对存在的自我超越,它强调的是摆脱客体束缚并驾驭客体的主体性,是"自己依赖自己,自己决定自己",是反规范、反强制,是选择、介入、设计、更新、谋划,是精神关系的解放。因此,雅斯贝斯才会声言:"自由之所以对我可能,就在于我不会成为一个客体。"对此,马克思曾多次论及:"自由不仅包括我靠什么生存,而且也包括我怎样生存,不仅包括我实现自由,而且也包括我在自由地实现自由。"②社会主义呼唤着"有完整的生命表现的人,在这样的人身上,他自己的实现表现为内在的必然性,表现为需要"。③ 因此,人"不是由于有逃避某种事物的消极力量,而是由于有表现本身的真正个性的积极力量才得到自由"。④ 显而易见,人的自由是随着人作为主体的诞生而诞生。在自然、社会或理性的必然性面前,人能否达到自己本质力量的自我实现,也就是精神解放,就是所谓自由。在此基础上,作为"自然向人生成的历史"中的人的超越性的生命活动,它意味着:是规定"人的类的特征",即规定着人的本质的活动,是"实际创造一个对象世界,改造无机的自然界",进

---

① [德]马克思:《政治经济学批判大纲》第 3 分册,人民出版社 1975 年版,第 250 页。
② 《马克思恩格斯全集》第 1 卷,人民出版社 1962 年版,第 77 页。
③ 《马克思恩格斯全集》第 42 卷,人民出版社 1979 年版,第 129 页。
④ 《马克思恩格斯全集》第 2 卷,人民出版社 1957 年版,第 167 页。

而创造人本身的活动,是创造意义的活动,是推动主体无限而绝对的向人生成的活动,是使主体同时超越有限和相对的时间和空间,达到自我肯定、自我认同的活动。其二,作为"自然向人生成的历史"中的人的超越性的生命活动,又是一种本体的存在。它不是与万物等价的存在,而是人所特有的存在。有了作为"自然向人生成的历史"中的人的超越性的生命活动,才同时有了人。作为"自然向人生成的历史"中的人的超越性的生命活动,是生命的敞开,是光明之源。在作为"自然向人生成的历史"中的人的超越性的生命活动中,人生的每一瞬间都被光辉灿烂地本体化了,正像《五十奥义书》中吟唱的:"消遥兮,由黑暗至于灿烂,消遥兮,由灿烂至于黑暗,如马之振鬣兮,洒脱罪业,如月脱乎罗喉之口,委蜕躯壳。"总而言之,作为"自然向人生成的历史"中的人的超越性的生命活动,贯穿于人与自然、人与社会、人与自我三重关系之中,既是它们的前提,又是它们的过程,更是它们的结果。作为"自然向人生成的历史"中的人的超越性的生命活动就是人本身。恩格斯说:"人终于成为自己的社会结合的主人,从而也就成为自然界的主人,成为自己本身的主人——自由的人。"[1]无疑正是由作为"自然向人生成的历史"中的人的超越性的生命活动推出的合乎情理的结论。

在上述讨论的基础上,就不难继续对"人是什么"的追问了。作为"自然向人生成的历史"中的人的超越性的生命活动是什么,毫无疑问,人就必然是什么。正像马克思所指出的:"一个种的全部特性、种的类特性就在生命活动的性质,而人的类特性就是自由的自觉活动。"[2]因此,既然作为"自然向人生成的历史"中的人的超越性的生命活动的根本特征在于对必然性(客体的或自身的)的否定和扬弃,在于对世界和人自身的再造,一言以蔽之,在于自由,那么,人之所"是"也应该在于自由,或者说,在于不断向意义的生成、向自我的生成。尼采断言:"创造一个比我们自己更高的本质即是我们的本质。超越自身!这是生育的冲动,这是行动和创造的冲动。正像一切意愿

---

[1] 《马克思恩格斯选集》第3卷,人民出版社1975年版,第44页。
[2] 《马克思恩格斯全集》第42卷,人民出版社1979年版,第96页。

都以一个目的为前提一样,人也以一个本质为前提,这本质不是现成的,但是为人的生存提供了目的",它"超越人的整个族类而树立在那里"。他讲的无疑正是人之所"是"!

§4."还原预设"的误区

有必要强调的是,要准确地理解作为"自然向人生成的历史"中的人的超越性的生命活动,还亟待破除一个根本误区。这就是:"还原预设"。

现象与本质、个别与一般、主体与客体、变化与永恒、超越与必然……这种种尖锐的对立无疑是我们的思想历程中所时时面临着的巨大困惑。也因此,甚至许多大思想家也往往对此束手无策,最终的选择,就是不约而同地陷入"还原预设"的魔圈(亚里士多德称回到那个"万物始所从来,与其终所从入者"的本原)。正如索洛维约夫所说:"当代科学中占主导地位的一种倾向是,把一类现象归结为另一类,而且是把更为重要和深刻的现象还原为肤浅次要的现象,就像把神还原为人,把人还原为动物,把动物还原为机器。"①在他们看来,现象、个别、主体、变化、超越都是第二位的、派生的,都可以也必须还原为本质、一般、客体、永恒、必然,并且因此而使自身得到合理的阐释。遗憾的是,通过还原以取消矛盾一方的实际意义(所谓非此即彼),通过对立、矛盾的逻辑展开而最终把复杂的多元世界还原为一元世界,这无论如何都只是一个美丽的幻想。事实上,现实中到处存在的对立、矛盾根本就没有被消除,而只是被有意无意地遮蔽,因此这也就并非直面问题,而是逃避问题,更并非解决矛盾,而是逃避矛盾。显然,排除逻辑的悖论必然会带来理论逻辑系统本身的不完备性,而克服这种理论本身的不完备性又必然会带来逻辑的悖论。那么,如何解决这一矛盾?只有矛盾地思考矛盾。而这就必然存在着一个从"还原预设"向"非还原预设"的根本转换。

实践美学的失足就在这里。从"还原预设"这一误区出发,它一直坚持

---

① [俄]索洛维约夫:《西方哲学的危机》,李树柏译,浙江人民出版社2000年版,第219页。

认为实践活动的本质就是审美活动的本质（人的本质力量的对象化），一直坚持认为审美活动就是把握必然的自由，以至于始终没有找到美学的独立的研究对象，始终把美学的研究混同于实践的研究。这种思路无疑是十分可疑的。以后者为例，所谓自由实际包含了两个方面：即把握必然的自由即自由的客观性、必然性，与超越必然的自由即自由的主观性、超越性。这两个方面同时存在，无法彼此还原也不允许彼此还原。然而，从"还原预设"的误区出发，前此的美学却固执地认定其中存在着一个谁向谁还原的问题。例如实践美学，审美活动的实践使得它不可能不意识到，审美活动与超越必然的自由即自由的主观性、超越性密切相关，然而一进入理论的思考，问题的实质就悄悄地出现了错误的转换。在实践美学看来，超越必然的自由即自由的主观性、超越性固然重要，但是却必须被把握必然的自由即自由的客观性、必然性所决定，也只是对于把握必然的自由即自由的客观性、必然性的反映。于是，把前者还原为后者（所以实践美学才会坚持把审美活动与实践活动等同起来，就像认识美学坚持把审美活动与认识活动等同起来），就成为实践美学的必然选择。殊不知，这样一来，超越必然的自由即自由的主观性、超越性就成为一个附属的可有可无的范畴（审美活动因此也就相应地成为实践活动的附属）。自由的现实属性被片面地加以突出，自由的超越属性被片面地加以遮蔽（所谓"超越"仍旧只是工具——自然的工具，因为我们的超越无非就是自然的自我超越）。自由本身也完全脱离了它的自身目的，转而成为对于必然的认识。结果，人被还原为必然的工具，人的地位也被还原为工具地位，甚至，会偏激地认定，"客观"的就是好的、真实的，"主观"的就是坏的、谬误的。然而，超越必然的自由即自由的主观性、超越性实在并非人类的错误，而是人类区别于动物的根本特质，也是人类相对于动物的高贵、尊严之所在。倘若贬低甚至否定超越必然的自由即自由的主观性、超越性，倘若忽视自由的超越属性，转而把自由的现实属性绝对化，我们就无法说清楚人类究竟是如何超越自然和现实的，究竟是如何面对未来的。就是这样，超越必然的自由即自由的主观性、超越性这一极为深刻的真正的美学问题，非常遗憾地与实践美学擦肩而过，实践美学本身也因为没有找到属于美学自身的真正的独立的研究对象而为美学界所广泛地批评。①

而生命美学与实践美学的重大区别,也恰恰就在这里。②

例如,中国当代美学一直就在主客关系中挣扎(高尔泰说的"离开了人与物的主客体关系这一范畴,也就……谈不上美",应该是四派的共同看法),内在的失误都是一样的,因而谁也不可能战胜谁,绝无出路。客观主义与心理(主观)主义不过是主客二分的"一物之两面"。一般而言,中国美学传统一贯以对于超越必然的自由即自由的主观性、超越性的强调作为根本特征,而西方美学传统尽管一度以对于把握必然的自由即自由的客观性、必然性的强调作为根本特征,但是在其漫长的思想历程中却又相继出现了两次大的转向,即认识论转向与生存论转向。在西方,首先是在近代放弃了对于世界的独断,转而在思维与存在的关系中来理解存在,宣称"离开认识论

---

① 例如,根源毕竟不同于本质,即使是主客体都具备了审美的条件,审美活动也不一定发生。因此,当主客体都具备了审美的条件时,审美活动究竟是怎样发生的,与实践活动相比,审美活动的自身特征是什么,总之,审美活动如何可能,诸如此类的问题,才是美学所要关心的。然而,实践美学对此却漠然视之。

② 更准确地说,应该是与前此的所谓四派美学观点的区别。所谓四派美学观点,实际都是从"美是否客观事物的属性"来划分,因此应该简化为唯物唯心两种,然而,这实际上已经完全与美学无关了。或者把客观绝对化,把主观统一于客观,认为主观源于客观(蔡仪、李泽厚。当然两者又有区别,以花为例,李泽厚认为"美是花的社会属性",蔡仪认为"美是花的自然属性"),或者把主观绝对化,客观统一于主观,认为客观源于主观(高尔泰),或者强调主客观的统一(朱光潜),然而这种主客观统一不是从本源的角度出发,而只是把两个已经分裂的东西连接起来而已,充其量只是一种外在的缝合。结果不但不能战胜主观派、客观派,而且最终只能走向主观派(叶秀山先生就认为:朱光潜先生的主客观统一实际是"统一于主观方面")。至于这种美学在文艺学中的典型表现,则显然是反映论。必须注意的是,不论给反映论加上什么定语,例如能动的、审美的、创造的,都仍旧丝毫不能改变以主客二分为基础的反映论的本质。由此,中国四派美学观点却在理论怪胎"形象思维"问题上出现惊人的一致,就不会令人惊诧了。总之,中国的20世纪美学已经走入绝径,面临的出路只有或者灭亡,或者转型。为此我要大声疾呼:根本的转换来自方法,只有走出主客二分,中国的美学才有希望。我们已经延误了一百年,现在我们必须迷途知返,接着胡塞尔、海德格尔讲,接着庄子、禅宗讲。不如此,我们就无法成功地走出美学的误区。

的本体论是无效的",继而是在现当代又放弃了对于认识的独霸,转而开始在现实的生命活动中来理解思维、存在及思维与存在的关系(思维、存在以及思维与存在的关系都不再是固定的,而是与生命活动密切相关的),宣称"离开生存论的认识论与本体论是无效的"。这显然意味着:西方美学传统也在逐渐地转向对于超越必然的自由即自由的主观性、超越性的强调。然而实践美学却未能关注到上述发生在中西方美学历程中的一切,尽管自我宣称是从马克思主义的实践原则出发考察美学问题,然而却根本就未能在自己的美学研究中真正确立实践原则,①也根本就没有意识到实践的真正意义(实践原则在实践美学那里实际只是一种"叙事策略"),而是仍旧从自然本体论或者认识论的角度即知识论的框架出发去考察美学问题,于是,自由的生存论内涵被无情地抹杀了,与此相应,审美活动的本体论内涵也被无情地抹杀了。②

令人欣慰的是,越来越多的美学研究者逐渐意识到:只有超越必然的自由即自由的主观性、超越性才真正地与审美活动密切相关,而且,这超越必然的自由即自由的主观性、超越性之所以与审美活动密切相关,又恰恰在于它是绝对不可能被加以还原的。而要认识到这一点,就亟待转换视野,转而寻找一种美学的大智慧。这就是:"非还原预设"的思维方式。

生命美学正是因此而应运诞生。在生命美学看来,解决矛盾的前提是承认矛盾的实际存在。矛盾就是生命,就是世界。正如波普所说:我们承认矛盾并不等于认可矛盾,否则矛盾就失去了其推动人类发展的意义。在此,至关重要的是人类的生命活动本身。它是导致分裂的直接根源。只有人类

---

① 马克思主义的实践原则是正确的,而实践美学对于马克思主义的实践原则的理解却是错误的,因此批评实践美学不等同于批评马克思主义的实践原则。
② 结果,在实践美学中,剩下的就只是一系列根本的矛盾,例如美的根源的客观社会性与美的性质的主观心理性的矛盾,"如何活"(科学主义)与"为什么活"(人本主义)的矛盾,总体、理性、必然与个体、感性、偶然的矛盾,工具本体与心理本体的矛盾等等,因此,实践美学集自我建构与自我解构于一身。而生命美学正是从解决这一系列的根本矛盾入手,而且,它的成功也正在于此。

的生命活动才使得精神从自然中超越而出,主观从客观超越而出,理想从现实超越而出。它使得人身上既有客观的东西,也有主观的东西,但是不是非此即彼,而是亦此亦彼。而无穷无尽的"此"与"彼",就构成了生命内部的永恒冲突。这正如马克思所指出的:"主观主义和客观主义,唯物主义与唯灵主义,活动和受动只是在社会状态中才失去了它们彼此间的对立,并从而失去它们作为这样的对立面的存在;我们看到,理论的对立本身的解决,只有通过实践的方式,只有借助于人的实践力量,才是可能的。"①

这就是说,把握必然的自由即自由的客观性、必然性,并非来自超越必然的自由即自由的主观性、超越性,超越必然的自由即自由的主观性、超越性,也并非来自把握必然的自由即自由的客观性、必然性,它们共同地来自人类的生命活动本身。正是人类的生命活动才导致把握必然的自由即自由的客观性、必然性,与超越必然的自由即自由的主观性、超越性的同时产生。也因此,一方面,超越必然的自由即自由的主观性、超越性之中永远具有相对独立于区别于高出于把握必然的自由即自由的客观性、必然性的东西(所以美学之为美学才有了立身之地,这正是生命美学的出发点),另一个方面,超越必然的自由即自由的主观性、超越性,又必须以把握必然的自由即自由的客观性、必然性的实现作为条件(所以生命美学才又区别于西方的生命美学,不致成为空中楼阁)。因此,超越必然的自由即自由的主观性、超越性绝非一个空洞的范畴,也绝不是一个可以靠还原就可以躲避的对象,它有着自己的不可还原性、不可替代性,以及独特的根源、性质、形态、功能、意义,对此加以研究,正是美学之为美学的题中应有之义,也正是生命美学得以诞生的根本前提。事实上,超越性是根本无法还原的。就认识论的角度而言,超越性无法完全等同于客体性,它总有大于自身的被客观化的部分。就本体论的角度而言,超越性属于人的自由领域,它以对于必然的把握为前提,但是却毕竟是被自身的超越本性所决定,而且有着自己的相对独立的领域,因而无法还原到必然的现实性上来。推而广之,事实上在人类的生命、自然的

---

① 《马克思恩格斯全集》第42卷,人民出版社1979年版,第127页。

生命的不同形式、不同侧面、不同层次,都存在着逻辑的悖论,而把这一矛盾加以全面展开,并且保持它们彼此之间的不可还原性以及彼此之间的适度张力,正是我们"非还原预设"的思维方式的根本要求。①

显然,对于超越必然的自由即自由的主观性、超越性的强调意义十分重大。长期以来,实践美学往往只强调把握必然的自由即自由的客观性、必然性的实现的重要,但却忽视或者不敢理直气壮地强调超越必然的自由即自由的主观性、超越性的实现的重要,这显然是一种非常有害的心态。把握必然的自由即自由的客观性、必然性的实现无疑十分重要,没有它的实现,超越必然的自由即自由的主观性、超越性的实现无异于纸上谈兵(人类生命活动虽然是没有前提的,然而人类生命活动的实现却是有前提的。把握必然的自由即自由的客观性、必然性的实现就是这样的前提)。然而,另外一方面,尽管超越必然的自由即自由的主观性、超越性的实现,固然必须以把握必然的自由即自由的客观性、必然性的实现为前提,但它的解决也仅仅以把握必然的自由即自由的客观性、必然性的实现为前提。把握必然的自由即自由的客观性、必然性的实现,毕竟不能代替超越必然的自由即自由的主观性、超越性的实现(人对自然的把握,只是获取自由的途径而不是自由本身。认识自然的规律只是为了实现人类的自由,人的自由是其中更为根本的东西)。因此,我们强调把握必然的自由即自由的客观性、必然性的实现的重要的初衷,也只是要借此看到以它为背景所展开的超越必然的自由即自由

---

① 在相当长的时间内,我们都只知道世界是相互联系的,但是我们却从来没有去考察世界是怎样互相联系的。因此一直以为世界的相互联系最终必然可以还原为一个根本的原因。由此出发,美学界也一直存在着一种见惯不惊的现象,即思想越是简单、越是肤浅,就越是被当作深刻,这实在是一种深刻的谬误,一种触目惊心的耻辱。世界永远是复杂的,不可能只被一个原因所决定,但是我们却总是要把它说成是一个原因,并且总是要去找到那"一个原因"。这又如何可能?世界就像一个有生命的魔方,其中没有"鸡生蛋,蛋生鸡"这类事情,也不存在什么第一原因(而只存在多个原因)。唯一主义绝非唯物主义,单一模式也不是什么金科玉律。须知,世界并不是必然的,而是或然的(它使我们想起恩格斯所强调的"力的平行四边形")。宇宙之车也根本就没有驭者(因此它的选择总是会叫人瞠目结舌)。

的主观性、超越性的实现的广阔空间,正是要看到在因此而充分展开的美学研究的广阔空间,而不可能也不应该是抹杀、否定这个广阔空间的存在。①

换言之,对于把握必然只是自由的必要条件,却绝非自由的充足条件,人们片面强调对必然的把握,正因为忽视了两者的根本区别。试想,事实上人类根本无法最终认识自由,因此,如果片面地以把握必然作为自由,那么按照这个定义,人类岂不是永远无法得到自由,或者,岂不是只有上帝才有自由吗?必须强调,自由不是只能如此,更不是不得不如此,否则自由就不成其为自由,而成为必然。从更根本的角度说,也不是先有了知识才有自由,而是有了自由才去获取知识,对自由的把握正是自由的产物。何况,并非所有对于必然的把握都是自由的,事后诸葛亮只是对于自由的总结,而不是自由,而"地球是宇宙的中心"之类,则恰恰是使人不自由。对于必然的改造也如此。正如马克思所说,它永远发生在受内在和外在必然性限制的此岸世界,因此也就永远并非自由本身,同时,认为只有人类的实践才能改造必然,这也并非事实(更不要说那些破坏大自然的实践所造成的只是对于自由的限制)。科学家告诉我们,实际上生物也在改造世界,人类诞生前的三十多亿年,正是最初出现的生物才使得大气由缺氧到富氧,这不就是在改造世界?河狸可以筑坝造地,红树可以向大海要地,森林也竟然可以从裸岩上崛起,这不也是在改造世界?因此,把对于必然的把握作为自由本身,只是一个虚假的承诺,如此一来,自由与不自由之间的区别顶多也就只是自觉的奴隶与不自觉的奴隶之间的区别,却与真正的自由渺不相涉。把握必然,只是认识了实现自由的条件,但却绝对不是实现了自由本身。它固然能够规定人类生命活动"不能做什么",但是却不能规定人类生命"只能做什么",只能决定人类生命活动"不能如何",却不能决定人类生命活动"应当如何"。在"不能做什么""不能如何"与"只能做什么""应当如何"之间还存在着一个

---

① 审美活动之中所蕴含的超越必然的自由即自由的主观性、超越性之中所具有的相对独立于区别于高出于把握必然的自由即自由的客观性、必然性的东西,正是美学所要面对的广阔空间。在20世纪的中国,这一广阔空间为生命美学所首先揭示并予以极大关注。

广阔的创造空间——超越必然的自由的空间。例如,人无法超越饮食男女这些基本经济条件,但是在满足了这些基本经济条件之后,人能够自我实现到什么程度,却有着极大的自由度;人无法超越外在社会条件的种种限制,但是在这充满了种种限制的社会条件下,人能够做出什么样的贡献,仍有着极大的自由度……这就是说,实践活动只是产生审美活动的必要条件,没有它,不会有审美活动,但只有它,也不会有审美活动(正是实践活动的不自由才导致了审美活动的出现,否则审美活动又如何可能)。而生命美学之所以一再强调对于超越必然的自由即自由的主观性、超越性的考察,正是美学之为美学所必须面对的真正问题,也正是要充分地强调这一问题的极端重要性。为此,现在我甚至要不无夸张地说:超越必然的自由即自由的主观性、超越性问题存,则美学(尤其是生命美学)存;超越必然的自由即自由的主观性、超越性问题亡,则美学(尤其是生命美学)亡。

当然,意识到超越必然的自由即自由的主观性、超越性问题的不可还原的独立存在,并且意识到这个问题对于美学而言的极端重要性,也要防止另外一种倾向。在这个方面,中国美学传统与西方现当代美学的探索历程值得注意。不论是中国美学传统还是西方现当代美学,都以对于超越必然的自由即自由的主观性、超越性的强调作为根本特征,这无疑是一笔十分重要的精神遗产(在我看来,这两者是中国当代美学的唯一可堪立足的理论起点,也唯有生命美学才可能与它们血脉贯通)。然而,它们又都有着共同的失误。这就是:面对认识必然的自由即自由的客观性、必然性,中国美学传统与西方现当代美学又往往会把它界定为超越必然的自由即自由的主观性、超越性的附庸,也就是把它还原为超越必然的自由即自由的主观性、超越性,显而易见,这样一来,认识必然的自由即自由的客观性、必然性,就成为一个附属的可有可无的范畴,自由的抽象属性被片面地加以突出,自由之为自由完全脱离了它的实现条件(自由必须在必然中实现,所以马克思才批评唯心主义对于人的主观能动性的抽象发展),结果,中国美学传统与西方现当代美学虽然敏捷地捕捉到了超越必然的自由即自由的主观性、超越性这一极为深刻的真正的美学问题,但是这个问题本身却失去了现实的根据,成为一个虚无飘渺的东西。这个教训,生命美学显然要时时记取。这意味着:所谓"非还原预设",对于把握必然的自由即自由的客观性、必然性来说,也同样有效。换言之,生命美学在强调以超越必然的自由即自由的主观性、超越性作为研究对象的同时,还时时强调以把握必然的自由即自由的客观性、必然性的实现作为条件。

§5. 全新的规定

不难看出,对人的上述看法,是鲜明地区别于其他关于人的形形色色的看法的。究竟孰优孰劣,固然要花费一部专著的篇幅。但它毕竟意味着对人的未完成性、无限可能性、自我超越性,以及未定型性、开放性和创造性的肯定,意味着对人的一种全新的规定。具体来说,主要有三个方面的涵义:

首先,意味着从超验而不是从经验的角度来规定人。经验的规定已如前述,超验的规定是一种真正的哲学意识,它以人的"无"——无限性、不确定性、先验性作为超验根据。这"无"是人的最高真理、绝对存在,是价值之母、众妙之门,是形形色色的"有"诞生和出发的基地,是"说似一物即不中"的"本来无一物,何处惹尘埃",是殊异于具体的"有"的"全有",又是殊异于具体的"是"的"全是"。人的存在不能离开超验之维。对人的考察也无法离开超验之维,否则,就是把人当作物。卡夫卡曾经颇为深刻地发现:"正处在努力之中的人为了拯救自己心中的神的力量,必须把自己置于反对这个世界的位置上。或者同样道理,神的力量为了拯救自己把人置于反对这个世界的位置上。"[①]看来,对人的规定也必须如此。这样,超验规定通过与既定经验的对抗,不仅敞开了人的真实状态,而且敞开了人之为人的终极根据。它使生命的全部意义从超验的地平线上喷薄而出,使已经晦暗不明的人的全部面貌重新彰显出来。在这里,人,已经不再是以自然形态的生命而是以价值形态的生命为本体,不再是价值虚无而是价值肯定,不再是从"与天地合其德,与日月合其明,与四时合其序,与鬼神合其吉凶"的有限存在出发,

---

① 转引自《外国文艺》1986年第1期第249页。

而是从超越形形色色的必然性出发的绝对存在,不再是接受这个世界而是拒斥这个世界,不再是生命的盈足而是生命的负疚,不再是适性得意而是受难牺牲,不再是外在世界的占有而是内在生命的超越,不再是"通天人,合内外"而是"成为你自己",不再是自我的泯灭、消解、放弃,而是自我的独立、选择和创造,不再是重返"无所住心"的虚静、坐忘、丧我、见独,而是进入痛心疾首的厌烦、忧郁、绝望和祈祷……正如舍勒所深刻洞察的,"在普遍的生命进程的巨大生命长河中,人不过是一短暂的节庆。然而,人也意味着使神性本身的生成规定得以实现的某种东西。人的历史并非是为一位永恒完满的神性的关注者和审判者演出的一出戏,而是超升到神性本身的生成之中。"因此,"人是超越的意向和姿态。是祈祷的、寻求上帝的本质。并非人在祈祷,他是生命超越本身的祷告,'他不寻求上帝',他是活生生的 X,X 寻求上帝"。①

其次,意味着从未来而不是从过去的角度规定人。如前所述,人是一种有限的存在,就此而言,人无法区别于动物。但人的优胜之处在于,他能够在实践活动中不断突破有限存在,从而不断地肯定自己并栖居于无限的存在之中,因此,人不仅是一种已然,更是一种未然,不仅是一种现实,更是一种生成。我们固然可以从过去的角度规定人已经是什么,还可以从未来的角度规定人将会是怎样,并且,假如前一个角度讲的是人是"什么",那么,后一个角度讲的则是人之所"是"。或许正是出于这个原因,雅斯贝斯才会不断陈述着他的惊世骇俗的发现:"人是一个没有完成而且不可能完成的东西,他永远向未来敞开着大门,现在没有,将来也永不会有完整的人。"②不过,要强调指出,未来是蕴含了无数可能性的中性概念。有活泼泼的未来,也有死寂的未来,有人的未来,也有上帝的未来或自然的未来,其中的差异不容忽视。所谓上帝的未来,指的是与此岸世界绝对隔绝的彼岸世界,它是一个无法企及的所在,相比之下,人的任何努力和趋近都只能等于零。康德

---

① 转引自刘小枫:《拯救与逍遥》,上海人民出版社 1988 年版,第 155—156 页。
② 转引自中国科学院哲学研究所西方哲学史组编:《存在主义哲学》,商务印书馆 1963 年版,第 233 页。

称之为"令人恐怖"的未来,黑格尔则称之为"坏的无限"。所谓自然的未来,则是指的固定不变的量的循环。动物的繁衍死灭、植物的开花结果、无机物的化合分解,都表明它们并非不能从一种存在进入另一种存在,从一种现实进入另一种现实,但它们之所以"进入"的原因却早已预先潜在于原因之中,因而只是同一过程的重复演出,不是真正意义上的未来,而毋宁是上帝的未来的此岸翻版。人的未来不是上述那种死寂的未来,它根源于人的超越活动本身。是自在自为的真正的未来,活泼泼的未来。正是在人的未来的向度上,人本身才得到了最为核心的规定。人把先行进入未来作为自己的真正本质,人是永远比既定的现存者更加完美的存在,是充满生气的不确定存在,是禀赋无限可能性的开放存在。人永远在自我超越的途中,永远高出于自我,永远屹立于地平线上俯瞰着自我。并且,一旦停留就不复为人。换句话说,人不是一种状态而是一种行为,是从未来趋近现实的过程。人从来就是他所不是而不是他所是。因此,"一个人是怎样和一个人将会怎样是同时提出的同一个问题。因而,也就不再存在'存在'和'成为'之间的区别。潜能不仅是将怎样或将会怎样,而且是'是怎样'。自我实现既是一种存在着的目标,又是一种尚未实现的真实。人的存在既是指一个人是怎样,同时也是指的个人追求什么。"(马斯洛)在这个意义上,或许应该说,做一个人,就是去成为一个人。

最后,意味着从自我而不是从对象的角度规定人。正因为人从来就是其所不是而不是其所是,他也就必然会把否定或意义给予一切存在。这从现实的角度看当然无异于一种谎言、误解甚至自我欺骗,但从超越的角度看却无疑是对人的一种肯定、褒扬或者绝对推崇。这就是说,一切存在固然有其不可抗拒的历史必然性,人固然要受对象世界的种种羁勒,一生固然不免有生老病死……这一切确乎是人所无法跨越的铜墙铁壁,然而面对这一切能够采取何种态度,却仍然要由自我来决定。或者为之骄傲,或者为之羞辱,或者为之沮丧,或者为之昂扬。"我所反对的过去与我沉醉于其中的彼时彼刻或正在形成的过去是不一样的。"总之,人并不选择必然性,但可以选择对于必然性的态度,可以自由地选择一个意义赋予必然性,去为必然性命名。萨特讲得何等精辟:"人是这样一种存在物,由于他人存在,才使一个世界存在。"换句话说,以人的态度面对必然性,还是以物的态度面对必然性,这只能靠自我来决定。人的真实意义、人之为人的终极根据,也正在这个地方,只有人自己能为自己的存在和本质负责。因此,从自我出发去肯定人,就是给人以神圣的允诺,就是揭示生命的意义或赠予生命以意义,就是赋予本无意义的存在以形而上学的充足理由,就是使人完美、充实和生成,就是肯定、祝福和诗化。尼采说:"倘若人不是诗人、解谜者和偶然的拯救者,我如何能忍受做一个人。"这正是从自我角度对人的憧憬!恰恰在这个意义上而不是在改天换地的意义上,人才成为永恒奇迹的制造者,成为准上帝,也最终成为人!

综上所述,不难看出,人禀赋着现实性,但是更具备着超越性。这超越性是人的理想本性,但也是人之为人的根本规定。然而,鉴于在理想社会人的理想本性才是现实存在,但是在现实社会人的理想本性却只是人的理想存在,只能在象征的意义上实现——在审美活动的意义上实现,因此,审美活动显然与人的理想本性同在,审美活动是理想生命的理想实现。

第三节 最高需要的理想实现

§1."为了有所行动而满足自己的活体的需要"

从人的理想本性的角度来讨论审美活动的性质,无疑有助于对审美活动的深刻把握,但又毕竟并非唯一的角度。为什么这样说呢?我们已经指出:人的理想本性在于超越性的生命活动,而人的超越性的生命活动绝非无源之水,恰恰相反,正如近现代科学研究的成果所证实的:"任何生命机体的积极性归根到底都是由它的需要引起的,并且指向于满足这些需要。"[①]这就

---

① [苏]彼得罗夫斯基主编:《普通心理学》,朱智贤等译,人民教育出版社1981年版,第168页。

意味着：人的超越性的生命活动的动力是人的需要。或者，人的需要正是人的超越性的生命活动的内在规定（注意：马克思也明确指示我们："他们的需要即他们的本性"）。因此我们有必要把对审美活动的性质的讨论深入到需要的层次，并证明：审美活动与人的内在需要同在，是最高需要的理想实现。

需要并不是人类独具的禀赋。早在动物阶段，需要便已经产生。不过，本书对动物的需要无暇涉及，要涉及的只是人的需要。人的需要是指的人同外部环境之间物质、能量、信息的一定必要联系，标志着人对外部环境的渴慕和欲望，它是人的丰富属性中最为基本、最为一般的属性，是人的各种质的规定中最为原始、最为简单的规定。它不同于动物的需要。首先，动物的需要是狭隘的、封闭的、有限的，它却是丰富的、开放的、无限的。这就正像黑格尔分析的："动物是一种特异的东西，它有其本能和满足的手段，这些手段是有限度而不能越出的。有些昆虫寄生在特定一种植物上，有些动物则有更广大的范围而能在不同的气候中生存，但是跟人的生存范围比较起来总是有某种限制的。""动物用一套局限的手段和方法来满足它的同样局限的需要。人虽然也受到这种限制，但同时证实他能越出这种限制并证实它的普遍性，借以证实的首先是需要和满足手段的殊多性，其次是具体的需要分解和区分为个别的部分和方面，后者又转而成为特殊化了的，从而更抽象的各种不同需要。"①其次，动物的需要的产生是纯自然的，满足需要也是纯自然的。人的需要的产生却不一定是纯自然的，满足需要的方式也不一定是纯自然的。例如，人的需要固然以物质需要为基础，但却并不局限于此，还有在物质需要基础上被人类自己不断创造出来的劳动需要、精神需要、艺术需要。又如，同为满足饮食的需要，人的方式与动物的方式也并不相同，"他不再生吃食物，而必然加以烹调，并把食物自然直接性加以破坏，这些都使人不能像动物那样随遇而安。"②

那么，为什么如此呢？原因固然十分复杂，但关键之处却也十分简单，

---

① ［德］黑格尔：《法哲学原理》，范扬等译，商务印书馆1961年版，第206、205页。
② ［德］黑格尔：《法哲学原理》，范扬等译，商务印书馆1961年版，第206页。

这就是：人的需要的发展所经历的总的途径，"无疑是开始于人为了满足自己最基本的活体的需要而有所行动，但是往后这种关系就倒过来了，人为了有所行动而满足自己的活体的需要"。① 在这里，所谓"往后这种关系就倒过来了"就是说，人开始以理想本性的对象性运用——活动作为"第一需要"。因此，至关重要的是人的活动，正是这种活动，才使动物的需要成为人的需要。抛开人的活动，需要则只具有动物性质，这意味着，对需要的考察，必须从对人的活动的考察开始。

认清这一点极为重要，它昭示我们：首先，需要的实现，并不仅仅体现在对他人、集体、社会、人类的贡献上，而且也体现在自身的活动中，亦即在满足他人、集体、社会、人类的需要的同时，又不断地做到自我肯定、自我确证，维护着自己的主体地位。其次，需要的实现程度，与人的活动在什么层次上超出了物质需要密切相关。正像马克思指出的："动物的生产是片面的，而人的生产是全面的，动物只是在直接的肉体需要的支配下生产，而人甚至不受肉体需要的支配也进行生产，并且只有不受这种需要的支配时才进行真正的生产。"②因此，人的活动在什么层次上超出了物质需要，人也就在什么程度上实现了真正的需要，超出的层次越高，真正的需要实现的程度也就越高。一旦人的活动本身成为目的，人的真正的需要也就最终得到了全面实现。

§2. 第一需要

显而易见，从本书的主旨来看，上述后一方面尤为重要。根据人的活动在什么层次上摆脱了需要，可以把需要划分为若干层次。在这方面，马克思曾经提出了生存、享受、发展的划分，但语焉未详。倒是马斯洛的探索值得注意，他把人的需要划分为五个基本层次：生存、安全、归属、尊重和自我实

---

① ［苏］阿·尼·列昂捷夫：《活动　意识　个性》，李沂等译，上海译文出版社1980年版，第144页。
② 《马克思恩格斯全集》第42卷，人民出版社1979年版，第96页。

现。并且,又进一步划分为两类:缺失性需要和成长性需要。他解释说:前者犹如"为了健康的缘故必须填充起来的空洞,而且必定是由他人从外部填充的,而不是由主体填充的空洞"。① 后者却只瞩目于自身固有本性的实现,瞩目于一种永无止境地趋向个人内心的统一、整合或和谐。

不妨把两者做一个简单比较。在对冲动的态度方面,前者是抵制的,它往往把冲动理解为缩小需要、缓解紧张、降低驱力、减少焦虑;后者是认可的,它往往认为冲动是令人满意和受人欢迎的,是使人高兴和愉快的。假如它构成了紧张,这紧张也是令人愉快的紧张。在满足的不同效应方面,前者要求紧张缓解和恢复平衡,后者则为了长远的和通常达不到的目标而保持紧张。在人格作用方面,前者是防御机制,后者是获取机制。在愉快方面,前者是贫乏的愉快,后者是丰富的愉快。在目标状态方面,前者是有目标、有极点、有完成、有终止的,后者则是无目标、无极点、无完成、无终止的。在需要的类型方面,前者是类的需要,后者是个体的需要。在环境方面,前者是依赖环境的,后者是独立于环境的。在人际关系方面,前者是有私利的,后者是无私利的。在自我方面,前者是自我中心的,后者是自我超越的,等等。

毋庸讳言,成长性需要显然是在缺失性需要的基础上产生的,但更重要的或许是,倘若成长性需要不能满足,人就不成其为人,为什么呢? 当然是因为尽管任何一种人的需要都是对人的本性的规定,都可以引发人的活动,但严格说来,只有作为产生需要和满足需要的活动——超越性的生命活动这"第一需要",才是真正的本质需要。它集中了人的"类特性",集中了生命的全部内容,全部人生。正像马克思指出的:"富有的人同时就是需要有完整的人的生命表现的人。在这样的人身上,他自己的实现表现为内在的必然性,表现为需要。"② 因此,要成其为人,就必须满足"第一需要"。而满足"第一需要"也就是满足"成长性需要"。反之,倘若要使人不成其为人,最简

---

① [美]马斯洛:《存在心理学探索》,李文湉译,云南人民出版社1987年版,第19页。
② 《马克思恩格斯全集》第42卷,人民出版社1979年版,第129页。

单的也莫过于去扼杀人的成长性需要。资本主义社会中物质劳动的局限性,不就恰恰正表现在对人的成长性需要的扼杀吗?"工人在劳动耗费的力量越多,……他本身、他的内部世界就越贫乏,归他所有的东西就越少。"①"劳动在这里也仅仅是一种被迫的活动,它加在我身上仅仅是由于外在的、偶然的需要,而不是由于内在的、必然的需要。"②物质活动本来是用来满足自身缺失性需要的手段,但若仅仅停留在缺失性需要的满足上,物质活动又反而会成为生产的发展(过剩),偏偏导致生产者失业,物质活动不是与全面的需要相统一而是相对立,因而是一种自我牺牲(放弃成长性需要)和自我折磨(停滞在缺失性需要),人的需要引起人的本质表现为异化了的本质。马克思正是这样来阐发资本主义社会人的本质异化的现实内容。而在共产主义社会,物质活动和精神活动达到同一,这也就意味着:人对自己本质的占有即是对自身需要的全面肯定和发展。他说:"我们已经看到,在社会主义的前提下,人的需要的丰富性,从而某种新的生产方式和某种新的生产对象具有何等的意义:人的本质力量的新的证明和人的本质的新的充实。"③在这里,马克思直接把人的需要的丰富看成是人的本质的充实,把需要的满足方式和对象看成是人的本质力量的证明。所以他认为,不应当把共产主义的人的丰富需要的满足仅仅理解为占有、拥有、享受,而应当理解为"人以一种全面的方式,也就是说,作为一个完整的人,占有自己的全面的本质"。④也就是理解为人的成长性需要的全面实现。

§3. "我们现在假定人就是人"

那么,自我—成长性需要的全面实现的根本特征是什么呢?由于从心理学上讲,所谓成长性需要就是以人的活动本身作为目的,作为第一需要,因此,它的全面实现就只能表现为一种终极体验。马斯洛称之为"高峰体

---

① 《马克思恩格斯全集》第 42 卷,人民出版社 1979 年版,第 91 页。
② 《马克思恩格斯全集》第 42 卷,人民出版社 1979 年版,第 38 页。
③ 《马克思恩格斯全集》第 42 卷,人民出版社 1979 年版,第 132 页。
④ 《马克思恩格斯全集》第 42 卷,人民出版社 1979 年版,第 123 页。

验",十分准确。马斯洛指出:"任何人在任何高峰体验时,都暂时具有了我在自我实现个体中发现的许多特征。也就是说,这时他们变成了自我实现的人。如果我们愿意的话,我们可以认为这是一时的性格上的变化,而不仅仅是情绪与认知的表现状态。在这时候,不仅是他最快乐和最激动的时刻,而且也是他最成熟、最个体化、最完美的时刻——一句话,是他最健康的时刻。"并且,还是借用马斯洛的话:"在这里我所描述的东西可以看作是一种自我、伊特、超自我和自我理想的熔合,意识、前意识和无意识的熔合,原初过程和二级过程的熔合,一种快乐原则和现实原则的综合,一种在所有水平上个人的真正整合。"[1]然而,在现实社会中,自我—成长性需要毕竟只能理想实现,只有在理想社会自我—成长性需要才能现实实现,那么,终极体验或高峰体验究竟是什么呢?难道不正是本书所讨论的审美活动吗?因此,审美活动与人的内在需要同在,审美活动就是最高需要的理想实现。

上述从心理学出发的剖析显然有益于我们准确地理解审美活动的涵义。只是,还需要再加以发挥。在我看来,假如成长性需要是一种自我求证自己"是什么",而不是"有什么"的需要,缺失性需要则是一种外在显现自己"有什么",而不是"是什么"的需要。与此相应,审美活动则必然是一种主动的和给予的活动,而非审美活动则是一种被动的和接受的活动。不妨用弗洛姆在谈到爱情时的一个著名例子打个比方:对待爱情,前者的原则是"因为我爱,所以我被爱",后者的原则是"因为我被爱,所以我爱",前者认为"因为我爱你,所以我需要你",后者认为"因为我需要你,所以我爱你",具体来说,所谓审美活动是主动的活动,关系到对于某种传统看法的拨乱反正。我们知道,由于长期以来强大而又顽固的影响,人们往往不自觉地用物的眼光去看待人的活动。在他们看来,人的生存主要与对象有关而与主体无关。因此,所谓主动,他们也颠倒地理解为消耗人体能量而改造生存环境的活动,理解为占有某一外在对象或实现某一外在目标。毋庸讳言,这种理解显

---

[1] [美]马斯洛:《存在心理学探索》,李文湉译,云南人民出版社1987年版,第88页。

然是错误的。它所忽视的是活动的动机。其实,划分主动与被动,至关重要的并非是否占有对象,而是满足了哪一种需要。倘若满足的是缺失性需要,那么,这种活动就是被动的,发生这种活动的活动者就是受动者而非主动者。反之,倘若满足的是成长性需要,那么,这种活动就是主动的,发出这种活动的活动者就是主动者而非受动者。在这个意义上,审美活动是一种主动的活动,显然就不是指它能够占有对象,也不是指人与特定对象间的关系,而是说,主动是一种视界、一种态度、一种自爱、一种创造,它在创造自己的同时创造了世界,反过来说也是一样,它在创造世界的同时创造了自己,因此关涉的是人与整个世界的关系。

其次,所谓审美活动是一种给予的活动又该怎样理解呢?要强调指出,这里的给予不能理解为自我牺牲。否则就仍停留在缺失性需要的满足上。在此意义上,自我牺牲意味着通过交换来占有特定对象。我所说的给予是指潜能的充分实现。给予是把自己的生机、活力给予他人。他给予自己的欢乐、创造、悲伤、激情、挚爱,他把自己的生命内容奉献出去,充实他人,丰富他人。他并非为获取而给予,给予本身即是无与伦比的快乐。但在给予时,他不可避免地会激活他人身上的某种东西,后者反过来又作用于他。所谓"圣人不积,既以为人己愈有,既以与人己愈多"。所以,在真正的给予中,给予者又不期然而然地获得热烈的回报,给予即意味他人也同时成为给予者,双方均分享着他们所唤起的东西赋予他们的欢乐。给予既为自我又为世界造就了新生的福祉。就审美活动而言,审美活动即意味着为对象命名。我们不妨回顾一下马克思的一段名言:"我们现在假定人就是人,而人跟世界的关系是一种合乎人的本性的关系,那么,你就只能用爱来交换爱,只能用信任来交换信任,等等。如果你想得到艺术的享受,你本身就必须是一个有艺术修养的人,如果你想感化别人,你本身就必须是一个能实际上鼓舞和推动别人前进的人。你跟人和自然界的一切关系,都必须是同你的意志的对象相符合的、你的现实的个人生活的明确表现。如果你的爱没有引起对方的反应,也就是说,如果你的爱作为爱没有引起对方对你的爱,如果你作为爱者用自己的生命表现没有使自己成为被爱者,那么你的爱就是无力的,而这种爱就是不幸。"①因此,审美活动只能意味着一种真正的给予。

第四节　自由个性的理想实现

§1. 个体自我的最高成果

对于审美活动的性质,还可以从个体自我的角度加以讨论以便进而说明:审美活动与人的个体自我同在,是自由个性的理想实现。

个体自我是生命的具体体现,而自由个性则是个体自我的最高成果。莫里斯曾经深有感触地指出:

> 我们所以自私自利并不是因为我们充满自我,而是因为我们没有足够的自我。意义重大的无私,在没有自我时是找不到的,而在自我达到顶点时却找得到。我们不是由于变得更小而是由于变得更大才成为没有占有感的人。我们有罪不在于我们有四肢而在于我们不敢向前行走,我们所缺少的不是风而是扯起的风篷,我们害怕在悉尼·兰涅尔所称作的最深的海洋——我们的自我——上开始航行。②

在这里,"自我达到了顶点"正是所谓自由个性。它意味着,每个人的生命都必须在最深的海洋——我们的自我——上航行,只有这样,自由个性才能奇迹般地诞生,漫长而又潇洒的生命征程,才能在眼前风景般地展开。

自由个性是大海上颠簸的希望,又是暴风喧嚣中的倔强。自由个性,是我们不屈不挠的生命的光荣凯旋,是我们漂泊流栖灵魂的全部寄托。当它像一个温馨的微笑驱走了惆怅,我们的生命便在一个难忘的瞬间企达永恒。

---

① [德]马克思:《1844年经济学—哲学手稿》,刘丕坤译,人民出版社1979年版,第108—109页。
② [美]莫里斯:《开放的自我》,定扬译,上海人民出版社1986年版,第119页。

于是,"我经过的地方不再出现栅栏,因为我的心里已经没有栅栏。微笑仍旧温暖,泪水的花朵不失为一种美丽。迷失了很久后来,心已坦然,不再紧闭门窗,我接受任何温存或冷漠的手,在昔日的风景里出出入入,叩响记忆的,是我自己。"

于是,一切的一切,都显得那样微不足道。再伟大的躯体也会风化,再漫长的生命其实也只是一首很短很短的歌。因此,我不再顾及什么,张开的手臂,不再是藤的象征;青春的呼唤,也不再奢望会有回响;我也不再属于什么,只要生命成为一种纪念。我宁愿做一个寂寞的旅人,我的道路是一幅壮阔的风景。

于是,在一个创造历史而又淘汰历史的年代,在波峰上、浪谷中,高高地站立起一个谦卑而又傲岸、承受而又奉献、孱弱而又伟大的自我。

§2. 逻辑与历史的角度

具体来看,所谓自由个性,起码可以从两个方面去加以说明:

首先,从逻辑的角度说,自由个性是理想生命和最高需要在个体身上的最终实现。这包括两层涵义。第一,自由个性是一个内涵与理想生命和最高需要完全一致的概念,但着眼点又有所不同。自由个性当然就是人的理想生命,但二者又并不等同。自由个性不是理想生命的一般表现,而是理想生命在个体身上的最终实现,即人作为个体在建立和推进一定的对象性关系时所表现出来的人性特质。自由个性当然也就是人的最高需要,但二者也并不等同。自由个性不是最高需要的一般表现,而是最高需要在个体身上的最终实现,这也就是说,作为生命活动的动力,尽管最高需要是动机、手段、目的三者的同一,但在每一个体身上,又有其内涵上的必不可少的差异。进而言之,对于人的考察实际可以分为两个方面:人的活动的性质和人作为活动者的性质。应该说,前两节主要是从人的活动的性质着眼,讨论人和非人的关系,而这一节的自由个性则是从人的作为活动者的性质着眼,讨论人的自我实现问题。它和人的活动的性质尽管是同一个问题的两个方面,是同时产生、同步发展的,但又毕竟角度不同,层次各异。第二,就人类而言,当他作为受动的存在物出现时,只意味着人的第一次诞生,此时他还未从动物性中升华出来,他可以有肉体的生长,有生理的童年——青年——中年——老年,但又可以没有灵魂、人格和自我,充其量只是动物人或活死人。真正的人出现在"第二次诞生"就是理想生命的诞生。在"第二次诞生"中,人不但有肉体的生长,而且有了精神的成熟,有了健全的灵魂、人格和自我。他不断地向意义生成,不断地超越形形色色的必然性,不断地满足着和创造着生命的最高需要。不过,这又毕竟只是从抽象的、类的或人的活动的角度对人的性质的说明,而自由个性则是从个别的、具体的或人作为活动者的角度对人的性质的说明。从后一角度看,上述论述就显得过于空泛了。不妨回顾一下马克思的话:"人们的社会历史始终只是他们的个体发展的历史,而不管他们是否意识到这一点。"①要对自由个性加以说明,就必须进一步指出:对于个别的、具体的人来说,在"第二次诞生"中出现的精神的成熟、健全的灵魂、人格和自我都意味着什么?那么,意味着什么呢?意味着"进入自己的个体性"或成为"有个性的人"(马克思语)。一般人往往强调人的社会性,人的社会性固然很重要,但却毕竟是在动物阶段就有的,并且是从动物阶段进化而来的。个体性,只有个体性才是人的伟大创造。因此,每一个别的、具体的人只有不失去自己的个体性才能不失去自身作为人的规定性;只有时时刻刻确证着自身的唯一性、神圣性和不可或缺性,才能时时刻刻实现着自身作为人的规定性。或者说,只有进入个体才能最终实现自由生命,只有进入个体才能最终满足最高需要。克尔凯戈尔为什么要用"这个人"作为自己的墓志铭?达尔文为什么说在人的一端是几乎不会使用任何抽象名词的野蛮人,在另一端却是一个牛顿或一个莎士比亚。陀思妥耶夫斯基为什么宣称"为众人自愿献出自己的生命,走向十字架或火刑场。这只有最高度发展的个性才能做到"?马克思为什么断言,共产主义社会将造就出"自由的个人"?难道不都是着眼于这一点吗?

其次,从历史的角度说,自由个性是人类向"每个人的全面而自由的发

---

① 《马克思恩格斯全集》第27卷,人民出版社1972年版,第478页。

展"进化的最高成果。对此,只需举出马克思的一段名言,便足以说明:

> 人的依赖关系(起初完全是自然发生的),是最初的社会形态,在这种形态下,人的生产能力只是在狭窄的范围内和孤立的地点上发展着。以物的依赖性为基础的独立性,是第二大形态,在这种形态下,才形成普遍的社会物质变换,全面的关系,多方面的需求以及全面的能力的体系。建立在个人全面发展和他们共同的社会生产能力成为他们的社会财富这一基础上的自由个性,是第三个阶段,第二个阶段为第三个阶段创造条件。①

在这里,马克思为我们描述了一幅人类理想生命的实现和最高需要的满足的最终图景。这最终图景是什么呢? 正是自由个性的诞生。不过,由于这个问题较为复杂,限于篇幅,本书就不去详加讨论了。

§3. 全面性、自主性、能动性、创造性

这样看来,对于个人来说,要实现理想生命和满足最高需要,最根本的就是自由个性的诞生。正像一首诗中吟咏的:

> 你若不能做条大路,那么就做条小径;
> 你若不能做太阳,就做一颗星星;
> 不是凭大小使你赢或输——
> 但做个最好的你。

至于自由个性的内涵,则起码包括四个方面:

其一是全面性。全面性是一个人的生命质量的绝对标准。此时此刻,正如马克思所描述的:"人以一种全面的方式,也就是说,作为一个完整的

---

① 《马克思恩格斯全集》第 46 卷(上),人民出版社 1979 年版,第 104 页。

人,把自己的全面的本质据为己有。人同世界的任何一种属人的关系——视觉、听觉、嗅觉、味觉、触觉、思维、直观、感情、愿望、活动、爱——总之,他的个体的一切官能,正像那些在形式上直接作为社会的器官而存在的器官一样,是通过自己的对象性关系,亦即通过自己同对象的关系,而对对象的占有。"①世界是具体的,人生是具体的,真理也是具体的,日本著名俳句吟咏云:"啊,牵牛花,把小桶缠住了,我去借水。"这是世界、人生,也是真理。中国著名禅诗高唱道:"春有百花秋有月,夏有凉风冬有雪,若无闲事挂心头,便是人间好时节。"这同样是世界、人生和真理。遗憾的是,人们往往疏忽了这一最为重要的精义,用社会、理性把这一切与人隔开。人们只能在社会理性所建立的模糊不清的玻璃门外去把握世界、人生和真理。人们抚摸这玻璃门,自以为是在抚摸世界、人生和真理,拥抱这玻璃门,自以为是在拥抱世界、人生和真理,而人的生命,实际上已经在冰冷的抚摸和拥抱中被令人痛心地冻僵了。自由个性,正是生命的自我拯救,正是挣脱桎梏走上解放之道,它使我们畅饮生命之泉,置身纯全之在;以生命直截了当地投入世界、人生和真理的体验。

其二是自主性。自主性是自由个性的力量的表现和主体地位的确证。对外界而言,是个体的自主;对自身而言,是个体的自觉。自主性准确地把自己理解为唯一的、神圣的、不可代替的特定的个体,理解为不可无条件地混迹于人群或类之中的生命存在。要知道,在日常生活中,"我们"犹如骄横的海岸线,把"我"禁锢在臂弯;"我们"使"我"化为洋底的流沙,让生命攀援着卑贱的珊瑚生长。于是,有陶潜的桃花源却没有基督的苦难园,有孤胆英雄却没有孤心英雄,有后门意识却没有公民意识。屈原可以去写《离骚》,司马迁可以去写《史记》,但却只有在屡遭挫折之后。孔乙己可以去偷窃去乞讨,但却不能脱下那件长衫……但实际上,犹如鱼虽然终日在水中自由游弋,但鱼却永远是鱼,水也永远是水。自主的个性,是生命的最高真实。每

---

① [德]马克思:《1844年经济学—哲学手稿》,刘丕坤译,人民出版社1979年版,第77页。

一个自主的个体,都是天地间一颗独立的太阳,正如尼采讲的,每一个人都"从自己形成着什么,让旁人看了愉快,犹如一座幽美静悄的围在墙里的花园,其围墙之高足以拒外间风尘的侵袭,却有着迎人的门户"。或者说,每个自主的个体都拥有一片属于他自己的天空,拥有一个属于他自己的梦幻,只是在某一瞬间,他忽然发现其他的天空上,也荡漾着同样清澄的蔚蓝,倾泻着同样汹涌而迷人的云海。于是,无数个清纯而坦荡的生命才会又一次相遇。这样看来,能自救,才能救人;能面对自我,才能面对世界;能为自己的生命负责,才能为人类的生命负责;能自主,才能自由。因此,胡适才会说:"一个国家的拯救须始于自我的拯救";易卜生才会说:"世上最强有力的人就是那最孤立的人";赫尔岑才会说:"自由何以可贵?因为它本身就是目的,自由就是自由!将自由牺牲于他物,就是将活人作牺牲品。""人如果不要图救世,而只救自己——不求解放人类,但求解放自己,那倒反而大大有助于世界之得救和人类的解放。"这些话未必准确,但却毕竟有助于我们对自主的个体的理解。

其三是能动性。所谓能动性,是指个体对活动动机、活动目标、活动方式、活动进程的选择。我们知道,世界虽有既成状态,却不可能有既成结局,人生虽有种种拘囿,却不可能有既成答案,社会虽有各类限制,却又不可能有既成出路,这一切,都要靠人自己选择,正像弗罗斯特在一首题为"未选择的路"的短诗中讲的:黄昏的树林里分出两条路,我选择了其中一条,留下另一条待改日再走,可是我知道每一条路都绵延无尽头,一旦选定,就不能返回,从此决定了一生的道路。而人的自我实现,也正是选择中才得以完成的。不过,这一切又集中表现为对人的生命存在方式,对人的最高价值、人的自我的选择。它意味着,在这里选择并不是去占有或掠夺什么,不是去建立凯撒的庙宇,而是揭示出人身上一直因为被压抑、扭曲因而亟须加以捍卫的东西。雨果说的"人赖肯定存在,比赖面包更甚",司马迁说的"知死必勇,非死者难也,处死者难",孟子说的"仰不愧于天,俯不怍于地",都是在强调自身中亟须加以捍卫的东西。这就是人的最高价值、人的自我。也就是人的最高生命存在方式。例如罗曼·罗兰曾讲过一句令我刻骨铭心的名言:

"我称之为英雄的,并非以思想或强力称雄的人,而只是靠心灵而伟大的人,他们永远过着磨难的日子,他们固然由于毅力而成为伟大,可是也由于灾患而成为伟大。"为什么呢?还不是因为"英雄"们能够时时珍视和维护着人的最高价值、人的自我?还不是因为在"磨难""灾患"面前他们坚定不移地选择了人的态度?在对纳粹战犯的纽伦堡审判中,针对某些人把责任全部推诿给希特勒和政府的做法,爱因斯坦指出:"虽然外界的强迫在一定程度上能够影响一个人的责任感,但决不可能完全摧毁它。在纽伦堡审判中,这种立场实际上被公认为不言自明的。我们目前制度中存在着的道德标准,以及我们一般的法律和习俗,都是各个时代的无数个人为表达他们认为正义的东西所做的努力积累起来的结果。制度要是得不到个人责任感的支持,从道义的意义上来说,它是无能为力的。""对德国战犯的纽伦堡审判默认了这样一条原则:犯罪行为不能以执行政府的命令为借口而获得赦免。"[1]这又是为什么呢?还不同样因为面对纳粹制度,每一个人都可以选择自己的态度,都可以因为错误的选择而有罪吗?

更为典型的或许还要数卢森堡的《狱中书简》。监狱,是检验人的最佳场所。萨特在陈述他的从存在选择本质的理论时,选择了监狱作为例子,便是意在强调:人虽然都知道自己必死,但当面临死亡考验时,究竟是宁肯赴死也不供出领导人,还是供出领导人以苟全生命,都是人自己选择的结果。笛福说的"无罪受辱,对一个人并不能损害分毫",也是在强调虽被投进监狱,却仍不影响一个人保持的尊严。卢森堡更是以自身的选择显示了这一点。你看,虽然身陷囹圄,她表现得却何等快乐、平静,何等泰然自若。"在黑暗里我向生活微笑,仿佛我已得知一个魔术的秘密,这秘密能制裁一切邪恶和令人沮丧的谎言,并能把这一切化为纯然的光明和幸福。……我相信这秘密不是什么别的,它正是生活本身,漆黑的夜幕美丽、柔和得像天鹅绒,它只要你正确地看它,在狱卒沉重、迟缓的步伐下,潮湿的沙砾所发出的吱

---

[1] [美]爱因斯坦:《爱因斯坦文集》第3卷,徐良英等译,商务印书馆1979年版,第286页。

吱声也像在低唱一首短小悦耳的生活之歌,只要你懂得如何去听……"在这段文字的字里行间,你看到的是什么?难道不是人的傲然站立着的灵魂吗?难道不正是通过对死亡、停顿、毁灭的克服,表现出的对生命、绵延、创造的自我肯定吗?

其四是创造性。所谓创造性是指对生命的超越;它是自由个性的最高表现。拉兹洛指出:"在长达数百万年的时期以内,人类是进行猜测性思索的主体,他一只脚踏在生物现实界和物质现实界坚实的基础上,另一只脚踏进了神话的朦胧世界。"①生命的这一特征,预示着每一个体必须不断地超越自己,塑造自己,创造自己,不断地从过去跨进未来。莫里斯在《开放的自我》中曾谈到自己的一个发现:"有些人毕生像河水流过草地一样毫不费力地遵循着本地社会情况和人们所指示的轮廓和途径前进,另外一些人的一生却像向前冲击的瀑布那样,打破各种障碍,并且刻画出社会历史山峰的新形式。只有少数几个人在重大意义上影响着人类的进程。大多数人起着比较细小的作用,他们采纳别人已经构成的观念、发明和生活方式。"西方的拉斐尔和中国的韩愈讲得更深刻。拉斐尔说:"活着,大自然害怕他会胜过自己的工作;死了,它又害怕自己也会死亡。"韩愈也说:"孟郊死葬北邙山,从此风云得暂闲;天恐文章浑断绝,更生贾岛著人间。"这当然都有助于我们对于自由个性的创造性的理解。

关于自由个性的内涵,无疑可以举出更多的方面,不过,仅从上述四个方面,或许已经不难看出,自由个性的性质已经明显地与审美活动的性质等同起来,或者说,自由个性的生命活动就是审美活动。因为,在理想社会,自由个性是人的现实活动,但是,在现实社会,自由个性却只是人的理想活动,只能在象征的意义上实现——在审美活动的意义上实现。这样,我们也就终于看到:审美作为活动,与生命作为活动、自由作为活动,是完全一致的。审美活动作为生命存在方式,与人类的最高生命存在方式,也是完全一致的。

---

① [美]拉兹洛:《用系统论的观点看世界》,闵家胤译,中国社会科学出版社 1985 年版,第 92 页。

第二章

关于审美活动

第一节　审美活动的起点：自我审判

§1. 审美活动的逻辑起点

在第一章里,我们详细讨论了审美活动的性质,即审美活动是什么。然而,由于审美活动是一个极为复杂的问题,在实践中,它与非审美活动,尤其是与伪审美活动往往混杂在一起,很难辨析清楚。因此,还有必要从起点、内涵和标准三个方面,对审美活动的性质作一点更为深入的讨论,以俾对审美活动的性质有一个更为全面的把握。

要深入地考察审美活动,有一个问题无论如何也无法回避:审美活动是从何处开始的? 或者说,审美活动的缘由、根据是什么? 毫无疑问,这个问题应该是审美活动的逻辑起点,而且也应该是审美活动所蕴含的全部秘密的诞生地。

然而,这个问题却至今也未能引起美学界的注意。数以百计的探讨审美活动的奥秘的论文和论著,几乎不约而同地由此不屑一顾地跨越了过去。于是,不但审美活动本身的内涵未能界定清楚,审美活动与非审美活动的区别未能辨析明白,审美活动与伪审美活动也令人眼花缭乱地纠缠在了一起。审美活动的问题因此而变得越发复杂,越发令人困惑了。

§2. 虚无的生命超越方式

那么,审美活动是从何处开始的? 或者说,审美活动的缘由、根据是什么? 要回答这个问题,必须从对人及人的生命活动的讨论开始。

我们在本书的第一章中已经分析过,对于生命的有限的超越,是人类的天命。但对于生命的有限的超越,又有真实与虚假的区别。审美的超越是一种真实的超越,它推动着生命不断作出选择,走向生命的无限,最终使生命升华,使生命成为可能。虚无的超越、宗教的超越则是一种虚假的超越。它们反而僵滞于生命的有限,最终使生命趋于毁灭,使生命成为不可能。

限于篇幅,本书只讨论虚无的生命超越方式。

虚无的超越是一种对于生命的有限的认同,它或者对生命的有限一无所知(帕斯卡尔称之为"鄙视的可怜"),或者在生命的有限中陶然忘返(帕斯卡尔称之为"悲悯的可怜")……其共同之处则是满足于人类禀赋的不可逾越的有限性,却丝毫不去顾及生命之虚妄、欢乐之虚妄、幸福之虚妄。伏尔泰就曾经说过:"与其因为不幸和生命短促而自怜,不如为我们的幸福和长寿而惊喜。"[1]"我们不应当因为人类不能认识一切,就阻止人类去寻求于自己有用的东西。让我们考察我们力所能及的事情罢。"[2]上帝为人类缔造短促、不幸的生命,但人类却不但不能反过来与此抗争,反而要衷心地感谢上帝没有把生命缔造得更短促更不幸,这就是伏尔泰和伏尔泰们的共同的心声,也是虚无的超越的根本标志。在生命的有限的泥淖中,人们由苟延残喘到和平共处到幸福歌唱,生命的感觉被整个地扭曲了:最初是幻想从有限的生活中榨取出各种各样的欢乐和幸福,然后又把这幻想视作真实的生活。幻想被视作真实,真实反而就被视为不真实,犹如歧途被视作正路,正路反而也就被视为歧途。最终,生命进入了一种死寂的情景。沉沦的生命和沉沦的感觉令人意外地一致了起来。值此时刻,应该承认,生命无可挽救也无须挽救了!

不难看出,虚无的超越正是奠基于沉沦的生命和沉沦的感觉两者的相互一致的基础之上,它是自然形态的生命的盈足和赞歌,是有限的绝对化,是个体生命的适性得意的悦乐,是无条件地执着现实人生、接受现实人生,是用逃避黑暗的方式强化黑暗,是从个我本己的自性欲求和生命活力出发去弘大或固持本己的生命,是从价值生命回归到自然生命,是天人混淆的自怡……总而言之,虚无的超越认定:生命是由作为有限存在和可以任意选择

---

[1] [法]伏尔泰:《哲学通信》,高达观等译,上海人民出版社1963年版,第134页。
[2] [法]伏尔泰:《哲学通信》,高达观等译,上海人民出版社1963年版,第143页。

的人所组成,它没有意义。因此,奋力反抗这种没有意义的生命固然没有意义,即便为它追加任何价值信念——美丑、苦难、温爱也仍旧没有意义。人们所能做的只是:放弃希望、放弃拯救、放弃任何的价值关怀,以无意义抗击无意义。这样,不论是中国的儒家还是道家,也无论是西方的施蒂纳或者萨特,尽管他们在进入国家、进入历史、进入人伦社会,或者退出国家、退出历史、退出人伦社会上存在差异,在弘扩自然生命或者保养自然生命上存在差异,但在认可一维的自然生命上,却又是全然一致的。

具体来说,首先,虚无的超越是人的理想本性的泯灭。对此,马克思曾通过对虚无的超越的典型形态——资本主义时期的异化活动的详赡剖析,作过极为深刻的说明。他指出,异化活动的涵义有四个方面。其一,在异化活动中人与自己的活动成果是对立的。活动成果本来是活动者创造的,但是却凌驾于活动者之上,成为支配活动者的异己力量。其二,在异化活动中人与自己的活动是对立的。本来,在人们的活动过程中,自身的精神活动总是肯定着自己,并且感到幸福。但在异化活动中,却"不是肯定自己,而是否定自己,不是感到幸福,而是感到不幸"。其三,在异化活动中人与自己的理想本性是对立的。人"双重地存在着,主观上作为他自身而存在着,客观上又存在于自己生存的这些自然无机条件之中"。① 但现在人却是面对着双重的对立,因此,在异化活动中,人"类"丧失了自己的理想本性,不再向自我生成。甚至反过来固执地反对向自我生成。其四,在异化活动中人与人是对立的。本来,人与人之间是目的与目的的关系,但在异化活动中却成为手段与手段的关系,彼此尖锐冲突。并且,假如说,第一、第二方面的涵义表述的主要是生产力同人的对立,这第四个方面表述的是生产关系同人的对立,那么,第三个方面表述的则是异化活动的根本涵义:人与自己的理想本性的对立。这就意味着:在异化活动中,人所实际占有的并非自己的理想本性,而是虚假的本性,或者说,非理想本性。

与异化活动相一致,虚无的超越同样是一种不自由的活动,一种维护着

---

① 《马克思恩格斯全集》第46卷(上),人民出版社1979年版,第491页。

生命的有限的活动,一种使对象世界发生异化和使自身发生异化的活动。它实际占有的同样并非理想本性,而是一种非理想的本性,一种不自由的本性,一种阻碍着人的不断生成的本性。为了准确地加以把握,不妨与第一章中提到的人的理想本性作一个简单比较。首先,理想本性是超验的而非经验的。理想本性的核心是自我创造而非自我保存。也就是说,人在不断创造自然的过程中,也在不断创造自身的存在方式。而非理想本性则是自我保存的。它的根本特征是对生命的有限的依赖。它的生存是单向的和封闭的,又是守恒不变的,正像莫瑞斯指出的:它使人们"都在一个看起来热闹非凡的小群体中快乐地奔忙着,而这实际上是个相互联结、相互交叠的氏族群体。自裸猿的原始时期以来,他的变化真是少得可怜呵"。[①] 其次,理想本性是属于未来而不是属于过去的。也就是说,理想本性是对偶然性和可能性的追求。黑格尔指出:"偶然性的东西是一种实在的东西,同时也被规定为只是可能的,它的另一面或反面也同样是可能的。"人正是真实地生存在对偶然性、可能性的追求之中,并且在距离必然性最为遥远的一点上寻觅到自己的位置,而非理想本性却是对必然性的服从。它要求人们像动物一样屈从于自然社会、理性等形形色色的必然性,屈从于"过去"对"现在"乃至"未来"的支配。最后,理想本性是从自我而不是从对象的角度对人的肯定。这意味着,理想本性以人为目的,它不但着眼于肉体生殖,更着眼于灵魂生殖,不但开辟物质空间,更开辟精神空间,它把自身看作世上独一无二和不可复的最高存在和最终目的,为自身命名,也为世界命名。非理想本性则以人为手段,在它的驱使下,人犹如动物,为了物种的繁衍,反过来强迫无数个体的新陈代谢甚至主动献身,强迫无数个体的无条件的奉献。

其次,虚无的超越是人的低级需要的实现。关于需要,如前所述,分为缺失性需要和成长性需要两类。所谓缺失性需要,按照马斯洛的考察,犹如"为了健康的缘故必须填充起来的空洞,而且必定是由其他人从外部填充

[①] [英]莫瑞斯:《裸猿》,何道宽译,光明日报出版社1988年版,第126页。

的,而不是由主体填充的空洞"。① 不言而喻,这当然就是所谓低级需要。而由于虚无的超越是一种不自由的活动,一种维护着人的动物性的活动,一种使对象世界发生异化和使自身发生异化的活动,它所满足的也只能是这种低级需要。

因之,低级的物质的满足——金钱的满足、权力的满足、地位的满足、荣誉的满足等——僭替了高级的生命的满足。弗洛姆的剖析何其深刻:这是一种以消费为目的的满足。它"必然导致需求的永无止境,因为我们不是作为真实具体的人来消费一个真实具体的物品,所以,我们就愈来愈需要更多的物品,寻求更多的消费","每个人的梦想就是买到最新推出的东西,买到市场上新近出现的最新式样的商品。……现代人如果敢于描述他对天堂的看法的话,他会描述出一个像世界上最大的百货商场一样的天堂,里边摆满了许多新产品和新玩意儿,而且他有充足的钱来购买这些东西。只要有更多和更新的物品可买,只要他比世人多那么一点特权,他就会垂涎三尺地在这个充满商品的天堂里逛来逛去"。② 然而,这个"逛来逛去"在物质的世界寻求着无穷的满足的形象,恰恰是动物的形象而并非人的形象。

这样一来,低级需要的满足就只能导致生命的浑浑噩噩和真正意义上的死亡。正如帕斯卡尔所分析的:在虚无的超越中,"唯一能安慰我们之可悲的东西就是消遣,可是它也是我们的可悲之中的最大的可悲。因为正是它才极大地防碍了我们想到自己,并且使我们不知不觉地消灭自己。若是没有它,我们就会陷于无聊,而这种无聊就会推动我们去寻找一种更牢靠的解脱办法了。可是消遣却使我们开心,并使我们不知不觉地走到死亡"。③ 道理很简单,作为一个"必定是由其他人从外部填充的,而不是由主体填充的空洞",低级需要的满足固然也是生命的一部分,但一旦僵滞于此不再向

---

① [美]马斯洛:《存在心理学探索》,李文湉译,云南人民出版社1987年版,第19页。
② [美]弗洛姆:《健全的社会》,欧阳谦译,中国文联出版公司1988年版,第135、136页。
③ [法]帕斯卡尔:《思想录》,何兆武译,商务印书馆1985年版,第82页。

高级需要升华,生命的本质就会被极度地扭曲,低级需要的满足也不再蕴含生命的意义。它意味着人的整个生命活动已经丧失了自由,已经成为一种自我异化(放弃高级需要)和自我折磨(停滞在低级需要)。于是,人的生命存在的尺度不再是自由的活动,而是物质(金钱、权力、地位、荣誉,等等)。人不能靠自己来肯定自己的存在意义,却反过来要求助于物质(金钱、权力、地位、荣誉,等等)。这难道还不是生命的死亡吗?

又次,虚无的超越是个体自我的消解。个体自我是生命存在的可能条件。但在虚无的超越中,由于它是一种不自由的活动,是一种否定人的生命的活动,因此,尽管人们也在执着地寻找个体自我,但个体自我却恰似一个飘渺的幽灵悠然远遁。

自我的失落,是在寻找个体自我的过程中较为常见的缺如。它自觉地认同于自然或人的本然生命,赋予本来无价值的东西以价值,反过来又从本来有价值的东西那里把价值无端夺去。一般而言,这正如中国的道、玄、禅所津津乐道的:"夫气静神虚者,心不存乎矜尚;体亮心达者,情不系于所欲。矜尚不存于心,故能越名教而任自然;情不系于所欲,故能审贵贱而通物情。物情顺通,故大道天违;越名任心,故是非无措也。是故言君子,则以无措为主,以通物为美。言小人,则以匿情为非,以违道为阙。"(嵇康:《嵇康集》)然而,自然或人的本然生命绝不能给人以福祉。而且,当那些衣袂如云、饮酒抚琴者以及采菊垂钓、荷锄吟诗者固执地重返本然生命时,实在比禽兽尤为低下,因为动物对自己无知是自然的,可作为不长毛的两条腿的动物,他们对自己的无知则是自觉地自我贬黜的结果,无异于一桩罪恶、一种虚妄。

自我的幻象,是在寻找个体自我的过程中最为常见的缺如。它自觉地认同于社会的选择,卑怯地屈从于世界,疲惫地走过世人复杂而挑剔的目光交织扫射所构筑的丛林,任自在的一次性的生命在指缝间溜去,却又自以为已经捕捉到了真正的个体自我。实际上,人们却是生活在一种虚假的幻想中,犹如疲疲沓沓的影子被踩在脚下呻吟。他们像曾用一颗赤子之心放飞的多彩的梦在社会强加于人的沉重负荷中倦怠地下坠,个体自我夭折在一次次积极或消极的对社会的适应中,夭折在一阵阵被尊崇和迷信煽起的对社会的盲从中。寻找的蔓藤瑟瑟地缩回了敏捷的触角,只求得一线没有诽谤的宁静,而丝毫不去顾及这个宁静实际只是自我欺骗、自我满足、自我陶醉的同义语。生活在自我的幻象中的人很难理解尼采的愤疾之语,尽管这愤疾语毕竟是犀利的:"如果我们采取断然措施,走上所谓'自己的路',就会有一种秘密突然呈现在我们面前,平时和我们相来往相友好的人们对我们都有了一种成见,这时感觉受侮辱了。他们中间最好的,将留心着,等待我们重新走上'正路',这正路是他所熟悉的。"于是,在"成见"和"正路"之间,人们把自我的幻象与真实的自我混为一谈,为这自我的幻象劳碌一生。

自我的盲目,是在寻找个体自我的过程中的一种高雅的缺如。它自觉地认同于理性的形而上学,然而,理性面对的是对象的问题而不是自身的秘密。尼采在《作为教育家的叔本华》中说,它只"看见知识的问题,受难对于它的世界只是漠不相关、不可理解的事情,至多又是一个问题罢了"。因此,寻找自我固然不可舍弃理性的支撑,但尤其不可滞持于理性。人们一般认为人类摆脱寻找个体自我的折磨的途径有三:其一是自杀,结束生命之后,自然万事皆空;其二是疯癫,用混乱不堪的价值框架去重建内心世界,因为不负责任而反倒心平气和;其三是索性以理性为终身伴侣和终极归宿。相当一部分西方人选择的是第三条路。他们把理性探索的成果视若最纯净也最骚动的灵魂的颤栗,是最富诗意也最缤纷的人生的花朵。无数的超越现实人生的种种形而上学的体系,凭借它们的浓重的理想色彩,使人获得了一种心理上的平衡和慰藉,掩饰着现实生活中由于丧失了个体自我而造成的有限、短暂、分裂的折磨和痛苦。就是这样,人们清醒地听任自己被理性的洪水淹没——毫无保留地、毫无挣扎地,却并不怜惜生命中那些涂鸦着各种色调的梦已经并不温馨,它们犹如一些久经摩挲的瓦片,渐渐剥蚀了油彩,沦为灰黄……"春色三分,二分尘土,一分流水",理性形而上学正是践踏人间春色(个体自我)的"一分流水"。

这样,虚无的超越导致的最终结果便只能是世界对人的否定。所谓世界,是指人所建立起来的对象性存在。正如我已经讲过的:虚无的超越是对人的自由本性的遗弃。正是因此,虚无的超越便既不可能创造生命的世界,也不可能涉足生命的荒原。"我处处找不到家:我漂流于所有城市,我走过所有城门……何处是——我的家?我叩问,我寻觅,寻觅而不得。""我望着星空,我在伤心地找你,啊,塞勒涅,再不见你的面影;我在树林里,我在水上唤你,却听不到任何回音。"尼采和席勒的诗句,描述的正是这一场景。更加悲惨的是,既然没有自己的世界,便只好走进别人的世界。然而,在这别人的世界里,你越是去肯定它,你自己便越是被否定;你越是为它创造了丰富的价值,你自己便越是失去更多的价值;你越是去证实它,你自己便越是证实不了自己。"人们只看见刺眼的东西,只获得急剧颤动的色彩游戏的破碎印象,这个情景岂非像人们收藏的昔日文化的无数瓦砾碎片在闪烁争辉?这里的一切岂非都是不合礼仪的奢华,东施效颦的动作,自命不凡的外表?岂非一件披在冻馁裸体上的褴褛彩衣?岂非一场苦命人的升平歌舞?岂非一个受了致命伤的人装出高傲的夸张面相?而且在这中间,只有靠了急遽的活动和忙乱,才能加以遮掩——面无人色的昏厥,烦恼不堪的纠纷,忙忙碌碌的无聊,鬼鬼祟祟的隐痛!现代人的形象已经成为彻头彻尾的假象;现代人不是表里一致地出面,他毋宁说是隐藏在他现在扮演的角色里。"[1]在人们的做作、奢华、自命不凡的假象背后,是极度的匮乏、枯竭和无聊空虚。

同时,既然人外在于世界,世界也外在于人。正像杜威痛心疾首地发现的:"这个经验事物的世界,包括着不安定的、不可预料的、无法控制的和有危险性的东西。……人恐惧,因为他生存在一个可怕的、恐怖的世界中。这个世界是动荡的和不安的。"[2]不过,这个世界岂止是"动荡的和不安的",它简直就是生命的牢笼和坟墓。人把世界变成了非人的世界,非人的世界又进一步把人变成了非人。它是卡夫卡笔下无数K们千方百计想往里进的"城堡",又是海勒笔下无数K们发了疯似的要往外逃的"Catch—22",它挤压着、蹂躏着、折磨着每一个人,直到每一个人都成为活死人。

不过,并非所有的人都心甘情愿做活死人。试想,"谁愿意做陨石,或受

---

[1] [德]尼采:《悲剧的诞生》,周国平译,三联书店1986年版,第130页。
[2] [美]杜威:《经验与自然》,傅统先译,商务印书馆1960年版,第37页。

难者冰冷的塑像,看着不熄的青春之火,在别人手中传递"?……人类思想史的一位智者——帕斯卡尔就曾经这样描述过他的思想历程和皈依之路:

> 看到人类的盲目和可悲,仰望着全宇宙的沉默,人类被遗弃给自己一个人而没有任何光明,就像是迷失在宇宙的一角,而不知道是谁把他安置在这里的,他是来做什么的,死后他又会变成什么,他也不可能有任何知识;这时候我就陷于恐怖,有如一个人在沉睡之中被人带到一座荒凉可怕的小岛上而醒来后却不知道自己是在什么地方,也没有办法可以离开一样。因此之故,我惊讶何以人们在这样一种悲惨的境遇里竟没有沦于绝望。我看到我周围就有一些类似性质的人,我问他们是不是比我懂得更多,他们告诉我说不是;因此之故,这些可怜的迷途者就环顾自己的左右,看到了某些开心的目标,就要委身沉醉于其中。就我而言,我却无法沉醉于其中;并且考虑到还更有多少迹象都在说明除了我所看到的之外还有着另外的东西,于是我就探索着是不是这位上帝全然不曾留下来他自己的某些标志。①

于是,帕斯卡尔就去追求生命的意义,追求人生的永恒,追求对于生命的有限的真正的超越。现在的问题是:我们是不是也应该尾随其后,去追求生命的意义,追求人生的永恒,追求对于生命的有限的真正的超越呢?

答案只能是肯定的。试想,自然生命怎么能够为人的生存提供价值尺度呢? 如果以自然生命作为价值尺度,岂不是以人的动物性作为衡量事物的标准吗? 同时,以自然生命作为价值尺度,生命中的一切卑鄙、愚蠢、罪恶、无耻又岂不统统成为可能了吗? 难怪荣格要悲痛万分地宣称:"人们把自己的形象估计得太完美、太精神化,同时也就变得太天真、太乐观了。结果在两次世界大战之中,邪恶的深渊又再次敞开,它给我们上了即使是在人类的想象中也仍然最为可怕的一课……群众心理是上升到极权的自我主

---

① [法]帕斯卡尔:《思想录》,何兆武译,商务印书馆 1985 年版,第 328 页。

义,因为它的目标是固有的而非超验的。"这是何等沉重的教训!因此,我们必须走出生命的有限,去追求生命的意义,追求人生的永恒,追求对于生命的有限的真正的超越。

而要追求生命的意义,追求人生的永恒,追求对于生命的有限的真正的超越,首先就必须拒绝接受生命的有限。这就意味着:无畏地揭露生命的沉沦所蕴含的虚妄。哈姆雷特曾经长期生存在生命的沉沦之中,但却突然之间被"一件重大的罪行"震惊了。他成了"疯子"(从生命沉沦的角度看),这使他终于可以从另外一个角度重新看待这个世界:"天上的神明啊!地啊!再有什么呢?……是的,我要从我的记忆的碑版上拭去一切琐碎愚蠢的记录、一切书本上的格言、一切陈言套语、一切过去的印象、我的少年的阅历所留下的痕迹……啊,最恶毒的妇人!啊,奸贼,奸贼,脸上堆着笑的万恶的奸贼!我的记事板呢?我必须把它记下来:一个人可以尽管满面都是笑,骨子里却是杀人的奸贼,……现在我要记下我的话;那是:'再会,再会!记着我。'我已经发过誓了。"李尔王也是如此。当他从生命的沉沦中惊醒,人生向他呈现的竟然是这样一种惨景,他也疯了:"当我们生下地来的时候,我们因为来到了这个全是傻瓜的广大的舞台之上,所以禁不住放声大哭。"他对自己的存在竟然厌恶到了这样的程度,以至当葛罗斯特要吻他的手时,他回答说:"让我先把它揩干净;它上面有一股热烘烘的人气。"……这一切,正如帕斯卡尔所指出的:"当一切都在同样动荡着的时候,看来就没有什么东西是在动荡着,就像在一艘船里那样。当人人都沦于恣纵无度的时候,就没有谁好像是沦于其中了。唯有停下来的人才能像一个定点,把别人的狂激标志出来。"①无畏地揭露生命的沉沦所蕴含的虚妄的人,正是"停下来的人"!人伦世界的肮脏、残暴、荒唐、混乱、疯狂、阴冷……一下子被暴露出来。这时,只有在这时,你才会恍然大悟:人,"这个不仅不能掌握自己,而且遭受万物的摆弄的可怜而渺小的生物自称是宇宙的主人和至尊,难道能想象出比这个更可笑的事情吗"?(蒙田)

---

① [法]帕斯卡尔:《思想录》,何兆武译,商务印书馆 1985 年版,第 170 页。

§3. 生命的孤独

同样毫无疑问的是,"停下来的人"必然因为拒绝接受生命的沉沦而成为孤独的人。孤独,是人们在拒绝生命的沉沦时所面临的一种本体状态。它当然不是关于生命的沉沦的自由的感觉,而是关于生命的沉沦的不自由的感觉。但是,这种不自由的感觉却是人类自由本质的证明。倘若面对生命的沉沦,人们却仍旧有一种自由之感,这只能意味着生命的死亡。孤独虽然从表面上看来是不自由之感,但它却展示出生命中可能成为自由的东西,因而是一种真正的自由之感。不妨回顾一下卡夫卡《变形记》中的那个著名的开头:"一天早晨,格里高尔·萨姆沙从不安的睡梦中醒来,发现自己躺在床上变成了一只巨大的甲虫。"从表面上看,格里高尔·萨姆沙因为成为异端而十分孤独,因而也十分不自由、十分不正常。但从深层看,在一个人人都已变形的生命的沉沦之中,难道不是只有发现了自己的变形的格里高尔·萨姆沙才是尽管十分孤独但又十分自由、十分正常的人吗?

从理论上讲,孤独是人类自我生成、自我确定所产生,或者说,是人类生存通过自我生成、自我确定所获得的本体意识。它指的不是置身远离亲朋、孑然独处的生活环境中所产生的孤独,那不过是"生活的孤独",而是指的不论是否远离亲朋,是否孑然独处,是否置身闹市或旷野,一旦意识到生命的沉沦状态时所产生的一种本体的存在境遇,所谓"生命的孤独"。我曾经讲过,谁想拥有一个完整的世界,谁就该首先拥有一个独立的自我,也正是着眼于这种不可缺少的"生命的孤独"。在这里,"生命的孤独"显然意味着忠实于自我。不过,这里的自我指的是精神而不是肉体,指的是灵魂而不是生存。为什么这样说呢?无疑是因为决定人之为人的是精神、灵魂而不是肉体生命。弗洛姆说,人是唯一能够自我意识的动物。确乎如此。人之所以能做到生命的孤独,不正是因为精神、灵魂的存在吗?因此,生命的孤独就并不是"采菊东篱下,悠然见南山"式的同人群相隔离,也不是生命陷入寂静境界的无力自拔,更不是形单影只的斤斤计较甚至向隅而泣,而是精神的独立、灵魂的独舞。

换句话说,生命的孤独不是执着于生命本身,而是执着于生命的意义。生命本无意义,只是一场虚无;但生命又必须有意义,否则,也只是一场虚无。生命的孤独正是生命的意义的赋予者,它站在未来的地平线上,为告别这个世界时的生命描绘一幅希望的肖像,使生命的每天每夜、每时每刻都无比充实、无比欢欣。它居高临下于生命,引导着生命潇潇洒洒地上路,并赋予生命以独特的意义。

这就意味着,生命的孤独只是一种态度——一种独特的对待世界的态度。我们也许都记得叔本华的一句名言,在这句名言中,叔本华令人费解地声称:一旦实现了自我,人们或是从狱室中,或是从王宫中观看日落,就没有什么区别了。其实,这就是讲的一种对待世界的态度。禅宗描述的参禅前见山是山,见水是水,参禅时见山不是山,见水不是水,顿悟后又是见山是山,见水是水,不也是讲的一种对待世界的态度吗?而且,它们还都是与生命的孤独密切相关的一种对待世界的态度。克尔凯戈尔把这态度称作"精神",并详细剖解说:"人是精神,但是精神是什么呢?精神就是自我,自我又是什么呢?自我是一个与自我本身发生关系的关系,也就是说在自我所处的这种关系中,自我与他自己发生了关系。因而自我不是关系,而是一个关系把他和他自身联系起来了这一事实。"对这段话,我一直颇为赞赏。确实,作为一种对待世界的超越的态度,生命的孤独首先必然是真实的。在一般人眼中,客观的生活才是真实的,他们不择手段地抓住一切可以到手的,高诵着"一个在手的胜于两个在望的",纵情纵欲,期望把生命在某一个绚烂的瞬间延续成为永恒,但却丝毫没有料及这貌似真实的瞬间偏偏是一种幻想,自己面对的只是一个四周喑哑莫测的空间,一个丧失了自我的活死人。尼采说:"盲目地疯狂地紧紧抓住生命,却无任何其他更高的目的,而且也不知其所以然……这就是动物的生活了。"生命的孤独却不是这样"疯狂地紧紧地抓住生命",而是从"更高的目的"出发的对世界的一种独特的心理体验,它要求人们真实地体验生命,并且真实地生存在这种体验之中。生命的孤独又必然是个体的,生命的沉沦逼迫每一个"我"沦为"我们","我们"把"我"瓦解在丧失自我的存在方式之中,"我们"怎样享受,我也怎样享受,"我们"

怎样阅读、怎样观看,我也怎样阅读、怎样观看,"我们"怎样愤怒、欢笑、悲伤,我也怎样愤怒、欢笑、悲伤……但"我们"所代表的只是虚假真理、混沌虚无,"我们"只是一个抽象的名词,唯一的真实只能是"我"。从根本的意义上讲,只有"我"才能理解生命意义这一最大的秘密,由乎是,不造就生命的孤独,就不可能奠定"国家""民族"的终极根据,不弄清"我是谁","我们是谁"就会成为千古大谜。独立的自我,是这个世界的唯一真实,每一个独立的自我都是天地间一颗独立的太阳。克尔凯戈尔对此讲过一句发人深省的名言:"人,或做一个人,与神有关。"在他看来,从人这方面讲,他只对上帝发言,从神这方面讲,上帝只对个人发言。假如把这里的神或上帝理解为生命的意义,那么,应该说,克尔凯戈尔说出了一个被人们无意间忽略了的真理。

不难想象,上述对于生命的孤独的界说可能会令某些人瞠目结舌,不过,事实毕竟又正是如此。生命的沉沦所造成的自我泯灭是可怕的,更可怕的是人不能自知这种可怕的自我泯灭,偏偏在它所导致的不自由中感受到了自由,以致最终"自由地"认可了自我泯灭。生命的孤独正是对这一现象的挑战。它从形形色色的必然性中超逸出来,以全新的形象莅临世界,并且庄严地宣喻世人:"人活着可以接受荒诞,但是,人不能生活在荒诞之中。"(马尔罗)人的灵魂独舞,人与自己的自由本性的结合,远比与具体的自然状态、社会形态或理性形态的结合更为重要。因此,与国内颇为时髦的认为真正的生命的孤独的发现就意味着主体的完善、欢乐、超越和超常的所谓主体性的实践美学不同(那实际是国内某些人所宣扬的某种扼杀了生命的孤独和丧失了生命的孤独的理论),生命的孤独恰恰是对于主体的失落、痛苦、孤独、绝望、虚无、失望、空漠之类自我泯灭的发现。假如说,时下的主体性的实践美学是对现实世界的阿谀奉承,生命的孤独则是对现实世界的无情拒斥;假如说,时下的主体性的实践美学浸透着虚假的乐观主义,生命的孤独则充盈了彻底的悲观主义。普罗米修斯说过:"说句真话,我痛恨所有神灵。"你看,这就叫作生命的孤独。不过,这里的生命的孤独又并非超越芸芸众生或成为人类的代言人的代名词,而是自我超越或成为发现自己的自我泯灭的代言人。禅宗讲的"当自求解脱,切勿求助他人",就是这个意思,而且,生命的孤独又并不因为对现实世界的拒斥便意味着与世隔绝,只有未能独立的自我才是与世隔绝,因为未能独立的自我要处处借助"物"的媒介才能理解、接受并置身世界。同时,生命的孤独正是因为现实世界中生命意义的被遗弃而忧心憔悴、形单影只,因此,他坚持不离弃生命的意义。被世人遗弃的生命意义的隐秘存在就是他在精神的漂泊中直观到的东西。在他那里,生命意义的阙如无论如何也是虚妄不实的,人们不屑于为之操心和忧虑的生命意义反倒是一种真实。生命意义作为一种超验的或价值的内在尺度,必须成为现实世界的根基,整个人类必须亲密而且自觉地维系在生命意义的亮光朗照之下。在这个意义上,生命的孤独实在是一种冒险,一种重建意义世界的冒险,一种对现实世界固执地加以拒斥的冒险,一种孤独地为世人主动承领苦难的冒险,一种为推进世界从自我泯灭的午夜回归自我复苏的黎明的冒险。荷尔德林有一句著名的诗:"诗人是酒神的神圣祭司,在神圣之夜走遍大地。"我想这应该是对生命的孤独的最富启迪的阐释。

§4. 绝望就是希望

还应加以说明的是生命的孤独的存在状态,即生命的孤独作为心理体验的具体展开状态。在生命的沉沦中,由于丧失了自我,人们往往意识不到自己的存在,只有通过心理体验的暴风雨、地震、雷鸣、海啸之类的剧烈震荡,才能重建对于自我的意识。因此,这心理体验的剧烈震荡,就正是生命存在的真实的表现,是原生的实在,是人生的基本内容,也是自我的一种保护——使人免于坠入黑夜深渊中的虚无。简单说来,它包括:厌烦、忧郁、绝望,等等。

厌烦就是厌烦自己,它是人在某一时刻忽然对自己的沉沦的、有限的确认,是人内心深处的一种拂之不去的、持续不断和暗暗作祟的厌恶和烦闷。克尔凯戈尔指出:人的内心存在于两个世界的交叉点,这两个世界就是精神的世界和自然的世界、上帝的世界和动物的世界。前一个世界预示着永恒拯救的可能性,后一个世界预示着永恒沉沦的可能性。他在《畏惧的概念》中指出:最初,人处于无知无觉的天真烂漫状态,这表明人尚处于与自然条件直接统一的浑浑噩噩的状态,还没有成为人。"在这种状态中,有的是安宁和休憩;但同时又有某种不同的东西,这当然不是竞争和冲突,因为不存在要与之抗争的东西。那么,它又是什么呢？它是虚无。"(克尔凯戈尔)这里的"虚无",就是我所说的"厌烦"。在我看,厌烦是生命的真正开始。在厌烦攫住心灵的一瞬间,在浑浑噩噩中一度已经熟悉的世界突然逃离了自己,又变成了自己,变得陌生起来。与此同时,一丝生命的曙光也艰难地投射过来。帕斯卡尔不就是在某年十一月的一个夜晚突然意识到自己的沉沦,从而产生了厌烦吗？因此,生命活着,首先就要让厌烦活着,就要维持它,正视它。不过,厌烦又毕竟只是一种开始,人们可以无视它,借助瞬间的沉醉或不停的忙碌继续沉沦下去,强硬地忘却它,在这个意义上,厌烦是一切罪恶的根源。但另一方面,人们也可以借厌烦而豁然开悟,因为对现实生命的负疚,同时也就启动了对于生命意义的追问,趋近了隐匿着的理想本性。在这个意义上,厌烦是一切生命的根源。

忧郁是一种深刻的厌烦。它明确认识到人生是一场巨大的虚无,是一种惶惶然失其所归的无家可归,而每一个人又必须向它敞开自身和接受下来。因此它一方面果敢地弃绝掉现实世界通过各种渠道强加给自己的形形色色的准则,一方面艰难地重新寻找能够自我拯救的神圣本源。忧郁是一种无以名状的恐惧,它没有可以确指的对象,也没有具体的危险和威胁,而是对存在状态的疑问,是焦灼地从所有具体的内容中抽身出去,是人的疑问和世界的沉默。忧郁是对"能够在世"的"能够"的畏惧,来自各方面,无法预告,也无法躲避。正像海德格尔所说的"畏启示着无"。畏"已经在'此'——然而却又在无何有之乡,它是这样地近,以致紧压而使人屏息——然而却又在无何有之乡"。① 这是一种在无法描述的深奥莫测的神秘情感前的战战兢兢的状态:那用眼睛把你照耀成公主的不会再来了,那用掌声把你送入凯旋门的不会再来了。花环、彩球、镁光灯不再属于你,世界也不再对你微笑……人没有了可以依附的东西,被冲撞着、挤压着、推搡着,带到了虚无的

---

① [德]海德格尔:《存在与时间》,陈嘉映等译,三联书店1987年版,第226页。

门口。因此,忧郁是人在彻底清算了自己的灵魂之后产生的恐怖和颤栗。

绝望是忧郁的必然结果。"绝望是致死的病",它使人不断地濒于绝境,然而却是求生不得、求死不能,是在死亡线上领死,又是活着而体验死,因而是一种令人极度焦虑的苦闷,一种无能为力的自我摧残。绝望产生于对世界沦入可怕的无可逃避的深渊时所产生的操心和焦虑。它是对仿佛远在天边根本不会有答案的问题的追问,是对世界的永远无法消解的无意义性的畏惧和颤栗,是在价值和意义的毁灭中对价值和意义真实的固执。让我们共同回顾一下著名的耶稣的绝望吧:"耶稣在受难中忍受着别人所加给他的苦痛。然而他在忧伤中却忍受着他自己所加给自己的苦痛。那不是出于人手而是出于全能者之手的一种苦难,因为必须是全能者才能承担它。耶稣寻求某种安慰,至少是在他最亲爱的三个朋友中间,而他们却睡着了。他祈求他们和他一起承担一些,而他们却对他全不在意,他们的同情心是那么少,以致竟不能片刻阻止他们沉睡。于是,耶稣就剩下孤独一个人承受上帝的愤怒了。耶稣在地上是孤独的,不仅没有人体会并分享他的痛苦,而且也没有人知道他的痛苦;只有上天和他自己才有这种知识,耶稣是在一座园子里,但不是像最初的亚当已经为自己并为全人类所丧失了的那样一座极乐园,而是在他要拯救自己和全人类的那样一座苦难园里。他在深夜的恐怖之中忍受这种痛苦和这种离异。……耶稣从不曾忧伤过,除了在这唯一的一次;可是这时候他却忧伤得仿佛再也承受不住他那极度的痛苦:'我的灵魂悲痛得要死了'。"① 毋庸多言,耶稣的绝望,就是最典型的绝望。绝望是一个人的真正存在状态。绝望就是人的诞生。绝望就是希望。

§5. "人的灵魂的伟大审问者"

这样,不难看出,生命的孤独在对生命的沉沦的态度上鲜明地区别于虚无主义的态度。它是自然形态的生命的负疚和悲吟,是无限的绝对化,是永恒生命的受难牺牲的苦楚,是无条件地拒斥现实人生,批判现实人生,是借

---

① [法]帕斯卡尔:《思想录》,何兆武译,商务印书馆1985年版,第242—243页。

进入黑暗的方式消解黑暗,是从超越一切自然生命和伦常秩序的角度出发去弘大或固持价值生命,是从自然生命进入价值生命,是分享永恒的欢乐……总而言之,生命的孤独认定:生命是由随时超越有限和走向最高的生命存在方式的人所组成,它是对生命的沉沦的拒绝,也是对曾经失落了的生命的意义的追寻。而且,生命的孤独,正是在生命的意义的毁灭中对生命的意义的固执。

十分清楚,这样一种对待生命的沉沦的态度,正是审美的态度。

在这个意义上,审美活动不可能从别的什么地方开始,它只能开始于对于自身的生命沉沦的拒斥。审美活动的缘由、根据也不可能是别的什么,它只能是:自我审判。

所谓自我审判,是指对生命的有限的否定。我在前面已经剖析过:"人类最大的敌人不在于饥荒、地震、病菌或癌症,而是在于人类自身"(荣格),在于人类对于自身的有限的盲目无知。对于这一盲目无知,卢梭在《忏悔录》中曾经深刻地予以揭露:

> 我看到我的同类在他们因固执己见而走入的迷途上,还继续朝着错误、灾难和罪恶的方向前进。我于是用一种他们所不能听见的微弱的声音,向他们喊道:你们都是毫无道理的人,你们不断地埋怨自然,要知道你们的一切痛苦,都来自你们自己。

而审美活动正是对于人类自身的有限的明确洞察,正是那种往往为世人"所不能听见的微弱的声音"。它起源于对生命的有限的自我否定,起源于对于自我的濒临价值虚无的深渊、自我的丑陋灵魂、自我的在失去精神家园之后的痛苦漂泊和放逐、自我的生命意义的沦丧和颠覆的无情揭示,起源于着力完成生命意义的定向、生命意义的追问、生命意义的清理和生命意义的创设,从而在生命的荒原中去不断地叩问栖息的家园的生命努力,因此,是生命的自我敞开、自我放逐、自我赎罪和自我拯救。苏联作家格拉宁指出:

> 人之所以需要文学、艺术和文化,是为了认识自己,认识自己的个性和内心世界,是为了理解别人和克服自己的局限性。

这显然是对审美活动的深刻洞察。

正是在这个意义上,易卜生才会说出这样一句发人深省的名言:文学创作就是自我审判。这无疑是十分令人信服的。不过,我们还可以把这句名言合理地加以推演:审美活动就是自我审判。在我看来,这也应该是十分令人信服的。

必须承认,只有在此基础上,我们才能真正透彻地理解审美活动的诞生,也才能真正透彻地理解人们为什么会进入审美活动。例如卡夫卡。他之所以进入审美活动,不正是因为他痛楚地意识到了生命的根本缺憾,意识到自己的"无家可归的异乡人"的命运?不正是"作为犹太人,他在基督徒当中不是自己人。作为不入帮会的犹太人(他最初确是这样的),他在犹太人当中不是自己人。作为说德语的人,他在捷克人当中不是自己人。作为波希米亚人,他不完全属于奥地利人。作为劳工工伤保险公司的职员,他不完全属于资产者。但他也不是公务员,因为他觉得自己是作家,但就作家来说,他也不是,因为他把精力花在家庭方面,而'在自己的家庭里,我比陌生的人还陌生'"(安德尔斯)?又如萨特,他之所以进入审美活动,不也正是因为他切身地体验到自身与整个世界的"对抗"?不也正是因为他意识到"世界的败坏,致使我同它针锋相对,这倒不错,这是我的天职。我的天职就是做一个我讨厌的世界的反对派,这个世界同我格格不入。而且,只有如此我才能写作、活动、当一个哲学家、当一个作家"?还有鲁迅的"抉心自食";还有巴金的永难忘怀自己应当"偿还的大小债务",要在创作中写出自己"一生的总结、一生的收支总账";还有托尔斯泰的把内心的撕裂和痛苦"诉诸笔墨,仿佛在激起良心的公开忏悔中或是一篇宣言……中倾泻出来后,作者才能得到解脱"(彼得列斯库)……不也统统是因为意识到了生命的有限的折磨,才进入了审美活动?

例如陀思妥耶夫斯基。据说,在20世纪初,奥地利的著名作家斯蒂芬·茨威格和宗教哲学家马丁·布伯,曾就一百年之后19世纪中的哪位作家仍然是人类思想的领袖这个问题争了一个通宵,结果,第二天早晨,在划去了尼采、托尔斯泰、雨果、左拉等等的名单中,只剩下了两个人:克尔凯戈尔和陀思妥耶夫斯基。这个看法固然有其偏激之处,起码是只代表一家之言,但毕竟道出了陀思妥耶夫斯基的典范性。因此,从他应该是最能看清审美活动的起点、缘由或根据的。别林斯基曾经称赞陀思妥耶夫斯基具有一种"客观洞察生活现象的无限强大的能力,所谓钻到和他不相干的别人的皮肤下面去的能力"。而陀思妥耶夫斯基也曾声称:"人是一个秘密,必须识破它,如果为了识破它需要整个一生,也不能说是浪费时间;我要探索这个秘密……""人们称我为心理学家,这并不正确,我只是最高意义上的现实主义者,也就是说,我描绘的是人的内心的全部深度。"对此,鲁迅曾尤表称誉。他称陀氏为"人的灵魂的伟大的审问者",指出:"凡是人的灵魂的伟大的审问者,同时也一定是伟大的犯人。审问者在堂上举劾着他的恶,犯人在阶下陈述他自己的善;审问者在灵魂中揭发污秽,犯人在所揭发的污秽中阐明那埋藏的光耀。这样,就显示出灵魂的深。"确实,借用"地下人"的提问方式,不妨说:"唔,一个甚至在自我屈辱的感觉里也企图寻求乐趣的人,他难道可能,难道能够多少尊重自己吗?"《罪与罚》的命名,正体现了陀氏对于每一个人都既是犯人又是审问人的洞察,体现了陀氏对于作为自我审判的审美活动的洞察。他的全部作品正是浸透着这种洞察。不妨再借用鲁迅的话去加以评价:"他把小说中的男男女女,放在万难忍受的境遇里,来试炼它们,不但剥去了表面的洁白,拷问出藏在底下的罪恶,而且还要拷问出藏在那罪恶之下的真正的洁白来。而且还不肯爽利的处死,竭力要放它们活得长久。而这陀思妥夫斯基,则仿佛就在和罪人一同苦恼,和拷问官一同高兴着似的。"

进而言之,从自我审判的角度来规定审美活动的缘由、根据,其主要意义表现在下述三个方面:

首先,自我审判是对非审美的生命活动的悬置。前面已经指出,审美活动是对生命的有限的超越。而要进入这一超越,首先就要超越形形色色的生活的有限,这就犹如现象学所强调的,要先把种种日常的偏见、误解加上括号,把它们悬置起来,然后才能进入"本质直观"。自我审判正是把生命逼入这一境界,"上穷碧落下黄泉,两处茫茫皆不见",困惑、迷茫、焦虑、绝望……陀思妥耶夫斯基坦诚自白的"我是时代的孩童,直到现在,甚至(我知道这一点)直到进入坟墓都是一个没有信仰和充满怀疑的孩童",实际也完全可以看作是所有审美活动者的坦诚自白。例如卡夫卡,一生中"可怕的双重生活"使他始终沉浸在一种"被撕裂"的"痛苦"中,觉得"除了发疯,看来没有别的出路",以至于如此悲感交集:"我不是光明,我只是在自己的苦恼中迷了路,我是个死胡同。"然而,也正是因此,也才使他真正认识到对形形色色的生活的有限的否定的无济于事,从而直面生命的有限,跨入了审美活动的大门。

其次,自我审判是审美活动的必不可少的前提。通过对非审美的生命活动的悬置,自我审判使得审美活动成为可能。再引用一句卡夫卡的话:"我现在在这儿,除此一无所知,除此一无所能。我的小船没有舵,只能随吹向死亡最底层的风行驶。"这正是审美活动的真实的状态。审美活动并不关乎形形色色的生活的有限,而是关乎生命的有限,或者说,是"天天面对永恒的东西,或者面对缺乏永恒的状况"(海明威)。因此,自我审判才成为审美活动的前提。它使审美活动真正进入了对生命的有限的超越,进入了对生命的价值、意义的追问。这种超越和追问不同于日常的对象之思,而是一种源初的生命之思。卢卡契发现:"伟大艺术家一向是人类进步中的先驱者,通过自己的创作,他们揭示了前所未知的事物之间的相互联系——经过相当长一段时间以后,科学和哲学才能将这些相互联系以确切的形式表达出来。"①这也是对审美活动的发现。

最后,自我审判使审美活动直接彻悟真实的生命。正是因为自我审判是对非审美的生命活动的悬置,同时又通过这一悬置使审美活动成为可能,自我审判也就使审美活动直接彻悟真实的生命。这就是阿多诺所竭力推誉的"惊愕":"对艺术的正当有效的主体反应是一种惊愕。惊愕由伟大作品所

---

① 中国社会科学院外国文学研究所外国文学研究资料丛刊编辑委员会编:《卢卡契文学论文集》(二),中国社会科学出版社 1981 年版,第 82 页。

激发。惊愕不是接受者的某种受到压抑并由于艺术的作用浮到表面的情绪,而是片刻的窘迫感,更确切地说,是一种震动。在这一片刻中,他凝神于作品,心旷神怡,感到审美意象中显现的人生真谛不再是虚无飘渺的,而是伸手可及。"[1]而卡夫卡则称之为"心海中的破冰斧":"我们所需要的书,必须能使我们读到时如同经历一场极大的不幸;使我们感到比自己死了最心爱的人还痛苦;使我们如身临自杀边缘,感到因迷失在远离人烟的森林中而彷徨——一本书应该是我们冰冻的心海中的破冰斧。"[2]在这里,审美活动犹如"末日审判",借助自我审判从现实关怀走向了终极关怀,从经验的确定、封闭和实在内容走向了超验的不确定、敞开和一无所有,从相对的、现实的生命走向了绝对的、超越的生命。

要强调指出的是,在对于审美活动的缘由、根据的看法上还有一种实践美学的观点是与本书针锋相对的,这就是:审美活动不是起源于自我审判而是自我认同。在它看来,人类最可悲的不在无法主宰自己,而在于无法主宰人类,不在于只有拯救了自己才能拯救人类,而在于只有拯救了人类才能拯救自己。因此,它用对于社会的审判来代替对于自我的审判,认为审美活动是对作为客观存在的社会现实中美与丑的审判,或者说,是对作为客观存在的人类生活中美与丑的审判。从表面上看,两种审美活动并无根本差异,认真考察一下,却实在并非如此。海德格尔在论及抽象思想家和实存思想家的区别时曾经指出:抽象思想家只埋头于抽象的逻辑思维过程,而把自己全部个人的现实存在排除在外。用一种形象的说法就是,他在自己的思想中建筑宫殿,但自己并不住入其中,因此,即使宫殿被烧光,对他也不会发生什么影响。相反,对于实存的思想家来说,则是从自己最为内在的生存困境出发,因而也并不把自己全部个人的现实存在排除在外,犹如在自己的思想中建筑宫殿,而且自己也住入其中。相比之下,作为社会审判的审美活动相当于抽象思想家的活动方式,作为自我审判的审美活动则相当于实存思想家

---

[1] 转引自周宪等编:《当代西方艺术文化学》,北京大学出版社1988年版,第77页。
[2] 转自叶廷芳:《现代艺术的探险者》,花城出版社1986年版,第125页。

的活动方式。前者是心安理得地对社会人生予以裁决,但自我并不介入其中,后者是痛楚地关注着自我的灵魂定向,自我全然介入其中;前者是躲避自我,后者是敞开自我。前者追求单一、既定的答案,后者追求复杂、多样的冲突。或许歌德早已看到了这种差异。他的这句名言似乎就是针对两种审美活动的区别而言的:"要想逃避这个世界,没有比艺术更可靠的途径;要想同世界结合,也没有比艺术更可靠的途径。"显而易见,作为自我认同的审美活动,正是一种逃避世界的审美活动。这样,尽管它不断地审判着社会的美丑、人生的美丑,然而,值得追问和反思的是:生命的沉沦究竟是否可以由别人来发现?在一个人人都有可能发生生命的沉沦的生存世界,自我的觉醒却要由他我来完成,这种做法本身岂不就会造成一种新的或者更加沉重的生命的沉沦吗?

而且,既然把审美活动的起点、缘由或根据规定为自我认同,就必然隐含着一个必不可少的前提,作为审美活动的载体的个体生命是不容诘问、不容怀疑、不容审判的。这当然又是一个谬误,而且正是我们上文中所批评的那种虚无主义的谬误。试想,这种把自我间离出来的社会审判,谁能担保自身的自我不是从众的随波逐流的审判者?谁能担保自身的自我不会成为雅斯贝斯所描述的那种悲剧旁观者的审判者?"正是由于观众本身的绝对安全。他的严肃的人类关切会轻而易举地堕落为对恐怖和残忍毫无人性的欣赏,或道德上的伪善,或者——借着与高贵主人公的认同——演变成与莫名其妙的自尊所产生的廉价情操结合在一起的自我欺骗。"[1]再进一步,这种把自我间离出来的自我认同的谬误,并不仅仅因为它安排了一个十分可疑的审判者出场,也不在于这个审判者的同样十分可疑的绝对权威,甚至不仅仅在于整个审判过程的同样十分可疑的钦定的程序设计,而是在于:是谁指定这个审判者出场?是谁给予这个审判者以绝对权威?是谁钦定了整个审判过程的程序设计?它没有去进一步追问这个问题,也不可能去进一步追问这个问题。然而,问题的全部奥妙恰恰在于:只有去进一步追问这个问题才

---

[1] [德]雅斯贝斯:《悲剧的超越》,亦春译,工人出版社1988年版,第74页。

有可能进入审美活动,否则,就无法进入审美活动。显而易见,所谓自我审判,正是对于那个一直没有出场的作为审判者的审判者的审判,正是对于上述的问题的进一步追问。因此,作为自我审判的审美活动才是真正的审美活动。至于作为自我认同的审美活动则只能是伪审美活动,它是对审美活动的根本内涵的践踏,是对审美活动的价值向度的僭越,是虚假的审判、荒谬的审判、虚无主义的审判。

第二节　审美活动的内涵:生命的超越

§1. 人必须企达无限

我们已经知道,人不可能像动物那样以驯顺地服从生命的有限作为生存的代价,也不应该反过来盘剥、掠夺和榨取自己有限的生命。对于人而言,既然生命是有限的,人就必须使之企达无限。这正是动物所做不到的。动物甚至也能在某些方面与生命的有限抗争,但却永远没有办法让生命澄明起来,意义彰显。能够做到这一点的,只有人。只有人,才能够不但征服生命,而且理解生命,与生命交流、对话,为生命创造出意义,为生命创造出从有限超逸而出的永恒的幽秘。

可是,人是怎样做到这一切的呢?每一个人都应该追问,也必须追问!

§2. 生命的沉沦

显而易见,从虚无的超越出发是不可能做到这一切的。虚无的超越,是对生命的有限的承领和接受。因此,没有必要为生命增加什么,也没有必要为生命减少什么。他的使命就是没有使命,他的追求就是没有追求。"生活是渺小的、完全无意义的。人不过像一只弹指可以使之化为齑粉的昆虫,甚至也许还可以加上一句:这只昆虫并不反对为一只手指所粉碎。"(巴·拉格维斯)他所需要做的,无非是拼命地盘剥、掠夺和榨取有限的生命。毫无疑问,这就是所谓生命的"沉沦"。

虚无的超越无法使生命存在有意义有价值,恰恰相反,它只能使生命存在无意义和无价值。然而,生命存在又必须有意义、有价值,于是,只能求助于外在的物质世界,用占有外在的物质世界来占有生命,用占有外在的物质世界的多少来说明生命的是否有意义和有价值。更多的金钱、更好的职业、更大的权力、更高的目标、美满的婚姻、受人尊敬的地位、琳琅满目的高档家具、居高官享厚禄的父亲、聪明伶俐的孩子、著作等身,以及文学家、艺术家、科学家、企业家、政治家或教授、处长、市长、书记的头衔……诸如此类,都被用来说明生命的意义和价值。我占有什么,我的生命的意义和价值就是什么;反之,就不是什么。西班牙哲学家乌纳穆诺曾经讲过这样一个故事:有一位可怜的农夫,躺在医院的病床上。临死前,牧师要为他行涂油仪式,但是他却拒绝伸开他的右手,因为右手握着几个油污的铜板。这几个油污的铜板代表他生命的意义和价值。遗憾的是,他竟然没有想到,再过不久,他的手,甚至他的生命都要消失了,那几块油污的铜板又有什么用处?我想,这位可怜的农夫,正集中体现了"占有"的虚妄。

从理论上讲,占有也不失为一种生命存在,尽管它是一种被扭曲了的生命存在。在这种生命存在中,每个人都感到自己是个陌生人,或者说,每个人在这种生命存在中都变得同自己疏远起来。他感觉不到自己就是生命的中心,就是生命意义和价值的创造者,相反却感觉自己的生命应该溶解在外在的物质世界之中,以致看不到外在的物质世界实际正是他的生命创造的产物,以致反而认定它远远高出于自己并凌驾于自己之上。他只能服从甚至崇拜它们。对此,弗洛姆称之为"恋尸(死)的人"。"恋尸的人被一种把有机物转化为无机物的欲望所驱使,以机械的方式看待生活,仿佛所有的人都是物一样。所有有生气的变化、情感的思想都被转化为事物。记忆而不是经验,占有而不是存在,变成了重要的东西。恋尸的人能够同一件物品——一朵花,或一个人有关系,仅当他占有这件物品时;因此,对他的占有物的威胁就是对他本身的威胁;如果他失去了占有物,他就失去了同这个世界的关系,这就是我们发现的下述荒谬反应的原因:他宁肯失去生命也不肯失去占有物,尽管一旦失去了生命,有所占有的他也就不复存在了。"①因此,占有作为一种生命存在,不是把自身看作是人的全面性和丰富性的积极承担者,而是把自身变成依赖自身以外力量的无能之"物"。他把生命的价值和意义投射在异己之物身上,并向之卑躬屈膝。由此推演,便极其自然地用认识物的方式去认识生命,用物的占有去等同于生命的实现。因此,假如一定要说,占有什么也就是什么和成为什么,那么,这种占有物的生命存在无疑就意味着是物和成为物。

不难猜想,占有作为生命存在,实际是用占有物来逃避成为人,用占有有限来逃避企达无限。然而,它所导致的却偏偏是有限生命的迅速消解,偏偏是"物人"的应运而生。这"物人"是对人的本性的一种扭曲:它不承认"人是目的"这一终极标准,不承认物有物的价格、人有人的人格;它只知人的服从性,不知人的超越性;它只知人是工具王国的成员,不知人是目的王国的成员;它只知驯顺服从,不知价值选择;它只有苍白立法,没有情怀血肉……其根本特征有四。其一是功利的。重视功用而不重视实体。看一件东西,只把它看作是与其功能有关的东西。换言之,东西只是在有用的时候才被珍视,即便在看人的时候也不例外。其二是目标的。重视结果而不重视过程。常见的做法是将过程极度地压缩以使结果鲜明地突出,为此往往无视过程所具有的时间性,而一味地关注结果所具有的空间性,让时间为空间服务,实际也就是让人为物服务。其三是一维的。感性个体的血肉灵性泯灭了,再也难以维系自身内在固有的激情、想象、灵悟和冥思。人与人之间丧失了有血有肉的富有感情的联系,成了一架机器内相互配合的零件与零件之间的关系。一维的感受方式、一维的语言方式、一维的思维方式,都被从外部灌输和强加于每一个人。其四是权威的。这权威并不公开,而是匿名的、隐蔽的和疏远的,存在于每一个人身上,可以称之为"它"。总之,这"物人"必然是苍白、病弱、怯懦、伪善、守旧和丧失个性的。它从来不会有冲突和疑惑,从来不会感到孤独和寂寞,也从来不会去决定什么,因为它总是忙于劳作。世界是欲求的对象,是一个大苹果、一个大乳房、一个大餐厅,而它

---

① [美]弗洛姆:《人心》,范瑞平等译,福建人民出版社1988年版,第27页。

则是一个欲望和需要的躯体。为了满足这形形色色的欲望和需要,它不得不劳作,但这形形色色的欲望和需要其实也是被劳作刺激起来的。即便性欲也是如此。对此,尼采在《作为教育家的叔本华》中厌恶地评述说:"有许多时候,我们都感觉到我们所惨淡经营的一切,恰是筹划来躲避我们生命中真正应该去做的事情的,我们总想把我们的脑袋藏在一个地方,好像我们的具有炯眼的良知在那儿找不到我们似的,我们匆忙地把我们的心献给国家、觅财、社交,或科学工作,就是为了不再有一颗心……我们那样盲目地工作,就是因为我们觉得更需要一种浑浑噩噩'不思'的状态,'匆忙'极其普遍,因为人都匆忙地从他自己面前逃逝……大家害怕任何回忆或任何内向的凝视。"而帕斯卡尔的评述更是入木三分:人心是怎样的空洞而污秽,"唯一能安慰我们之可悲的东西就是消遣,可是它也是我们的可悲之中的最大的可悲。因为正是它才极大地防碍了我们想到自己,并且使我们不知不觉地消灭自己。若是没有它,我们就会陷于无聊,而这种无聊就会推动我们去寻找一种更牢靠的解脱办法了。可是消遣却使得我们开心,并使我们不知不觉地走到死亡。"在这个意义上,"物人"只是在市场上具有交换价值的物品,它没有意识到自己的自由自觉的本质,更没有感到自己是人类力量的承担者,它的目标是成功地出卖自己,谋得世界的承认,它的自我感觉不是来自有着独立意志和情感的个人的行动,而是来自外界对它的评价。它的价值取决于能否高价出售自己,取决于能否使自己获得更多的财富、学问、权力、地位。它的肉体、大脑和灵魂统统只是它的资本,它的目标就是把它的资本拿去投资,使其生利。人类的品质诸如友爱、关怀、良善之类都变成了物,变成了人格交换中的财产。

§3. 生命的自我拯救

在生命活动中,唯一执着追问着有限的生命怎样企达无限的,是生命的生成活动,即审美活动。审美活动是作为有限生命的对立面而出现的。在审美活动看来,人是绝对不能生存在有限的生命之中的,因为那样一来生命就会成为死亡的同义语。所以审美活动认定:真正的生命必须是对有限生命的否定,必须是从有限生命走向无限生命,也必须是有意义、有价值的。

而要做到这一切,最为重要的不是贪婪地占有生命,而是不断地超越生命。

超越是人类的神圣权力。尼采说:"在世界上,一小滴生命对于生灭不已的汪洋大海的全部性质来说,是没有意义的"。人不过是"渺小的昙花一现的物种"。从宇宙的角度看,确实如此。但从人的角度,却又同样应当看到,人又是世界上独一无二的动物。在这个意义上,尼采说,人是"尚未定型的动物",同样很有道理。面对生命,唯有人可以不断进行超越,而这种超越反过来又成了人的代名词:人即超越。

涉足人的生命不能不同时涉足超越。生命的诞生就是超越的诞生。一旦进入超越,生命便不再被限定为应该做什么或不应该做什么,而成为一种开放型的存在,一种删改,一种试验,一种无限的可能性。在这个意义上,生命的每一次超越,都是人类在重申自己的天性的神圣权利。

或者说,生命一旦进入世界,就面临一片广阔天地。你必须看重自己,你的一生就是一系列超越的延续,你的超越就是你的造物主。生命是在超越中发展的,生命也是在超越中升华的。超越了,黑夜才开始消失;超越了,坦途也才开始敞开。

而超越的放弃则是生命的羞愧。这是人类在虐待一个人灵——生命。不去超越的自由等于没有自由,不去超越的生命等于没有生命,不敢超越的人被命运拖着走,敢于超越的人跟命运斗着走。太阳并不普照每一个人,你走着太阳才照耀着你。

超越使生命成为可能。超越使有限的生命走向无限的生命。超越使生命有意义、有价值。超越是费希特所企盼的无限者:"呵,无限者,那永恒的世界起始于你的生命;因为一切生命都是你的生命。"超越是诺瓦利斯所推誉的"个体生活在整体之中,整体生活在个体之中"的诗:"通过诗,最高的同情与活力,即有限与无限的最紧密的统一,才得以形成。"超越是席勒所倾心的作为人类第二造物主和保姆的审美活动,只要它的"手杖一碰,奴役的枷锁就会从有生命和无生命的东西上脱落",有限的生命就会"进入一个理想的世界"。

不过,显而易见的是,这里所说的超越,又不能等同于为世人所见惯不惊的超越方式,诸如出世的超越、精神的超越甚至自杀的超越。

出世的超越是对社会的否定。现实社会的邪恶、残酷、荒唐、揶揄,使每一个禀有报国之心的人往往被碰得头破血流。怎么办呢?只有超越尘世、返归自然。这就是中国人所谓的"独善其身"和"归隐自然"。然而,值得诘问的是,首先,你从黑暗的现实社会中抽身而出,现实社会就能够因此而得到哪怕是任何一点微小的改变吗?其次,亘古如斯的大自然是没有价值生命的。那么,你从社会返归自然,岂不正是从价值生命返归自然生命吗?这又怎么谈得上是超越呢?所以,萨特才申言:自然的归隐正是人道主义的沦丧。"月亮是'有钱人'的奢侈品。""人热爱自然是为了更好地逃避自己在尘世间的责任。"最后,更重要的是,在现实社会中所建立起来的现实关系是人的全部生命关系的绝对中介,当然也是人与自然的关系的绝对中介。现在我们不能不问,在现实关系中不能得到的自由生存,在自然关系中又怎么能够得到?这是不是有点自欺欺人的味道?

精神的超越是对物质生活的否定。较之出世的超越,精神的超越应该说是更为真实一些。它不再是借助自然而是直接使生命中的某一部分间离出来,并率先进入自由生存。对此,无疑是应当肯定的。但是,问题在于,生命是物质和精神的统一。精神是物质的精神。物质生活的自由导致精神生活的自由,物质生活的不自由导致精神生活的不自由。假如物质生活不自由,偏偏精神生活是自由的,这只意味着你的觉醒,并不意味着你生命的超越和自由。

自杀的超越是对生活的否定。这个问题稍为复杂一些,但又距离生命的超越问题最近。在我看来,假如只是把自杀规定为肉体的消释,那么,是无法把作为独一无二和不可重复的人同动物从根本上区别开的。其实,人的自杀并不意味着肉体的消释。尽管肉体的消释是人的死亡的绝对界限,但却毕竟不是人的死亡的标志,因为在肉体的消释之前,人的不断向自我生成的努力已经停止了,导致人的死亡的,正是后者。因此,肉体的消释也许正是人的诞生的标志。老舍的自杀是对周围令人窒息的价值环境的反抗。要保持人的尊严,肉体的死亡是最后一片可供选择的净土。在这个意义上,肉体的死亡绝不仅仅意味着坟墓,更意味着人的重建。"死亡是一种美,"毕加索讲得何其深刻。罗密欧与朱丽叶的自杀,是用肉体的死亡来完成对爱情的肯定,肉体的死亡仍然只是手段,是人的伟大确证。奥赛罗的自杀是对罪恶的生的否定,但在这否定中不又肯定了决心赎罪的生吗?不过,自杀又毕竟并非生命的真实超越,它拒绝了现实生命的有限性,但展开的却是虚无生命的无限性。从根本上说,它也同样拒绝了现实生命的无限性。

这样看来,出世的超越、精神的超越、自杀的超越,都是一种片面的超越。它们共同的不足之处在于:遗忘了超越之为超越的根本内涵,即生命超越和超越生命。我们之所以要超越生命,是因为在现实生命中生命并不存在(请再回忆海德格尔的名言:为什么"存在"在但"在"却不在)。出世的超越、精神的超越、自杀的超越却把这个根本问题遮蔽了起来,因而只能从不自由走向更不自由。

毋庸置疑,我们所谓的超越应该严格区别于上述几种超越。

首先,我们所谓的超越不是对物的超越而是对人的超越,在这个意义上,超越只意味着人的生命存在方式的提升,意味着不再以现实的生命存在方式置身生命世界,不再以现实生命的眼光来看待生命世界,而是以最高的生命存在方式置身生命世界,以最高生命的眼光看待生命世界。而传统的看法却往往误解超越的涵义,以为是指对物(诸如自然环境、工作环境、社会环境、科学技术之类)的超越。其实不然。对物的改造并未涉及超越问题。或者说,对物的改造根本就谈不上超越问题。因为超越不同于任何一种对象性存在。任何一种对象性存在的确证和实现,都有赖于外在的力量,但超越作为一种生命存在却并不需要外在的力量,只有赖于自身的力量,是自我确证、自我实现的。不仅如此,任何一种对象性存在,最终还靠作为超越的生命存在去设定。因此,超越是一切存在中的最高存在,是贯穿在一切相对存在中的绝对存在,是创造存在的存在。在这个意义上,生命世界的改变只能是生命存在方式的改变,生命世界的超越只能是生命存在方式的超越。

"世界没有意义,为此埋怨它实在愚蠢。"(尼采)生命世界的从无意义到有意义,只能以生命本身的被赋予意义为根据,而不能指望外在于人的对象性存在。生命世界的被超越,只能以生命存在方式的超越为根据,而不能指望对物的占有。

其次,我们所谓的超越不是对一般生存状态的超越,而是对根本的生存处境的超越。在这个意义上,自我超越便并非以个人的忧戚喜乐去行动,而是以生命意义的名义去行动,并非把人从社会、国家、民族中拯救出来,而是涉及人类整个生命意义的解释的一种自我拯救。并且,正如汉斯·昆所深刻洞察的:"只有拯救才能使人在某种不能由解放所达到的内心深处获得自由,只有拯救才能创造出某种摆脱了罪恶,有意识地把自己看作时间和永恒性的新人,创造出某种有意义的生活和无保留地为别人、为社会、为这个世界上的危难而献身中得到解放的新人。"它是对人生、苦难、死亡的形而上学的反抗。加缪也在《反抗者》中说:"人通过这种运动来抗议自身的处境和整个宇宙。说它是形而上学的是因为它否认人及宇宙有什么目的。奴隶反抗的是他在其中发现自己处在奴隶的状态之中的条件,形而上学的反叛者反抗的则是他在其中发现自己是一个人的条件。起来造反的奴隶断言,在他身上有某种东西,它不能容忍主人对待他的那种形式,形而上学的反叛者则宣称他受到宇宙的阻挠。"这种形而上学的反抗不是去渴望和占有什么,不是去建立凯撒的庙宇,而是去揭示出人身上一直因为被压抑、扭曲因而亟须加以捍卫的东西。试想,《这里的黎明静悄悄》写了正义战争对非正义战争的反抗吗?显然没有,它写的是人对一切战争的反抗,这种反抗可以被称为超越。《永别了,武器》写了正义战争对非正义战争的反抗吗?显然没有,它写的恰恰是正义一方的一个逃兵。通过这个逃兵,写出了人对一切战争的反抗,这种反抗也才可以被称为超越。而在一些诗人笔下,为什么"爱情的错误是美丽的",为什么对于一对沉浸在甜情蜜意中以致忘记划船的恋人来说,"就覆舟,也是一次美丽的交通事故"呢?不也正是因为他(她)虽然触犯了生活中的某些规则,但却服从了人生的根本准则,服从了不断向意义生成的人的理想本性吗?在此意义上,或许我们可以把它称作加缪所谓的"形而上学的反抗"。在这方面,加缪在《反抗者》中的洞察,有助于我们的理解:"面对这些宣判死亡的国家,宣判着生存之境的死一般的冥暗的世界,反抗坚持不懈地提出自己对生命的要求以及对彻底的透明性的要求。这种反抗不自知地重新寻找一种道德和某种神圣的东西,它虽然盲目,却是一种苦行。如果反抗诅咒了神明,这乃是出于一位新的上帝的希望。"

最后,我们所谓的超越不是对于生命世界的逃避而是在更高意义上对生命世界的参与。人们也往往误解超越与非超越之间的关系,认为它们之间隔着一条鸿沟,它们之间的飞跃是此岸向彼岸的飞跃。这同样是错误的。其实,这二者共处于一个生命世界。在这方面,读者必然熟悉的是这样一段禅宗名言:"老僧三十年前未参禅时,见山是山,见水是水,及至后来,亲见知识,有个入处,见山不是山,见水不是水,而今得个休歇处,依前见山只是山,见水只是水。"不过,为了方便读者的理解,还可以再举几例。罗近溪在《盱坛直诠》中说:"盖伏羲当年亦尽将造化着力窥觑,所谓仰以观天,俯以察地,远求诸物,近取诸身。其初也同吾侪之见,谓天自为天,地自为地,人自为人,物自为物。争奈他志力专精,以致天不爱道,忽然灵光爆破,粉碎虚空。天也无天,地也无地,人也无人,物也无物。浑作个圆团团光烁烁的东西,描不成,写不就,不觉信手秃点一点,元也无名,也无字,后来只得唤他作乾,唤他做太极也。此便是性命的根源。"在这里,生命世界原本是冻结僵滞的。"天自为天,地自为地,人自为人,物自为物",一切你都十分熟悉。忽然间,你感到天不是天,地不是地,人不是人,物不是物,所谓顿起陌生之感。于是,由此深入一步,冻结化为通融,僵滞转为空灵,最终窥破天地,直趋造化之源,真所谓"骨肉皮毛,浑身透亮,河山草树,大地回春"。可是,生命世界改变了吗?没有,生命世界还是过去的世界,改变了的只是人,准确地说,只是人的生命存在方式。卡耐基也曾讲过一个故事:一个姑娘到边远地区去生活,忍受不了那里的艰苦和困顿,便给父亲写信诉苦。他父亲的回答很富哲理:都在监狱中往外看,有的人看见的只是铁窗,有的人看见的却是铁窗外的天空。这里所强调的仍然是生命存在方式的改变。不难看出,上述例子都讲的是超越与非超越的关系,借用禅宗的话,超越与非超越共处于一个生命世界。它们的差别只在于能否跨越"无门关","一念悟时,众生是佛。""前念迷即凡夫,后念悟即佛,前念著境即烦恼,后念离境即菩提。""后山一片好田地,几度卖来还自买。"这就是所谓:"大道无门,千差有路,透得此关,乾坤独步。"在这方面,深得佛家真谛的叔本华也颇具见地。他指出:"人除了在具体中过着一种生活外,还经常在抽象中度着第二种生活。在第一种生活中,人和动物一样,任凭现实的激流和当前的势力作弄,必须奋斗、受苦、死亡。人在抽象中过的生活[则不同]……在这里,人只是一个旁观者,只是一个观察者了。在这样退缩到反省的思维时,他好比一个演员在演出一幕之后,再轮到登台之前,却在观众中找到一个座位,毫不在意地观看演出,不管演出的是什么情节,即令是安排一些致他于死地的措施(剧情中的安排),他也无动于衷,然后,他又粉墨登场,或是做什么,或是为着什么而痛苦,仍一一按剧情的要求演出。和动物的无思无虑显然不同的是人的这种毫不在意,无动于衷的宁静,这种宁静就是从人的双重生活而来的。"而且,非超越与超越相比,"前者好比大风暴,无来由、无目的向前推进而摇撼着,吹弯了一切,把一切带走;后者好比宁静的阳光,穿透风暴行经的道路而完全不为所动。前者好比瀑布中无数的,有力的搅动着的水点,永远在变换着[地位],一瞬也不停留;后者好比宁静地照耀于这汹涌澎湃之中的长虹。"非超越"就好比永远躺在伊克希翁的风火轮上,好比永远是以妲娜伊德的穿底桶在汲水,好比是水深齐肩而永远喝不到一滴的坦达努斯",但一旦实现了超越,"那第一条道路上永远寻求而又永远不可得的安宁就会在转眼之间自动地光临而我们也就得到十足的怡悦了……我们为得免于欲求强加于我们的劳役而庆祝假日,这时伊克希翁的风火轮停止转动了。""这样,人们或是从狱室中,或是从王宫中观看日落,就没有什么区别了。"①

当然,叔本华关于超越的论述无疑有其虚幻不实的一面,因为人生不能仅仅退而成为"观众",还应该进而成为"演员",但是,认识到超越与非超越

---

① [德]叔本华:《作为意志和表象的世界》,石冲白译,商务印书馆1982年版,第134—135、259、274、275页。

共处一个生命世界,却极其重要。它避免了用理想的眼光曲解现实世界,又避免了用现实的眼光曲解理想世界。牢牢地把握住这一点,也就真正地把握住了超越。

同时,由于生命世界是一个虚无的世界,超越又必然以被钉死在十字架上的受苦、受难来荣显自身,这就是为什么越来越多的人意识到只有不可能出现超越的地方超越才必然出现的道理所在。上帝为什么降临在世人厌恶的地方?基督为什么诞生在污秽不堪的马槽里?正因为世界是虚无的,才最需要超越的显现或到场。正因为世界在受难,才最需要超越去参与这受难。须知,"受难是这个世界上的积极因素,是的,它是这个世界和积极因素之间的唯一联系。"(卡夫卡)超越的承领苦难,才使得世界的受难最终具有了意义。实现了超越的人是这个世界上的"先知先觉者",他们一方面守望着漫漫长夜和无数的昏昏睡去的"后知后觉者",一方面分担着世界的苦难,流着泪亲吻受难的大地。他们是这个世界的灵魂和希望。他们并不顾及自己的苦难和不幸,倾心承诺神圣的生命。他们必然主动地选择十字架上的自我奉献,主动地选择柔弱、温爱、眼泪和受难。"在我们的地球上,我们确实只能带着痛苦的心情去爱,只能在苦难中去爱!我们不能用别的方式去爱,也不知道还有其他方式的爱。为了爱,我甘愿忍苦难,我希望,我渴望流着眼泪只亲吻我离开的那个地球,我不愿,也不肯在另一个地球上死而复生。"(陀思妥耶夫斯基)应该说,这也是我想说的话。第二次世界大战时,朋霍费尔毅然由美国返回法西斯铁蹄下的德国。"假若我此时不分担我的同胞的苦难,我将无权参与战后德国基督徒生活的重建。"无疑,这就是超越。

而且,超越以参与人类的痛苦作为灵魂再生之源,它必须为终极目标的惠临而付出代价。这代价就是撕裂心肺的痛苦。不过,它区别于亡国之感或皮肉之苦,是远离终极目标所导致的痛苦。因此,超越就意味着十字架上的受害,意味着流着热泪狂吻受难的大地。超越之路就是含着隐秘的泪水进入羞涩的虔敬之路,就是承担重负不屈跋涉之路,就是横遭弃绝而又祈望救赎之路。做人即意味着分担人的痛苦,世界上只要还有一个人犯罪,我就有罪。"我不入地狱,谁入地狱。"弄清了这一点,我们就该懂得:超越绝非穷途末路中的天外救星,绝非国破家亡时的济世良方,更绝非形形色色的疑惑不解的解答。超越并不是生命的边缘而是生命的中心,它就是生命的自我拯救本身。让我们再一次重温克尔凯戈尔的警语:"今天,一位拯救者在你们心中诞生了——然而,当他来到这个世界之时,世界仍然是黑夜,黑夜不得不延续下去——而白日就包孕在这黑夜之中,拯救者恰好在此时诞生,这是一幅永恒的图景。"

§4. 生命的创造

进而言之,审美活动对于生命的超越,意味着使有限的生命企达无限的生命,成为自由生命或审美生命。这审美生命不但征服生命,而且理解生命,与生命交流、对话,为生命创造出意义,创造出从有限超逸而出的永恒的幽秘。其内涵可以从三个方面去由浅入深地加以说明。

审美活动是生命的创造。所谓生命的创造是指在生命活动中对生命的不断否定和不断超越。所谓"不是永恒的生命,而是永恒的创造",就是这个意思。创造生命,是人同一切动物共有的奇迹,所谓"自然向人生成",但只有人才知道他同时是被创造者和创造者,因此也只有人才能够不但创造对象而且创造自己,从而最终超出了动物王国,摆脱了生存的被动性和偶然性,进入了人的王国。在这个意义上,生命的创造是一种终极存在,它是一种更为透明的超越,是现实世界的根据,是人生的阐明和希望。在这方面,著名京剧表演艺术家盖叫天青年时期的一段经历,堪称最为典范的说明。盖叫天年轻的时候,曾经看到一个盲人在江南的一家茶馆乞讨。当时,人们看到他被残酷的自然夺去了双眼,已经失去了生存的能力,都十分怜悯,纷纷解囊相助,但是,唯独一位挑担的老者却执意不给。众人心中不平,一齐上前指责。于是,老者微微一笑,说:只要这盲人能说出我是白色的还是黑色的,我就给他钱和食物。出于无奈,盲人只好随便道来:你是黑色的。老者马上追问:你能看见我是黑色的,为什么就不能看见我是白色的?听到这里,盲人不知是否领会,站在一边的盖叫天却已恍然大悟。原来,这位老者是在启发盲人:自然的必然性的惩罚固然是严酷的,但却并不意味着生命的消解(从终极的角度看,这仍旧只是一种生命的有限),只有驯顺地屈从才意味着生命的消解。因此,老者期望盲人能够"肉眼闭而心眼开",去勇敢地抗击自然性的惩罚。显而易见,这不啻是给盲人以第二次生命。他只要能够毅然打开自己的"心眼",就能够从自然的必然性、从生命的有限超越而出,重新获得生存的能力,进入最高的生命存在方式。显而易见,这个例子正是对生命的创造的深刻阐释。对于生命的有限的不断否定、不断突破、不断抗争、不断超越,这就是生命的创造的根本内涵。

在此基础上,对于生命的创造还有必要作出进一步的说明:

生命的创造不是生命的某一阶段,而是生命的精神境界。假如可以把多姿多彩的生命展示比作最引人瞩目、最丰富庞大的世界博览会,生命的创造,无疑地是它最幽深、最富于魅力的展台;假如可以把形形色色的生命流动比作波涛汹涌的大海,生命的创造,无疑地,是它倾尽全部生命弹起的一朵灿烂的浪花。生命的创造是生命的一种动人心魄的飞翔,它飞出了狭小的心灵幽室,获得了无限广阔的自由天地;飞出了封闭的灵魂死谷,融入了永恒的神圣生命。

生命的创造不是生命的一般显现,而是生命的最高褒奖。它使世界从黑暗中走出来,叙说着温馨的故事:海面上鲜活蓬松的浪花,天空里无忧无虑的蔚蓝,冬日那第一场初恋般纯洁的白雪,夏天那第一个穿红裙子的少女,甚至门廊上的一张长凳,院子里一棵遮荫的树,黄昏的晚钟,自由的鸽哨,以及门前蜿蜒曲折所构筑的生命的风暴……这时候,人就是上帝。说世界应该有光,于是就有了光。在生命的创造中,人有了自己的火眼金睛——宇宙眼、世界眼或上帝之眼。

生命的创造不是生命的结果,而是生命的过程,在生命的创造过程中,人们栖居在瞬间、过程之中,而从不旁逸斜出,他珍惜每一分光阴、每一种微笑、每一个默许的眼神、每一声温馨的祝福。"他爱只有自己的年轮的树,爱只有自己的印记的果子,用自己所有的欢乐吹拂它们,爱那棵树,为报答他们叫自己作父神,更为那些果瓣是自己吹落的"。相比之下,世人就未免过于匆忙了。他们总是拼命地压缩过程,利用现代技术为我们提供的种种方便,更多地去占有一个又一个结果,却很少停下来回味一下夜深无人时的低语,心潮无端漫过时的痕迹,回味一下晶莹的倒影泡成的透明的诗,或者被一盏幽暗的街灯支撑着的夜……为什么就不能在忙忙碌碌之余沉静下来,凝视或者留连?当百丈怀海被人问及何为最最奇异的事,他慨然应对:"独坐大雄峰。"这样做,并没有减少生命,相反,却丰富了生命,升华了生命,因为你尽可以在山上耕耘播种、收获财富,但你毕竟是你,山依旧是山,百丈怀海却尽管只在山上流连、徘徊,却为大雄峰打上了情感的印记。诸如压上了韵脚,涂抹了颜色,谱写了旋律……于是,犹如百丈怀海已经永远属于大雄峰,大雄峰也完全为百丈怀海所有。它成为百丈怀海的生命了。

这样看来,生命的创造的价值在于自身,而不在它的结果。结果可能不幸,可能幸福,可能使你成为百万富翁,可能使你一贫如洗,但绝不能使你成为你自己,只有在生命的创造过程中你才真正成为你自己。孟德斯鸠说:"一个女人只有通过一种方式才能是美丽的,但是也可以通过十万种方式使自己变得可爱。"后一句话显然有助于对生命的创造的理解。不过,更有助于理解的要数"花"了。为什么呢?花代表着生命创造的过程。如果"结果"是最终的归宿,"开花"则是通向归宿的短暂过程。你看:那脉脉含情的花朵不就是生命的笑靥吗?那款款摇曳的花枝不就是生命的舞姿吗?那缕缕飘散的幽香不就是生命的呼吸吗?那花瓣上点点的露珠不就是生命的泪花吗?……遗憾的是,人们往往只瞩目于"结果",却偏偏忘记了"开花"。也许,其中的真谛在禅宗中才得以展示:这就是著名的"拈花微笑"的故事,显然,禅宗所道破的,正是生命的创造的精义。

其次,审美活动是生命意义的创造。欧文·斯通在一本关于梵高的著名传记中曾经这样出色地描绘了梵高的生命活动:"只有在辛勤作画时,他才觉得自己是活着的。个人生活,他是没有的。他只是一套机械装置,一台每天早晨加进食物、酒和颜料,晚上就制造出一幅油画成品的盲目的自动绘画机。""为了什么目的呢?为了卖?当然不是!他知道没人愿意买他的画。那么,干吗要这样匆忙?为什么尽管他那张可怜的铜架床下面的空间几乎已经被画填满了,他还要驱赶着,鞭策着自己去画一大堆又一大堆的油画呢?""成功的愿望已经离开了温森特。他作画是因为他不得不画,因为作画可以使他精神上免受太多的痛苦,因为作画使他内心感到轻松。他可以没有妻子、家庭和子女,他可以没有爱情、友谊和健康,他可以没有可靠而舒适的物质生活,他甚至可以没有上帝,但是他不能没有这种比他自身更伟大的东西——创造的力量和才能,那才是他的生命。"[①]可是,这是一种什么样的"创造的力量和才能"呢? 这是一种什么样的"生命"呢? 显然不是对于外部世界的追逐、企求、占有、利用,不是去面对那个普遍陷入计算、交易、推演的可见的外部世界,而是对于恬美澄明的内部世界的创造。这内部世界是人的最高生存器官,是人的最内在的生命灵性,是人的"世界内在空间"。这是充满灵性的内心世界,充满感受性的内在领域,是人的真正留居之地,是充满爱、充满温柔的情感、充满理解的世界,是人之为人的根基,人之生命的依据,是灵魂的归依之地。海德格尔在《诗人何为》中曾经转述里尔克的话说:"不管外部多么广阔,所有恒星间的距离也无法与我们的内在的深层维度相比拟,这种深不可测甚至连宇宙的广袤性也难以与之匹敌。如果死者,以及那些将要来到这个世界上的人需要一个留居之处,还能有什么庇护所能比这想象的空间更合适、更宜人呢? 在我看来,似乎我们的习惯意识越来越局促在金字塔的顶尖上,而这金字塔的基础则在我们心中(同时又无疑在我们下面)充分地扩展着。从而我们越能看到我们进入这个基础,我们就越能发现自己融进了那种独立于时空、由我们的大地赋予的事物,最广义地说,这就是世界性的定在。"在他们眼中,"一幢'房屋',一口'井',一座熟悉的塔尖,甚至连他们自己的衣服和长袍都依然带着无穷的意味,都与他们亲密贴心——他们所发现的一切几乎都是固有人性的容器,一切都丰盛着他们人性的蕴含。"

进而言之,这恬美澄明的内部世界自然不是一个物理的世界,但也不是一个精神的世界,而是一个意义的世界。所谓审美活动是生命意义的创造,

---

① [美]欧文·斯通:《梵高传》,常涛译,北京出版社1983年版,第426页。

正意味着对于这个意义的世界的创造。作家张秀亚在《谈静》中曾经这样描写贝多芬——在我看来,假如不是深刻地理解了生命意义的创造的真谛,是不可能描写出这样一个如此真实的贝多芬的:

> 我在一本书上看到过他的一张图片,他着了一件黑色的氅衣,双手插在衣袋里,在荒冷的秋林,由影子陪伴着寻求他的灵感,淡淡的日光自他身后照来,秋风将他的头发吹得异常蓬乱,他踏着沙沙的落叶向前走去,一双眼睛,带着悲凄的神情,注视着地面。——那是贝多芬闲散的时候,那是他消遥的辰光,他的羽毛笔与乐谱被扔在一旁了,他的钢琴被冷落在一边,但我们能说在那时刻他神圣的创作生涯停止了吗?没有,绝对没有,他只是在亲近他最喜爱的大自然,他来访问静静的秋林,他来谛听那微语的落叶,借以感知大自然的脉息,用以形成他乐曲中的神奇旋律。他是在宁静中贮积他的力量,在寂静中完成他壮丽的交响曲,在形式上看来,他是在悠闲地踱步,但他的创作力,在那片刻,正达到了巅峰状态,此刻的静谧,反映在他无数的乐谱中,形成了最感人的声音,如风雨之撼动林梢,震撼了人们的心灵。

这当然是生命意义的创造方面的极端的例子,但或许更有助于说明生命意义的创造。离开了他的羽毛笔、乐谱和钢琴,从现实的眼光看,是进入了"闲散的时候""消遥的辰光",从某些人的美学看,或许也该认为是神圣的创作生涯停止了,但从生命意义的创造看,又并非"神圣的创作生涯停止了"。他仍然在创造着自己的生命,创造着对自己的生命的一种理解。他返归本心,创造意义,使自己的生命透明起来,寻觅着生命中的富于意味的东西。

在这方面,史铁生的小说《命若琴弦》同样颇具深意:小说中的老年盲人的一生曾经过得十分愉快,因为他的师父传给他了一个秘方:只要能弹断一千根琴弦,眼睛就会复明。但当他终于弹断了第一千根琴弦时,眼睛并未复明。他把秘方从琴箱中取出来,请别人看,结果竟是一张白纸。于是,他的精神崩溃了,最终在失望中死去。可是,他的徒弟却从中悟出了生命的真谛,从此不再为失明的痛苦所困扰了。悟出了什么生命的真谛呢?在我看来,就是:尽管确实命若琴弦,尽管确实在对生命的有限的超越中要为自己悬置一个更为远大的目标,但这里的琴弦或目标都不应是实在的,现实的,而应是意义的。人类正是因为在自己的生命中孕育出了一种神圣的意义,才有可能完成对生命的有限的超越。犹如里尔克在临终时在《杜伊诺哀歌》中所郑重告诫世人的:

> ……我们的使命就是把这个羸弱、短暂的大地,深深地、痛苦地、充满激情地铭记在心,使它的本质在我们心中再一次"不可见地"苏生。我们就是不可见的东西的蜜蜂。我们无终止地采集不可见的东西之蜜,并把它们贮藏在无形而巨大的金色蜂巢中。

在这里,所谓"不可见的东西"正是指的生命的意义,而真实地生存着的人类正是"无终止地采集不可见的东西之蜜"的蜜蜂。人类把被自己创造出来的生命的意义"贮藏在无形而巨大的金色蜂巢中",从而使自己的生命成为自由的生命、审美的生命。

最后,审美活动是对生命的独特意义的创造。对于生命意义的创造不同于对于科学知识的学习,也不同于对道德伦理的服从。后两者都是群体性的。"1+1=2"对任何人来说都是真理,"不偷盗,不奸淫"对任何人来说也都有效。但生命意义的创造却必须是个体的。它必须是特殊的,又必须是不重复的。换句话说,只有这种特殊的不重复的而且唯独属于个体的生命意义的创造,才是真正的创造。禅宗有一则著名公案:"一夕侍立次,潭(龙潭崇信)曰:'更深何不下去?'师(德山宣鉴)珍重便出,却回曰:'外面黑。'潭点纸烛度与师,师拟接,潭复吹灭,师于此大悟,便礼拜。潭曰:'子见个甚么?'师曰:'从今向去,更不疑天下老和尚舌头也。'"(《五灯会元》)它强调的正是:真正的创造性的生命不能等同于可以照耀一切人的"纸烛",也不能等同于可以阐释一切生活的"老和尚舌头",它只属于不可重复的个人。

《歌德谈话录》中也有一则意味深长的故事。歌德企图帮助一位总是跳不出普遍感受的歌唱家沃尔夫，便为他出了一个题目，让他描绘一下回汉堡的行程。沃尔夫立刻唱出一首诗。歌德十分欣赏他的才华，但又告诉爱克曼："他描绘的不是回到汉堡的行程，而只是回到父母亲友身边的情绪，他的诗用来描绘回到汉堡和用来描绘回到梅泽堡和耶拿都是一样。可是汉堡是多么值得注意的一个奇妙的城市啊！如果他懂得或敢于正确地抓住题目，汉堡这个丰富的领域会提供多么好的机会来作出细致的描绘啊！"不言而喻，在生命的里程上，我们也应该时时刻刻走在真正的"回到汉堡"的道路上。只有这样，生命才会闪光，也才会成为创造。因此，在生命活动中，一位诗人"靠着阳光站了十秒钟"，却捕捉到了"长于一个世纪的四分之一"的内容，这无疑是一种审美创造；一位画家在众口一词的认定伦敦晨雾是灰色的情况下，首先看出它原来是紫红色的，这无疑是一种审美创造；一位恋人发现自己的初恋是"羞红"的，而另一位恋人则发现自己的初恋是"浅蓝色"的，《静静的顿河》中的主人公在情人被流弹打死的一瞬间，发现太阳是黑色的，这无疑也是审美创造。……或许正是有鉴于此，高尔基才这样告诫后人："大多数人是不提炼自己主观印象的；当一个人想赋予自己所感受的东西尽量鲜明和精确的形式的时候，他总是运用现成的形式——别人的字句，形象的画面，他正是屈从于占优势的，公众所公认的意见，他形成自己个人的意见，就像别人的一样。"摆在审美活动"面前的任务是找到自己，找到自己对生活，对人，对既定事实的主观态度，把这种态度体现在自己的形式中，自己的字句中"。① 因此，进入审美创造的人，从本体论角度讲，是一个唯一的人。应该承认，正像歌德在《说不尽的莎士比亚》中感叹的，在现实生活中"不容易找到一个跟他一样感受着世界的人，不容易找到一个说出他内心的感觉，并且比他高度地引导读者意识到世界的人"。甚至，我们还可以引用美国心理学家阿瑞提的看法，把这一问题表述得更为绝对一些：

---

① ［苏］高尔基：《文学书简》（上），曹葆华译，人民文学出版社1962年版，第426页。

  毫无疑问,如果哥伦布没有诞生,迟早会有人发现美洲;如果伽利略、法布里修斯、谢纳尔和哈里奥特没有发现太阳黑子,以后也会有人发现。只是让人难以信服的是,如果没有诞生米开朗基罗,有哪个人会提供给我们站在摩西雕像面前所产生的这种审美感受。同样,也难以设想如果没有诞生贝多芬,会有哪位其他作曲家能赢得他的第九交响曲所获得的无与伦比的效果。①

也正是因此,我们才把对生命的独特的、不可重复的理解看作对生命的一种创造,才把不断地为生命创造一种全新的意义的生命活动看作审美活动。孟德斯鸠说过这样一句名言:女人只能以一种方式显得美丽,却能以十万种方式变得可爱。在我看来,这里的"以一种方式显得美丽"就并非审美活动,而"以十万种方式变得可爱"则是不折不扣的审美活动,真正的审美活动。诗人吟咏说:

  没有美,我创造美。
  我将创造一个星球,
  预备着地球的坠毁。

  我存在是一种生命之永恒的惊奇。

  我走来了,这个世界才闪光,才丰腴。

不能不承认,这就是超越生命,这就是审美活动。

---

① [美]阿瑞提:《创造的秘密》,钱岗南译,辽宁人民出版社 1987 年版,第 387 页。

第三节　审美活动的标准：终极关怀

§1. "处处指出人类的尊严"

明确了审美活动的起点、审美活动的内涵，并不意味着已经讲清了审美活动的全部问题。还有必要进一步讨论审美活动的标准问题。可是，千头万绪，从哪里开始呢？不妨先讲两个故事。

我无法忘怀一个故事。这故事讲的是："邵茂齐有言，天上月色能移世界，果然！故夫山石泉涧，梵刹园亭，屋庐竹树，种种常见之物，月照之则深，蒙之则净；金碧之彩，披之则醇；惨悴之容，承之则奇；浅深浓淡之色，按之望之，则屡易而不可了。以至河山大地，邈若皇古；犬吠松涛，远于岩谷；草生木生，闲如坐卧；人在月下，亦尝忘我之为我也。今夜严叔向置酒破山僧舍，起步庭中，幽华可爱；旦视之，酱盎纷然，瓦石布地而已，戏书此以信茂齐之语，时十月十六日，万历丙午三十四年。"①你看，月色是何等地令人惊奇又复陶醉?！它的光芒竟然转瞬之间就为我们创造了一个世界，一个建立在"酱盎纷然、瓦石布地"的现实世界基础上的世界。我总在想，假如我们把月光看作一种人类的终极关怀，看作一种意义的赋予者，那么，这使现实世界变得"幽华可爱"的月光给我们的启迪，不是极为意味深长吗？

同样的月光，也曾赋予我一个仅仅属于我自己的故事。一年初夏，我经常在晚上外出去上课。一天，当我骑着车正在晦晦不明的路面上疾驰，突然有了一个发现。我发现：路边的一盏盏橘黄色的疲惫的路灯和路中的一道道利剑般的强劲的车灯，交织成的只是一张扑朔迷离的网。它尽管照亮了脚下的道路，但又移步换形，如影随身，令人目不暇接，无所适从，把握不住前进的方向。所幸天幕上还有一轮皓月，淡雅地把光明抛洒在路面上，不但使人借此看清了前进的方向，而且还默默地与人同行。于是，我恍然彻悟：

---

① 张大复:《梅花草堂笔谈》。

生存在这个世界上,不仅需要形形色色而又不断变幻的相对的现实标准,而且尤其需要恒定不变的、始终如一的绝对的终极标准。没有现实标准,人类固然寸步难行;没有终极标准,人类干脆就无路可行。

月光的蕴含意味深长,尤其是当我们穿过千回百折的历史走廊进入美的神圣殿堂的时候,更深刻地体会到这一点。试想,在我们的生命世界中,怎么可能没有这使"酱盎纷然、瓦石布地"的世界变得"幽华可爱"的月光?怎么可能没有这作为恒定不变的、始终如一的绝对的终极标准的月光?只是,在这里,月光已不再是自然世界的某种实体,而是生命世界的某种象征。它象征着从不断向意义生成的理想本性出发的一种终极关怀,象征着人类对于生命的根本理解和观察。它是人类之眼,是《威尼斯商人》中鲍细霞所指出的那种"每个人身上都存在的音乐",是人类生存活动中不屈不挠的灵魂——"处处指出人类的尊严,让大家看到不论人是如何绝望和堕落,上帝还是在他的深处埋下了火种,从天上吹来的一口灵气总能使它复燃,灰烬总不能把它埋葬,污泥总不能使它窒息——这就是灵魂。"(雨果)

§2. 现实关怀

不难看出,这种对于生命的根本理解和观察,这种从不断向意义生成的理想本性的终极关怀,正是我们所谓的审美活动。

在这个意义上,我想说,怀特海曾经认为宗教是一种"世界忠诚",其实,这句话未必妥当。在我看来,审美活动的终极关怀,才是"世界忠诚"——一种真正的"世界忠诚"。

然而,要弄清这一点又何其艰难。从虚无的超越,显然无法理解审美活动的终极关怀。虚无的超越,是对有限的生命的承领和接受。因此,对于生命的意义和价值的衡量标准,也就只能服从于处于蒙蔽状态和刚愎自用的崇信之中的经验的、确定的、一维的生命反诘,服从于僭越终极关怀的近乎昏热、虚假荒诞的现实关怀。

所谓现实关怀,是指的对于现实生命的执着。它从生命的福乐自足、完满无缺出发,是超验之维与经验之维的合一,也是天堂与人间的合一。在现实关怀之中,一方面超验之维是经过经验之维的筛选的,并非真实的超验之维,另一方面经验之维也是经过超验之维的筛选的,并非严格的经验之维;一方面认定天堂是可以建立在人间的,另一方面又迷信人间能够成为天堂。显而易见,这无异于一种虚妄的关怀。

为什么这样说呢?试想,它把形形色色的现实准则(社会、历史、自然)作为自己关怀生命的准则,僭越地审判一切,唯独不去审判自己。这样一来,在现实关怀中就必然隐含一个令人迷惑的失误:作为有限生命的绝对性是不容诘问、不容怀疑、不容审判的。这当然是一个根本的谬误。而且,正是我们已经一再批评的那种虚无主义的根本谬误。本来,在一维的经验之维中,现实生命的沉沦、丑恶、有限都是绝对的,但现实关怀却偏偏赋予它以相对的属性;本来,在一维的经验之维之中,现实生命的完善、和谐和美好都是相对的,但现实关怀却又偏偏赋予它以绝对的属性。于是,它十分自然地把导致生命的沉沦、丑恶、有限的原因,推向了外在世界。外在世界的沉沦导致生命的沉沦,外在世界的丑恶导致生命的丑恶,外在世界的有限导致生命的有限,改造外在世界的沉沦、丑恶、有限,就不难改变生命的沉沦、丑恶、有限的幻想由是而生,对于生命的现实关怀也沾沾自喜地认定已经找到了存在的真实根据。

果真如此吗?当然不是。作为一种价值关怀,现实关怀并未真正涉及"生命如何可能"这一本体论的问题,也并未真正解决生命的沉沦、丑恶、有限这一根本问题。

首先,现实关怀的最高价值准则只是同情。帕斯卡尔讲过一句令人回味的名言:"人的最大的卑鄙就是追求光荣,然而这一点又正是他的优越性的最大标志,因为无论他在世上享有多少东西,享有多少健康和最重大的安适,假如他不是受人尊重,他就不会满足。"作为最高的价值准则,同情正是缘此诞生,它是"优越性的最大标志",又是"最大的卑鄙"。说它是"优越性的最大标志",是指置身于自身消解中的人,在追求物质的占有之外,毕竟还追求某种意义上的价值占有,在这个意义上,同情,是他所能占有的最高价值准则。说它是"最大的卑鄙",是指他仍然折射出自我的消解。毫无疑问,后一方面尤其令人瞩目。就后一方面而言,同情实在是一种隐蔽的恶。它是丧失了自我的弱者的选择,是深刻的不诚和自欺。

不难看出,同情的基础是:"设身处地",或者说,是"推",所谓"推己及人"。朱熹说:"仁者如水,有一杯水,有一溪水,有一江水,圣人便是大海水。"这是在讲"推"的广度。程伊川说:"公只是仁之理,不可将公便唤作仁,公而以人体之,故为仁。"这又是在讲"推"的深度。然而,正像我已经反复强调的,一种价值原则绝对不能从经验的自我出发。否则就只能是虚假的、伪善的。事实也正是如此,自我消解的人,最缺乏承受不幸、失败、挫折的能力,神经脆弱,对孤独和放逐具有极为敏感的预感,最易滋生的,恰恰是同情。这样,当同情作为最高价值准则出现的时候,它所深刻蕴含着的正是对人的蔑视。同情一个人就意味着把他看作一个自我消解的弱者,意味着不再尊敬伟大的不幸、伟大的丑陋、伟大的悲剧。而且这种对别人的同情又同时是对自身的保护,因为惧怕自己陷入同样的灾难。至于与同情相关的其他价值准则,诸如善良、公正、高尚、诚实、贞洁、勇敢、慷慨、谦虚、坚定,也是如此。这方面,拉罗什福科在《道德箴言录》中曾作过鞭辟入里的分析。例如,善良只是出于一种讨好和软弱的癖性,公正只是一种对擢升的向往,诚实只是一种试图换取他人信任的伪装,慷慨只是一种伪装起来的野心,谦虚只是一种变相的骄傲,等等,因此,尼采的剖析毕竟入木三分:"我之所以诅咒同情者,是因为他们太容易忘掉了羞耻、尊敬,以及保持相当距离的礼仪。"

其次,现实关怀所导致的只是"兼济天下"的功利化关怀和"独善其身"的超功利化关怀。就前者而言,现实关怀的经验之维与超验之维的合一和天堂与人间的合一,使它异常热心于在人间建立美好的天堂。这就产生了以改变社会关系来改变人的生命存在的功利目的。鲁迅曾批评某些"文学革命者的要求是人性的解放,他们以为只要扫荡了旧的成法,剩下来的便是原来的人,好的社会了"。这正道出了现实关怀的功利化的缺陷。

进而言之,功利化的关怀不是对生命世界的批判,不是对生命终极根据的关注,不是留居在本然的生命世界瞩望着绝对的神圣至爱的莅临,而是瞩目现实的人伦社会的和谐、道德世界的和谐,瞩目人与历史规律、人与礼治秩序、人与天道的同一,瞩目一个完美世界——人间天堂的实现。然而,有待反复问询的是,现实的人伦社会的绝对合理性的根据何在?道德世界的绝对合理性的根据何在?人与历史规律、人与礼治秩序、人与天道的同一的正当性何在?谁能担保这一切统统是真实的而不是一场骗局?与此相一致,谁又能担保人生理想的实现不会暗含着现实的人伦社会、道德世界、历史规律、礼治秩序、天道的至高无上,以及人本身的被奴役、被工具化和手段化,以致导致任何一次关怀都成为维护现实的人伦社会、道德世界、历史规律、礼治秩序和天道的关怀?因此,不论这种功利化的关怀是因为天堂尚未降临而去批判现实世界,还是因为天堂已经降临而去歌颂现实世界,都是值得怀疑的。

就后者而言,现实关怀的经验之维与超验之维的合一和天堂与人间的合一,使它一旦意识到功利化关怀的失误,便只能遁入超功利化的关怀。这超功利化的关怀敏锐地洞察到人伦社会、道德世界、历史规律、礼治秩序和天道之类的虚妄,不屑于效法忧患意识去斤斤计较于现实的得失、荣辱、恩怨,认为这统统是"假乎禽贪者器""利仁义者众""意仁义其非人情乎,彼仁人何其多忧也?"(庄子)由是,它为自己选择了一条倒行逆施的道路:把自身从社会中剥离出来,舍弃历史,舍弃文化,舍弃价值状态,重返无历史、无文化、无价值状态的自然生命。用庄子的话讲,这便为"不以物挫志""不以物害己""物胜而不伤""物物而不物于物""与物有宜而莫知其极",总之是"与物为春"。应当承认,这确乎是对现实世界的一种反抗,以绝对的虚无主义来控诉现实的历史、文化和价值状态,谁又能说不是一种反抗?然而,问题在于,并非所有的反抗都是只能无条件地予以首肯的。反抗并非只有积极的、正面的价值。

在我看来,超功利化关怀的要害是只承认现实的历史、文化、价值形态这一维的此岸世界。这样,此岸世界的否定必然导致信仰世界的否定,价值形态的颠倒必然导致事实形态的颠倒。不难看出,超功利化关怀的反抗正是从这里派生出来的。重返事实形态,或者说,公开地屈从于事实形态,这就是超功利化关怀的所谓"反抗"。这"反抗",起码有两点值得怀疑:其一,当人们对某种价值信念产生绝望、怀疑时,往往会转而走向否定和舍弃价值关怀本身。这固然无可非议。我们没有理由要求每一个个体都挺身而出,抗击世界的残暴、冷酷。或许,只要他能够做到不随波逐流、不落井下石,只要能够做到"零落成泥碾作尘,只有香如故",我们就没有权利去责怪他。但对于整个人类,却远不能这样看。我们绝不能由个体的某种选择推导出对价值关怀的否定和舍弃。如此这般的推导,只能导致对世界的残暴、冷酷的默许,杀人盈野,血流成河,欺诈、哀伤、眼泪、哭泣、叹息、呼告,面对这一切,怎么能设想有人竟然能够拈花微笑、逍遥自得呢?在此意义上,是不是可以说,超功利化关怀是犯了无罪之罪,是在强化黑暗而不是在驱散黑暗?凭借事实形态去控诉现实世界,这无疑令人疑窦丛生。试想,从价值关怀回到价值虚无,回到"吾丧我"的"其生也天行,其死也物化……无天怨,无人非""大泽焚而不能热,河汉冱而不能寒,疾雷破山飘风振海而不能惊"的生命本然,又怎么可能指控某种价值关怀的迷误?而且,"形如槁木,心如死灰""不乐寿、不哀夭、不荣通、不丑穷"之类的"相忘以生",又怎么可能成为人类生存的根据?因此,不论这种重返事实形态的毅然抉择对现实世界的控诉是何等勇敢、何等执着,对现实人生的可恶、龌龊和鄙俗又保持着一种何等的不困惑、不心悸、不悲观的恬淡超然,对它本身,我们还不妨认定,都实在是一种从"血泊里寻出闲适来"(鲁迅)的丑恶。

因此,最后,现实关怀的最终结果只能是什么也无法关怀。由于现实关怀把自己的关怀稀释分解在一维的世界之中,随着一维世界的急剧变化,这关怀也会急剧地发生变化。今天是以社会为准则,明天又会以历史为准则;今天是以历史为准则,明天又会以自然为准则……每一种准则的僭越都首先对前一种准则展开批判,但它本身却又仍旧处于一维世界,并且还丧失了前一种准则中的合理因素。反复循环的结果,是什么也没能关怀,不但没能关怀,而且这种关怀本身也越来越显示出有被加以关怀的必要了。不妨认真地回想一下:我们曾经不遗余力地在一维世界中寻觅着人间天堂,期望借之去化解一维世界的丑恶,并且拯救一维世界,但一维世界究竟得到拯救了吗?而我们一旦从拯救一维世界的迷梦中惊醒过来,干脆沉入"以恶抗恶"的浊流,幻想以暴虐、残杀、渴血,来换取来日的幸福、安宁、完美,我们又真的得到了吗?当我们放弃了虚伪而又过分沉重的社会责任感,却又因此变得无喜无怒、无哀无乐,甚至把痛苦当有趣、把残酷当滑稽、把生命当赌注,我们是否又已经解脱了呢?当我们从令人窒息的禁欲铁幕下脱身出来,反过来在肉体和金钱的泥淖中打滚,我们就健全起来了吗?当我们从"向前看"跌入"向钱看"的人欲横流,我们就可以快乐了吗?当我们一旦弃绝荒谬的信仰,而代之以无信仰的人生,我们就可以"放心喝茶,睡觉大吉"(鲁迅)了吗?……总而言之,一旦发现一维世界的丑恶,就宣布明天便可以建成人间天堂;一旦发现人间天堂的遥远,就把它烧掉;一旦发现理想与事实不符,就把理想推开;一旦发现生命道路上一片漆黑,就连油灯也砸碎,这就是现实关怀的拙劣表演。"翻斤斗""无持操",鲁迅当年曾经用这样的评语痛斥那种令人生厌的人生态度,现在,我们也不妨用它来批评这种连自己也无法关怀的现实关怀。

§3. 终极价值

深入言之,现实关怀的根本失误在对于人的自身价值和外在价值、对于人的自由活动与人的对象性世界的关系的割裂与颠倒,在对于人的外在价值和人的对象性世界的绝对推崇。因此,要彻底弄清现实关怀的虚妄,就要首先弄清上述绝对推崇的虚妄,就要重新回到人的"是"和"什么"二者间的关系问题的讨论上来。

读者一定还记忆犹新,在追问人的时候,我曾强调过去遗忘了"是"而局囿于"什么",因而导致一种无根的本体论。不过,强调"是"和"什么"的根本区别,当然并非意在二者之间划下一条鸿沟,使其"老死不相往来"。事实上,二者是很难分开的。它们相互纠缠,组成了海德格尔所谓的循环怪圈:"什么"吞噬了"是",但"是"又反过来消解了"什么","什么"必须通过"是"来阐释,"是"又必然通过"什么"来阐释。

因此,当我们对人之所是,或者说对人的本体存在方式有了大体的了解之后,并不意味着人的追问的结束,而是意味着人的追问的新的开始。正像黑格尔所发现的:本体只可为人心所信,不可为人心所知,要使人之所是或人的本体存在方式从"为人心所信"转向"为人心所知",有必要把视野从"是"转向"什么",转向人所主动建构起来的对象世界。

如前所述,作为这个世界上唯一能够自觉地为自己的生存出谋划策,唯一能够不在粗陋的肉体需要驱使下自觉自我生成的人,通过自己自由自觉的实践活动,建构起了一系列对象性关系,诸如人与自然、人与社会、人与自我,等等,并形成了经济、政治、文化等基本内涵。这一系列对象性关系以及在此基础上形成的基本内涵,我称之为人所主动建构起来的对象世界,假如说,人之所"是"或人的生命存在方式是看不见、摸不着的,是"道可道,非常道,名可名,非常名",是所谓终极规定,对象世界则无疑是这终极规定的呈现和展露;假如说,人之所"是"或人的生命存在方式的阐释有助于揭示对象世界的丰富多彩,对象世界的阐释则有助于揭示人之所"是"或人的生命存在方式的根本依据。

正是出于这个原因,有必要从对象世界的角度再一次去追问人,或者说,人的问题还有必要从对象世界的角度重新问询。不过,由于前边已经约略论及过人与自然、人与社会、人与自我的三重对象性关系,因此,下面的论述将以对经济、政治、文化的剖析为主。

所谓经济,是指人与自然间的一种物质交换。近年来,一反长期以来对经济的漠视,人们对于发展经济、发展生产力表现出异乎寻常的热情。在他们看来,过去的失误就在于未能全力发展经济、发展生产力。他们错误地理解了马克思关于"要消灭关系对个人的独立化、个性对偶然性的屈从、个人的私人关系对共同的阶级关系的屈从,等等,归根到底要取决于分工的消灭。……只有交往和生产力已经发展到这样普遍的程度,以致私有制和分工变成了它们的桎梏的时候,分工才会消灭"[1]的论述,错误地理解了马克思关于只有当社会物质条件充分具备了,社会总体的发展才会"同每个个人的

---

[1] 《马克思恩格斯全集》第3卷,人民出版社1960年版,第516页。

发展相一致,因此,个性的比较高度的发展,只有以牺牲个人的历史过程为过程"①的论述,认为人的解放就是经济的解放、生产力的解放:人类通过发展经济、发展生产力,使自然人化了,人对象化了,自然为人类所控制改造、征服利用,成为顺从人的自然,成为人的"非有机的躯体",人则成为控制改造、征服利用自然的主人,由是,人也最终得到解放。不难看出,这正是目前到处流行的生产力检验一切的标准的理论根据。

然而,在我看来,生产力固然是某种标准,但却只是物的标准而并非人的标准,固然可以说明一切,横扫一切,检验一切,但最终结果,却恰恰是使人成为物。为什么这样说呢?关键在于所谓自然绝非纯粹的存在物,而是被人加工过的存在物,即"人的自然存在物",而"非对象性的存在物是非存在物"。② 而所谓生产力,也无非是指人在实践活动中同自然进行物质交换的一种能力。其中,首先是现实的人,这是生产力概念的核心,其次才是为时人所津津乐道的生产工具,看上去生产工具最具物的属性,但其实它是人的物化形式。它要进入生产力,就必须经过"有生命的个人"的唤醒和运用。这种唤醒和运用意味着"现在"对"过去"的主导和支配,而在对"过去"的主导和支配作用中,"现在"("现实的、有生命的个人"的"现在")也改变或提高着"过去"(生产工具的既成状态)。再次是劳动资料,它也是与生产力密切相关的"没有劳动加工的对象,劳动就不能存在"。③ 最后是"共同活动方式",而所谓"共同活动方式",不又正是"许多个人的合作"吗?④ 因此,生产力的现实历程,虽然呈现为一种"物"的存在,但它所确证的却应是现实的个人的一种"人"的价值。而且,由于生产力的社会地、历史地实现往往成为一种人的类力量或类能力,故它又实际上成为人的类本质的离异的确证。"受分工制约的不同个人的共同活动产生了一种社会力量,即扩大的生产力。

---

① 《马克思恩格斯全集》第26卷,人民出版社1972年版,第125页。
② 《马克思恩格斯全集》第42卷,人民出版社1979年版,第169、168页。
③ 《马克思恩格斯全集》第42卷,人民出版社1979年版,第192页。
④ 《马克思恩格斯全集》第3卷,人民出版社1960年版,第33页。

由于共同活动本身不是自愿地而是自发地形成的,因此这种社会力量在这些个人看来就不是他们自身的联合力量,而是某种异己的、在他们之外的权力"。① 马克思讲的正是这个意思。不难看出,上述这一切统统昭示我们:要理解生产力,首先就要理解人,只能从人的角度去规定生产力,而绝不允许从生产力的角度去规定人。说得更清楚一点,正是不断向自我生成的人、以"自由自觉的活动"作为自己的终极规定的人,认定"勇敢、自尊、自豪感和独立感比面包还要重要"②的人创造了生产力本身。

因此,假如我们不是从人的角度去看生产力,而是从生产力的角度去看人,就会不可避免地把人看作工具,看作物,或者说,看作"经济人"。所谓"经济人",是指只看到了人在改造自然中的有用性、工具性,他被剥夺了自身所禀赋的全部丰富内容,而只保存了体力和脑力的两种功能,社会对他的满足也被简化为使体力和脑力得以正常发挥而不致丧失。在这个意义上,人实际无法区别同样具有这两种功能的牲畜,尽管他在创造财富的过程中可以得到更多的好处、更高的报酬,但这"不过是给奴隶以较好报酬,并且既不会使劳动者,也不会使劳动赢得人的身份和价值",并且仍然不过是把他看作"劳动的动物"——"仅仅具有最必要的肉体需要的牲畜",因此,他"在自己的劳动中并不肯定自己,而是否定自己,并不感到幸福,而是感到不幸,并不自由地发挥自己的肉体力量和精神力量,而是使自己的肉体受到损伤、精神遭到摧残"。③ 最终结果,也无非是使自己成为非人。或者说,无非是以人的贬值换取物的增值,以自我的泯灭赢得产品的丰富。

接下来要谈的是政治。在这里,只谈政治的两项主要内容:历史规律和集体观念。而要谈清它们,有必要首先回到前面的论题,深入地对人与社会的关系加以辨析。前面已经指出,应该从人出发来规定社会的本质,而不允许从社会出发来规定人的本质,并已经简单陈述了理由。在此基础上,我想

---

① 《马克思恩格斯全集》第3卷,人民出版社1960年版,第38—39页。
② 《马克思恩格斯全集》第4卷,人民出版社1958年版,第218页。
③ [德]马克思:《1844年经济学—哲学手稿》,刘丕坤译,人民出版社1979年版,第55、13、47页。

进一步指出:为什么说人是受动的社会存在物呢？主要是基于两点:首先是人必须以社会必然性为存在的基本前提,人只有通过对于社会必然性的服从才能作为人而生存下来,社会在扬弃自然必然性时所积累的一切成果,人必须无条件地加以接受,无论是凭借主动的方式或是被动的方式,只有如此,他才有可能最终走出狭小的、暂时的、动物性的困境。其次是人必须以社会必然性为发展的基本前提。人的生存、安全、归属、尊重和自我实现等形形色色的需要的满足,又无法离开社会必然性的发展程度本身。不过,这并不意味着社会必然性至高无上,而人只是为实现这至高无上的社会必然性的工具。实际情况恰恰相反。只有人才是至高无上的,社会只是人自我实现的手段或前提。因此必须看到:人不但是受动的社会存在物,更是扬弃这种受动的社会存在物。人的不断向自我生成的自由自觉的本性决定了,当人作为受动的社会存在物出现时,只意味着人的第一次诞生,此时人还未从社会化了的动物性中升华出来。他可以有肉体的生长,有生命的童年——青年——中年——老年,但又可以没有灵魂、人格和自我,充其量只是动物人或活死人。真正的人以第二次诞生为标志。在第二次诞生中,人不但有肉体的生长,而且有了精神的成熟,有了健全的灵魂、人格和自我,在不断的生成过程中,人必然不断地超越形形色色的社会必然性,必然成为天地间唯一的不断扬弃受动的社会存在物,因此,社会必然性犹如空气,虽然是生存的前提,但却绝非生存的目的,生存的目的只能是:人的不断生成。

在此基础上,已经有可能把两个一度十分混乱不堪的问题辨析清楚了。其中的第一个问题是:历史规律。历史规律曾经有着上帝般的威严。人们往往认定,在人之上或之外有一个不以人的意志为转移的放之四海而皆准的必然,自己的使命只是去屈从它。或者,顺应的被称之为"革命",抗拒的被称之为"反革命"。实际上,这全然是一种粗陋的预成论、因果论,是一种政治上的伪善,并且,也是专制主义和宿命主义的渊源。确实,人的活动无法脱离既定的客观前提,上述误解正是基于这个理由,并由此认定人不可超出这个客观前提。但是,倘若从前边对人与社会的关系的论述出发,便不难看出:人不仅仅是作为既定的客观前提的社会的产物,更是作为既定的客观前提的社会的主体。而且,相对于社会,人有着更为重大的意义。所谓社会,其实不过是人的一种存在形式,并因此而成为他的存在对象。虽然,社会在现实的历史阶段中都是以独立于而又凌驾于人之上的姿态出现的,但这不过说明对人说来的"过去"的人对"现在"的支配。马克思曾经指出:"'关系'对人的统治,是一种'过去支配现在'"。① 首先,每一代人所遇到的社会形式,都是先前时代的"现实的、有生命的个人"的活动的产物。其次,还应看到,由前人留下的一定的社会形式,只是在新一代"现实的、有生命的个人"把它作为存在对象从而为这"过去"注入"现在"的活力时,它才成为现实的社会形式,或者说,它才构成"人的世界"的一部分。最后,旧的社会形式不断被新的社会形式所代替,并不是社会形式本身的自我超越,而是每一代的人为追求更高的"自主活动",对现有活动条件的改变。这里,社会形式的价值,始终是从现实的、有生命的人那里得到认可的,而现实的、有生命的人的价值却是他在他的对象化活动中的一种自我规定。人是演员,更是唯一的剧作者。从这个角度,我们才能真正理解马克思的谆谆告诫:"'历史'并不是把人当作达到自己目的的工具来利用的某种特殊的人格,历史不过是追求着自己目的的人的活动而已。"②因此,所谓历史规律,只能是人的规律。所谓社会必然性,更只能是人的理想本性创造出来并有待再一次予以超越的社会必然性,是人通过自己的生命活动在诸种对象性关系中作为自我实现、自我生成的一种表现的社会必然性。

第二个问题是所谓集体问题。在我看来,集体在人类社会中只意味着某种物的关系,并不关乎价值原则,因此不能用是否服从集体来作为界定人的价值的标准。而应倒转过来,用人的理想本性的实现程度来作为衡量集体是虚幻还是真实的标准。道理很简单,"人们的社会历史始终只是他们的个体发展的历史,而不管他们是否意识到这一点。他们的物质关系形成他们的一切关系的基础。这些物质关系不过是他们的物质的和个体的活动所

---

① 《马克思恩格斯全集》第3卷,人民出版社1960年版,第515页。
② 《马克思恩格斯全集》第2卷,人民出版社1953年版,第118—119页。

借以实现的必然形式罢了。"①毋庸多言,集体也正是"个体的活动所借以实现的必然形式"。正是在这个意义上,才有可能深入理解马克思对"虚幻的集体"和"真实的集体"的精辟论述。在马克思那里,曾把集体分为"真实的集体"和"虚幻的集体"两类。毫无疑问,只有在集体中,个人才能获得全面发展的机会。但是在"过去的种种冒充的集体中,如在国家等等中,个人自由只是对那些在统治阶级范围内发展的个人来说是存在的,我们之所以有个人自由,只是因为他们是这一阶段的个人。……对于被支配的阶级说来,它不仅是完全虚幻的集体,而且是新的桎梏。"并且,即便是那些在统治阶级内发展的个人,也"不是作为个人而是作为阶级的成员处于这种社会关系中"。② 个人对阶级的隶属、对国家的隶属,正是阶级、国家等"集体"对个人价值的贬抑。正是在这一层意义上,即泯灭个人的独立性和个性的意义上,马克思称这一类集体是"虚幻的集体"。"真实的集体"存在于未来的理想社会:"在控制了自己的生存条件和社会全体成员的生存条件的革命无产者的集体中,情况就完全不同了。在这个集体中个人是作为个人参加的。"而在现实中人同集体的关系是什么样的呢?"和国家这种形式处于直接的对立中,他们应当推翻国家,使自己作为个性的个人确立下来。"③也就是说,在现实中人同集体的关系是对立的。那么,作为衡量集体是虚幻还是真实的标准,所谓人的理想本性的实现程度又意味着什么呢?最为核心的尺度是:这个集体给人提供的自由应该远远超出于人为这个集体出让的自由,超出的程度越高,人的理想本性的实现程度就越高;反之,结果无疑也会相反。

还有文化。这里所讲的主要是广义的精神文化,即人凭借传统习惯和符号两种形式构成的兰德曼所谓的"客观精神"。如前所述,人被不由自主地抛入某种文化背景,并为某种文化背景所塑造,但这种文化背景又无非是人类在昨天或前天的创造,在这个意义上,被塑造的人同时又在塑造着文

---

① 《马克思恩格斯全集》第4卷,人民出版社1958年版,第321页。
② 《马克思恩格斯全集》第3卷,人民出版社1960年版,第84页。
③ 《马克思恩格斯全集》第3卷,人民出版社1960年版,第87页。

化。因此,文化,从根本上看,正是人的诸种对象性关系的意识存在,严格地被人所规定着。然而,人往往看不清文化的对象性质、工具性质,简单地把它绝对化、目的化,难免造成许多不应有的混乱。

不过,鉴于文化的内容过于繁杂,本章只能针对中国的实际情况,对一度混乱不堪的道德问题加以剖析。

作为人们之间相互关系的调节工具的道德,一旦产生,便令人眼花缭乱,一方面,它是人的理想本性的对象化,是人的创造的结果,是人的第二次诞生,人的自我的某种证明。就此而论,道德并不外在于人,而是把人设定为主体、设定为根据、设定为目的。但另一方面,道德的特殊功能又显示出它所独享的外在性和独立性。当道德以绝对律令和行为规范的面目出现并迫使每一个人执行时,又往往反客为主,给人以一种至高无上的印象。似乎道德并非人的道德,并非以人为本体、根据和目的,而是恰恰颠倒过来,人倒应是道德的人,应是以道德为主体、根据和目的。不言而喻,从这里滑下去,就会导致对人的扼杀。西方的中世纪神学是如此,中国的传统文化也是如此("存天理,灭人欲")。尤其是在中国传统文化中,这一谬误十分突出:不是从人来检验道德,而是从道德来检验人,不是道德服从人,而是人服从道德,甚至用践履某种不允诘问、不容置疑的道德的自觉程度来界定人的价值的实现程度,最终导致一种普遍化的双重人格或人格虚伪,并且反转过来阻碍着对人的真正理解。

这样,为了真正理解人,就有必要弄清楚道德的内在性质,弄清楚道德为什么并不外在于人,为什么把人设定为主体、设定为根据、设定为目的。

那么,为什么呢? 首先,道德是人的次生物。这一点不仅可以从纵的道德发生的角度得到证实,还可以从横的道德对应于人的角度得到证实。这也就是说,道德固然是人类生活的不可或缺的坐标系,但又毕竟并非人类生活的本体,把道德绝对化、实体化、偶像化,是完全错误的。尼采在《偶像的黄昏》中指出:"当我们谈论价值,我们是在生命的鼓舞之下,在生命的光芒之下谈论的:生命本身迫使我们建立价值,当我们建立价值,生命本身通过我们进行评价。"因此,没有人,道德也就成了无源之水、无本之木。道德并没有什么永恒背景,而只是人的自我规定。道德的肯定,是对人的肯定。道德的意义,是人所赋予的意义。难怪康德要庄严声明:"在全部宇宙中,人所希冀和所能控制的一切东西都能够单纯用作手段;只有人类,以及一切有理性的被造物,才是一个自在目的。那就是说,他借着他的自由的自律,就是神圣道德法则的主体。"①

其次,道德的仲裁者是人。道德准则的判断和选择,不应是任何形式的外在标准,而只应是人,或者说,只应是人的理想本性。推进还是扼止人的不断向自我的生成,推进还是扼杀人的自由全面的发展,是判断和选择道德准则的唯一标准。要强调指出,在现实的道德践履中,情况要复杂一些。作为人的理想本性对象化的需要,现实的道德准则表现为人的理想本性的扭曲化的对象化:在人与自然的评价上,重交换价值;在人与社会的评价上,重社会价值;在人与自我的评价上,重物质价值。具体来说,作为对于人与自我关系的一种主观评价,价值的终极形式应当是使用价值,但其现实形式却表现为交换价值,这当然是因为在现实中人们的生命活动被扭曲为具体活动和抽象活动,前者创造使用价值,后者创造交换价值,前者只有转化为后者才能进入变换领域,也才能现实化自己。这就意味着在交换价值中价值评价已经脱离了主体,商品规律成了价值评价的支配者,金钱的占有代替了使用价值的实现。而且,价值的创造也已经与消费脱节,"劳动者不获,获者不劳"。不再是创造中的享受和完全的占有,也不是直接的和全面的,恰恰相反,生命活动本身成为迫不得已,它换取的报酬的消费才是瞩目的焦点。作为人与社会关系的一种主观评价,理想的价值应当是个体价值,但其现实形式却表现为社会价值。这是由于现实的社会关系是建立在个人利益彼此冲突的基础上,个体间的价值矛盾只能由超越个体之上的社会价值来统一。换言之,个体价值只有在与社会价值一致时才能实现,这也就是说个体价值在现实社会没有可能实现。作为人与自然关系的一个主观评价,最高的价值应当是精神价值,但其现实形式却表现为物质价值。物质价值是最基本

---

① [德]康德:《实践理性批判》,关文运译,商务印书馆1960年版,第89页。

的价值形态,又是较为低级的价值形态,它是人类还被"简单粗陋的实际需要"所拘囿的必然结果,在此背景下,"最高的精神生产"也依附和从属于物质价值,这表现为其自由性质受到了歪曲和压制,也表现在其被迫为物质生产服务上。不难看出,上述两个方面表明,现实的道德践履虽然并不对应于人的理想本性,但又确乎是人的理想本性的扭曲化的对象化,总之是仍旧与人相关。并且,作为能够深刻揭示出现实道德践履的致命缺陷的仲裁者的,不又正是高悬于理想本性之上的人本身吗?

在简要地讨论了经济、政治、文化等若干问题后,就有可能从更为抽象的角度,重新回到"是"和"什么"之间的关系问题。从而再对人的自身价值和外在价值问题稍加论辩,以最终结束本章关于人的问题的讨论。

一般来说,不论是人的自然存在、社会存在和理性存在,还是经济、政治、文化,平心而论,都意味着对人的某种规定,或者说,都可以对人作出某种说明。但另一方面,又都毕竟不能对人作出终极的规定和说明。国人的失误,恰恰在于对后一方面的疏忽甚至故意的视而不见。他们从前一方面去规定人,说明人,以致把人理解为对外在客观的服从,理解为外在客体的需要的满足,也就是说,有用性或使用价值,成为理解人的唯一标准。这当然不尽妥当。人无疑有其有用性或使用价值的一面,但这毕竟只属于人的外在价值,倘若由此推论,认为人的理想本性在于对于必然性的服从,人的价值在于他所做出的贡献,在于他所作出的自我牺牲,认为人的特性与工具毫无区别,就未免太过分了,未免是在用看待物的眼光来看人了。为什么呢? 首先,从外在客体的角度看,与动物相一致,人的活动以及需要的满足都离不开外在客体,仅从这一点出发,似乎不难断言,人的本质与动物的本质存在着某种一致性。实际上,两者有着绝对差异。动物所面对的外在客体是既成的,而人所面对的外在客体却是人的理想本性的对象的存在、属人的存在、为我的存在。对人来说,外在客体尚且要从人的角度来理解,那么,从外在客体的角度去规定人、说明人又如何可能? 其次,从内在需要的角度看,人与动物的需要也截然不同。人的需要是属人的,是人的主体活动的结果。因此,同样只能从人的角度来理解。由上所述,既然构成有用性和使用价值的两极的外在客体和内在需要,都要从人的角度来理解,使用价值便也要从人的角度来理解。马克思指出:"工业的历史和工业的已经产生的对象性的存在,是人的本质力量的打开了的书本,是感性地摆在我们面前的、人的心理学,迄今人们从来没有联系着人的本质,而总是仅仅从表面的有用性的角度,来理解这部心理学。"①应该说,这是我们理解人的有用性和使用价值的唯一途径。

进而言之,还可以从历史的角度加以说明。相当一部分自认为自己是唯物主义者的人往往认为:从历史过程的时间顺序来看,人最初从事劳动的直接动机只是对粗陋的肉体需要的满足,最初从事劳动的直接对象也只是现成的外在对象,而人的作为主体的生命活动则只是在此基础上才逐渐产生和发展起来,因此,对人的说明和规定也应该循此顺序去进行,而这也就意味着从有用性和使用价值的角度去理解人。在我看来,这无疑是一种理论思维的混乱。马克思在论及经济范畴的先后次序时曾经提示说:"把经济范畴按它们在历史上起决定作用的先后次序来排列是不行的,错误的。它们的次序倒是由它们在现代资产阶级社会中的相互关系决定的。这种关系同表现出来的它们的自然次序或者符合历史发展的次序恰好相反。"②这实在是十分重要的。人的作为主体的生命活动在时间顺序上固然排在后面,但在逻辑顺序上又必须排在前面,正是因为有了人的作为主体的生命活动,对象才成了属人的对象,需要才成了属人的需要,有用性和使用价值也才成为人的价值的一个重要方面。与此相反的任何一种看法,则统统是毫无根据的。

这样,我们看到,人的最为根本的说明和规定并不外在于人,而只在于人自身,在于自身的不断向自我生成的生命活动,在于自身的主体性存在。正是在这个意义上,恩格斯的论断令人回味无穷:"人只须要了解自己本身,使自己成为衡量一切生活关系的尺度,按照自己的本质去估价这些关

---

① [德]马克思:《1844年经济学—哲学手稿》,刘丕坤译,人民出版社1979年版,第80页。
② 《马克思恩格斯全集》第46卷(上),人民出版社1979年版,第45页。

系,真正依照人的方式,根据自己本性的需要,来安排世界,这样的话,他就会猜中现在的谜了,不应当到虚幻的彼岸,到时间空间以外,到似乎置身于世界的深处或与世界对立的什么'神'那里去找真理,而应当到近在咫尺的人的胸膛里去找真理。"①因此,假如说,人的有用性和使用性,指的是人的外在价值,那么,人自身的不断向自我生成的生命活动、自身的主体性存在,则指的是人的自身价值;假如说,人的有用性和使用性,指的是人的相对价值,那么,人自身的不断向自我生成的生命活动、自身的主体性存在,则指的是人的终极价值。这种人的自身价值和终极价值是人的一种固有价值,所以,只要能够以任何方式显示这种固有价值,就能够显示出人类的本真存在。

同时,要强调指出,人的自身价值和外在价值之间并不矛盾,平心而论,每一个人都既是主体又是客体,既是目的又是手段。因此,人的自身价值并不表现在对于外在价值的拒斥上,而表现在当实现自己的外在价值时,并不丧失掉人的主体地位。也就是说,人在创造外在价值时,同时又肯定着自身的主体地位,肯定着不断向自我的生成,肯定着人的尊严,推进着人的自身价值的实现。不过人的自身价值和外在价值之间又可能存在矛盾。假如人在创造外在价值时,同时却又否定着自身的主体地位,否定着不断向自我的生成,否定着人的尊严,那么就又同时否定着人的自身价值。再进一步,从发展的角度看,人的自身价值又意味着对外在价值的超越。正像马克思所洞察的:"事实上,自由王国只是在由必需和外在目的规定要做的劳动终止的地方才开始,因而按照事物的本性来说,它存在于真正物质生产领域的彼岸。"②"动物的生产是片面的,而人的生产是全面的,动物只是在直接的肉体需要的支配下生产,而人甚至不受肉体需要的支配也进行生产,并且只有不受这种需要的支配时才进行真正的生产。"③伴随着人类历史的发展,人的外

---

① 《马克思恩格斯全集》第1卷,人民出版社1962年版,第651页。
② 《马克思恩格斯全集》第25卷,人民出版社1975年版,第926页。
③ 《马克思恩格斯全集》第42卷,人民出版社1979年版,第96页。

在价值日趋消解,人的自身价值才具备了绝对而又无限的开放性,才真正成为生命活动的终极目的,也才真正成为虚灵昭明的存在。

§4. "人类失去了它的尊严,但是艺术拯救了它"

还回到本节的论题上来。既然只有作为不断向意义生成的生命活动的人的自身价值才是本真的存在,既然只有不断以任何显示这一自身价值才能荣显人的虚灵昭明的存在,那么,对于生命的关怀便只能从生命的本真状态——不确定性、可能性和一无所有出发,只能从对于不断向意义生成的生命活动即对于"生命如何可能"的超验之间出发。因此,就必然是一种终极关怀,而不可能是一种现实关怀。在这方面,萨特的论述颇具启迪。众所周知,他是以人道主义作为终极关怀的。但他对人道主义的解释又与众不同。他认为:人道主义并不意味着对人的盲目崇拜,并不意味着对人的远比物高明的创造对象的能力的褒扬,因为这只是历史主义而并非人道主义。他举例说:"在科克托的《八十小时环游地球记》里,人道主义就是这样的意义:书中一个角色驾驶飞机高高飞在群山之上,喊道:'人真是了不起啊!'这意味着说,虽然我本人没有造出飞机来,但我却从这些发明得到益处,而且我本人,由于是一个人,就可以认为自己对某些人的特殊成就负责,并且引以为荣。这就是认为我们可以根据某些人的最出色行为肯定人的价值。这种人道主义是荒谬的,因为只有狗或者马有资格对人作出这种总估价,并且宣称人是了不起的。"在萨特看来,人道主义只能是对人的不断创造自我的本性的褒扬。"其基本内容是这样的:人始终处在自身之外,人靠把自己投出并消失在自身之外而使人存在,另一方面,人是靠追求超越的目的才得以存在。……这种构成人的超越性(不是如上帝是超越的那样理解,而是作为超越自己理解)和主观性(指人不是关闭在自身以内而是永远处在人的宇宙里)的关系——这就是我们叫作的存在主义的人道主义。之所以是人道主义,因为我们提醒人除了他自己外,别无立法者;由于听任他怎样做,他就必须为自己作出决定,还有,由于我们指出人不能返求诸己,而必须始终在自身之外寻求一个解放(自己)的或者体现某种特殊(理想)的目标,人才能体现自己真正是人。"①在终极关怀的意义上,我十分赞成萨特对人道主义的上述理解。不过,对萨特讲的"必须始终在自身之外寻求一个解放(自己)的或者体现某种特殊(理想)的目标",还有进一步发挥的必要。在我看来,这个目标不能是别的什么(甚至也不是萨特所解释的那样),只能是海德格尔所说的"神性"。正像海德格尔指出的:"如果人作为筑居者仅耕耘建屋,由此而羁旅在天穹下大地上,那么人并非栖居着。仅当人是在诗化地承纳尺规之意义上筑居之时,他方可使筑居为栖居。"那么,这种"神性"的目标的内涵又是什么呢? 是一种向前、向上的可能性。这种可能性在前面牵引着我们,"它是对融合的渴望,是关联新的人类经验形式的能力","它完全是目的性的,它永远朝着超越自然的方向前进。"②因此,所谓"神性"的目标其实是对于不断向意义生成的人类的一种终极关怀。这终极关怀敞开了人的生命之门,开启了一条从有限企达无限的绝对真实的道路。它通过对于生命的有限的揭露,使生命进入无限和永恒;通过对现实的占有的生命的拒斥,达到对于理想的超越的生命的肯定;通过清除生命存在中的荒诞不经的经验根据,进而把生命重新奠定在坚实可靠的超验根据之上。试想,假如人们不愿明察自身的有限,又怎么可能有力量追寻完美? 假如人们不确知自身的短暂,又怎么可能有力量希冀永恒? 假如人们不曾意识到现实生命的虚无,又怎么可能有力量走向意义的充溢? 假如人们不悲剧性地看出自身的困境,又怎么可能有力量走向超越? 舍勒指出:"在普遍的生命进程的巨大时间长河中,人不过是一短瞬的节庆,然而,人也意味着使神性本身的生成规定得以实现的某种东西。人的历史并非是为一位永恒完满的神性的关注者和审判者演出的一场戏,而是超升到神性本身的生成之中。"终极关怀,正是对于生命"超升到神性本身的生成"的关怀。

在此意义上,我们不难看出,终极关怀类似于基督教的"末日审判"(但

---

① [法]萨特:《存在主义是一种人道主义》,周煦良等译,上海译文出版社1988年版,第29、30页。
② [美]罗洛梅:《爱与意志》,冯川译,国际文化出版公司1987年版,第90页。

不是到了彼岸才进行)。它是人类对生命的深切诘问,是超验形态的绝对真实,是无限的否定性,是对于生命的超越,是知其不可为而为之的乌托邦。只有立足于此,人们才会看清自己的困窘处境和局限性,看清"在非存在的纯净里,宇宙不过是一块瑕疵"(瓦雷里),看清再"美丽的世界也好像一堆马马虎虎堆积起来的垃圾堆"(赫拉克利特)。为什么在有了改造世界推进文明的亚当之后,还要有发现自己确定自己的基督呢?为什么耶稣要降临在污秽的马槽里,并且还要用水来洗涤自己呢?为什么"欲过上一种新生活成为活生生的生命,我们必须再死一次"(铃木大拙)呢?不正是因为有了终极关怀这一绝对尺度吗?"没有救世主,就无所谓堕落"(帕斯卡尔);没有上帝,就无所谓上帝的弃地;没有终极关怀,也就无所谓世界的虚无。只有终极关怀,才超越于科学、理性、技术的世界和政治、历史、道德的世界的藩篱,也才是科学、理性、技术的世界和政治、历史、道德的世界的真实根据。

从终极关怀的角度,我们不难对审美活动作出进一步的说明:

审美活动就是对生命世界的否定。它表明:"被每个人都视为敌对的、陌生的、冷酷的、压抑人的社会正遭到抗议,这种社会在抒情诗中被否定了。这种社会对人压抑得越厉害,遭到抒情诗的反抗也就越强烈;抒情诗不愿接受他律,要完全根据自己的法则来建构自身,抒情诗与现实的距离成了衡量客观实在的荒诞和恶劣的尺度。"(阿多诺)从终极关怀的角度讲,生命世界是犯罪,审美才是赎罪,审美活动是生命世界上的一个彻底的离经叛道者,一篇酣畅淋漓的公诉状,审美活动本身有一种破坏性的潜力,它从来就是人类文明的挑战者和揭露者。也正是因此,在现实的自我分裂的语义环境中,审美活动往往表现为"恶"。

不过,这并不意味着审美活动逃避现实。恰恰相反,审美活动是最趋近现实的,它靠否定现实去趋近现实。审美活动一面控诉现实,一面也就复现了现实。审美活动是生存世界的真实显现,在这个意义上又可以说,审美活动始终面对一个债主,这就是人类。

而这就已经关涉到了审美活动的超前性。审美活动的超前性是指人的全部可能性的敞开。审美活动是人类自由的瞳孔,它永远屹立在未来的地平线上,引导着人性回归。它是我们为告别这个世界所描绘的一幅希望的肖像,又是我们对这个世界的一种终极关怀。它允诺着某种现实世界中所没有的东西,把尚未到来的东西、尚属于理想的东西、尚处于现实和历史之外的东西,提前带入历史,展示给沦于苦难之中的感性个体。在这个意义上,审美活动就成了设定这个世界的根据,或者说,审美活动的世界就成为现实世界的样板,审美活动是这个世界的唯一真实。席勒说:"艺术家怎样在包围他的时代的堕落面前保护自己呢?那就要蔑视时代的判断,他按照他的尊严和法则向上看,而不是按照运气和日常需求向下看……他把理想铭刻在虚构与真实中,铭刻到他的想象力的游戏里以及他的行动的真情实意中,铭刻在一切感性和精神的形式里并默默地把理想投入无限的时代中。"这就是在讲审美活动的超前性。尼采说:"倘若人不是诗人、解谜者和偶然的拯救者,我如何能忍受做一个人。""只有作为一种审美现象,人生和世界才显得合情合理。"这也是在讲审美活动的超前性。

因此,审美活动从来就是人类苦难的拳拳忧心。清醒地守望着世界,是审美活动的永恒圣职。在审美活动中,你可以看到生命的绿色,听到人们的欢乐和哭泣,感受到无所不在的圣爱,寻找到人类生存之根。审美活动决不会跪倒在实践美学所谓的"不能哭,也不能笑"的形形色色的必然性面前,更不会在实践美学所谓的"不能哭,也不能笑"的形形色色的必然性中昏昏睡去。恰恰相反,它裸着滴血的双足,在冥夜的大地上焦灼地奔走,殷切地呼告人们从虚无主义的揶揄和狭小黑暗的心理囚室中解放出来。它"一面哭泣,一面追求"(帕斯卡尔),引导着人们的感性超越,守望着人们的精神家园,救渡人们从单向度的物质存在走向全面的价值存在。它在自我超越中体悟着人生,追问着人生意义的灵性的根据。在一个异化的世界,在一个被历史规律混淆了人性与兽性、正义与罪恶、价值生存与物质生存的界限的世界,审美活动艰难地寻找着失落了的自我,并且凭借这找回的自我去找回失落了的世界,去改造世界,甚至去——创造历史规律。因为"理性的最高行动是审美行动"。

因此,审美活动不是征服自然的普罗米修斯,而是恬然澄明的俄耳甫斯和那喀索斯。审美活动穿越不透明的必然性的屏障,赋予人以超越必然规律划定的虚幻界线的尊严,使人从奴颜婢膝的束手待毙中傲然站立起来,使人成为人。在这个荒诞的世界上,有了审美活动,才有了一线自由的微光,才有了一个圣洁的裁判日,冷漠严酷和同情温柔、铁血讨伐和不忍之心、专横施虐和救赎之爱,或者说,向钱看和向前看才永远不允等价。在蒙难的歧途上孤苦无告的灵魂在渴望什么、追寻什么、呼唤什么,在命运的车轮下承受碾轧的人生在诅咒什么、悲叹什么、哀告什么,才不再成为一件无足轻重或者可以不屑一顾的事情。人们也才不致因为一时的物质贫困而漫不经心地忘却回家的路。席勒讲得何其动人:"人性失去了它的尊严,但是艺术拯救了它……在真理把它胜利的光亮投向心灵深处之前,形象创造力截获了它的光线,当湿润的夜色还笼罩着山谷,曙光就在人性的山峰上闪现了。"

审美活动,是人类的精神家园的守护神,是"我们的第二造物主"。

§5. "另一副眼光"

为了对审美活动的标准能够有一个更为准确的把握,我们不妨结束已经略显冗长的抽象论辩,转而去看一看审美活动本身。

在我看来,真正进入审美活动的人,都必然是能够从终极关怀的角度审视人生的人。卡夫卡指出:审美活动要观照现实,就必须具备"另一副眼光",这"另一副眼光"要透过或撕开遮蔽在现实之上的"覆盖层","在黑暗中的空虚里找到一块从前人们无法知道的,能有效地遮住亮光的地方"。显而易见,卡夫卡所说的"另一副眼光",实际正是一副终极关怀的眼光。而且,这眼光为每一个进入审美活动的人所必需。例如巴尔扎克,他曾经自称为"书记官",恩格斯也认为从他的作品中学到的甚至比经济学著作还要多,但这并不意味着他的创作是出于一种现实关怀。对此,巴尔扎克在《人间喜剧·序言》中有明确的陈述,倒是我们的许多理论家对此有意视而不见。他说,他写作《人间喜剧》的动机"是从比较人类和兽类得来的",是要"看看各个社会在什么地方离开了永恒的法则,离开了美,离开了真,或者在什么地方同它们接近"。无独有偶,舍斯托夫在论及果戈理的《死魂灵》时,也说过

类似的警言:

> 果戈理在《死魂灵》中不是社会真相的"揭露者",而是自己命运和全人类命运的占卜者。①

在这里,对"自己命运和全人类命运的占卜",无疑正是一种"人类和兽类"之间区别的"占卜",一种"各个社会在什么地方离开了永恒的法则,离开了美,离开了真,或者在什么地方同它们接近"的"占卜"。而中国古代的廖燕则从另一个角度对此作出精辟的说明:

> 余笑谓吾辈作人,须高踞三十三天之上,下视渺渺尘寰,然后人品始高;又须游遍十八重地狱,苦尽甘来,然后胆识始定。作文亦然,须从三十三天上发想,得题中第一义,然后下笔,压倒天下才人,又须下极十八重地狱,惨淡经营一番,然后文成,为千秋不朽文章。②

这无疑也是对作为终极关怀的审美活动的深刻洞察。

因此,进入审美活动的人虽然并不超脱于现实之外,但却不再仅仅禀赋着一种执着的现实关怀,不再仅仅以科学意义上的真假,道德意义上的善恶,历史意义上的进步落后去观照现实,而是从"永恒的法则"或"三十三天上发想",去审视"各个社会"、"自己和全人类"以及"十八重地狱",去固执地追问着生命如何可能,呼唤着应然、可然、必然的理想本性,或者渴望洞彻:人类是在什么样的生命活动中,由于什么样的原因而僵滞在生命的有限之中,以致丢失了理想的本性,最终使生命成为不可能。

我们不妨来看一看一位残疾作家是怎样确定自己的审美选择的。

青年作家史铁生在一次广播讲话中陈述说:作为一个残疾人,他想以残

---

① [俄]舍斯托夫:《在约伯的天平上》,董友等译,三联书店1989年版,第106页。
② 廖燕:《二十七松堂集》第3卷《五十一层居士说》。

疾人作为自己的重要写作对象。但是,写什么呢?写残疾人的从出生到长大到死亡的生命旅程?写残疾人如何痛苦,如何奋斗,如何战胜自身的不幸?这都是应该的,但又远远不够。史铁生认为:残疾人面对的不幸正是被典型化了的人类自身的不幸。残疾人欲走而不能,这固然是一种不幸,正常人欲飞而不能,这不同样也是一种不幸?面对不幸而又必须超越它,这就是残疾人作为人所同样应该具有的最高品格。由此出发,写出残疾人的痛苦、奋斗和拼搏,就是史铁生为自己确定的终极关怀。应该承认,史铁生的审美思考是十分深刻的。假如只写出残疾人的不幸,那充其量也只写出了生活的有限而未能写出生命的有限,因此,仍旧是一种对于生命的有限的认同,一种对于生命的现实关怀。假如不仅仅写出残疾人的不幸,而且写出残疾人所面对的与正常人完全一致的不幸——生命的有限,则显然进入了一种对于生命如何可能的深切诘问。这深切诘问开启了一条生命从虚无走向意义的绝对真实的道路,因而是一种对于生命的终极关怀,或者说,是一种生命自身的审美活动。实际上,这正是进入审美活动者的必不可少的典型选择。

具体来看,审美活动对于生命的终极关怀,不能等同于科学意义上的真与假之类对于生命的现实关怀。科学意义上的真与假,作为某种标准,固然不能说与审美活动毫无关系,但却毕竟不能等同于审美活动。正像狄德罗宣布的:"一切都是真实的,但不是一切都是美的。"在这方面,我们过去往往把审美活动同科学活动等同起来,把美同真等同起来,把不美同假等同起来,显然是非常错误的。试想,假如二者可以等同起来,审美活动的存在岂不就是十分可疑的了?何况,审美活动所关注的并非对象的真与假,而是生命的可能与不可能。这是两个完全不同的问题。假如前者关乎生活的有限,后者则关乎生命的有限。就后者而言,现实世界不是审美活动的内容,而是审美活动的媒介。因此,现实世界的真假,在审美活动中并没有根本的作用。换言之,审美活动虽然离不开现实世界,但却并不僵滞于其中,而是把现实世界的实在内容剥离出去,只保留它的形式,从而使之成为超越生命的有限的象征。卡西尔指出:"在科学中,我们力图把各种现象追溯到它们的终极因,追溯到它们的一般规律和原理。在艺术中,我们专注于现象的直接外观,并且最充分地欣赏着这种外观的全部丰富性和多样性。"①这正是对审美活动与科学活动的深刻辩析。而科学活动的真假标准之所以不能成为审美活动的标准,正根源于此。

进而言之,为什么对于审美活动而言,"天可问,风可雄雄""云可养,日月可沐浴焉"? 为什么"吾知真象非本色,此中妙用君心得。苟能下笔含神造,误点一点亦为道"(皎然语)? 应该说,也根源于此。因此,韦勒克与沃伦在谈及狄更斯和卡夫卡的创作时才会出人意外地认为:"这两位小说家的世界完全是'投射'出来的、创造出来的,而且富有创造性,因此,在经验世界中狄更斯的人物或卡夫卡的情境往往被认作典型,而其是否与现实一致的问题就显得无足轻重了。"②鲍桑葵也才会如此痛快淋漓地指出:审美活动所面对的世界"丝毫不是从属于真正事实和真理的整个体系。它是一个代替的世界,固然是根据同样的最根本基础构成的,但是有它自己的方法和目的,而且它的目标是取得另一类型的满足,不同于肯定事实后所取得的那种满足"。③

同样,审美活动对于生命的终极关怀,也不能等同于道德意义上的善与恶之类对于生命的现实关怀。道德意义上的善恶只是对生活的有限的评价。审美活动的美与不美则是对生命的有限的评价,善与恶只是对生命的现实关怀,美与不美才是对生命的终极关怀:生命可能或生命不可能。因此,从善恶的角度看待审美活动是非常错误的。不过,二者的区别究竟何在呢? 让我们看一个颇有趣味的例子:叶甫图申科的电影剧本《幼儿园》中有一个孩子冉尼亚,他的父母参加卫国战争上了前线,冉尼亚被迫投靠流氓团伙。有一天,冉尼亚要从团伙中逃出去,被团伙头子发现了,就在千钧一发之际,一声枪响,团伙头子被一个叫莉莉亚的女孩子打死了。冉尼亚过去感

---

① [德]卡西尔:《人论》,甘阳译,上海译文出版社1985年版,第215页。
② [美]韦勒克、沃伦:《文学理论》,刘象愚等译,三联书店1984年版,第239页。
③ [英]鲍山葵(即鲍桑葵):《美学三讲》,周煦良译,上海译文出版社1983年版,第15页。

谢她,她却抱住团伙头子的尸体放声大哭。于是,他迷惑不解地问道:

"既然你可怜他,那他就不再是坏人了,是吗?"
"不是。"
"那么说他是坏人了?是吗?"
"不是。"
"那么他是什么人呢,莉莉亚?"
"他是个不幸的人。"

"他是个不幸的人",这正是我们所说的终极关怀。它意味着:审美活动虽然同样面对着对于现实世界的评价,但内涵却大为不同。审美活动并不顾及道德意义上的善恶,而是超越于这一切之上去直接关照生命是否可能这一终极目标。审美活动具有"这样一个无限慷慨仁厚的性格,其中一切自私的东西早已被诗意的热情和对理想的信心这个永不熄灭的火焰烧得干干净净,一切人类的东西对于它都是容易接近的和珍贵的,它充满了帮助、同情人的精神……于是这一切的周围就有了一个感觉不出来的光轮,一种崇高、自由、英勇的东西……"(屠格涅夫)

同样颇具趣味的,是朱自清先生的散文《女人》。在这篇散文中,朱先生坦露心迹说,他"一贯地欢喜着女人"。而且,"女人就是磁石,我就是一块软铁"。"在路上走,远远地有女人来了,我的眼睛便像蜜蜂们嗅着花香一般,直攫过去",就是这样,有的女人,他"看了半天"或"两天",有的女人,他竟然能"足足看了三个月"……你看,假如从伦理活动的眼光看,朱先生不是有点太"那个"了吗?但是,假如从作为终极关怀的审美活动的眼光看,朱先生却又一点也不"那个"。为什么呢?答案在于:在伦理活动中,"看"这个动作确实与现实的功利关系——占有密切相关。因此,一旦违背了社会的成文或不成文的规定去"看",当然应该说是一种恶,否则,孔夫子就不会那样拼命地强调"非礼莫视"了。但审美活动却不然,它也"看",但却是用精神之眼去"看","看"的是人类生命在女性身上的伟大创造,"看"的是人类生命史上的

"一种奇迹般"的胜利。不信的话,就看看朱先生是怎样"看"的吧:

> 艺术的女人第一是有她的温柔的空气;使人如听着箫管的悠扬,如嗅着玫瑰花的芬芳,如躺着在天鹅绒的厚毯上。她是如水的蜜,如烟的轻,笼罩着我们;我们怎能不欢喜赞叹呢?这是由她的动作而来的;她的一举步、一伸腰、一掠鬓、一转眼、一低头,乃至衣袂的微扬、裙幅的轻舞,都如蜜的流,风的微漾……我最不能忘记的,是她那双鸽子般的眼睛,伶俐到像要立刻和人说话。在惺忪微倦的时候,尤其可喜,因为正像一对睡了的褐色小鸽子。她那润泽而又微红的双颊,苹果般照耀着的,恰如曙色之与夕阳,巧妙的相映衬着。再加上那覆额的,稠密而蓬松的发,像天空的乱云一般,点缀得更有情趣了。而她那甜蜜的微笑也是可爱的东西;微笑是半开的花朵,里面流溢着诗与画与无声的音乐。

同样面对着"女性",但伦理的"看"和审美的"看"的内涵却又截然相异。毋庸多言,这种截然相异也正是现实关怀与终极关怀的截然相异。

作为极端的例子,还可以举出美国影片《一曲难忘》。影片描写了著名音乐家肖邦的生平,其中一个细节颇具深意:肖邦的祖国波兰面临外族侵略,他的乡亲、老师、早年的恋人都拉他投身爱国工作,唯独他的情人乔治·桑坚决反对,认为为人类创造美好的乐曲才是肖邦的真正使命。肖邦不听乔治·桑的劝阻,结果死于义演之中。乔治·桑在拒绝参加追悼会时,流着眼泪说了一句令人深省的名言:这下你们该满意了吧!世界永远失去了一位天才。显而易见,这里存在着两种关怀,从现实关怀看,肖邦的乡亲、老师、早年的恋人的看法不为无理,但从终极关怀看,乔治·桑的看法或许更为合理。在前者,关注的是生命的善恶。在后者,关注的则是生命是否成为可能。

再如,诗人为什么要说:爱情的错误是一种"美丽的错误",为什么要称赞两位荡桨湖中偏又忘乎所以的恋人,"就覆舟,也是美丽的交通失事"?也只能从终极关怀的角度来作出解释:这一切固然违反了善恶之类的现实标准,但却因为它们最终使生命成为可能,进入了自由的生命活动,因而仍旧是"美丽的"。又如,为什么繁漪的"可爱不在她的'可爱'处,而在她的'不可爱'处"(参见曹禺《〈雷雨〉序》),在她的"罪大恶极"? 为什么宝玉的"至奇至妙"偏偏在他的"说不得善、说不得恶"(脂砚斋)? 为什么唐明皇与杨玉环的爱情在现实生活中明明造成了巨大的灾难,却又被诗人千秋传诵? 为什么苔丝因杀人而犯下大罪,但在作者眼里却是"躺在祭坛上面"的一种美? 它们集中表现出:伦理法庭审判着他们的恶,审美法庭却又赞扬着他们的美。之所以出现这种奇观,也无非是因为他们虽然踏进了现实关怀的恶的雷区,但同时又点燃了终极关怀的生命的火炬。因此,从现实关怀的角度看固然是恶,但从终极关怀的角度看更是不折不扣的美。

最后,审美活动对于生命的终极关怀,又不能等同于历史意义上的进步与落后之类对于生命的现实关怀。进步与落后是一个综合性的标准,合规律与合目的的统一(既真且善)称之为进步,否则便称之为落后。在很多人那里,进步与落后的标准是等同于审美标准的,这又是一种错误的看法。实际上,同上述善恶、真假的标准一样,进步与落后关注的只是现实世界的实在内容,是对这一实在内容的认识和评价,而审美活动关注的则是现实世界的生命形式,是对这一生命形式的体验,因此,二者是不能等同的。它们的区别正类似于席勒提出的"诗意的真实性"与"历史的真实性"的区别。而雨果在论及审美活动与历史活动的区别时,则明确指出,审美活动作为终极关怀,是"千真万确"与"不可能"的统一。它"恢复编年史家所省略的,对他们所剥脱了的使之调和起来,猜测他们的遗漏而为之修补,以具有时代色彩的想象去填补他们的缺陷,把他们所听其散乱的集合拢来,把推动人类傀儡的神为的提线接续起来,在一切上面,都笼罩以一种同时是诗的而又自然的形式,并界之以这个产生幻觉的真理及跃进的生命"。[①] 有必要强调一下,雨果在这里指出的为历史活动所"省略""剥脱""遗漏""缺陷""散乱"了的,为审

[①] 古典文艺理论译丛编辑委员会编:《古典文艺理论译丛》第2册,人民文学出版社1961年版,第136页。

美活动所"恢复""调和""修补""填补""集合""接续"了的,正是也只能是:生命的形式。因此,从审美活动的角度去看历史与从历史活动的角度去看历史就有着根本的差异。例如,尽管从历史的角度我们肯定秦始皇而否定孟姜女,但从审美的角度我们却只能肯定孟姜女而否定秦始皇。而且,从审美活动的角度去看待历史,又必须剥去历史的实在内容,而使其内在的生命形式呈现出来。这就决定了在审美活动中不能也没有必要过分拘泥于史实。黑格尔把这史实称为历史的外在现象的个别定性,并且正确地指出,连伟大的莎士比亚也未能很好地予以解决:"莎士比亚的历史剧里有许多东西对于我们是生疏的,不能引起多大兴趣的。这些历史事实读起来固然令人很满意,上演时就不然。批评家和专家们固然认为这种历史上的珍奇事物为着它们本身的价值也应搬上舞台去,而碰见听众对这些事物感到厌倦时,就骂听众的趣味低劣;但是艺术作品以及对艺术作品的直接欣赏并不是为专家学者们,而是为广大的听众,批评家们就用不着那样趾高气扬,他们毕竟还是听众中的一部分,历史细节的精确对于他们也就不应有什么严肃的兴趣。"[1]不过,对这个问题从美学角度讲得最清楚的,还是中国的王夫之。他在评价左思的《咏史》诗时指出:"风雅之道言在而使人自动则无不动者,恃我动人亦孰令人动哉?太冲一往全以结构养其深情。"(《古诗评选》卷四)这里的"结构"正是在上文中讲的"生命的形式"。因此,有审美活动虽然同样面对历史事实,但却是"以史为咏,正当于唱叹写神理"(《唐诗评选》卷二),其"妙处只在叙事处偏著色,搅碎古今巨细,入其兴会"(《明诗评选》卷二)。在这方面,世界文学中的优秀之作,诸如《战争与和平》《永别了,武器》《这里的黎明静悄悄》《生命中不能承受之轻》,可以作为借鉴。一般的战争文学,往往瞩目于历史事件的陈述,以及对于正义一方的英雄的歌颂。如此一来,历史评价与审美评价就被混同起来了。但上述名著则完全不同了。例如《这里的黎明静悄悄》,它没像其他反映战争的作品那样,着力于描写战争的正义与非正义,也没有着力于塑造正义战争中的英雄,而是着力于描写五位

---

[1] [德]黑格尔:《美学》第1卷,朱光潜译,商务印书馆1979年版,第351页。

年轻的女战士,她们的青春是那样灿烂,她们的生命是那样美丽,她们的理想是那样动人,突然之间,却被战争之神粗暴地蹂躏了……这正是一种审美的眼光。《这里的黎明静悄悄》之所以感人至深,与此密切相关。《生命中不能承受之轻》也是一部十分成功的作品。苏联出兵捷克,是一件轰动世界的大事。在历史家那里固然可以大书特书,但在作者的手里,这一切都被轻轻放过,他更看重的是在这事件背后的"生命如何可能"的本体论的诘问。"无论有意还是无意,每一部小说都要回答这个问题:'人的存在究竟是什么?其真意何在?'"于是,作者展开了轻与重、非如此不可与别样也行、抵抗者的悲哀与欢乐、灵与肉以及俄狄浦斯、媚俗、上帝、动物与人等形形色色的生命困境……毫无疑问,这也正是一种审美的眼光。

第三章

生命的反诘

第一节　美丑之间

§1. 审美活动的分类

读者或许已经注意到,迄今为止,我们对于审美活动的考察,还只是停留在"审美活动是什么"也就是停留在对审美活动的性质的界定上,诸如审美活动的根本设定,诸如审美活动的起点、内涵和标准,等等,不难想象,对于审美活动的考察,假如只停留在这个层次上,是无法解开审美活动这一斯芬克斯之谜的。

因此,从本章开始,我们将把对于审美活动的考察转向"审美活动怎么样",即从对审美活动的性质的考察转向对审美活动的内容的考察。

所谓审美活动的内容,是指审美活动的性质是"怎么样"在具体的审美活动中呈现出来的。例如,是如何呈现为历史形态与逻辑形态即历史上审美活动"曾经怎么样"、逻辑上审美活动"应当怎么样"两个部分的,具体来说,从历史的方面,审美活动可以分为东方形态、西方形态(从空间区分)以及传统形态、当代形态(从时间区分)四类,从逻辑的方面,可以分为三个方面,即纵向的特殊内容:美、美感、审美关系;横向的特殊内容:丑、荒诞、悲剧、崇高、喜剧、优美;剖向的特殊内容:自然审美、社会审美、艺术审美。

限于篇幅,本书不能面面俱到,因此只能选择其中的一些内容来加以讨论。

首先,要讨论的是审美活动的横向的特殊内容,也就是审美活动的分类。

审美活动的分类是审美活动的具体化。前面已经讲过,审美活动是一种自由的生命活动。这当然是对于审美活动的一个准确规定。然而,这又毕竟是一个抽象的规定。在现实的生命活动中,我们只能看到形形色色的具体的自由的生命活动,却不可能看到那种抽象的自由的生命活动。因此,我们必须进一步去看看审美活动的"是什么"是"怎么样"在形形色色的具体的审美活动之中展现出来的,抽象的自由的生命活动是"怎么样"在形形色色的具体的自由的生命活动之中展现出来的。只有充分把握了这一切,才称得上对审美活动的真正把握,也才有可能从对审美活动的认识走向对于审美活动的实践。

§2."自然向人生成的历史"

审美活动的分类的意义如上所述,那么,审美活动的分类的原则和具体的分类又是什么呢?

关于审美活动的分类原则,美学界的看法并不统一。这些并不统一的看法大多出于各种对于审美活动的根本设定,因此,本书不去多费笔墨加以讨论。简单说来,关于审美活动的分类原则,应该从"生命如何可能"这一根本设定的角度去理解。正如马克思所指示的:

> 全部所谓世界史不过是人通过劳动生成的历史,不过是自然向人生成的历史。①

显而易见,这里的"历史"不可能是别的任何意义上的历史,而只能是审美活动的历史。所谓"自然向人生成",实际也就是向审美活动生成,向自由的生命活动生成。不过,由于"自然向人生成"或向审美活动生成、向自由的生命活动生成的历史的永恒性、严峻性、艰巨性、复杂性,这种历史又不能不表现为不同的生成途径和在此基础上形成的不同的审美活动的类型、自由的生命活动的类型。这就昭示我们,审美活动的分类原则必然是:向自由的生命活动生成的特定途径。从这一分类原则出发,本书首先把审美活动划为肯定性的审美活动和否定性的审美活动两类。肯定性的审美活动是指在审美活动中通过对自由的生命活动的肯定上升到最高的生命存在,否定性的审

---

① 《马克思恩格斯全集》第42卷,人民出版社1972年版,第131页。

美活动是指在审美活动中通过对不自由的生命活动的否定而间接进入自由的生命活动,最终上升到最高的生命存在。不过,对于审美活动的分类又不能仅仅停留在这一层次。之所以不能,关键在于生命活动很难被净化为纯粹肯定或纯粹否定的类型。假如一定要这样做,就会使生命活动机械划一,并且远离五彩缤纷的大千世界。东西方美学史中的古典主义美学和类型化的性格理论是如此。我国"文革"中那种把英雄和敌人、正面人物和反面人物截然对立起来,把纯粹肯定和纯粹否定截然对立起来的美学观也是如此。实际上,纯粹肯定和纯粹否定只是审美活动中的两个极端参照系数,两个静态的界线,在它们中间,还存在广阔的中间地带。这中间地带由于肯定性的和否定性的两种审美活动之间的冲突、纠葛以及由于这种冲突、纠葛所导致的量的变化,就进一步又形成了丑、荒诞、悲剧、崇高、喜剧、美(优美)等不同类型的审美活动。在这里,丑是美(优美)的全面消解,荒诞是丑对美的调侃,悲剧是丑对美的践踏,崇高是美对丑的征服,喜剧是美对丑的嘲笑,美(优美)是丑的全面消解(如图):

$$\begin{matrix} & 荒诞 \quad 崇高 & \\ 丑\cdots\cdots美\cdots\cdots丑 & \longrightarrow & 美\cdots\cdots丑\cdots\cdots美 \\ & 悲剧 \quad 喜剧 & \end{matrix}$$

它们之中,美(优美)是自由的生命活动的终结。它是丑的全面消解。外在的一切已经失去了它高于人、支配人、征服人的黑暗命运一般的意义,自由的生命活动因为没有了自己的敌对一面与自己所构成的抗衡而毫无阻碍地运行着,和谐、单纯、舒缓、宁静,既无大起大落的情感突变,又无荡人心魄的灵魂震荡。李斯托威尔曾对此加以概括:"当一种美感经验给我们带来的是纯粹的、无所不在的、没有混杂的喜悦和没有任何冲突、不和谐或痛的痕迹时,我们就有权称之为美的经验。"[1]这显然有助于我们对美(优美)的理解,尽管他只把美(优美)理解为一种美感经验而不是理解为一种生命存在。因

---

[1] [英]李斯托威尔:《近代美学史评述》,蒋孔阳译,上海译文出版社1980年版,第238页。

此,美(优美)意味着美丽的青春,意味着明媚的田园,意味着高雅的山水诗、宜人的山水画。它是自由的恩惠、生命的谢恩。不过,由于前边在论述审美活动的内涵时实际已经涉及美(优美),本章不拟再作讨论,下面,仅就其他五种审美活动的类型略作说明。

第二节 丑:生命的清道夫

§1. 丑是生命的不自由

丑是审美活动中的靡非斯特。它来去无踪,云遮雾锁却又倒海翻江,到处发难,或非道德、非理性,或反和谐、反形式,或"丑得精美",或"痛中有快"……它是审美活动中最为活跃、最不安分的因素,没有它与美(狭义的)的冷突、纠葛以及由于这种冲突、纠葛所导致的美丑之间量的变化,就不可能出现荒诞、悲剧、崇高、喜剧等众多的审美类型,没有它在审美活动所掀起的狂涛巨澜,也就不可能清理出一片壮阔的生命原野,孕育出一个五光十色、骚动不居的大千世界。

然而,在美学领域中,对丑的研究却出人意料地贫乏。迄今为止,不但很少看到论丑的美学专著,很少看到为丑开辟章节的美学教科书,而且也很少在论美的论文中看到对丑并不歧视且又阐释精到的篇什。例如,关于丑,大体有几种看法。有人认为丑是生命的反常。"例如达到结婚年龄的姑娘,她的自然定性是孕育孩子给孩子哺乳,如果骨盆不够宽大、胸脯不够丰满,她就不会显得美,但是骨盆太宽大、胸脯太丰满,也还是不美,因为超过了符合目的的要求"(歌德)。有人认为丑在于形式的不和谐、不合比例,呆板而又无变化。"完善的外形——就是美,相应不完善就是丑"(鲍姆嘉通)。有人认为丑在痛感:"快感与痛感不只是美与丑的必有的随从,而且也是美与丑的本质"(休谟)。有人认为"丑就是不成功的表现"(克罗齐)。有人认为"丑所表现出来的不是理想的种类典型,而是特征"(李斯托威尔)。等等。这些看法或深或浅,各具角度地触及了对丑的理解,但又远未把握丑的本质,而其共同的缺憾,则是都把丑作为美的对立面,作为美的反衬。在这个意义上,当伏尔盖特宣布"丑是反审美的东西,是完全缺乏审美价值的东西"之时,应该说,是道出了美学史上的一种普遍的心声的。还有一种看法在国内较为流行,这就是:丑是生命的不自由。这种看法把对丑的把握从客体或主体的层次推进到生命活动的层次,因而深刻触及了丑的本质。但又仍有不足。因为所谓"不自由"是一个极为含糊的概念,科学意义上的假是不自由,道德上的恶是不自由,历史意义上的落后也是不自由,丑所体现的不自由显然不应是假、恶和落后,否则就会与之重叠起来,失去了自身的独立性和存在的根据。那么,丑所体现的不自由是什么?这正是上述看法所忽略了的问题,也正是在研究丑时所应牢牢把握的最为根本、最为重要的问题。

§2. 美的全面消解

在我看来,对丑的把握与对审美活动的分类的把握关系密切。根据向自由的生命活动生成的特定途径的不同,可以把审美活动划分为肯定性的审美活动和否定性的审美活动。肯定性的审美活动是指在审美活动中通过对自由的生命活动的肯定而直接上升到最高的生命存在;否定性的审美活动是指在审美活动中通过对不自由的生命活动的否定而间接进入自由的生命活动,最终上升到最高的生命存在。所谓"丑",正是指的否定性的审美活动中的一个类型。这样,就严格区别于那些认为"丑是反审美的东西,是完全缺乏审美价值的东西"的种种看法。在那些看法看来,审美不就是审"美"的吗?怎么可能去审"丑"呢?何况,美不正是对丑的克服吗?因此,丑最多也只具有陪衬作用,所谓"以丑衬美""化丑为美",而绝不可能成为审美活动的又一个类型。实际上,这是把审美活动狭义化并人为地把审美活动局限在肯定性审美活动之中的必然结果。如上所述,广义的审美活动无疑不仅包括肯定性的审美活动,而且应当包括否定性的审美活动。进而言之,真正意义的审美活动不是对"美"的审视,而是对人生的终极关怀或审美解读。可见,丑并不外在于审美活动,更不是审美活动的对立面。审美活动的对立面,不是丑而是对审美的冷漠、否定。当我们把现实中的假、恶、落后等解读为丑的时候,实际就已经进入了审美活动。

同时,作为否定性的审美活动的一个类型,审美活动对于不自由的生命活动的否定又是有其具体涵义的,亦即:不是对于生活的有限的否定,而是对于生命的有限的否定。这就正像我已反复指出的:人无不禀赋着悲剧的有限并且要超越这有限。但这超越又可以分为两个层次。其一是现实的超越。它是对生活的有限的超越。这里的生活的有限是一种经验的、有具体对象的有限。其二是审美的超越。它是对生命的有限的超越。这里的生命的有限是一种超验的、无具体对象的有限。假如前者关涉的是认识论、价值论的层次,后者关涉的则是本体论的层次,它既涵盖生活的有限同时又超出于生活的有限,是关于"生命如何可能"这一根本问题的回答的一种有限。显而易见,审美活动要否定的那种不自由的生命活动,正是这种使生命僵滞于生命的有限状态的生命活动。因此,我们所谓的丑,也就不能完全等同于现实生活中的假、恶和落后之类。现实生活中的假、恶和落后之类并不就是丑,只有它们背后的那种对于生命的虚无主义的选择才是丑。例如,暴露了凶杀、乱伦、奸淫、人面兽心、虚伪狡诈,甚至大便、鼻涕、癞头疮,是否就暴露了丑?当然不是。但它的过错又不在于该不该去写这些东西,而在于没能登堂入室,进而写出这些东西背后的那颗丑恶的灵魂——对生命的虚无主义的选择。陀思妥耶夫斯基写过一个杀人犯,就是那个著名的拉斯柯尔尼科夫,他认为,可以为了历史的目的而杀人,也可以作为人类的恩人去杀人:"大家都杀人,在世界上,现在杀人,过去也杀人,血像瀑布一样地流,像香槟酒一样地流,为了这,有人在神殿里被戴上桂冠,以后又被称作人类的恩主。"而且,正是为了证实自己的这一理论,他也去杀了人,于是,理所当然地被现实法庭称为"恶"。然而,这"恶"却并不能真正使他口服心服。请听听他的自白:"要是我成功了,人们会给我戴上桂冠,现在却束手就擒。"因此,真正对他加以否定的不是现实法庭而是审美法庭。当作家从审美的角度去解读他的行为,当否定的锋芒犀利地穿透他的"恶"这一生活的有限,直指在"恶"背后的对于生命虚无的固执这一生命的有限时,他才最终被彻底否定。

因此,真正的丑只能是指对于生命的有限的固执,它是生命的意义的丧失,生命的可能性的丧失,或者说,是美(狭义的优美)的全面消解。而审美活动则是对这种对于生命的有限的固执的否定,并通过对这种对于生命的有限的固执的否定而间接地进入自由的生命活动,最终上升到最高的生命存在。

§3. 化丑为美

弄清了上述问题,一个颇为有趣的美学迷案——化丑为美便可以获得一个全新的答案。我们知道,对于化丑为美,虽然看法各异,但认为丑只是美的陪衬,却是其共同之处。这显然仍旧出自我们前边已经批评过的那种误解。而按我的看法,化丑为美的问题纯属子虚乌有,正确的问题应该是化假为丑、化恶为丑、化落后为丑。而从审美实践的角度看,之所以出现化丑为美的迷惑,则是因为在现实生活中作为真、善和进步而被肯定下来的东西,与自由的生命活动并无根本性的矛盾,因此不难直接进入审美活动,但假、恶、落后却由于自身的种种直接的功利性而无法与自由的生命活动并存,当然更不可能直接进入审美活动。而审美实践一旦把假、恶、落后作为解读的对象,某些并不真正理解丑的内涵的人便只好谓之为美对丑的战而胜之。实际上,它们之所以进入审美活动,并不是因为美对丑的战而胜之,而是因为从否定对生活的有限的固执进入否定对生命的有限的固执的结果,并且,在生活中越是假、恶和落后的东西,反而因为尖锐地逼近了生命的有限,因之越是容易转化为审美活动中的丑。人们或许都不会忘记席勒在这方面的深刻发现:"譬如偷窃就是绝对低劣的……是小偷身上永远洗不掉的污点,从审美的角度说来,他将永远是一个低劣的对象。……但假设这人同时又是一个杀人凶手,按道德的法则说来就应该受惩罚。但在审美判断中,他反而升高了一级。……由卑鄙行动使自己变成低劣的人,在一定程度上可以由罪恶提高自己的地位,从而在我们的审美评价中恢复地位。"[①]当然,"可怖的大罪大恶"并不必然在"审美判断"中"升高了一级",要实现这一

---

① 转引自朱光潜:《悲剧心理学》,张隆溪译,人民文学出版社1983年版,第97页。

点,还必须赋予这"可怖的大罪大恶"以审美的形式——对于生命的有限的固执的否定。当这"可怖的大罪大恶"以不同于现实生活的形式表现出来,便成为丑。波德莱尔在诗中吟咏道:"那时,我,我的美人!告诉那接吻似的吃你的蛆虫:对于我那已经解体的爱情,我保留了它的形式和神圣的本质!"这真是石破天惊之语。这位审丑大师并没有把现实中的假、恶、落后原封不动地移入审美活动,而是只"保留下它的形式和神圣的本质",这就是化假为丑,化恶为丑,化落后为丑。而丑因为已经脱离了生活的有限,因此也就脱离了直接的功利性。正像波伏瓦指出的:"能用语言表达出来的不幸不是真正的不幸,它已经变得并非难以忍受了。它应该谈论失败、丑闻、死亡。这不是为了使读者失望,相反是希望把人们从失望中解救出来。"

§4. 丑永恒,生命才永恒

既然丑是指对于生命的有限的固执,既然审丑是对这种对于生命的有限的固执的否定,并且通过对这种对于生命的固执的否定而间接地进入自由的生命活动,最终上升到最高的生命存在,那么,丑在审美活动中的地位就非同一般了。歌德在《浮士德》中也意识到这一问题,他曾经这样诘问:"尔本丑类蠢然,敢与美人比肩?"在他的心目中,答案无疑是肯定的:"美与丑从来就不肯协调",但又"挽着手儿在芳草地上逍遥"。而在另外一个地方,他也曾间接地回答了这一诘问:"我们称之为罪恶的东西,只是善良的另一面,这一面对于后者的存在是必要的,而且必然是整体的一部分,正如要有一片温和的地带,就必须有炎热的赤道和冰冻的拉普兰一样。"[①]不言而喻,美与丑之所以能够"挽着手儿在芳草地上逍遥",道理也是如此。那么,丑,这审美活动的"另一面",这"炎热的赤道和冰冻的拉普兰"意味着什么呢?意味着浑浑噩噩的生命进程中的一次震撼、一声警钟、一场山崩地裂。

[①] 转引自中国社会科学院外国文学研究所外国文学研究资料丛刊委员会编:《欧美古典作家论现实主义和浪漫主义》第2辑,中国社会科学出版社1981年版,第282页。

换句话说,假如说美是生命的造物主,那么,丑则是生命的清道夫。

对此,我们不妨从人类的和个人的生命进程来详赡剖析,从人类的生命进程的角度来看,人类对于丑的发现、接受和认可有一个漫长的过程。在近代社会之前,人们只是发现、接受和认可了美(狭义的)、喜剧、崇高和悲剧,对丑却始终拒之门外,或者只允许其以陪衬的地位存在,以最不美的美的地位存在。只是到了近代,伴随着上帝的死去,伴随着哥白尼的日心说、达尔文的进化论、马克思的唯物史观、爱因斯坦的相对论、尼采的酒神哲学和弗洛伊德的无意识学说,对于人类在地球、人种、历史、时空、生命、自我等根本问题上的看法,人们逐渐从对生活的有限的认识进入到了对生命的有限的认识。丑才开始露出了自己的"庐山真面目",才不再是陪衬,不再是最不美的美,而成为一种独立的、本体的存在,成为审美活动的一种类型。正像李斯托威尔指出的:"在艺术和自然中感知到丑……它主要是近代精神的产物。那就是说,在文艺复兴以后,比在文艺复兴以前,我们更经常地发现丑。而在浪漫的现实气氛中,比在和谐的古典的古代气氛中,丑更得其所。"①毫无疑问,这意味着对昔日生命世界的闭塞和蒙昧的清理,也意味着对人类生命世界的丰富和多样的承认,尽管这清理和承认是一种进十八层地狱般的殊死拼搏和艰难历程。黑格尔指出:"通过精神本身的分裂,有限的,自然的,直接的存在,自然的心,就被确定为反面的,罪孽的,丑恶的一面。"于是,"灾难、死亡和空无的痛感,精神和肉体的痛苦作为一种重要的因素而出现了",②显然正是对这一情景的哲学描绘。无论如何,不管人们愿意或者不愿意,都只能承认,丑就是丑。并且,恰恰因为丑的出现,生命才得以拓展、弘大,也才更加真实。雨果清醒地意识到了这一点,他指出:"近代的诗艺……会感觉到万物中的一切并非都是合乎人性的美,感觉到丑就在美的旁边,畸形靠近着优美,粗俗藏在崇高的背后,恶与善并存,黑暗与光明相共。它会

---

① [英]李斯托威尔:《近代美学史评述》,蒋孔阳译,上海译文出版社1980年版,第233页。
② [德]黑格尔:《美学》第2卷,朱光潜译,商务印书馆1979年版,第280页。

要探求艺术家狭隘而相对的理性是否应该胜过造物主的无穷而绝对的灵智;是否要人来矫正上帝;自然一经矫揉造作是否反而更美……它将跨出决定性的一大步,这一步好像是地震的震撼一样,将改变整个精神世界的面貌。它将开始像自然一样行动,在它的创作中,把阴影掺入光明,把粗俗结合崇高而又不使它们相混,换句话说,就是把肉体赋与灵魂、把兽性赋与灵智……"①罗丹则干脆号召人们:"人须有勇气,丑的也须创造,因没有这一勇气,人们仍然是停留在墙的这一边。只少数人越过墙到另一边去。"②

而这"少数人"就成为人类生命进程的推动者。他们"毫无假借的直率,生活表现得赤裸裸到令人害羞的程度,把全部可怕的丑恶和全部庄严的美一起揭发出来,好像用解剖刀切开一样"。③ 他们为人类自身"编织罪行和恶欲的清单"(巴尔扎克),让"内在真实在愁苦的病容上,在皱蹙秽恶的瘦脸上,在各种畸形与残缺上……呈现出来"(罗丹)。以至于连歌德也宣称:"要有极大的耐心才忍受得住我在阅读中所感到的恐怖。"而恩格斯则断言:他们"无疑地是时代的旗帜",并且代表着一次人类生命进程中的"彻底革命"。至于这"少数人"中的翘楚,无疑还属审丑大师波德莱尔,这个为了解读人类的苦难而"独自锻炼奇异的剑术"的奇才,这个为了唤醒人类的业已麻木不仁的良知而苦苦思考着"诗人怎样斗争才会像太阳那样发亮"的歌者,为人类描绘了一幅何等令人颤栗的病态的生命之花、丑恶的生命之花:阴森、畸形、血腥、肮脏、苍白、变态、卑鄙、无耻、无聊、荒凉……

> 我的灵魂像没有桅杆的破船,
> 在丑恶无涯的海上颠簸飘荡!

而这"颠簸飘荡"的结晶,就是那册惊世骇俗的诗集——《恶之花》。法

---

① 转引自伍蠡甫主编:《西方文论选》下卷,上海译文出版社1980年版,第183页。
② 转引自《文艺论丛》第10辑,上海文艺出版社1980年版,第404页。
③ 转引自伍蠡甫主编:《西方文论选》下册,人民文学出版社1964年版,第377页。

国作家福歇曾经描述最初阅读这诗集的心情:"《恶之花》被我的父母藏在柜顶……那口普通的柜子,在我看来,就是一株分别善恶树。四十年过去了,我觉得还能感到当时的心跳,害怕楼梯上的脚步声,因不能完全读懂而感到痛苦,还有那看到愚蠢的图画时肚子里的骚乱……波德莱尔比其他人更使我体验到反抗和美妙的苦恼。他使多少人走出了童年时代啊!"显而易见,这里的"童年时代"不仅是生理的,更是精神的,不仅是个人的,更是人类的。正是通过《恶之花》,人类才"走出了童年时代"!

就是这样,人类不再沉浸在审美的愉悦之中,跟随在这"少数人"身后勇敢地"沉入渊底,地狱天堂又有什么关系,到未知世界里去发现新天地"! 不过,这又并非在现实的恶的泥淖中打滚、取乐,甚至以恶为荣,而是去冷峻地审视理解这现实的恶,并且为它命名。倘若生命果真并非充满了无限的快乐,而是包孕着如此之多的大伤痛、大恐惧、大悲戚,那么,又有什么理由不休止那梦幻般的生命欺骗,进入那生命中至深的战栗、愁闷、绝望、凄惨、虚无之中去看个仔细、想个透彻呢?这难道不比那种自我认同于现实的恶的做法要强上百倍、千倍吗?一位学者曾经这样描述过波德莱尔的诗篇的意义:"他写卖淫、腐尸、骷髅,这正是资本主义社会中普遍存在的现象,可是资产阶级的读者却虚伪地视而不见;他写凄凉的晚景,蒙眬的醉意,迷茫的浓雾,这正是巴黎郊区习见的场景,可是有人用五光十色、灯红酒绿的巴黎掩盖了它;他写自己的忧郁、孤独、苦恼,这正是人们面对物质文明发达、精神世界崩溃的社会现象所共同的感触,可是人们不自知、不想说或不敢说。诗人描写了丑恶,而'虚伪的读者'大惊小怪,要像雅弗一样盖上一领遮羞的袍子;诗人打开了心扉,而'虚伪的读者'幸灾乐祸,庆幸自己还没有如此卑劣;诗人发出了警告,而'虚伪的读者'充耳不闻,还以为自己走在光明的坦途上。"[①]请问,在这里,谁的生命活动是自由的生命活动,是审美活动呢?当然是波德莱尔。在波德莱尔的背后,你可以感受到凛然不可犯的勇气:拒绝把

---

① 郭宏安:《论〈恶之花〉》,见中国社会科学院外国文学研究所:《外国文学研究集刊》第八辑,中国社会科学出版社1980年版,第68页。

现实的一切理想化,拒绝昔日的自欺和欺人。

从个体的生命进程的角度来看,同样也是如此。我们已经知道,人类生命的最为核心的特点,就在他的并非十全十美。"沉舟侧畔千帆过,病树前头万木春",这是在谈自然,当然也是在谈人生;"门径有芳也有莠,不容荆棘不成兰",这又是在谈自然,当然也还是在谈人生。而菲尔丁更精辟地概括说:"不要因为某某人物并非十全十美,便骂他是坏人。例如你喜欢十全十美的标准人物,有的是能够满足你这种嗜好的书,但是在我们一生交际之中从未遇到这样的人,因此我们就没有决定要在本书里写这种人。说实话,我有点怀疑,人不过是个人,怎能达到那样完美的地步呢?"不过,问题的焦点似乎并不在于承认生命的并非十全十美,而在于怎样看待生命中的不"全"不"美",生命中的假、恶和落后;提高到审美的高度,则是怎样看待生命中的丑。相当一部分人,往往把它们简单地看成生命中的消极因素、破坏性因素、不得不承受的因素,这无疑是十分良好的愿望,但更是十分愚蠢的天真。相比之下,倒是恩格斯在比较黑格尔和费尔巴哈的善恶观时的看法要远为深刻和令人信服:"黑格尔指出:'人们以为,当他们说人本性是善的这句话时,他们就说出了一种很伟大的思想;但是他们忘记了,当人们说人本性的恶的这句话时,是说出了一种更伟大得多的思想'。……在黑格尔那里,恶是历史发展的动力借以表现出来的形式。这里有双重的意思,一方面,每一种新的进步都必然表现为对某一神圣事物的亵渎,表现为对陈旧的、日渐衰亡的、但为习惯所崇奉的秩序的叛逆,另一方面,自从阶级对立产生以来,正是人的恶劣的情欲——贪欲和权势成了历史发展的杠杆,关于这方面,例如封建制度的和资产阶级的历史就是一个独一无二的持续不断的证明。但是,费尔巴哈就没有想到要研究道德上的恶所起的历史作用。历史对他来说是一个令人感到不愉快的可怕的领域。"[1]在这个意义上,应该说,生命中的假、恶、落后乃至生命中的丑,决不仅仅是生命中的消极因素、破坏性因素、不得不承受的因素,更是生命中的积极因素、建设性因素、不可

---

[1]《马克思恩格斯选集》第4卷,人民出版社1972年版,第233页。

或缺的因素。厨川白村讲得十分清楚:"善和恶是相对的话,因为有恶,所以有善的。因为有缺陷,所以有发达;唯其有恶,而善这才可贵。倘没有善和恶的冲突,又怎么会有进化,怎么会有向上呢?……因为有黑暗,故有光明;有夜,故有昼。惟其有恶,这才有善。没有破坏,也就没有建设的。现在的缺陷和不完全,在这样的意义上,确是人生的光荣。"[①]

进而言之,生命不"全"不"美",这是生命的不幸,但也正因为生命的不"全"不"美",才有人类的不断的超越,这又是生命的大幸。可是,假如失去了这不"全"不"美",生命岂不同时也失去了赖以存在的根基?于是,生命日益鄙琐、日益贬值、日益枯燥无味,转而成为华丽的桎梏,成为苍白的装饰和赝品,成为呆板僵滞的人造花瓣。在这方面,泰戈尔《吉檀迦利》中的诗句何其动人:"那穿起王子的衣袍和挂起珠宝项链的孩子,在游戏中他失去了一切的快乐,他的衣服绊着他的步履,为了怕衣饰的破裂和污损,他不敢走进世界,甚至于不敢挪动。母亲,这是毫无好处的,假如你的华美的约束,使人和大地健康的尘土隔断,把人进入日常生活的盛大集会的权利剥夺去了。"

而作为对生命的不"全"不"美"的发现,丑所起到的正是为生命寻找赖以存在的根基这一神圣作用。因此,丑是生命的不完满、不和谐。它粗拙、壮阔、坦荡、博大,它使人触目惊心地洞见人生的一切悲苦,洞见对于生命的有限的固执。从表面上看,它似乎只是清理出了生命的地基,或者说,只是暴露了生命的根本缺憾,与生命的艰难再造无甚关系,实际却根本不是如此。歌德讲得好:"如果上帝活着,他一定是多种多样的,一定不仅创造他的神子和圣灵,还得创造魔鬼,并赋予他创造力。"丑正是这富于"创造力"的"魔鬼",它是一种在黑暗中对光明的渴慕,是一种在恶中对生命的挖掘。试想,当一个人毅然否定了罪恶、卑劣、贫困、病态的生命午夜,不就已经趋近了幸福、理想、快乐、健康的自由之旅了吗?当一个人毅然告别了一个冰冷、污秽、黑暗、浅薄的世界,不就已经企达了一个温暖、干净、光明、深邃的世界了吗?当一个人毅然开始了他的呼救、他的诅咒、他的叛逆、他的不安,不就

[①] 《鲁迅全集》第13卷,人民文学出版社1981年版,第173页。

也同时开始他的追求、他的挚爱、他的建构、他的升华了吗？生活在恶之中，却渴慕着美，植根于泥淖之中，却眷恋着绿洲，涉难十八层地狱，却向往着遥远的天堂，这难道不正是在审丑的直接否定中被间接肯定着的东西吗？这被间接肯定着的东西不就是人的最高的生命存在吗？就是这样，丑一次次地把生命逼进"山重水复疑无路"的绝境，但也因此激起了更为广阔、更为深邃、更为震撼人心的生命波澜，使生命越发瑰丽、越发丰富、越发壮观、越发恢弘，一次次进入"柳暗花明又一村"的更为广袤的天地。同时，在这里还要强调的是，作为生命的清道夫，丑的作用并不是一时一处，而是贯穿生命的全部进程的始终。恩格斯早已预言："人来源于动物界这一事实已经决定了永远不能完全摆脱兽性，所以问题永远只能在摆脱得多些或少些，在于兽性或人性的程度上的差异。"①这种情况决定了丑的永恒，而且，正是因为丑永恒，生命才永恒。丑永远孕育着生命。人类不断地披荆斩棘，向无边无际的丑的荒原进军，而生命也就永远源源不断地从丑的母体中孵化而出。正是它们，构成了人类生命的令人眼花缭乱的五彩缤纷的永恒图景！

第三节　荒诞：丑对美的调侃

§1. 生存的焦虑

荒诞是丑对美的调侃，是人对生活的空虚和无意义的一种审美把握。在荒诞之中，人所"受到威胁的不只是人的一个方面或对世界的一定关系，而是人的整个存在连同他对世界的全部关系都从根本上成为可疑的了，人失去了一切支撑点，一切理性的知识和信仰都崩溃了，所熟悉的亲近之物移向飘渺的远方，留下的只是陷于绝对的孤独和绝望之中的自我"。② 因此，荒

---

① 《马克思恩格斯选集》第3卷，人民出版社1975年版，第140页。
② ［德］施太格缪勒：《当代西方哲学主潮》上卷，王炳文等译，商务印书馆1986年版，第182页。

诞可以称之为一种生存的焦虑。丑粗暴地践踏了所有的人们寻觅而来幻想哪怕暂时停泊一下的港湾,把人们从所有的精神家园中驱赶出来,生命中的一切都成为毫不相关、互不沟通的,无价值、无意义、无目标、无高潮、无起讫……最终无可奈何地漂泊在漫无边际的虚无之中。在此意义上,西方荒诞派戏剧家为荒诞所下的定义,应该说是异常准确的:"荒诞是指缺乏意义……和宗教的、形而上学的、先验论的根源隔绝之后,人就不知所措,他的一切行为就变得没有意义,荒诞而无用。"①

§2. 被丑在嬉笑中撕得粉碎

关于荒诞,最早可以在陀思妥耶夫斯基的作品中看到。他曾经这样描述自己在作品中的人物形象身上发现的可怕的一幕:

> 有时,在惶乱中,他看见自己判定要做一种不可避免的梦——一种挣扎也无用的特别的梦魇。他在恐怖之下反抗这种命运,但是,一当这争斗的紧要关头,他便发觉自己是被什么不可知的力量压倒了。然后他又神智昏迷了,并且看见他眼前裂开了一个充满无限黑暗的深不可测的深渊——一个无法越过的深渊——一个他会痛苦地和绝望地叫一声投下去的深渊。

不过,那毕竟只是荒诞出现的第一阵雷鸣。只是在人们发现上帝已经死去之后,在两次世界大战之后,尤其是在西方资本主义的文化矛盾充分被暴露出来之后,荒诞才得以正式登上审美活动的舞台。萨特在他的名著《恶心》中,描绘了生命世界中"所有存在的东西,都是无缘无故地来到世上,无力地苟延时日,偶然地死亡"的无聊、乏味的场景。到处空虚烦闷,到处是黏黏糊糊的空气、腐烂臭秽的肉类和有毒的植物,到处是浑浑噩噩、萎靡不振、六神无主、令人恶心的人群,到处是卑鄙龌龊的地狱。"我们是一堆自我拘束、自

---

① 转引自伍蠡甫主编:《西方现代文论选》,上海译文出版社1983年版,第358页。

我惶惑的生存者,我们无论哪个人都没有丝毫的理由活在世上……""我恍惚渴望着自我毁灭……可是,甚至连我的死亡也是多余的……我永远是多余的。"当然,这就是作品中人物罗康丹的深刻体验。加缪的名著《局外人》中则描绘了一个荒诞的主人公莫尔索。他在生活中既不认真,也不悲伤,浑浑噩噩,无所事事,永远是一副局外人的面孔。即便是死到临头,他也只是淡淡地说了一句:"在死神面前什么都是没有意义的。"尤奈斯库的名著《秃头歌女》更是离奇。马丁夫妇相互却不认识,反而要自我介绍;博比·沃森家族的众多亲属偏偏名字一模一样;墙上的钟也十分荒诞,九点钟时却敲了十七下,这还不说,最多的时候竟然敲了二十九响。而直到降下大幕,观众才发现"既无秃头歌女,也无有头发歌女,而且根本就没有歌女"。就是这样,作者表达出一种"在日常生活中的古怪感情,这种古怪的东西是在司空见惯的平庸中显示出来的"。哈罗德·品特的《看管人》别出心裁地写了一个流浪汉戴维斯。他替人看房子,不慎犯了错误,被从自己的栖身之所中驱赶出去。为了证明自己的身份,他必须出远门去取自己的证件;但天总在下雨,他又没有雨鞋,又无法出门,因此也就永远无法说清自己是谁。你看,真与假的界线竟然如此模糊,生活中的确实性就这样统统被虚无化了,剩下的只是疑惧、焦虑、不安、失落乃至绝望。

应该说,上述作品中的情况绝非天外奇谈,更非个别人的胡思乱想,而是深刻地折射着生活中的一种真实——并且主要是西方现代社会中的一种真实。把这种真实夸张为生命的全部,这固然是错误的(西方现代哲学、现代文学的一个常见的错误,恰恰在这里),但把这种真实诅咒为对生命的仇恨,这同样失之片面(东方人常犯的正是这种错误)。正是因为西方的现代作家深刻体验到一种生命活动中无以名状的荒诞,才会以艺术的形式把它显现出来。尤奈斯库曾经痛陈:"一道帷幕———道不可逾越的墙,横在我和世界之间;物质充塞着每个角落,占据一切空间,它的势力扼杀了一切自己;地平线包抄过去,人间变成了一座令人窒息的地牢"。在《西西弗斯神话》中,加缪也曾经以哲学家的口吻概括说:"一个能够用理性解释的世界,不管有什么毛病,仍然是人们熟悉的世界,但是在一个突然被剥夺了幻想和光明的宇宙里,人感到自己是陌生人。他的境遇就像一种无可挽回的终身流放,因为他忘却了关于失去了的家乡的全部记忆,也没有乐园即将来临的那种希望。这样一种人与生活的分离,演员和环境的分离,真实地构成了荒诞的感觉。"不过,最为典范的还是卡夫卡。卡夫卡不仅写出了《变形记》《城堡》等荒诞怪异的作品,而且,在卡夫卡自己的生命活动之中,就体现着彻头彻尾的荒诞精神。卡夫卡就是荒诞。卡夫卡一生都在向人们揭示着生命的荒诞。他认为,他的小说甚至也"并不是为它们自身而存在,而是通向一条人生道路上的一种路标,人们在这条路上越走越高兴,直到在光线明亮的一瞬间才发现,根本没有向前走,只是在他自己的迷宫里乱跑,只是比平时跑得更激动,更迷乱而已"。而这样一种"在他自己的迷宫里乱跑"的生命焦虑,也就困惑着卡夫卡的一生。正像一位研究者所说的:"他在思想中从来也没有选择过任何一方,因此内在的真理永远不可能显现。一方拉他投降,赋予他的死以意义;一方拉他抵抗,否认他的死有意义,这两个互相抵触的力量撕裂了整个真我。"这样,卡夫卡的荒诞的生命存在就有如他笔下的土地测量员K。对此,海勒的剖析何等精辟:"这是一个生活在精神财富丧殆尽的世界里的人的困厄,他执迷于对超验的明确性的无限渴望。因此他被困在一个充满痛苦的'不能自圆其说的循环圈'内,因为不首先获得绝对的明确性,他就不能适应这个世界——村子,而不首先接受这个世界,他就找不到明确性。然而,对世界的每一次接触都成为对他的追求的嘲弄,而他的继续追求又给世界带来累赘和妨碍。"人类处心积虑所创造的一切,最终却毫无作为地眼看着被丑在嬉笑中撕得粉碎,这就是卡夫卡的命运,也是人类的命运。

§3. 无畏的期待

不过,仅仅意识到生命的空虚和无意义,这还并不就是荒诞。正如我已经批判过的,意识到生命的空虚和无意义,并不意味着必然进入审美活动。加缪不就意识到了吗?但是他干脆纵浪空虚和无意义之中,与之共浮共沉,以生命的量取代生命的质,"试图穷尽自身",享受生命的空虚和无意义,甚至提出了唐璜、演员、征服者和创造者作为四类样板。这种以空虚反抗空虚,以无意义反抗无意义的态度,只能导致加倍的空虚和无意义。尤奈斯库指出:"最终说来,荒诞派戏剧这种现象的出现并不是反映绝望或者回到黑暗的、非理性的势力中去,而是表现现代人为了同他生活于其中的世界达成妥协而做出的努力。这一剧派力图使人正视人的现实,摆脱那些肯定造成不断失调和失望的幻觉。……因为人的尊严就在于有能力面对毫无意义的现实,毫不畏惧、毫无幻想地接受,甚至嘲笑现实。"中国的一位古人讲得更其精辟,生命世界本来就不应该与人完全一致,"使天下是非曲直名实,若高山之与深溪,白垩与黑漆,了然明白,则天地亦觉不韵,人生其间亦将如草木鱼虫,乘气俯仰,而无从抟捖乾坤,掀翻宇宙之力,致令天下无学问、无文章、无事业,成何世界"。① 世界并没有意义,为此埋怨它实在是愚蠢,但倘若不知道世界又必须由人赋予意义,那也许更是实在愚蠢,生命的伟大难道不正在于它能够在荒漠般的处境创造并确立一种神圣的、富有温情的、永恒的意义吗?因此,既然生命世界已经成为空虚和无意义,那么,就应该坚决拒绝接受甚至沉溺于这一世界,他必须保护自己不受这一世界的损害,于是,期待就成为对空虚和无意义的唯一回答。

  在那些时刻,我对我的灵魂说,静下来,不怀希望地等待,因为希望也会是对于错误事物的希望;不带爱情地等待,因为爱情也会是对错了的事物的爱情;还有信仰,但信仰、希望和爱情都是在等待之中。不加思想地等待,因为你没有准备好怎样思想,所以黑暗将是光明,静止将是舞蹈。(艾略特)

  期待是生命的永恒渴望,是支撑着人的生存的精神支柱,是失落的赎回,是不可能的可能,是神秘的共感。期待就是愿意相信、渴望相信。它越过死亡的墓穴、动物的王国,渴慕可能性,渴慕希望,渴慕永恒,马塞尔·马

---

① 见徐渭《四声猿》一书附录五:上海古籍出版社1984年版。

尔丹讲得何其深刻："生活在希望中，就是从自己身上获得在黑暗中对某种东西的信念，这种东西可能只是一种灵感，一种心灵的欢愉，或一次狂喜。但是，毫无疑问的是，这种信念只能在美德的配合下生成，美德的原则游移于某种善意和鼓励之间，永恒是个神秘，善意是我们能做的唯一的、积极的奉献，而鼓励的核心却在我们的能力之外的领域，在那里，价值是神圣的礼品。"同时，期待又是主动发问，它固执地问询生命的意义，并在问询中同世界建立起共感、对话关系，无限地伸展、充实自我。正是发问，使人避免逃避到寻觅忙碌的平庸之中，避免逃避到非本真的动物状态，避免逃避到空虚和无意义的虚无生命。

而在类似的意义上，又可以说，期待就是信仰，就是祈祷。

首先，期待就是一种最高的信仰。只有危立于深渊边际的绝望的人才敢于凝视十字架上的真理，只有在理性彻底无能为力并且转而借助回忆与想象的人，才会与生命的意义誓死相守，才会走上约伯和先知者的圣洁的信仰之路。而"只有符合圣经的信仰，争取不可能的疯狂斗争的信仰，才能推倒我们身上漫无节制的原罪的重负，让我们重新直腰站起来。……信仰不是对我们所闻、所见、所学的东西的信赖。信仰是思辨哲学无从知晓也无法具有的思维之新的一维，它敞开了通向拥有尘世间存在的一切的创世主的道路，敞开了通向一切可能性之本源的道路，敞开了通向那个对他来说在可能和不可能之间不存在界限之人的道路"。（舍斯托夫）

其次，期待又是一种最殷切的祈祷。托尔斯泰说："我相信为在爱情中获得进步起见，我们只有一种方法：祈祷。不是在庙堂中的公共祈祷，为基督所坚决摈绝的。而是如基督以身作则般的祈祷，孤独的祈祷，使我们对于生命底意义具有更坚实的意识……我相信生命是永恒的，我相信人是依了他的行为而获得酬报，现世与来世，现在与将来，都是如此。我对于这一切相信得如是坚决，以至在我这行将就木的年纪，我必得要以很大的努力才能阻止我私心祝望肉体底死灭——换言之，即祝望新生命底诞生。"[①]在我看

---

① 转引自傅雷：《傅译传记五种》，三联书店1983年版，第482—483页。

来,祈祷正是"祝望新生命底诞生"。它使生命"沿着我们不曾走过的那条通道,通向我们不曾打开的那扇门,进入玫瑰园中"(艾略特)。读者一定不会忘记,哈姆雷特正是在走上这条通道时才宣布他那著名的告别之辞的:"我们不必多说废话,大家握握手分手吧,你们可以去照你们自己的意思干你们自己的事——因为各人都有各人的意思和各人的事,这是实际情况,——至于我自己,那么我对你们说,我是要祈祷去的。"平心而论,每个人都必须这样与非自我"告别"。在这个时刻,一度被舍弃的东西,又被重新创造出来,正像乌纳穆诺在评价康德时讲的:"康德以脑袋思考而加以抛掷的事物,他又以心加以重建。"这里的"心",就是祈祷。因此,祈祷就是坚信自己所未曾见过的东西,就是有限的存在对重返终极价值和生存之根的一种强大的心灵温慕,就是对生命意义的无畏的期待。

第四节 悲剧:丑对美的践踏

§1. "最能肯定生活的却是死亡"

悲剧是美学研究中最为引人瞩目的领域,也是审美活动中最为壮烈的类型。奥尼尔指出:"我们或者无望地企图抓住自己的幻想,而最后却代之以某种廉价的代替品;或者我们盼望过最好的生活,而发现时间本身嘲弄地向我们提供了代替品,不过它是这样贫乏,以至对它可以不予理睬。在这两种情况下,我们是悲剧人物……"[1]柯列根则指出:"悲剧人生观的显著特征的根据,在于我们深知人类状况的基本事实,就是我们总是力不从心终于失败。事实就是,不管我们怎样艰苦努力,我们的意志,我们的体力,我们的仁爱,我们的想象到头来都没有用处。事实就是我们的生活受到矛盾和怪异的限制,就是我们的经验排斥我们运用任何合理手段以驾驭和控制这一事物的一切的企图。事实就是我们要生活下去,必须承认这一事实。生活是

---

[1] 转引自《美国作家论文学》,刘宝端等译,三联书店1984版,第243页。

粗暴的、失败的、不正直和不公平的,而在每一个转折都以让步为标志。最后,事实就是要生活下去,必须面对这个荒谬的矛盾,最能肯定生活的却是死亡。"①这当然都是对悲剧的准确描述。不过,要从理论的角度对悲剧加以说明,却又远非如此简单。

§2. 一种有价值、有意义的东西的毁灭

在肯定性的审美活动——美和否定性的审美活动——丑之间的冲突、纠葛,以及由于这种冲突、纠葛所导致的量的变化之中,悲剧意味着丑对美的践踏。它是"伟大的诗",是神圣的"冠冕"。在生命的苦难与毁灭的展现中,为生命的至高无上的价值和最为深邃的意义的实现开辟出一条神奇的道路。

悲剧是丑占据绝对优势并且无情地践踏美时的一种审美活动。应该说,由于生命的有限性所导致的生命的苦难和毁灭,是生命活动中不可避免的现象。并且,这种生命的苦难和毁灭"似乎不能完全归结为罪过或错误,而更多是伴随任何伟大创举必不可免的东西,好比攀登无人征服过的山峰的探险者所必然面临的危险和艰苦"。② 因此,它是生命活动中的厄运。以利法在《约伯记》中陈述过自己的一段生命经历:"在思念夜中异象之间,世人沉睡的时候,恐惧、战兢,临到我身,使我百骨打战。有灵从我面前经过,我身上的毫毛直立,那灵停住,我却不能辨其形状。""我却不能辨其形状",这正是人类在悲剧中的命运。此时,丑竟然如此嚣张,它演出着邪恶的胜利,嘲笑着生命的痛苦,造就着不可逆转的失败,以至于在它面前,美犹如肥皂泡,吹得越大,就越难逃粉身碎骨的天命。用布拉德雷在《莎士比亚悲剧的实质》中的话说,则是:"不论他梦想做什么事情,他最终达到的总是他最少梦想到的事情,那就是他本人的毁灭。"

---

① 转引自陈瘦竹等:《论悲剧和喜剧》,上海文艺出版社1983年版,第36页。
② 麦克奈尔·狄克逊语,转引自朱光潜:《悲剧心理学》,张隆溪译,人民文学出版社1983年版,第91页。

但悲剧的美学意义,却并不在于展现这种丑对美的践踏,而在于展现出美的一种有价值、有意义的东西的毁灭。尼柯尔在写作《悲剧论》时说过:"死亡本身已经无足轻重。……悲剧认定死亡是不可避免的,死亡什么时候来临并不重要,重要的是人在死亡面前做些什么。"斯马特在《悲剧》一文中也曾经深刻地剖析说:

> 如果苦难落在一个生性懦弱的人头上,他逆来顺受地接受了苦难,那就不是真正的悲剧。只有当他表现出坚毅和斗争的时候,才有真正的悲剧,哪怕表现出的仅仅是片刻的活力、激情和灵感,使他能超越平时的自己。悲剧全在于对灾难的反抗。陷入命运罗网中的悲剧人物奋力挣扎,拼命想冲破越来越紧的罗网的包围而逃奔,即使他的努力不能成功,但在心中却总有一种反抗。

这就恰恰表现出"人在死亡面前做些什么"的不同。尽管,正像《堂吉诃德》中安塞尔在宽恕自己失节的妻子时所说的,"她没有义务创造奇迹",对于一般人,我们确实应该说,他们"没有义务创造奇迹",但对真正的人来说,他们却必须创造奇迹。正像俄狄浦斯宁愿刺瞎双眼、自放荒原也不愿隐匿生命的本来面目,苟且偷生,也正像哈姆雷特"在颤抖的灵魂躁动不安的运动中,依靠绝望的英雄主义和纯正的眼光"(雅斯贝斯),去反抗横逆而来的命运,真正的人必须对现实提出抗议、提出质疑,必须不惮于捅现实的马蜂窝,必须以生命的完结去否定那种"超过人类之上的残酷力量"。他们用对于现实的直接否定去间接地肯定理想,用对于阻碍着自由的生命活动的生命的有限性的直接否定去间接地肯定理想,用对于阻碍着自由的生命活动的生命的有限性的直接否定去间接地肯定自由的生命活动。弗洛姆发现:"具有说声'不'字的能力,从意义上讲也蕴含说声'是'的能力",因此,当他们勇敢地说声"不"的时候,实际上也更为勇敢地说出了"是"。在《论悲剧》里,奥尼尔讲得何等精辟:"当人在追求不可企及的东西时,他注定是要失败的。但是他的成功是在斗争中,在追求中! 当人向自己提出崇高的使命,当个人为了未来和未来的高尚价值而同自己内心的和外在的一切敌对势力搏斗时,人才是生活所要达到的精神上的重大意义的范例。"因此,这种斗争、追求,恰恰"构成了生活和希望的意义"。

§3. 生命犹如故事

这里,有必要对生活的悲剧与生命的悲剧的区别略加说明。所谓生活的悲剧,是指从生活的角度去阐释悲剧。它侧重从外在的方面去看待丑对美的践踏。诸如镣铐、皮鞭、监狱、剥削、压迫、物质贫困,等等。例如,我们往往把镣铐、皮鞭看作厄运的标志,其实并非如此,镣铐皮鞭只是奴役的标志,但却绝非某种厄运的标志,只有当人已经遗弃了自己的理想本性,驯服地认可了镣铐皮鞭的时候,镣铐皮鞭才是某种厄运的标志。试想,在无畏地追求自由、追求向自我生成的人面前,镣铐皮鞭只能标志着什么?当俄国十二月党人的妻子们亲吻着丈夫脚上的镣铐时,镣铐又标志着什么?监狱也是如此,在有些人看来,被囚禁意味着某种厄运的开始,意味着不自由,其实,事情并不如此简单。监狱绝非厄运与非厄运之间的界限,读者一定记得卢梭的名言:"如果我被监禁在巴士底狱,我一定会绘出一幅自由之图。"你看,这不是那个自由的、维护着人的尊严的卢梭吗?确实,监狱固然可以虐待人、残害人,但它并不能使人成为非人,它所虐待、残害的仍然是人,还有剥削压迫、物质贫困之类,也往往被作为现实生活的标志。中国人不就经常用"吃不饱,穿不暖""一无所有""当牛做马"来形容曾经有过的非人状态吗?这实在是一种深刻的错误,它一直延续到今天对现代化的理解。从审美角度看,所谓"旧社会"并不表现在剥削、压迫、物质贫困上,而表现在对人的自由的顽固拒斥上,表现在对人的不断向自我的生成的粗暴干涉上,它以人为工具,以看物的眼光来看人,因而也就使人僵滞在自我泯灭的状态中。至于剥削、压迫、物质贫困则只是这种状态的特定表现。因此,简单地把"新社会"理解为消除了剥削压迫、物质贫困(所谓"翻身"),显然是极不准确的。

总而言之,上述分析告诉我们:现实悲剧的根本之处是内在的自我泯灭。它来自内在的束缚而不是来自外在的束缚。人们往往喜欢引用马克思的话,说:无产阶级在革命中失去的只是锁链,并因此认为束缚着无产阶级的只是锁链,其实,假如一定要引用这句话,那么也只能把这里的锁链理解为心灵的锁链。因此,生活的悲剧往往着眼于外在生命的终结。这种终结或者表现为生命的被束缚,或者表现为生命的被遏止,或者表现为生命的自然结束。而生命的悲剧却并非如此。生命的悲剧是指从生命的角度去阐释悲剧。它侧重从内在的方面去看待丑对美的践踏。这样,丑对美的践踏就并非生命存在的界线,而是生命存在的境界。在这里,人们不论怎样顽强搏击,去实现自由的生命活动,进入最高的生命存在方式,但却始终无缘成功,而且反而坠入死亡和毁灭之湖。生命的悲剧不在于生命的不自由(生活的悲剧则在于生命的不自由),而在于自由,在于从不自由走向自由的艰难历程。生命的悲剧不是生命不自由的象征(生活的悲剧则是生命不自由的象征),而是生命自由的象征。

因此,悲剧表现出一种对于生命的价值和意义的独到的审美解读。霍夫曼斯塔尔在诗中这样吟咏着死:"我并不可怕,我不是残骸!我来自狄奥尼苏斯那里,是维纳斯的亲人,我把灵魂的上帝带到你的面前。"悲剧也是如此。它通过生命的苦难和毁灭,展示出:生命的秘密不在于长生不死地活着,而在于为什么活着,生命犹如故事,重要的不是多长,而是多好。生命的价值和意义并不与生命的量成正比,而是与生命的质成正比。这样,更为人瞩目的便不是生命何时毁灭,而是生命为何毁灭。只要生命能够勇敢地去创造、去追求,即便是毁灭了,也最终从有限进入无限,赋予生命以深刻的意义。布拉德雷在《论莎士比亚悲剧》中指出:"英雄人物虽然在一种意义上和外在方面看来失败了,却在另一种意义上高于他周围的世界,从某种方式看……并没有受到击败他的命运的损害,与其说被夺去了生命,不如说从生命中得到了解脱。"这种解脱是神圣的,不能用生命的长短来衡量。正像尼采在《悲剧的诞生》中讲的:"即使在他的生涯的最短促瞬间和最微小部分中,他也能够遇到某种神圣的东西,足以补偿他的全部奋斗和全部苦难而绰绰有余。"

§4."无物之阵"

而且,悲剧作为一种对于生命的价值和意义的独到的审美解读,又必然表现为最激动人心的生命超越。它"使我们从平凡安逸的生活形式中重新识察到生活内部的深重冲突,人生的真实内容是永远的奋斗,是为了超越个人的生命价值而挣扎,毁灭了生命,以殉这种超生命的价值,觉得是痛快,觉得是超越解放"(宗白华)。有相当一部分人对此认识不足,例如把悲剧误解为"惨剧",然而,惨剧仅仅是疾病、自然灾害、意外过错、过失造成的,纯属偶然的,可然可不然,因此当然不可能激起人们的深刻反思。再如把悲剧误解为"不幸","如果那件事不发生就好了",但是,诸如此类之不幸,顶多也就是提醒自己,下次要认真总结经验,以便竭力避免不幸的再次发生,究其实质,与悲剧还是无甚关系。同时,悲剧也不是"悲观",悲观是指人们对某人某事(尤其是未来的)比较消极、负面的态度,但是悲剧却并不如此,悲剧尽管所涉及的为人们难以接受的事实,但是,置身其中者却并不悲观,而是仍旧对爱充盈着美好的期待。在这方面,倒是被人誉为"20世纪的灵魂"的美国剧作家奥尼尔的自我表白令人耳目一新:

> 人们责怪我过分阴郁,难道这就是对生活的悲观主义观点吗?我认为并非如此。有的乐观主义是肤浅的、表面的,而有的乐观主义是比较高级的,人们往往会把它和悲观主义混为一谈。对我来说,只有悲剧性才具有那种意义的美,而这美就是真理。悲剧性使生活和希望具有意义。最高尚的总是最具有悲剧性的。那些取得成绩以后就害怕最终遭到失败,不再有所追求的人是精神上的资产者,他们的理想毕竟非常空虚!……一个人只有在达不到目的时才会有值得为之生,为之死的理想,从而才能找到自我。在绝望的境地里继续抱有希望的人比别人更接近星光灿烂、彩虹高挂的天堂。①

---

① [美]尤金·奥尼尔:《论悲剧》。

确实,由于悲剧的血流成河、尸横遍野和生命中有价值的东西的毁灭,人们很容易"把它和悲观主义混为一谈",甚至因此而厌恶悲剧、反对悲剧,因此主张用"乐观"的东西来充当寄托、归宿和避难之所。然而,他们有所不知的是,恰恰是这种"乐观"的东西堵塞了生命的道路,导致了生命的弱化,扼杀了生命的自主性、独立性、创造性,最终使生命成为一种"肤浅的、表面的"存在。实际上,生命活动中是不能缺少悲剧的。正是悲剧,把生命逼进了绝望的境地,这绝望的境地迫使人们拼尽全力去跨跃——这是再生的一跃,超越的一跃,它是生命道路的敞开,是生命的强化,是生命的自主性、独立性、创造性的超水平发挥。这样看来,只有悲剧才是真正的乐观,而且,只有这种真正的乐观,才是生命的寄托、归宿和避难之所,也才是生命的最为激动人心的超越!

而在文学作品中,比较常见的,则是如鲁迅所批评的所谓"大团圆",也就是悲剧的匮乏。例如《三国演义》《水浒传》。悲剧之为悲剧,就在于双方都无罪(都有自己的理由)也都有罪(都给对方造成了伤害),但是在《三国演义》《水浒传》中其中的一方却因为无辜而无罪,结果有罪的就只能是对方,这无疑并非真正的悲剧。于是,由于缺少对于责任的共同承担,人与人之间彼此隔膜、无法理解,灵魂的不安、灵魂的呼声几成绝响。而且,因为人人都害怕承担责任,都想方设法为自己辩护并把责任推给别人,于是,到处是自私的麻木、人性的冷漠,到处是无情的杀戮、卑劣的倾轧。而即便是杜甫的诗歌,所面对的,始终也只是现实社会的问题。诸如"吃不饱、穿不暖""翻身得解放",诸如法律关系的颠倒,政治关系的混淆,经济关系的混乱,等等,可是,这些东西充其量也只是"惨剧",而不是悲剧。因为所谓的悲剧一定是因为心灵的"失爱"造成的,可是杜甫笔下的中国惨剧却是由社会的"动乱"造成的,或者是由社会的"混乱"造成的。当然,如果说社会兴衰、世态炎凉、民生疾苦、人生冷暖这一切都与美学毫无关系,也当然是不妥当的,但是,如果说美学所关注的就正是这一切或者就只有这一切,那就更不妥当了。

悲剧之为悲剧,关键在于"无缘无故"。不论惨剧、不幸、悲观,还是对于悲剧的无视,都无非是因为认定了一切都是"有缘有故"的,亦即都是可以预测的,也都是可以预防的。可是悲剧就不同了,它不可以预测,也不可以预防。因为,它"无缘无故"。"有缘有故"的东西,我们可以找到它的"缘"和"故",因此我们迟早就可以战胜它,但是"无缘无故"的东西就不然了,它是不可战胜的,因为我们不知道它的"缘"在哪儿,我们也不知道它的"故"在哪儿。鲁迅说过一句话,应该是对于悲剧的很好的说明,这就是:"无物之阵"。它说的是自己被置身于一场没有对象的战争,那么,你跟谁去打呢?除了束手就范,根本就没有别的结果。因为你根本就找不到对手。美国大作家福克纳就说过,人生"是一场不知道通往何处的越野赛跑",而它的结果,当然一定会是悲剧,因为你尽管去跑来跑去好了,可是根本就没有任何意义。

更为严重的是,在悲剧中,人们所邂逅的,都是无罪之罪,而且,也人人都是无罪的罪人和无罪的凶手,造成悲剧的不是某个凶手、某个蛇蝎之人,而是社会所有力量的冲突碰撞的结果,是这个社会的合力,是共同犯罪的结果。例如《红楼梦》《金瓶梅》《悲惨世界》,其中的所有的人就都很努力,也都很勤奋,更都在拼搏,因为都希望自己过得更好一点——起码是要比别人过得更好一点,但是最终的结果是什么呢?是最终反而沦入了最坏的结果。尤其是《红楼梦》,曹雪芹呈现给我们的是所有双方的冲突都是无可无不可的,都是"是"和"是"的矛盾,而且所有的人都自以为"是"而不自以为"罪",每一个人都追求自己所追求的,但是他又同时反抗别人所追求的,最终的结果是什么呢?就是悲剧。牟宗三总结为:"有恶而可恕,哑巴吃黄连,有苦说不出。"因此,这个悲剧是没有原因的,也是"无缘无故"的,是所有人的共同犯罪,或者说,是这个世界里人们自以为"是"的那些"是"加到了一起,结果就变成了一个巨大的悲,这就是悲剧。后来王国维作为曹雪芹的知音强调指出,这就是所谓的"彻头彻尾的悲剧",非常深刻!

第五节　崇高：美对丑的征服

§1. 生命活动的奇观

崇高是生命活动中的奇观。在美学史上，它被形容为："高耸而下垂威胁着人的断岩，天边层层堆叠的乌云里面挟着闪电与雷鸣，火山在狂暴肆虐之中，飓风带着它摧毁了的荒墟，无边无界的海洋，怒涛狂啸着，一个洪流的高瀑"①；被形容为："如霆，如电，如长风之出谷，如崇山峻崖，如决大川，如奔骐骥，……如杲日，如火，如金镠铁，……如冯高视远，如君而朝万众，如鼓万勇士而战之"。② 而古今中外的美学家则对它做了大量的研究，并且取得了丰富的成果。不足的是这些研究往往只局限在认识论或价值论的层面，把崇高当成客体或对客体的把握。在我看来，对崇高的研究必须深入到本体论的层面，必须同对生命如何可能这一根本问题的考察联系起来，只有这样，崇高作为生命活动中的奇观，才有可能获得一个令人满意的答案。

§2. "最大的病痛"

从本书对审美活动的分类原则来看，应该说，在肯定性的审美活动——美（狭义的）和否定性的审美活动——丑之间的冲突、纠葛以及由于这种冲突、纠葛所导致的量的变化之中，崇高有其特定的位置，这就是：美对丑的征服。为什么呢？最为根本的理由当然还是在于人的生命活动本身。歌德在《永恒无限的莎士比亚》中说："人们会遭受许许多多的病痛，可是最大的病痛乃来自义务与意愿之间，义务与履行之间，愿望与实现之间的某种内心的冲突。"用我们的话讲，这种"最大的病痛"就表现为个体生命对社会律令的

---

① ［德］康德：《判断力批判》上卷，宗白华译，商务印书馆1964年版，第101页。
② 姚鼐。转引自北京大学哲学系美学教研室：《中国美学史资料选编》下卷，中华书局1981年版，第369页。

冲突、感性生命对理性律令的冲突、理想生命对现实律令的冲突。而当这冲突表现为个体生命对社会律令、感性生命对理性律令、理想生命对现实律令的征服的时候，就意味着人类的生命活动的实现。朗吉弩斯曾经慷慨陈言：

> 作庸俗卑陋的生物并不是大自然为我们人类所订定的计划；它生了我们，把我们生在这宇宙间，犹如将我们放在某种伟大的竞赛场上，要我们既做它丰功伟绩的观众，又做它雄心勃勃、力争上游的竞赛者；它一开始就在我们的灵魂中植有一种所向无敌的，对于一切伟大事物、一切比我们自己更神圣的事物的热爱。因此，即使整个世界，作为人类思想的飞翔领域，还是不够宽广，人的心灵还常常超越过整个空间的边缘。当我们观察整个生命的领域，看到它处处富于精妙、堂皇、美丽的事物时，我们就立刻体会到人生的真正目标究竟是什么了。[①]

显而易见，这里的所谓"人生的真正目标"，就是"对于一切伟大事物、一切比我们自己更神圣的事物的热爱"，和对于"整个空间世界的边缘"的"超越"，也就是我在上面提到的"征服"。而这一切一旦进入审美活动的领域，就集中表现为美对丑的征服，表现为崇高。

在生命活动中，个体生命对社会律令、感性生命对理性律令、理想生命对现实律令的征服，是一个里程碑式的创举。相传地中海的一个小岛有一个人身鸟足的美丽的海妖，她向过往的航海者唱出令人销魂的歌声，引诱他们触礁身亡。在人类的生命进程中，也有形形色色的海妖，但人类却不会被它们所迷惑。对于人类来说，"会当凌绝顶，一览众山小"，固然是生命的一大愉悦，但却并非生命的目的。人类不可能栖居于"绝顶"之上，而必须不断地向新的更为峻险的"绝顶"奋进。并且，人类真实的生命就体现在这不断的奋进之中。在这个意义上，人类的生命颇有点类似巴西奚里谷的玫瑰。奚里谷的玫瑰在诞生地既不开花，也不结果，只有移出诞生地，才会花朵累

[①] 转引自伍蠡甫主编：《西方文论选》上册，人民文学出版社1964年版，第129页。

累,香飘四野,人类的生命也是如此。他必须不断地征服生命的有限、渺小、软弱和不自由,不断地超越自身,才能够不致绞杀生命、湮灭创造,才会永远燃烧着不灭的生命火焰,涌动着恢弘的生命波澜。巴尔扎克面对生命中的重重阻碍、坎坷挫折,毫不妥协,并在自己的手杖上铭刻了这样一句名言:"我粉碎了每一个障碍。"美国著名探险家约翰·戈尔德在还是一个十五岁的少年时,就立下了宏图大志:"到尼罗河、亚马逊河和刚果河探险,登上埃佛勒斯峰(即珠穆朗玛峰)、乞力马扎罗山和麦特荷思山;驾驭大象、骆驼、鸵鸟和野马,探访马可·波罗和亚历山大一世走过的道路;主演一部《人猿泰山》那样的电影;驾驶飞行器起飞降落;读完莎士比亚、柏拉图和亚里士多德的著作;谱一部乐曲;写一本书;游览全世界的每一个国家;结婚生孩子;参观全球。"他共列了127个目标。通过一生的努力,经历了十八次死里逃生和无数的艰难困苦,最终实现了其中的106个。这就是对社会律令、理性律令、现实律令的征服。而且,这种征服又是无止境的。埃德温·奥尔德林乘阿波罗登月飞行,堪称人类的一个伟大的征服者。然而,他返回地球后,由于自认为已经登上了人类生命的极点,因此再也寻觅不到新的征服目标,最终导致精神崩溃。毫无疑问,这同样是为人类所不齿的。

§3. "成为伟大,而非显得伟大"

不过,要强调的是,从美学的意义说,崇高又不仅仅是对社会律令、理性律令、现实律令的征服,而应该是对凌驾于这一切之上的生命的有限的征服。对社会律令、理性律令、现实律令的征服可以称为伟大,对生命的有限的征服才可以被称为崇高。在这里,生命的极限类似于地球的南极与北极。海涅写过一首诙谐的诗篇。

> 在那高高的山巅上,
> 放着一把太师椅;
> 坐在上面的人真叫神气,
> 这个神气的人就是我自己。

在象征的意义上,不妨把这个"神气的人"看作"崇高的人"。马斯洛指出:"我们害怕自己的潜力所能达到的最高水平……我们通常总是害怕那个时刻的到来。在这种顶峰时刻,我们为自身存在着某种上帝最完美的可能性而心神荡漾,但同时我们又会为这种可能性而感到害怕、软弱和震惊。"①严格来说,崇高正是对于这种生命有限所导致的"害怕、软弱和震惊"的征服。因此,崇高所成就的英雄,应该严格区别于一般意义上的英雄。"我称之为英雄的,并非以思想或强力称雄的人,而只是靠心灵而伟大的人……没有伟大的品格,就没有伟大的人,甚至也没有伟大的艺术家,伟大的行动者;所有的只是些空虚的偶像匹配下贱的群众;时间会把他们一齐摧毁。成败又有什么相关?主要是成为伟大,而非显得伟大。"(罗曼·罗兰)

§4. 不断把探索的触角伸向生命的有限之外

在这方面,最为典型的形象应该是歌德和海明威笔下的人物。歌德是西方近代文化的代表。他自己就是一个"大世界"(海涅),或者说,他活在一切之中,一切也活在他之中。他曾经宣布:

> 十全十美是上天的尺度,而要达到十全十美的这种愿望,则是人类的尺度。②

这是他自己的审美尺度,也是他那个时代的审美尺度。而他笔下的人物,最为著名也最具代表性的是:浮士德。在我看来,浮士德也是一个"大世界"。这就正像他自己所自述的:"凡是赋予人类的一切,我都要在我内心体味参详,我的精神抓住至高和至深的东西不放,将全人类的苦乐堆积在我心上……"而在这"大世界"中,最核心的东西是什么呢?显然是对于生命的有

---

① 转引自[美]戈布尔:《第三思潮:马斯洛心理学》,吕明等译,上海译文出版社1987年版,第66页。
② [德]歌德:《歌德的格言和感想集》,程代熙等译,中国社会科学出版社1980年版,第61页。

限的征服。

>有两种精神居住在我们心胸,
>一个要想同别一个分离!
>一个沉溺在迷离的爱欲之中,
>执拗地固执着这个尘世,
>别一个猛烈地要离去风尘,
>向那崇高的灵的境界飞驰。

而人类最大的不幸是什么呢?不是人的过失,而是"贪图安逸":"人的精神总是易于弛靡,动辄贪爱着绝对的安静",而这无疑就造成"沉溺在迷离的爱欲之中,执拗地固执着这个尘世"的生命的虚无状态。浮士德显然无意于此。他毅然把《圣经》中《约翰福音》的开篇"太初有道"改译为"太初有为",集中体现了他的抉择。对他来说,人生最重要的是"为",是行动,是征服:"我要跳身进时代的奔波,我要跳身进时代的车轮,苦痛、欢乐、失败、成功,我都不问,男儿的事业原本要昼夜不停"。因此,"无论是人间或是天上,没有一样可以满足他的心肠"。正像巫女曼多深刻体察的:他"贪图不可能"。也正像歌德概括的:他是"这样一个人物,他在一般的人世局限中感到焦躁和不适,认为据有最高的知识,享受最美的财富,哪怕最低限度地满足他的渴望,都是不能达到的"。①……就是这样,浮士德不断地面对着"知识悲剧""爱情悲剧""政治悲剧""事业悲剧",又不断征服着知识、爱情、政治、事业,最终恬然长逝于"你真美呀,请停留一下!"的审美的光照之中。那么,浮士德是一个什么样的形象呢?显然是崇高的形象。浮士德的审美活动是一种什么样的审美活动呢?显然是崇高类型的生命活动。

海明威笔下的人物同样是十分典型的崇高的人物。德国学者齐·梭茨曾经发现:"海明威是打定主意只接受一个唯一的中心,而我确实证明了有

---

① 转引自杨周翰等主编:《欧洲文学史》下卷,人民文学出版社1964年版,第25页。

不同的处于边缘的中心","他的风格对表现'边缘地带'却远不敷用。他忽略的和弃置的太多了"。① 应该说,他的话是很有道理的,但从本书的角度,却又恰恰促使我们注意到:海明威确实是"打定主意只接受一个唯一的中心",并且是打定主意只接受崇高这一唯一的中心。在这方面,最为突出的代表当然是《老人与海》中的那个硬汉子——桑提亚哥。桑提亚哥是海明威心目中的英雄,是一头老狮子,是一个打不败的硬汉子;他"并不是生来要给打败的,你尽可以把他消灭掉,可就是打不败他"。他勇于向生命的有限挑战,因此,酷爱着生命活动中的征服——海上的征服、球场上的征服、掰腕子的征服……甚至连睡觉也只梦见狮子。他的这段话,或许就是为自己竖起的一根令世人瞩目的生命的标杆:"我也要它知道什么是一个人能够办到的,什么是一个人忍受得住的。"你看,他在神秘的大海上追逐着"美丽而崇高"的鱼,但却连续八十四天没钓着一条鱼,小船上的风帆,就像是"一面标志着永远失败的旗帜"。桑提亚哥是碰到生命的极限了。若换一个人,很可能便放弃任何努力,以"生命的极限不可抗拒"自慰了。但桑提亚哥却绝不屈服,他意识到这正是进入了生命的战场。于是,他毅然把小船驶进了大海的深处,驶出了生命的极限,结果是钓到了一条大鱼。凑巧的是,恰似桑提亚哥是人中的英雄,大鱼也是鱼中的英雄,于是,又展开了一场几天几夜的搏斗。尽管在这场超出了生命的极限的搏斗中,只要桑提亚哥主动割断钓绳,便可以退出来,但他却没有作出这样的选择,而是一直坚持到胜利。至此,看起来事情已经结束,其实却并非如此。他确实"走得太远了",大海深处的鲨鱼向他袭来。鱼叉折断了用刀子,刀子折断了用棍,木棍折断了用桨、用舵……在这场搏斗中他又一次生活在生命的极限之外,又一次征服了生命的极限。最终,当再一次回到岸上,他的船上只剩下一副"从鼻子到尾巴足有十八英尺长"的鱼骨。那么,桑提亚哥是失败了还是胜利了?从美学的角度看,无疑是胜利了。桑提亚哥的形象正是人类生命史上的一个极为典型的崇高的形象。他象征着人类不断地把探索的触角伸向生命的有限之

---

① 转引自董衡巽编选:《海明威研究》,中国社会科学出版社1980年版,第152页。

外,不断地征服着生命的有限。而且,正是因为不断地走出生命的有限,生命才不再是平庸的生命,正是因为不断追求着生命的有限之外的失败,生命也才永远成功。这就是桑提亚哥身上所蕴含的真谛,也是崇高这一审美类型所蕴含的真谛。

第六节　喜剧:美对丑的嘲笑

§1. 生命的智慧

喜剧是一个较为复杂的问题。"自亚里士多德以来,最伟大的思想家都曾经碰到过这个小小的问题,然而这个问题却总是躲闪、溜走、逃脱,最后又突然出现,对哲学的思想提出傲慢的挑战。"[①]限于篇幅,本书当然不可能对此正面论述,而只能从审美活动的分类的角度略加说明。

在我看来,喜剧的美学规定应该决定于肯定性的审美活动——美和否定性的审美活动——丑之间的冲突、纠葛,以及由于这种冲突、纠葛所导致的量的变化。因此,作为审美活动,喜剧虽然仍然是自由的生命活动,是最高的生命存在方式,但在肯定性的审美活动——美和否定性的审美活动——丑之间的冲突、纠葛,以及由于这种冲突、纠葛所导致的量的变化之中,喜剧又有其特定的位置:喜剧是美对丑的绝对压倒,或者说,作为不自由的丑在喜剧中处于绝对的否定状态,作为自由的美在喜剧中则处于绝对的肯定状态。因此,丑对美的反抗、挑战,实际偏偏只是一种夸饰、虚幻、无力的代名词,这就不能不导致一种美对丑的强大、无情的嘲笑。并且,正是这强大、无情的嘲笑,使人栖居于自由的生命活动之中。弗洛伊德曾经谈到:喜剧"具有一种解放作用,但又具备其他两种从智力活动中获得快感的方法所缺乏的庄严和高尚的因素。这种庄严特征,显然来自自我崇拜的胜利,欣然承认自我坚强不受伤害"。弗洛伊德对喜剧的美学规定的论述显然并不

---

① [法]柏格森:《笑》,徐继曾译,中国戏剧出版社1980年版,第1页。

准确,但其中一点却无疑是正确的。这就是对喜剧的对人的"自我坚强不受伤害"的"解放作用"的揭示。对此,卡西尔也曾明确指出:"我们成为最微不足道的琐事的敏锐观察者,我们从这个世界的全部褊狭、琐碎和愚蠢的方面来看待这个世界。我们生活在这个受限制的世界中,但我们不再被它所束缚了。这就是喜剧的卡塔西斯作用的独特性。事物和事件失去了它们的物质重压,轻蔑溶化在笑声中,而笑,就是解放。"①确实,喜剧正是通过对丑的嘲笑而企达对于生命的终极价值的绝对肯定。因此,我们可以把喜剧称为:生命的智慧。

§2."愉快地和自己的过去诀别"

在此,有两点需要加以说明:其一,是必须强调美对丑的至高无上的优越感、戏谑感,在这里,美与丑的关系绝不是相互抗衡的,也不是不协调的,而是美占有了绝对优势,可以玩弄丑于股掌之中。车尔尼雪夫斯基指出:"我们既然嘲笑了丑,就比它高明。譬如我嘲笑了一个蠢才,总觉得我能了解他的愚行,而且了解他应该怎样才不至于做蠢才——因此同时我觉得自己比他高明得多了。"②这种"高明得多",就是我所说的至高无上的优越感、戏谑感、谐趣感。假如忽略了这一点,就会使喜剧同其他审美活动的类型(例如崇高)在美学规定上混同起来。其二,是必须强调丑的夸饰、虚幻、无力。在喜剧中,丑已经失去了全部的生存根据。因此,只能用自己的消解来反证美的至高无上。假如忽略了这一点,同样也会使喜剧同其他审美活动的类型(仍如崇高)在美学规定上混同起来。

不过,有必要提出的是,人们往往把马克思的一段话作为喜剧的定义。这段话是这样的:"历史不断前进,经过许多阶段才把陈旧的生活形式送进坟墓。世界历史形式的最后一个阶段就是喜剧。……历史为什么是这样的

---

① [德]卡西尔:《人论》,甘阳译,上海译文出版社 1985 年版,第 191—192 页。
② [俄]车尔尼雪夫斯基:《美学论文选》,缪灵珠译,人民文学出版社 1959 年版,第 118 页。

呢?这是为了人类能够愉快地和自己的过去诀别……"①应该说,这是对喜剧的美学规定的深刻概括,但同时也应该说,这又并非对喜剧的美学规定的正面概括。在这段话中,马克思只是从人类历史的角度论及喜剧。在他看来,喜剧代表着"世界历史形式的最后一个阶段",它"把陈旧的生活形式送进坟墓"。这无疑是十分正确的。不过,我们还应强调,作为一种生命存在方式或一种审美活动的喜剧,它的诞生无须等到"世界历史形式的最后一个阶段",因此,喜剧中的丑,作为一种"陈旧的生活形式",也无须等到"世界历史形式的最后一个阶段"才被"送进坟墓"。这也就是说,尽管从宏观角度看,丑占据绝对优势,并且一直要"经过许多阶段"这种绝对优势才会消失,但从微观角度看,在一定范围内,或者在一定条件下,丑又可能处于绝对劣势,处于夸饰、虚幻、无力的被嘲弄的地位。

§3."大地一笑场"

因此,喜剧的内在构成可以分为下面几个方面:首先,喜剧是一种生命的超越。喜剧中美对丑的嘲弄不同于现实中善对恶的嘲弄。后者是功利的,前者却是超越的。喜剧中美对丑的嘲笑是站在生命的至高点上鸟瞰人间一切生命活动中的丑。它以嬉戏的态度面对丑,赋予丑以特定的形式。因此,才不但能够笑别人,也能笑自己,更能容忍别人对自己的笑。李斯托威尔认为:"进入喜剧领域的一个必不可少的条件是,我们必须在某种程度上从严肃、认真以及日常生活的真实感情中解脱出来。"②弗洛伊德也认为:在喜剧中,"主体以大人的举止把他人看成孩子,对孩子们感到了不得的苦乐事项一笑置之。幽默家由此承担起大人的担子,或多或少地自认为父辈,把他人看成子女,由此获得超越。"应该说,这正是他们对喜剧之为喜剧的深刻把握。

---

① 《马克思恩格斯选集》第1卷,人民出版社1972年版,第5页。
② [英]李斯托威尔:《近代美学史评述》,蒋孔阳译,上海译文出版社1980年版,第225页。

其次,喜剧是生命的自由本性的绝对肯定。不论在何种逆境之中,喜剧都始终瞩目于生命的自由本性,绝对肯定着生命的自由本性。中国清代的陈皋谟就曾说过:"大地一笑场也,装鬼脸,跳猴圈,乔腔种种,丑状般般。我欲大恸一番,既不欲浪掷此闲泪;我欲埋愁到底,又不忍锁杀此瘦眉尖。客曰:'闻有买笑征愁法,子曷效之?'予曰:'唯唯'。"你看,在群魔乱舞的大地笑场之中,喜剧作为一种生命存在方式,保持着一种何等凛然的傲然正气。正是这种傲然正气,才能够做到狄更斯所做到的,把群魔乱舞的大地笑场"从地上举起来,使它荒唐可笑地飘浮在半空中"(普里彻)。英国作家赫理斯在介绍萧伯纳时也曾描述说:"我看见过萧在遭受最恶毒的攻击时保持着那种超脱和镇静的态度。不管这些攻击是来自医学界——那些对萧的反对活体解剖及其他异端怀有私仇的人——或者来自其他的反对者,萧总是用那种完全镇定自若的态度给予回答,用冷静的逻辑和机智的利箭去讥笑或消灭敌人。例如,亨利·阿瑟·琼斯频频在《晨邮报》上骂他为'卖国奴''恶棍''阴险恶毒的家伙',但萧还是微笑着对琼斯说:他对琼斯的友谊和尊敬仍然是不变的。"[①]显而易见,这种面对攻击者的"完全镇定自若的态度"和"微笑",完全出自对于自由本性的确信和肯定。甚至在极端的情况下,这种对自由本性的绝对肯定也不容怀疑。例如在《死魂灵》中,到处都是丑的横行,但这就没有了对自由本性的绝对肯定了吗? 显然不是。正像果戈理所讲的:"我深为遗憾,谁也没有在我剧作中发现一位正派人物。是的,有一位正派的、高尚的人物,他贯穿于全剧。这正派的、高尚的人物就是笑。"在这里,笑当然意味着自由生命的淋漓,意味着对生命的一种终极肯定,意味着对光明、理想、未来的赞美与憧憬。

最后,喜剧同时又是对虚无本性的绝对否定。喜剧对自由本性的绝对肯定,同时就是对虚无本性的绝对否定。生命活动中的脓疮毒瘤和层层污垢,因为失去了现实社会关系和功利目的的庇护,而充分暴露出来,成了人人喊打的过街老鼠。难怪赫尔岑会认为:"笑声无疑是最强有力的毁灭性武

---

① [英]赫理斯:《萧伯纳传》,黄嘉德译,外国文学出版社1983年版,第303—304页。

器之一,伏尔泰的笑声像闪电和惊雷一样有力。偶像在笑声中倒下,桂冠在笑声中落地;那创造奇迹的圣像和它镶银的镜框,在笑声中也变成了装在黯然失色的框子中第三流的画像了。"[①]确实,正如莫里哀所说:"一本正经的教训,即使最尖锐,往往不及讽刺有力量。规劝大多数人,没有比描画他们的过失更见效了。恶习变成了人人的笑柄,对恶习就是重大的致命打击。责备两句是人家容易受下去的,可是人受不了揶揄。人宁可做恶人,也不愿做滑稽人。"这也就是说,人宁愿上社会的法庭,也不愿上审美的法庭。为什么呢? 在审美的法庭中,见惯不惊的虚无本性被彻底剥去了伪装,被强烈地揭示出来,令人震惊地暴露出它的荒唐、虚妄。

[①] 转引自[苏]齐斯:《马克思主义美学基础》,彭吉象译,中国文联出版公司1985年版,第262—263页。

第四章

"美是难的"

第一节　审美活动：对于自身价值的体验

§1. 审美主客体问题

审美活动"怎么样"，从逻辑的方面，还有纵向的特殊内容：美、美感、审美关系，以及剖向的特殊内容：自然审美、社会审美、艺术审美，等等。

不过，在此之前，本节首先要讨论一下审美主客体的问题。

对审美活动，美学界有着很深的误解。时人虽然做过大量研究，也取得了不少成绩，但在根本问题上却迄无进展。这个根本问题就是：在二分的世界观的影响下，把审美划分为审美主体与审美客体。毫无疑问，这个根本问题不解决，审美活动的根本性质，进而言之，审美活动与人的不断向意义生成的生命活动的内在关系，就不可能得到解决。

§2. 实现了的自我

在我看来，审美活动不可能被划分为审美主体与审美客体。为什么呢？其中的道理与前边所陈述的人的自身价值与外在价值的关系问题密切相关。审美活动关注的只是人的自身价值，而要把对于人的外在价值的论证"括起来"，而人的自身价值既非实在的对象，因而也就无法从二分的世界观角度去接近。审美活动必须把一分的世界观"括起来"，从主体与客体的对立中超越而出。正如里普斯在《论移情作用》中所猜测到的："审美的欣赏并非对于一个对象的欣赏，而是对于一个自我的欣赏。它是一种位于人自己身上的直接的价值感觉，而不是一种涉及对象的感觉。毋宁说，审美欣赏的特征在于：在它里面我的感到愉快的自我和使我感到愉快的对象并不是分割开来成为两回事，这两方面都是同一个自我，即直接经验的自我。"因此，审美活动是什么呢？审美活动正是在主客体同一的基础上对于人的自身价值的体验。借用现象学的说法,可以称作"意向性体验"。对此,萨特的著名论述给我们以深刻启迪:"我们的每一种感觉都伴随着意识活动,即意识到人的存在是起'揭示作用'的,就是说由于人的存在,才有(万物的)存在,或者说人是万物借以显示自己的手段;由于我们存在于世界之上,于是便产生了繁复的关系,是我们使这一棵树与这一角天空发生关联;多亏我们,这颗灭寂了几千年的星,这一弯新月和这条阴沉的河流得以在一个统一的风景中显示出来;是我们的汽车和我们的飞机的速度把地球的庞大体积组织起来;我们每有所举动,世界便被揭示出一种新的面貌……这个风景,如果我们弃之不顾,它就失去见证者,停滞在永恒的默默无闻状态之中。至少它将停滞在那里;没有那么疯狂的人会相信它将要消失,将要消失的是我们自己,而大地将停留在麻痹状态中直到有另一个意识来唤醒它。"[1]萨特的论述显然有助于我们对审美活动的理解。在萨特看来,至关重要的是人的存在,"即起'揭示作用'"的意向活动,至于万物的存在,则无非是人借以显示自己的手段。它们是源初与后继的关系,是显示与被显示的关系。不可能构成主体与客体的对立。要强迫它们构成主体与客体的对立,就会"一叶障目",最终造成人的存在的失落。

对审美活动的理解也应如是。审美活动作为"起'揭示作用'"的活动,是先于二分的认识活动的活动。与此相应,在审美活动中根本不存在独立的主体和客体,只存在互相决定、互相倚重、互为表里的审美自我与审美对象,这就决定了审美活动必然要建立在超越的基础上(所谓"回到事物本身")。而这就意味着,在审美活动中,美的被超越为审美的,对立的被超越为同一的,认识的被超越为体验的,经验的被超越为超验的,既定的被超越为生成的,外在的被超越为内在的,有限的被超越为无限的,抽象的被超越为具象的,实用的被超越为空灵的,一句话,知的被超越为思的。然而,假如从二分的世界观角度去看待这一切,审美活动的超越性无疑就会被遮蔽起来,成为千古大谜。

---

[1] 转引自柳鸣九编:《萨特研究》,中国社会科学出版社1981年版,第2—3页。

再进一步,马克思曾经指出:"对象如何对他说来成为他的对象,这取决于对象的性质以及与之相适应的本质力量的性质;因为正是这种关系的规定性形成一种特殊的、现实的肯定方式。"显然,马克思在提示我们:在任何一种活动之中,究竟构成怎样一种关系,取决于"对象的性质",和"与人相适应的本质力量的性质",这两个方面的"性质",决定了它们在活动中的"特殊的、现实的肯定方式"。那么,审美活动作为"一种独特的、现实的肯定方式",其"对象的性质"和"与之相适应的本质力量的性质"是什么呢?简单说来,从"对象的性质"来看,审美活动面对的绝非一般意义上的客体,而是客体中所蕴含着的秘密。这秘密是对客体加以超越的结果,是自我与客体在体验过程中所建构起来的成果,所谓"洗尽尘滓,独存孤迥"。它已经不再是与人无关的冷冰冰的存在,而是属人的存在,不再是只能给人以片面满足的物,而是"直接的价值",是人的"无机身体","成了他自身"(马克思)。它"视之不见""听之不闻""搏之不得",是"无状之状,无象之象",是"天地之心""太虚之体",是人的自身价值的意义显现。

其次,审美活动所面对的秘密不但是审美活动的原因,更是审美活动的结果。人们在对象身上"审"到的秘密难道不正是自身所禀赋的并且被自我对象化到对象身上的秘密吗?因此,里普斯才会认定:"审美快感就是对于一种对象的欣赏,这对象就其为欣赏的对象来说,却不是一个对象而是我自己。"[①]从"与之相适应的本质力量的性质"来看,构成审美活动中的"本质力量的性质"的,应该是实现了的自我。这自我在上一章中已作详细论述,此处不赘。总而言之,自我是对非自我的超越,只有进入自我,审美活动才得以展开。按照柏拉图的提示,审美活动"凭高俯视我们凡人所认为真实存在的东西",从而洞察到其中的不"真实",进而赋予它一种更高意义上的"真实"。

在这个意义上,我们又可以说,审美活动不是别的什么,它正是对人的

[①] 北京大学哲学系美学教研室编:《西方美学家论美和美感》,商务印书馆1980年版,第274页。

自身价值亦即对自我的确证。因此,我们看到,不论是"对象的性质",还是"与之相适应的本质力量的性质",都决定着:在审美活动中,"自我和对象的对立消失了,或者说,并不曾存在"①;都决定着:审美活动只能作为"一种特殊的、现实的肯定方式"——对于人的自身价值的体验而存在。

第二节 自然美 社会美 艺术美②

§1. 自然美

在逻辑形态的剖向层面,我们所看到的,是在审美活动中所建构起来的自然美、社会美、艺术美。③

自然美的存在是一个事实,然而对于自然美的看法却是各执一词。总的来看,大体是或者认为自然美与人无关,或者认为自然美与人有关(其中又分为两个方面:其一是认为与人类的实践活动有关,其二认为是与人类的意识活动有关)。在我看来,两者都有道理。前者使我们意识到自然美与社会美、艺术美之间存在着根本区别,后者则使我们意识到自然美仍然与人无关。然而,它们又都有其不足。就前者而言,山水是可触的,但山水的"美"却是不可触而只可欣赏的。这说明"美"不存在于山水自身,而是存在于山水与人之间的关系之中。就后者而言,实践活动只能创造出自然,但无法创造出自然的美。至于说离开实践活动的意识活动创造了自然美,更是虚假的。

关于自然美的问题,可以从两个层面去考察。在第一个层面,是实践活动创造了"自然"。没有实践活动,就没有"自然"(对于原始人来说,就没有

---

① 北京大学哲学系美学教研室编:《西方美学家论美和美感》,商务印书馆 1980 年版,第 274 页。
② 本节的内容在本次再版中有所增补。
③ 严格地说,应该称之为自然审美活动、社会审美活动、艺术审美活动,但为与美学界的惯用范畴保持一致,故暂不作改变。

自然)。这不仅因为实践活动既改造了外在自然,也改造了内在自然,而且因为只有在实践活动的基础上,才会出现"社会",也才会出现与"社会"相对的"自然"。

在第二个层面,是审美活动创造了自然美。没有自然审美活动,就没有自然美。有人说自然美是自然人化的产物,这无异于说自然是人类的产品,显然是错误的。这种看法遮蔽了人的对于自然美的欣赏,使人无法去真正了解自然美的特性,甚至让人在自然美中仍然去欣赏抽象的观念、理论之类的内容。事实上,社会美才是人类的产品,自然美则只是人类的对象,换言之,自然美只是"属人化"的对象,社会美才是"人化"的对象。这意味着,自然美不是"人化"的产物(因此不能只强调社会性),但也不是自然的产物(因此不是只有自然性),而是"属人化"的产物。自然美是审美活动在进入人与自然的层面时所建构起来的。

然而,在"自然"业已存在的基础上,人为什么还要进行审美,还要把"自然"审成"自然美"?这当然不是因为在自然中有"美"要去反映、要去欣赏,而是因为审美活动是人之为人的特殊呈现。换言之,这个时候,"自然"已经被提升、升华了。至于"提升、升华"的原因,则当然是出自审美活动的特殊需要。

人之为人的灵魂,类似人之为人的精神面孔。遗憾的是,它却无法在非我的现实世界得以呈现,就犹如现实的镜子无法照出我们的精神面孔。那么,又应该如何去让这一切呈现而出呢?睿智的人类当然不可能因此而被难倒,而这,就是审美活动的出场。审美活动,其实也就是通过创造一个非我的世界来证明自己。这意味着,要去主动地构造一个非我的世界来展示人的超生命,主动展示人类超生命得以实现的美好,以及人类超生命未能得以呈现的可悲。不过,与通过非我的世界来见证自己不同,创造一个非我的世界,不是把非我的世界当作自己,而是把自己当作非我的世界,过去是通过非我的世界而见证自己,现在是为了见证自己而创造非我的世界。而且,把一个非我的世界看作自己,这当然是我们日常所说的现实世界中的实践活动,但是把自己看作一个非我的世界呢?那岂不正是我们所说的审美活动?

必须强调,所谓自然美,只有在上述的审美活动的基础上才能够被正确地加以阐释。事实上,在审美活动之前,在审美活动之后,都只存在"对方"、自然,但是,却不存在"对象"、自然美。当客体对象作为一种为人的存在,向我们显示出那些能够满足我们的需要的价值特性,当它不再仅仅是"为我们"而存在,而且也"通过我们"而存在的时候,才有了能够满足人类的未特定性和无限性的"价值属性",当然,这就是所谓的自然美。因此,犹如审美对象涉及的不是外在世界本身,而是它的价值属性。[①] 自然美之类的审美对象因此也并不是客体的属性或者不是主体的属性,更非实体范畴,而是关系范畴——在审美活动中建立起来的关系属性。它是在关系中产生的,也是在关系中才具备的属性。它不能脱离审美对象而单独存在,是对审美活动才有的审美属性,也是体现在审美对象身上的对象性属性。犹如花是美的,但并不是说美是花本身,而是说花有被人欣赏的价值、意义。因此,客观世界本身并没有美,美也并非客观世界固有的属性,而是人与客观世界之间的关系属性。也因此,客体对象当然不会以人的意志为转移,但是,客体对象的"审美属性"却是一定要以人的意志为转移的,因为它只是客体对象的价值与意义。

当然,在具体的审美活动过程中,自然美还可以再做区分,例如,可以区分为与社会美、艺术美相分离的自然美,与社会美、艺术美结合的自然美,等等。本书不再讨论。

§2. 社会美

社会美问题,也可以从两个层面去考察。在第一个层面,是实践活动创造了社会。没有实践活动,就没有社会。正是在这个意义上,我们说社会是

[①] 在这方面,自然美是区别于艺术美的。人类在艺术中可以直接去创造一个非我的世界来见证自己,可是,人类在自然中却只能通过将"对方"转换为"对象"来见证自己。可参见笔者的有关讨论。

"人的本质力量的对象化"。在第二个层面,是审美活动创造了社会美。没有社会审美活动,就没有社会美。与自然美一样,社会美间接产生于实践活动,直接产生于审美活动。因此,应该说,社会美是审美活动在进入人与社会的层面时所建构起来的。社会美是社会现象,也是自然现象——它要以自然性、真为中介,社会美是自然的人化,是从自然到社会的结果。社会美是以善的形式展现真的内容。是对于善的超越,对于内容的超越。

就自然美与社会美而论,两者都是自然性与社会性的统一,或者说,两者都既决定于自然属性,也决定于社会属性,但是侧重点有所不同。不同的自然属性与不同的社会属性的结合,或以自然属性为主,或以社会属性为主,就构成了自然美或社会美。甚至可以说,自然美与社会美是两个相对的范畴,都要相对于对方而存在,都是意在展示为对方所忽视了的另外一面。在一定意义上,可以说,社会美是以对于自然的否定而成为可能的,自然美则是以对于社会的否定而成为可能的。换言之,从自然作用于人的角度有自然美;从人反作用于自然的角度有社会美。自然向人生成与人向自然生成的理想是双向循环过程:自然的人化和人的自然化。社会审美活动侧重于展示审美活动的结果,自然在这里找到了人的本质;自然审美活动侧重于审美活动的过程,人在这里找到了自然的本质——附带说一句,这种两重性在审美活动中可以同时看到,在艺术活动中则在二重转换的意义上,同样可以看到。至于社会美的分类,则包括以面对外在对象、客体自然的实践活动(包括科学技术活动)为审美对象,以面对内在对象、主体自然的社会活动为审美对象,以面对外在对象、客体自然与内在对象、主体自然的统一——人体活动为审美对象三类。其中,人体美是社会美的最为集中的表现。不过,本书不去讨论。

§3. 艺术美

艺术美问题,同样存在着两个层面。在第一个层面,是艺术活动创造了艺术。没有艺术活动,就没有艺术。在第二个层面,是艺术审美活动创造了艺术美。没有艺术审美活动,就没有艺术美。艺术美是审美活动进入人与感性符号层面时所建构起来的。假如说自然美面对的是人与自然的超越关系,社会美面对的是人与社会的超越关系,艺术美面对的则是人与自我的超越关系。艺术美是对于内容与形式的在感性符号层面的同时超越,①即对真与善的同时超越。艺术美是通过自然的"人化"向自然的"属人化"的复归。假如说,审美活动象征的是人类既从自然走向文明同时又从文明回到自然的矛盾的解决,那么,一方面,在这个矛盾解决中,自然美与社会美各居一个侧面,艺术美则是借助于感性符号对于自然美、社会美的同时超越。社会美是改造自然,自然美是超越社会,艺术美则是既改造自然又超越社会。在社会美,因为它是人类的生产产品而感到美;在自然美,因为它不是人类的生产产品而感到美;在艺术美,则因为它既是人类的生产产品又不是人类的生产产品而感到美。

也因此,艺术的存在纯然是人类精神关系的解放的见证。它是精神生命的生产,尤其是审美生命的生产。马克思憧憬的"按照美的规律"去创造,只有在艺术作品中才真正得以实现。人类在艺术作品中呈现着生命,展示着生命,也实现着生命,并且"生成为人"。艺术作品是生命的享受,也是生命的提升。在这个意义上,艺术作品已经不是在创作作品,而是在创作人。至于艺术欣赏,也无非是关于人的二度创作。

唯其如此,诸多美学家、艺术家的断言才会振聋发聩:"艺术原是天国的一种召唤""艺术是一种谎言"(毕加索),"艺术是影子的影子"(柏拉图),"艺术仅为了人性而存在"(施莱格尔)。艺术是人生世界中的上帝。它的光辉笼罩着黑暗长夜中辗转于物欲之轮之下的人类群体,笼罩着他们的恐惧、畏缩和挣扎着的灵魂。艺术是一双冥冥之中的巨手,它在纷纷流变、分门别类的物质世界重建出一个供人栖居的意义存在。

---

① 艺术美通过感性符号与世界发生关系,因此比自然美、社会美的影响更大,所谓"精神之浮英,造化之秘思"(徐祯卿:《谈艺录》),因为感性符号使人可以发挥更集中、更富创造性的想象,这本身就是对现实的超越。

艺术是对事物的感觉,而不是对事物的了解,艺术把心灵从现实的重负下解放出来,激发起心灵对生命的把握。艺术展示一个更高更美好的世界。艺术是生命本体达到透明的中介,是生命力量的敞开,是生命意义的强化。"诗与生活的关系是这样的:个体从对自己的生存、对象世界和自然的关系的体验出发,把它转化为诗的创作的内在核心。于是,生活的普遍精神状态就可溯源于总括由生活关联引起的体验的需要,但所有这一切体验的主要内容是诗人自己对生活意义的反思。"(狄尔泰)大诗人里尔克说得好:"我们应该毕生期待和采集,如果可能,还要悠长的一生,然后,到晚年,或者可以写出十行好诗。因为诗并不像大家所想象,徒是情感(这是我们很早就有了的),而是经验。单要写一句诗,我们得要观察过许多城许多人许多物……得要能够回忆许多远路和僻境,意外的邂逅,眼光望它接近的分离,神秘还未启明的童年,和容易生气的父母……和离奇变幻的小孩子的病,和在一间静穆而紧闭的房里度过的日子,海滨的清晨和海的自身,和那与星斗齐飞的高声呼号的夜间的旅行——而单是这些犹未足,还要享受过许多夜不同的狂欢,听过妇人产时的呻吟,和坠地便瞑目的婴儿轻微的哭声,还要曾经坐在临终人的床头和死者的身边……必要等到它们变成我们的血液、眼色和姿势了,等到它们没有了名字而且不能别于我们自己了,那么,然后可以希望在极难得的顷刻,在它们当中伸出一句诗的头一个字来。"①艺术的诞生就是这样艰难。

然而,艺术固然出于对生命意义的深刻体验,但是,生命意义的体验本身并不必然构成艺术。朗格指出:人类与动物的不同之处,在于他时时想使体验象征化、符号化。艺术也是如此。它驱使着体验走向符号。艺术是人的生存意义在符号和语言上的显现。艺术是一种符号形式,是对世界的一种把握方式。这把握既不是再现也不是表现,而是对世界的理解和解释。与哲学不同的是,理解和解释,在艺术不是通过概念而是通过直觉,不是通

---

① 转引自宗白华:《美学散步》,上海人民出版社1981年版,第15—16页。

过思想的媒介而是通过感觉的形式。因此,虽然艺术也裹挟着现实生活的外衣,但在艺术中现实生活只是解释和理解世界的媒介。对生活而言,艺术才更为根本。它使人从物质生活中超升而出,栖居于精神生活的意义世界,形式愉悦的世界。因此,在更加深刻的意义上,人还是一种形式存在物。"看到死亡和痛苦当然感到不快和沉重。但是,为什么自古以来艺术一直热衷于悲剧题材和情节呢?为什么人们不可遏制地迷恋于表现罗密欧和朱丽叶的死亡、安娜·卡列尼娜的痛苦和恰巴耶夫的毁灭的艺术呢?它使人心理处于严重的失衡状态,从而产生沉重感、痛苦感;但在悲剧中美好的东西被毁灭又能产生最为兴奋的情绪,这种兴奋使人的心灵被提升到从未有过的高度。当秤砣般的沉重被战胜之后,会产生一种难以言说的轻松感,当至深的痛苦被克服之后,会产生一种无与伦比的胜利感。"斯托洛维奇为此总结说:这是一种人所独有的"审美享受的特殊愉悦",会"产生最高的享受"。[①]因此,艺术是用刻刀、泥巴、金石、色彩、旋律声部、文字节奏显现出生命深渊中对世界的理解和解释。在特定的时刻,世界竟然会作为形式而存在,作为形式化了的世界而存在。画面上的女人永远不可能与你亲吻,银幕上的枪弹也绝对不可能射中你的心脏,那关闭了栅栏的白昼,那藏匿了影子的夜晚,那太阳,那云空,那树丫上被晾晒着的无人认领的思念的风,不也只在你的想象中诉说着生命的故事?而且,艺术对世界的理解和解释也并非先验,而是经验,对艺术来说,在艺术之前不存在一个意义世界,在艺术之外也不存在一个意义世界。艺术本身创造出了一种对世界的理解和解释,创造出了一个意义世界。艺术选择了一种符号形式也就选择了一种意义,选择了一种理解和解释;同时也就选择了自己的存在方式。

艺术,就是艺术的世界。

[①] [苏]斯托洛维奇:《审美价值的本质》,凌继尧译,中国社会科学出版社1984年版,第231、235页。

第三节　美是自由的境界

§1."知道什么是美的人竟如此之少"

在纵向的层面,审美活动具体展现为美、美感、审美关系。它们分别是审美活动的外化、内化和凝固化。或者,可以称之为审美活动造就的审美活动中的客体效应、审美活动造就的审美活动中的主体效应、审美活动造就的审美活动中的主客体结合效应。①

"美是难的。"这几乎是所有美学家在美的探险中艰难跋涉之后的共同心声。

柏拉图在西方最早的一部美学著作《大希庇阿斯篇》中,曾借其中人物的口道:"这问题小得很",微不足道。但到辩论结束,才发现问题并不简单,并自供:在辩论中"我得到了一个益处,那就是更清楚地了解一句谚语:'美是难的'"。

狄德罗陈述自己在探讨美的本质问题时的困惑时说:"我和一切对美有过著作的作家一样,首先注意到人们谈论得最多的东西,每每注定是人们知道得很少的东西,而美的性质则是其中之一……几乎所有的人都同意有美,并且只要哪儿有美,就会有许多人强烈感觉到它,而知道什么是美的人竟如此之少。"②

黑格尔甚至也不得不道出自己的沮丧:"乍看起来,美好像是一个很简单的观念。但是不久我们就会发现:美可以有许多方面,这个人抓住的是这一方面,那个人抓住的是那一方面;纵然都是从一个观点去看,究竟哪一方

---

① 过去,我们只注意到美(美的本质、美的性质、美的对象)或者美感(广义美感:审美意识系统,及狭义美感:审美感受过程)之类的讨论,然而,离开了审美活动如何可能,美或美感的如何可能是无法得到深刻的说明的。

② 转引自《文艺理论译丛》第1期,人民文学出版社1958年版,第1页。

面是本质的,也还是一个引起争论的问题。"①

因此,美学家的努力不免受到人们的白眼。著名的作家歌德,不就曾经讲过"我对美学家们不免要笑,笑他们自讨苦吃,想通过一些抽象名词,把我们叫作美的那种不可言说的东西化成一种概念"?②

然而,美的问题必须得到回答,也应当得到回答。

§2. 美是生成的

美的问题之所以长期得不到正确的答案,与长期以来对美的根本误解有关。在很多美学家看来,美是世界上的一种自在存在。在美学研究中它是最为内在、最为源初的。它自我规定,自我说明,自我创设,自我阐释。正是因为有了美,才有了作为它的反映的审美活动和艺术活动。然而,问题却并不如此简单。已经有越来越多的人认识到:这种意见其实是建立在被马克思主义一再批判过的机械唯物主义基础之上的。在它看来,宇宙,自然万事万物的本质及其规律统统是与人渺不相涉的自在存在,人的所能则无非是被动地认识,掌握它的本质及其规律。审美也是如此。然而,正如马克思所批评的:"被抽象地孤立地理解的,被固定为与人分离的自然界,对人说来也是无。"③"被抽象地孤立地理解的,被固定为与人分离的"美,"对人说来也是无"。

在这里,关于人及其自然界都是在人类生命活动中产生,关于某种高高在上的虚妄的"存在物"的毫无意义,马克思已经讲得清清楚楚了。值得进一步思考的倒是,难道美就可以高高地悬于审美活动之上吗?难道美就不是从审美活动中产生的吗?因此,美不是预成的,而是生成的;不是自在的,而是自为的;也不是美学研究中最为内在、最为源初,可以自我规定、自我说明、自我创设、自我阐释的东西,而是美学研究中外在的、第二性的,需要被

---

① [德]黑格尔:《美学》第1卷,朱光潜译,商务印书馆1979年版,第21页。
② [德]歌德:《歌德谈话录》,朱光潜译,人民文学出版社1978年版,第132页。
③ 《马克思恩格斯全集》第42卷,人民出版社1979年版,第178页。

规定、被说明、被创设、被阐释的东西。假如说,"全部所谓世界史不过是人通过劳动生成的历史,不过是自然向人生成的历史",[①]美也不外是"自然向人生成的历史"中的一个结果,是人通过人的审美活动而产生的一个结果。无视这一点,去探讨美的存在和美的本质,无异于缘木求鱼。这也就是说,不是先有了美,然后才有了审美活动,而是在审美活动中才有了美。美只存在于审美活动之中,美的本质之谜也就是审美活动的本质之谜。

在此意义上,不难看出,美的问题的答案必须从审美活动中去寻找。只有审美活动,才是美学研究中最为内在、最为源初,可以自我规定、自我说明、自我创设、自我阐释的东西。至于美,则不过是审美活动的对象化,不过是审美活动的历史展开和最高成果。

那么,审美活动的本质是什么呢?审美活动不仅是一种操作意义上的把握世界的方式,而且首先是一种本体意义上的生命存在的最高方式。它是自由的生命活动,是从绝对的价值关怀的生命存在方式的角度对"生命的存在与超越如何可能"这一终极追问、终极意义、终极价值的回答。审美活动从终极关怀出发,坚决地拒斥有限的生命,无情地揭示出固执着有限的自我的濒临价值虚无的深渊、自我的丑陋灵魂、自我的在失去精神家园之后的痛苦漂泊和放逐、自我的生命意义的沦丧和颠覆,并且着力去完成生命意义的定向、生命意义的追问、生命意义的清理和生命意义的创设,从而在生命的荒原中去不断地叩问精神家园,不断向意义生成,不断向自由的人生成。

聪明的读者或者已经意识到,在此基础上,美不可能是别的什么,它只能是审美活动在对生命的意义的定向、追问、清理和创设中不断建立起来的一个意义的世界。正像里尔克吟咏的:审美活动的真谛就在于使生命的"本质在我们心中再一次'不可见地'苏生。我们就是不可见的东西的蜜蜂。我们无终止地采集不可见的东西之蜜,并把它们贮藏在无形而巨大的金色蜂巢中"。美,不正是这"无形而巨大的金色蜂巢"吗?它是人的最高生命世界,是人的最为内生的生命灵性,是人的"世界内在空间",是充满灵性的内

---

① 《马克思恩格斯全集》第42卷,人民出版社1972年版,第131页。

在世界,是人的真正留居之地,是充满爱、充满理解、充满温柔情感的领域,是人之为人的根基,是人之生命的依据,是灵魂的归依之地。

简而言之,美是审美对象在审美活动中呈现出来的一种共同的价值属性,或者,是审美对象在审美活动中呈现出来的一种能够满足人类自身的共同的价值属性。美,是自由的境界。

具体来看,这自由的境界体现着人与世界的一种更为源初、更为本真的关系。它先于在二分的世界观的基础上形成的人与世界的物质的关系或者科学和意识形态性的关系,是与世界之间的一种相互理解。于是,人与世界处在一个层次上,"我们不妨模仿康德有关时间的一句名言,说:我在世界上,世界在我身上。"①或者说,人既不在世界之外,世界也不在人之外。人和世界都置身于自由境界之中。同时,在自由境界之中,人诗意地理解着世界,重新发现了被分割前的"未始有物"的世界,并且"诗意地存在着"。或许正是因此,海德格尔才会出人意料地宣布:"美是无蔽的真理的一种现身方式。"而我们也才有充分的理由宣布,审美活动不但是人的存在方式,而且同时也是作为自由境界的美的存在方式。显而易见,只有从这个角度去理解美,才能够真正有助于对审美与思的内在关系,审美与人的自身价值的生成的内在关系的理解。

试想,自由境界原来是如此源初、如此本真而又如此普通、如此平常的生命存在。用禅宗的话讲,"是如人骑牛至家",是"后山一片好田地,几度卖来还自买",是"挑水砍柴,无非妙道",只是由于我们自己的迷妄与愚蠢,才把它弄得不源初、不本真而又不普通、不平常了,才把它从自由的境界变为冷冰冰的世界。那么,还有什么理由不去重新领承审美活动的馈赠,还有什么理由不去重返自由的境界呢?

"人应该同美一起只是游戏,人应该只同美一起游戏。"席勒的宣言只有在把美理解为自由的境界的时候,才有了真正的生命力。

---

① [法]杜夫海纳:《美学与哲学》,孙非译,中国社会科学出版社1985年版,第33页。

§3. "世界三"

还有必要对所提出的美的定义作些具体的发挥。

首先要指出的是,美作为自由境界,与我们经常谈论并置身其中的物理世界、精神世界根本不同,它是一个意义的世界。

人真是奇特的独一无二的动物。毋庸讳言,"人们为了能够'创造历史',必须能够生活"(马克思)。他运用自身的活动不断促使着人和自然之间的物质交换,去维持吃、喝、住、穿的生存。在这方面,人类确实表现出了自己超常的力量,不但为自身赢得了生存的权利,而且为自身赢得了信心、荣誉和尊严。但是,它也使人们产生了一种错误的看法,错误地认定这就是一切。事实当然不是如此。人类的这种活动,并未使他最终超出动物的水平,或者说,超出野蛮人的水平。"像野蛮人为了满足自己的需要,为了维持和再生产自己的生命,必须与自然进行斗争一样,文明人也必须这样做。而且在一切社会形态中,在一切可能的生产方式中,他都必须这样做。"① 但是,"事实上,自由王国只是在由必需和外在目的规定要做的劳动终止的地方才开始,因而按照事物的本性来说,它存在于真正物质生产领域的彼岸"。② 这彼岸是人类的自由的生命世界。或者说,是人类从梦寐以求的自由理想出发,为自身所主动设定、主动建构起来的某种意义境界、价值境界。

因此,正像我在本书中一再强调的,真正使人区别于动物的,是对于生命意义的追寻。人无法容忍没有意义的生命、虚无的生命,他必须不断为生命创造出某种意义,不断为生命命名。而且,正是对生命意义的创造,而不是对于外在物质世界的占有,才是人之为人的终极根据,也才使人最终超出动物的水平,或者说,超出野蛮人的水平。

在这里,很可能颇为令人迷惑不解的是,从表面上看,人的生命活动似乎与动物的生命活动大体相似,都无非是在同物质打交道,因而都生活在物

---

① 《马克思恩格斯全集》第25卷,人民出版社1974年版,第926页。
② 《马克思恩格斯全集》第25卷,人民出版社1974年版,第926页。

质世界之中。这其实是一种极大的误解。人和动物虽然都和物质打交道，但实际并不相同。动物所追求的，只是物质本身，人却不但追求物质本身，而且要追求物质的意义。这意义借助物质呈现出来，但它本身并非其中某种物质成分，而是依附其中的能对人发生作用的信息。因此，人就不仅仅生活在物质世界，更生活在意义世界。并且只有生活在意义世界，人才真正生成为人。

对于人生活于其中的不同世界，古今的哲人早有种种猜测。例如，柏拉图就曾把它们区分为可感世界、灵魂世界和理念世界；弗雷格也曾把它们区分为外在世界、精神世界和意义世界；波普尔也曾经把它们区分为世界1、世界2、世界3："首先有物理世界——物理实体的宇宙……我称这个世界为'世界1'。第二，有精神状态世界。包括意识状态、心理素质和非意识状态；我称这个世界为'世界2'。但是，还有第三世界，思想内容的世界，实际上是人类精神产物的世界；我称这个世界为'世界3'。"①卡西尔也曾把它们区分为物理世界和意义世界，并指出："信号是物理的存在世界之一部分，符号则是人类的意义世界之一部分。"②……尽管这些看法并不相同，即便同样三分世界，区分的内容也不尽相同，但隐现于其中的探索方向却是大体一致的，这就是把世界区分为客体的世界、主体的世界和主客体同一的（或超越于主客体之上的）世界。

对此，我们还可以从现代科学的角度予以说明。现代量子论、相对论的出现唤醒了人类对于一个不以人的意志为转移的绝对世界的迷梦，也证实了马克思当年的哲学断想："正像人的本质规定和人的活动是形形色色的一样，属人的现实也是形形色色的"。③应该说，这是一个十分引人瞩目的启示。在相当时期内，人们往往把客体世界和主体活动对立起来，认为它完全独立于人类之外并且与主体活动无关。结果，使客体世界失去了"诗意的感

---

① ［英］波普尔：《科学知识进化论》，纪树立编译，三联书店1987年版，第409页。
② ［德］卡西尔：《人论》，甘阳译，上海译文出版社1985年版，第41页。
③ ［德］马克思：《1844年经济学—哲学手稿》，刘丕坤译，人民出版社1979年版，第79页。

性光辉",成为一个冷冰冰的物理世界,成为一个只剩下质量、广延、形状、数目等"第一性质"的世界。但现代科学却无情地推翻了这一偏见。在现代科学看来,这一偏见只是在宏观低速这一特定世界中才有其合理性。一旦把视野推广到世界的全景,就未免失之片面了。从质量、广延这类"第一性质"来说,表面上看是客体世界的固有属性,但相对论却提醒我们,随着运动速度的变化,它们都会发生变化;从微观世界来说,它们的属性,正像量子论强调的,也会受到观测仪器的干扰。因此,即便是客体世界,也无法做到完全独立于主体之上,尽管在这里主体的作用应该遵从客体的限定。可是,假如我们进一步推论,认为除了世界的"第一性质",世界的其他性质都是虚假的,则是错误的。恰恰相反,当我们从主体出发,建立起颜色、滋味、声音等"第二性质"的主体世界,显然不能简单地视之为一种主体的误差,而应视之为一种不同的"人的活动"所导致的"属人的现实",一种真实的世界。

再进一步,当我们从超越主客体或主客体同一的角度出发,建立起意义、意味等"第三性质"生命的世界,尽管已经远离了客体世界,甚至也远离了主体世界,但由于它更深刻地触及人的本质,更全面地凝聚着人的特性,所以应同样视之为一种"人的活动"(审美活动)所导致的"属人的现实",一种真实的世界。

显而易见,美作为自由境界,正是隶属于这一"第三性质"的世界。

人活着,总要去寻觅一片属于自己的生命的绿色和希望的丛林。自由境界正是这生命的绿色和希望的丛林。它内在于人又超越于人,它不是一面机械反映外在世界的镜子,不是一部按照逻辑顺序去行动的机器,不是一个与人类生存漠不相关的东西。它是人类安身立命的根据,是人类生命的自救,是人类自由的谢恩。它"为天地立心,为生民立命",为人类展现出与现实世界截然相异的一片生命之岛,它为晦暗不明的世界提供阳光,使其怡然澄明,它是使生命成为可能的强劲手段,是使人生亮光朗照的潜在诱因,是使世界敞开的伟大动力……正是自由境界,使"人不再生活在一个单纯的物理宇宙之中,而是生活在一个符号宇宙之中。语言、神话、艺术和宗教则是这个符号宇宙的各部分,它们是组成符号之网的不同丝线,是人类经验的交织之网。人类在思想和经验之中取得的一切进步都使这个符号之网更为精巧和牢固。人不再能直接地面对实在。他不可能仿佛是面对面地直观实在了。人的符号活动能力进展多少,物理实在似乎也就相应地退却多少。在某种意义上说,人是在不断地与自身打交道而不是在应付事物本身。他是如此地使自己被包围在语言的形式、艺术的想象、神话的符号以及宗教的仪式之中,以致除非凭借这些人为媒介物的中介,他就不可能看见或认识任何东西。人在理论领域中的这种状况同样也表现在实践领域中。即使在实践领域,人也并不生活在一个铁板事实的世界之中,并不是根据他的直接需要和意愿而生活,而是生活在想象的激情之中,生活在希望与恐惧、幻觉与醒悟、空想与梦境之中。"[1]"今宵梦在故乡做,依旧故乡在梦里"。这里的"故乡"就绝非物理上的时空位置,而是某种精神家园、某种自由境界。

或许,这自由境界正是为当今青年学子所津津乐道的海德格尔的"澄明"?在海德格尔,"澄明"就是存在亮敞了,存在在亮光中露面,就是世界的敞开。不过,海德格尔的看法对中国人来说,实在是并不新鲜。中国人对此早有明察,董仲舒说:"天,地,人,万物之本也,天生之,地养之,人成之。"所谓"人成之",不正是成就那天地的未竟之功吗?也就是成就"天地之心"。《礼运》说:"人者,天地之心。"朱熹解释说:"教化皆是人做,此所谓人者,天地之心也。"[2]王阳明解释得更为酣畅淋漓:"先生曰:'你看这个天地中间,甚么是天地的心?'对曰:'尝闻人是天地的心。'曰:'人又甚么教做心?'对曰:'只要一个灵明。''可知充塞天地中间只有这个灵明。人只为形体自间隔了。我的灵明,便是天地鬼神的主宰。……天地鬼神万物,离却我的灵明,便没有天地鬼神万物了。……'"

要着重指出,自由境界不是实体,也不是实体的某种属性,而是一种价值对象。与物理世界相比,它们虽然从根本上说是同出一源——人类自由自觉的活动,但毕竟又服从于不同的规律。后者着眼于外在世界和解放自

---

[1] [德]卡西尔:《人论》,甘阳译,上海译文出版社1985年版,第33—34页。
[2] 《朱子语类》第87卷。

我,要求尽量降低克服主观色彩的影响,尽量接近客观规律。前者着眼于内在世界和自我解放,不仅不要求降低或克服主观色彩的影响,反而允许并要求尽可能予以弘扬。它们虽然都与自由密切相关,但各自尊奉的自由的内涵又有深浅之别。后者的自由只是一般意义上的,是指"根据对自然界的必然性的认识来支配我们自己和外部自然界"。前者的自由则是特定意义上的,是指自然与文明之间双向同构的历史张力。因此,自由境界便不是凭借冷静客观的观察、分析、归纳、推理、反思、总结等理性程序制作出来的,而是凭借狂热主观的体验、回忆、想象、返目内视、游心太玄等超理性程序创造出来的。它以个体感性的诸感觉为本体,是个体感性的诸感觉的创造、超越和阐释。它与个体自我同在,不允许将提问的主体与被问的客体分开,因而是超问题的——是秘密而不是问题。因此,笛卡尔的"我思故我在"在这里就毫无用处,自由境界并非作为一般精神的、抽象的、分析的、客观的、普遍的、可以证明的对对象追问的结果,而是纯粹个体的、具体的、启发的、内省的积极参与的结果,也就是:"我在故我思。"这样看来,自由境界就不是什么终极目标,而是一种过程式的存在,一种雅斯贝斯所谓的"在路上"。人其实还是一种境界存在物,他以境界的方式生活于世界。正如卡西尔所提示的:"人的本质不依赖于外部的环境,而只依赖于人给予他自身的价值。"①就世界作为"自在之物"而言,是物质实在在先,精神存在在后;就世界作为"为我之物"而言,则是精神世界在先,物质世界在后。境界是意义之在,而非物质之在。借助于它,精神世界的无限之维才被敞开,人之为人的终极根据也才被敞开。自由境界是一种精神上的令人难以安分的诱惑。它诱惑着人们在追求中"成为你自己"而不是"认识你自己"。如果我们不理解这诱惑、这追求,我们也就不可能理解人、理解自由境界,正如日本的一首短歌中吟咏的:

恋情不减终难见
徘徊至此望其门

---

① [德]卡西尔:《人论》,甘阳译,上海译文出版社1985年版,第10页。

短歌里含蕴着一种复杂的意味,是令人心折的怅惘,也是让人销魂的眷恋,人生的自由境界,或许正存在于这种"望其门"和"终难见"的怅惘和眷恋之中。它使人在怅惘和眷恋中既飘然远逝又倏忽归来,既向外求索又自省怡然。……这,或许就是那令人难以安分的诱惑? 或许就是那渴望"成为你自己"的追求?

§4. 自由生命的形式

其次,美作为自由境界,还有其内在的规定。这内在的规定起码应包括三个方面。

第一,美作为自由境界,只涉及外在世界的形式。人们往往认为,美就是外在世界本身,就是某山、某水,这是一种粗率的误解。其实,美并不涉及外在世界的内容,而只涉及外在世界的形式。用卡西尔的话讲,美"不是活生生的事物的领域,而是'活生生的形式'的领域"。[①] 对此,很多美学家都曾论及。例如,"美实际上只应涉及形式"(康德)、"美是形式"(席勒)、"美是理念的感性显现"(黑格尔)、"美是情感的形式"(苏珊·朗格)、"美是自由的形式"(李泽厚)……应该说,都是颇具慧识的。然而,一旦进一步追问形式的涵义,就歧义百出,言人人殊了。在我看来,美所涉及的形式,应该是指:意义的感性造型。而这种意义的感性造型,无疑是美作为自由境界的第一层涵义。

一般而论,人们往往把美所涉及的形式,同在日常生活中经常谈论的内容形式中的形式混同起来。其实,美所涉及的形式与内容形式中的形式全然不同。海德格尔在《艺术作品的本源》中追问"艺术是本真的自己置入作品。那么什么是那种时时以艺术面目出现的本真自己呢? 什么又叫作自己置入作品呢?"之时,曾经指出:

> 本真是在者之作为在者的无遮蔽性。本真是存在之真。美并不发

---

① [德]卡西尔:《人论》,甘阳译,上海译文出版社1985年版,第193页。

生在这本真之旁。当本真自己置入作品时，本真便显现了。这显现——即在作品中并作为作品的本真的这种存在——就是美。这样美应当归入到本真的自我呈现中。它不仅关乎愉快，并且不仅仅作为愉快的对象。要之，美还据于 form 之中，所以会这样，只是因为 forma 原先是由作为在者之在的存在照亮的。当时存在就是 Eidos 的呈现。

在这里，海德格尔运用释义学的方法，明确地区分了与内容密切相关的 form（具象）和作为存在的照亮的 forma（外观）这样两种根本不同的形式。应该说，这一区分的意义十分重大。它使形式不再附丽于内容而终于有了自己的本体地位。这恰似我国明清时代的美学家王夫之在从本体的角度论及"文"（形式）时所说过的一段话："物生而形形焉，形者质也。形生而象象焉，象者文也。形则必成象矣，象者象其形矣"。① 不难看出，美所涉及的形式，正是这种"形生而象象焉"的"象"——一种本体意义上的形式。

应当指出，美所涉及的形式，当然离不开外在世界，但这里的外在世界只具有"媒介"的意味，即只是形式——用以解释外在世界的形式。正像卡西尔所指出的：形式"既不是物理世界的模仿，也不是强烈情感的流溢。它是对实在的再解释"，"它不是对实在的摹仿，而是对实在的发现"。② 罗布-格里耶说："我们不再信服僵化凝固，一成不变的意义……只有人创造的形式才可能赋予世界以意义。"美所涉及的形式正是这种"赋予世界以意义"的形式。它并非外在世界所固有，而是审美活动的一种创造。它是一个意义的世界、价值的世界。借用禅宗的语言，是"空中之音，相中之色，水中之月，镜中之象"。这"音"、这"色"、这"月"、这"象"，比外在世界中的"音""色""月""象"更为"透彻玲珑"，业已"到此境界"；或者是从自然山水中"随分占取，做自家境界"（朱熹语）。不过，这一切在禅宗中只是虚幻的。龙树说："譬如静水中见月影，搅水则不见。无明心静水中，见吾我骄慢诸结使影，实

---

① 王夫之：《尚书引义》。
② ［德］卡西尔：《人论》，甘阳译，上海译文出版社 1985 年版，第 186—187、182 页。

智慧杖搅心水,则不见吾我等诸结使影。"禅宗是要用他们的"实智慧杖"打杀和"搅"碎"水中之月",审美活动则不然,它偏偏要把水澄得一碧万顷,用种种方式呈现出"水中之月"这一形式。借用净全禅师的诗"万古碧潭空界月,再三捞滤始应知",审美活动的"再三捞滤",才使形式与外在世界的实在内容分离,超逸而出。这种分离、超逸,是人性的觉醒,也是世界被赋予意义的开始。在《美育书简》的第 26 封信里,席勒讲得何等深刻:"事物的实在是事物的作品,事物的外观是人的作品。"不妨就以月亮为例。天上的月亮,作为物质实在,只有一个,但在审美活动中它的形式却在"再三捞滤"中不断变化。"中天悬明月"(杜甫)的弘阔,"斜月照寒草"(冯延巳)的幽戚,"月漉漉,波烟玉"(李贺)的舒卷,"我歌月徘徊"(李白)的悲壮,不是又显现出月亮的不同的"精神、气韵、光景"吗?不过,这里更为典型的例子应该是海德格尔在《艺术作品的本源》里对梵高的名作《农妇的鞋》的精辟剖析:

> 从鞋具磨损的内部那黑洞洞的敞口中,凝聚着劳动步履的艰辛。这硬邦邦、沉甸甸的破旧农鞋里,聚积着那寒风料峭中迈动在一望无际的永远单调的田垄上的步履的坚韧和滞缓。鞋皮上粘着湿润而肥沃的泥土。暮色降临,这双鞋底在田野小径上踽踽而行。在这鞋具里,回响着大地无声的召唤,显耀着大地对成熟的谷物的宁静的馈赠,表征着大地在冬闲的荒芜田野里朦胧的冬冥。这器具浸透着对面包的稳靠性的无怨无艾的焦虑,以及那战胜了贫困的无言的喜悦,隐含着分娩阵痛时的哆嗦,死亡逼近时的战栗。

显而易见,这《农妇的鞋》已不再是物质实在,而成为一种形式。在农妇漫不经心地穿它、脱它、收藏它乃至抛弃它时,这形式是隐匿不见的,只是在梵高笔下,它从物质实在的沉滞、僵死中挣脱出来,形式才终于向世界敞开,成为世界意义的显现。杜夫海纳在《审美经验现象学》中分析罗丹的青铜塑像的那只手时,也作过类似的精辟阐释:"这只手表现的是有力、灵活,乃至温柔;这只手用手背上突起的青筋诉说人类的苦难,诉说对平静的休憩的渴望。

但这只手不涉及任何实事。它所表现的一切都寓于自身,也只有在它向我们打开的那个世界里才真实。这个世界里没有真的手,但也只有不再是真的手才成了真实。"由此,我们不难看出,在审美活动中,外在世界的实在性越强,形式性就越弱,实在性越弱,形式性就越强。实在性的终点,也就是形式性的起点,美的起点。禅宗说:"我若羚羊挂角,你向什么处扪摸。"看来,美也是如此!

严格说来,美不能脱离这种作为意义的感性造型的形式。正如"此身只合诗人未"还只是一种审美体验,一旦咏出"细雨骑驴入剑门",美才应运诞生。因此,卡西尔才对审美活动提出了这样的不免令人吃惊的忠告:

> 艺术家是自然的各种形式的发现者,正像科学家是各种事实或自然法则的发现者一样。……我们可能会一千次地遇见一个普通感觉经验的对象而却从未"看见"它的形式;如果要求我们描述的不是它的物理性质和效果而是它的纯粹形象化的形态和结构,我们就仍然会不知所措。正是艺术弥补了这个缺陷。在艺术中我们是生活在纯粹形式的王国中而不是生活在对感性对象的分析解剖或对它们的效果进行研究的王国中。

看来,审美活动假若没有创造出某种意义的感性造型,就很难称之为审美活动;美假若不是某种意义的感性造型,就同样很难称之为美。"细雨湿流光",被美学家赞誉为"能摄春草之魂"。这里的"魂"是什么?难道不正是形式?所谓"能摄春草之魂",不正是指的这千古名句写出了春草的"形式"?"叶上初阳干宿雨,水面清圆,一一风荷举",也被美学家赞誉为"真能得荷之神理者"。这里的"神理"是什么?难道不也正是形式?推而言之,所有的美都应有自己的特定形式,这形式诞生于审美活动(王国维说:境界之呈于吾心而见于外物者,皆须臾之物),超越于有限生命的虚无,"映在'无尽'的和'永恒'的光辉之中,'言在耳目之内,情寄八荒之表'。一切生灭相,都是'永恒'的和'无尽'的象征"(宗白华),是生命所孕育出的意义的感性造型,是人类为自己创造出的美丽的星球,一旦"镌诸不朽之文字",就成为人类万古不朽的生命写照和宝贵财富。

第二,美作为自由境界,所涉及的形式必须是生命的形式。美必然涉及形式,这只是作为自由境界的美的第一层涵义。作为自由境界的美还有其第二层涵义,这就是:美所涉及的形式必然是生命的形式。亦即:美所涉及的形式不可能是随便什么意义的感性造型,而只能是生命意义的感性造型。司空图说:"意象欲生,造化已奇。"这里的"意象"可以视作"形式"。它"口欲言而嗫嚅","欲生"而又不得"生",只有人类"代言之"为之催"生"才会呱呱坠地。例如"水影""阳春",这统统是自然的造化,但却"欲生"而不能,只有人类的创造,才促其诞生。于是,"风乍起,吹皱一池春水","水影"始"生";"红杏枝头春意闹","阳春"始"生"。因此,李贺才会有"笔补造化"的诗句。

在这里,从"造化"到"笔补造化",正是从形式到生命的形式,从意义的感性造型到生命意义的感性造型。它比"造化"更"造化",是"第二造化"——生命的"造化"。它是一个生命的意义世界、价值世界。而且,严格说来,外在世界没有任何意义,因此也不可能有作为意义的感性造型的形式。换言之,任何形式都必然是生命的形式。正是因为人把自己的生命灌注到外在世界之中,外在世界才可能从实在内容中分离出一种非实在的形式,才可能成为生命意义的显现。西方美学家讲的"存在的显现""本真的显现",应从这个意义上去理解;中国美学家讲的"传神写照""气韵生动""美不自美,因人而彰。兰亭也,不遭右军,则清湍修竹,芜没于空山矣""天地之生是山水也,其幽远历险,天地亦不能——自剖其妙,自有此人之耳目手足一历之,而山水之妙始泄",也应从这个意义上理解。在这方面,讲得最为透辟的是王夫之:

> 两间之固有者,自然之华,因流动生变而成其绮丽。心目之所及,文情赴之,貌其本荣,如所存而显之,即以华奕照耀,动人无际矣。①

---

① 王夫之:《古诗评选》卷五。

"自然之华,因流动生变而成其绮丽",这正是外在世界中呼之欲"生"的形式,但它的真正诞生,却又只能是"心目之所及,文情赴之"的结果。因此,"华奕照耀,动人无际",就不能被看作外在世界的光辉,而只能被看作生命的光辉。这样看来,外在世界"口欲言而嗫嚅",只好由人起而"代言之",就只是审美活动中的表面现象。实际情况是:人类"口欲言而嗫嚅",巧借外在世界"代言之"。

> 我真想聚集全部柔情,
> 以一个无法申诉的眼神,
> 使你终于醒悟——

应该说,在这诗句中,蕴含着审美活动中美的创造的全部秘密。

而且,在人类最初的审美活动中,美作为生命的形式,表现得尤为明显。在《美育书简》的第26封信里,席勒指出:"什么现象标志着野蛮人达到了人性呢?不论我们对历史追溯到多么遥远,在摆脱了动物状态奴役的一切民族之中,这种现象都是一样的:即对外观的喜悦、对装饰和游戏的爱好。"读到这话,人们很快便会联想到原始部落的文身、割痕、穿鼻,以及缨索、带环、坠子、耳环、羽毛,等等。那么,为什么这一切就意味着"野蛮人达到了人性"呢?原因只有一个:这一切意味着美的诞生。请看格罗塞的解释:"在原始民族间,身体装饰,是真含有实际意义的——第一,是作吸引的工具;第二,是作叫人恐惧的工具。无论哪一种,都不是无足轻重的赘物,而是一种最不可缺少的和最有效的生存竞争的武器","大多数的装饰品都是同时兼有双重目的。凡是同性所嫌惧的,往往为异性所爱慕"。"诱致人们将自己装饰起来的最大、最有力的动机,无疑是为了想取得别人的喜悦。我们总觉得装饰是女性的天然权利,但在最低的文化阶段上却总是男人比女人更事修饰。"[①]在这里,形形色色的装饰品所体现的显然不是它们自身的实在内容,

---

① [德]格罗塞:《艺术的起源》,蔡慕晖译,商务印书馆1984年版,第80页。

而是一种生命意义的感性造型。它们不再是物,而是对生命的理解和阐释。毫无疑问,这也正是美的自由境界的内在涵义。

第三,美作为自由境界,所涉及的生命的形式,必须是自由的生命的形式。也就是说,它必须是一个自由生命的意义世界、价值世界。对于自由,在论及审美活动的本质时,已经作过大量的阐释。简单说来,美所涉及的生命的形式,也必须是不断向意义生成的生命的形式,即自由的生命的形式。只有自由的生命意义的感性造型,才是真正的美。自由是美作为自由境界的第三层涵义,也是最为内在的涵义。正像马克思所正确指出的:"只有当物以合乎人的本性的方式跟人发生关系时,我们才能在实践上以合乎人的本性的态度对待物。"而席勒的洞察则有着更强的针对性。在《美育书简》的第26封信里,他指出:正是自由导致了美作为自由境界的第一和第二层涵义:

> 首先是外在自由的证明,因为在受必然和需要的支配时,想象力就被牢固的绳索捆绑在现实的事物上,只有需求得到满足时,想象力才能发挥毫无拘束的能力。其次,这也是内在自由的证明,它使我们看到一种力量,这种力量不依赖外在素材而由自身产生,并有防范素材侵扰的充足能量。

应该承认,他的看法是完全正确的。

因此,对美作为自由境界的第三层涵义,显然可以从两个角度去讨论。首先,从"内在自由"即自由与生命的角度来看,没有自由,就不可能有真正的"内在自由",也就不可能有真正的生命。不过,对这个问题,本书在前三章中已经作过详细的论述,此处就不去多费笔墨了。其次,从"外在自由"亦即自由与形式的角度来看,没有自由,就不可能有真正的"外在自由",也就不可能有真正的美的形式。这个问题十分重要,并且有助于对美作为自由境界的第一、第二层涵义的深入理解,不妨作些更进一步的讨论。

达·芬奇曾经提出这样的疑问:"镜中所映图画,似较镜外所见为佳,何以故?"而我们在审美过程所经常涉及的"空中之音,相中之色,水中之月,镜中之象"又为什么比现实生活中的"音""色""月""象"更美呢？在我看来,答案只有一个,这就是:它们不是对于一般的生命的揭示,而是对于自由的生命的揭示。亦即对于生命的未来、生命的可能、生命的再生、生命的创造和生命的无限的揭示。

李商隐有一首传世之作——《夜雨寄北》:"君问归期未有期,巴山夜雨涨秋池。何当共剪西窗烛,却话巴山夜雨时。"读者一定都曾经注意到,"巴山夜雨"在这首短短的七绝中竟然出现了两次。为什么呢？正在于前者只是生命的实在内容,而后者却是从生命的未来、可能、再生、创造和无限的角度对自由的生命的揭示。这两者回环叠映,充分展示了生命的悲欢离合,因此产生了动人的效果。除此之外,还可以举出柳永的《八声甘州》中的"想佳人,妆楼颙望,误几回,天际识归舟。争知我,倚阑干处,正恁凝愁",周邦彦的《兰陵王·柳》中的"愁一箭风快,半篙波暖,回头迢递便数驿,望人在天北",它们也都因为从生命的未来、可能、再生、创造和无限的角度揭示了自由的生命,而成为美的形式,成为千古名句。

不过,最有助于对上述问题的理解的,还要数中国古典美学所津津乐道的"倒影"之谜了。"倒影"是一种颇具启迪的审美奇观。就以湖南的岳阳楼为例。岳阳楼,是我国著名的游览胜地。岳阳楼对面传说湘君曾游玩和居住过并因而得名的君山,更是历代骚人墨客歌咏的对象。从古到今,诗篇数以万计,妙语迭出。然而,稍加分析便会发现,大凡意象奇绝、令人叹为观止的诗篇,往往都是从君山在洞庭湖中的倒影入手的。像"淡扫明湖开玉镜,丹青画出是君山",像"遥望洞庭山水翠,白银盘里一青螺",像"君山一点望中青,湘女梳头对明镜,镜里芙蓉夜不收,水光山色两悠悠"……君山的妖媚轻灵,正从洞庭明镜中映出。不妨设想,倘若舍弃倒影,直接去写君山的美,感染力或许就逊色多了。像"曾游方外见麻姑,说道君山此本无,原是昆仑山顶石,海风吹落洞庭湖",纯从神话想象入手,固不无新意,感染力却毕竟不如上边几句。再像"四面龙为宅,孤峰虎不家",则从意境到构思均属平平了。或许正是有鉴于此,黄庭坚才在一首诗中感叹云:"满川风雨独凭栏,绾

267

结湘娥十二鬟,可惜不当湖水面,银山堆里看青山。"黄某不愧美学名家,堪称独具只眼。

实际上,不独黄庭坚,古代很多诗人都悟出了倒影的美学妙谛。戴叔伦面对美丽的越中山景,不也曾深有感触地说"越中山色镜中看"吗?由此说来,倒影,这一出人意外而又寓意深长的艺术描写,仿佛揭示着一种艺术匠心,更含蕴着一种美学的底蕴。

那么,倒影的魅力何在呢?我们知道,日月星辰,风雷雨雪,飞禽走兽,木林花草,高峡大河,亭台楼阁,都由于自身禀赋的不同而各具神姿,独放异彩。然而,它们究竟是怎样进入美的殿堂的呢?这里,就有一个自由的生命和美的形式的关系。用席勒的话讲,只有把想象力从"被牢固的绳索捆绑在现实的事物上"的状态中解放出来,才能使它"发挥毫无拘束的能力",也才能创造出自由生命的感性造型——美的形式。在这里,从表面上看,似乎只是日月星辰、风雷雨雪、飞禽走兽、林木花草、高峡大河、亭台楼阁直接进入了美的殿堂,实际却并非如此。借用解释学的重要代表利科的隐喻理论,上述日月星辰等虽仍有其指称,但却不再是指称原来那个实在的、确实的世界,而是指向可能的、虚构的世界。它通过对现实世界的重建而从既定世界进入理想世界。日月星辰等正是因此才进入了美的殿堂。而为什么"镜中所映图画,似较镜外所见为佳"?为什么"空中之音、相中之色、水中之月、镜中之象"又比现实生活中的"音""色""月""象"更美呢?再进一步,为什么水中的倒影比世界本身更美呢?道理就在这里。

这样看来,自由的生命犹如明人张大复《梅花草堂笔谈》中"天上月色能移世界"中的"月色",犹如杨万里《舟过谢潭》中"好山万皱无人见,都被斜阳拈出来"中的"斜阳",它把实在的、确实的大千世界从人们眼前推开,给人以亦幻亦奇、亦真亦假的美的升华,使见惯生厌的事物呈现一种清新的美。犹如冬潭积水,一旦渣滓沉淀净尽,则清莹澄澈,天光云影,灿然耀目。而倒影就正是这样的美的世界。它"不知几经淘洗而后得澄澹,几经熔炼而后得精致",织丝缕为锦绣,凿顽石为雕刻,流光迷离,令人叹绝。李白《越女词(五)》云:"镜湖水如月,耶溪女如雪,新妆荡新波,光景两奇绝。"人与水在倒影中相得益彰,相映成趣。"奇绝"之处正在于它建构了一个可能的、理想的世界。杜甫《渼陂行》云:"沉竿续蔓深莫测,菱叶荷花静如拭。宛在中流渤潏清,下归无极终南黑。半陂以南纯浸山,动影袅窕冲融间。船舷暝戛云际寺,水面月出蓝田关。此时骊龙亦吐珠,冯夷击鼓群龙趋。湘妃汉女出歌舞,金支翠旗光有无。"后四句写出了波光星月相辉映而产生的美妙夜景:月影和船上岸边的灯光映射在陂中,既像骊龙吐珠,又像金枝翠羽;众船移动像群龙争趋,船上的鼓吹声使人疑为冯夷的号令;在闪烁荡漾的光影里,船上的歌女又恍惚是湘汉的水仙成群出游。这首诗借倒影展开丰富的神话联想,以实指虚,指虚为实,奇中有幻,幻中有奇,不即不离,若即若离,推出了一个迷离奇绝的美丽世界。

不仅仅如此,倒影还通过自己特有的指称将自由的生命融入其中,使人富有魅力地展示生命的全部瑰丽,栖居于生命中最为辉煌的瞬间。像严禄华《新秋》:"怪底凭栏鱼忽聚,鬓花倒映入清池。"由于物体的反光作用和水的折光作用,我们看到了水中的倒影,但水中的游鱼何以也看到这一切呢?富于想象的读者,很快就会恍然大悟,并为人类的自由生命的无比神奇击案叫绝。又如唐温《题龙阳县青草湖》:"醉后不知天在水,满船清梦压星河。"天空的影子映入湖中,船便停在了天上,星光灿烂的银河反在船下了。李白亦有"人游月边去,舟在空中行"的诗句,但他更精彩的却是"回眺积水外,始知众星干",诗人登岸后始惊晓星星在天上而不在水中,这种似真却假,似实却幻的描写,避开星空而着眼于水中倒影,因之充分调动了人们的审美想象,使人若惊若喜,神魂为之钩摄。

§5. 美感[①]

假如说美是审美活动中所建构起来的一个境界形态的世界,那么,美感则是审美活动中所建构起来的一种愉悦情感,是对于审美活动的一种鼓励。

---

① 关于美感的讨论,是在本次再版中增补的。

简而言之,假如说美是自由的境界,美感则是自由的愉悦。①

不过,为了与实践美学的看法相区别,关于现实活动的愉悦与审美活动的愉悦,还有必要再稍加辨析。

在现实社会中,现实活动的愉悦并非理想本性、最高需要、自由个性的实现,当然也并非审美愉悦的同义语。中国的美学家喜欢用马克思所说的"在他所创造的世界中直观自身"②一类论述来对审美活动加以说明,实际马克思这类论述显然存在着把现实活动描绘成抽象的、静态的、既定的东西的缺憾,从中不难看到人本主义的某些影响。何况,这种"直观自身"只是一种现实活动的愉悦,但是现实活动的愉悦并不就是美感。因此,首先,这类论述虽然有助于了解审美活动的发生历史,却并不是在为审美活动下定义。③其次,即便是注意到从现实愉悦向审美愉悦的转化,这类论述也只能说明审美活动存在"本质力量对象化"这样一种情况,但不能从中推出,审美活动就只是局限于欣赏物质产品。否则,就会把审美活动狭隘化。试想,只强调去欣赏物化在对象身上的自己的力量,在线条、颜色、鲜花,万事万物身上,看到的都只是人的本质力量,例如,把一块石头看成是"望夫石",就完成审美活动了?审美活动有什么理由要搞得如此狭隘,人类又有什么必要气量狭隘得要到处看到物化的自己呢?人类当然可以通过欣赏已经被对象化的世界来丰富自己,但是否也可以通过那些还没有被对象化的世界来丰富自己

---

① 美感是在整个审美活动过程中所产生的生理成果、心理成果。过去只理解为狭义的即和谐的愉悦,是错误的。例如,人们往往用中国的"物我同一"来说明美感,但它只是注意到了美感的巅峰状态,整个过程不可能总是如此,而是既同一又不同一。卡西尔就一再致意:"我们在艺术中所感受到的不是哪种单纯的或单一的情感性质,而是生命本身的动态过程,是在相反的两极——欢乐与悲伤、希望与恐惧、狂喜与绝望——之间的持续摆动过程。"([德]卡西尔:《人论》,甘阳译,上海译文出版社1985年版,第189页。)我这里所说的愉悦是广义的。

② 《马克思恩格斯全集》第42卷,人民出版社1979年版,第97页。

③ 从现实愉悦转化为审美愉悦,还需要一些中介环节,例如,开始可能会在产品身上加以改造,使之满足自己的日益发展的审美需要,但后来可能就不满足于这种情况了,就会转而专门制造并不具备实用价值的,专门用于审美活动的产品了,等等。

呢？人类的审美愉悦不更是一种自我丰富、自我提高的需要吗？再次,归根结底,用这类论述来说明审美活动,是混淆了创造产品的现实活动与创造美的审美活动这两种不同方式,因而也显然是错误的。须知,不是把非我的世界当作自己,而是把自己当作非我的世界,不是通过非我的世界见证自己,而是为了见证自我而创造非我的世界。把非我的世界看作自我,只是实践活动的愉悦,把自我看作一个非我的世界,才是审美活动的愉悦。因为正是在这个世界里,人类才看到了自己的精神面孔,才感受到了自己的"人样""人味",也才真正是人。

至于美感的特性,美学界可以说是众说纷纭,但大多是随机地甚至是随心所欲地罗列若干方面,特征之间缺乏逻辑联系,而且缺乏内在深度。在我看来,至今为止,仍旧是康德的从质——量——关系——模态出发的概括精到、深刻。因为他抓住了审美体验中的矛盾运动所形成的种种"悖论"。因此鲍山葵才会宣称:美感"自经康德深刻阐发之后,就永远不再被严肃的思想家所误解了"。[1] 但康德的概括似又有重复之处,因此,我把康德所阐释的质——量——关系——模态四契机概括为三种,把"无功利的快感"概括为非功利性,它区别于人类的实践活动,揭示的是人类的情感秘密;把康德说的"无概念的普遍必然性"概括为直接性,它区别于人类的认识活动,揭示的是人类的心理秘密;把康德的"无目的的合目的性"概括为超越性,它区别于人类的实践活动与认识活动,揭示的是人类的在情感与心理基础上所形成的审美活动的秘密。

其中的关键是美感的非功利性。至于美感的直接性、超越性则是广义的非功利性(非"概念的普遍性"的功利性、非"合目的性"的功利性)。因此,一旦真正把握了美感的非功利性,美感的直接性、非目的性也就得以真正把握。

区别于实践活动的功利性,审美体验的非功利性可以说是美学家所众口一词加以肯定的。"自从 18 世纪末以来,有一个观点已被许多持不同观

---

[1] [英]鲍山葵:《美学三讲》,周煦良译,上海译文出版社 1983 年版,第 75 页。

点的思想家所认可,那就是……'审美的无功利关系'。"①而康德美学的意义也正表现在这里。他在《判断力批判》中综合前人的研究提出的"鉴赏判断的第一契机"——"美是无一切利害关系的愉快的对象",②堪称是传统美学正式诞生的关键。它揭示了审美活动的本质特征,③作为一个重大的美学命题,它的诞生也就是近代美学的诞生。

为什么这样说呢? 主要是因为它从外在和内在两个方面在根本上完成了近代美学的建构。在外在方面,近代美学与近代资产阶级的兴起密切相关。这使得它必须着眼于主体性、理性以及从耻辱感向负罪感的转换的美学阐释,必须着眼于资产阶级的特定审美趣味的美学阐释,换言之,使得它必须在美学领域为资产阶级争得特定的话语权。由此,对于审美与生活之间的差异(以及艺术与生活之间的差异)的强调,就成为其中的关键。康德之所以对所谓"低级""庸俗"趣味深恶痛绝,之所以大力强调真正的美感与"舌、喉的味觉"等肉体性的感觉的差异,之所以要强调先判断而后愉悦,简而言之,之所以强调审美活动的非功利性,原因在此。

而在内在方面,则与对于审美活动乃至美学的独立地位的确立有关。美学固然在1750年已经由鲍姆嘉通正式为之命名。但他对审美活动的理解却很成问题,所谓"感性认识的完善",仍旧是把美感与认识等同起来,把审美活动从属于认识活动,并且作为其中较为低级的阶段,这样,美学不过就是一门"研究低级认识方式的科学";另一方面,英国经验主义则把审美活动与功利活动混同起来,把美学混同于价值论,借以突出审美活动的与价值论有关的"快感",但就美学本身而言,却仍旧没有找到自身的独立地位,因为它研究的对象——审美活动只是价值活动的低级阶段。康德提出审美活动的非功利说,所敏捷把握的正是这一关键。他指出:"快适,是使人快乐的;美,不过是使他满意;善,就是被他珍贵的,赞许的,这就是说,他在它里

---

① 彼得·基维。转引自朱狄:《当代西方美学》,人民出版社1984年版,第280页。
② [德]康德:《判断力批判》上卷,宗白华译,商务印书馆1985年版,第48页。
③ 这本质特征,海里克曾通俗地比喻云:"嘴唇只在不接吻时才唱歌"。

面肯定一种客观价值。……在这三种愉快里只有对于美的欣赏的愉快是唯一无利害关系的和自由的愉快;因为既没有官能方面的利害感,也没有理性方面的利害感来强迫我们去赞许。"①这样,康德就从既无关官能利害(用"生愉悦"把审美活动与"功利欲望快感"相区别),又无关理性利害(用"非功利"把审美活动与"感性知识完善"相区别)这两个层次把美与欲、美与善同时区别开来。审美活动因此而第一次成为一种独立于认识活动、道德活动的生命活动形态(在此意义上,假如说康德是以第一批判为求真活动划定界限,从而确定其独立性,以第二批判为向善活动划定界限,从而确定其独立性,那么第三批判就是为审美活动划定界限,从而确定其独立性。因此,与其说它是美学的,毋宁说它是哲学的),美学学科也因此而真正走向独立。

然而,"非功利"说却毕竟只是传统美学而并非美学本身的完成形态,也毕竟只是一种权力话语而并非真理,因为美感不但有其非功利的一面,而且有其功利的一面。试想,生命进化的事实是那样严酷,为什么会允许审美体验遗传下来而没有无情地淘汰它呢?看来,它也不是一种奢侈品,而是有功利的,只是它的功利性与快感的功利性的内容有所不同而已。事实也正是这样。应该说,人类的审美活动就是在漫长的生命进化的功利活动中逐渐形成的。只是在传统文化的逼迫之下,审美活动、艺术活动在现实中完全处于一种被剥夺的状态,审美活动、艺术活动才不得不以一种独立的"非功利"的形态出现,而当代审美文化则从对于无功利的传统推崇,转向了对于功利的推崇,这意味着向超功利的转进。它意味着:对于审美活动是否必须作为一个独立范畴而存在的一种完全正当的怀疑。这是从原始时代以后就再也不曾有过的一种怀疑。实际上,作为一种独立的精神状态,审美活动的传统形态在某种意义上就是一个千年来的美学误区。因此,只是当我们站在传统美学的立场上才会说这是一种退步,假如站在当代美学的立场上则完全可以说这是一种美学革命,是对原始时代的一次美学复归。这使我们意外地发现:功利性就真的一无是处吗? 在远古时代,人类不就是因为审美而成

---

① [德]康德:《判断力批判》上卷,宗白华译,商务印书馆1985年版,第46页。

为人的吗？我们有什么理由否认，当代人就不能通过审美而成为更高意义上的全面发展的人呢？

而且，从根本的角度来看，审美活动就是有功利的，①只是这种功利不同于传统美学所批评的功利。传统美学所批评的功利，是一种从社会的角度所强调的功利，它要求审美活动抛弃自己的独立性，成为社会的附庸。毫无疑问，这种功利是必须反对的。但在传统美学，却因此形成了一种错误的观念，以为审美活动就是无功利的，这则是完全错误的。② 当代审美文化的出现使我们意识到：严格地说，任何活动都是有功利的，审美活动的趋美避丑不就隐含着趋利避害的功利吗？

所以，承认审美活动的功利性的一面，就既是一种逻辑的必然，也是一种历史的选择。就后者而言，这是当代美学的明智之举。事实上，这一明智之举从叔本华、尼采就已经开始了。从叔本华开始，源远流长的彼岸世界被感性的此岸世界取而代之，被康德拼命呵护的善失去了依靠。在康德那里是先判断后生快感的对于人类的善的力量的伟大的愉悦，在叔本华那里却把其中作为中介的判断拿掉了，成为直接的快感。尼采更是彻底。康德也反对上帝，但用海涅的话说，他在理论上打碎了这些路灯，只是为了向我们

---

① 人类的进化史告诉我们，它绝对不会允许任何一点毫无用处的东西的存在。即便是阑尾也不例外。过去一直以为无用，后来科学家发现，还是有用的。审美活动不会成为人类进化史中的一个疏忽。
② 就以花为例：占有花，可得实用快感；了解花，可得认识快感；崇拜花，可得宗教快感（例如"拈花微笑"）；欣赏花，可得审美快感。但康德没有区别实用功利与精神功利，美感并非与人没有"一切功利关系"（心理距离说也如此。它只注意到区别，没有注意统一，是把与功利、实用的差别绝对化。事实上在审美活动中既有距离，又无距离，前者是指审美活动的前提，后者是指审美活动的状态）。首先，没看到长远功利与短暂功利的复杂关系。例如，与个人功利无关，但与社会功利有关；与短期功利无关，但与长期功利有关；与直接的功利无关，但与间接的功利有关；与物质功利无关，但与精神功利有关；与今天的物质功利无关，但与明天的功利有关。其次，功利也是与自由相关，否定它与自由的关系，过分抬高审美活动与自由的关系，是不对的。其中，最重要的是区别两者与自由之间的特殊关系。第三，事物的功利性同样对审美有用，没有功利，人类也就无须审美。在这个意义上，也有助于美感的广度、深度。

指明,如果没有这些路灯,我们便什么也看不见。尼采就不同了,他干脆宣布:"上帝死了!"应该说,就美学而言,关于"上帝之死"的宣判不异于一场思想的大地震。因为在传统美学,上帝的存在提高了人类自身的价值,人的生存从此也有了庄严的意义,人类之所以捍卫上帝也只是要保护自己的理想不受破坏。而上帝一旦死去,人类就只剩下出生、生活、死亡这类虚无的事情了,人类的痛苦也就不再指望得到回报了。真是美梦不再!但是,一个为人提供了意义和价值的上帝,也实在是一个过多干预了人类生活的上帝。没有它,人类的潜力固然无法实现,意义固然也无法落实。但上帝管事太多,又难免使人陷入依赖的痴迷之中,以致人类实际上是一无所获。这样,上帝就非打倒不可。不过,往往为人们所忽视的但又更为重要的意义在于:"上帝之死"事实上是人类的"自大"心理之死。只有连上帝也是要死亡的,人类数千年中培养起来的"自大"心理才被意识到是应该死亡的,一切也才是可以接受的。难怪西方一位学者竟感叹云:"困难之处在于认错了尸体,是人而不是上帝死了。"只有意识到这一点,我们才会懂得尼采何以反而视真、善为虚伪,并且出人意外地把美感称为"残忍的快感"的原因之所在。到了弗洛伊德等一大批当代美学家,则真正开始了对于审美活动的功利性的一面的考察。

以弗洛伊德为例,他所关注的人类的无意识、性之类,正是意在恢复审美活动的本来面目。或许,在他看来,审美走向神性,并不就是好事,把审美当作神,未必就是尊重审美。而他所恢复的,正是审美活动中的人性因素。就前者而言,注重审美活动的功利性一面的考察,更是美学之为美学的题中应有之义。这绝非对于审美活动的贬低,而是对于审美活动的理解的深化。只有如此,审美活动才有可能被还原到一个真实的位置上。① 其中的原因十分简单,康德独尊想象、形式、自由以及审美活动的自律性,强调现实与彼

---

① 当然,弗洛伊德的情欲满足说、谷鲁斯的内模仿说,只是抓住了动物性的自然快感,也是片面的。须知,美感既是动物性的自然快感,也是社会性的心理快感。顺便强调一下,弗洛伊德强调的是怎样把诗人降低为普通人,而本书强调的是为何普通人会被提高为诗人。

岸、感性与理性、优美与崇高、纯粹美与依存美、艺术与现实、想象与必然性、艺术与大众的对立,并且把审美活动与求真活动、向善活动对峙起来,固然有其必要性,但是却毕竟是幼稚、脆弱、狭隘而又封闭的,充满了香火气息。审美活动不但要借助于"无目的的目的性"从现实生活中超越而出,与求真活动、向善活动对峙起来,而且更要借助于"有目的的无目的性"重新回到现实生活(这就是我们所看到的当代审美文化),与求真活动、向善活动融合起来。

§6. 审美关系[①]

审美关系同样只相对于审美活动而存在。审美关系不可能是预成的,而是在审美活动中建立起来的,离开审美活动,它就不复存在了。"人首先是要吃、喝,等等,也就是说,并不'处在'某一种关系中,而是积极地活动,通过活动来取得一定的外界物,从而满足自己的需要。"[②]因此,任何一种关系都是人类在特定的活动中主动建构起来的。这样,或许在此关系中进入的是世界,在彼关系中进入的则是境界了。审美关系正是人类在审美活动中所主动建构起来的一种关系。然而,又并非一种任意的建构。

从纵向的历史角度来看,人类为自己主动建构了三种关系,其一是原始关系,其二是现实关系,其三是理想关系。这在方方面面都可以看到,例如,从人与自然的关系看,是从人依赖于自然的关系——到人脱离自然的关系——到人与自然和谐统一的关系;从人与社会的关系看,是从前资本主义社会形态——到资本主义社会形态——到共产主义社会形态;从人与自我的角度看,是从人的原始意识阶段——到人的自我意识阶段——到人的自由意识的阶段;从人与人类的关系看,是从人的原始性阶段——到人的异化阶段——到人的复归阶段。从横向的现实角度看,也有三种关系:其一是原

---

① 关于审美关系的讨论,是在本次再版中增补的。
② 《马克思恩格斯全集》第19卷,人民出版社1963年版,第405页。

始关系即人依赖于自然的关系、人的原始性阶段、人的原始意识阶段,它在幼儿的活动及成人生活的某些方面存在;其二是现实关系即人脱离自然的关系、人的异化阶段、人的自我意识阶段,这是人们在现实社会中所普遍建构起来的关系;其三是理想关系即人与自然和谐统一、人的复归阶段、人的自由意识的阶段……凡此种种,不难看出,其中的第三种关系,都只能在审美活动中建构起来,这就是所谓审美关系。

由此可以看到,首先,审美关系所建构的是一种自由关系。当然,这里的自由是审美的自由即人的自由本性的理想实现。实践美学也经常说审美关系是一种自由关系,但是却把它混同于实践的自由、认识的自由、伦理的自由。实际上,审美关系之所以是一种超功利的关系,正在于它要把现实关系"括起来",即把实践的自由、认识的自由、伦理的自由"括起来"。其次,人类建构起审美关系的中介是自己的感官。这意味着在审美关系中与在现实关系中截然不同,它不是一种通过人类的感官而建立起来的关系,而是一种为人类的感官建立起来的关系。在审美关系中,感官不再是为思维服务的媒介,也不再是透明的,而就是自我享受的,就是不透明的。再次,审美关系建构起来的是一种全面的、整体的关系。最后,审美活动建构起来的是一种主客体之间的同一关系。对此,实践美学持否定的立场,仍然把审美活动与实践活动、认识活动中的主客体关系等同起来,这显然是错误的。

第五章

审美活动的方式

第一节　审美体验

§1. 生命的澄明

审美活动的方式考察的是审美活动的"如何是",即所谓构成审美活动的东西,而不再是审美活动所构成的东西,它意味着从构成审美活动的特殊方式的角度去阐释审美活动。

审美活动使生命成为可能,那么,审美活动是如何使生命成为可能呢? 或者说,审美活动是如何从生命的有限中超越而出,进入生命的无限、生命的自由境界的呢? 显而易见,在对审美活动的考察中,这是一个等待回答而又无法回避的问题。

不过,要回答这个问题,首先还要回答:非审美的活动是以何种方式使生命成为不可能的?

人的自由本性是人的不断向意义生成的生命活动。这生命活动是人的自身价值,至于它所沉淀生成的从生产关系到政治制度到文化形态和从思维机制到深层心态的所谓知、意、情结构,则不过是人的外在价值。假如说,前者讲的是人之所"是",后者讲的则是人是"什么"。相比之下,前者是指的人的最高价值,后者则是指的人的次要价值,前者是指的人之为人的生成性,后者则是指的人之为人的结构性。并且,假如说,人的最高价值和人的次要价值的区分是着眼于生命的存在方式,人之为人的生成性和人之为人的结构性的区分则是着眼于生命的超越方式。

关于人的最高价值和人的次要价值,前边已经详赡论及。这里要论及的是人之为人的生成性和人之为人的结构性。从生命的超越方式角度着眼,人的自身价值和外在价值由于在使生命成为可能的方式的地位不同,而被区分为生成性和结构性两类。具体而言,人的自身价值是生成性的。它无所不在但又永不停滞,始终在创造的过程中跋涉。人的外在价值是结构性的,作为人的自身价值的派生物,它或者作为正在生成着的自身价值的最新成果,构成正在进行的自由的生命活动的一部分,或者作为已经完成的自身价值的既有成果,反过来阻碍着正在进行的自由的生命活动。但无论如何,人的外在价值都是第二性的。就两者的关系而言,人的自身价值是创造的,人的外在价值是既成的;人的自身价值是超前的,人的外在价值是滞后的;人的自身价值是直接的,人的外在价值是间接的;人的自身价值是不可重复的,人的外在价值是可以重复的……因此,人的生命超越方式虽然是作为生成性的人的自身价值和作为结构性的人的外在价值的对立统一,但要使生命向上超越,则必须以作为生成性的人的自身价值为动力和主导方面。

那么,非审美的活动是以何种方式使生命成为不可能的呢?不难看出,正是以人的自身价值和外在价值的关系的错误颠倒的方式(亦即使作为结构性的人的外在价值颠倒过来,成为生命超越方式的动力和主导方面)使生命成为不可能的。具体而言,它从作为结构性的人的外在价值出发,首先推出一个至高无上的思维结构——我思,把原为同一的主体与客体、人与世界分裂成两个对立的东西,然后以冷漠的态度对主体或客体、人或世界作出外在的描述、测量、说明。它不但把物当作一种认识对象,当作"什么"或存在物来考察,而且把人当作一种认识对象,当作"什么"或存在物来考察。结果,在成功地把握了物的同时,却全面地遗弃了人。正像海德格尔在《世界图景的时代》中指出的:"认识作为研究将存在者趋入计算,即计算说明存在者如何在多大程度上使表象活动成为可实用的。如果认识或者能预先计算出这一存在者将来的行程,或者把这一存在者作为过去的东西在事后计算出来,那么,研究就支配了存在者,自然在预先计算中提出,而历史则可以说是在历史学的事后计算中提出。"可是,存在呢?存在却偏偏不在了,它徜徉远去并且自行隐匿起来了。

这种使生命成为不可能的生命超越方式,可以分成两种情况:即事与理。正像皮亚杰在分析儿童的心理发生时曾经深刻指出的:"消除中心化过程同符号功能的结合,将使表象或思维的出现成为可能。"①在这里,前者是指主体在生命活动中"消除中心化"从而走向外在对象,即事;后者是指主体在主体活动中最终走向符号,即理。毋庸讳言,这种分化固然有其历史价值(详见下章),但又毕竟是靠不断地舍弃自由的生命活动、舍弃对于人的自身价值的切实体验换取来的。因此,狄尔泰指出:

> 现在该我们来追问,对个体或人类而言,行为的终极目的是什么。渗透我们时代的深刻的矛盾出现了。我们对事物的本原、我们的生存价值、我们的行为的终极价值一窍不通,如坠云雾之中,在这方面甚至不及希腊人……今天,我们被科学的突飞猛进所淹没,我们甚至无力回答这些问题,这比以往任何时代都更严重。

就"理"而言,理指理想、目的、普遍、应当或无差别,是以理统事。看起来,它是从有限的超越角度去完成生命的超越,因而是使生命成为可能的方式。但实际上这里对有限的超越是用形而上的有限取代形而下的有限,并且仍然是以这形而上的有限为一客体,这就不能不构成生命灵性的灭顶之灾,生命意义的衰萎。正如狄尔泰在《哲学的本质》里所批评的:"形而上学的目标最终是要解决世界与生命之谜,但它又用一种实证科学的普遍有效形式去解决生命之谜。前一方面使它趋向于宗教和诗,后一方面又使它趋向于科学,结果,它成了既非科学,又非诗或宗教的东西。"就"事"而言,它指现实、现象、特殊、存在或差别,是以事统理。事用对外在对象世界的盘剥、占有、掠夺来僭越对生命意义的叩问、体味、持存,却丝毫未意识到生命灵性已陷入冥暗之中。于是,人成为劳动的动物。因此,海德格尔在《克服形而上学》中指出:"劳动的动物不过是放任他的产品的狂妄,结果,劳动的动物自己把自己撕碎,自己把自己无化为无的无。"

而人的愚蠢和智慧就恰恰表现在这里。当笛卡尔自豪地断言:"我思故

---

① [瑞士]皮亚杰:《发生认识论原理》,王宪钿等译,商务印书馆1981年版,第24页。

我在。"有几个人又曾意识到这是一位人类的智者所说出的一句蠢话呢？其实,以二分的世界观为基础的"我思",恰恰是对"我在"的谋杀,因此,恰恰是"故我少在"。从对象的角度说,"我思"的"暴行污毁了大自然,压抑了富有生命力的性本能的浪漫梦想",污毁了"安宁、幸福和美的感官世界"(马尔库塞)。于是,"世界不能满足人"了(马克思)。从主体的角度说,人们的感觉变得狭隘、自私、迟钝了。"人们只是从形式和功能上感知事物,而具有这样的形式和功能的事物就是由现存的社会预先给定的,制造的和使用的;人们只是感知社会规定和限制存在的变化的可能性。"①而从人的角度说,"我思""把自己通入敞开者中的本来已经封闭的道路从意志上而且是完完全全地堵塞了"(海德格尔)。人成为工具,成为物,成为无家可归者。这样,人的智慧又命中注定要从对"我思故我在"的反思开始。

在此意义上,当克尔凯戈尔勇敢地喊出"我思故我少在",就不能不被全人类誉为智慧之语,确实,正是因为"我思",存在物才在,存在才"少在";人的外在价值才在,人的自身价值才"少在"。正是因为"我思",帕斯卡尔才会深感困惑地自诘:"我不知道谁把我置入这个世界,也不知道这世界是什么,更不知道我自己";卡夫卡才会惊叫"无路可走","我们所称作路的东西,不过是彷徨而已";加缪才会告慰每一个世人,"当有一天他停下来问自己,我是谁,生存的意义是什么,他就会感到惶恐",发现"这是一个完全陌生的世界","比失乐园还要遥远和陌生就产生了恐惧和荒谬";席勒才会哀诉"美丽的世界,而今安在";海德格尔才会感叹"无家可归状态成了世界命运"。柏拉图在描述人类的惨剧时,曾打过一个著名的比喻,罗素在《西方哲学史》上卷中描述说:"看哪！有许多人住在一个地下的洞穴里,这个洞有一个通光线的小口一直通到洞穴里去,他们从小就在这里面,他们的腿和脖子都被锁着,所以他们不能动;他们只能看着前面,锁链使他们的头不能转过去,他们的上面和背后有一堆火在远处熊熊地燃烧着,在火和这些囚犯间有一条高

---

① [德]马尔库塞:《反革命和造反》。见《工业社会和新左派》,任立编译,商务印书馆1982年版,第138页。

高的通道……他们只看见了自己的影子或别人的影子,那些都是火投射在洞穴对面的墙上的。"在我看来,为虚幻的"我思"所欺骗,盲目拜倒在自然、社会、理性等形形色色的必然性的"影响"面前,这难道不正是我们人类的悲剧命运吗?

这样,问题已经十分明显:要使生命的超越成为可能,就要把被割裂并被彻底颠倒的人的自身价值和外在价值重新弥合并颠倒过来,就要靠"思"的颠倒。要拯救沉沦了的生命,就要首先拯救"思"。正像海德格尔在《尼采》一书中发现的:"每一个思想家都只思过一个独一无二的思想。思想家的这独一无二的思想恰是那在一切存在物的最为寂静的寂静中猝然而又幽隐地围绕自身旋转的东西。思想家是从未被形象地直观过的东西的设定者,是从未历史地叙述过,从不能为技术去计算的东西的设立者,这种东西不诉诸权力却统辖着世界和历史。"思必须掉回头去思"这种东西"。或者说,追问人的自身价值,才真正是思的天命。因此,必须去追问人的自身价值,自身才会被颠倒过去,也才会获得拯救。

然而,人的自身价值是什么?正如我已经论证的,不正是"是"吗?聪明的读者一定会意识到:这实在只是某种毫无意义的循环论证,一切都等于没说。不过,它又从反面告诉我们:人的自身价值本身不可说。这正是人的自身价值与外在价值之间深刻的本体论差异。如是,思也仍然面临着一场本体论上的革命转变:人不再是一个认识对象、一个"什么"或存在物,而是存在。海德格尔在《柏拉图的真理论》中陈述:"存在既不是上帝,也不是世界的基础。存在比存在物更广阔,比任何存在物(无论动物、艺术作品、机器,无论天使和上帝)更与人相近,存在是最亲近的。但新的东西对人依然是最遥远的。人永远只能抓住存在物。"在这个意义上,海德格尔才用下述语言来暗示它:"隐匿自身者""应思的东西""无蔽中的在场""闻所未闻的中心""怡然澄明地自己出场"……于是,相对于过去往往把人的本体规定为外在于人的实在的绝对本体,我们也可以把人的本体规定为人的价值存在。人的超越性生成,即人的生存意义的显现。这当然意味着把一种传统的实在的绝对的本体论转换为一种个体的感性的生命的本体论,意味着人的不断向自我的生成成为人们生活于其中的世界的根据。再进一步,假如一定要仿效传统的模式指定一些可以把握或起码可以把握的东西的话,那也只能是人们创造于斯又栖居于斯的人的感性生存。人的生存,就是感性的生存;人的超越,就是感性的超越;人的创造,就是感性的创造。这样,不难看出,真正意义上的思,追问着人的自身价值的思,不可能是别的什么,它只能是不断向人生成的生命存在本身,只能是生命的到场,生命的挺身而出,生命的亮光朗照,或者说,只能是生命的澄明。

§2. 生命之思

假如把被颠倒了的思称为对象之思,则可以把后一种被颠倒了过来的思称为生命之思。这生命之思正是审美活动使生命成为可能,使生命从有限中超越而出进入无限的特定方式。因此,也正是我们在美学研究中百思不得其解的审美体验美学范畴的真正涵义。

从生命之思的角度看,审美体验意味着什么呢?显然只能意味着对于人的自身价值的体验。它是生命意义的发生、创造、凝聚,是使生命呈现出来的中介。晦暗不明的生命正是通过审美体验而进入了自身的透明性。人们往往以某种教条式的规定来规范它,其实,它无非就是完整体现了生命之思的一个"完整的体验"。对于它而言,审美与非审美的界限、艺术与非艺术的界限、"阳春白雪"的审美和艺术与"下里巴人"的审美和艺术之间,其实并不存在任何的界限,只要存在着完整体现了生命之思的"完整的体验",那么,也就必然存在着审美体验。在这个意义上,我认为还是狄尔泰的定义较为符合审美体验的内在涵义:

> 体验就其具体现实性而言,是被意义范畴凝结起来的。是凭回忆联结起来的被直接体验或通过同情体验到的东西的统一体。体验的意义不在于体验之外的那些使其统一的东西,而在于体验自身,并且构成了那些东西之间的联系。

具体来看,审美体验的内在涵义可以从两个层次去阐释。首先,审美体验既不是有我也不是无我而是非我的一种体验活动。对审美体验,很多论著或论文往往从无我的角度讨论,因而都未曾道破个中三昧。其实,审美当然不是有我,但也不是无我,而是非我。为什么呢?且让我们从一则人们经常引用的禅宗公案谈起:

> 老僧三十年前未参禅时,见山是山,见水是水。乃至后来,亲见知识,有个入处,见山不是山,见水不是水。而今得个休歇处,依前见山只是山,见水只是水。

试问:"大众,这三般见解,是同是别?"在这里,公案陈述的是参禅的三个必不可少的阶段,也是进入审美体验的三个必不可少的阶段。在第一阶段,是进入审美体验之前的生命方式:"见山是山,见水是水。"这是对山是山和水是水作为一种外在对象的区别和肯定。所以,在这个阶段的生命方式是对象性的,也是区别性的和肯定性的。然而,正像前边已经分析过的,这还只是一种对象之思,还只是一种对于人的外在价值的把握,而不是一种生命之思,不是一种对于人的自身价值的体验。因为在这里不是生命在行动,而是"我思"在代替生命在行动。正是这作为至高无上的思维结构的我思,首先把山和水强制地推到对象的位置上,然后又把它们区别开来,最终肯定山是山,水是水。可是,这里的山、这里的水都并非生命自身的体验的结果,而是"我思"的结果,因而它只能导致真实的生命的消解,生命的意义、价值的消解。而且,只要不抛弃这种对象之思的方式,"我思"就永远不会退出生命舞台。试想,当我们进一步去追问"谁在问:山是什么,水是什么",无非是从一个新的"我思"去审视那个旧的"我思",并再一次把后者对象化。不难看出,不论循环往复多少次,那个把主体与客体、人与世界二分的"我思"都绝不会消失,所谓"拟向即乖""著即转远",因此,真实的生命,生命的意义、价值,也绝不可能诞生。这样,人们便意识到:最为关键的是走出"我思"。第二阶段就正是这样的一幕:"我思"被粉碎了,故见山不是山,见水不是水。区别于第一阶段,第二阶段强调的是无区别性和否定性。它的优胜之处在于意识到了真实的生命是"我思"所无法把握的:我即空。因此,不是我思,而是不思,不是有我,而是无我。但它的根本缺陷也恰恰在此。它把"不可把握"或"无"作为生命的属性,生命被作为"不可把握"或"无"的某物在外在世界中肯定了下来。显而易见,在这里实际上被肯定的仍是"我思"(不思)而不是生命。真实的生命,生命的意义、价值,仍然无法诞生。第三阶段正是对第二阶段的扬弃。它是生命超越方式从对象之思向生命之思的根本转变。不再是"我即空",而是"空即我",亦即不再是无我,而是非我。于是,"见山只是山,见水只是水"。这也就是说,在生命之思而并非对象之思的基础上,山和水在绝对肯定着和区别着,所谓山是山,水是水,也所谓"物各自然""吹万不同",所谓"眼横鼻直""花红柳绿";同时,山和水又被绝对否定着和融合着。所谓山是水,水是山,所谓"一树梅花一放翁""多情只有春庭月",所谓"人看花,人到花里去;花看人,花到人里来"。在这个意义上,我认为,作为一种审美体验,第三阶段的所谓非我,实际正是禅宗强调的非思量:

当药山坐禅时,有一僧问道:"兀兀地思量甚么?"
师曰:"思量个不思量底。"
曰:"不思量底如何思量?"
师曰:"非思量。"

不妨从现代意义上再对审美体验的这一特性稍加阐释。从现代的意义上讲,审美体验的非我或非思量应该怎样理解呢?应该说,真实的生命要获得的不是关于外部的世界,而是对于自身生命意义的领会。它必然浸透在感性个体的遭遇、命运和思慕之中,必然是由爱所激发的生命之思。然而在现实生活中这种生命方式却被扼杀了。生命沦为了一个丧失其绵延活性的机械封闭的世界。理智、义务、规则……犹如一层坚硬的地壳、一层厚重的帷幕,使人生与内在的生命之流无情隔绝、遥遥对峙,使人生感觉昏聩、行动呆滞。正像柏格森指出的:在理智、义务、规则的影响下,"人类的思想感情就产生了一个表层,属于这个表层的思想感情趋于一成不变","正如地球经过了长期努力,才用一层冷而且硬的地壳把内部那团沸腾着的金属包围起来一样"。① 或者,"在大自然和我们之间,不,在我们和我们的意识之间,垂着一层帷幕,一层对常人说来是厚的而对艺术家和诗人说来是薄得几乎透明的帷幕。是哪位仙女织的这层帷幕? 是出于恶意还是出于好意?"②那么,怎样才能豁然穿透这坚硬的地壳,又怎样才能欣然开启这厚重的帷幕呢? 当然要靠重新回到生命之思,回到作为有限生命把握自己的生命的价值的体认方式的审美体验。

为什么这样说呢? 关键仍然在于人类自身价值和外在价值的错误颠倒。正是这错误颠倒,扼杀了有限生命把握自己的生命的价值的生命方式,构筑了一层使人生与内在的生命之流无情隔绝、遥相对峙的坚硬地壳和厚重帷幕,并且,最终形成了传统的绝对的实在的对象性思维。因此,要使人类自身价值与外在价值的错误颠倒重新颠倒过来,就要进行思的根本转换:不再以绝对的实在的东西为本体,而以个体的感性的生命的东西为本体。这也就是说,个体生命不再瞩目于思维与存在的统一如何可能,以及怎样才能把握认知对象,而是瞩目于有限与无限的同一,瞩目于怎样进入内在世界、永恒价值和诗意的栖居。显而易见,审美体验正是完成这一转换的中介。审美体验,是对生命意义的寻找和表述,是生命之谜的破解,是人生与内在的生命之流的真实相遇。由此看来,审美体验不是对有我的体验,也不是对无我(外在自然)的体验,而是对区分出有我与无我(亦即主体与客体,人与世界)的对立之前的非我(亦即生命本身)的体验。这非我既非有我,又非无我,也非有我与无我的抽象本质,而是它们存在的根源和方式。因此,是一个"出外于相离相,入内于空离空"的"无"。让我们再读一遍海德格尔的话:

> 没有"无"所启示出来的原始境界,就没有自我存在,就没有自由。

---

① [法]柏格森:《笑》,徐继曾译,中国戏剧出版社 1980 年版,第 91 页。
② [法]柏格森:《笑》,徐继曾译,中国戏剧出版社 1980 年版,第 92 页。

> 假如亲在自始就不将自身嵌入"无"中,那么亲在就根本不能和在者打交道,也就根本不能和自己本身打交道。①

任何一个稍具慧眼的人,都不难从这里看到东西方美学精华的某种汇通。这样看来,要进入审美体验,就要放弃对象之思,去直接体验人的自身价值,"是如击鼓也,其外之声未可摄也,然取其鼓,或取击鼓者,则其声得矣"。②而这自身价值又是"活泼泼地,只是勿根株。拥不聚,拨不散。求著即转远,不求还在目前,灵音属耳"。(《古尊宿语录》卷四)它一方面是绝对的肯定、绝对的区别,因此即便是"穿衣吃饭",只要你醒悟到在穿和吃背后的那个行动着的生命,也"无非妙道"。另一方面,它又是绝对的否定、绝对的融合,因此,"穿衣"就是"吃饭","吃饭"也就是"穿衣"。从那个行动着的生命的角度,"穿衣"和"吃饭"又是内在一致的。这样,我们才会彻悟陆象山在解释孟子"尽其心者,知其性也。知其性,则知天矣"时,为什么会告诫说:"只是一个心,某之心,吾友之心,上而千百载圣贤之心,下而千百载复有一圣贤,其心亦只如此。心之体甚大,若能尽我之心,便与天同。为学只是理会此。"

这样,审美体验就必然是具体的和直接的。正如伽达默尔指出的:审美体验"是以两个意义方面为依据的。其一,是一种直接性,这种直接性是在所有解释、处理或传达之前发生的,而且,只是为解释提供线索,为创造提供素材。其二,是从直接性中获得的收获,即直接性留存下来的结果"。③它不用在主体与客体、人与自然对峙冲突基础上形成的语言、概念和思维机制去"以人灭天",去分割和束缚具体、鲜活的生命,而是毅然冲破这语言、概念和思维机制的层面,不透过任何的中间媒介而重返对峙冲突前的完整的、活生生的生命,重返生命中最为基本、最为源初的东西,直接啜饮甘甜的生命之泉。应该说,这就是中国古典美学强调的"直寻""现量""不隔",就是禅宗

---

① 转自洪谦主编:《西方现代资产阶级哲学论著选辑》,商务印书馆1982年版,第352—353页。
② [古印度]《五十奥义书》,徐梵澄译,中国社会科学院出版社1984年版,第561页。
③ [德]伽达默尔:《真理与方法》,王才勇译,辽宁人民出版社1987年版,第86页。

讲的"自渡自救""自性自悟",也就是西方现代美学颖悟的"回到事物本身""呈现具体的存在"。

《圣经》中有一句名言:"只要叩门,就会给你开门。"在这里,"叩门"的显然就不是一个动作,也不是语言、概念和思维机制,而是活泼泼的全部生命,只有用活泼泼的全部生命去撞击,生命之门才会轰然洞开。中国也有一句名言:"千金之珠必在九重之渊。"显而易见,坐在语言、概念和思维机制的船上,是寻觅不到的,"须是踏翻了船,通身都在那水中,方看得出"(朱熹语)。这里的"踏翻了船",也是指的用活泼泼的全部生命去投身生命之流。不过,对审美体验体会最深的还是那些在审美体验中沉浸得最深的人。日本诗人加贺千代在一首俳句中吟咏云:

呵,牵牛花,
把小桶缠住了,
我去借水。

夏天的清晨,是日本一年之中最为清爽、美丽的时刻。但女诗人的身心一直被幽闭在语言、概念和思维机制之中,以至于总是失之交臂。只是在一天早上,当她无意中"肉眼闭而心眼开",不执着、不沾滞、不类分、不解说、"不假思量计较",而是"目击道存"向世界投去神奇的一瞥,才突然发现:世界竟然如此清新,如此令人心折,如此销魂荡魄……由于实在不愿再以自己的造作和鲁莽去干扰这一切,她决定向邻家去借水。还有一位日本诗人芜村也写过一首著名的俳句:

青青铜钟上,
蝴蝶悠然眠。

对它,铃木大拙先生曾经作过极为精辟的剖析:在神圣的佛寺里,有一口离地面并不很高的铜钟,它内里虚空,外观坚硬,形状宛如圆筒,颜色质朴而庄重,从梁上悬挂而下,象征着生命的永恒。而当一根粗大的圆木撞击它时,它就开始水平移动,迸发出那连绵不断、震撼人心的声音。偏偏在这时刻,一只小小的白色蝴蝶翩然栖止在铜钟之上。蝴蝶的生命是如此微小、短暂,甚至活不到一个夏天,但却活得无限愉快。你看,在那象征着永恒的庄严的铜钟的一角,蝴蝶悠然而眠,同巨大而威严的铜钟形成鲜明的对比;它体态纤细,双翅微飘,颜色白嫩,姿态优雅,映衬在阴郁而又笨重的铜钟的背景中,反差尤为鲜明。此时,当轻率的僧人不经意地敲击铜钟,这可怜的小生命被惊飞而去,人们或许会想起人们的某种轻佻的生活态度?或许会因为人类的某种类似的无常命运而百般懊悔?但在诗人芜村的心目中,却丝毫也没有上述语言、概念和思维机制的运作。小小的蝴蝶既没有对那象征永恒的铜钟有所察觉,也没有因为意外的钟声而烦恼。在山坡之上,装点着盛开的鲜花,美丽而清香,蝴蝶飘然翻飞其中,一旦感到身体疲惫,便停靠在慵懒的铜钟的一角,恬静地进入了梦乡。突然,它感到了强大震动。这既不是它所期待的,也不是它所不期待的。它漠然地飞离了铜钟。显而易见,诗人在这一事件中所体验到的正是一种最平淡、最具体,但又最博大、最深刻的生,一种无畏无惧、怡然澄明的生命。

进而言之,审美体验的具体性和直接性,就意味着审美体验必然是个体的体验又是意向性的体验。所谓个体的审美体验,是强调要使审美体验进入具体性和直接性,就必须使审美体验成为个体的体验。狄尔泰在《历史的意义》中指出:"每一种生命表现……都有一种意义。生命就是它本身,不是别的。生命中绝无可以超越它本身而指出的意义。"对此,里克曼进一步阐释说:"一切意义……都植根在处于特殊时间和特殊环境下个体的体验之中。"个体即意义,意义即审美。因此,个体即审美。审美是从个体生命的内在存在中所产生的对意义的追问、反思,是与个体生命的血肉、灵魂、操守、禀赋等性质交融一体的。宋代禅僧圜悟克勤写过这样一首偈语:"金鸭香消锦绣帏,笙歌丛里醉扶归,少年一段风流事,唯许佳人独自知。"铃木大拙曾引其中"唯许佳人独自知"一句,来说明禅宗体验的个体性。并且深入阐释说:"这个'自',并不是所谓的'自他'等等对象化的东西,这是绝对独立的

'自'——'天上天下唯我独尊'的'我',是'独',是'尊'。"其实,用"唯许佳人独自知"来譬喻审美,倒更为相宜。至于审美体验的意向性,则是说,从个体出发的审美体验,必然是超越于主体与客体、人与世界的对峙冲突之上的,因而也就是一种意向性的体验。这意向性的体验把主体、客体、人、世界都当作多余之物括起来,因而,最终也就进入了直接的和具体的审美体验。但是,关于意向性体验,上边两章已经作过详细说明,此处就不再多费笔墨了。

§3. 从"无明"到"明"

在第二个层次上,我认为,审美体验是对生命意义的一种体验活动。由上所述,不难看到:"在体验结构和审美特性的存在方式之间存在着怎样一种亲合势。审美体验不仅是一种与其他体验有所不同的体验,而且它根本地体现了体验的本质类型,就像作为这样的体验的艺术作品是一个自为的世界一样,审美的经历物作为体验也就摆脱了所有现实的关联。看来,这正是艺术作品的规定所在,即成为审美的体验。也就是说,通过艺术作品的效力使感受者一下子摆脱了其生命关联并且同时使感受者顾及到了其此在的整体。在艺术的体验中,就存在着一种意义的充满,这种意义的充满不单单地是属于这种特殊的内容或对象,而且,更多地代表了生命的意义整体。某个审美体验,总是含着对某个无限整体的经验,正由于这种体验没有与其他的达到某个公开的经验进程之统一体的体验相联,而是直接再现了整体,这种体验的意义就成了一种无限的意义。"①因此,审美体验不仅是一种非我的体验活动,而且是一种对生命意义的体验活动。它是人挺身站出来生存的推动者,是精神家园的守望者。

首先,它是对生命的永恒奥秘的发掘。审美体验不是二分的世界观的产物,或许应该说,它是超越二分的世界观的产物。因此,它是一种最高的思。犹如海德格尔在《什么召唤思》中指出的:"思把我们带向的地方并不只

---

① [德]伽达默尔:《真理与方法》,王才勇译,辽宁人民出版社1987年版,第99—100页。

是对岸,而且是一个全然不同的境地。要是从一些科学式的分析并通过一连串结论来引出关于这种跳跃的命题可以称之为证明的话,那么,我们可以说,通过跳跃,随着思所达到的境地而启明的东西是绝对无法证明,也是从不允许去证明的。"显而易见,这"绝对无法证明,也是从不允许去证明的"东西,不可能是关涉存在物的问题,而只能是关涉存在的生命的永恒奥秘。对此,禅宗领悟颇深。《临济录》云:"尔若欲得生死去住,脱著自由,即今识取听法底人;无形无相,无根无本,无住处,活泼泼地,应是万种施设,用处只是无处,所以觅著转远,求之转乖,号之为秘密。"显而易见,审美体验对生命的永恒奥秘的发掘,就是对悄然隐匿的人的自身价值的呼唤,是使人重新进入澄明之域,重新回归内在敞开之城,是为人的出场、到场、在场亮出一条坦途。

不难看出,所谓生命的永恒奥秘,正是指我们前面一再提到的生命的意义。区别于科学、理性、技术和政治、历史、道德所面对的问题,我把这生命的意义称为秘密。不难想见,面对这秘密,科学、理性、技术和政治、历史、道德的力量是何等地无济于事。它们虽然都与人类的生命活动密切相关,但由于前者是掌握物质必然的手段,后者是调节人们之间的社会关系以维持人们的社会生活的手段,都依附、服务于人们的物质活动,也都没有超出人与世界、主体与客体的尖锐对立,因此也就无法回答和破译人类有关生命的意义的追问。以科学为例,科学是人类战胜物质世界的强大武器。它为认识论提供了决定论,为方法论提供了思辨逻辑,为知识论提供了绝对真理,为道德论提供了本体论……然而却不可能为人生提供任何精义。在我看来,科学要解决和能够解决的只是"问题"。它的使命是认识世界,它的对象是外在实体(即便是生命,在科学眼里,也只是生理的、实体的),它的核心是思维与存在的关系,它的基础是自然规律,它的成果是普遍真理,它的思维工具是形式逻辑,它的完成是范畴体系,它不能提供价值目标,它也不能回答自身存在的意义,它信奉因果论、决定论,它是功利的……总之,科学的真谛在于它是一种客观思维。这种客观思维是无视人的内在世界、人的自由境界的。它对外在物理世界的征服所带来的往往正是对内在世界的扼杀。(虽然这并非必然,其实科学本身只是一种工具。因此存在主义哲学家才疾呼:"应该把技术视为既可以为大幸又可以为不幸而尚在未定之天的人类命运的关键之所系,应该把掌握技术视为自己的使命。")而常见的错误则不仅在于未能认识科学的工具性质,而且在于进而借助它去把握内在世界的秘密。这就无异于把作为秘密的生命意义当作一个客体,当作一个问题去把握,毫无疑问,这只能使人陷入更深的失望。在这里,人只是融解在理性必然的巨大阴影下的幽灵。他"不能哭、不能笑,只能理解";他活得侏儒样卑微和小心翼翼;他忘却了生命母语,被从大地上连根拔起;他被迫承认"恶"的必然性,被迫在理性的荒唐和谬误中沉睡,被迫穿上命运的甲胄,最终被掷回至高无上的无常命运。由是,世界变得荒凉起来。难怪尼采要呼吁"不能靠真理生活",难怪科恩要哀叹"完善的真理使人痛苦",难怪马尔库塞要呼吁"理性的进化=奴役的扩大",难怪爱因斯坦要痛陈"生活的机械化和非人化,这是科学技术思想发展的一个灾难性的副产品,真是罪孽!我找不到任何办法能够对付这个灾难性的弊病",难怪马克思也要慷慨陈言:"技术的胜利,似乎是从道德的败坏换来的","我们的一切发现和进步,似乎结果使物质力量具有理智力量,而人的生命则化为愚蠢的物质力量"。

舍斯托夫曾经万分痛心地诘问:"当代科学和哲学的最著名的代表们都完全把他们自己的命运以及人类的命运交付给理性,同时都不知道,或不愿知道理性的权威和力量的界限,理性提出了它的要求,我们就无条件地同意了去神化石头、愚笨和虚无,没有人有勇气去问这样一个问题:是一种什么神秘的力量迫使我们放弃一切的希望和雄心、我们认为是神圣与安慰的一切东西,放弃我们在其中看到公正和幸福的一切东西呢?理性并不关心我们的希望或失望,它甚至于还严禁我们提出这样的问题。"[1]确实,与时人一味推崇"知识就是力量",并简单地把科学的价值与人生的价值等同起来的做法相反,"我们觉得即使一切可能的科学问题都能解答,我们的生命问题还是仍然没有触及。"(维特根斯坦)因此,科学认识还必须被人所超越。具体来说,事实上,"千红万紫安排着,只待新雷第一声",当科学一旦触及人生

---

[1] 转引自《哲学译丛》1963年第10期第57页。

最为深层的存在,它就一方面把人逼进两难绝境,逼进生命死谷,另一方面又反而成为使生命意义的破译,由形而下的知的层面转移到形而上的思的层面,由科学的、价值的、理性的、分析的、逻辑的层面,转移到生命的、悟性的、情感的、直觉的层面的契机。这或许就是中国古人讲的"转识成智"? 不过,科学的努力毕竟不能导致人生意义的解决。人生的基本困惑,诸如有限与无限,短暂与永恒,生命与死亡,爱恋与仇恨……之所以被视为永恒的主题,关键就正是在于它不是科学所能问津并解决的。它不是一个可以简单地用"是"或"不是"来回答的问题,而是一个令人心折又复销魂的秘密。它应该有答案,否则人类无法生存下去;它又永远没有答案,否则人类同样无法生存下去。可是,生命的意义虽然是秘密,但人毕竟要破译,由谁来完成呢? 审美体验。显而易见,对于生命意义的追问和体味,这就是它——审美体验。

相对于科学而言,审美体验关注的是人类"纯粹非理性的批判",关注的是生命的意义。它的使命不是去认识世界,而是去体验人生;它的对象不是外在实体,而是内在的意义(即便是外在实体,在它眼里,也是生命的、意义的);它的核心不是思维与存在的关系,而是有限与无限的关系;它的基础不是自然规律,而是精神规律;它的成果不是普遍真理,而是独特体验;它的思维工具不是形式逻辑,而是情感逻辑;它的完成不是范畴体系,而是人生彻悟。它是对人生的一种价值关怀;它能够回答自身存在的意义;它是超越的、整体的;它是永恒的、普遍的……总之,审美体验的真谛在于它是一种主观思维,是一种思。克尔凯戈尔说:"一个人的思想必须是他在其中生活的房屋,否则所有的人就都发疯了。"这就是思。罗丹的那个《思想者》,完全沉浸在自己里面,并且全神贯注。"他全身都是头脑,血管里的血液就是脑浆"(里尔克),这当然也是思。假如说,知是对物的超越,思则是对我的超越。思在超越中理解着人生。思是幸福的允诺,思使存在成为可能。在思中,一度流浪在外的灵魂被赎回,一度被废黜了的生命中的神性与诗意存在也被赎回。而一旦遗弃思,人生之门就会悄然关闭,生命之花也会黯然枯萎。

严格说来,审美体验之思远比科学之知更为原初,更为本真。我们只能在前者的基础上去讨论后者,只能在思的基础上去讨论知,却不允许反其道而行之。而且,审美体验之思虽然不可能像科学之知那样带来问题的解决,但却能导致人生的彻悟。大感才是真正的大智。通过人生的彻悟,生命存在被异乎寻常地嵌入某种胜境。这胜境是一切创造的巅峰,是一切可能性的巅峰,也是一切自由境界的巅峰……此时此刻,人生犹如置身百尺竿头,经"彻悟"的一击,迅即超升而"更进一步",结果惊喜地发现,自己已跌坐在美大圣神的莲花座上。(不妨回顾禅家诗句:"百丈竿头不动人,虽然得入未为真。百丈竿头须进步,十方世界是全身。")而且,一旦达到这一胜境,人们便会以一种全然清新的身心,一种前所未有的凛冽心境毅然重返尘世。

其次,审美体验是从"无明"到"明"的一种体验活动。既然审美体验是对生命的意义的一种体验活动,它的成果就不可能表现为任何的理性成果、伦理成果或历史成果。岂止是不可能,而且是远远地避开它们。为什么呢?道理很简单,它们不但无法回答生命的意义,而且反而会异化为一种占有。结果,不论它们的目光是何等地心平气和,都无异于一种禁锢、一种封闭、一种标签、一种惰性力量。审美体验的成果当然不是如此。它是永恒的缄默、永恒的追求、永恒的身心参与、永恒的生命沉醉、永恒的灵魂定向,因此需要永远重新开始,永远重新进入生命。借此,人们才可能消解科学、理性、技术和政治、历史、道德的揶揄,趋近隐匿的生命幽秘,为生命世界确立福祉、救思、祈求与爱意,使疲惫的灵魂寻觅到一片栖居之地。

英国诗人布莱克曾写过一首很有哲理的诗——《爱情之秘》,诗中这样写道:

> 切莫告诉你的爱情,爱情是永远不可以告诉的。因为它像微风一样,不做声不做气地吹着。
>
> 我曾经把我的爱情告诉而又告诉,我把一切都披肝沥胆地告诉了爱人——打着寒颤,耸着头发地告诉。然而,她却终于离我而去了!
>
> 她离我而去了,不多时一个过客来了,不做声不做气地,只微叹一声,便把她带走了。

显而易见,审美体验也是如此。它就像捉虱子的孩子对诗人荷马讲的"虱子":"如果我们看到了虱子并抓到了它,就要和它分手了。只有我们看不到它,抓不到它时,它才永远和我们在一起。"也像苏轼诗中的"长鬣人":"我来辄问法,法师了无语,法师非无语,不知所答故。君看头与足,本自安冠屦,譬如长鬣人,不以长为苦。一旦或人问,每睡安所措。归来被上下,一夜无着处。展转遂达晨,意欲尽镊去。"……总而言之,它是一首无字的诗,无声的歌。《传灯录》卷十七上记载:"道膺禅师谓众曰:如好猎狗,只解寻得有踪迹底;忽遇羚羊挂角,莫道迹,气亦不识。"审美体验正是这样"羚羊挂角,莫道迹"的理性、伦理、历史的"好猎狗"无从"寻得有踪迹"的一种体验活动。它"一经笔舌,不触则背","妙处不由文字传";它"着力嗅时不肯香,香在无心处";它"索之于近,则寄在冥邈;求之于远,则不下带衽";任何理性成果、伦理成果、历史成果都无从表述。"法眼问修山主:'毫厘有差,天地悬隔,汝作么生会?'修云:'毫厘有差,天地悬隔。'眼云:'恁么又争得?'修云:'某甲只如此,和尚又如何?'眼云:'毫厘有差,天地悬隔。'"(《五灯会元》卷十)郭功父同梅尧臣一起欣赏欧阳修的《庐山高》诗:"功父诵之,圣俞击节叹赏……功父再诵,不觉心醉。遂置酒,又再诵。酒数行,凡诵十数遍,不交一言而罢。"(《王直方诗话》)这就是审美体验。另一方面,这当然又并不是说审美体验就与理性、伦理和历史方面的因素毫无关系。审美体验当然也要借助理性、伦理和历史方面的因素,但却毕竟只是以它们为媒介,只是消解中的借用和借用中的消解,用海德格尔的话说,是"既写出又抹去",用禅宗的话说,是"随说随划",用苏格拉底的话说,是"就我来说,我所知道的一切,就是我什么也不知道"。有一次,慧能大师为大众说法:

"我有法,无名无字,无眼无耳,无身无意,无言无示,无头无尾,无内无外,亦无中间,不去不来,非青黄赤白黑,非有非无,非因非果。"大师问众人:"此是何物?"大众两两相看,不敢答。时有菏泽寺小沙弥神会,年始十三,答:"此之佛之本源。"大师曰云:"何是本源?"沙弥答曰:"本源者,诸佛本性。"大师云:"我说无名无字,汝云何言佛性有名字?"

> 沙弥曰:"佛性无名字,因和尚问,故立名字,正名字时,即无名字。"①

审美体验与理性、伦理、历史的关系也是这样。似有非有,似无非无,或者说既有既无,既无既有。说它有,是因为它毕竟不得不借助理性、伦理、历史的因素;说它无,又是因为从它的本质看,理性、伦理、历史的因素毕竟只是媒介。并且,归根结底,它与理性、伦理、历史的因素渺不相涉。

既然审美体验的结果不表现为理性成果、伦理成果或历史成果,那么,它表现为什么呢?我认为,表现为生命从"无明"到"明"的生成。审美体验不同于科学知识、道德修炼或历史进步,它是生命的自我拯救。在理性、伦理和历史活动中,目标集中在作为对象的问题之上,一旦解决了,也仅仅是解决了而已,并不影响自身的生命存在。但在审美体验中,目标却集中在作为自身生命意义的秘密之上,一旦洞彻,无异于生命的再造。试想,人的自身价值原来是人的根据,但由于虚无生命的迷妄,却使之备受阻碍,无从自由展开,所谓"无明"。现在,一旦清除迷妄,单调乏味的生命、空虚无聊的生命摇身一变,成为丰富多彩的生命、自由自在的生命。这不是从"无明"到"明"又是什么?《景德传灯录》云:

> 有源律师来问:和尚修道,还用功否?师曰:用功。曰:如何用功?师曰:饥来吃饭,困来即眠。曰:一切人总如是,同师用功否?师曰:不同。曰:何故不同?师曰:他吃饭时不肯吃饭,百种须索,睡时不肯睡,千般计较。所以不同也。律师杜口。

在这里,"吃饭时不肯吃饭,百种须索,睡时不肯睡,千般计较"就是"无明","饥来吃饭,困来即眠"则是"明"。不过,从"无明"到"明"又并非天地之隔,更不存在此岸与彼岸的区别,世界是一个世界,生命是一个生命,"无明"破除就是"无明"破除,从"无明"到"明"也就是从"无明"到"明",并不是在此之

---

① 郭朋:《坛经校释》,中华书局1983年版,第126页。

外还能有所得或有所建树。正像佛家讲的：佛虽成佛，"究竟无得"。也正像孟子讲的："予,天民之先觉者也"。（何谓"天民之先觉"？程子释之曰："天民之觉,譬之皆睡,他人未觉来,以我先觉,故摇摆其未觉者,亦使之觉,及其觉也,元无少欠,盖亦未尝有所增加也。通一般尔。"《河南程氏遗书》第二卷。）苏东坡有诗云："庐山烟雨浙江潮,未到千般恨不消,及至到来无一事,庐山烟雨浙江潮。"这就是从"无明"到"明"。神会禅师说："如暗室中有七宝,人亦不知所,为暗故不见。智者之人,燃大明灯,持往照燎,悉得见之。"这也就是从"无明"到"明"。因此,从"无明"到"明"就是使生命真正落到实处,真正有所见。当然,这样讲是从日常的功利的角度言之。其实,从"无明"到"明",还是有所得和有所建树的。这所得和建树就是：人们缘此而"成就一个是"，缘此而"方成个人,方可以柱天踏地,方不负此生"，缘此而"不离日用常行内,直到先天未画前"。

第二节　在时间中征服时间

§1.时间的秘密

时间实在是一个神秘莫测的精灵。在某种意义上,甚至还应该说,时间实在是一个斯芬克斯式的生死大谜。

试想,在这个世界上,有谁能够生活在时间之外,但严格说来,又有谁能够生活在真实的时间之中？古往今来,有多少人只知道钟表的时间,谬误地认定只有这钟表的时间才能衡量生命的价值,以致悲天悯人地"哀吾生之须臾,羡长江之无穷",最终难免在时间之流中急遽衰落而又无望挣扎,徒呼无奈地被捆绑在时间的转轮上悲壮地坠入死亡之湖？又有多少人悟彻了时间的真谛,在一瞬间便经历了全部的"死"和全部的"生",最终走向生命的不朽？因此,圣奥古斯丁的感叹是发人深省的："时间究竟是什么？没有人问我,我倒清楚;有人问我,我想说明,便茫然不解了。"同样,亚里士多德的感叹也是发人深省的："时间是我们周围世界里一切莫明其妙的事物中最莫名其妙的,因为谁也不知道时间是什么,谁也不会控制时间。"

不过,人类又不可能永远停滞在"谁也不知道时间是什么,谁也不会控制时间"的浑沌状态。人类必须知道"时间是什么",必须学会"控制时间"。道理十分简单,时间绝不仅仅意味某种外在于人的不可或缺的计量工具,而且更意味着某种澄明生命的本体存在。在后一意义上,时间既是生命的孕育者,又是生命的毁灭者,既是生命的展现者,又是生命的设定者。这样,要破解人类生命存在方式中最为深层的秘密,就不能不首先破解时间的秘密(因此,海德格尔才撰写了《存在与时间》这一辉煌巨著),要破解人类审美活动中最为深层的秘密,也就同样不能不首先破解时间的秘密。

§2. 误解一:现实时间

对于时间,古往今来起码存在着两种根本的误解。其一是把本体论意义上的时间,标志着"生命如何可能"的时间,与日常经验中或在钟表上所看到的时间等同起来。日常经验中或在钟表上所看到的时间,可以称之为现实时间。现实时间是认识论意义上的时间,是度量万物发展变化的作为手段和工具的时间。它的基本内涵包括三个方面。首先,现实时间把时间认定为一个外在于人的客观事实,一个不以人的意志为转移的客观对象。它漠不关心地冷眼旁观着芸芸众生的生死,是事物的客观秩序、客观规律的深层涵义。中国先秦典籍中讲的"敬授人时""百工唯时"(《尚书》),"使民以时""学而时习之""逝者如斯夫,不舍昼夜"(《论语》),"动善时"(《老子》),以及我们在日常生活中所讲的"时间",都指的是时间的上述涵义。其次,现实时间把时间认定为一种无限的存在。它绝对地均匀流逝,是与人无关的纯粹持续,所谓"日夜相待乎前,而知不能规乎其始者也","日夜无隙,而不知其所终",因此是完全置身于人的有限生命之外的。最后,现实时间把时间认定为从过去——到现在——到未来的线性之流。而且,这时间的线性之流是以"现在"为核心的。"过去"无非是已经过去了的"现在","未来"则无非是尚未到来的"现在"。在这里,唯一合理和有价值的只是现在。过去的已经不存在,完全可以"遗忘",未来还没有到来,只需要去"期待",因此,最重要的是抓住现在,占有现在。

毫无疑问,现实时间是有其合理性和存在理由的。现实时间显然是衡量人类征服外在世界的价值尺度。然而,现实时间能够成为人类征服内在世界的价值尺度吗?显然不能。正如艾略特明确指出的:"一个没有历史的民族,从时间中得不到拯救。"同样,一个没有未来的民族,从时间中也得不到拯救。那种不问青红皂白的对现在的占有,作为一种生命存在方式,意味着不是把自身看作是人的全面性和丰富性的积极承担者,而是把自身看成依赖自身以外的"现在"的无能之"物"。他把人生的价值和意义寄托在异己之物身上,并对之卑躬屈膝。由此推演,便极其自然地用把握外在生命的方式去把握内在生命,用现在的占有去等同生命的全面实现。于是,占有成为一切一切的核心。

在这方面,堪称典范的或许还是唐璜。当听到关于人应当看到生命之流的深处,并且把握住生命的终极真理的告诫,他轻蔑地付诸一笑。在他看来,生命的意义、一切事物的开端和结局究竟与人有什么相干?生命本身既无意义,也无目标,还是人给生命想出了意义和目标。"过去"和"未来"都只是幻想:"过去"是一个落了的果子,"未来"是一本尚未动笔的书,甚至连书名还没想起。因此,何必去管以前有过些什么,将来又会有些什么呢?在我们这一生匆匆走过的路上沿途留下来的都是没有生命的,死了的而且埋葬了的。而在前面等着我们的却还不曾生出来。挖掘坟墓的尘土并没有一点好处,可是拼命去追逐那些未来的财富在里面灿烂发光的肥皂泡,更是自掘坟墓。于是,他公然宣称:"我的王国就是'今天'。世界历史是从我出世的那一天开始的,等到我的存在的最后一星火花熄灭的时候,它也完结了。""生命并不是给人来评论,来思索,来为它找寻一个事实上并不存在的意义的。对我们,人生应该是满满的一杯酒,我们得带着狂欲大口地喝。等到酒喝光时,官能的游戏也就完了,那时我们不要像一个宠坏了的小孩似的哭着。我们得把空杯丢在石头上碰碎。"

在这里,从表面上看,唐璜紧紧占有着现在。时间因此而不断地从过去——到现在——到未来,但是,由于在时间的演进中,没有任何质的变化,更没有任何价值的生成,因而又实际上是僵滞着的,是从现在——到现在——到现在。较为深刻地意识到这一点的,还要推艾略特。他在《杰·阿尔弗莱德·普鲁弗洛克的情歌》中,描写了"当暮色蔓延在天际,像一个病人上了乙醚,躺在手术台上"的时刻,亦即当真正的时间因"上了乙醚"而被迫中止的时刻,普鲁弗洛克唱着情歌去求爱的故事。从表面上看,时间并未停滞,"一个个星球旋转着",但这只是现实时间。从真实的时间而言,唱着情歌的普鲁弗洛克却被死寂的世界死钉在墙壁上,一无所为:"因而我已熟悉了那些眼睛,熟悉了他们的一切——那些眼睛用一句公式化的句子把你钉死,而当我公式化了,在钉针下爬,当我被钉在墙上,蠕动挣扎,那么我又怎样开始。"这就是说:尽管他总是幻想着"将来总会有时间",也在追求着爱情,但实际上他的真实的时间却始终是凝固、僵滞的。在他的现实时间的延续中没有进展,没有运动,只是一堆没有生命的物质。"如果时间都永远是现在,所有的时间都不能够得到拯救。"(艾略特)毫无疑问,普鲁弗洛克的命运也就是唐璜的命运。

§3. 误解二:宇宙时间

对于时间的第二种误解,是把本体论意义上的时间,标志着"生命如何可能"的时间,与源初的宇宙时间等同起来。所谓宇宙时间,是最基本的时间状态。它作为宇宙自然的存在形式,存在于人类活动之外,不受人类活动的影响。假如要做个简单的比较,那么现实时间是"自其变者而观之",宇宙时间则是"自其不变者而观之"。在这里,所谓"变者",是指从现实的角度去感知时间。从现实的角度去感知时间,时间是一个从过去——到现在——到未来的线性之流。"人生天地之间,若白驹之过隙,忽然而已。"而所谓"不变者",则是指从宇宙的角度去感知时间。从宇宙的角度去感知时间,时间则又回到了无限循环的原始状态。它的最大特点,就是:化。"已化而生,又化而死","万化而未始有极。"而人们对此的态度,也只能是:"纵浪大化中,不喜亦不惧。"用庄子的话讲,则是"观化","日徂"或"外化内不化"。"观化"是"与时俱化";"日徂"是"与化俱往";至于"外化内不化",则是指尽管无法逃脱现实时间所导致的"忧生之嗟",但又可以超然于这一切,做到"圣人之生也天行,其死也物化"。在这个意义上,可以认为,宇宙时间等于无时间。维特根斯坦所领悟的:"如果把永恒理解为不是无限的时间的持续,而是理解为无时间性,则现在生活着的人,就永恒地活着。"显然也就正是宇宙时间的内在涵义。

一般而言,现实时间是对宇宙时间的发展。那么,从现实时间返回到宇宙时间,其中是否蕴含着某种奥妙呢?应该说,是的。这里的关键是理解的角度发生了急遽的偏移,不再是从对象的角度而是从主体的角度,不再是从认识论的角度而是从本体论的角度去理解时间。这样,原本那样冷漠并且与人无关的现实时间突然间被赋予了一种浓郁的情调:苦闷、焦虑、恐惧,"生物哀之,人类悲之"。这一点,在中国文化中表现得尤为突出。"天与地无穷,人死者有时,操有时之具而托于无穷之间,忽然无异骐骥之驰过隙也";"今人不见古时月,今月曾经照古人";"人生如梦,一樽还酹江月",诸如此类,几乎已经成为中国人的共识。因此,在中国人看来,"适来,夫子时也"。人进入生命之流,也就是进入时间之流。然而,"人之生也,与忧俱生"。"一受其成形(进入时间),不化以待尽。与物相刃相靡,其行尽如驰,而莫之能止,不亦悲乎!终身役役而不见其成功,苶然疲役而不知其所归,可不哀邪!"(《庄子》)那么,怎样化解这种由现实时间带来的人生之忧呢?唯一的办法就是从现实时间走向宇宙时间。"万物一府,死生同状""安时处顺,哀乐不能入也"(庄子),"与造物同体,天地并生,逍遥浮世,与道俱成"(阮籍),"俯仰终宇宙,不乐复何如"(陶潜),"吾将囊括大块,浩然与溟涬同科"(李白)。这就意味着从吞噬一切的现实时间的阴影中解脱出来,溶入永恒如斯的宇宙时间之中,从现实时间的"变者"进入宇宙时间的"不变者"。或许还是庄子概括得透彻明快:"万物之所一也,得其所一而同焉。"于是,"昨日何重,今日何轻?其在今日也,栩栩然庄生之为蝴蝶;其在昨日也,遽遽然蝴蝶之为庄生"(徐渭)。现实时间所带来的"忧生之嗟"终于不复存在了。

宇宙时间的提出,应该说是一大贡献。因为毕竟是它首先指出了:现实时间是可以超越而且必须超越的。但又不能不指出：宇宙时间又毕竟没能真正超越现实时间。这里的问题在于，宇宙时间的真实涵义是无时间，是"万物一也"，是"死生为徒"。也就是说，生命因与非生命并置而事实上已经消解，价值因与非价值并置而事实上已经消解。时间因与非时间并置而事实上也已经消解。换言之，所谓宇宙时间，也就是把自身从现实世界中剥离出来，舍弃历史、舍弃文化、舍弃价值形态，重返无历史、无文化、无价值状态的自然生命，应当承认，这当然是对现实时间的超越。以绝对的虚无主义来控诉现实世界的历史、文化和价值状态，谁又能说不是一种超越？然而，问题在于，并非所有的超越都是只能无条件地予以首肯的。超越并非只有积极的、正面的价值。为什么这样说呢？关键在于，宇宙时间只承认现实时间这一维的此岸世界。这样，此岸世界的否定必然导致信仰世界的否定，价值形态的颠倒必然导致虚无状态的颠倒。不难看出，宇宙时间的所谓超越正是从这里派生出来的。重返虚无状态，或者说，公开地屈从于虚无状态，这就是宇宙时间的超越。这超越，在我看来起码有两点失误：其一，怎么能够设想，面过现实时间的挑战，面对现实的苦闷、焦虑、恐惧，有人竟然能够闭目不见，竟然能够"不喜亦不惧"地逍遥自得？在此意义上，是否可以说，宇宙时间是犯下了无罪之罪，是在强化而不是在化解苦闷、焦虑和恐惧？其次，凭借虚无状态去超越价值状态，这尤其令人疑窦丛生。试想，从价值状态回到虚无状态，回到"死生一也""万物一府"的生命本然，又怎么可能指控现实时间所带来的价值失误，又怎么可能找到超越现实时间的真实根据？因此，不论这种重返虚无状态的宇宙时间对现实时间的揭露何等尖锐、何等深刻，对现实时间的指控又是何等勇敢、何等执着，对它本身，我们仍旧不妨认定，这实在是一种更加虚伪的失误。

§4. 审美时间

就是这样，我们虽然可以生存在宇宙时间或者现实时间之中，但又可以不曾生存在真实的时间之中。其结果正像里尔克所吟咏的："哦时间，你离弃我而远去，你那扑打着的翅膀使我遍体鳞伤，只是，我该如何来打发我的歌喉,我的黑暗,我的白日?"那么,真实的时间究竟是什么呢?在我看来,真实的时间只能是审美时间。

所谓审美时间就是自由时间。它是本体论意义上的时间,也就是说,它不是与自然实在相关的时间,而是与"生命的存在与超越如何可能"相关的时间,与人的生命及其价值相关的时间。尼采说:时间是人的生命存在方式的根本设定。柏格森说:时间是生命的过程。时间是创造,否则它什么也不是。海德格尔说:时间性是人的生存、人的在世界之中的先验结构,是人的生存的种种状态的地平线。这里的时间显然就统统是本体论意义上的时间。或者说,审美时间。

因此,审美时间并非人的计量工具,人也并非运用这一计量工具的主体。对于审美时间来说,时间就是人的存在形式,人也就生存在这作为存在形式的时间之中;换言之,时间与人同在。审美时间构成了人的世界。这里的世界不是指的外在环境,也不是指的社会组织,而是指的主体性的存在。"世"意味人的"一生",所谓"人生在世",因之是一个本体论意义上的时间概念;"界"意味着"人生在世"的界限。正是这世界,使人窥见了更为源初、更为根本的生命存在,彻悟到人类最高的生命存在方式,使人目睹了人类的远离本根漂泊漫游,使人勇敢地自我拯救,进入生命的无蔽澄明之境。

另一方面,审美时间构成的既然是人的世界,就必然是相对的而并非绝对的。犹如人生在世,一旦死去,并不意味着"皈依自然",因为人是无法"皈依自然"的,能够"皈依自然"的,只是人的肉体。生命的结束就意味着审美时间的结束;中国人称之为"去世",还是颇为准确的。《列子·天瑞》说:"古人谓死人为归人。夫言死人为归人,则生人为行人矣。行而不知归,失家者也。"这正是对相对的审美时间的说明。因此,外在于人的永恒的客观时间并不存在,人的生命的终止也就是时间的终止。正像日本禅师道元所颖悟的:

> 薪燃成灰,不再为薪。然而不应见取薪前灰后。应知薪住薪之法位,有前有后,虽有前后,前后际断。灰住灰之法位,有前有后。恰如薪

燃成灰不再为薪,人死不再为生。从来佛法,不说生变为死,但说不生。佛转法轮,不说死变为生,但说不灭。生是一时,死是一时,恰如冬与春然。不可说冬变为春,春变为夏。(《正法眼藏·现成公案》)

因此,才"日日是好日",才"时节因缘当观于时节因缘"。真正的时间(审美时间)才既是不飞之飞,又是飞之不飞,既是不流之流,又是流之不流。不过审美时间的相对并非其自身的局限或不足,恰恰相反,相对正是审美时间区别于现实时间和宇宙时间的最为核心的长处。它是一个终极关怀的参照系,是人的使命和生命价值的主动承诺,是使时间充分展开自身、创造自身的无限可能性。只有体味着相对并且沉浸到相对的幽秘之中,时间才突然地充盈着意义,沉沦了的生命也才被艰难地警醒。试想,假如没有终止,时间的多与少又有什么意义呢?假如人都是不死的,作为本体论意义上的"生命的存在与超越如何可能"这一追问又有什么价值呢?霍夫曼斯塔尔吟咏说:"我并不可怕,我不是残骸!我来自狄奥尼索斯那里,是维纳斯的亲人,我把灵魂的上帝带到你的面前。"我想,这里的"我"虽然是指的"死亡",但不也可理解为时间的"相对"吗?

这样,作为本体论意义上的审美时间,不可能像现实时间那样把时间划分为互不相关的过去、现在、未来。因为它不是对一个客观过程的计量,而是对一种生命存在的呈现。这就意味着,审美时间是一个恒长的生命之流。其中的每一瞬间都因为禀赋着正在生成的生命的全部内涵而具有价值。过去不是现已不在的东西,未来也不是尚未存在的东西,现在更不是一个独立自足的刹那,恰恰相反,正是过去、现在、未来,构成了不可或缺的生命中的过去、现在和未来之维。为了区别于现实时间,我们不妨称之为曾在、现在和将在。它们不是一个以现在为核心的过去——现在——未来直奔向前的线性之流,也不是退回到无时间性的无意义循环,而是一次挟带着全部曾在、现在和将在的生命强度的震荡,犹如"一团永恒的活火,在一定的分寸上燃烧,在一定的分寸上熄灭"。这是一种时间的绵延,这绵延就象征着永恒。不过,"已经不是那种概念上的永恒性,那种死亡的永恒性,而是一种生命的永恒性。这是一种生气勃勃的永恒性,因而是一种健行不息的永恒性,在这种永恒性里将可以找出我们自己的绵延……这种永恒性将是全部绵延的凝聚。"(柏格森《形而上学引论》)对比,施莱格尔曾从审美时间的角度予以发挥:

> 从严格的哲学意义上说,永恒不是空无所有,不是时间的徒然否定,而是时间的全部的、未被分割的整体,在这整体中,所有时间的因素并不是被撕得粉碎,而是被亲密地揉合起来,于是就有这末一种情况:过去的爱,在一个永在的回溯所形成的永不消失的真实中,重新开花,而现在的生命也就挟有未来希望和踵事增华的幼芽了。①

不过,在时间绵延中,又并非曾在、现在、将在三者的等量齐观,而是将在之维高于曾在之维和现在之维。正如艾略特所揭示的:"时间现在和时间过去,也许都存在于时间将来。"将在对于曾在、现在的统摄,要求人随着可能性上路,事先从可能性来设定自己。于是,曾在不再是什么已经定型的东西,在将在的光辉的照耀下,曾在成为真力弥满、万象更新的生命潜流,成为生于斯、乐于斯而又孕育万有的胚胎和土壤,现在也不再是独立自足的瞬间,在将在的光辉的照耀下,现在成为对曾在的回忆和对将在的期待,成为生命的充盈、时间的充盈。在这个意义上,应该说,审美时间是在时间的尽头做到了时间的真正实现、世界的真正实现、生命的真正实现。

§5. 时间的拯救者

审美时间作为时间的三种范畴形态之一,除了上述说明之外,还可以从更为广阔的背景上加以说明。

首先,爱因斯坦的相对论告诉我们:时间的确定有赖于确定者和确定对象的运动状态,由于宇宙万物都以不同速度运动,谈论某一宇宙的绝对时

---

① 转引自伍蠡甫主编:《西方文论选》下册,人民文学出版社1964年版,第327页。

间,无疑是不明智的。例如,时间从表面上看是绝对不变的,但根据爱因斯坦的公式:v 是物体运动的速度,c 为光速,t 为空间飞行器在发生某一事件时所经历的时间,t_1 为地球上所经历的时间,那么当物体运动速度达到 260,000 公里/秒时,时间为原来的 50%,达到 300,000 公里/秒时,时间为零。又如,时间还会受吸力和排斥力影响,随物质分布情况而改变。物体质量越大,重力场越强,空间弯曲度越大,时间流动得便越慢。再如,还有人提出"慢宇宙"和"快宇宙",在"慢宇宙"里,物质在任何条件下的运动都无法超过光速,在"快宇宙"中,快子在任何条件下的运动速度都不能慢于光速。这一切,当然是从时间的相对性的角度证实了审美时间的存在的合理性。

其次,从人类自身的发展演进历程来看,审美时间是历史的必然。宇宙时间是自然万物本身的存在形式,它是不以人的意志为转移的,又是现实时间的物质承担者和自然前提,否认这一点而谈论现实时间和审美时间,无疑会陷入唯心主义。现实时间是人类社会的存在形式。它既是人类对宇宙时间的加工改造,又毕竟是人类活动的一种限制。因此,随着人类自身的不断完善,现实时间也不断完善着,趋近于审美时间。审美时间是人类自身的存在形式。它标志着人类战胜了宇宙时间和现实时间的外在性,进入了现实时间的极限——自由时间。在审美时间中,人类自身成为合乎理想本性的自由存在,生命的每一瞬间都在人类自身的自由光辉的照耀下,成为给人以无限的价值满足的永恒。显而易见,审美时间,在未来的理想社会中将成为人的生命存在的普遍形式,在目前的现实社会中则成为人的自由的生命活动——审美活动的形式。

因此,审美时间是时间的拯救者。审美,就意味着在无比完美而又极度浓缩的时间中生存。它使时间的长度感转化为强度感,使最为美好的瞬间从现实时间的线性之流中解放出来,不再是绝对地前后相继的时间链条中的一环。雨果说过:"爱一个人就是要使他透明。爱是唯一能占领和充满永恒的东西。"这显然是在谈审美时间。罗曼·罗兰说过:"最高的美能赋予瞬间即逝的东西以永恒的意义。"这显然是在谈审美时间。而且,审美时间是对时间的真正征服。正像艾略特指出的:生命固然由时间构成,但时间却由意义构成。"我们有过经验,但未抓住意义,面对意义的探索恢复了经验。"为什么面对意义的探索能够恢复经验呢?正是因为审美时间是在时间中去征服时间的局限性的。所谓"只有通过时间,时间才能被人征服"。

在此意义上,我们终于可以说,只有审美时间才是唯一真实的时间,只有生存审美时间之中的人生才是唯一真实的人生。因此,生命的价值是不能用现实时间的尺度来衡量的。高寿抑或早夭,病逝或者战死,都不能成为生命价值的衡量尺度。高行健的无场次多声部抒情喜剧《车站》揭示的正是这个道理:在城郊的一个公共汽车站,由于某些原因,公共汽车始终没来,但七个等车人由于自己的盲目、麻木、愚昧、无知,还是在虚妄地等待着,结果在徒劳的等待中白白失落了青春、爱情、事业、理想,失落了真实的生命。应该指出,在这里,现实时间并没有停止流动,七个等车人也仍然经历着现实时间的流逝,但这现实时间的流逝恰恰只意味生命的静止,意味"空白了少年头",因此绝不可能成为衡量生命价值的尺度。那么,衡量生命价值的尺度是什么呢?只能是审美时间。在这方面,诗人对神女峰的吟咏或许是一个颇具启迪的例子。秀丽的神女峰,曾经引发过无数的审美联想。这种在峰顶苦苦盼望,以致化为石头的生命历程,被诗人歌唱为:"她亭亭玉立站在高高的峰顶,这是一种可望而不可即的美,唤起了一个最深邃的梦想。"(王家新:《神女峰的深思》)在他们看来,永久地占有现实时间,正是神女的生命价值之所在,"但是,心真能变成石头吗"?真应该"为眺望天上来鸿,而错过了无数人间月明"?终于,有一位女诗人喊出了自己的声音:"与其在悬崖上展览千年,不如在爱人肩头痛哭一晚。"(舒婷:《神女峰》)显而易见,女诗人已经意识到:千年与一晚的对比,正是现实时间与审美时间的对比。并且,在她看来,作为现实时间的"千年",是远远不如作为审美时间的"一晚"更为真实、更有价值的。在我看来,艾略特的不朽诗篇正是对这一生命真谛的揭示:"如果时间和空间,如哲人们所讲的,都是实际上不能存在的东西;那从不感到衰败的太阳,也不比我们有多大了不起。那么爱人啊,我们为什么要贪,要祈祷,活上整整一个世纪?蝴蝶虽然仅仅活了一天,也一样已经把永恒经历。"虽然生活中的花朵为数不多,但让它们放出神圣的光彩。试想,古往今来那些著名人物,诸如庄子、老子、李白、杜甫、柏拉图、莎士比亚,等等,为什么至今尚为后人所崇仰,难道不是因为他们创造的审美的时间是我们迄今也无法跨越的吗?这样,我们甚至可以说,庄子、老子、李白、杜甫、柏拉图、莎士比亚迄今还"在世",而许多活在现实时间中的今人却早已"去世"了。明白了这一点,我们也就明白了何谓生、何谓死、何谓不朽。因此,面对神女峰,我们每一个人都应该大彻大悟:"我的土地,再也负担不起一个冰冷在石头上的期待和呼唤","又是一个遥远的想象留下的多少带点哀怨的仪态,一个已经够了"!(任洪渊:《巫溪少女》)

第三节 回忆:生命的反刍

§1. 为生命辩护

生命是一个秘密。正像几乎所有的人都曾体味到的:在生命的原野跋涉了一段时间之后,已经流逝了的生命就会变成一个秘密折磨着我们。这是一个奇迹般的、无以名状的秘密,又是一种痛楚的、铭心刻骨的折磨。没有人能够逃避这一生命的秘密以及这一生命的秘密所挟裹而来的折磨。我们为什么活着?生命的意义是什么?生命是真实的吗?过去是真实的吗?……诸如此类的疑惑粗暴地逼迫着我们,犹如人面兽身的斯芬克斯用自己的谜语逼迫着每一个疲惫不堪的还乡者。

于是,我们突然间恍然大悟:我们稀里糊涂地闯进了生命的舞台,蹦蹦跳跳地风光了一个晚上,结果却根本不知道自己演出的是什么。于是,在一个美丽清新的早晨,我们又不能不为昨天的演出苦苦地追索着理由、价值或意义。看来,我们还并非自己生命的主人。我们不知道如何去确立自身在这生命的世界中的身份,如何去确立已经流逝了的生命的价值和意义。因此,我们不得不反复地为自己的生命辩护,为自己的过去辩护。只要我们活着,就必须为自己的昨天寻找一个合法的理由,可是,这又谈何容易。正像卡夫卡所感叹的:这作为生命秘密的过去,并不隐身于背景之中,"恰恰相反,它直瞪瞪地看着你,正因为它显而易见,我们才视而不见。日常生活才是迄今为止最伟大的侦探小说。"何况,这种辩护又难免不是一个多余的、奢侈的举动,甚至一个天方夜谭般的举动。试想,从宇宙或自然的观点来看,这种辩护本身岂不就是一种令人瞠目结舌的疾病?而诸如理由、价值、意义之类,岂不又统统是这种令人瞠目结舌的疾病中的呓语?由此看来,不去喋喋不休地谈论理由、价值和意义不就摆脱了这种疾病中的呓语了吗?因此,那些从来不曾念及这一辩护的人,那些从来不曾问及理由、价值和意义的人倒是很有点令人羡慕的了。然而,值得指出的是,即便如此,我们仍然无法羡慕那些从来不曾念及这一辩护的生命,仍然无法羡慕那些从来不曾问及理由、价值和意义的生命。

§2. 遗忘,会使人死去无数次

显而易见,对于那些从来不曾为自己的生命辩护、为自己的过去辩护的人来说,理由、价值、意义之类统统是最最无聊、最最无所谓的东西。在他们看来,对于已经流逝了的生命,所应该采取的举动只能是:遗忘。永远紧紧地抓住现在,就是他们的艰难选择。于是,他们无所畏惧地涉入浸染着世俗的污秽的线性的时间之流,随波逐流地飘然而去又飘然而来。无端的哭,无端的笑,无端的应酬、交往、奔波、流离,无端的掠夺、占有、成功、失败……一切都有充分的理由,一切都无须言说,他们有成千上万的理由去为现在建筑"广厦千万间",也有成千上万的理由去拒绝为过去保留一片自由飞翔和艰难喘息的幽秘之地。过去,在他们那里无非是炫耀的资本或者秘不示人的隐私,无非是某种可以兑换和可以做交易的砝码,无非是几张搔首弄姿的风景照片、情侣照片。就是这样,他们很快便在现实可见的现在身上寻觅到了他们所期望得到的东西。每一件十分现实的事件的到来都不难成为行动的理由,而这种忙碌的行动本身又不难成为生命存在的理由。目标是现实的,行动是现实的,成果也是现实的,这种明白无误的现实,使人心安理得地生活在现在,并且无限虔诚地讴歌着现在。

然而,值得追问的是,过去果真就这样被"遗忘"掉了吗?答案只能是否定的。过去并没有被"遗忘"掉,恰恰相反,倒是过去反过来逼死了现在,因而也就逼死了生命。道理十分简单,"遗忘"意味着死亡,人虽然只会死一次,"遗忘"却会使人死上无数次。在这个意义上,"遗忘"正是"先行到死"。在"遗忘"中,人与真实的生命体验逐渐剥离开来,与源初的生存之根逐渐剥离开来,日益沉入漫无边际的死寂之地。值此时刻,生无异于死。"遗忘"之生正是"沉沦"之死。

在我看来,对于生命的误解,对于过去的误解,关键在于对人的误解。在某些人,往往自觉不自觉地用看待物的方式去看人。因此,总是局限于人的现实存在,局限于进步与退步、占有与失去的简单二分。或者进步,或者退步,或者占有,或者失去,这样一种贫乏而又苍白的非此即彼,便构成了在看待人时全部的可怜疆域。其实,在人的问题上,要远较非此即彼的逻辑来得复杂。在历史的表层事实之下,奔涌着最为深蕴、最为隐秘、最为复杂的人性长河。就人的角度而言,人虽然像动物一样,有着把握现在的渴望,但人作为唯一知道自己必死的存在,又不能像动物一样将把握现在作为唯一选择。他必须致力于超越有限的现在,企达永恒。正像苏联作家艾特玛托夫所洞察的:"人本身就是具有深刻悲剧性的生物。当他开始认识周围的生活时,他就明白有朝一日他会死去。这就是他的悲剧之所在。一切其他的生物活着,但是不知道他们迟早终将死去。而人知道每个生命将会结束,而且知道怎样结束,这就是人所感受到的悲剧成分的根源。而这种悲剧成分永远伴随着人。"[1]并且,"悲剧性是这样一种强大的力量,它能使人们精神升华,从而去思考生活的意义。"[2]因此,人不可能满足于停留在同样会流逝的现在之上,而必须追寻超现在的永恒。他必须从自己的全部生命中孕育出一种东西,超越现在,超越死亡,为生命命名。否则,他就只是活死人。

如此看来,人不仅是一种现实的存在,而且是一种永恒的存在,不仅是

---

[1] 转引自北京师范大学苏联文学研究所编译:《苏联当代作家谈创作》,北京师范大学出版社1984年版,第4页。
[2] 转引自《苏联文学》1986年第5期,第53页。

一种经验的存在,而且是一种意义的存在。说得更准确一些,永恒与意义,正是从自己的全部生命中孕育出的一种东西。它超越现在,超越死亡,为生命命名,是生活中最为真实、最为内在、最为核心的所在。显而易见,在这样一种生命存在中,过去——现在——未来的线性划分是毫无意义的(详见第二节)。正像海德格尔所揭示的:人的生命历程"是此在在生死之间的途程"。走向生同时也就走向了死,走向结束同时也就走向了开端。人的生命历程是一条双向的本质的存在之路。因此,犹如西方的两面神的瞻前而又顾后,犹如中国的申公豹的眼睛向后,两腿向前,也犹如那个著名的哥德尔怪圈,对人来说,通向过去之路与通向未来之路必须同时敞开。在这个意义上,叶赛宁的诗句"已经到了收拾起必将朽烂的什物上路的时候了",就未必有什么道理。相比之下,倒是克罗齐的名言更为震撼人心:"一切历史都是当代史。"

因此,人要企达真正意义上的生命存在,就必须为生命辩护,为过去辩护。正像牛、羊等动物要反刍已经在胃中初步消化过的食物,人也必须反刍已经流逝了的生命。在这方面,陆象山的论述颇为发人深省:"人孰无心,道不外索,患在戕贼之耳,放失之耳。古人教人不过存心、养心、求放心……保养灌溉,此乃为学之门,进德之地。"(《与舒西美》)假如说,这里的"戕贼""放失"指的是"遗忘",那么,"存心、养心、求放心……保养灌溉"又指的是什么呢?显然是"反刍"。"反刍"是生命的"为学之门,进德之地"。只有经过反刍,过去才成其为过去,生命也才成其为生命,而未经反刍的过去不是真正的过去,未经反刍的生命也不是真正的生命。

§3. "回过头来必须思的东西"

所谓"反刍",用准确的美学范畴来表述,应该称之为:回忆。

在美学研究中,很少有人论及回忆,尤其是很少有人论及作为美学范畴的回忆。人们注意较多的只是记忆,并且,只是心理学和认识论意义上的记忆。正像卡西尔曾经指出的,19世纪最为卓越的生理学家之一赫林固执这样一种看法:记忆应当被看成是所有有机物的一个一般功能。记忆不仅是有意识生命的现象,而且是所有自然生命的现象。根据这一看法,塞蒙建立起了一个一般心理学的定律:通往科学的心理学的唯一道路就是"记忆基质生物学"的道路。"记忆基质"被塞蒙定义为一切有机物的易变性的保存原则。记忆和遗传是同一有机功能的两个方面。作用于有机体的每一刺激都在有机体上留下了一个"印迹"、一个明确的生理学上的印迹,并且有机体一切未来的反应都依赖于这些印迹的系列,依赖于有关的"印迹复合"。不难看出,这正是迄今为止我们所见到的形形色色的关于记忆的心理学的、认识论的说明的理论根据。然而,必须进一步追问的是:人的记忆就只是心理学意义上的和认识论意义上的吗? 在这方面,卡西尔的反诘显得十分尖锐,充满了力量:

> 但是,即使我们承认了赫林和塞蒙的一般论点,我们仍然远远没有解释记忆在我们人类世界中的作用和意义。人类学的记忆基质或记忆概念是完全不同的东西。如果我们把记忆理解为是一切有机物质的一个普遍功能,那仅仅意味着有机体能保存它从前的经验的某些痕迹,而且这些痕迹对它以后的反应有一定的影响。但是要使记忆这个词在人那里具有意义,仅仅有"对刺激物的以前反应的一个潜在残迹"那是不够的。单凭这些残迹的存在,单凭这些残迹的总和,并不能说明记忆的现象。记忆包含着一个认知和识别的过程,包含着一种非常复杂的观念化过程。以前的印象不仅必须被重复,而且还必须被整理和定位,被归在不同的时间瞬间上。①

再进一步,卡西尔从人类学的意义上(即本体论的意义上)推出了自己关于记忆的深刻洞见:

> 在人那里,我们不能把记忆说成是一个事件的简单再现,说成是以往印象的微弱映象或摹本。它与其说是在重复,不如说是往事的新生;

---

① [德]卡西尔:《人论》,甘阳译,上海译文出版社1985年版,第64页。

它包含着一个创造性和构造性的过程。仅仅收集我们以往经验的零碎材料那是不够的;我们必须真正地回忆亦即重新组合它们,必须把它们加以组织和综合,并将它们汇总到思想的一个焦点之中。只有这种类型的回忆才能给我们以能充分表现人类特征的记忆形态,并把它与在动物或有机生命中的所有其他现象区别开来。①

应该说,卡西尔的这一看法是十分深刻的。他对记忆中"能充分表现人类特性"的回忆的强调,或者说,他从人类学的角度对人所独具的回忆同一切有机生命所同具的记忆的区分,为我们提供了一个重要的思路。

从更为广阔的背景看,卡西尔的看法并不是孤立的。在中国古典美学和西方本体论美学中同样可以看到大量关于回忆的论述,遗憾的是并未引起我们的高度注意。以西方为例,柏拉图认为:回忆就是灵魂的自我轮回,就是"回到天内,回到它的家"。"回忆就是假定知识可以离去……回忆就是唤起一个新的观念来代替那个离去的观念,这样就把前后的知识维系住,使它看来好像始终如一。"②弗洛伊德认为回忆是抵御刺激的保护场所;阿德勒认为回忆是某种激励或警告的语言;马斯洛认为回忆分占有的和存在的两种,后者是积极的活动,是以与生命攸关的活泼方式进行的;雅斯贝斯把回忆作为哲学反思的本质功能之一;狄尔泰把回忆作为新的时间观的要素;马尔库塞把回忆看作否定现实的武器;尼采认为正是回忆带回了失落的感觉世界,并深情地吟咏说:"回忆!那比我美丽的东西的回忆,——我看见它,我看见它,并且就在此刻死去!"这当然都是从人类学(本体论)角度对回忆的阐释。但是,对于回忆论述得最为详赡、最为典范的还是海德格尔。海德格尔把回忆看作最高的价值器官,看作人的家园的看护神。并且相信,只有回忆才能拯救思,才能使人站出来生存。他在《讲演与论文集》中说:

---

① [德]卡西尔:《人论》,甘阳译,上海译文出版社1985年版,第65—66页。
② [古希腊]柏拉图:《文艺对话集》,朱光潜译,人民文学出版社1963年版,第122、268页。

显然,回忆绝不是心理学上证明的那种把过去牢牢把持在表象中的能力。回忆回过头来思已思过的东西,但作为缪斯的母亲,"回忆"并不是随便地去思能够被思的随便什么思的东西。回忆是对处处都要求思的那种东西的思的聚合。回忆是回忆到的,回过头来思的聚合,是思念之聚合。这种聚合在敞开处处都要求被思的东西的同时,也遮蔽着这要求被思的东西,首先要求被思的就是这作为在场者和已在场的东西在每一事物中诉诸了我们的东西。回忆,众缪斯之母,回过头来思必须思的东西,这是诗的根和源。

具体来说,海德格尔关于回忆的论述,最具启迪的有下述几点。

首先,回忆是对"那种把过去牢牢把持在表象中的能力"的拒斥。在海德格尔看来,这种"能力"就是"不追问在本身的真理","也从来不问人的本质是以什么方式属于在的真理"的能力,亦即对象之思的能力。在《林中路》中,他指出:于是,"人就是把自己通入敞开者中的本来已经封闭的道路从意志上而且是完完全全地堵塞了"。"人是无保护的",过去也是无保护的,"无家可归状态变成了世界状态。"正是在这个意义上,海德格尔才这样强调:"回忆就是告别尘嚣,回归到敞开的广阔之域。"其次,"回忆是对处处都要求思的那种东西的思的聚合。"处处都要求思的那种东西是什么呢? 正是那被污染殆尽的失落了、遗忘了、漠视了的生命的意义。回忆就是对这生命意义的"聚合"。海德格尔指出:"回忆只是彻底使我们从意愿性和意愿的对象返身回到心灵空间的最幽隐的不可见上去。……世界内在空间的内心向我们打开了敞开的柴扉。只要我们把握住内心的东西,我们也就知道外在的东西。在这内心之中,我们是自由的,我们超脱了与我们四周林立的从表面看来是保护我们的种种对象的关系。"在我看来,这里的"不可见""内心的东西",都是海德格尔用他那惯用的隐讳语言直指生命的意义。最后,回忆是"回过头来必须思的东西"。它要把所有的实在世界都悬置起来,要为所有的外在对象加上括号,回到人自身,回到与世界源初同一的生命自身,回到生命意义的显现、还原和澄明。

§4. 生命的富矿

综上所述,从人类学(本体论)角度讲,回忆并不是心理学或认识论意义上讲的所谓"重复过去感知过的形象",所谓"对过去感知过的东西,通过形象的方式再现出来的一种心理活动",而是人企达真正意义上的生命存在的方式,是人为生命辩护,为过去辩护的方式。

在这个意义上,不难看出,回忆是对过去从而也是对生命的拯救。我已经分析过,人不能只占有现在,现在转瞬即逝,假如没有过去,假如过去已丧失殆尽,那么现在也只能是昙花一现。假如过去得不到拯救,那么现在也得不到拯救,而且,人的整个生命也得不到拯救。既然如此,过去怎样才能被拯救呢?在我看来,只有在回忆中才能被拯救。回忆,只有回忆,担当着拯救被现在遗忘的过去的天命。它是呼唤者,呼唤着这个世界上无名和失名的东西、应该有而又没有的东西,它是转换者,把陷入历史迷误中的大地转换成诗意的大地,把沦入占有的生命转换成怡然澄明的生命。

要强调的是,回忆之所以能够拯救过去、拯救生命,除了海德格尔所揭示的上述三点内在规定外,还有其更为根本、更为源初也更为核心的根据。这就是:回忆能够把过去从实在内容中剥离出来,赋予过去一种意义、一种形式,从而为过去命名。为什么呢?这正折射出人的世界与物的世界的深刻差异。就人而言,他的世界既是物理的又是意义的。人的物理世界像动物的物理世界一样,是一去不复返的,不可能重建,也不可能在纯物理的意义上使之再生。人的意义世界却是一个人所独具的世界,它以物理世界为媒介,但却并非物理世界本身(参见本书第四章第三节"美是自由的境界"),而直接关联着人的生命中最为内在的东西和最为真实的东西。它不是实在的世界而是形式世界,不是可见的世界而是不可见的世界。它是生命创造的切入,是实在与形式的交换,是意义的回溯、拓展、凝聚与深化,是永恒的瞬间生成。毋庸置疑,这个人所独具的意义世界是不允遗弃也不能遗弃的。一旦遗弃,人灵就会漫世飘飞,惶惶然无家可归。而回忆之所以能够拯救过去、拯救生命,之所以能够把过去从实在内容中剥离出来,赋予过去一种意义、一种形式,并且为过去命名,正因为它面对的是一个意义的世界而不是一个物理的世界。

因此,回忆正是对过去的重建。它通过与过去的不断的对话、交流,使之聚合为"活的形式"(本节所说的"形式"或"活的形式",均指生命意义的感性造型),从而不致再次消失在线性的历史之流中,不致再次因循旧态,成为虚幻的和遮蔽的。于是,"过去就有了另一种模式,不再仅仅是一个后果。""我们有过经验,但未抓住意义,面对意义的探索恢复了经验。"(艾略特)流失的过去在回忆中被赎回,被给予一种形式,成为普鲁斯特所谓的"追回的时光",成为活的形式,成为生命的组成部分。在这个意义上,神话的人类学意义可以得到应有的肯定。神话中被小心翼翼地在吟咏中保护下来的过去,显然并非僵化了的历史事实,而是作为源头活水的活的形式。列维-布留尔在《原始思维》中对原始人"既是十分准确的,又是含有极大情感性的"回忆曾深表惊叹。并转述罗特的所见所闻说,他亲自听一个原始部族花了五天五夜演唱他们民族的历史。令他不解的是,他们虽然唱得惊人地准确,但却无人讲得清歌词的具体内容。今天看来,这歌中所吟咏的很可能并非具体的历史内容,而是他们对过去的一种理解、一种阐释,或者说,所吟咏的很可能是他们赋予过去的一种意义、一种形式。在我看来,所有的神话都可以而且必须从这个角度去解读。进而言之,在生活中我们也经常碰到类似的情况。斯坦尼斯拉夫斯基发现:

> 时间是一个很好的过滤器,是一个回想所体验过的情感的最好的洗涤器。不仅如此,时间还是最美妙的艺术家,它不仅洗干净,而且还诗化了回忆。由于记忆的这种特性,甚至于很悲惨的现实的以及很粗野自然主义的体验,过些时间就变成更美丽、更艺术的了。[①]

---

① 《斯坦尼斯拉夫斯基全集》第2卷,林陵、史敏徒译,中国电影出版社1985年版,第275—276页。

这其实正是回忆对于过去的实在内容的剥离的真实写照。从表面上看,是时间"诗化了回忆",实际上,则是回忆"诗化了"过去。所谓"更美丽、更艺术",也正意味着过去从流逝走向重建,从实在内容走向活的形式。众所周知,歌德把他的著名自传命名为"诗与真"。诗中有真,真中有诗,歌德为什么这样做呢?显然并非要为自己的过去追加一点虚幻的色彩,而是要从诗的,亦即形式的角度来重建自己的过去。同样是这个歌德,在一封信中曾经盛赞赫尔德。歌德说,他在赫尔德的历史叙述中所看到的不再是那个作为"人类的表皮外壳"的僵死过去,而是过去的再生。因此,歌德极度钦佩赫尔德对于过去的"清扫法":"不仅仅只是从垃圾中淘出金子,而是使垃圾本身再生为活的作物。"不难看出,这里的"清扫法"正是我们所说的回忆。

弄清了回忆的更为根本、更为源初也更为核心的根据,回忆的美学意义也就不难弄清了。在我看来,回忆正是人类自由的生命活动的重要组成部分。正像前面所讲的,生命本来是一个全面、丰富的整体,不仅是一种现实的存在,而且是一种永恒的存在,不仅是一种经验的存在,而且是一种意义的存在,但在现实生活中,这一切却被分割、剖解了。对于现实的存在、经验的存在的片面推崇,把人带离了自己的根,抛舍了人之为人的根本法则,致使人只知钱是什么、权是什么、电冰箱和洗衣机是什么,却不知何为真挚的爱、何为崇高的信仰、何为情感的幽秘、何为人生的天命、何为灵魂的归宿……从这种纷扰的现实喧嚣中脱身而去,要靠回忆,正像诗人吟咏的:

> 我们没有失去记忆
> 我们去寻找生命的湖

我迄今对少年时代读的吴伯箫先生的名作《歌声》记忆犹新。吴先生在作品中对峥嵘岁月中那感人的歌声给他的影响所作的描述何等动人:

> 感人的歌声留给人的记忆是长远的。无论哪一首激动人心的歌,最初在哪里听过,哪里的情景就会深深地留在记忆里。环境、天气、人物、色彩,甚至连听歌时的感触,都会烙印在记忆的深处,像在记忆里摄

下了声音的影片一样。……只要在什么时候再听到那种歌声,那声音的影片便会一幕幕放映起来。

在这里,过去的歌声显然已经不仅仅是歌声,而成为生命意义的聚合。它象征着对过去的一种理解,并且正是因为这种理解,歌声被融化在生命之中,成为生命的一部分。托尔斯泰关于母亲的回忆也是很好的例子。他曾经充满深情地陈述说:"无比幸福而又长逝不迫的童年时光!……我怎能不热爱、不珍惜有关你的一切回忆!这些回忆照亮和提高了我的精神境界,是我幸福欢乐的源泉。"这正是对回忆的美学意义的揭示。在母爱中,托尔斯泰找到了一块真正属于自己的生命空间。它是心灵的故乡,精神的家园,给人以活力,给人以灵感,给人以安宁,给人以温馨,甚至使人可能终老于此。难怪康·洛穆诺夫要如此评价:"他的天性中最美好、最纯洁的特点也是和这种回忆紧相联系的。"在这个意义上,应该说,回忆是人性的富矿、生命的富矿。因此,在回忆之谜中蕴含着生命之谜,回忆即生命。回忆使人返本探源,寻回自己的本真,重返深远源初的根基、人之为人的安身立命的根据。早已在井然有序的平静生活中死寂的生命,突然被激活了,一度狭小、充盈险阻阴冷而又晦暗无光的天地再一次变得宽敞、明亮而又畅通无阻。余光中曾经这样描述过他与一座颇具原始风味的大山的宏大无比的约会,假如我们把这大山看成人类生命意义的聚合,那么,这约会给我们的启迪就实在是不容忽视的:

  山,在那上面等他。从一切历书以前,峻峻然,巍巍然,从五行到八卦以前,就在那上面等他了。树,在那上面等他。从汉时云秦时月从战国的鼓声以前,就在那上面等他了,虬虬蟠蟠,那原始林。太阳,在那上面等他。赫赫洪洪荒荒。太阳就在玉山背后。新铸的古铜锣,当的一声轰响,天下就亮了。
  这个约会太大,大得有点像宗教。一边是山、森林、太阳;另一边,仅仅是他。

就是这样,回忆推动着人从沉沦的背景上场,肩负起生命的意义和存在的使命,进入生命之旅、自由之旅、创造之旅。

既然回忆是人类自由的生命活动的重要组成部分之一,那么在回忆中凸现的就并非简单的生命历程或生命故事,而是超迈于这一切的生命永恒和人类的普遍价值。在回忆中,人类通过认可过去中所蕴含的永恒意蕴和活的形式,从而使生命得以全面呈现。因此,马尔库塞才认为:"回忆并不是一种对昔日的黄金时代(实际上这种时代从未存在过),对天真烂漫的儿童时期,对原始人等等的记忆。倒不如说,回忆作为一种认识论上的功能,是一种综合,即把在被歪曲的人性和自然中所能找到的片断残迹加以收集汇总的一种综合。"①这种情况在生活中也经常可以见到。例如托尔斯泰两岁时便失去了母亲,上面所引的对母爱的回忆严格说来只是他的一种创造。高尔基也是如此。在他们的回忆中被激活的,并不是过去的经历,而是人类的天命。他们借助于对于过去的再造,创造了全新的生命。就此而言,理由的一段话很有点美学意味:"我的记忆像是不严密的筛子,总是容易漏掉那些不愉快的东西,反射出淡蓝色的色彩。"而鲁迅先生在谈到自己对童年时代的水乡经历和故居后院的那些名不符实的回忆时所说的一段话,就也可以作为美学论文来阅读了:"他们也许要哄骗我一生,使我时时反顾……然而我现在只记得是这样。"确实,这种在回忆中对过去的物理世界和实在内容的误读,有助于我们更加生动地理解在回忆中物理世界和实在内容的作为媒介与意义世界和活的形式的作为对象这一根本特性。

最后,还有必要指出,回忆不仅与审美活动关系密切,而且与在审美活动基础上产生的创作活动密切相关。在创作活动的研究方面,应该说,在对回忆问题的研究上比美学界更为深入一些。这主要体现在"情绪记忆"的令人耳目一新的研究上。但也应看到,"情绪记忆"的研究毕竟无法等同于对回忆的研究。相比之下,后者才是本体论的,前者却只是心理学的;后者才

---

① 转引自《西方学者论〈手稿〉》,复旦大学哲学系现代西方哲学研究室编译,复旦大学出版社1983年版,第155页。

是范畴性的,前者却只是概念性的。具体来看,正像《金蔷薇》的作者帕乌斯托夫斯基指出的:

> 对生活,对我们周围一切的诗意的理解,是童年时代给我们的最伟大的馈赠。如果一个人在悠长而严肃的岁月中,没有失去这个馈赠,那他就是诗人或者作家。

确实如此,我们经常强调作家在创作时要"体验生活""积累生活",然而,创作的问题是否解决了呢?似乎没有,仍然是即使都占有着丰富的生活阅历,还是有人能写出不朽之作,有人却只能写出三流四流甚至不能入流的作品。为什么呢?看来,问题必然涉及对回忆的美学理解。在我看来,一个人能否写出真正的作品,关键并不在于占有生活阅历的多少,而在于能否对过去的一切保持"诗意的理解",能否对过去的一切加以反刍,能否对过去的一切赋予一种最为深刻同时又最为独到的活的形式。王履在《华山图序》中说:"既图矣(指实地写生),意犹未满,由是存乎静室,存乎行路,存乎床枕,存乎饮食,存乎外物,存乎听音,存乎应接之隙,存乎文章之中。一日燕居,闻鼓吹过门,怵然而作曰:'得之矣夫。'遂麾旧而重图之。"王履不断追寻并且最终得到的是什么呢?正是从过去的实在内容中剥离而出的活的形式,也正是以过去的物理世界为媒介重建的生命的意义世界。

这样看来,作家在创作中寻找的主要并不是一些情绪性的生活阅历,而是寻找对于过去的"诗意的理解",寻找最适宜于显现这一"诗意的理解"的生活的实在内容,寻找以生活的实在内容作为媒介去理解和解释过去和生命的最佳形式。以普鲁斯特为例:三十六岁以后,由于痼疾哮喘病日益严重,他不得不把自己囚禁在严密封闭的房间之中。怕吹风、怕见阳光、怕室外的噪音,甚至怕室外的花草香味……这使他在十五年内足不出户,不但门窗紧闭,窗上挂着厚厚的帷幕,而且墙上、楼板上、天花板上,都贴上一层厚厚的软木片。不难想见,这哪里是病室,这简直是坟墓。然而,就是在这样的环境中,普鲁斯特追忆着过去的三十六年的时光,写下了 20 世纪最伟大的作品《追忆逝水年华》。于是,问题就尖锐地摆在我们面前了:究竟是被幽禁在病室中的普鲁斯特的生命是真实的,还是当时那些在世俗的泥淖中奔走甚至打滚的世人的生命是真实的?进而言之,究竟是普鲁斯特在回忆基础上的创作是真实的,还是我们在东拼西凑基础上的创作是真实的?显而易见,普鲁斯特的生命和创作是真实的。这个"奇怪的孩子"虽然与世隔绝,无法涉足现实,但却不甘毁灭,更不甘沉沦,他反复追忆着逝去的年华,寻觅着其中的意义和活的形式,因此而进入永恒,并且涉足真实的生命,创作出不朽的名篇。毫无疑问,这是一个极端的例子,但也确实是一个最具说服力的例子。三十六年的平淡无奇的生活阅历,经过普鲁斯特的反刍,竟然酿成艺术琼浆。在此意义上,傅雷的话讲得更为透辟:

> 真正的艺术家、名副其实的艺术家,多半是在回想和想象中过他的感情生活的。唯其能把感情生活升华,才给人类留下这许多杰作。①

但愿我们的作家和理论家都能牢牢记取这句至理名言。不过,由于本书主旨和篇幅的限制,关于创作与回忆的关系,笔者只能局限于提出问题,却不可能展开加以论述、说明,这只能是一种要请读者多多原谅的遗憾了!

第四节 想象:"阿米达的魔杖"

§1. 超越现实而达到理想的虚构

想象实在是一个不可思议的奇迹。像回忆一样,它同样是人的最高的价值器官,是人性的又一语言,也是使人的生命的价值超越成为可能的中介。因此,想象与回忆密切相关。它们共同组成了既回忆遥远的过去又憧憬奇丽的未来的雅努斯神的肖像:回忆本身就是一种变形,想象的源头又潜

---

① 傅雷:《傅雷家书》,三联书店1981年版,第123页。

在于回忆之中；回忆之中孕含着想象的要素，想象的深度又不能不决定于回忆的深度，它们共同建造了一个无限宽广、金碧辉煌的意义世界。这世界是对现实世界的否定，又是对未来世界的憧憬。其根本之处在于从短暂的人生中去企望永恒，在于冲破有限的牢笼，无休无止地去追求那永远走在前头的东西，永远也不能占有的、无限遥远的东西。

不过，想象与回忆又毕竟有所不同。相比之下，它或许又更加神奇、更加神秘。叶芝把想象称为"某种变幻的药剂"，雨果把想象称为"艺术的魔棍"，杨格又进一步把想象称为"能从不毛之地中唤出鲜花盛开的春天"的"阿米达的魔杖"。在《仲夏夜之梦》里，莎士比亚则干脆以自己的生花妙笔为想象写下了永恒的赞颂：

> 诗人的眼睛在微妙的热情中一转，就能从天上看到地下，从地下看到天上；就像能使闻所未闻的东西具有形式，诗人的莲花妙笔，赋予它们以形状，从而虚无飘渺之物，也有了它们的居所和名字。

因此，莫泊桑正确地把沉浸在想象境界的人称作"臆象创造者"，并且认定：只有"臆象创造者"的生命，才是唯一真实的生命。而马尔罗则补充说："臆象创造者"的创造，为人类自身建树了一个独一无二的精神家园——"臆想博物馆"。至于波德莱尔，却别出心裁地从反面强调指出："没有受到想象力鼓动的人们，不难一望而知是仿佛受到一种奇难的诅咒，使他们的作品萎谢凋残，就像《四福音书》里的无花果树一样。"

而在我看来，想象的最为根本的独特内涵在于：它是一种超越现实而达到理想的生命的虚构，对此，萨特讲得十分深刻：

> 想象力抓住存在的对象，以抓住不存在的对象……想象活动既使不存在而"存在"，又使存在"存在"。

显而易见，这就意味着：人们在现实生活中本来是沉沦于晦暗而又不透明的有限之中的。生活中永恒的不解之谜、无法排遣的死亡阴影、令人迷惑的命运驱策,使人无时无刻不自感力薄,甚至只好卑怯、驯顺地纵浪其中,"不喜亦不惧"。然而,维系于终极价值、存在之根的精神家园,一旦凭借审美体验飞升起来,就不能不推动人们进入想象,以俾深刻理解这一生命自我孕育而出的神奇的事实,使有限的生命最终成为恒然长在的生命。而想象的功能也许正在这里。它为晦暗的生命注入透明之光,使无意义转化为有意义,把无限的东西引入有限,将超时间的时间带进现实的时间。它根植于生命关联而又超越这一生命关联,昭示着人们:生命的永恒存在,只有通过想象,才是可以设定的;价值世界、意义世界,只有以想象为根据,才是可以创构的。因此,想象就兼具肯定和否定两重功能,首先是否定的,因为它使现实虚无化;其次是肯定的,因为它使理想现实化。既意味着深刻的拒绝,又意味着美好的预示;既把现实的生命理想化,又把理想的生命现实化,这,就是想象的本质,就是想象的最为根本的独特内涵。

§2. "同时生存在一千个世界里"

再进一步,在我看来,想象的独特内涵与人本身的独特内涵密切相关。就人而言,他的最为独特的内涵在于:他是一种生活在未来之中的存在。卡西尔描述得何其精辟:

> "现实"与"可能"的区别,既不对低于人的存在物而存在,也不对高于人的存在物而存在。低于人的存在物,是拘囿于其感官知觉的世界之中的,它们易于感受现实的物理刺激并对之作出反应,但是它们不可能形成任何"可能"事物的观念。而另一方面,超人的理智、神的心灵,则根本不知道什么现实性与可能性之间的区别。[①]

因此,"我们更多地生活在对未来的疑惑和恐惧、悬念和希望之中,而不是生

---

① [德]卡西尔:《人论》,甘阳译,上海译文出版社1985年版,第71页。

活在回想中或我们的当下经验之中"。"思考着未来,生活在未来,这乃是人的本性的一个必要部分"。①（而本书在第一章中也曾对这个问题作过专门的论述。）因此,不难想见,生命是一种永恒的敞开,在无遮无拦的生命原野上,一切都是不可预言的,一切都是无法确定的。这样,生命的实现就意味着一次又一次地趋近未来,趋近可能、再生、创造和无限,意味着一次又一次地自我放逐、自我告别、自我批判。在《探索心灵奥秘的现代人》中,荣格在谈到什么是真正意义上的人时,曾经十分深刻地告诫说:"事实上,只有当他已经漫步到世界边缘,他才算是一位名副其实的现代人。他必须把前人遗留下来的一切腐朽之物全部抛弃,并承认,他现在仍伫立在一片会长出万物的空旷原野。"显而易见,这里所谓"世界边缘"、所谓"一片长出万物的空旷原野",当然是指的生命的未来,生命的可能、再生和无限。而真正的生命也只有"伫立"在这样的"世界边缘"和"空旷原野"上,才能够被最终确认。

正是在人的这一独特内涵的基础上,想象得以奇迹般地诞生。它是生命趋近未来,趋近可能、再生、创造和无限的中介。正像狄尔泰在《论德国诗歌和音乐》里所深刻意识到的:"如果要达到这一步（指趋近未来）,首先得弄清对现实世界的把握。对现实世界的把握并不是把贵族政体想象化,而是对作为整个人的最高价值的东西的领会,这就要求客观地观察世界,在伟大的普遍的人的特征中把最强的生命价值的东西塑造出来。它以反己照察为前提,力图使生活和人的感性的价值尺度固定下来。通过个性化,个性与幻想、命运、生命交织在一起,表达出生命的意义,这时,就要求想象去把这个特别的世界——这个压根儿就不是现存的世界作为一个在独特的关联中建立起来的世界虚构出来。"而且,在《体验与诗》中他又说:"正是通过这一过程,精神生活才依靠自己那避开了一切凡俗性的形象建立起自己的普遍法则。"因此,想象作为中介,正是对生命的未来、可能、再生、创造和无限的坚忍的期待和真实的虚构。它把生命抛入充满臆想的天空,使生命失去了既定的向度,在变动不居和漂泊流离中富有魅力地展示着生命中最为辉煌的

---

① ［德］卡西尔:《人论》,甘阳译,上海译文出版社1985年版,第68页。

时刻,更新着生命的奇妙无比的景观。

> 我不只是生存在现有的世界中,而是同时生存在一千个世界里。
> (济慈)

你看,这就是想象。由此看来,趋近真实的生命实际也就意味着趋近想象,生存于未来、可能、再生、创造和无限之中,实际也就意味着生存于想象之中。正像歌德认为的:"生活在理想世界,也就是要把不可能的东西当作仿佛是可能的东西来对待。"而卡西尔也明确地意识到了这一点:"即使在实践领域,人也并不生活在一个铁板事实的世界之中,并不是根据他的直接需要和意愿而生活,而是生活在想象的激情之中,生活在希望与恐惧、幻觉与醒悟、空想与梦境之中。"①

应该承认,在这个意义上,想象实在应该是最为平常的生命存在状态。在这种生命存在状态中,人们面对着客观的唯一的生命世界,却又追求着形形色色而又绝不雷同的说明、阐释或命名。听到一位女子的美妙歌声,会想到:"危冠广袖楚宫妆,独步闲庭逐夜凉。自把玉钗敲砌竹,清歌一曲月如霜。"(高适《听张立本女吟》)看到一位女子的幽怨倩影,会想到:"梨花一枝春带雨。"(白居易《长恨歌》)看到天边的月亮,会想:"月亮又小又孤独,像一段被人遗忘的小小的回忆。"(江河《星》)而一旦果真碰上回忆,偏偏又会想到:"它生存在燃着的烟卷上,它生存在绘着百合花的笔杆上……它生存在喝了一半的酒瓶上,在撕碎的往日的诗稿上,在压干的花片上。"(戴望舒《我的记忆》)……就是这样,平凡的生命世界变得很不平凡,不但千奇百怪,而且充满了奇思异想。到处是美妙的再造,到处是神奇的变化,到处是幽秘的虚构,到处是熟悉的陌生,或者是"课虚无以责有",或者是"叩寂寞而求音",或者是化无形为有形,或者是变实在为虚幻。"它再现我们参与其间耳闻目见的平凡的宇宙;它替我们内心视觉扫除那层凡胎俗眼的薄膜,使我们窥见我们人生中的神奇。它强迫我们去感觉我们所知觉的东西,去想我们

---

① [德]卡西尔:《人论》,甘阳译,上海译文出版社1985年版,第33—34页。

所认识的东西。当习以为常的印象不断重现,破坏了我们对宇宙的观感之后,诗就重新创造一个宇宙。"(雪莱)想象也就重新创造一个宇宙。在我看来,这正是人类最为真实的生命存在状态,而且,它与人类俱在,来自人类,伴随人类,推进人类,也创造人类。对此我们在远古的"神秘的互渗"和"诗性思维"中可以看得十分清楚,例如李博在《论创造性的想象》中就曾指出:"拟人化是最原始的方法:它是彻底的,它的性质永远不变……它赋予万物以生命,它假定有生命的甚至无生命的一切,都具有和我们相似的要求、激情和愿望,并且这些感情就像在我们身上一样,也都为着某种目的而活动着……"但在文明社会之中,僵化、板滞的对象之思把生命关闭在既定的圈子里,于是,不但对想象作出了远未正确的解释,而且谈论想象也成了与生命毫不相关的奢侈和倨傲。最终,想象只有退居于文学之中。然而,即便退居于文学之中,也未能幸免于误解的灾难。长期以来,在美学和文学研究中,往往只局限于认识论或心理学的层次,却忽略了更为深层的本体论的追问,或者说,往往只瞩目于"想象是什么",却未能进一步顾及"想象为什么",即"人类为什么需要想象",在我看来,就正是这种误解的典型表现。而我们今天对于想象的强调,也就不仅只是意味着对于想象在创作中的地位的强调,而是尤其意味着对于想象在生命活动中的地位的强调。失去了想象的人必然是堕落的人,失去了想象的人必然是毫无创造力的人,要恢复生命的创造力和超越性,首先要恢复的就应是生命的想象。

§3. 生命的隐喻

还有必要指出的是,对于想象,假如只认识到上述的一切,尽管较之时下形形色色的美学、文艺学的有关论著已经有了明显的进展,但却毕竟仍旧失之片面。这就有如卡西尔所提醒我们的:"具有这种虚构的力量和普遍的活跃的力量,还仅仅只是处在艺术的前厅。艺术家不仅必须感受事物的'内在的意义'和它们的道德生命,他还必须给他的感情以外形。"[①]这就是说,想象还必须从事物的实在内容中提炼出生命的形式。他的弟子苏珊·朗格对

---

① [德]卡西尔:《人论》,甘阳译,上海译文出版社1985年版,第196页。

此心领神会,一语道破天机:

> 在"想象"这一字眼里,包含着打开一个新世界的钥匙——意象。①

这里的"意象"就是:生命的形式。确实,想象正是通过对于生命的形式的不断的发现和揭示,来不断地发现和揭示生命的未来、可能、再生、创造和无限的。今道友信曾经在《想象力的机能与构造》一文中颇具识见地区别了三个同音的汉字:"相"、"象"和"像"。他认为:"相"是外在事物的客观形相;"象"则是在人们的感知中产生的表象;"像"却是想象的产物,类似于本书讲的生命的形式。在这个意义上,又可以把想象称为:想"像"。应该说,今道友信的区别十分发人深省。不过,中国古典美学对这个问题的区别更为简捷、明快。中国古典美学认为:"形"与"象"有着鲜明的区别,如:"上下未形……冯翼唯象"(《淮南子·天文训》),"梦帝赉予良弼其代予言,乃审厥象,俾以形旁求于天下"(《尚书·说命篇》)。而较早而又较为准确的说法,是《易传·系辞上》中讲的:"见乃谓之象,形乃谓之器"。意谓:客观存在的不以人的存在与否为转移的物体是"形",而"象"则是"形"在人的生命活动中的呈现,或者说,是从物体的实在内容中提炼而出的生命的形式。二者的关系,正像《景德传灯录》中记载的良价禅师见到水中身影时所说的两句偈语:"渠今正是我,我今不是渠。"因此,当李梦阳以场上晾着的绿豆为例来讲创作秘诀时说:"颜色而已",显然就是在谈"象"。而《诗品·形容》中吟咏的:"风云变态,花草精神,海之波澜,山之嶙峋:俱似大道,妙契同尘。"显然也是在谈"象"。在这个意义上把通过对于生命的形式的不断的发现和揭示来不断发现和揭示生命的未来、可能、再生、创造和无限的生命活动称为想象,是最准确不过的了。而这就意味着,想象推出了一个"灵魂里看到的真实",一个"灵魂的意象",一个"看不见的世界"(叶芝)。这"真实"、这"意象"、这"世界","似真而假,似假而真","心了了而口不能解,卓如跃如,有而无,无而

---

① [美]苏珊·朗格:《艺术问题》,滕守尧译,中国社会科学出版社1983年版,第126页。

有",一方面无异于"巨大的内容丰富的五彩缤纷的汽泡",虽然"和真实的人物有可认知的相似性,但只有在那汽泡的世界中他们才获得充分的真实性"(麦卡锡),另一方面又"主要是隐喻的,这就是说:它指明事物间那以前尚未被人领会的关系,并且使这领会永存不朽"(雪莱),进而言之,使想象自身也最终得以永存不朽!

第五节 感性存在的历史生成

§1. 被疏忽了的生命的秘密[①]

时间、回忆和想象固然重要,但更为重要的却毕竟还应该是人的感性生成。为什么审美体验能够使人类的时间、回忆和想象"飞入空灵"?为什么审美体验在根本上区别于科学或伦理活动?甚至更进一步,为什么审美体验与人类生存有着最为深刻的内在联系?诸如此类围绕着人类的超越性生存而展开的种种变奏,只有延伸、推进到人的感性生存,才有希望得以解决。

人的感性存在,是生命之舞的发生之地,也蕴含着为人们所疏忽了的生命的秘密!

所谓感性存在,并不是指作为理性对立的存在,而是指人的机体、诸感觉乃至生命活动本身。它是身体与心灵融贯一体的共生态。对它,人们往往只从感性论或价值论的角度去评说,却忽略了远为重要的它的本体论的意义,因此,就无法对它在人类生存中的地位作出合乎实际的评说。

实际,感性存在正意味着人的本体存在。它是人类存在的根据、基础和前提。在这个意义上,我很同意马尔库塞的意见:"这里所讲的感性是用以解释人的本质的一个本体论概念,而且,这一概念在任何一种唯物主义或感觉主义产生以前就已出现了。"从这一点出发,"我们可以懂得为什么马克思强调'人的感觉、情欲,等等,是对本质(自然界)的真正本体论的肯定'。同

---

① 本小节在本次再版中有增补。

在异化劳动中表现出来的人的忧伤和需求不纯粹是经济上的问题一样,感性中表现出来的人的忧伤和需求也不纯粹是认识上的问题。在这里忧伤和需求根本不是描述人的个体的行为方式,它们是人的整个存在的特征。它们是本体论的范畴。"①

感性存在之所以能够成为人类存在的本体,关键在于它是"以往全部世界史"的产物,是生命的人类学意义上的生成。对于这种生成,马克思曾作过大量精辟论述——

人不但在思维中,而且在全部感觉中肯定自己;

主体感觉的丰富性与对象展开的丰富性相适应;

五官感觉的形成是以往全部世界史的产物;

感觉通过自己的实践直接变成了理论家。

在这当中,最为重要的是思路,是本书一直提及的"自然界向人生成",它区别于实践美学的"自然的人化",是生命美学的立身之本。②

简单而言,迄今为止的美学视界大体有三:神学的视界、理性的视界、生命的视界。前面的两种,或者是指向神学目的,或者是指向"至善目的",推崇的是神学道德,或者是道德神学,因此是宗教神学的目的论或者是理性主义的目的论。它们的共同之处,则是先从神学世界、理性世界出发去解释生存的合理性,然后再把审美与艺术作为这种解释的附庸,并且规范在神学世界、理性世界内去赋予合法地位。总之,神学本质或者伦理本质始终规范着审美与艺术的本质。因此叔本华感叹:"最优秀的思想家在这块礁石上垮掉了。"

---

① 转引自《西方学者论〈手稿〉》,复旦大学哲学系现代西方哲学研究室编译,复旦大学出版社1983年版,第111、113页。
② "自然的人化"只涉及马克思的劳动哲学、实践哲学。只注意到了横向的联系,而且还不是全部,只是其中之一,同时,还忽视了纵向的联系。其实,不是"自然的人化",而是"自然界生成成为人";不是"劳动创造了美",而是"劳动与自然一起才是一切财富的源泉";也不是"人的本质力量的对象化",而是"自我确证""自由地实现自由""生命的自由表现",才是生命美学所要关注的。

幸而,在"康德以后",出现了令人瞩目的转型。康德认为:在自然人与自由人之间,有审美人。而且,"人不仅仅是机器而已";"按照人的尊严去看人";"人是目的"。因此,康德美学应该被视作生命美学的序曲。但是,康德美学也有不足。他把道德神学化,因此而并没有比过去的把神学道德化走得更远。尽管没有了"必然"的目的,但是,其中还存在一个"应然"的目的。在自然人与自由人之间,在唯智论美学的独断论与感性论美学的怀疑论之间,在"美是形式的自律"与"美是道德的象征"之间,在"愉悦感先于对对象的判断"与"判断先于愉悦感"之间,也存在着亟待克服的矛盾。例如,阿多诺就以"无利害关系中的利害关系"来点明康德对于"利害关系"(功利性)的忽视。

由此,相比之下,倒是"尼采以后"更加值得关注。尼采,这个"不合时宜的思想"的美学家,这个最不被理解的美学家,敏捷地发现:宗教是"投毒者",道德则是"蜘蛛织网"。他发现:"很长时间以来,无论是处世或是叛世,我们的艺术家都没有采取一种足够的独立态度,以证明他们的价值和这些价值令人激动的兴趣之变更。艺术家在任何时代都扮演某种道德、某种哲学或某种宗教的侍从;更何况他们还是其欣赏者和施舍者的随机应变的仆人,是新旧暴力的嗅觉灵敏的吹鼓手……艺术家从来就不是为他们自身而存在。"[①]由此,倘若康德美学是知识的梦醒,尼采美学则是生命的梦醒。在他看来,在审美与艺术之外没有任何的理由,例如,神性的理由或者理性的理由,审美与艺术本身就是审美与艺术得以出现的理由。因此,毅然从审美与艺术本身去解释审美与艺术的合理性,并且把审美与艺术本身作为生命本身,把生命本身看作审美与艺术本身。这就是尼采的深刻洞察!

同时,这当然也就意味着:生命即审美,审美即生命。因此,如同在审美与艺术之外没有任何的理由一样,在生命之外也没有任何的理由。因此,同样也不需要再透过任何的有色眼镜(神性的或者理性的)去解释生命。生命的理由就是生命自身。正如别尔嘉耶夫所说:"为什么不从血液循环,不从

---

① [德]尼采:《论道德的谱系》,谢地坤译,漓江出版社2000年版,第78页。

活物,不从先于一切理性反思、先于一切理性分离的东西,不从作为生命职能的思维,与自身存在的根源联系在一起的那些未经理性化的生命材料,开始我们对于生命自身的把握呢?"①

这样,马克思提示的"自然界生成为人"的思路也就异常重要。并且,生命美学恰恰是以"自然界生成为人"去提升实践美学的"自然的人化"。严格而言,实践美学其实只是劳动美学。"自然的人化"也只涉及"自然界生成为人"的"现实部分",也就是"人通过劳动生成"这一阶段,但是"自然界生成为人"还存在着"非现实部分",实践美学却蓄意视而不见。这就是实践活动成为了世界的本体,成为了人类存在的根源,也成为了审美和美的根源的原因所在。但是,自然的"天然"之美又何以解释?例如,月亮的美何以解释?无疑,只看到"自然界生成为人"的"现实部分",看不见"自然界生成为人"的"非现实部分",实践也就被抽象化了,正如马克思所说的,陷入了"对人的自我产生的行动或自我对象化的行动的形式的和抽象的理解"。其实,为实践美学所唯独看重的所谓"人类历史"只是自然史的一个特殊阶段。因此,马克思所说的"自然界的自我意识"和"自然界的人的本质",我们无论如何都不能忽视。而且它们自身也本来就是互相依存的,后者还是前者得以存在的前提。

换言之,人类历史其实是"自然界生成为人"这一过程的一个现实部分,它必须被放进整个自然史,作为自然史的"现实部分"。当然,是在"历史"中人类才真正出现了的,但是,这并不排斥在"历史"之前的"非现实部分"。彼时,人当然尚未出现,自然界的生成为人的过程也没有成为现实,但是,无可否认的是,自然界也已经处在"生成为人"的过程中了。冒昧地将自然界最初的运动、将自然演化和生物进化的漫长过程完全与人剥离开来,并且不屑一顾,是人类中心的傲慢,是没有根据的。而"自然界生成为人"则把历史辩证法同自然辩证法统一了起来,也是对于包括人类历史在内的整个自然史的发展规律的准确概括,而且完全符合人类迄今所认识到的自然史运动过

---

① [俄]别尔嘉耶夫:《自由的哲学》,董友译,学林出版社1999年版,第97页。

程的实际情况。

具体来看,物质实践与审美活动其实都是生命的"所然",只有生命本身,才是这一切的一切的"所以然"。而且,这生命既包括宇宙大生命(涵盖了人类的生命,宇宙即一切,一切即宇宙)的创演,又包括人类小生命的创生。创演,是"生生之美";创生,则是"生命之美"。它们之间既有区别又有一致。"生生之美"要通过"生命之美"才能够呈现出来,"生命之美"也必须依赖于"生生之美"的呈现,但是,其中也有一致之处,这就是:自由生命。只是,"生生之美"对于"自由生命"是不自觉的,"生命之美"对于"自由生命"则是自觉的。总之,是"自然界生成为人"。

当然,也因此,在生命美学看来,外在于生命的第一推动力(上帝、理性作为救世主)既然并不可信,而且既然"从来就没有救世主",生命自身的"块然自生"也就合乎逻辑地成为了亟待直面的问题。昔日的"上帝""理性"变成了今天的"自己"。由此,"生命的法则"也就必然会期待着自己的答案。对此,我们可以称之为"天算""天机",或者,可以称之为"天问"。弗朗索瓦·雅各布(Francois Jacob)称之为"生命的逻辑",坎农称之为"身体的智慧"……万物皆"流",生生不已;万物曰"易",演化相续;逝者未逝,未来已来,那么,在大千世界的背后的一以贯之的大道或者"源代码"究竟是什么?其实,答案不难猜想。一切的一切就来自生命这个自组织、自鼓励、自协调的自控巨系统本身。它向美而生,也为美而在。而且,它既关涉宇宙大生命,更关涉人类小生命。至于审美活动,则是作为创演"生生之美"与作为创生的"生命之美"的"自觉"的意象呈现,亦即作为创演"生生之美"与作为创生的"生命之美"的隐喻与倒影。它是作为创演"生生之美"与作为创生的"生命之美"的导航,也是作为创演"生生之美"与作为创生的"生命之美"的动力。

换言之,生命,作为自组织、自鼓励、自协调的自控巨系统,奉行的是"两害相权取其轻,两利相权取其重"的"天道"逻辑,生物学家弗朗索瓦·雅各布则称之为"生命的逻辑"。它类似一只神奇的看不见的手,但是却以"无目的的合目的性"来驱动着人类,以"美"的名义驱动着人类。

意识及此,我们应该就不会斤斤计较于实践活动的某种作用了。① 更何况,人类在没有制造出石头工具之前就已经进化出了手,进化出了足弓、骨盆、膝盖骨、拇指,进化出了平衡、对称、比例……光波的辐射波长全距在10的负四次方与10的八次方毫微米之间,但是人类却在物质实践之前就进化出了与太阳光线能量最高部分的光波波长仅在400—800毫微米之间的内在和谐区域;同时,温度是从零下几百摄氏度到零上几千摄氏度都存在的,但是人类却在物质实践之前就进化出了人体最为适宜的20—30摄氏度的内在和谐区域。显然,早在实践活动出现之前,人类就已经开始为在"两害相权取其轻,两利相权取其重"的"天道"逻辑、"生命的逻辑"下的"无目的的合目的性"而愉悦了。②

贝纳斯在《感觉世界》中告诉我们:"在生命的曙光微露的时光,一个极小的单细胞动物在水的世界里无目的地漂荡,偶尔会碰在石头上。经过千万年的发展,再碰到这种情况,它不再和它的祖先那样只能作消极反应,而是会运动着原生质的身体离开这个障碍物,然后又开始它的旅行。这种动物已能觉知环境中的物体,并能对之作出反应。感觉世界就这样开始了。"这无疑是在昭示:人类是走在"自然界生成为人"的道路之上。而从发生学的角度看,人类意识反应、官能的进化,除了原生动物阶段的感应性外,从感觉开始,途经知觉和表象,然后才跃到思维阶段。从感觉到思维,分明代表着人类进化的四个相应的悠久历史阶段,感觉对应于环节动物阶段,思维则对应于灵长类动物。于是,从进化链或谱系树上看,每个阶段都相对独立地

---

① 一味强调实践活动的决定作用,至少会遭遇四个问题的挑战:1. 动物明明已经"制造工具"了几百万年,为什么却偏偏没有进化为人? 而人类为什么通过"制造工具"就偏偏进化为人了呢? 2. 本来已经被"制造工具"的实践"积淀"过的狼孩为什么无论怎么去教育都无法成为人? 3. 在地震灾害降临的时候,在众多动物中,为什么最最愚钝无知的偏偏就是已经被"制造工具"的实践"积淀"过的人类自身? 4. 性审美肯定是在实践活动出现之前的,这怎么解释?

② 为此,需要重读达尔文《人类的由来》。达尔文提示:由于美的作用,动物才不断进化,也才最终进化为"人";因此,"人类的由来",就"由来"于美! 当然,也因此,生命美学才孜孜以求生命与美的关联。

经历了一个比较漫长的历史阶段,因而也就相对独立地表现出感觉、知觉、表象、思维的独立形式及其特有运动模态。从这个意义上说,感觉、知觉、表象是感性认识,思维是理性认识,这是其界限的绝对方面。这当然更是在昭示:人类是走在"自然界生成为人"的道路之上。

而当人类的意识前史结束以后,人便进化到独具意识的真正的人。这时,人的感觉、知觉、表象便统一于一个现实生命体之内,在这样的情况下,感觉、知觉、表象又具有什么性质呢?其一是从器官水平上去看。即把感觉、知觉、表象这些心理形式放在认识论或价值论水平上加以孤立考察,作静态的孤立环节的分析。这样就其反映客观对象的功能、范围来说,仍是一种感性认识。其二是从本体水平上去看。在这个意义上,它们又是"自然界生成为人"(马克思)的"一个世界"(黑格尔),不再是认识论或价值论意义上的感性环节,而是本体论意义上的历史"生成",其中的每一环节都存在着感性与理性的彼此渗透,要从这整体的生命存在之中去寻找单纯的感性或理性,已属不能,要在这整体的生命存在之中去区分主体与客体,也已属不能。

例如,恩格斯曾经着重谈到的鹰眼与人眼的区别:"鹰的眼比人的眼看得远得多,但人的眼比鹰的眼在事物中所看到的东西也多得多。"为什么人眼比鹰眼看到的东西要多得多呢?朱光潜作过一个大致令人满意的说明:"鹰的眼还是自然形态的眼,人变成了社会的人之后,经过长期的认识和实践过程,人的眼也变成社会形态的眼了。人比鹰在事物中所见到的东西更多,是由于人有社会形态的眼,这更多的东西,是人眼在长期认识和实践过程中所征服来的,也就是事物的社会意义。人的眼有它的'本质力量'(即社会形态所特有的力量)与这'更多的东西'相应。没有人眼的本质力量,就看不出这'更多的东西',没有这'更多的东西',也就显不出人眼的本质力量。人眼的这个'本质力量'和自然的这些'更多的东西'代表了人在一定历史阶段的文化水平,因此也就反映了当时的经济基础与社会生活……"[①]应该说,

---

① 《朱光潜美学文集》第3卷,上海文艺出版社1983年版,第50页。

除了过分强调了人眼的社会意识形态的质的生成,而没有进一步强调人眼自身的人性的或人类学的质的生成之外,朱光潜的上述解释是颇为深刻的。显然,"人眼的这个'本质力量'和自然的这些'更多的东西'",就正是审美愉悦的来源。

还可以举出人的耳朵以及人的手指的历史生成在"自然界生成为人"上的意义。例如耳朵,"社会的人的感觉不同于非社会的人的感觉。只是由于人的本质的客观地展开的丰富性,主体的、人的感性的丰富性,如有音乐感的耳朵,能感受形式美的眼睛,总之,那些能成为人的感觉的感觉,即确证自己是人的本质力量的感觉,才一部分发展起来,一部分产生出来"。① 再如手指,不论音乐家、雕刻家还是画家,都离不开灵巧的手指,但这灵巧的手指来自何处呢?来自他们的认识论意义上的练习?或者来自他们的价值论意义上的修养?这当然都有其合理性。但更主要的,还应强调是来自"自然界生成为人"上的历史生成。正像恩格斯所剖析的:"手不仅是劳动的器官,它还是劳动的产物。只是由于劳动,由于和日新月异的动作相适应,由于这样所引起的肌肉、韧带以及在更长时间内引起的骨骼的特别发展遗传下来,而且由于这些遗传下来的灵巧性以愈来愈新的方式运用于新的愈来愈复杂的动作,人的手才达到这样高度的完善,在这个基础上它才能仿佛凭着魔力似的产生了拉斐尔的绘画、托尔瓦德森的雕刻以及帕格尼尼的音乐。"②

§2. "享受的感觉"

这就决定了对感性存在的说明,既应是认识论、价值论的,同时又应是本体论的。所谓五官感觉体现了全部世界历史成果,不就是说它成了人的历史存在的充分证明吗?因此,人的感性存在,不仅在认识或评价过程中是一个开端,属于认识论和价值论范畴,而且也是宇宙大生命与人类小生命在"自然界向人生成"中的存在方式。因而属于本体论范畴。艺术家的手指、

---

① 《马克思恩格斯全集》第42卷,人民出版社1979年版,第126页。
② 《马克思恩格斯选集》第3卷,人民出版社1975年版,第553页。

耳朵、眼睛,不但创造出优美的艺术品,给人以认识和享受(认识论、价值论),而且也是艺术家本人的存在方式(本体论)。他的手指、眼睛、耳朵,同时也是他的生命存在、他的个体特性。你看,这不正是一种本体论的证明吗?马尔罗在他的名著《沉默的声音》中曾极为出色地描述过画家伦勃朗的一只"颤动的手":

> 在那一个晚上,当伦勃朗还在绘画的那个晚上,一切光荣的幽灵,包括史前穴居时代的艺术家们的幽灵,都目不转睛地注视着那只颤动的手,因为他们是重新活跃起来,还是再次沉入梦想,就取决于这只手了。
>
> 而这只手的颤动,几个世纪在黄昏中人们注视着它的迟疑动作——这是人的力量和光荣的最崇高的表现之一。

还应该补充说,"这只手的颤动",同时还是"自然界生成为人"的证明。它实在可以"惊天地,泣鬼神",人类通过它才获得了自身的真实存在,伦勃朗通过它才获得了自身的真实存在。还值得一提的是黑格尔的一段名言:"真正艺术家都有一种天生自然的推动力、一种直接的需要,非要把自己的情感思想马上表现为艺术形象不可。这种形象表现的方式,正是他的感受和知觉的方式,他毫不费力地在自己身上找到这种方式,好像它就是特别适合他的一种器官一样……艺术家的这种构造形象的能力,不仅是一种认识性的想象力、幻想力和感觉力,而且还是一种实践性的感觉力,即实际完成作品的能力。这两方面在真正的艺术家身上是结合在一起的。凡是在他的想象中活着的东西好像马上就转到手指头上……"对这一段名言,人们并不陌生。确实,黑格尔发现了作家的一个根本特点:"凡是在他的想象中活着的东西,好像马上就转到手指头上。"然而,为什么会如此?黑格尔无法解释。其实,问题的关键在于,"艺术家的这种构造形象的能力,不仅是一种认识性的想象力、幻想力和感觉力",也不仅"还是一种实践性的感觉力",而且首先是一种本体性的感觉力。换言之,首先是人的"自然界向人生成"的证明。

在这个意义上,所谓作家的创作、所谓审美体验,正渊源于一种只为人所具有的"享受的感觉"(马克思),正是通过把意义的形式从物理世界中成功地剥离出来而直观到自身感觉,从非人的单一、守恒走向人的丰富、创造时所产生的一种生命呈现。因此,"一个画面首先应该是对眼睛的一个节日"(德拉克罗瓦),"一幅画首先是,也应该是表现颜色"(塞尚),因此,"人的精神之路,是新的——再说一遍——是奇迹的感觉器官的培养和形成,这叫作艺术"(沃兹涅先斯基);也因此,作为人的本质力量的证明的审美感觉,才首先是作家的生命存在方式,其次才是作家的把握世界的方式。弄清楚这一点,我们也才真正弄清楚了本书为什么要一再强调审美活动与非审美活动共处于一个世界,为什么要一再强调人人都可以成为艺术家。在这里,唯一的区别只在于:是舍弃还是维护这作为"自然界向人生成"的证明的审美感觉。从后者出发,则必然进入生命存在的最高方式。于是,在你的生命屏幕上,或许会出现一幕幕这样的动人场景:在剧场出口处,忽然一双美丽而又幽怨的眼睛深情地凝望着你,几秒钟的默默相对,你微微一颤,转身走开。这时,你忽然回忆起……月光下幽绿的海水温柔地涌动,你踏着细软的沙子,任滑腻的风抚摸你裸露的臂膀。蓦地,远方传来一阵歌声,奇怪,偏偏是那首令人心碎的歌,于是,你不由得沉浸在……而且,对于灵性未泯的人们来说:"一幢'房屋',一口'井',一座熟悉的塔尖,甚至连他们自己的衣服和长袍都依然带着无穷的意味,都与他们亲密贴心——他们所发现的一切几乎都是固有人性的容器,一切都丰盛着他们人性的蕴含。"(里尔克)即使是天上的明月、原野的鲜花,也如此。日本那位凭着一顶笠、一根杖、一只囊到处流浪的僧人松尾芭蕉不就曾经说过"身处于风雅,从造化以顺四时。所见之处无不是花,所思之处无不是月。见时无花则同夷狄,思时无月则类鸟兽。故应出夷狄以离鸟兽,从造化而归自然"吗?

因此,人的感性存在,就其用途和功能来说,固然是认识论和价值论的,但就其自身的生成过程及其与人类生存的关系来说,又毋宁是本体论的。而且,前者又首先是建立在后者的基础上,后者存在,才有了前者的存在,后者是前者的主体,前者是后者的功能。

也就是说,在认识论和价值论意义上,感性存在仅仅是某种充作过渡的中介,作为本体的是外在的实体。但在本体论意义上,感性存在却正是人类的栖身之地。它意味着,人的真正生存,或者说超越生存、价值生存如果只建立在外在的实体上,那全然是不可思议的。人要求着比这一切更多的东西——想象、激情、盼想、思念、回忆、圣爱。感性存在本身才是人的真正生存赖以建立的基础。人必须通过活生生的个体的灵性去感受世界,而不是通过理性逻辑去分析阉割世界——尽管在异化社会我们不得不如是。人的生存,就是感性的生存;人的生成,就是感性的生成;人的超越,就是感性的超越。

在这方面,美国作家海伦·凯勒的《假如给我三天光明》,堪称最为深刻的启示录,这位自幼罹患聋、盲、哑种种疾病于一身的人,以其出众的敏捷,洞察到了人类的悲剧。她指出,世人虽然拥有"幸福的感官",却让它们懒散着、沉睡着、窒息着、扭曲着:"那些从未体会过失去视力和听力痛苦的人,却很少充分使用这些幸福的官能,他们的眼睛和耳朵模糊地看着和听着周围的一切,心不在焉,也漠不关心。"他们甚至不能准确地说出五个好朋友的面孔,从森林里回来,也从来不曾带回任何特别的发现,他们只去留意与己私欲相关的特殊的事物。这一切,在凯勒看来,何等荒谬绝伦!在大自然的残酷剥夺下,她只拥有触觉。即便如此,世界在她面前又是何等弘阔辉煌:一片娇嫩的叶子的匀称、白桦树皮的光滑、枝条上的芽苞、天鹅绒般柔软的花瓣、芬芳的松叶地毯、轻软的草地、指间淌过的溪流……因此,她合乎情理地忽发奇想,建议大学应该开设一门必修课:"怎样使用你的眼睛",以俾"让视野从聚精会神的注视里解放出来,以便不去留意特殊的事物而只看一看那瞬息万变的色彩",最终"唤醒那些处于睡眠状态的懒散的'幸福官能'"。这是一个多么沉痛而又惊人的建议!而在这建议被采纳之前,所有人都应该在凯勒的痛心疾首中自省。她说道:"我,一个盲人,向你们有视力的人作一个提示,给那些善于使用眼睛的提一个忠告:'想到你明天有可能变成瞎子,你就会好好使用你的眼睛,这样的办法也可使用于别的功能。想到你明天有可能变成聋子,你就会更好地去聆听声响,鸟儿的歌唱,管弦乐队铿锵的旋律。

去抚摸你触及的一切吧,假如明天你的感觉神经就要失灵,去嗅闻所有鲜花的芬芳,品尝每一口食物的滋味吧,假如明天你就再也不能品尝了。让每一种官能都发挥它最大的作用,为世界通过大自然提供的各种接触的途径向你展示的多种多样的欢乐和美的享受而自豪吧。'人们呵,你们听见了吗?"

§3. "感觉的革命"

另一方面,在现实生活中,由于二分的世界观的粗暴干涉,世界进入漫无边际的黑夜,人的感性被迫离家流浪、漂泊异乡,饱尝了浪子的苦涩和艰辛。因此,席勒才会大声疾呼:"活生生的感觉也有发言权。""感受能力的培养是时代最急迫的需要。"①审美体验也正是因此而得以庄严诞生,"哪里有危险,哪里也有救渡。"审美体验不正是人类的自我拯救吗?马尔库塞指出:"一个既成社会给它的所有成果增加了同样的感受手段;通过个人和阶级的观点、视野、背景的所有差别,社会提供了相同的经验总体。结果,同侵略和剥削的连续统一体的决裂,也将同适应这个经验总体的感受力相决裂,今天的反抗者要按照新的方式来看,来听,来感受新的事物:他们把解放同废除普通的、守法的感觉联系起来。'trip'就包含着由既成社会形成的自我的废除——一种人为的、短暂的废除。但是,人为的私人的解放以一种歪曲的方式预告了社会解放的迫切需要:革命必须同时是一场感觉的革命,它将伴随社会的物质方面的和精神方面的重建过程,创造出新的审美环境。"②显而易见,在这"一场感觉的革命"中,审美活动担当着莫大的忧心。它意味着人性的馈赠,向人的感性存在发生隐秘的呼唤,追寻着失落了的生命灵性,驱动着人们重返故里、重返童贞。

这样,人的感性生成就从更为深刻的意义上赋予审美活动以意义。而且,也正是由于这被赋予的意义,我才愿意这样断言:审美活动,你是人类的无冕之王!

---

① [德]席勒:《美育书简》,徐恒醇译,中国文联出版公司1984年版,第43、60页。
② [德]马尔库塞:《现代美学析疑》,绿原译,文化艺术出版社1987年版,第58—59页。

第六章

因审美,而生命

第一节　人类为什么需要审美活动[①]

§1. 生理层面："应激反应"与情感的"代偿机制"

审美活动的根源，是美学研究中第四个重要课题。假如说审美活动的性质是指审美活动"是什么"，审美活动的内容是指审美活动"怎么样"，审美活动的方式是指审美活动"如何是"，那么，审美活动的根源则是指的审美活动"为什么"。

审美活动的根源要讨论的问题是：人类为什么需要审美活动；或者说，是：审美活动所具有的对自身作用的预先规定以及完成这种作用的特殊能力。它是对审美活动的讨论的必然延伸。因为，从逻辑的角度看，固然是审美活动的性质规定着审美活动的功能、意义，但从历史的角度看，却又是审美活动的根源规定着审美活动的性质，因此，在讨论了审美活动的性质、内容、方式之后，就不能不进一步去讨论审美活动的根源。

而且，这一讨论还要从历史开始。

首先亟待直面的，是传统的"非功利"的美学根本内涵的转变。毋庸多言，"非功利"是传统美学的理论前提。至于传统美学的全部理论成果，则可以说都是在此基础上取得的。

然而，在生命美学看来，我们是否过分强调了"非功利"问题？假如说，对于"非功利"的强调，是传统美学在特定的时期的一种不得已而为之，那么，在当代社会，是否有必要恢复其本来面目呢？换言之，美与艺术固然有与生活相对立的一面，但是否还有与生活相同的一面？美与艺术真的就毫无功利性吗？如果有，又应该怎样给以理论的说明呢？

[①] 本节根据我1995年出版的《反美学——在阐释中理解当代审美文化》（学林出版社）中的第五章增补。

事实上,美与艺术确乎有其功利性的一面。只是,这功利性不是传统美学所反对的所谓社会的功利性,而是为传统美学所忽视了的美学的功利性。这所谓美学的功利性就是:对于人类的情感需要的满足。过去,由于传统美学过于注重人的理性需要,而对于人的情感需要却缺乏必要的说明,因此,对于美学的功利性问题难以作出准确的阐释,只好以"非功利"含混言之。站在今天的立场上,应该说,这无论如何也是传统美学的一个从柏拉图开始的重大的美学失误。

人类对于情感需要的渴望,来源于人类的生命机制本身。当代心理学家已经证实:就人类生理层面而言,作为动力机制的因此也就最为重要的是情感机制,而不是理性机制。过去,为了论证人类理性的伟大,美学家曾经过分重视新皮质而忽视皮下情感机制。把大脑新皮质的功能看作是审美活动的复杂过程的唯一中心,现在看来,是一个方向性的错误。

就探讨审美活动的根源而言,真正的重点不是理性的机制而是情感的机制。其中,神经系统和内分泌系统是两大关键。因此,美学之为美学,一定应该是情感优先的,结合前面所论及的境界问题,则还应该是境界取向的,因此,应该是情感境界论的美学,这也就是生命美学。

而情感机制作为人类最为根本的价值器官,则可以从以下几个方面加以说明。

其一,可以从现代生理学的最新成果来说明。美国精神保健研究所脑进化和脑行为研究室主任麦克莱恩发现:人脑是进化的三叠体(三结构),或称三位一体脑结构。

我们是通过完全不同的三种智力眼光来观察我们自己和周围世界的。脑的三分之二是没有语言能力的。

人脑就像三台有内在联系的生物电子计算机。每台计算机都有自己的特殊智力,自己的主观性、时间和空间概念,自己的记忆、运动机能以及其他功能。脑的每一部分都同各自的主要进化阶段相适应。[1]

---

[1] [美]卡尔·萨根:《伊甸园的飞龙》,吕柱等译,河北人民出版社1980年版,第43—44页。

这个三位一体的脑结构包括了爬虫复合体、边缘结构与大脑新皮质。其中爬虫复合体、边缘结构都是脑的原始结构,人性与动物性的共同栖居地,又是人类情感的发源地。而大脑新皮质则是人类理性进化的堆积物,为人所独具。人类的个体生成正是凭借着这三部分的协调来完成的。遗憾的是,我们人类往往数典忘祖,只看到了理性的、思维的世界,却疏忽了它实际只是人类在征服自然时积淀而成的生命世界。在这个世界之下,还存在一个远为博大、远为根本的情感的、直觉的世界。只有它,才是人类最为本源的生命世界。它不可以被舍弃或改变。正如卡尔·萨根在《伊甸园的飞龙》中所告诫的:"很难通过改变脑的深层组织结构达到进化。深层的任何变化都可能是致命的。"而且早在理性的思维的世界形成之前,它就已经开始了自己的生命历程。换言之,人类的与爬虫复合体、边缘系统等"脑的深层组织结构"紧密相联的情感的、直觉的生命世界,正是人类最为深层的东西。

其二,可以用文化人类学的研究成果来说明。文化人类学通过对原始人的思维的研究发现,原始人的思维并不是周密地运用概念进行推理判断的理性思维,而是情感思维。这一点,列维-布留尔在《原始思维》中作过详细说明,并且早已为读者所熟知。因此,这里不作进一步的说明,只引述作者的几段话,权作提示:"那些在不文明氏族的思维中占有如此重要地位的前关连、前知觉、前判断根本不要求逻辑活动;它们只不过依靠记忆来实现。""原始人的记忆有非常高度的发展,它既是十分准确的,又是含有极大情感性的。"原始人从情感感受的角度观照世界,"对进入他们视野的全部宇宙以及其中各个部分,它们都赋予生命,使之成为一种有生命的实体存在。"[①]从今天的眼光来看,显而易见,这种所谓的情感思维并非对理性需要的满足,而是对于人类的情感需要的满足。情感思维不是思维,而是体验。这也可以证明:人类的与爬虫复合体、边缘系统等"脑的深层组织结构"紧密相联的情感的、直觉的生命世界,正是人类最为深层的东西。

其三,也可以用现代神经生理学的成果来说明。现代神经生理学揭示

[①] [法]列维-布留尔:《原始思维》,丁由译,商务印书馆1981年版,第104—105页。

了左脑与右脑的存在,以及右脑在生命活动中的重要地位。指出左脑与右脑各有分工,例如,左半脑负责表达,是命题的、言语的、概念的、逻辑的;右半脑负责知觉,是具体的、前言语的、形象的、情感的。当然,在现代社会中左脑确实占有重要地位,然而,我们不能因此把右脑贬为"不劳而获""动物脑""劣性脑",不能因此得出"人是理性的动物""人是语言的动物"之类的看法。因为它们都掩盖了这样一个事实:人的右脑绝不能等同于动物的大脑;人的感觉、情感活动同样是人的生命活动的一部分,而且是更为本体的一部分。何况,无论在人类或个体的生长过程中,右脑的诞生和成熟都早于左脑。这也可以证明:人类的与爬虫复合体、边缘系统等"脑的深层组织结构"紧密相联的情感的、直觉的生命世界,正是人类最为深层的东西。

最后,还可以从现代生理学来说明。在相当一段时间内,我们十分推崇皮亚杰的儿童发展心理学的成果。皮亚杰片面地把成年人理性的、思维的生命世界作为幼儿的楷模,把认识结构作为生命结构,把情感现象作为认识现象的副现象或伴随物。相比之下,倒是一些深层心理学家,对此做出了重大贡献。例如,弗洛伊德针对上述错误看法,曾经明确表示:我作为一名精神分析学家当然应当对情感现象比对理智现象更感兴趣。由此,他率先绕过语言、理性的生成时期,去试图阐明个体的"情感"、"情绪"或"感受"的特性,以及它们与一生的错综复杂的联系。伊扎德则认为情感情绪的发生比理性认识的发生要早得多,资历也古老得多。它不但是人类进化过程中为适应生存而发生并固定下来的特性,而且是在脑的低级结构中固定下来的预先安排的模式。对于个体意识的产生来说,情绪是构成意识和意识发生的重要因素。情绪提供一种"体验—动机"状态,情绪还暗示对事物的认识—理解,以及随后产生的行为反应。以儿童为例,儿童最初的意识所接受的感觉材料是来自感受器和个体感受器。这些内源性刺激导致情绪体验发挥作用。这种作用的特殊意义在于它成为意识萌发的契机。也就是说,意识的第一个结构其性质基本上是情感性的。这是因为婴儿最初和外界的联系、交往是同成人之间的感情性联系。早期婴儿(半岁以前)的知觉还不能提供足够的从外界而来的直接信息以产生意识,可见情绪作为动机就成为意识萌发的触发器。各种具体的情绪的主观体验都给意识提供一种独特的性质。随着情绪的分化和发展,意识在萌发。儿童对不同情绪的体验也就是最初的意识。① 这就是说,不论在人类或在个体的生成过程中,情感模式都是理智模式的母结构。这也就是说:人类的与爬虫复合体、边缘系统等"脑的深层组织结构"紧密相联的情感的、直觉的生命世界,正是人类最为深层的东西。

不难设想,审美活动的产生,正与上述人类的情感机制的需要存在着一种深刻的一致性。②

至于具体的剖析,则需要从快感谈起。快感与美感都与人类的情感存在有关。人是情感优先的生命存在,是情感的动物。情感的存在,是人的最本真、最原始的存在,终极性的存在。人最终是生存于情感之中的。直面生命,也就必须直面情感。在这个意义上,情感类似"大象",理性则类似"骑象人",实践美学只是与"骑象人"对话,生命美学却是与"大象"对话。而且,"大象"所使用的语言十分简单,就是"喜欢"或者"不喜欢","接近"或者"离开"。在它的身体里,有一个"喜欢计量表"。因此,我经常说,情感是人类与世界之间联系的根本通道,人类弃伪求真、向善背恶、趋益避害,无不以情感为内在动力。然而,情感判断的方式却也毕竟不同于认知的方式。在审美活动中时间空间、相互关系、各种事物间的界限都被打破了,统统依照情感重新分类。这样,对于对象的审美经验,显然不是物的直接经验,而是物的情感属性经验。而且,情感判断作为内在的综合体验,在一定程度上,又只是一种"黑暗的感觉",要使它得以表现,就始终无法外在感知。这就是所谓"澄怀味象"的全部真谛之所在。情感判断,只有借助于被创造的形象才是可能的,超越性价值、绝对价值、根本价值也只有在被创造的形象中,才可以成为被直观到的东西。情感自由比理性自由更为根本。情感自由,是未来

---

① 孟昭兰:《情绪研究的新进展》,载《心理科学通讯》1984年第1期。
② 关于审美活动与人类情感机制的关系,在我和林玮合著的《人之初:审美教育的最佳时期》一书(海燕出版社1993年版)中,曾以人类的个体的生长历程作为"个案",作过较为深入的考察,可以参看。

社会的立身之本,也是生命无限敞开的途径。

然而,情感自由又并非一蹴而就。人类最初的生命活动无疑是现实活动。其基本的评价功能则是快感,所谓快感,就是对于在进化过程中处在最优状态中的生命的生理能量的一种鼓励。我们知道,在大自然中,有机生命的出现完全是一种偶然,除了自己努力挣扎之外,不可能找到其他生存机遇。因此,生存就是战斗——不仅是为了自己,更是为了物种,就是一场不断地寻找生存的机会与可能的战斗。为此,生命可以说是武装到了牙齿,一切都要服从于维护和拓展生存这样一个根本的目的。在此之外的一切则无疑属于一种不必要的奢侈,都会被严酷的进化历程所淘汰。值得注意的是,快感却没有被淘汰,显然,它的存在不是一种奢侈。那么,快感的作用何在呢?就在于它是对于这场战斗的鼓励。

快感是生命的一种自我保护的手段,它引导着肌体趋生避死、趋利避害,不过,这里的"自我保护"与时下的涵义不同,它是旨在鼓励生命去与懒惰抗争,主动突破生命的疆域,迎接环境的挑战,以避免被严酷的进化历程所淘汰。有时,它鼓励的甚至是一种"化作春泥更护花"的自我牺牲精神。在生命进化中,过分的自私只能走向灭亡,故快感要去鼓励一种无私。而快感或痛感的消失则是生命力衰竭的象征。我们看到,自然进化正是在用快感和恶感作为指挥棒来指导动物的行为,例如性快感,大多数动物的性行为都是机械的,没有性交前的抚爱,细菌、原生物甚至没有神经系统却也能完成性的交配,可见,性快感并不是性交之必需,至于珊瑚、蛤及其他无脊椎动物干脆把性细胞排入水中,可见无性繁殖也是存在的,而且,据科学家论证,无性繁殖反而更安全、健康、节能、利己,那么,性快感为什么会出现呢?原来,它是对于有性繁殖的鼓励。有性繁殖不安全、不健康、不节能,也不利己,但却可以创造出更多的适应环境的可能性,存在着更多的选择机会,因而有利于生命进化。性快感正是对于这一有性繁殖的行为的鼓励。而且,性快感总是鼓励雌性去寻找身强力壮者交配,原来,后者正是最适应环境的,因而也是最符合进化方向的。更为极端的例子是,人类的性快感四季均可出现,并可以升华为爱情,这是为什么?这就不但是为了鼓励有性繁殖,而且是为了鼓励稳固的性结合。确实,最没有社会性的动物肯定同时就是最不讲究交配仪式的动物。

再如,许多动物都是利用味觉快感去为生命导航的。鲑鱼是在淡水河中孵化成鱼苗的,但很快就要洄游到海洋中去觅食,直到产卵时,才又回到原来出生的河流中。相距遥远,它是怎样找到的呢?原来,是故乡河流中的特殊的气味,就是这种特殊的气味刺激着它,最终丝毫不差地回到家乡。成群鲸类集体冲上浅滩而自杀的报道时有所闻,有人分析是鲸的回声定位系统在特殊环境下失灵导致,但他们尝试着把其中的几头鲸送入深水,以便让它们的回声系统开始工作,然后把其余的同类带出浅滩,却发现这几头鲸又奋不顾身地游了回来,仍然挤在伙伴身边。有人因此分析说:原因在于当一头鲸搁浅后,就发出求援信号,于是附近游弋的鲸纷纷赶来,保护物种的快感使它们奋不顾身,于是就演出了这样一幕动物王国的悲剧。动物母亲在抚育后代时还有一种追求超常刺激的快感,总是喜欢选择那些比正常的刺激要强烈得多的刺激。结果那些身上用来恫吓天敌、伪装自己的特征越是明显的后代,就越是会得到母亲的照顾。① 动物就是用这个办法进行择优汰劣的选择的。

痛感、饥饿感也是动物的一种自我保护手段。它们的出现,本身就是自然选择的产物。是否有一种喜与厌之类的情绪倾向,是一切生命体与无机自然界的根本区别。把木头烧成灰,木头不会表示喜与厌,但蠕虫在被火烧的时候就会以强烈的扭动来表达自己的不适。而痛感、饥饿感也确实起着导航的作用。每当受到实在或潜在的危险时,就会有一种痛感,因此你才会避开它。饥饿感则逼迫我们不遗余力地去寻找食物从而维护了健康,每当我紧张地写作了一段时间之后,就会有一种要吃鱼的强烈感觉,我知道,这也是饥饿感在暗自导航,引导我去寻找含有某种元素的食物,而饱感则是对

---

① 杜鹃之所以能够把自己的蛋下在别的鸟类的窝里,而别的鸟类不但会抚育它,而且往往把自己的孩子忘掉,道理就在于小杜鹃的嘴张得尤其大,嘴的颜色也尤其鲜艳,是一种超常的快感刺激。

我的成功寻找的一种鼓励。

那么,作为审美活动的基本评价机制的美感呢?它似乎与快感不同,不像快感那样功能明确。但问题是:生命进化的事实是那样严酷,为什么会允许它进化出来而且遗传下去并且在人类延续至今的发展过程中始终没有无情地淘汰它?看来,它肯定不会是一种奢侈品,而是有助于人类的进化的,甚至应该是在人类进化中不可或缺的,只是它的作用与快感的作用有所不同而已。事实也正是这样。应该说,人类的审美能力正是在漫长的生命进化的活动中逐渐形成的。它是对于人类的有助于进化的审美活动的肯定和奖励。在这个意义上,美感与快感有着内在的同一性。当然,两者也有区别,这就是:快感是动物与人类所共有的一种一般的快感,而美感则是只属于人类的一种特殊的快感。

然而,美感并不直接来自快感,而是来自快感的一种高级形式——形式快感。快感最初是来自对于功利外物的满足。[1] 然而当功利外物脱离了功利内容时,我们发现,动物仍然会从遗传出发感受到一种快感,这就是形式快感。[2]《灵长类》一书作者科特兰德教授有一次发现:一只黑猩猩花了整整十五分钟的时间坐在那里默默地观看日落,它观看天边的变幻的云彩,直到天黑的时候才离去。作者因此感叹说:一味认定只有人类才能崇拜和欣赏非洲的黄昏美景,那未免太武断了。《新的综合》一书也记录了一次灵长类绘画能力的实验:这些动物利用绘画设备画出线条、扇形甚至完整的圆形,

---

[1] 有毒的蘑菇很漂亮,但人们产生的仍然是反感,可见人们首先要服从生存需要,《伊索寓言·野兔和猎狗》云:一只猎狗追赶一只兔子,但是没有追上,牧羊人嘲笑猎狗,猎狗却理直气壮地说:你可别忘了,为了吃饭是一回事,为了逃命又是一回事。可见生存需要更根本。

[2] 对于实际的对象器物装饰(如工具的韵律感、趋向光洁、有序、规则的石球、砍砸器、尖状器)的审视,可以说是人类最初的审美活动,一种与实践活动混淆在一起的审美活动,它的出现就与形式快感有关。人类的美感一旦产生并成熟,就转向了对于想象的对象的审视。此时,审美活动已经相对独立于实践活动了。不少美学家把两者混淆起来,而且把审美活动与实践活动等同起来,把对于想象对象的审视与对于实际对象的审视等同起来,是错误的。

宁可不吃东西,有时还因为停下来而大发雷霆。但十分经济的进化为什么会允许毫无用处的形式快感的存在呢?形式快感最终显然是源于动物的一次失误,但为什么这次失误偏偏被肯定下来了?看来它是被意外地发现了自身的可以满足人类的某种需要功能。

什么功能呢?借助形式快感可以展示出生活的丰富性、多样性,从而唤醒人们心中蛰伏的激情,也可以唤醒沉睡着的麻木不仁的情绪,鼓励他去冒险,去拼搏。或者,有助于动物的休息。

线条、色彩、明暗;节奏、旋律、和声;跳跃、律动、旋转;抑扬顿挫、起承转合……诸如此类,都是一些与我们没有直接关系的对象形式,但是却偏偏引起了我们的超功利情感。[1] 当它们符合我们的生命的时候,我们得到的是正面情感;当它们背离了我们的生命的时候,我们得到的是负面的情感;当它们既符合我们的生命也背离我们的生命的时候,我们得到的就是既正面又负面的复杂情感,所谓悲喜交加。当然,如果我们人为地制造一个情感评价的象征物也就是艺术作品的时候,其中的情感体验就会更加复杂。例如作为客体审美的工艺、建筑、雕塑,就是借助于外在客体,以生命的客体为主;作为主体审美的人体装饰、舞蹈、戏剧,却往往是借助于自己的身体,以生命的主体为主;作为主客体融合审美的绘画、音乐、诗歌(文学)则一般要借助于符号,以生命的创造为主,等等。但是,无论如何,它们又都是形式征服了内容的结果。在这里,存在着从自我感觉到自我意识、从对象感觉到对象意识的根本转换。因此而出现的,是把自我当作对象来看待的心理的成熟,也就是自我的对象化。它对应着在自我认识—自我把握、自我完善—自我调节之外的自我欣赏—自我表现(求真活动的自我认识、向善活动的自我协调与审美活动的自我欣赏)。值此时刻,外在对象已经被形式化了,成了精神享受的对象,是人类自身出于自己的需要在对象身上创造出来的,也是人类对于自己的精神进化的自我鼓励。换言之,自然界一旦成为人类的精

---

[1] 美学研究的核心问题其实就是对象形式所引发主体情感的愉悦问题。审美活动就是因为形式而引发的生命愉悦。

神现象,也就不再以现实的必然性制约人,而是转而成为情感的形式,让人类以超功利的态度面对世界。由此,人类得以成功地把自己的情感对象化到外在对象上,然后,"祭神如神在",再成功地在这个外在对象身上感受到自己的情感;情感看得见了,世界成为生命的象征。因此,我们可以说:美,是以"对象"的方式现身的"人",或者,美,是"自我"在作品中的直接出场。①

由此,我们看到,形式快感首先是可以导致生命的紧张,导致生命的朝向符合进化方向的冒险、创新、进化、牺牲、奉献的拼搏。它是对人们从结构性的精神生存中挣脱出来的一种鼓励。精神的生存指的是一种生成性的东西,而不是结构性的东西。然而,人类的精神生存却往往陷入结构性的板结,它不断重复着单调、无聊、停滞,最终导致衰退,形式快感则鼓励人们追求变化、偶然、多样、差异。痛苦的生活、空虚的生活,使我们陷入一种"自欺",形式快感挺身而出,勇敢地为人类导航,它把人类不断带出精神的迷茫,带向未来,这是人类在精神的维度上追求自我保护、自我发展的一种手段。因此,缺乏形式快感是一个人精神萎弱的象征。正如快感鼓励动物进行有性繁殖,以提高生存机会一样,形式快感也鼓励人类的精神进行多种探索,以增加更多的生存下去的可能性。在这个意义上,可以说,是生命选择了形式快感,生命只是在形式快感中才找到了自己。而快感之所以同时属于动物和人类,形式快感却最终趋向于并且属于人类,更深的道理就在

---

① 由此,学界争论不休的审美起源的实践说、模仿说、表现说、游戏说似乎就都还没有切近审美活动的最为根本的源头,例如,我们还可以问:人之为人,为什么要劳动?为什么要模仿?为什么要表现?为什么要游戏?可见,在模仿、表现、游戏的背后还有着亟待首先加以追问的问题。这就是:人之为人,为什么要去进行审美活动?实践、模仿、表现、游戏追问的是审美活动出现于什么,可是,我们首先需要追问的却是审美活动为什么会出现,是"人类为什么非审美不可""人类为什么需要审美"。这样,我们再回想一下人类为什么喜欢照镜子,为什么要"找对象",为什么喜欢玩泥巴、堆沙子、捏面团,喜欢看投石头入河的涟漪。要知道,动物就没有这些行为。至于那喀索斯看见了自己的水中倒影从此就爱上了自己,皮格马利翁甚至爱上了自己雕刻的女性,更是意在提示我们一个重大区别:人类之所以如此,正是要看见自己"像一个人""是一个人",看见自己有"人样""人味"。无疑,这一切只有在审美活动中才能够成为现实。

这里。

形式快感可以导致生命的放松也如此。有学者指出,在生命进化的长河中,懂得休息的动物比不懂得休息的动物会更容易取胜,更容易被进化肯定下来。老虎与熊相争的故事,讲的就是这个道理。那么,休息对于动物来说为什么如此重要呢?这就涉及一个现象:"应激反应"。它是高等动物的体液系统和神经系统对外界刺激做出的保护作用。一旦遇到危险,就要调动全身的能量应急。在原始的古代,可以想象,这种"应激反应"是频繁发生的。以睡眠为例,面对种种危险,动物往往在极度紧张中度过每一刻。像天敌最多的野兔每天就只敢睡两分钟,其他一些动物,鸟是两腿站得笔直地睡;马是用三只脚站着睡,另一只脚不沾地;蝙蝠是倒钩着睡觉,一旦有危险松开脚爪即可展翅飞走;海豚睡觉时是睁一只眼,闭一只眼;刺猬睡觉时是除了把嘴和鼻子露在外边之外,还把身体蜷成似是针刺的球型,以防被突然袭击。而人类的原始时代更完全是在恐惧中度过的,直到现在儿童的梦的内容还常由蛇、蜘蛛、老鼠……组成,而现代的危险物如刀、枪、触电却从未梦见。这足以说明原始人的紧张程度。然而,生命活动却无法长期紧张下去,须知,有效的行为取决于应激的某种最佳水平,应激反应可以保护生命,导致身体免受外在损害,但也可以因为没有找到发泄的目标而把淤积的能量留在体内,从"惊慌反应"到"对抗反应"到"衰竭反应",从而危及生命。因此,动物在遇到危险时,会产生应激反应。一旦无法实施,就要转向第二目标,否则就会出现问题。洛伦兹在《攻击与人性》一书中称之为"重新修正的活动"。例如,蜜蜂、蚂蚁、白蚁,在孤独的环境中根本就不能生存,有时只要伙伴少了一些(不能少于 25 个),它们就会不吃不喝,忧郁而死。在欧洲有一种毛虫,只能群居生长。它们一个个地紧挨着排成长长的纵队,从一棵树爬到另一棵树,把树叶吃得精光,但是后面的毛虫一旦掉队,就必定马上垂头丧气,代谢率降到最低点,直至死亡。这就是突然的应激反应所致。那么,怎样找到一种"重新修正的活动"呢?关键在于内部的反向机制——代偿。因此高度的紧张机制必然需要一种作为代偿的高度的休息方式。这很像身体内部的排汗机制。一个人活到七十岁,他一生排出的汗水大约有数十吨。排汗机制就是防止人体过热的一种代偿机制。在非洲丛林中对野生黑猩猩进行了十几年认真观察的英国女科学家珍妮·古多尔在《黑猩猩在召唤》一书中也披露:她曾几次看到黑猩猩在暴风雨中狂舞,她称之为神秘的"雨舞"。这正是黑猩猩在开始因为意识到危险而产生的"应激反应"被在代偿机制中加以宣泄的结果。①

要强调的是,上述代偿机制还包括另外一个方面,这就是对于缺乏应激反应时的宣泄。人类的器官都是成双成对的,其中一个往往作为备用的器官储存起来。心理学家发现:人类的大脑有十分之九在沉睡,从进化的角度看,或许不会允许它不进化,唯一的解释是它们处在备用状态。因此缺乏信息刺激,也会使人产生病态心理。生活的空泛、单调、琐碎……也会使人产生一种心理失衡。借助形式快感可以展示出生活的丰富性、多样性,从而唤醒人们心中蛰伏的激情,也可以唤醒沉睡着的麻木不仁的情绪,鼓励他去冒险,去拼搏。而且,作为一种演习,又可以提高人的生理唤醒阈值,增强机体对抗过激刺激的调节能力。这使我们意识到在紧张之外,还存在一段闲暇时间,这段时间怎样度过? 或者消极休息,或者积极休息,生命进化的历程会鼓励哪一种呢? 显然是积极休息。它并非不动,但又不是大动。一方面通过动的方式使生命时时处在一种"启动"的状态,另一方面又通过这种方式使生命得到更好的休息。这也是一种情绪需要。英国一家动物园让猴子

---

① 宣泄是能量的一种疏导方式,同时又是精神的一种自我防御方式,具体方法大致为:压抑、投射、反向、转移、合理化、升华。其中,格式塔心理学发现了人类为什么喜欢形式,深层心理学发现了人类为什么喜欢内容,都是对宣泄的发现。例如弗洛伊德的研究。他从两个方面来考察,其一是"替代",这是实际对象的转移或者行为的转移。其二是"移置",这则是转向某种精神性的对象。而一种既能提供一定的替代对象,又能提供能量移置的精神性对象,就正是审美的对象。顺便说明一下,列维-布留尔对于原始人的"互渗"十分关注。原始人为什么要用这种奇怪的方式思维? 当代人在信仰问题上也是这样"思维"的,并且,这并不妨碍他用理性去思维。可见,"互渗"应该是人类的一种内模仿能力的遗传机制,从根本上说,它绝对不是思维,而是一种心理调节方式。只是原始人处处要使用它,而现代人只是在审美和宗教中才使用它而已。

看电视,发现猴子最喜欢看足球赛、拳击赛,这显然是不会导致实际行动的,但为什么猴子着迷于此呢?原来可以做到积极休息。其间,兴奋灶被严格限制而又不产生扩散,因此反而也就抑制了其他部分,使之得以休息。①

形式快感正是一种最佳的代偿机制。形式快感是动物的失误吗?这需要加以讨论。它肯定是对生存有利的。它可以起到一种"搁置效应",使动物暂时离开现实,暂时放弃进攻、追求。因为造成心理压力的负面情绪,诸如:痛苦、焦虑、压抑、不安,常常是由于心理能量过度使用所致,适时中止日常追求,把实在世界搁置起来,转向一种心灵的想入非非,无疑有助于减轻心理压力,尽快从疲劳性精神病症中解脱出来,因此也就预防了形成精神性的病灶。例如,野狼有一种天然的群体认同的需要,这甚至超过了生存欲望,一旦长期得不到满足,就会导致激烈的"应激反应",产生心理障碍,由此,我们不难解释野狼在荒野里的嚎叫以及"过杀行为"。人就更是如此了,情绪是无法长期受理性结构的制约的,更不肯完全被文化化,长期如此,会造成精神的紧张,造成心理的紊乱。形式快感对此可以起到有效的作用,可以使人得到一种"替代性的满足",把那种可能会造成伤害性的情绪宣泄掉。

---

① 应该强调,心理应激并不就是坏事。人类生命活动是对于平衡态的追求。这有点像朗格打的比方,从运动形态讲,活动能量就像从高山上奔泄而下的瀑布,每一滴水都是瞬间不停地匆匆流走,但那瀑布却具有一个基本确定的形状,像一根在风中飘荡的飘带,组成风景的一个永恒存在的部分。这是对于生命的平衡状态的一个很好的比喻。实际上运动和静止都是生命的需要。经常叩齿,反而可以固齿;经常梳头,反而可以固发;经常感冒,反而可以固体。而人体的运动也是如此。它需要的是交替运动,左右交替、上下交替、前后交替、体脑交替、动静交替。坎农就发现:在肌肉休息时其中许多毛细血管并未被使用,也就是说它们是交替地让血液通过的;某些血管开放一段时间,然后关闭,不让血液流过,同时其他附近的毛细血管开放。可见身体内部也是如此。何况,兴奋灶的过分使用是非常危险的,因为附近的区域会因为把能量全部提供出去而枯竭。在剧烈运动后肌肉会出现"氧债"就是一个例子。祥林嫂在突然出现心理应激并且失控之后,只会到处讲"我的阿毛如果还在",道理也是在此。

而美感则是在形式快感的基础上产生的一种最佳的代偿机制。① 为什么进化会选择这样一种形式呢？原因无疑是由于美感比一般性的娱乐、休息或体育运动更能满足人类的情感需要。其中最为明显的，就是美感的内部自动调节性质与快感的外部人为调节性质的差异。快感满足的是外部的人为调节——现实活动，当某一功利事物被肌体所选择并引起主体的心理能量从一般阈值向最佳阈值转移时，这一功利事物就必然会影响到主体心理能量的人为调节过程。它所引起的快感，就是肌体对这一调节过程的生理鼓励。但当人类的应激反应从肌体转向信息系统的时候，它的调节机制也就从外在转向了内在——审美活动。美感应运而生。它不再以外在的功利事物而是以内在的情感的自我实现，不再以外部行为而是以独立的内部调节来作为媒介。具体来说，在进行审美活动时，兴奋灶会因为相互诱导而被严格控制并不被扩散，由此导致对其他部分的抑制，最终产生心理上的积极休息。例如，在音乐审美活动中会给人以解脱感、宁静感，这解脱感、宁静感就来自从过量的应激反应中的解脱以及解脱之后的宁静。局部的兴奋反而导致了其他部分的抑制，这抑制无疑会带来解脱与宁静。"各感觉间的相互作用，有时能使感受性提高（感觉增强），也有时能使感受性减低（感觉衰弱）。由此两种相对立的结果里，暴露出这个或那个结果必然还依赖于一系列远未研究透彻的规律。此处只能指出一条简单的规律，这规律在很多情景之下皆有效；微弱的刺激增大着对于其他同时发生作用之刺激的感受性；

---

① 由此，我们可以更为准确地将快感与美感加以区分。第一，快感主要是为群体的，美感是为了种族，但也是为了自己。因为你只有在精神上创新了，你才是人，否则你就还不是人，这就与动物不同，动物的快感只是出于动物种群的进化的需要。而动物的动物性也正是通过个体表现出来的，不存在创新的生命需要。其次，动物有生理快感，只是感觉到了对于他们的生命活动有利，但是与对象处于同一个自然过程。而不是意义、价值。生理快感是精神快感的基础，但也仅此而已。其中，"意识"，是区别它们的关键。借此，生命需要不再直接通过生命活动表现出来，而是通过"意识"表现出来。"意识"不只是反映，而且是本体。对生命的"有利"开始由"意识"而不是由"本能"来决定了。

而强大的刺激则减少着这种感受性。"① 再如对于平衡、对称、比例、和谐的审美活动，以及对于稳定中的变化、简单中的复杂、对称中的不对称、平衡中的不平衡的审美活动也是如此。就前者而言，格式塔心理学发现：人类知觉中存在着一种简化的"心理需要"。规则图形比不规则图形在感觉上更为节能，兴奋的区域小，显然会被认为是美的。这一点与人类的心理完全一致。精神病人所画的线条往往是断裂的，因为他们内心深处是断裂的，而且无法缓解。好的、和谐的、美的心情，线条也是规则的；不好的、不和谐的、不美的心情，线条则是不规则的。陶渊明演奏时连琴弦也不要，说明他的心情是极为平静的，因此心理应激几乎不存在，琴弦自然是多余的。在这方面，格式塔心理学美学的"完形压强"，值得注意。其实，人类的审美活动本身的不需要经过概念，就已经意味着它是一种中间步骤简单，只需要一个兴奋灶，而不是需要几个的积极的心理调节方式了。

在这里，我们不难从历史发生的层面上看到审美活动应运诞生的本体论内涵。② 以原始文化中最为引人瞩目的人体审美为例。在美学研究中，我们往往比较多地注意到人类的手的作用，但实际上，就审美活动的历史发生而言，更为值得注意的，是人类的脚。人体的直立导致了生殖器的含而不露，结果，导致性行为的主要兴奋源也消失了。它导致了嗅觉兴奋的衰退，③但也导致了性视觉的兴奋，身上的其他部位，例如臀部、乳房、嘴唇，就开始充当性的替代物，甚至衣服、文身的发明也是如此。我经常强调，衣服、文身

---

① ［苏］柯尼洛夫等：《高等心理学》，何万福等译，上海商务印书馆1952年版，第123—124页。
② 至于审美活动的具体内涵，无疑还存在着从动物美感到植物美感、从优美感到崇高感、从美感到丑感等一系列值得探讨的问题，本书从略。
③ 由于各种对距离起作用的不同感觉器官的作用的变化，尤其是视觉和嗅觉的距离的感觉器官的作用的变化。视觉的作用越来越大，而嗅觉便开始退避边缘。这种变化在各种不同类的动物大脑皮质构造的特点中，表现十分明显。原始的前脑好像是嗅觉器官的延续物，到哺乳类嗅觉中枢在大脑皮质中的比例，由于有别的感觉中枢起而代之，减少了很多。由此，视觉中枢便开始在大脑皮质中占据更大的地位了。

在原始时代都是皮肤的延伸,实际也就是性器官的延伸。这种通过把原本只有单调颜色的皮肤变得五颜六色的努力,正是出于性刺激的需要,是通过欲扬先抑的"山重水复"的方式来强化性交活动本身。在这个意义上,把人类称为"穿着衣服的猴子",是恰如其分的。裸体的猴子并没有什么诸如天气寒冷之类(在此之前的几十万年中天气不也寒冷吗?可见不需要衣服)的物理因素迫使它穿上衣服,那么,为什么要穿上这多余的衣服?唯一的因素,是心理的。这是一件为脱而穿的衣服。难怪在原始部落中反而把穿衣服的人称为"下流"。显然,这一切就犹如一幕期待着最后高潮出现的戏剧,统统是服务于性交这一目的的。然而,它需要的毕竟是"山重水复"而不是"开门见山"。无疑,这在原始人那里难免会引起"性心理倒错",①以致出现激烈的心理应激。而人体审美的出现显然有助于这一由于性危机所导致的心理应激的宣泄。审美活动通过在一定程度上化解这种转移了的性兴奋防止了事态的逆转,而且成功地把最大的性兴奋留给性交活动。② 正如安东·埃伦茨维希在《艺术视听觉心理分析》中所剖析的:"审美快感的主要作用是改变并摧毁(非生殖器官的)客体的狄奥尼索斯观淫兴奋。因此,一旦审美快感形成,这种兴奋就被摧毁了。男人要求女人身体的美,以便被女人吸引,因此男人就需要他的超我加上的一种更强烈的美感混合物,这样他才能以此为条件,去减弱狄奥尼索斯兴奋。"③而诺尔曼·布朗在《生与死的对抗》中的剖析则可以说是心有灵犀:审美活动的升华是在与生命拉开距离和生

---

① 例如中国的三寸金莲,就是源于一种性心理倒错。它改变了女性的体态、步态,也使得女性的腿部的外形更为柔软、性感。辜鸿铭也曾指出:裹脚使得女性的血液向上流,结果使得女性的臀部更为丰腴性感。他甚至认为西方的高跟鞋所起到的作用也是如此。至于小脚本身也是如此。西方人莱维分析说:"金莲小脚具有整个身体的美;它具有皮肤的光洁白润,眉毛一样优美的曲线,像玉指一样尖,像乳房一样圆……"(转引自《脚·鞋·性》,北岳文艺出版社1993年版,第55页)这无疑已经是一种病态的性心理。
② 所以在原始文化中审美活动与性密不可分。
③ [奥地利]安东·埃伦茨维希:《艺术视听觉心理分析》,肖聿等译,中国人民大学出版社1989年版,第181页。

命受到否定的条件下进入意识的,意味着性器官爱欲的"自下而上的移置",即它到头部,特别是到达眼睛。"升华最偏爱的是听觉和视觉领域,因为它们与生命保持了距离;乱伦禁忌对你说,你欣赏你的母亲只能是远远地看她。……当生命被局限于看,而且是通过幻觉式的投射作用从远处看,而且中间隔着否定的帷幕并被象征符号所变形,这时,升华作用便算是保存了儿童式的解决办法——梦,并对之做了精心的加工。"①在这个意义上,应该说审美活动是在想象中为人类穿上的一件最完美的衣服。②

也正是因此,美感与快感的内容形成了根本的差异。其中最为明显的,就是美感的内部自动调节性质与快感的外部人为调节性质的差异。快感满足的是外部的人为调节,当某一功利事物被肌体所选择并引起主体的心理能量从一般阈值向最佳阈值转移时,这一功利事物就必然会影响到主体心理能量的人为调节过程。它所引起的快感,就是肌体对这一调节过程的生理鼓励。但当人类的应激反应从肌体转向信息系统的时候,它的调节机制也就从外在转向了内在。美感应运而生。它不再以外在的功利事物而是以内在的情感的自我实现,不再以外部行为而是以独立的内部调节来作为媒介。美学家经常迷惑不解:为什么在美感中情感的自我实现能成为其他心理需要的自我实现的核心或替代物呢?为什么在美感中情感需要能够体现各种心理需要呢?为什么美感既不能吃又不能穿更不能用,但人类却把它作为永恒的追求对象?在我看来,原因就在这里。当代审美文化之所以固执地解构着传统美学对于美与艺术的与生活相对立的一面的强调,而一再强调美与艺术的与生活相同的一面,之所以固执地从"非功利性"回到功利

---

① [美]诺尔曼·布朗:《生与死的对抗》,冯川等译,贵州人民出版社 1994 年版,第 185 页。
② 事实上,人类文明所起到的作用在相当程度上就是"山重水重"式的欲扬先抑。例如,非正常的节日与正常的工作日的区分、对于白天与晚上的区分(人类白天工作,晚上性交,但是动物却是以白天活动为主的就在白天,以晚上为主的就在晚上,两者是一致的)、通过埋藏死者方式对于生与死的区分,都是如此。而审美活动则有助于缓解两者之间由于"倒错"而产生的心理应激。

性,原因也在这里!

§2. 心理层面:"神性"与"人性"的双重变奏

就生理的层面而言,快感是包括人在内的动物共同的特征,美感则只属于人。然而,这只是涉及快感与美感的区别,至于美感本身的具体内容,在生理层面显然是无法加以说明的。因此,有必要深入到心理的层面加以讨论。

这是因为,人类在生命的自我进化之中之所以会产生审美活动,之所以会从形式快感走向美感,还有其自身的原因。这就是:从肌体系统向信息系统的拓展。

心理学家已经明确表述,人类社会的发展可以分为两个时代,第一个时代,以处理肉体生存为主,第二个时代,以处理精神生存为主。而且,即便在第一个时代,人类的精神生存也已经成为人之为人的重要标志。正如生物分类学告诉我们的,在动物的进化中,信息系统的进化已经是一个重要方面。从没有神经细胞的原生动物到有神经索的环节动物、节肢动物等无脊椎动物,再从无脊椎动物到具有脑的脊椎动物,从低级脊椎动物发展到大脑具有发达皮层的人类,这整个过程都体现出信息系统进化的在动物进化中的明显优先的地位。而随着信息系统的日益庞大复杂,它的精神应激水平也在逐渐提高。例如原生物或海绵动物,并没有睡觉的需要,但对于具有大脑的人类,睡觉就不可或缺。其特征就是脑机能的暂歇。这使我们意识到,学者们在考察人类的生命发展过程之时,往往注重的是在肉体生存方面对生命进化历程的重演这样一种公认的生理建构规律,一些学者甚至称这一生理建构规律为"生物的建筑学",然而却忽视了在人类发展中同样重要的心理进化历程的重演。这是一个不可原谅的"忽视"。实际上人类的精神发育过程中也要重演动物进化的各个时期,这也是一个规律:精神建构的规律,是"精神的建筑学"。举一个往往为人们疏忽的例子,人类婴儿的时期往往比动物要长,原因何在?在我看来,正是因为它还要完成一个心理历程的重演。而且就婴儿时期而言,越是高级动物婴儿时期就越长。而细菌则根本没有,因为它不需要重演期。弗洛伊德发现延长了的父母身份与延长了的儿童依赖感对于人类精神生存所产生的影响,也是着眼于此。"狼孩"在回到人群之后,还是不能成为人,一个重要的原因,就是因为他没有重演人类的心理发育的历程,在精神上永远是一个胚胎,永远不是一个真正的人。在第二个时代,信息系统作为一种代偿机制,已逐渐成为生命活动的关键。与此相应,为人类所需要的代偿需要也逐渐从外部转向内部,成为内部的信息系统中枢的代偿。这是一种较之肌肉系统的工作要远为精密、复杂的代偿机制。而美感正是这样一种内部的代偿机制。其中的原因说来也很简单,人类的信息系统日益成熟,在广度和深度上更呈现出复杂的内涵,加上人类还会无端地"胡思乱想",应激反应的强度也必然增加——它需要远为复杂的情绪能量,而且与控制身体相比耗费的情绪能量也要大得多。另一方面,社会的发展还先是从"人为"的角度然后是从"物为"的角度激起信息系统的应激反应。由此,产生了人所独具的心理症状——"焦虑"。赫胥黎说:

> 当宇宙创造力作用于有感觉的东西时,在其各种表现中间就出现了我们称之为痛苦或忧虑的东西。这种进化中的有害产物,在数量和强度上都随着动物机制等级的提高而增加,而到人类,则达到了它的最高水平。而且,这一顶峰在仅仅作为人的动物中,并没有达到;在未开化的人中,也没有达到;而只是在作为一个有组织的成员人中才达到了。[①]

这心理焦虑可以分为三种:现实性焦虑,神经性焦虑,伦理性焦虑。它是由于应激反应长期淤积而产生的一种畸形心态。随着第一座高楼出现的高楼病、随着第一座城市出现的孤独症、随着第一架电视机出现的电视综合

---

① [英]赫胥黎:《进化论与伦理学》,本书翻译组译,科学出版社1971年版,第35页。

症……人类的精神疾病也在与日俱增。① 而且,人类在其中左右为难。自我与理想不相符合,固然是极端苦恼,但据罗杰斯的一项研究表明:自我与理想高度统一的人,往往更会陷入一种病态,例如精神分裂症。②

对此,人类自然不会熟视无睹。太平洋的复活节岛上有一些巨大而神秘的石像,无人能识它的庐山真面目。后来,有学者证实:"正是东方岛屿上地方流行病对生存的打击(如麻风病)为这种狂热的艺术形式提供了动力,岛上居民中仍然健康的那部分人,期望用一种魔法来实现控制,因此创造了这些石头巨人,这些巨人表现出不可摧毁的巨大力量,表现了其躯体某些部位常受到麻风病损坏的防御。"③石像固然不能治病,但却可以使因疾病而生的心理能量发生转移,从而减轻由于精神崩溃而导致的压力。应该说,这象征着人类为找到信息系统的代偿机制所做的一次努力。眼泪也如此。据介绍,过去认为眼泪是无用之物,顶多可以清洗眼球,20世纪初,科学家发现眼泪中的具有杀菌功能的"溶菌酵素"也证明了这一点。但在所有的动物中,为什么只有人会因情感的压力而流泪?70年代美国心理学家佛雷的研究确认:眼泪中所含锰的浓度比血清中的锰浓度高30倍。看来眼泪有排泄有害物质的作用,眼泪使我们减轻悲哀、抑郁、愤怒。无疑,这也是人类为找到信息系统的代偿机制所做的一次努力。

美感,正如我已经指出的,是人类找到的最佳的信息系统的代偿机制。

对于生理的代偿机制——快感,我们已经十分清楚:生理进化是一次历险,因此要用快感来加以鼓励,否则动物和人无法在这场生存竞争中取胜。

---

① 至于人类文明的负代价,就更是一言难尽了。但丁说:狼使人类想起野兽无和平。但实际上,真正造成了连绵不断的战争的,却不是狼,而是人类自己。而且,人类的存在本身就是自然世界的生态平衡的破坏的结果,是反自然的结果,因此人类的文明也无疑是如此(马克思在《资本论》中就说过,机器劳动使神经系统极度疲乏,也使筋肉极度压抑)。弄清楚这一点,对于当代美学的重建极为重要。
② 精神分裂症模式在当代文学中多有表现,估计与人与社会、自我的分裂有关;正如肺病模式在近代文学中多有表现,显然与人与自然的分裂有关。
③ 《东方岛屿的石雕:一个神经病学的观念》,载美国《感知与运动技巧》第28卷第2期,第207页。

但人类在为自己设定了信息系统之后,就又面临着新的历险,当他独自走上这条道路时,还要靠一种东西来不断地鼓励他,什么东西呢?正是美感!美感是对人们从结构性的精神生存中挣脱出来的一种鼓励。在这里,精神的生存指的是一种生成性的东西,而不是结构性的东西。然而,人类的精神生存却往往陷入结构性的板结,它不断重复着单调、无聊、停滞,最终导致衰退。美感则鼓励人们追求变化、偶然、多样、差异。乏味的生活、空虚的生活,使我们陷入一种"自欺",美感挺身而出,勇敢地为人类导航,它把人类不断带出精神的迷茫,带向未来,这是人类在精神的维度上追求自我保护、自我发展的一种手段。因此,缺乏美感是一个人精神上的贫血,是精神萎弱的象征。正如快感鼓励动物进行有性繁殖,以提高生存机会一样,美感也鼓励人类的精神进行多种探索,以增加更多的生存下去的可能性。在这个意义上,可以说,是生命选择了美感,生命只是在美感中才找到了自己。而快感之所以同时属于动物和人类,美感却只属于人类,更深的道理是在这里。

进而言之,当人在人与自然之间插入了一个"精神"之后,他就走上了与动物不同的道路:人——信息系统——世界。因为精神只能以个体的方式存在。当人以精神为中介与自然发生关系时,就不仅是以类而且是以个体的名义面对世界,然而,在历史的实际发展历程中,人类却往往被迫以类的方式存在。为了争取真正属于人的存在,那些独一无二的东西、不可重复的东西、偶然的东西就必须成为目的,成为价值。人类必须打断必然的链条,为之加入偶然的东西,而且栖居于这些偶然的东西之上。美感正是对于这种努力的鼓励。它是一种派生的快感,但又是一种更为深刻的快感。应该说,从好奇心到科学假设、哲学探索,直到美感鼓励,都是一种更为深刻的快感。它们仍然是人的生存努力的一部分,仍然是为了增加生存的机会。而且这些为个体而努力的人,仍然是人这个物种自我设计、自我塑造的一种工具,个体发展快速的社会必然也是社会本身发展快速的社会。因此,快感把人作为手段是为了人的发展,美感把人作为目的也还是为了人的发展,它鼓励精神永远停留在过程中,不被任何僵化的结构所束缚。因此,假如说,快感是肌体系统的副产品,美感则是信息系统的副产品。

然而,快感与美感又毕竟不同。比如,快感是类型的,美感是个体的。快感人人相同,但美感却不允许人人相同。再如,快感是守恒的,美感是开放的。"动物,即使是最聪明的动物,也总是处于一定的环境结构中,在这种环境结构中,动物只获得与本能有关的东西作为抵抗它的要求和厌恶的中枢。相反,精神却从这种有机的东西的压力下解放出来,冲破狭隘环境的外壳,摆脱环境的束缚,因此出现了世界开放性。"①例如加登纳就发现:动物的感知方式主要是"定向知觉"和"偏向知觉",而人的感知方式除此之外还有"完形知觉"、"超完形知觉"和"符号知觉"三种。就快感而言,它满足于给定的条件,外在条件如果没有发生变化,我们会产生快感,发生了变化,则会产生痛感。它不怕重复,口味一变就说"吃不惯",这并不是消极,因为在生理方面人类的变化需要较长时间的稳定性(生理的变化是以百万年计算的)。快感代表的是对于生理的边缘地带的维护,但这会使它的行为在人类看来显得十分刻板、笨拙,缺乏起码的应变能力,像大熊猫之与箭竹,像鱼之与水,②美感则不如此。美感是面对未来的,因为精神的演变不需要那么长时间,故美感以开放为主,是对给定条件的放弃,是在不完美的基础上去追求完美,是对心理的边缘地带的探索。

至于审美活动与娱乐活动的区别也是如此。我们说审美活动之所以区别于娱乐活动,只是因为娱乐活动是动物与人的共同创造,审美活动则是人自己的创造,而且两者的区别并不在于是否与人类的动物性有关,而是在于前者主要满足的是肌体系统的需要,后者主要满足的是信息系统的需要。③假如说娱乐活动是通过功利事物的中介将外部的情况转达到人的生理层

---

① 转引自[德]施太格缪勒:《当代哲学主流》上卷,王炳文等译,商务印书馆 1978 年版,第 161 页。
② 幼小的鸣禽假如掉到地下,被冻得张不开嘴,母鸟即便看到也不会再喂它,因为母鸟只会按照机械的程序办事,谁张嘴就喂谁,不张嘴就是不饿,而杜鹃的后代虽然混在队伍里,但因为在饿了张嘴这一点上是一样的,而且它的嘴张得还更大,结果就专门去喂它吃东西。
③ 在这个意义上,审美活动的诞生确实是一件大事,或者说是一个伟大的转折,是人类对动物性的精神上的一种征服,从而开辟了一个属于人类自己的世界。

面,使由于外部突发的、不稳定的刺激所导致的器官的不平衡、无规则的活动,得到消解,造成器官和谐正常的运动,起到平衡和调节机体各器官活动的作用,使之不致因为超常压力而发生毁灭性的破坏,不致畸形发展,从而避免因为经常承受超常压力、超常消耗所导致的器官变异,是谋生的需要;那么,审美活动则是通过情感的自我实现这一中介使身心从忽强忽弱的心理状态中甚至是紧张状态中解脱出来,从而得到松弛和休息。消极的心态可以使机体超负荷、破坏性地运转,审美活动则能使人的心理器官正常运转,解除掉一度绷得很紧的危及机体的紧张状态,使内分泌恢复到正常,免疫系统得到加强。总之,人们强烈地追求审美的无功利就是因为它引发的无功利可以导致机体的和谐运动,缓解了由实际运动带来的紧张感,使机体得到松弛和休息,从而产生快乐的体验。它是自我发展的需要,追求的是符合人性与正常发展的一面,在人的心理机制方面,起到了对抗将人完全物化为工具的作用,维护了人的精神的本质属性。因此,它与娱乐活动不同,影响的不是人的生命的存在,而是人的生命的质量。但另一方面,它又与娱乐活动相同,因为又都毕竟是对于人的生命活动的需要的满足。①

　　由此我们看到,美感之为美感,归根结底还是由于人类的情感需要。而传统美学对此却不屑一顾,甚至把情感需要称为动物性的东西,这是完全错误的。试想,经过进化规律所一再肯定的东西怎么可能是人所不需要的呢?而且,即便是动物性的东西难道就可以不屑一顾吗?人类应该尊重人类自身的特殊进化规律,这是人类所共同认可的,但是,人类还应该尊重人类与动物共同的一般进化规律。只重特殊不重一般,是错误的。莫里斯发现:人这个出类拔萃、高度发展的物种,耗费了大量的时间探究自己的较为高级的行为动机,而对自己的基本行为动机则视而不见。这里的"基本行为动机"就是所谓一般。他还发现:人的本性使他能够有审美的趣味和观念。他周围的条件决定着这个可能性怎样转为现实。这里的"人的本性"也是所谓一

---

① 关于快感与美感的生理基础的研究,可参见国内学者黎乔立《审美新假说》(香港世界出版社1992年版),我在研究从快感到美感时使用的若干材料,即得自该书。

般。我们过去只注意到"较为高级的行为动机"和"周围的条件",只涉及高层与外部对它的制约,但却很少注意到"基本行为动机"和"人的本性",未涉及内部的动力。因此,我们也往往只注意到审美活动对于"较为高级的行为动机"和"周围的条件"的满足,但却没有注意到审美活动对于"基本行为动机"和"人的天性"的满足。而且,我们已经知道:人类胚胎发育过程中要重演动物进化的各个时期,这已经是一种公认的生理建构规律,一些学者称这一生理建构规律为"生物的建筑学"。但是实际上人类的精神发育过程中也要重演动物进化的各个时期,这也是一个规律:精神建构的规律。难怪解释学大家尧斯会强调说:文学艺术是以审美的方式向读者提出宗教或伦理所困惑并无法解决的问题,与对"人的本性"的满足有关。①

在相当长的时期内,传统美学却无视这一点。它竭力强调人类的本质力量,竭力强调对于现实生活的创造,竭力强调审美活动的无功利性,竭力强调审美活动的重要性。这在历史上意义重大:从此审美有了独立性。然而,一味如此,也难免使美学陷入困境。② 最终就走向了另一极端:具备了超越性,却没有了现实性;使自己贵族化了,却又从此与大众无缘;走向了神

---

① 参见[德]尧斯等著:《接受美学与接受理论》,周宁等译,辽宁人民出版社1987年版,第51页。
② 就以康德对于崇高的看法为例,康德对于崇高的推崇,无疑是扩大了审美对象的范围,开始把更为现实的心理感受纳入审美活动之中,是对于当时惊心动魄的革命的美学概括。不但在心态上从"积极的快乐"转到"消极的快乐",是人类的一大进步,而且把崇高的本质规定为善,这比传统的优美对于真的推崇,也堪称一大进步。不过,遗憾的是他并没有由此去思考一些更深的东西,而是仍然停留在传统的美的意义上做出解释。康德对崇高的解释是众所周知的:美是对于对象的直接认同;崇高则是对于对象的一种间接的愉快,首先是瞬间的生命力的阻滞,然后是因此生命力得到了超常的喷射。美是促进生命的感觉,崇高是阻滞生命的感觉,美是胜利者的快乐,崇高是失败者的快乐。之所以产生崇高是因为人本身有一种抵抗的能力。这种能力就是"人能够把一对象看作是可怕的,却不对它怕"。"假使〔我们〕发现我们自己却是在安全地带,那么,这景色越可怕,就越对我们有吸引力。我们称呼这些对象为崇高,因它们提高了我们的精神力量越过平常的尺度,而让我们在内心里发现另一种类的抵抗的能力,这赋予我们勇气和自然界的全

性,却丧失了人性。试想,假如审美活动只会让别人去教会自己如何喜爱美的东西,从而在别人所期望的地方和时候去感受别人希望他感受到的东西,这实际上就不再是一种审美活动,而只是一种交易,一种可以在市场上买来卖去的东西。事实上,要想在别人告知自己为美的东西之中感到一种真正的美、一种个人的东西,无疑是天方夜谭,也无疑是审美天性异化。可见,通过片面的方式去膜拜审美,并不是对审美的尊重。通过片面的方式去强调审美活动的超越性,也无非是美学本身的画地为牢。所以,承认审美活动的功利性的一面,就既是一种逻辑的必然,也是一种历史的选择。就后者而言,这是当代美学的明智之举。事实上,这一明智之举从叔本华、尼采就已经开始了。从叔本华开始,源远流长的彼岸世界被感性的此岸世界取而代之,被康德拼命呵护的善失去了依靠。在康德那里是先判断后生快感的对于人类的善的力量的伟大的愉悦,在叔本华那里却把其中作为中介的判断拿掉了,成为直接的快感。尼采更是彻底。康德也反对上帝,但用海涅的话说,他在理论上打碎了这些路灯,只是为了向我们指明,如果没有这些路灯,我们便什么也看不见。尼采就不同了,他干脆宣布:"上帝死了!"应该说,就美学而言,关于"上帝之死"的宣判不异于一场思想的大地震。因为在传统

能威力的假象较量一下。"([德]康德:《判断力批判》上卷,宗白华译,商务印书馆1985年版,第101页。)毫无疑问,这是一种生命对于死亡的抗争。康德在《纯粹理性批判》中指出:"……来生的希望主要建立在人类本性的特征上,它决不为短暂的现实所满足。"而在《实践理性批判》中又指出:上帝是否存在?我们是否自由?我们的灵魂是否永存?这是一些无法论证的问题。但我们可以认为"上帝存在""我们是自由的""我们的灵魂是不朽的"。因此,乌纳穆诺发现:"康德是用情感来重建那个被他用理智推翻的东西。而且,我们知道,康德生活于百科全书派和理性女神那个世纪的后叶,这个多少有点自私的老单身汉在哥尼斯堡当哲学教授,他很醉心于那个——我的意思是那个唯一的真正极端重要的——问题,这个问题冲击着我们人类的真正本质,这就是我们个人和个人的命运问题,灵魂不朽问题。康德这个人并非完全地屈从于死亡,正因为如此,他作了那个可怕跳跃……从一个批判到另一个批判。"([西班牙]乌纳穆诺:《生命的悲剧感》,上海文学杂志社1986年印本,第4页。)总而言之,他把崇高归结为人对自身相对于任何外在世界的一种自豪感,这使我们看到了他的局限性。

美学,上帝的存在提高了人类自身的价值,人的生存从此也有了庄严的意义,人类之所以捍卫上帝也只是要保护自己的理想不受破坏。而上帝一旦死去,人类就只剩下出生、生活、死亡这类虚无的事情了,人类的痛苦也就不再指望得到回报了。真是美梦不再!但是,一个为人提供了意义和价值的上帝,也实在是一个过多干预了人类生活的上帝。没有它,人类的潜力固然无法实现,意义固然也无法落实。但上帝管事太多,又难免使人陷入依赖的痴迷之中,以致人类实际上是一无所获。这样,上帝就非打倒不可。不过,往往为人们所忽视的但又更为重要的意义在于:"上帝之死"事实上是人类的"自大"心理之死。只有连上帝也是要死亡的,人类数千年中培养起来的"自大"心理才被意识到是应该死亡的,一切也才是可以接受的。难怪西方一位学者竟感叹云:"困难之处在于认错了尸体,是人而不是上帝死了。"只有意识到这一点,我们才会懂得尼采何以混同于现实,反而视真、善为虚伪,并且出人意外地把美感称为"残忍的快感"的原因之所在。到了弗洛伊德等一大批当代美学家,则真正开始了对于审美活动的功利性的一面的考察。以弗洛伊德为例,他所关注的人类的无意识、性之类,正是意在恢复审美活动的本来面目。或许,在他看来,审美走向神性,并不就是好事,把审美当作神,未必就是尊重审美。而他所恢复的,正是审美活动中的人性因素。就前者言,注重审美活动的功利性一面的考察,更是美学之为美学的题中应有之义。这绝非对于审美活动的贬低,而是对于审美活动的理解的深化。只有如此,审美活动才有可能被还原到一个真实的位置上。

§3. 形式层面:审美活动满足人类生存需要的特定方式

至此,问题仍然没有真正解决。因为即便是承认审美活动的功利性的一面,但假如不能深入到对于审美活动的具体考察之中,就还是无法对于审美活动做出具体的判断。要解决这个问题,就必须转入关于根源研究的第三个层面的讨论,这就是形式层面。

形式层面涉及的是审美活动满足人类生存需要的特定方式。一般而言,生存需要的满足方式有二,其一是保存自己的满足,要靠占有外界来实现,可以称之为一种通过为自己增加包袱的办法来获得物质上的满足的方式;其二是宣泄自己的满足,要靠内在的表现自身来实现,可以称之为一种通过为自己扔掉包袱的办法来获得精神上的满足的方式。就信息系统而言,人类的理性活动属于前者,它是保存性的,其中占优势的是记忆规律;而审美活动则属于后者,是宣泄性的,其中占优势的是遗忘规律。在这方面,奥夫夏尼科-库利科夫斯基的发现非常值得重视:"我们的情感心灵简直可以被比作常言所说的大车:从这大车掉下什么东西,就再也找不回来。相反,我们的思想心灵却是一辆什么东西也掉不下来的大车。车上的货物全部安放很好,而且隐藏在无意识的领域里……如果我们所体验的情感能保存和活动在无意识的领域里,不断地转入意识(就像思想所作的那样),那么,我们的心灵生活就会是天堂和地狱的混合物,即使最结实的体质也会经不住快乐、忧伤、懊恼、愤恨、爱情、羡慕、嫉妒、惋惜、良心谴责、恐惧和希望等等这样不断的聚集。不,情感一经体验并消失,就不会进入无意识领域。情感主要是有意识的心理过程,与其说情感是积累心灵的力量,不如说它们是消耗心灵的力量。情感生活是心灵的消耗。"[①]

审美活动的奥秘就隐藏在这心灵消耗之中。从神经机制的角度看,审美活动的过程无疑正是神经能量的消耗、耗费和宣泄的过程。任何审美活动都是心灵的消耗。哪怕是诗歌语言的陌生化,也是意在使情感的宣泄增加难度,从而导致情感的被大量宣泄。审美活动较之诗歌语言陌生化无疑要复杂得多,因此它的消耗也就更大。由此可见,审美活动是反节约力量原则的,是作为破坏而不是保存我们的神经能量的反应向我们显示出来的。它更像爆炸,不像斤斤计较的节约。但它又是以消耗为节约,看上去很不节约地消耗我们的情感,反而使我们轻装上阵,能够做更多的事情。弗洛伊德举过一个例子来说明:这种特殊的力量节约的方式就像一个家庭主妇的那种小小的节约,为了能够买到便宜一分钱的菜,不惜舍近求远跑到几里外的

[①] 奥夫夏尼科-库利科夫斯基。转引自[俄]维戈茨基:《艺术心理学》,周新译,上海文艺出版社1985年版,第263—264页。

市场上去买,结果以这种方式避免了那种微不足道的花费。"对这种节约,我们早就摆脱了那种直接的,同时也是幼稚的理解,即希望完全避免心理消耗,而且是以尽量限制用词和尽量限制建立思维联系来取得节约。我们那时就已对自己说过:简洁、洗练还不就是机智。机智的简洁,就是一种特殊的,恰恰是'机智的'简洁。我们不妨把心理节约比作一家企业。但企业的周转额还很小的时候,整个企业的消耗当然也不会多,管理费也很有限。在绝对消耗额上还要精打细算。后来,企业扩大了,管理费的意义退居末位了。现在,只要周转额和收入大大增加的话,花费多大就不那么重要了。节约支出对企业来说就会微不足道,甚至干脆是文艺的事情了。"①

进而言之,神经能量消耗往往同时存在于外围和中枢这两极,因此,其中一极的加强就会导致另外一极的减弱,而一极的过多消耗也会导致另外一极的消耗的减弱。审美活动之所以可以以情感的自我实现为中介并且不导致外在行动(无功利),道理就在这里。我们的任何一种反应,只要它所包含的中枢因素复杂化,外围反应就会变得迟缓并丧失它的强度。随着作为情绪反应中枢因素的幻想的加强,情绪反应的外围方面就会在时间上延迟下来,在强度上减弱下来。谷鲁斯认为:在审美活动中和在游戏中一样,都是反应的延迟而不是反应的抑制。审美活动在我们身上引起强烈的情感,但这些情感同时又不会在什么地方表现出来。这正是审美情感与一般情感的区别的奥秘所在。前者也是情感,但又是被大大加强的幻想活动所缓解的情感。正是外在行动的迟缓才是审美活动保持非凡力量的突出特征。不是导致紧握拳头而是缓解,此即审美活动的无功利。狄德罗说得好:演员流的是真眼泪,但他的眼泪是从大脑中流出来的。②

而且,审美活动的奥秘还在于,它激起的是一种混合情绪。沮丧与兴奋、肯定与否定、爱与恨、悲与欢……交相融合在一起。达尔文就曾发现人

---

① 转引自[俄]维戈斯基:《艺术心理学》,周新译,上海文艺出版社1985年版,第266—267页。
② 当然,这种中枢缓解在一般情感中也偶尔可以见到,但不典型。

类的表情运动存在对立的定律:"有些心情会引起……一定的习惯性动作,这些习惯性动作在最初出现时乃至在现在也是有用的动作;我们会看到,如果有一种直接相反的思想情绪,就会有一种强烈的、不由自主的意向要做出那些直接相反性质的动作,即使这些动作从来不会带来丝毫好处。""显然,这就在于,我们在一生中随意地实现的任何动作总要求一定的肌肉发生作用;而在实现直接相反的动作时,我们就使一组相反的肌肉发生作用,例如,向右转和向左转,把一件东西推开或拉近,把重物举起或放下……因为在相反的冲动下做出相反的动作已经成为我们和低等动物的习惯性动作,所以,当某一类动作同某些感觉或情感活动联想起来的时候,自然可以假设,在直接相反的感觉或情感活动的影响下,由于习惯性联想的作用,完全相反性质的动作便会不由自主地发生。"①不难想象,当审美活动把相反的冲动送到相反的各组肌肉上去,同时向右转、向左转,同时向上提、向下降……情感的外部表现自然会被阻滞。相互对立的情感系列,导致彼此发生"短路"从而同归于尽。这就是现代意义上的美学"净化"。因此,又可以说,审美活动中的最为深层的奥秘恰恰在于:作为任何情感的本质的神经能量的宣泄,在此过程中是在与此相反的方向中发生的,因此审美就成为神经能量最适当、最重要的宣泄的最为强大的手段。

由此我们又一次看到了审美活动与形式快感之间的内在联系。形式在审美活动中之所以被格外看重,正是因为只有它的出现,才能够把审美活动所激起的混合情绪设立在两个相反的方向上,形成两种情绪——审美情绪与内容情绪,从而使它们最终消失在一个终点上,就像消失在"短路"中一样。而且,在这两种情绪中,审美活动是采用审美情绪克服内容情绪(生活中只有内容情绪)的方式,使之从一种确定的情绪转而成为一种不确定的情绪。在这里,节奏、韵律能够引起与内容相反的某种情绪,引起情绪的"自燃",从而达到净化情绪的目的。因此,把审美活动和艺术作品理解为以情

---

① 达尔文。转引自[俄]维戈斯基:《艺术心理学》,周新译,上海文艺出版社1985年版,第280页。

感人,是错误的。例如,托尔斯泰就曾对比两种艺术说:村妇们为祝福女儿出嫁而演唱的大型圆舞曲给他留下了深刻的印象,故是真正的艺术;贝多芬的作品第一百零一号奏鸣曲没有给他留下深刻的印象,故称不上是什么真正的艺术。但从上述分析来看,显然是不准确的。把审美作为一种情感表现,是一种误解。情感是一种内在心理过程,艺术作品则是一种物理事实,前者是内在的和个人的,后者则是外在的和公共的。那么,正如鲍山葵所反复自询的,情感是怎样进入物理事实中去的?结果,还是用艺术之外的东西来评价艺术。人们往往以为:战斗的音乐是为了引起战斗的情绪,教堂的歌声是为了引起宗教的情绪,其实不然。假如艺术是为了传递感情,女性就更应该成为音乐家了,但事实上伟大的音乐家并没有女性。实际上,即便是军号也不是为了唤起战士的战斗情绪,而是为了使我们的机体在紧张的时刻同环境保持均衡,约束和调整机体的活动,使他们的情绪作必要的宣泄,驱除恐惧,从而为勇敢开辟一条自由道路。可见,审美不是为了从自身产生任何实际活动,它只是使机体去准备实现这一动作。弗洛伊德说:受惊的人一看到危险就恐惧、逃跑,在实际生活中,有用的是跑;在审美活动中正相反,有用的是恐惧本身,是人的情感宣泄本身,它只是为正确的逃跑创造条件而已。它们更多地是缓和和约束突发的热情,安抚紧张的神经系统,以便驱除恐惧。因而充其量也只是使战斗情绪容易表现出来,但它本身却并不直接引起这种情绪。

这样看来,最真诚的感情也创造不了艺术,要创造艺术,还要有克服、缓解和战胜这一情感的活动,只有出现了这一活动,才能创造艺术。审美活动只是在生活最紧张、最重要的关头使人类和世界保持平衡的一种方法,其中往往包含着两种天衣无缝地被编制在一起的相反的情感倾向,它的作用则是缓和这些情感。看来,审美活动有着比感染别人更为重要的作用。就像在原始劳动中的合唱能以自己的节拍协调肌肉的活动节奏,表面上无目的的活动的游戏符合锻炼和调整臂力或脑力的无意识的生理需要,缓和劳动的紧张。同样,大自然把审美活动交给我们,也是为了使我们更容易忍受生存的紧张和不堪。这就是审美活动之所以诞生的根本原因。以音乐为例,它既不使人高尚,也不使人卑鄙,它只是激励人们的灵魂而已。情诗也如此,人们以为它是直接唤起人们的情绪,但它实际是以完全相反的形式进行的。其中的审美情绪对于所有其他的情绪尤其是性欲起着缓和的作用,常常是麻痹着这些情绪。再如,阅读凶杀的作品不仅不会使人去凶杀,而且会使人戒除凶杀。我们已经知道,技术并不是简单地延长人们的手臂,审美和艺术也并不是简单地延长的社会情感。审美从来不是生活的直接表现,而是生活的对立,是我们的心理在日常生活中找不到出路的某个方面在艺术中的消耗。生活之中的恐怖、悲哀,我们避之唯恐不及,置身审美活动之中的我们却对此津津有味。看来它们不一样。在作品中是让人观照的,而不是让人忍受或重新经历的。在审美中,表现一词的含义,不再是发泄,而是理解,不再是通过释放得到外化,而是变成一种意象让人在心理距离之外来观照和反思。说出自己的情感,就意味着把它转化为一种可以控制的东西了。表现就是对情感的审美理解。作为内心状态的东西,是作品的源泉,但不是作品的最后的东西,从因果表现论来理解审美活动所忽视的就是这一点。大家都高兴,就意味着共同享受同一种经验吗?只有同在一起讨论,共同交流,这情感才成为"共享"的东西,使情感成为可以控制的东西。换言之,世界上的任何事物都具有情感特征,其中的特殊意味会影响到人们的心理状态,然后借助公共的解释系统来解释之。审美活动的作用就在这里。它帮助人类解释自己的情感,是人类情感理解的主要来源。没有艺术家,普通人已经很难理解自己的情感了。再现教会我们看世界,表现教会我们感受世界。人们在表现自己的情感之前,并不知道情感是什么。情感是在表现中可以将自己对象化的东西。所以柯勒律治说:"它们唤醒了心灵,使它不再在习惯的诱引下沉睡,而是让它看到我们眼前世界的诸种可爱和新奇之处。世界上本有取之不尽、用之不竭的宝藏,但由于我们眼睛上蒙着'习惯'制造的薄膜,由于我们种种自私的欲望,使我们有眼不能见,有耳不能听,有心不能感、不能悟。"①

---

① 转引自[美]布洛克:《美学新解》,滕守尧译,辽宁人民出版社1987年版,第187页。

一旦从形式层面弄清楚了人类为什么需要审美活动,就不难对审美活动做出合乎实际的解释了。

以当代审美文化的从美到丑和从美到非美的转移为例,这固然不同于传统的审美活动,但却并没有超出于审美活动本身。从表面上看,在当代审美文化,所谓形式已经不再是一种和谐,但是,反和谐的形式难道就不是一种形式吗?正如我在前面已经一再强调的,审美活动作为一种超越性的生存活动,其内涵是高于我们在历史上所看到的任何一种具体的审美形态的。作为"理想本性"的对象性运用,审美活动是当人类意识到了自己的不完美之后对于完美的追求,①它将人类的渴望、理想、憧憬这些不属于现实因此只能在非现实世界中才能实现的东西,借助一定的物质媒介加以实现。② 梅洛-庞蒂说得好:"生命与作品相通,事实在于,有这样的作品便要求这样的生命。从一开始,塞尚的生命便只在支撑于尚属未来的作品上时,才找到平衡。生命就是作品的设计,而作品在生命当中由一些先兆信号预告出来。我们把这些先兆信号错当原因,然后它们却从作品、从生命开始一场历险。在此,不再有原因也不再有结果,因与果已经结合在不朽塞尚的同时性当中了。"③阿瑞提也指出:"意象有把不在场的事物再现出来的功能,但也有产生出从未存在过的事物形象的功能——至少在它最早的初步形态中是如此。通过心理上的再现去占有一个不在场的事物,这可以在两个方面获得愿望的满足。它不仅可以满足一种渴望而不可得的追求,而且还可以成为通往

---

① 不完备而追求完备,这种需要只有人类才有,也只能在审美活动中得到满足,而动物则满足于完备。

② 审美活动体现了人类的最为隐秘的要求。一般的物质活动与认识活动关注的只是目的,而目的总是一个有限的世界,故它在实现人类的渴望的同时又限定了人类的渴望;审美不然,不是为了创造一个有限的东西,而是为了通过这有限者达到无限的境界,故被创造出来的东西就只是达到无限的手段。康定斯基说:"任何人,只要他把整个身心投入自己的艺术的内在宝库,都是通向天堂的金字塔的值得羡慕的建设者。"([俄]康定斯基:《论艺术的精神》,查立译,中国社会科学出版社1987年版,第31页。)

③ [法]梅洛-庞蒂:《塞尚的困惑》,载《文艺研究》1987年第1期。

创造力的出发点。因此,意象是使人类不再消极地去适应现实,不再被迫受到现实局限的第一个功能。"①因此,审美活动的自由创造的本性反而决定了它或和谐或不和谐的自身形态的不确定性。在这个意义上,审美活动采取反和谐的形式,应该说,也是审美活动的题中应有之义。

进而言之,当代的审美活动采取反和谐的形式,无疑还有其特定的涵义。我们知道,和谐的形式是一种美的形式。往往与生密切相关;反和谐的形式则是一种丑的形式,往往与死密切相关。那么,人类在爱生之余,为什么又会喜欢欣赏死亡?看来死亡的阴影本身就是一种需要,人类主动地寻找它,正是出于激励生命的需要。犹如我们总是强调说:地狱是文明的产物,当人类有了理想和完善的念头时,就同时意识到了现实的非理想性、非完善性。罪恶感由此而生。地狱正是鞭策人类的地方。通过这虚拟的、对象化的痛苦,满足了涤罪的需要,更激励了生命的意志,由此,地狱成为天堂的入口。② 因此,审美活动的内在动机是死亡。只有从死亡这一方面,审美才能够得到透彻的理解。死赋予生以深刻的内涵。没有死的毁灭,就没有生的灿烂。死亡作为归宿,不仅浓缩了生,而且从根本上改变了人类对于生的态度。不免一死的意识不仅丰富了生,而且建构了生。说得更清楚一些,人类的一切活动无非是在与死亡抗争,但有时却会乐不思蜀,以致忘记了死亡的必然性,这样,通过审美来加以提醒就十分必要了。荣格发现的那个临近死亡的小女孩,总是梦见死亡,就是这个道理。在这个意义上,反和谐正意味着审美活动的深化。

反和谐的审美活动是对于人类始终遮遮掩掩、佯作不知的死亡的直面。当生活中的一切看起来都有固定的解释,以至于人们干脆纵浪其中,不喜不惧的时候,它使人们从中被剥离而出,孤单地立身虚无之中,熟悉的世界消失了,

---

① [美]阿瑞提:《创造的秘密》,钱岗南译,辽宁人民出版社 1987 年版,第 64 页。
② 人类为什么会喜欢自己所害怕的东西?例如童话中的大灰狼、狼外婆,再如好莱坞的以制造噩梦著称,因为它原来就存在于人类的心灵深处,象征着一种对于逼近了的威胁所产生的感觉、一种大难临头的恐惧。中国古代对于饕餮的崇尚也是如此。

个体被从虚幻的共同存在状态中唤醒,而共同存在状态一旦被破坏,真、善、美之类概念就失去了市场——它们对于具体的个体来说无意义。萨特就曾经用"恶心"来描述对于这种无意义感的领悟。这是一种上不着天、下不着地的"千古孤独"。结果,人们意外地有了一个评价自己的机会,有了一个在死亡面前正视自己的机会。① 这无疑是一件好事,所谓"浪子回头金不换"。

由此可见,反和谐的审美活动乃是人类的一种特定的情绪宣泄方式,是对于周围某种时时在威胁着他的东西的解脱。而且,既然美感是对于正确生存行为的鼓励,那么,能够采取正确的态度予以解决,人类自身无疑就会因为行为的正确性而获得美感的鼓励。这样,人类就借助于反和谐对于紧张的解脱,直接消除了异化世界给自己的压抑,而不再用也不屑于用传统的和谐去自我粉饰了。换言之,也可以说是在长期的种种重压之下设法得到了休息。毫无疑问,当代审美文化的重大意义也就正在这里。

这样,当代审美活动之所以采取反和谐的形式就不难理解了。美是人们要执着追求的,但每一种美同时又是对于更多的可能性的限制,恰似追求完满是要靠牺牲更多的不完满换取一样。它启迪了一种境界,却抽去了生命的丰富内涵。在一定时刻,冲击这种完满的标准,也是一种审美。而丑正是对美的否定,也正是对生命的限制的否定。从美向丑的运动,从表面看是两极对立的,但实际得到的则是两者之间出现的广阔的中间地带。这中间地带就是经过丑的消解后展开的现代的美学天地。人们的心理空间经由丑的介入而得以拓宽,对丑的需要因此也就成为人类无限展开生命的各种可能性的契机。况且,人们总是喜欢想当然地把人类的历程概括为美的历程,但美的历程事实上也是丑的历程。丑所蕴含着的正是一种深刻的自嘲。"天下皆知美之为美,斯恶已",美总是一种限定,但丑却是反限定的,是向美

---

① 举一个通俗的例子,人类之所以不但有工作日,而且有假日,不但有白天的繁忙,而且有晚上的休息,人类文化之所以不但有日神精神,而且有酒神精神,不但有儒家,而且有道家,都是为了使前者出现一个暂时的死亡,从而使人类有一个自我评价的机会。比如过生日,人们不都要放下手里的工作,对自己一年来的生活反省一番吗?这也是一种暂时的死亡。

的普遍性提出挑战。它所关心的不再是完美、理想的人性,而是不完美、不理想的人性。因此,丑没有转化为美,而是替代了美,人类正是通过这样的例子宣喻着自己的觉醒:只爱美的人性是不完整的人性。① 正是在这个意义上,我才反复强调:丑是生命的清道夫。它意味着审美活动的拓展。因此,美与丑必须相互依存、相互补充。② 相对于美,丑总是意味着某种同期待中的完满状态不同的东西。它使人们习惯性的美学评价落空。长期被常识所认可的美的标准,突然失去了分量,一切都落入了意义失落的荒诞之中。结果,丑把人们从日常麻木的情绪中解脱出来,体验到与外界对立的自我的存在,体验到孤独、无助的感觉,从而意识到日常与人共同存在的状态的虚假性。起而反叛日常的美的标准。

例如,在当代审美文化中我们经常可以看到从美到丑的转变。③ 诸如对反人性的、无机的抽象状态的追求,对以象征否定表现、以变形否定自然、以平面否定立体、以二度空间否定三度空间的追求。然而,在人类的审美情感已经被日趋僵化了的形式埋没了的时候,出人意外地采取反形式的形式,难道不是最合乎审美活动的本来涵义的吗?它使生命受到一种出人意外的震撼,从而缓慢地苏醒过来。

戈雅的绘画给时人的感受就正是如此:"大家传看着这些画,在这间静室里登时就充满了这些似人非人的东西和怪物、像兽又像恶魔的东西,形成

---

① 当代非常盛行侦探、警匪片,从表面上看,是在不断地为罪犯定罪,事实上也是在为人类自己定罪。
② 希腊人曾经自豪地宣称:"我们是爱美的人!"但苏格拉底就偏偏以丑自居,声称自己是一个专门叮咬美的牛虻。至于雅典人对他的迫害,无疑意味着对丑的拒绝,这正是希腊人的美学追求走向失败的开始(另外还有一个美杜莎,也是丑的代表,后来同样被砍了头,也可以看作希腊人的美学追求走向失败的开始)。在庄子美学中也有众多的丑人,有人简单地说成庄子是为了突出心理美,无疑是错误的。他们所代表的,就是丑。
③ 沃兰德就曾说过:"从艺术的观点来看,难道现代艺术不是魔鬼的作品吗?难道舞台上各种精神错乱和歪扭鄙丑的动作都是艺术吗?各种艺术趣味的感受的否定,所有那些过去被看作丑的和令人厌恶的东西——那些垃圾癖和裸体癖——难道都是艺术吗?"(见《国外社会科学》1978年第4期,第38页。)

了一片光怪陆离的景象。朋友们观看着,他们看到这些五光十色的形象尽管有他们的假面具,可是通过这些假面具可以看到比有血有肉的人更加真实的面孔。这些人是他们认识的,可是现在这些人的外衣却毫不留情地被揭掉了,他们披上了另一种非常难看的外衣。这些画片中的形状可笑而又十分可怕的恶魔,尽是些奇形怪状的怪物,这些东西虽然是难以理解的,却使他们受到威胁,打动了他们的心弦,使他们感到阴森凄凉和莫名其妙但又足以深思,使他们感到下贱、阴险,仿佛很虔敬但又显得那么放肆,感到愉快天真但又显得那么无耻。"①

再如,流行歌曲也是如此,它是对于传统的美声、民族唱法的冲击,后者是有其外在标准的,但流行歌曲却正是反抗这些外在标准的。《妹妹你大胆地往前走》,无疑是一首非常丑的歌,但它的魅力也就在这里。它是"嚎叫",不再是升华的而是发泄的,不再是一唱三叹的而是嚎叫的。② 因为它的目的不再是表现美了。我们最初批判邓丽君的理由不也正是"不美"吗?但是流行歌曲却每况愈下,在"不美"的道路上越走越远。这是为什么呢?正是于对于美的逃避,逃避美对于一个普通人的压力,逃避美所带来的一种服从的经验、一种平庸感的压迫,逃避美所蕴含的天才、专家、规范之类涵义。

再如,服装的演变也是如此。支配着服装的演变的,不仅仅是美,而且是丑。服装从来都表现为点、线、面、形、色、光的和谐统一,但当代却出现了一种对于它们之间极不协调的东西的追求,即对丑的追求。以线与形的关系为例,"H"型服装拉直了传统的"X"型的曲线,扳正了传统的"V"型服装的斜度,缩小了传统的"T"型服装的差异,"A"型、"O"型服装更是把"X"型、"V"型、"T"型服装转向变形的极端,该肥的地方瘦了,该窄的地方宽了。再如在牛仔裤上追求起皱、绲毛、破口、飞边、走油。这每一次变化,都是对于前面的司空见惯的美的模式的冲击。总之,当代审美文化的规律正是如此,除上面所举的例子外,像摇滚、电子音乐、霹雳舞、小品……都如此。然而丑

---

① [苏]叶列娜:《哥雅传》,姚岳山译,人民美术出版社1983年版,第331页。
② 20世纪50年代美国流行的一首金斯堡的长诗,题目不也叫"嚎叫"吗?

的东西一旦被大家接受,就成为美的东西,于是,新的丑又出现了。当代审美文化正是以丑作为强大的推动力的。①

当代审美文化的反和谐的形式,也表现在从美到非美的历程之中。这是一种更为宽泛的意义上的从美到丑的转变。须知,审美活动的来源于非审美活动的历史,就已经从根本上决定了它的审美活动与非审美活动的相互混杂的特性,决定了纯审美活动的不存在,②决定了审美活动与非审美活动之间有模糊的界限但没有鲜明的鸿沟。在此意义上,审美活动没有直线的进化史,只有螺旋上升的历史。它有死亡,有再生,但何时死亡,何时再生,却无从知道。至于臻于至善的审美活动则根本就不存在。恰似俄狄浦斯的命运意味着高尚即卑鄙、正义即邪恶、天使即魔鬼。例如,在一定条件下,审美活动可以转化为非审美活动,非审美活动也可以转化为审美活动。就当代而言,审美走向生活,艺术走向非艺术,则是必然的趋势。③ 黑格尔曾把这一切称为"艺术的消亡时代",但令他始料未及的是,结束艺术的正是艺术本身。正是当代的"一切皆艺术"造成了传统艺术的消亡,也正是当代的

---

① 日本著名美学家今道友信曾经分析云:"像现代被许多人喜爱的摇滚乐啊、爵士乐啊,或者表现非常剧烈的跳动性动作的美国西部片、炫耀肉体颤动的爵士芭蕾之类的舞蹈等,尽管它们可以显示生命之火的剧烈冲动,但是美在哪儿呢?""这种艺术会像尼采曾经预言的那样,必然是趋向于力量的意志,向往生命的讴歌",然而,"即便在这里,美也不是艺术的理念,在这儿看到的只能说是生命、活力,以及激情。"([日]今道友信:《美学的方法》,李心峰等译,文化艺术出版社1990年版,第322页。)这里的"生命、活力,以及激情"正是被丑激发起来的。

② 对于审美活动来说,"纯"是相对的,"不纯"是绝对的。

③ 审美的大众化是一个既古老又年轻的命题。说它古老,是因为它几乎与审美活动同步而来,说它年轻是因为它的被自觉地作为理论课题提出来,只是20世纪中叶的事情。雅俗艺术的对立,现实主义与学院艺术的对立都是它的远源。艺术创造在原始社会是与生活同一的,丝毫没有优越感,相反,一旦产生优越感,那将是艺术家们的不幸,因为他们将感到自己被孤立起来。艺术家从孤独中来又向孤独中去则是后来的事情,审美成为一种奢侈、一种贵族化的东西。当作家从知识者中独立出来的时候,实际已是一种文化疾病的表现,而公众则通过对于他们的忽视进行了严酷的报复。艺术家因为过着一种艺术的生活,因此才更接近审美活动,这完全是一个美学的神话。

"一切皆审美"造成了传统审美的消亡。在这里,美学与非美学的关系变化,反映了美学内涵的扩大。如果现代审美是审美,则显然与传统的"审美"内涵不尽相同。除非你不承认它是审美。[①] 很多人都沿袭现代审美所要超越的传统美学理论去说明现代审美,这种辩解与其说是为现代美学的合法性辩护不如说是为它的不合法性辩护。

§4. 人类的精神家园的守望

再从逻辑的角度看,在我看来,审美活动的根源就在于:它是对人类的自由本性的守望、对人类的精神家园的守望。

为什么呢?关键在于:人类解放的实现固然离不开人的自由本性的实现,但同时也离不开物的自由本性的实现。在这里,人的自由本性的实现,表现为人类解放的目的,物的自由本性的实现表现为人类解放的手段。但不可避免的是,由于目的与手段之间的种种错综复杂的关系,物的自由本性的实现却往往与人的自由本性的实现这一目的脱钩,甚至错误地以自身作为目的,反过来去蔑视、践踏人的自由本性的实现这一真正的目的,这就导致人类必须一次次回到并且维护人的自由本性的实现这一真正的目的,也就导致人类必须一次次进入并且栖居于审美活动之中。

具体来说,物的自由本性的实现,是指的人类改造自然推进文明的一种活动。毫无疑问,人类改造自然推进文明的每一步,都确乎是人的解放的一次重大突破,对于它的历史功绩,无论怎样估价都不为过分。然而,我们又必须看到,人类改造自然推进文明的每一步又毕竟要受"必需和外在目的规定"的限制。"不管怎样,这个领域始终是一个必然王国。"(马克思)例如,从动机的角度看,它为了满足"粗陋的实际需要"而片面占有对象,是外在的,是生存性的,又是自私的,渊源于一种乔装打扮了的无法最终区别于动物的"生存竞争"意识。从过程的角度看,它是乏味的、片面的体力或智力的消

[①] 在现代社会,多维、多元、全面的交往机制,使审美又一次成为敞开的、拒斥规定的反审美。而在反审美的背后,隐藏的是挣脱美学的走出传统、走向"当代"的努力。

耗,是一种片面分工的活动,是把"自我活动、自由活动贬低为单纯的手段,从而把人类的生活变成维持人的肉体生存的手段"(马克思),是外在于人的、与人对立的力量,是使人以物而非以人的面目出现因而并不符合人类天性的活动。同时,它又是屈从于外在必然性的、出卖体力与智力的活动。另外,因为以满足人类的"粗陋的实际需要"为目的,这就决定了它必须以对象之思为基础,因为主体只有通过对客观世界本身的正确认识才能得到对对象的占有,并有效地加以改造。从对象的角度,由于它是一种由外在必然性规定的活动,因此它的对象并非人的全面本质的对象,只体现着人的片面发展的本质力量("简单粗陋的实际需要"),只具有有限的价值和意义("世界不能满足人")。从成果的角度看,它与人只是一种非人的、片面的和不自由的关系,是一种低级和可以片面占有的财富。……因此,它并不涉及生命的意义,也无法等同于人类解放的目的,只能作为人类解放的手段。这就意味着,为了实现物的自由本性,固然要改造自然推进文明,但又不能疏忽它的工具性,更不能忘记人类的根本目的。

然而,人类解放的历史进程中所必不可免的悲剧恰恰在于:人类不能不经常地迷失在手段的王国中,卡夫卡笔下的"城堡"和"法的门"就是隐喻此事。结果,不是手段跟着目的走,而是目的跟着手段走,手段反而成了人的存在方式,成了葬送目的的手段。这样,"人本身的活动对人来说就成为一种异己的、与他对立的力量,这种力量驱使着人,而不是人驾驭着这种力量。"(马克思)由是,人又迷失在一维的、公共的物质成果,历史进步和理性王国之中。他疑惑地看待自己,感到彷徨无所依归,他既不认识别人,也不认识自己,他成为到处漂流的流浪者。正是在这个意义上,我们发现,人类改造自然推进文明的任何一点微小的进步,都可能令人痛心地竟以人性的泯灭、自我的牺牲作为代价,而且,这种进步越是巨大、全面,这种牺牲就可能越是沉重、惊人。

那么,人类是不是前途暗淡,永远没有获救的希望呢?显然不是,"哪里有危险,哪里就有被救渡的希望。"(荷尔德林)人类改造对象推进文明的进步离人类的人性面目越远,也就反过来越强烈地推动着人类不断去重新发现自己、确证自己,审美活动正是因此而应运诞生。它"在神圣之夜走遍大地",不断地发现自己确证自己,不断地为世界赋予意义。它不是一种手段,而直接是目的本身,人们在审美活动中不瞩目于"粗陋的实际需要",不着眼于片面地拥有对象,而是瞩目于"发展人类天性的财富这种目的本身"(马克思)。人本身成为目的,而不是作为手段;人成为他自己,而不是成为他人。"对于宇宙而言,我是微不足道的,而对我自己却是一切。"(欧伯曼)这就是审美活动!说得更明确一点,改造自然推进文明是透过人去看物,审美活动则是透过物来看人!例如,从动机的角度看,它的动机是内在的和超越性的,它是超出了"粗陋的实际需要"的全面发展的自我实现。(马克思说:"自我实现是作为内在的必然性,作为需要,而存在的。"①)这也就是马克思所深刻洞见的:"事实上,自由王国只是在由必需和外在目的规定要做的劳动终止的地方才开始,因而按照事物的本性来说,它存在于真正物质生产领域的彼岸。"②即审美活动的动机是对自然必然性(不是"必需")和社会、理性必然性(不是"外在目的规定")的超越。一个颇为有趣的例子是1753年第戎科学院关于"人类不平等的起源"的征文,此次奖金为达尔拜神父所得。他因为代表了当时欧洲人的普遍看法而获奖。他指出:"我们应当这样设想:从创造者的手出来的人的本性,可以比做得了清洁的露水和温暖的阳光而开放的花朵,它的清新、灿烂和芬芳,同样使人迷恋……人本是为了认识一切而生的,他会毫无错误地认识一切,他无须害怕黑暗,也无须害怕骗人的光明。他所看到的都是美好的、正确的东西,他的心灵和他的精神绝不发生矛盾。"③人类因为"从创造者(所谓必然性)的手出来"而欢欣鼓舞,又因为能够因此而"毫无错误地认识一切",占有一切而欢欣鼓舞,这就是达尔拜神父的动机,也就是改造自然推进文明的动机。还有一篇论点针锋相对的论文,它没能获奖,但却流芳千古。它的作者是卢梭。为什么要提出与欧洲人的流

---

① 《马克思恩格斯论艺术》第1卷,中国社会科学出版社1983年版,第278页。
② 《马克思恩格斯全集》第25卷,人民出版社1974年版,第926页。
③ [法]卢梭:《论人类不平等的起源和基础》,李常山译,商务印书馆1962年版,第30页。

行观念针锋相对的看法呢？卢梭说："我无情地驳斥了人间的无聊的谎言；我大胆地把人们因时间和事物的进展而变了样的天性赤裸裸地揭露出来；并把'人所形成的人'和自然人加以比较，从所谓'人的完善化'中，指出人类苦难的真正根源。我的灵魂，被那些卓绝的默想所激发，上升到神的境界。在那境界中，我看到我的同类在他们因固执成见而走入的迷途上，还继续朝着错误、灾难和罪恶的方向行进。我于是用一种他们所不能听见的微弱声音，向他们喊道：'你们都是毫无道理的人，你们不断地埋怨自然，要知道你们的一切痛苦，都来自你们自己。'"[1]因此，从自己因为服从必然性而为自身所造就的"一切痛苦"中超越出来，这显然是卢梭的动机，也显然是审美活动的动机，也正是因此，审美活动的动机必然是无私的，必然渊源于一种最为深挚、最为广博的人类之爱。它是作为无私的人类之爱在现实的人性废墟上出现的。尼采说："世界没有心灵，为此埋怨它实在愚蠢。"但人类却必须有心灵，出路何在呢？"……希望是有的，出路就在于人要认清自己受苦受难的根源，人的苦难是由于缺乏爱所引起的，从苦难中，将会滋长出对爱的新的和强烈的冲动，而这就是对生命的渴望"（弗洛姆）。从过程的角度看，在审美活动中，人是以人而非以物的面目出现，因而在其中人才真正感到自己是一个自由的存在物。他以"充分合乎人性"的方式去活动。这是一种独特的不可重复的活动，充溢着人的欢乐的活动。其次，它是超越外在必然性的，绝不听命他人的活动。再次，由于它是为了弄清这个世界同人自身的存在和发展的关系，以确定世界和人生的意义为目的，于是，人对生存意义的生命之思便成为它的基础。在这里，主体的内在尺度是判断对象有无意义的根本尺度。它"实际上是表示物为人而存在"，[2]此时，不是把握客体本身固有的属性，而是把握与主体的关系，即用主体内在尺度衡量客体，对客体进行主体性描述，从而判断客体被人化的性质和程度。从对象的角度看，它

---

[1] ［法］卢梭：《论人类不平等的起源和基础》，李常山译，商务印书馆1962年版，第29页。
[2] 《马克思恩格斯全集》第26卷Ⅲ，人民出版社1972年版，第326页。

的对象具有内在性。不妨用哈姆雷特的独白来说明:"上帝啊,就是把我关在一个胡桃壳里,我也会把自己当作我是拥有无限空间的君主。"卢梭也曾申言:"如果我被监禁在巴士底狱,我一定会绘出一幅自由之图。"它是对必然性的超越。这超越从表面看是对外在必然的超越,实际上是对内在必然的超越,它是自我的超越,而不是物的超越,它体现了人类希图超越自身的不可压制的渴望,——这是飞蛾扑向星星的欲望。这不仅仅是欣赏我们前面的美——而是疯狂地向往更高的美(爱伦·坡)。它是客体内在于主体的,又是主体外在于客体的。因此,它的对象是被觉醒了的主体建构起来的心理事实和内在意象。歌德说:人有一种构形的本性,一旦他的本性变得安定之后,这种本性立刻就活跃起来,只要他一旦感到无忧无虑,他就会寓动于静地向四周摸索那可以注进自己精神的东西。康德也说过:在审美活动中,事物按照我们吸取它的方式显现自己。这就意味着,它的对象是主体的情感语言和精神还乡。一旦它的"光耀于我颅顶之上,则因果之疾风将俯伏足下,命运之流转将畏缩不前"。① 它不服从现实的种种规律(自然的、社会的、理性的),而只服从全面发展和自由的内在规律,它是在想象中经过体验而自由地领会的,并以情感的需要重新熔铸的灵性世界,是我们以充分合乎人性的主体标准建立的作为人类现实命运的参照系的精神家园。从成果的角度看,审美活动的成果满足的是人的最高需要——自由和全面发展的需要,是一种最高的财富。对此,马克思早有明确阐释:"所谓财富,倘使剥去资产阶级鄙陋的形式,除去那在普遍的交换里创造出来的普遍个人欲望、才能、娱乐、生产能力等,还有什么呢? 财富不就是充分发展人类支配自然的能力,既要支配普通所说的自然,又要支配人类自身的那种自然吗? 不就是无限地发掘人类创造的天赋,全面地发挥,也就是发挥一切方面的能力,发展到不能用任何一种旧有尺度去衡量那种地步么? 不就是不在某个特殊方面再生产人,而要生产完整的人么? 不就是除去先行的历史发展以外不要任何其他前提,除去以此种发展本身为目的外不服务于其他任何目的么?

---

① [德]马丁·布伯:《我与你》,陈维纲译,三联书店1986年版,第24页。

不就是不停留在某种既成的现状里而要求永久处于变动不居的运动之中么?"①值得注意的是,这最高财富不可能在改造自然推进文明中实现,而只能在审美活动中实现。只有在审美活动中,"对物的需要和享受失去了利己主义性质,而自然界失去了自己的赤裸裸的有用性,因为效用成了属人的效用",②其成果才能成为最高的财富。强调一句,这就意味着:人"以全部感觉在对象世界中肯定自己",而且,既然它的成果是满足人的片面需要,故不能被片面占有,既属于全人类,也属于自己。正如马丁·布伯所描述的:"形象鉴临我。我无从经验她,描述她,而只可实现她。她在与我相遇者之神妙容光中绚灿流辉,比经验世界之一切明澈更为澄明,故而我能观照她。她并非作为'幽邃'事物中之一物,作为虚像幻影而呈现于我,而是我眼前现时的存在。若依据所谓客观性来度量,她的确不是'实存'。但敢问还有何物比她更为实在?把我和她相沟通的乃是真切实在的关系;她影响我,恰如我作用她。"③在审美活动中,人们与成果之间是一种同一的关系。

由上所述,不难看出,审美活动正是作为人类改造自然推进文明的必不可少的补充而出现的。它是对生命意义的固执,是对人类自由本性、对人类精神家园的守望。我们不能只看到改造自然推进文明的进步,只承认改造自然推进文明的规律,却看不到审美活动的作用,看不到审美活动的规律,更不能把审美活动的作用和规律强硬地纳入改造自然推进文明的进步和规律之中。这会造成一种不可饶恕的重大失误。正确的态度只能是也必须是:越是面对改造自然推进文明的失误,越是要进入并栖居于审美活动之中。例如,资本主义的改造自然推进文明的进步虽然同时带来了人性的全面分裂,但在巴尔扎克、托尔斯泰、陀思妥耶夫斯基、雨果、卡夫卡等作家那里带来的却是人性的进一步觉醒。巴尔扎克不就曾陈述说他写作《人间喜

---

① [德]马克思:《政治经济学批判大纲》第3分册,人民出版社1963年版,第105页。
② [德]马克思:《1844年经济学—哲学手稿》,刘丕坤译,人民出版社1979年版,第78页。
③ [德]马丁·布伯:《我与你》,陈维纲译,三联书店1986年版,第25页。

剧》的动机"是从比较人类和兽类得来的",是要"看看各个社会在什么地方离开了永恒的法则,离开了美,离开了真,或者在什么地方同它们接近"吗?其中耀露神采的,正是人性生成的光辉。看来,人类改造自然推进文明的进步并不只能带来异化,只有在自我异化的情况下才会如此。因此,一方面,这意味着离开了审美活动,任何改造自然推进文明都只能是一场骗局。另一方面,这也意味着改造自然推进文明所必然带来的自我分裂或异化,又必然成为审美活动的强大动因。显而易见,人类正是凭借一次又一次地发现自己确证自己,来顽强地与"驱使着人"的"异己的、与他对立的力量"——改造自然推进文明的进步抗衡。或者说,改造自然推进文明的进步本身并无意义,它是虚无,否则人类无法生存;但改造自然推进文明的进步又必须被赋予意义,又必须成为属人的世界,否则人类也无法生存。这后一方面,正是人类发现自己确证自己的审美活动的真正使命。因此,审美活动是一种唤醒、一种控诉、一种乞灵、一种允诺。它使世界发生一场翻转,使意义进入改造自然推进文明的进步的虚无之中,使人们在生存状态的种种荒诞、虚幻、疏远、离异、陌生、空漠、失落中,与生存意义相遇。是的,审美活动正是与被改造自然推进文明放逐了的生存意义的不期而遇的邂逅。

这种情况,令人不禁想起《安提戈涅》中克瑞翁与安提戈涅的争执。它是历史与人道的争执,又是改造自然推进文明与审美活动的争执。而且,正如美国学者哈迪森的深长喟叹:"这种状况已反复多次地出现——而且还重复——在人类的每一次运动中和地球的每一片区域里。人类仿佛处在一个上升的坡面上,永远见不到平顶。每一次外表的平衡都被证明是一种假象,一次加速变异过程中的暂时休息。结果总是精神世界和客观世界——由传统形成的统一性和被现实打破的同一性——之间距离的扩大。这给社会和个人带来了巨大的压力。就社会一方而言,问题积累着,但解决被一次又一次证明是不得要领的,社会好像不是面对着有关的现实事物,而宁愿与那暮色中的阴影角斗。就个人一方而言,问题与解决之间的不一致引起了关于未来的焦虑和过去的怀念,因为在过去,精神和现实二者之间曾经,或者好像有过彼此相映的美好图景。"①

你看,犹如西西弗斯神话,或者推石上山,或者石头滚落,人的解放,原来竟是这样一个改造自然推进文明与审美活动相互倚重的哥德尔怪圈!人的历程,原来竟是在这哥德尔怪圈中艰难穿行!因此,人实在是一只"不死之鸟";"'这不死之鸟',终于地为自己预备下了火葬的柴堆,而在柴堆上焚死它自己,但是从那劫灰余烬当中,又有新鲜活泼的新生命产生出来"。②

§5. 人的微观解放

其次,还有必要对改造自然推进文明和审美活动的关系加以说明。

改造自然推进文明是人的宏观解放,是物质关系的解放,是审美活动的基础。确实,除了对改造自然推进文明的一味赞颂,还存在着对改造自然推进文明的全盘否定。在这种观点看来,改造自然推进文明全然是一种"罪恶"。遗憾的是,这同样是错误的,歌德讲得何其深刻:"我们称为罪恶的东西,只是善良的另一面,这一面对于后者的存在是必要的,而且必然是整体的一部分,正如要有一片温和的地带,就必须有炎热的赤道和冰冻的拉普兰一样。"③事实确实如此,正如马克思指出的:"个体的比较高度的发展,只有以牺牲个人的历史过程为代价。"④也就是说,人的全面自由的发展,有待于物的极大丰富,简单地指责改造自然推进文明为"罪恶",只会导致马克思所抨击的"粗陋的共产主义",在这种"粗陋的共产主义"里,"工人这个范畴并没有被取消,而是被推广到一切人身上。"异化劳动并没有被消灭,而是使之普遍化,社会化为对立面,成为"普遍的资本家",其实质则是"对整个文化和文明的世界的抽象否定,向贫穷的,没有需求的人——他不仅没有超越私有财产的水平,甚至从来没有达到私有财产的水平——的非自然的单纯倒退,

---

① [美]哈迪森:《走入迷宫》,冯黎明等译,华岳文艺出版社1988年版,第3—4页。
② [德]黑格尔:《历史哲学》,王造时译,商务印书馆1963年版,第114页。
③ 《欧美古典作家论现实主义和浪漫主义》第2辑,中国社会科学出版社1981年版,第282页。
④ 《马克思恩格斯全集》第26卷Ⅱ,人民出版社1972年版,第124—125页。

恰恰证明私有财产的这种扬弃决不是真正的占有"。① 它从改造自然推进文明的角度去否定改造自然推进文明,"到处否定人的个性",袒护"忌妒和平均化欲望"。充其量只是改造自然推进文明的另一种形式而已。

从历史上看,应该说,为了占有人的本质,"个人必须占有现有的生产力总和",②这正是人的解放无法逃避的命运。从这个角度,马克思才会说:"人的孤立化,只是历史过程的结果。"③在这历史过程中,不再是"活的和活动的人同他们与自然界进行物质交换的自然无机条件之间的统一,……而是人类存在的这些无机条件同这种活动的存在之间的分离"。④ 而且,又正是这种"分离"为人的解放奠定了基础。犹如浮士德把灵魂抵押给魔鬼,目的却是为了有一天"在自由的土地上住着自由的国民"。人们把它称作"恶"。不过,它又不是一种日常意义上的"恶",而是人类解放的必经之途,正如"有机物发展中的每一进化同时又是退化,因为它巩固了一个方面的发展,排除其他许多方面的发展的可能性"。⑤ 但也正是因此,才为人类的更进一步的解放敞开了充分的可能。黑格尔的话是多么意味深长:"人类与其说是从奴隶制度下解放出来,不如说是经历了奴隶制度才得到解放。"在这个意义上,我们才会真正理解马克思的告诫:"人类的进步……像可怕的异神教那样,只有用人头做酒杯才能喝下甜美的酒浆。"⑥也才会理解恩格斯的告诫:"人是从野兽开始的,因此,为了摆脱野蛮状态,他们必须使用野蛮的,几乎是野兽般的手段,这毕竟是事实。"⑦"黑格尔指出:'人们以为,当他们说人本性是善的这句话时,他们就说出了一种很伟大的思想;但是他们忘记了,当人们说人本性是恶的这句话时,是说出了一种更伟大得多的思想。'……在黑格尔

---

① [德]马克思:《1844年经济学—哲学手稿》,刘丕坤译,人民出版社1979年版,第118页。
② 《马克思恩格斯选集》第3卷,人民出版社1975年版,第76页。
③ 《马克思恩格斯全集》第46卷(上),人民出版社1979年版,第487页。
④ 《马克思恩格斯全集》第46卷(上),人民出版社1979年版,第488页。
⑤ 《马克思恩格斯选集》第3卷,人民出版社1975年版,第571页。
⑥ 《马克思恩格斯选集》第2卷,人民出版社1972年版,第75页。
⑦ 《马克思恩格斯选集》第3卷,人民出版社1975年版,第220页。

那里,恶是历史发展的动力借以表现出来的形式。这里有双重的意思,一方面,每一种新的进步都必然表现为对某一神圣事物的亵渎,表现为对陈旧的、日渐衰亡但为习惯所崇奉的秩序的叛逆。另一方面,自从阶级对立产生以来,正是人的恶劣的情欲——贪欲和权势成了历史发展的杠杆。关于这方面,例如,封建制度的和资产阶级的历史就是一个独一无二的持续不断的证明。"①

审美活动涉及的是人的微观解放,是改造自然推进文明的主导,是精神关系的解放。应该说,较之改造自然推进文明,审美活动显得异常软弱。它使人想起莱辛的一句名言:"上帝创造女人,用了过分柔软的泥土。"谁能说,这不是在讲审美活动?然而,软弱并不等于无用,何况,从人的角度看,这软弱又是审美活动的宝贵品格。正如陀思妥耶夫斯基所庄严表述的:"目睹着人的罪孽,人们往往怀疑,一个人究竟应该报之以强力还是施之以谦逊的爱,要打定主意,永远以谦逊的爱与之战斗,这种爱是最有感染力的、最可怖的、最有力的,世界上任何其他力量都难以攻克的。"审美活动在经济标准和社会标准和理性标准之外,为人们树立起人性的标准。假如说前面几项标准是相对标准,人性标准则是绝对标准。"君子之仕也,行其义也,道之不行,已知之矣。"这就是审美活动的历史命运。黑格尔对此深有体味:"精神的生活不是害怕死亡而幸免于蹂躏的生活,而是敢于承当死亡并在死亡中得以自存的生活,精神只当它在绝对的支离破碎中能得全自身时才赢得它的真实性,精神是这样的力量,不是因为它作为肯定的东西对否定的东西根本不加理睬,犹如我们平常对某种否定的东西只说这是虚无的或虚假的就算了事而随即转身他向不再闻问的那样,相反,精神所以是这种力量,乃是因为它敢于面对面地正视否定的东西并停留在那里。精神在否定的东西那里停留,这就是一种魔力,这种魔力把否定的东西转化为存在。"②在改造自然推进文明的过程中,在全社会像一部开足马力的机器尽其所能为私欲奔

---

① 《马克思恩格斯选集》第4卷,人民出版社1972年版,第233页。
② [德]黑格尔:《精神现象学》上卷,贺麟译,商务印书馆1979年版,第21页。

波时,审美活动亟须满怀着对人类终极价值的关注,倾尽血泪造就一双整合这些不自觉活动所产生一切后果的无形的冥冥之手,推动着它向更合乎人性的方向发展。它是人性的悬剑!

§6. 必须学习哭泣

论述至此,问题应该说已经十分清楚了。看来,审美活动的功能、意义不可能是别的什么,它只能是人类解放的宣言书,只能是人类的自由本性和精神家园的守望者。不过,鉴于目前人们对审美活动的功能、意义的理解,本书显然还有略加陈述的必要。

长期以来,人们已经比较习惯于从改造自然推进文明的角度去否定审美活动,不但拒绝它的倾身惠顾,而且蔑视它遥遥送来的福祉和爱意。在他们看来,在这个世界上,绝对神圣而又至高无上的东西不是人,而是放之四海而皆准的形形色色的必然性,或者是科学、理性、技术,或者是政治、历史、道德,面对这一切,人们只能奴颜婢膝,言听计从,却不允许流露出一丝不满,更遑论任何实际的反抗。

而从历史事实看,或许尤以后者为烈。"战争""金钱""利益""权力",诸如此类的字眼儿,都被镀上了一层神圣的色彩。为了这一切,人们"脸不变色心不跳"地从血泊和眼泪中昂首走过,父子可以反目,夫妻可以成仇,一些人可以摧残、迫害、杀戮另一些人。并且,只要以上述一切的名义,就无论做什么都被认为是合理的。至于爱心、温情、善良、谦卑、宽恕、仁慈,则统统不过是多愁善感者的愚蠢。由是,人生成了一场饕餮狂宴,愚昧无明、自我亵渎、"战争"、"金钱"、"利益"、"权力"之类,则成为生命意义的来源、人生之旅的终点。它要求人们把自我永远隐匿起来,跪倒在世俗圣殿的门前,无条件地奉献出全部忠诚。"比起大自然来,历史对人类的感情更残酷、更残暴,大自然要求人们仅仅满足于天赋的本能,而历史却要强制人的本能。"(高尔基)而在这一切面前,人们也逐渐学会了精神的爬行,学会了屈从于一切外在的力量,学会了承领一无所有的灵魂空虚,学会了对凄苦、痛楚、血泪、哀告不屑一顾,学会了伪善、虚妄、专横、谎骗、无耻、怯懦、缄默、忍受、玩世不恭和口是心非。

然而,不难看出,虽然谁也不敢宣称自己能抗击种种必然的铁与血的步伐,谁也不敢宣称冷酷无情和血泊淤积的"恶"不会为人类带来最终的希望之光,但是,即便这铁与血,即便这冷酷无情和血泊淤积不以人的意志为转移,是否就一定需要一笔勾销其中非人的罪恶,并且屈辱地承认"成者王侯败者贼"?是否就一定需要人们驯顺地泯灭自我,自愿地沦为奴隶呢?是否就一定需要人们无条件地放弃对人性生成,人的自我实现的终极关怀呢?

问题很简单,谁有胆量对上述诸问题作出肯定的回答,谁就应该有胆量承受痛苦、血腥、疯狂、残暴和夜的荒原,有胆承认这个世界没有什么符合人性还是违逆人性、探索还是盲从、正直还是卑鄙、正义还是犯罪、崇高还是卑下的终极差异。既然个人不过是服从必然性的手段和工具,既然一切都是必然的,每个人就不为自己的抉择和行为负责,如果他盲从、卑鄙、犯罪或杀戮,也统统不过是必然进程中的产物,不过是一种无法用也不允许用终极关怀的价值尺度去衡量的东西。

事实当然并非如此。正像阿多诺讲的,"并非所有历史都是从奴隶制走向人道主义",还有"从弹弓时代走向百万吨炸弹时代的历史"。在我看来,只要人本身尚未经过改造,任何历史进步都不能改善人类的根本困境,只要人类不把自我重新带回灵魂的地平线,一切的一切就只能是痛苦和罪恶,只能是"涕泣之谷",只能是无可逃避的深渊,只能是不值得留恋的、苦难的炼狱。并且,尽管它会生产出像人一样活动的物,但也会生产出像物一样活动的人,尽管它可以僭妄地宣称"给我规格,我就会给你人",但又可以卑怯地承认"人是物质的一种疾病",尽管它能够扩大人的工具职能,但同样还能扩大人的灵魂虚无……在它的放纵之下,任何一次历史演变的结果都仍旧是"怎样服役、怎样纳粮、怎样磕头、怎样颂圣"(鲁迅)。必然性成了绝对的检验尺度。它说明一切,检验一切,横扫一切。面对它,我们命中注定"不能哭,不能笑,只能理解"。取上帝而代之,必然性成了我们这个世界的独裁者和统治者。

正像荣格指出的:"人们把自己的形象估计得太完美、太精神化,同时也就变得太天真、太乐观了。结果在两次世界大战之中,邪恶的深渊又再次敞开,它给我们上了即使是在人类的想象中也仍然最为可怕的一课。……群众心理是上升到极权的自我主义,因为它的目标是固有的而非超验的。"为什么爱默生要痛斥"物居于马鞍上驾驭人类"?为什么托马斯·曼要疾呼"收回贝多芬第九交响乐"?为什么西方青年要慷慨悲歌"刹住这个世纪,我要下车"?千万不要以为这只是西方的流行病。要知道,犹如中国的盲目信奉政治、历史、道德,这正是人类盲目信奉必然性的力量所不能不导致的瘟疫,它们的根源都在于人自身,在于人这个丧失了理想本性的动物。

不妨扪心自问,难道在您的内心深处没曾回荡过四百年前的李尔王在暴风雨中那撕裂心肺的呼唤吗?——"谁能告诉我,我是谁?"

勃洛克的诗句何其深刻:"我们总是过迟地意识到奇迹曾经就在我们身边。"确实,我们似乎从来没有认真而又独立地思考过:并非所有的政治、历史、道德都蕴涵着价值真实,并非所有的政治、历史、道德都拥有至高无上的权力,迫使我们非接受不可,并且,并非任何政治、历史、道德都不应是不容加括、不可悬置、不容反驳的,我们无条件地接受这一切,但却从未意识到:这同时意味着无条件地接受愚蠢、迫害、杀戮、荒唐的信条、无意义的妄念。这使人不禁想起了克尔凯戈尔对黑格尔的讥讽:"在黑格尔之前,曾经有哲学家们企图说明……历史。看到这些企图,神明只能微笑,神明没有立刻大笑起来,乃是因为这些企图还有一种人性的忠厚的诚意。但对于黑格尔!……天神们是怎样的大笑呵!这样一个可怕的区区教授,他只从眼前的一切需要来看一切。"①不难猜想,对于我们,"天神们是怎样的大笑呵"!

就我个人来说,上述情景是绝对不愿接受的,相比之下,我更为欣赏陀思妥耶夫斯基的立场:"我决不接受最高的和谐,这种和谐的价值还抵不上一个受苦的孩子的眼泪……所以抵不上,就因为他的眼泪是无法补偿的。它是应该得到补偿的,否则就不可能有什么和谐了。但是你用什么办法,用

---

① 转引自田汝康、金重远选编:《现代西方史学流派文选》,上海人民出版社1982年版,第162页。

什么办法来补偿它呢？难道有可能补偿么？……我愿意宽恕,我愿意拥抱,却不愿人们再多受痛苦。假如小孩子们的痛苦是用来凑足为赎买真理所必需的痛苦的总数的,那么我预先声明,这真理是不值这样的代价的。……我不愿有和谐,为了对于人类的爱而不愿。我宁愿执着于我的未经报复的痛苦和我的未曾消失的愤怒,即使我是不对的。和谐被估价得太高了,我出不起这样多的钱来购买入场券。所以我赶紧把入场券退还。只要我是诚实的人,就理应退还,越早越好。我现在正是在这样做。我不是不接受上帝……只不过是把入场券恭恭敬敬地退还给他罢了。"①

像陀氏一样,我始终认为:在诸如科学、理性、技术以及形形色色的必然之上,还应该照耀着至高无上的审美之光。

因此,我们不仅需要种种必然的铁与血的步伐,不仅需要冷酷无情和血泊淤积的"恶",而且更需要爱心、需要温情、需要善良、需要谦卑、需要宽恕、需要仁慈、需要诗、需要美、需要梦……"那是一个圣所,在那里,我生命中最深的真实得到了庇护",泰戈尔的警语实获我心。

因此,我们不仅需要面对必然的"无所住心","而且更需要面对毁灭与死亡的痛苦哭泣。一位腐儒看见梭伦为了一位死去的孩子而哭泣,就向他说:'如果哭泣不能挽回什么,那么,你又何必如是哭泣呢？'这位圣者回答说:'就是因为它不能挽回什么。'……是的,我们必须学习哭泣！也许,那就是最高的智慧。"(乌纳穆诺)而且,中国的刘鹗不也说过"哭泣也者,固人之所以成始成终也……盖哭泣者,灵性之现象也,有一分灵性即有一分哭泣,而际遇之顺逆不与焉"吗？

因此,我们不仅需要"雄关漫道真如铁"式的跨越,不仅需要以必然的名义踏碎每一颗娇嫩的心灵,而且更需要不惜承担一切苦难的在幽夜中对精神家园的守望。我想说,守望于幽夜是一种最大的幸福,怕就怕在幽夜中人们都睡熟了。

----

① [俄]陀思妥耶夫斯基:《卡拉马佐夫兄弟》上卷,耿济之译,人民文学出版社1981年版,第366—367页。

第二节　审美活动：生成着人的本质

§1. 发现生命　确证生命　丰富生命

综上所述，不难看出，审美活动诞生于改造自然推进文明的过程中的人性迷失。它"虔诚地歌颂酒神，辨寻逃离诸神的踪迹"；"执着于神的形迹，为与他们同类的芸芸众生寻找回头之路"（海德格尔）。在这个意义上，荷尔德林的两句诗真可以说是审美活动的命运的预兆：

> 诗人，作为神意的传达者，
> 你须得早早辞别人世。

不过，审美活动"须得早早辞别"的并非真正的"人世"（假如这样理解，就误解了荷尔德林的本意），而是人们不得不生活于其中的虚假的"人世"。它凭借"辞别"虚假的"人世"而栖居于真正的"人世"，反过来说也许更合适，它凭借栖居于真正的"人世"而"辞别"虚假的"人世"。

因此，审美活动是人类最高的生命存在活动。它自我规定、自我发现、自我确证、自我完满、自我肯定、自我观照、自我创造，是一种马克思称之为"享受"的活动。在审美活动中，人们不再瞩目于"粗陋的实际需要"，不再瞩目于片面地拥有对象，而是瞩目于"发展人类天性的财富这种目的本身"（马克思），瞩目于自由的生命活动本身。这样，从对象的角度，审美活动"高瞻远瞩，认清在物的物性中值得追问的东西到底是什么"（海德格尔），固守着最为本真、最为源初的意义的世界——自由的世界。对此我们在第三章中曾加以阐释，而法国美学家杜夫海纳在剖析梵高笔下的椅子时，也颇具深意地向我们提示着这个不同于虚假的"人世"的最为本真、最为源初的意义的世界——自由的境界：

梵高画的椅子并不是向我叙述椅子的故事,而是把梵高的世界交付予我:在这个世界中,激情即是色彩,色彩即是激情,因为一切事物对一种不可能得到的公正都感到有难以忍受的需要。审美对象意味着——只有在有意味的条件下它才是美的——世界对主体性的某种关系,世界的一个维度;它不是向我提出有关世界的一种真理,而是对我打开作为真理泉源的世界。因为这个世界对我来说首先不完全是一个知识的对象,而是一个令人赞叹和感激的对象。审美对象是有意义的,它就是一种意义,是第六种或第 n 种意义。因为这种意义,假如我专心于那个对象,我便立刻能获得它,它的特点完完全全是精神性的,因为这是感觉的能力,感觉到的不是可见物、可触物或可听物,而是情感物。审美对象以一种不可表达的情感性质概括和表达了世界的综合整体:它把世界包含在自身之中时,使我理解了世界。同时,正是通过它的媒介,我在认识世界之前就认出了世界,在我存在于世界之前,我又回到了世界。①

从自我的角度,审美活动使人实现了全面发展和自由这一人类解放的根本目的,是对真正的人的价值的创造和消费。因此,他从生命的有限所导致的任何一种功利性中超越而出,成为一种虚灵昭明的真正意义上的存在。"每种我们能够进入的新的状态都使我们返回到某种原来的状态,要消除这一状态就需要另外一种状态。只有审美状态是在自身中的整体,因为它本身包括了它产生和继续存在的一切条件。只有在这里我们才感到我们是处于时间之外,我们的人性以一种纯粹性和整体性表现出来,好像它还没有由外在力量的影响而受到损害。"②在这方面,作家艺术家的例子或许最具说服力。众所周知,作家艺术家大多以文学艺术创作为最神圣的生命,不惜为之献身。他们把自己完全蒸发在创作之中,"每一次浸下笔,像把一块肉留在

---

① [法]杜夫海纳:《美学与哲学》,孙非译,中国社会科学出版社1985年版,第26页。
② [德]席勒:《美育书简》,徐恒醇译,中国文联出版公司1984年版,第112页。

墨水瓶里"(托尔斯泰)。福楼拜自述创作《包法利夫人》的经过说:"我连颈项都沉湎在少女的梦里。……整整十五年以来,我和驴一样地工作着。我这一生就顽石似的过着,我把我的热情全关在笼子里面,除非为了解闷,有时我走去瞻望瞻望。"米开朗琪罗为了完成规模宏大的《创世纪》天顶画,甚至不惜以身体的被摧残作为代价:"后脑勺长到背上,胡子朝天,胸部突出,臀部膨大得像个木桶,前身拉长,后背缩短,宛如一张叙利亚的弓。"白居易说:"人各有一癖,我癖在章句。"陈善说:"顾恺之善画而人以为癖,张长史(张旭)工书而人以为癫。"而当人们讥笑门采尔得了"绘画狂热症"时,门采尔则干脆宣称:"我希望我的这个病永远治不好。"为什么呢?还不是因为他们认定了,只有在审美活动中,人的价值才能得到真正的实现吗?

这样看来,审美活动就是审美活动,它不可能有什么外在的功能或意义。"它本身就是它的目的。"古今中外都有很多美学家认为审美活动有其以美导真,以美储善之类的外在功能、意义。这其实是一种误解。正像黑格尔所驳斥的:

> 如果艺术的目的被狭窄化为教益,上文所说的快感、娱乐、消遣就被看成本身无关重要的东西了,就要附庸于教益,在那教益里才能找到它们的存在理由了。这就等于说,艺术没有自己的定性,也没有自己的目的,只作为手段而服务于另一种东西,而它的概念也要在这另一种东西里去找。在这种情形之下,艺术就变成用来达到教训目的的许多手段中的一个手段。这样,我们就走到了这样一种极端:把艺术看成没有自己的目的,使它降为一种仅供娱乐的单纯的游戏,或者一种单纯的教训手段。①

而马克思也一再强调:"密尔顿出于同春蚕吐丝一样的必要而创作《失乐园》,那是他天性的能动表现。""诗一旦变成诗人的手段,诗人就不成其为诗

---

① [德]黑格尔:《美学》第 1 卷,朱光潜译,商务印书馆 1979 年版,第 63 页。

人了。"据说在日本,有一个名画家画了一幅画,上面只有三粒豆,标价为六十元。某商人见到竟惊叹说:"这种豆真稀奇,一粒就值二十元!"而拜伦的葬仪在伦敦举行时,也有商人惊叹:"诗人是做什么生意的人?"其实,审美活动是不能从外在的功能、意义的角度去规定的,它不是手段而是目的。它既是一种创造,又是一种消费,消费存在于创造之中,创造也存在于消费之中,以全面的、自由的发展为最终的归依之地。因此,不能隶属于任何一种外在的功能、意义。不过,从终极关怀的角度,应该说,审美活动也有其功能、意义。区别于外在的功能、意义,可以称之为内在的功能、意义。内在的功能、意义,正是本章要讨论的审美活动的功能、意义。它是手段与目的的同一。那么,审美活动的功能、意义是什么呢?只能是赋予生命以灵魂。在审美活动中,人实现了自己的最高生命,但这实现本身也正是对最高生命的创造。他规定着生命,又发现着生命;确证着生命,又完满着生命;享受着生命,又丰富着生命⋯⋯因此,审美活动固然不会产生导真、储善之类的作用,但却可以去塑造人的灵魂,塑造人的最高生命。这正是审美活动的往往不为常人所理解的功能、意义。

在这个意义上,我们才能真正理解审美教育的深刻涵义。目前,审美教育的重要性已经逐渐为人所知,但人们对它的理解却大多是非美学的。或者认为是审美欣赏方面的教育,或者认为是艺术技能方面的训练。然而,审美教育的深刻涵义都远非如此。它是一种智育、德育、体育分化之前的本真性、源初性的教育,引导人们穿越种种现实屏障,去重新诗意地理解世界、理解生命。重还人们以瞩目生命的意义的"世界的眼"和"以天合天"的"造化的手",是它的永恒的圣职,因此,审美教育应该是全面的、根本的。席勒说得何其精辟:"在吝啬的自然剥夺了人的快乐的地方,在奢侈的自然解除了人去努力的地方,在迟钝的感官感觉不到需求的地方,在强烈的情欲得不到满足的地方,美的幼芽都不会萌发。在人像穴居人那样隐藏在洞窟中,永远单独过活,在自身之内找不到人性的地方,美的幼芽都不会萌发。"因此,必须通过审美教育来造成"美的幼芽"得以萌发的条件:"只有人安静地在自己的茅舍中同自己交谈,一走出去就能和同类交谈的地方,美的可爱的幼芽才能生长。当清新的气息使感官向微弱的感触开放,强烈的温暖使丰富的素材活跃起来的地方——那里盲目的素材王国在无生命的创造中崩溃,成功的形式甚至使最微不足道的自然高贵起来——在欢乐的状态和幸福的区域中,只有活动导致享受而享受导致活动的地方,只有从生命本身产生神圣的秩序以及由秩序的法则发展起生命的地方——只有在想象力永远摆脱了现实,却不背离自然的朴素的地方——只有在这些地方,感官与精神、感受力和创造力才能在难能可贵的平衡中发展,这正是美的灵魂和人性的条件。"①也正是审美教育所要造成的"条件"。这也就意味着:瞩目于人的灵魂和最高生命,不但是审美活动的功能、意义,而且同时也必然是审美教育的功能、意义。

§2. "唤醒了人们的一种新的欲望"

另一方面,审美活动尽管并不具备外在的功能、意义,但却并不是说,审美活动对社会现实毫无作用。因为审美活动固然无法直接作用于社会现实,但却可以直接作用于创造社会现实的人,并借此去间接地作用于社会现实。"曾经沧海难为水,除却巫山不是云。取次花丛懒回顾,半缘修道半缘君。"经过在审美活动中对自身的发现、完满、丰富,当人们以新的面目重返社会现实,无疑不会继续容忍它的局限、板滞和对于生命的种种有限的固执,而会毅然对之加以改造。正像马克思所指示的:"钢琴演奏家刺激了生产,一方面是由于能使我们成为更其精神旺盛、生气勃勃的人,一方面也是由于(人们总是这样认为)唤醒了人们的一种新的欲望,为了满足这种欲望,需要在物质生产上投入更大的努力。"②并且,要强调指出,审美活动对社会现实的间接作用并不意味着它的可有可无、无足重轻,恰恰相反,这正证实了审美活动的功能、意义是由不可偏废的直接作用和间接作用两个方面组成的,忽视任何一个方面,都会导致错误的结论。对审美活动的间接作用,

---

① [德]席勒:《美育书简》,徐恒醇译,中国文联出版公司1984年版,第132—133页。
② 转引自[英]柏拉威尔:《马克思和世界文学》,梅绍武等译,三联书店1980年版,第394页。

古今中外的美学家往往有所误解。有些人坚决否认审美活动的间接作用，例如瑞恰兹就认为："当我们看一幅画或读一首诗或听音乐，我们并没有做什么不同去展览会或早上穿衣的活动。"席勒则认为："甚至那摇尾乞怜的，充满铜臭的艺术，如果让审美趣味给加上翅膀，也会从地上飞升起来。只要审美趣味的手杖一碰，奴役的枷锁就会从有生命和无生命的东西上脱落。"其结果只能使审美活动或者等同于现实，或者完全脱离现实。于是，审美活动便成为一种极度脆弱的乌托邦。实际上，对于审美活动的追求固然是人的天命，固然是自由生命、最高需要和自由个性的全面实现，但审美活动本身却必须以社会现实为基础，否则，它就成了无源之水、无本之木。还有一些美学家则片面强调审美活动对于社会现实的作用，把它直接化、实用化，结果，审美活动被贬低为科学、道德或历史活动。实际上，审美活动对于社会现实的作用要远远高出于科学、道德、或历史活动的作用。首先，它是从人类最高的生命存在方式出发，从人类的自身价值出发，从人类的终极关怀出发，因而对于社会现实的作用，不能类比于从人类的一般生命存在方式出发，从人类的外在价值出发，从人类的现实关怀出发。正如我在前边已经多次指出的，两者有对于生活的有限和对于生命的有限的批判的根本区别。在这方面，雪莱的洞察是十分深刻的，他在《诗辩》中指出："……一个伟大的民族觉醒起来，要对思想和制度进行一番有益的改革，而诗便是最为可靠的先驱、伙伴和追随着。……我们读到当代最著名的作家们的作品时，对于他们字里行间所燃烧着的电一般的生命不能不感到震惊。他们以无所不包、无所不入的精神，度量着人性的范围，探测人性的奥秘，而他们自己对于人性的种种表现，也许最感到由衷的震惊；因为这与其说是他们的精神，毋宁说是时代的精神。诗人们是祭司，对不可领会的灵感加以解释；是镜子，反映未来向现在所投射的巨影；是言辞，表现他们所不理解的事物；是号角，为战争而歌唱，却感觉不到要鼓舞的是什么；是力量，在推动一切，而不为任何东西所推动。诗人们是世界上未经公认的立法者。"其次，审美活动对于社会现实的作用表现为赋予它以形式。审美形式不是要把社会现实变成艺术，而是说要为社会现实命名，要破解社会现实的板滞、封闭，使其中不能言的东西被说出来，尚付阙如的东西被呼唤出来,不可见的东西变成可见的,虚无的东西变成意义的。"审美形式把社会动态'同化',转换为关于特殊的个人的故事。作品的审美性质和它的真理性正存在于它对社会的个体化之中。在这种变形中,每一个个人命运中所含的普遍性都照亮了这些个人所处的特殊社会状况。"①于是,它最终得以维护着生命的冥思、激情、灵性,允诺着人生的幸福、社会的美好和人类的未来,也拒斥着罪恶、残暴、无耻、卑下和虚无。

§3."带着爱上路"

因此,审美活动的功能、意义就往往不是表现为同情,而是表现为——爱。什么是爱呢?爱是永恒的祈望。爱,不能等同于人们常说的"爱情"。"爱情"只是爱的海洋上溅起的一朵微末的浪花。爱要比爱情弘阔得多,深刻得多。它根本就不是为了占有一个人、一个对象或在野草丛中寻欢作乐而莅临世界。爱,也不同于人们常说的建立在本然情欲基础的爱,准确地说,后者只能称之为爱欲而无法称之为爱。爱欲的基础像同情一样,是"推己及人"。这里的"己"是指的人的本然情欲。然而,本然情欲自身却又没有任何超验的价值根据。这就不可避免地导致两种结果:或者是既然本然情欲成为终极根据,那么任何维护一己的自私要求就都成为合理的了,任何要求以他人为手段的做法也就成为合理的了;或者是使爱欲沦为有具体对象的,这种爱欲不但不是惠临每一个人,而且反而粗暴地把一些人清除出去,爱欲便从给予他人的爱,转而成为对他人的剥夺了。因此,爱欲开启的不是人类家园的栅栏,而是潘多拉的魔盒。相比之下,爱则是超越本然情欲的终极关怀,是超越任何法则和规定的绝对之爱。正像克尔凯戈尔指出的:生存的价值呈现必须依赖"某种更高的东西的存在,通过它,人们可以走向高处,这种更高的东西完全不必强求一致;不过,要是这更高的东西能真正在每时每刻都把人引向高处,它本身就不能随意变换,反复无常;毋宁说,正是它才得以使每一无常富有光彩,它必须是神圣明彻的"。试问,这神圣明

---

① [美]马尔库塞:《审美之维》,李小兵译,三联书店 1989 年版,第 27 页。

彻的东西是什么呢？当然只能是象征着终极关怀的终极之爱。在这个意义上，爱其实是生命存在的终极状态，它是审美活动的最纯真的体现。爱就意味着不论何时都存在着一个神圣至上的纯全存在，意味着个体与这神圣至上的纯全存在的相遇。因此，爱就是在一个感受到世界的冷酷无情的心灵中创造出温馨的力量，这是在温爱他人受阻时义无反顾的力量，或者，按照蒂利希的说法，是使每一个严酷无情的人在听到神圣至上的纯全存在时就应感觉到自己生命的意义的力量。爱就是自我牺牲，就是无条件地惠予，就是对每一相遇的生命的倾身倾心。它永远不停地涌向每一颗灵魂、每一个被爱者，赋予被爱者以神圣生命，使被爱者进入一个崭新的生命。

"生命因为有了爱才有价值，生命因为失去了爱才变得更为富有。"泰戈尔的诗句何等光彩照人！生命因为失去了爱欲而更为富有，生命因为禀赋了象征着终极关怀的绝对之爱才有价值，这就是这个世界的真实场景。"天将救之，以慈卫之"（老子）。不错，爱是柔弱的、理想化的，爱是一种乌托邦，但爱毕竟是这个世界上唯一真实的东西。（这世界对我们是何等吝啬！）没有爱的生命是残缺的生命，没有爱的灵魂是漂泊的游魂。在被荒诞虚无包裹一切的世界大沙漠中，唯有爱才能给人一片水草，唉！"爱的启示就是世界的救赎！爱是缠绕大地的一根韧带。"（裴斯泰洛齐）——不，应该说，是一根脐带。因此，学会爱、参与爱、带着爱上路，是审美活动的最后抉择，也是这个世界的最后抉择！

第三节　无神的世界与审美救赎[①]

§1. 审美救赎

目前，审美活动的功能、意义已经为越来越多的人所瞩目。首先，审美活动的功能意义之所以为越来越多的人所瞩目，与近代以来整个世界对人

---

① 本节根据拙作《无神的世界，审美何为》(《东南学术》2017 年第 1 期)增补。

的问题的重视密切相关。

我们知道,当文艺复兴的冥冥巨手一拉开世界近代文化舞台的红色大幕,对人的重视就成为意识形态的中心。之所以如此,从历史的角度看,是因为资产阶级在反封建的过程中,不但要在经济领域争取自由的权利,而且要在意识形态领域争取自由。然而,政治领域的自由十分敏感。因此,资产阶级绕道宗教,首先对天主教神学展开批判(毋庸多言,"反宗教的斗争间接地也就是反对以宗教为精神慰藉的那个世界的斗争"),所以,资产阶级提出了人和人道以与天主教神学的神和神道针锋相对。其次,从世界观的角度看,对人的重视与资本主义的特定生产方式——等价交换密切相关。我们知道,资本主义的秘密在于异化劳动。在此基础上,"一切个性,一切特性都已被否定和消灭。"人与人之间犹如物与物之间,只有转换成抽象劳动才能彼此认同,发生关系。因此,对于抽象的人的尊奉,就成为必然的选择。正如马克思所深刻分析的:"对于这种社会来说,崇奉抽象人的基督教……是最适当的宗教形式。"[①]总的来看,这种对人的重视虽然因为时期不同、国家不同而姿态各异,但又始终目标如一:这就是对人的终极关怀和以人为最高价值和最终目的。它在理论上固执地追问着"人应当是什么",固执地从理想人性的角度去问询人与世界的关系,人与社会的关系以及人与自我的关系,问询人类生存的终极意义;它在实践上处处维护人的价值和尊严,谋求理想人性的全面实现,并且把这一切作为衡量外部世界的绝对标准。应该说,它的历史意义是怎样估价也不为过分的。不过,它又有其不足,这主要是指的它的空想性和不彻底性。平心而论,这局限性,迄至马克思主义的诞生,才得到较为彻底、较为全面的批判和克服,因此,讲清楚马克思主义对近代思想成果的批判和克服,也就从根本上讲清楚了对人的重视的重要性和必要性。

首先要说明的是马克思主义与人的问题究竟有无关系。我认为,马克思主义不仅蕴含着对人类命运的政治、经济的科学分析,而且蕴含着对人类

---

① 《马克思恩格斯选集》第2卷,人民出版社1972年版,第96页。

命运的人道主义的终极关怀。不妨举几个例子,第一,对人类历史的分期,人们往往只注意到马克思关于原始社会、奴隶社会、封建社会、资本主义社会和共产主义社会的所谓"五分法",并从中得出马克思主义与人的问题水火不相容的结论,这是有失公允的。认真阅读一下马克思的著作,不难发现,他对人类历史的分期,不仅仅是"五分法"一种,还有把人类历史划分为"人的依赖关系"、"物的依赖性为基础的人的独立性"和"自由性"的"三分法",以及把人类历史划分为"人类社会的史前时期"与"人类社会"的"二分法"。并且,这三种分期在马克思主义中都有其特殊地位,功用不同,角度各异。具体来讲,"五分法"是一个政治、经济概念,着眼于财产关系,是从"物"——经济形式的角度"用自然科学的精确性"对人类历史的阐释。"二分法"是一个人道主义概念,着眼于理想人性的实现程度,是从"人"——"占有自己的全面的本质"的角度对人类历史的阐释。"三分法"是一个综合的概念,着眼于历史进程中的人,是从"人"与"物"的关系的角度对人类历史的阐释。显而易见,假如说"五分法"是从物的角度去看世界,"三分法"是从人("社会关系的总和")的角度去看世界,"二分法"则是从审美("占有自己的全面的本质"的人)的角度去看世界。"三分法",尤其是"二分法",蕴含着对人类命运的美学意义上的终极关怀。第二,除了对人类历史的分期,在马克思的著述中还可看到大量的对人类命运的美学意义上的终极关怀。我们来看马克思对古希腊社会和资本主义社会在作了详尽的经济分析之后的一个总结:"古代的观点和现代世界相比,就显得崇高得多,根据古代的观点,人,不管是处在怎样狭隘的、宗教的、政治的规定上,毕竟始终表现为生产的目的,在现代世界,生产表现为人的目的,而财富则表现为生产的目的。"[①]在这里,马克思之所以倒回去肯定古希腊社会,是对其把人当作生产的目的的一种肯定。这种肯定,不正是一种美学意义上的肯定吗?而马克思对资本主义的批判,是对其把财富当作生产的目的的批判。这种批判,不也正是一种美学意义的批判吗?进而言之,贯穿马克思一生的"对现存的一切进行无情

---

① 《马克思恩格斯全集》第46卷,人民出版社1979年版,第486页。

的批判"(《马克思恩格斯全集》第1卷,人民出版社1956年版,第416页),统统是一种美学意义上的批判。这方面的例子俯拾皆是,这里只举出一段马克思为批判普鲁士王朝的书报检查令所写下的著名的文字:"我是一个幽默家,可是法律却命令我用严肃的笔调。我是一个激情的人,可是法律却指定我用谦逊的风格。没有色彩就是这自由唯一许可的色彩,每滴露水在太阳的照耀下都闪耀着无穷无尽的色彩,但是精神的太阳,无论它照耀着多少个体,无论它照耀着什么事物,都只准产生一种色彩,就是官方的色彩。"①请看,这里的"每滴露水""个体""无穷无尽的色彩",不都闪耀着审美活动的熠熠光辉吗?

不过,谈论马克思主义与人的问题的关系,重要的倒还不在于指出它对人类命运的美学意义上的终极关怀,而在于指出这种对人类命运的美学意义的终极关怀为什么是最为彻底、最为全面的。

目前,在国外广泛流传着"两个马克思"的神话。有些人,例如塔克尔在《卡尔·马克思的哲学与神话》中认为:"原来的,'人道主义'的马克思主义才是马克思不朽的、具有宝贵价值的重大创造,而(马克思的那个)对个人不加考虑的成熟思想体系,则是一种倒退。"鲍亨斯基在《苏俄辩证唯物主义》中也认为:马克思主义"具有动摇于强调人的作用和重视宇宙而贬低人的作用之间"这种"思想的本质的对立性"。还有些人则认为青年马克思是不成熟的,只有老年马克思才是成熟的。两种看法的共同之处在于认为存在着"两个马克思"。但在我心目中,却只有一个马克思,只有一个毕生去追求一个真正合乎人性的社会的马克思。无论青年的马克思还是晚年的马克思,都始终如一地把人的全面解放作为自己的出发点和最终目标。毫无疑问,他在青年时代的一段著名论述是众所周知的:"共产主义是私有财产即人的自我异化的积极的扬弃……私有财产的积极的扬弃,也就是说,为了人并且通过人对人的本质和人的生命、对象性的人和人的产品的感性的占有,不应当仅仅被理解为直接的、片面的享受,不应当仅仅被理解为占有、拥有,人以

---

① 《马克思恩格斯全集》第1卷,人民出版社1962年版,第7页。

一种全面的方式,也就是说,作为一个完整的人,占有自己的全面的本质。"①这是青年马克思,1844年的马克思,也是以人的彻底解放为目标的马克思屹立在怎样建设一个合乎人性的理想社会的高度奉献的宝贵思考。其中最具魅力的正是他对恢复被扭曲和离异了的人性,使人最终"作为一个完整的人,占有自己的全面的本质"的美学意义的终极关怀。并且,马克思终其一生都没有抛却、忘怀这样一种美学意义上的终极关怀。在《共产党宣言》中,他宣布:"代替那存在着阶级和阶级对立的资产阶级旧社会的,将是这样一个联合体,在那里,每个人的自由发展是一切人的自由发展的条件。"在《资本论》中,他指出:资本主义"狂热地追求价值的增殖,肆无忌惮地迫使人类去为生产而生产,从而去发展社会生产力,去创造生产的物质条件,而只有这样的条件,才能为一个更高级的,以每个人的全面而自由的发展为基本原则的社会形式创造现实基础"。

因此,"两个马克思"的神话是不存在的,存在的只是一个马克思。这个马克思在青年时代就具备了对人类命运的美学意义上的终极关怀,但是,由于他未遑建立科学社会主义,未遑构筑完备的无产阶级革命的战略,未遑完成对现实社会经济形态的深刻理解,所以,尚未解决实现"一个更为高级的,以每个人的全面而自由的发展为基本原则的社会形式"的正确途径。老年的马克思正是一个为完成自己对人类命运的美学意义上的终极关怀而寻求正确途径的马克思。众所周知,马克思的寻求是卓有成效的。他发现这个正确途径可以概括为"个人必须占有现有的生产力总和",也就是必须实现物的解放。"个人力量(关系)由于分工转化为物的力量这一现象,不能靠从头脑里抛开关于这一现象的一般观念的办法来消灭,而只能靠个人重新驾驭这些物的力量并消灭分工的办法来消灭"。在马克思看来,这种"占有"受到三个方面的制约:"首先受到必须占有的对象所制约","其次,这种占有受到占有的个人的制约",最后,这种占有"正受实现占有所必须采取的方式的

---

① 《马克思恩格斯全集》第42卷,人民出版社1979年版,第120页。

制约"。① 它们就构成了对"本身就是个人自由发展的共同条件"即正确途径的共产主义的阐述。在这个意义上,"共产主义对我们说来……不是现实应当与之相适应的理想。我们所称为共产主义的是那种消灭现存状况的现实的运动。这个运动的条件是由现有的前提产生的。"②至于雇佣劳动、剩余价值、资本、货币、利息、历史规律、社会主义、阶级斗争、无产阶级专政之类,则统统不过是马克思为完成自己对人类命运的美学意义上的终极关怀而寻求正确途径中所留下的闪闪发光的理论路标。

就是这样,老年的马克思不但仍旧深切关怀着人类的命运,而且使这种深切关怀成为人类有史以来最为深刻、最为全面的关怀。正如别索诺夫在《在"新马克思主义"旗帜下的反马克思主义》中所指出的:"马克思将启蒙运动时期的人道主义和德国唯心主义的精神遗产同经济的社会的实际状况联系起来,从而为一门有关人和社会的新型科学奠定了基础。这门科学既是经验科学,同时又具有西方人道主义传统的精神。"不过,马克思又远远地超出了历史上的人道主义者的对人类命运的空泛的终极关怀。在他那里,人道主义的终极关怀和"着手唯物地分析现代社会关系并说明现今剥削制度的必然性"③是一致的;人对自我异化的扬弃与现实的共产主义运动是一致的;对于"现实的、有生命的个人"的瞩目与对现实的无产阶级的瞩目是一致的;"把人当作人来看待"与把人当作"一定的阶级关系和利益的承担者"是一致的;"个人本身力量发展的历史"与"生产力的历史"是一致的;把人放在优先地位与把社会放在优先地位是一致的……总而言之,在马克思那里,人道主义与历史唯物主义、审美活动与实证追求是一致的,而"没有马克思及其对世界的影响,那么既不可能有世界东方的自我意识,也不可能有世界西方的自我意识"。应该承认,事实确乎如此。

那么,这是否意味着对人的重视在当代已经发展到了巅峰状态,或者已

---

① 《马克思恩格斯全集》第3卷,人民出版社1960年版,第76页。
② 《马克思恩格斯选集》第1卷,人民出版社1960年版,第40页。
③ 《列宁选集》第1卷,人民出版社1972年版,第165页。

经不容后人评说了呢？倒也未必。诚如前述,马克思主义不仅蕴含着对人类命运的政治、经济的科学分析,而且蕴含着对人类命运的美学意义上的终极关怀,因此,马克思主义从根本上讲是融人道主义与历史唯物主义、审美活动与实证追求于一身的关于人的解放的学说。并且,毫不夸张地讲,迄至今日,它仍然是人类精神天空中的一轮灿烂夺目的太阳。然而,也应看到,由于具体的历史条件的制约,在马克思主义的理论宝库中,最为成熟、最为丰富、最为详尽的毕竟只是对人类命运的政治和经济的科学分析,至于其中的另一重要组成部分,即对人类命运的美学意义上的终极关怀,却没能来得及深入论述和全面展开,其中的诸多重要课题,马克思甚至未能予以足够的关注。对于这一缺憾,恩格斯在晚年也已经有所察觉,并明确指出过,可惜未能引起应有的重视。值得注意的是,随着社会物质文化的突飞猛进,这一缺憾已经引起了广泛的注意。西美尔指出:"事物越来越完善,越有智性,在某种程度上也越为外部的、客观的与工具性有关的逻辑所控制,但是,最重要的文化——主体文化却没有相应地增进。""外界事物正变得越来越有文化,而人却越来越没有能力从客体的完善那里获得主体生命的完善。"① 于是,人的主体与人类前景问题,成为中西方社会发展中共同的生命攸关的核心课题。物质的极大繁荣,生活条件的改善,究竟能否必然为人类提供安身立命的根据？为什么历史的名义下挟裹而来的往往是杀戮、疯狂、血腥、残暴甚至千百万人头落地？人类是否必须成为既聋又瞎而且不会开口说话的历史的附庸,是否必须笨拙地学舌着"历史命运""物质规律"之类的字眼,不但对人世间的眼泪、叹息、杀人盈野、血流成河"无所住心",而且真心实意地劝慰人们在历史与伦理的殊死冲突中去心甘情愿地承受历史的虚妄,去把自己变成历史的工具,并悲壮而又毫无价值地埋入历史的坟墓？历史固然创造着个人,但个人是否也参与创造着历史？人类社会是否存在着绝对的价值真实和终极的神圣意义？是否承认符合人性还是违逆人性、探索还是盲从、正直还是卑鄙、正义还是罪恶、崇高还是卑下的终极差异？在理性到

---

① 转引自《德国哲学》第2辑,北京大学出版社1986年版,第198页。

处弥漫的世界上,是否还应有美的神圣地位?人的厌烦、绝望、痛苦、亲吻、谦卑、宽恕、仁慈、回忆、圣爱是否无足轻重?冷漠严酷和关怀温善、铁血讨伐和不忍之心、专横施虐和救赎之爱,或者说,向钱看和向前看是否可以等值?在蒙难的世界上,孤苦无告的灵魂在渴望什么、追寻什么、呼唤什么,在命运车轮下承受碾压的人生在诅咒什么、悲叹什么、哀告什么,难道可以不屑一顾吗?……诸如此类的问题,推动着中西方一切严肃的思想家不约而同地把目光转向了人的问题。应该说,这种转向究竟取得了多少实绩也许并不重要,重要的是这种转向本身,正是这种转向本身,把一个在马克思那里才被深刻指出的世界性课题展现了出来。对人的重视"一定会恢复马克思在人类思想史中的突出地位"。① 弗洛姆的高瞻远瞩道破了人们的共同初衷。

§2. 审美活动理所当然地成为人们所瞩目的中心②

正是在上述背景下,审美活动理所当然地成为人们所瞩目的中心。

也许应该说,传统美学从一开始就蕴含了某种内在的偏颇,因为它把审美活动与认识活动等同起来,认为审美活动只是一种理性思维的形象阐释,而没有能够意识到审美活动应该是一种特殊的生命活动,因此也就更不可能对这种特殊的生命活动作出认真的考察了。

导致这一偏颇出现的原因,无疑应该在理性主义传统中去寻找。对此,我已经在第一篇中作出过分析。简单来说,在理性主义传统,不论其中存在着多少差异,在假定存在一种脱离人类生命活动的纯粹本原、假定人类生命活动只是外在地附属于纯粹本原而并不内在地参与纯粹本原方面,则是十分一致的。因此,从世界的角度看待人,世界的本质优先于人的本质,人只是世界的一部分,人的本质最终要还原为世界的本质,就成为理性主义的基本的特征。而且,既然作为本体的存在是理性预设的,是抽象的、外在的,也

---

① [美]弗洛姆:《在幻想锁链的彼岸》,张燕译,湖南人民出版社1986年版,第11页。
② 本节的第二、三部分是根据我的著作《美学的边缘》(上海人民出版社1998年版)中的第三篇第一章增补。

是先于人类的生命活动的,显然只有能够对此加以认识、把握的认识活动才是至高无上的,至于作为情感宣泄的审美活动,自然不会有什么地位,而只能以认识活动的低级阶段甚至认识活动的反动的形式出现。当然,这是完全合乎理性主义传统的所谓理性逻辑。在历史上,我们看到的,也正是这样的情景。可以说,从亚里士多德的"'何谓实是'亦即'何谓本体'",一直到笛卡尔的"我思故我在",都是从理性、本质的角度对于巴门尼德的"能被思维者和能存在者是同一的"这一命题的片面阐释。

在这方面,关于诗歌与哲学的争论颇具代表性。早在公元前,在希腊就存在诗歌与哲学谁更具有智慧的争论,柏拉图称之为"诗歌和哲学之间的古老争论"。柏拉图本人的选择更能说明问题。"柏拉图原打算做个戏剧诗人,但是青年时代遇到苏格拉底以后,他把自己所有的原稿都烧掉,并且献身于智慧的追求,这正是苏格拉底舍命以赴的。从此柏拉图的余生就跟诗人奋战,这个战争,首先,乃是跟他自身里的诗人作战。经过那次跟苏格拉底改变命运式的会面以后,柏拉图的事业一步步地进展,可以命名为:'诗人之死'。"[①]对于那场"诗歌和哲学之间的古老争论",柏拉图竟然遗憾自己没能赶上,而从他在著作中罗列的"诗人的罪状"以及宣布的放逐诗人的决定来看,他的立场是十分清楚的。至于亚里士多德,他虽然说过诗歌比历史更富于哲学意味,但这只是为了说明它更接近哲学,而且也只是为了在比附的意义上把它称作一种"比较不庸俗的艺术"而已。假如说柏拉图是在理想中放逐艺术,亚里士多德就是在现实中放逐艺术。直到康德,仍然如此。康德同样贬低艺术。他虽然强调审美活动是某种中介,但之所以要这样强调还是为了强调审美活动的相对于理性活动而言的特殊性。确实,他不再强调艺术只会说谎话了,但是也并没有强调艺术可以说出真理。因此,康德对于审美活动的看法实际上只是提供了从另外一个角度去贬低艺术的路子。这种贬低同样出于"诗人之死"的古老传统。黑格尔也是如此。他对审美活动的兴趣,同样是一种"哲学兴趣"——而且连康德还不如(起码是退回到了把

---

① [美]白瑞德:《非理性的人》,彭镜禧译,黑龙江教育出版社1988年版,第78页。

艺术当作认识的预备阶段的莱布尼茨）。他只是出于一种精神发展的完整性的考虑才把艺术纳入其中（这一点，从他提出的直观—表象—概念与艺术—宗教—哲学的对应可知）。甚至连经验主义哲学大师洛克，在谈到审美活动、艺术的时候，也是如此。总而言之，只有理性本身才是世界的本体、基础。它或者是在客体中表现为必然性，与人对立，或者是在主体中表现为理性，与感性对立。至于审美活动，则只能是一种作为本体的理性世界的附庸的生命活动。因此，"对象的客观合目的性""绝对精神的感性显现"，就是它最好的定义。审美活动是认识活动的低级阶段，也就成为对于审美活动的本质规定了。当然，传统美学也可以承认直觉，例如柏拉图，但是却只是出于要证明审美活动不具备尊贵的理性地位的狭隘目的，因此，也就谈不上承认它的独立性、本体地位了。克罗齐指出：西方美学就是以哲学与诗歌的对立为开端的。正是有鉴于此。

值得欣慰的是，这种看法，在20世纪美学中终于遇到了强劲的挑战。

不过，一切的一切还要从康德说起。作为一位真正深刻的美学大师，康德尽管没有能够真正走出传统美学的藩篱，但是却毕竟最早意识到了理性思维的失误。他所做出的本体界与现象界的著名二分，或许无论在什么意义上都应该被视为消解根深蒂固的理性思维的第一声号角。正是康德，导致了传统本体论的终结。他摧毁了人类对传统本体论的迷信，并且只是在界定认识的有限性的意义上，为本体观念保留了一个位置。对此，只要回顾一下康德《纯粹理性批判》一书的"本体论的证明"部分，以及他所强调的"存在(Sein)显然非一实在的宾辞，即此非能加于事物概念上之某某事物之概念"，[1]就可以一目了然。对此，尼采可以说是心领神会的："当此之时，一些天性广瀚伟大的人物竭精殚虑地试图运用科学自身的工具，来说明认识的界限和有条件性，从而坚决否认科学普遍有效和充当普遍目的的要求。由于这种证明，那种自命凭借因果律便能穷究事物至深本质的想法才第一次被看作一种幻想。康德和叔本华的非凡勇气和智慧取得了最艰难的胜利，战胜了

---

[1] ［德］康德：《纯粹理性批判》，蓝公武译，商务印书馆1960年版，第433页。

隐藏在逻辑本质中,作为现代文化之根基的乐观主义。当这种乐观主义依靠在它看来毋庸置疑的永恒真理,相信一切宇宙之谜均可认识和穷究,并且把空间、时间和因果关系视作普遍有效的绝对规律的时候,康德揭示了这些范畴的功用如何仅仅在于把纯粹的现象,即摩耶的作品,提高为唯一和最高的实在,以之取代事物至深的真正本质,而对于这种本质的真正认识是不可能借此达到的:也就是说,按照叔本华的表述,只是使梦者更加沉睡罢了。"①

而在康德关于鉴赏判断的考察中,应该说已经包含了直觉的成分,并且已经开始了对于审美活动的独立性的追求,这一点,如前所述,就体现在康德对于审美活动的"中介"性质的强调上,然而毕竟并非审美活动的彻底性的实现。这原因,无疑与康德哲学的主要目的是为了把"理性"从"神性"中剥离出来密切相关。康德虽然把审美活动作为中介,而且赋予它自己独特的先验原理:"对象的客观合目的性",及其变体"对象的主观合目的性",但毕竟只是中介,没有进而把它推进到独立的审美活动的世界之中。在我看来,康德之所以要通过四个悖论来不无艰难地考察审美活动,奥秘正在这里。因此,康德所考察的问题只是:一方面,通过审美活动,理性的自由原则怎样到达那充满诗意的必然性的王国,理性的原则怎样渗透到感性中去?显然,这是从理性化的角度出发。另一方面,通过审美活动,自然的机械的世界怎样具有道德意义,美为什么是道德的象征?显然,这则是从道德化的角度出发。

康德之后,出人意料的是,黑格尔并没有从康德出发,去完成他的工作,而是逆向而动,把理性思维发展到了极点,构筑了一个泛逻辑主义的美学体系。在其中,理性甚至成为精神实体,而人实际上已经失去了自主、独立、个性,失去了自由,结果就更为严密地窒息了空灵的审美生命。因此,在"绝对正确"的背后又隐含着绝对的错误。不过,革命已经无可避免。稍加审视,就不难发现,与此同时,甚至一些哲学大家也开始把目光投向了理性思维后面的审美之思。谢林把消除一切矛盾,引导人们达到绝对同一体的唯一途

---

① [德]尼采:《悲剧的诞生》,周国平译,三联书店1986年版,第78页。

径设定为审美直观,甚至宣称:"我坚信,理性的最高方式是审美方式……没有审美感,人根本无法成为一个富有精神的人。""不管是在人类的开端还是在人类的目的地,诗都是人的女教师。"[1]席勒则从对于人类的沦为"断片"的生存困境出发,指出通向自由生存之路即审美("游戏")之路,从而在美学史上首次把审美之思提到了与理性思维彼此平等的高度。

不过,更为令人瞩目的还是两位最为当时学界切齿难容的美学家,他们是叔本华和尼采。

叔本华服膺于康德,同时又超出于康德。他与德国几位著名的美学家生活在同一时代,但美学禀赋却又截然不同。对于当时人们所津津乐道、争论不休的种种话题,他似乎绝无兴趣,但对理性思维所造成的生命消解却又深恶痛绝。在他看来,最为根本的东西,不是上帝,但也不是物自体,而是生命意志。它不受理性思维的支配,是一种盲目而不可遏止的生命冲动("痛苦")。同时,在本体论上也应该由传统的理性本体论转向现代的生命本体论,这样,一向为人们所奉为唯一的、神圣的思维方式——理性思维,也就必然要转向一种新的思维方式——审美静观。在美学史上,审美之思第一次凌驾于理性思维之上,并且成为生存的根基。毫无疑问,这实在是石破天惊的发现。如是,西方源远流长的美学理论以及顽强支撑着这一美学理论的理性思维本身,就不能不面对着有史以来第一次发生的认真的挑战。

比之叔本华,尼采虽只是一个后来者,但又实在是有过之而无不及。他同样自觉地拒斥根深蒂固的理性本体论,而瞩目于生命本体论;同样自觉地拒斥理性思维,而瞩目于审美沉醉。在他看来,源远流长的西方理性传统应该一笔勾销。长期以来,人们已经习惯于通过理性思维去追求外在世界,却偏偏遗忘了内在的生命世界。但问题的重要性恰恰在于:人类绝不可以遗忘了内在的生命世界。因此,必须消解掉理性思维并且代之以审美"沉醉",这个沉沦了的世界才能最终得到拯救。"人作为文化的创造者,首先是一个艺术家,然后才是科学意识"(狄尔泰的概括),这就是尼采的结论。不过,尼

---

[1] 谢林。见刘小枫:《诗化哲学》,山东人民出版社1986年版,第35、36页。

采又与叔本华不同,后者是否定生命,强调悲观的生命意志,他却是肯定生命,强调乐观的强力意志。然而,也正是因此,尼采也就更为深刻地觉察到了20世纪人类生存中的"颓废"与"虚无"境遇。

迄至20世纪,我们看到的更是极为壮观的一幕。值得注意的是,这一点在1900年就已经清清楚楚地显现出来了。就在这一年,胡塞尔出版了他的《逻辑研究》,弗洛伊德出版了他的《梦的释义》,桑塔耶那出版了他的《诗和宗教的说明》……20世纪声名昭著而且一直影响到今天的现象学美学、精神分析美学、表现主义美学、直觉主义美学、自然主义美学,应该说在世纪初就分秒不差地应运而生。而在这些美学流派纷繁复杂的内容中,我们不难再次谛听到从康德、叔本华、尼采一脉相传下来的主旋律:彻底消解理性主义,使美学真正服从于自己的天命。Zu den Sachen selbst(直面事物本身),这就是胡塞尔在《逻辑研究》中大声疾呼的一句名言。以他提出的"本质直观"为例,本质而又可以被直观,这在传统的理性思路中是不可想象的。而胡塞尔认为:通过"悬置"和"加括号"的方法,把理性思维放在一边,使人类不再受其所累,就不难达到对"逻辑背后"的事物自身的"本质直观"。为此,他十分强调"幻想",认为"幻想"是构成现象学的关键因素。而诗歌、艺术正是通过幻想而达到本质直观。弗洛伊德则超出理性思维的基础——意识,转而走进了更为深层的无意识,并且从充盈着"焦虑"的无意识深渊的角度重新解释了审美活动,从而也就高扬了人类的审美方式。克罗齐也十分类似。他指出:人类的思维方式应该是两种而并非只有一种,即除了理性思维(逻辑)之外,还存在审美直觉。而且,前者依赖于后者,后者却并不依赖于前者。柏格森以"绵延"来界定对象世界,从而把本体论从实在的、存在的转向生命的、生存的本体论。与此相应,他指出:认识世界的唯一方式,就是审美直觉。至于桑塔耶那,自然也不例外。在"美是客观化的快感"的定义中,同样隐含着对于远远超出理性之外的全部感性存在的瞩目:"人体的一切机能,都对美感有贡献。"[1]原来如此!

---

[1] [美]桑塔耶那:《美感》,缪灵珠译,中国社会科学出版社1982年版,第36页。

再从19世纪和20世纪之交艺术思潮的演变看,也是如此。与从肯定性主题向否定性主题的转换这一美学潮流相一致,19世纪和20世纪之交的艺术思潮表现为:在内容方面是非道德、非理性、非历史的自我表现,在形式上是非形式的自我表现。无对象的审美,是其根本特征。一方面是消解客体,对世界的否定,一方面是高扬非理性的理性、实体的非理性。具体来说,学术界一般认为:在19世纪和20世纪之交现实主义走向了自然主义,浪漫主义走向了唯美主义、象征主义。印象主义则经过了一个从客观到主观,最终又转化为主观的客观化的过程,其中的内在原因,在我看来,就是源于对非理性的主体的强调,以及对于超出理性思维之上的审美方式的高扬。而从移情说、摹仿说到抽象说的转移,同样可以看到,只有当艺术活动与世界之间的关系从认识关系转化为生命关系之时,由我及物的移情才可能被注意到。移情势必是全身心的,因此又有了由物及我的内摹仿,最终,就导致抽象的出现。它强调非理性的主体可以自由地自我创造审美对象,是对不可表现之物的表现。因此,距审美直觉的出现也就一步之遥了。再如"有意味的形式"以及新批评、格式塔、符号学美学等的出现,也是如此。审美活动一旦成为生命的内在需要,而且是独立的、自足的需要,作品就势必只是与生命的内在体验一致而不再与外在的世界一致(点、线、面、光、色都成为独立于外在世界的存在),这样,就必然转向对艺术的独立与自足的讨论。从美术的角度考察的"有意味的形式",从文学的角度考察的新批评,从形式的表现属性的角度考察的格式塔,从广义的角度即抽象美感与抽象对象考察的符号学美学,都是因此应运而生。同样与对于非理性的主体的强调,以及对于超出理性思维之上的审美方式的高扬密切相关。

在这当中,最值得注意的是克罗齐。从美学史的意义上看,他的美学贡献有其独特之处。在席勒,是通过审美方式(游戏)完成感性冲动与理性冲动的审美融合;而叔本华则是把理性冲动抛在一边,唯独以感性存在为基础,通过审美方式(静观)以达到"弃生"境界;尼采同样是把理性冲动抛在一边,唯独以感性存在为基础,但是方式又有不同,是通过审美方式(沉醉)以达到"乐生"的境界。克罗齐同样坚持了这一高扬审美方式的思路,但是没有采取上述那样两种极端的方式,既不坠入生命之地狱,也不升入生命之天堂,而是就停留于生命之中,去内在地体验生命。当代审美观念中强调在生活中保持一种直觉、体验的心境,强调审美创造与生活创造的同一性的倾向,显然与克罗齐有关。① 从美学的意义上看,则正是他,为审美方式的独立地位做出了决定性的贡献。克罗齐把审美活动作为直觉活动从理性活动、道德中剥离出来,确立为独立于理性活动、道德活动的一种活动。这样,直觉就不再是理性、道德的奴仆了,而是审美的源头和唯一源泉。它可以支撑所有审美现象并解释所有审美现象,但却不必为其他原则所解释。而且,既然"人的心灵是一个毫不间断的、永不停息的意识的川流",那么,就应该是认识依赖于直觉,而直觉却并不依赖于认识。必须指出,克罗齐的发现是十分深刻的。它通过消解对象世界的方式,简洁明快地把康德提出的四个悖论统一为直觉。作为理性思维的反题,直觉不再是低级的(黑格尔),也不再是中介的(康德),而成为一种高级的从整体上把握世界的方式。同时,直觉也不同于传统的直觉。因为在传统的直觉那里,只是对一个对象的直觉,是空间化了的直觉。这个空间化的直觉,在古代社会表现为对于一个有限、静态的宇宙的把握(模仿),即通过外在形式去把握世界或者去象征世界,在近代社会表现为对于一个动态、无限的宇宙的把握(想象),此时形式已经无能为力,因此转而强调内在感官(天才)。但是克罗齐的直觉却是时间化的,表现为对于一个相对宇宙的把握。这一直觉是模仿与直觉的断裂的结果,因此不同于模仿、想象。它没有直接的对等对象,而是直觉到什么就是什么,因此根本就不存在什么对象,完全就是心灵的创造。所以克罗齐才会说:"世界全是直觉品,其中可证明为实际存在的,就是历史的直觉品;只是作为

---

① 马斯洛的审美观念类似于克罗齐。只是克罗齐相对于叔本华、尼采,他则相对于弗洛伊德。他同样是在心理的、实体的角度考察生命本身的体验,但却没有了弗洛伊德的悲观色彩,而是代之以乐观色彩,而且同样是强调在生命中内在地体验生命。

可能的,或想象的东西出现的就是狭义的艺术的直觉品。"[1]因此,在康德以及传统美学那里的对象与主体、感性与理性、必然与自由、内容与形式之间的矛盾,在直觉中就不存在了。直觉创造了内容,直觉创造了形式,直觉也创造了美(丑)。于是,审美活动有史以来第一次既不依赖于外部的客体世界的束缚,也不依赖于内部的理性世界的束缚,成为一种独立自足的而且是根本性的生命活动。而且,由此推论,以直觉为满足的精神活动就是表现,表现的最高境界就是艺术,直觉→表现→艺术,就构成了一个巨大的研究空白,也构成了一块美学真正可以独享的领地。对它的内容、特征、价值、功能加以考察,就正是 20 世纪美学的重大使命。

而在这一切背后的,正是关于审美方式的地位的观念的转型。我们看到,不论是叔本华的以"静观"超越"理性",还是尼采的以"沉醉"超越"理性"、柏格森以"绵延"超越"理智"、弗洛伊德的以"无意识"超越"意识",抑或克罗齐的以"直觉"超越"认识"……都隐含着对于审美方式的地位的一种全新的观念。这就是:人类的审美方式不再只是一种认识方式,而是转而成为一种生存方式、超越方式,已经不再是可有可无的东西,而是成为生命存在中最为重要的东西。"我直觉故我在",审美活动成为生命的根本需要,审美方式成为生命的根本方式。这意味着,美学家们开始从超越理性、本质的角度对于巴门尼德的"能被思维者和能存在者是同一的"这一命题中的"能存在者"方面加以阐释。这就是说,开始从非理性的角度去理解人的存在方式。它不再是对"我们"的存在方式的理解,而是对"我"的存在方式的理解。不难想见,既然是"我"的存在方式,那无疑就不是一个思辨的问题,而是一个体验的问题。"我"的存在无法用理性来表达,而只能是一种主观的体验。而且,"我"也不可能与抽象本质等同,不可能以种或者属的形式出现,而只能是个体的,与变化、过程、偶然、死亡息息相关。在这个意义上,人的本质就不再是被理性演绎出来的,而是选择而来的。显而易见,鉴于审美活动与

---

[1] [意]克罗齐:《美学原理·美学纲要》,朱光潜等译,外国文学出版社 1983 年版,第 37 页。

人类的非理性的存在方式的密切关系,这也就必然导致对审美方式的地位的重新理解。

至于审美活动与人类的非理性的存在方式的密切关系的关键所在,无疑应该是情欲、情感。马克思说过:人"是有情欲的存在物,情欲是人强烈追求自己的对象的本质力量"。① 皮亚杰更从动力的角度强调说:"当行为从它的认识方面进行研究时,我们讨论的是它的结构;当行为从它的情感方面进行考虑时,我们讨论的是它的动力。"②事实上,情感是人与世界的根本通道。它的自我实现与否,将会对人本身产生根本性的影响。有史以来,审美活动都是情感的自我实现的载体。杜卡斯就把"对情感的内在目的性的接受"③称为审美活动,而科林伍德则指出:"如我们所看到的,一种未予表现的情感伴随有一种压抑感,一旦情感得到表现并被人所意识到,同样的情感就伴随有一种缓和或舒适的新感受……我们可以把它称为成功的自我表现中的那种特殊感受,我们没有理由不把它称为特殊的审美情感。"④在这个意义上,我们可以把内在的情感的自我表现、自我实现以及情感的内部的自我调节而不是外部的人为调节,作为审美活动的根本内涵。在此意义上,尽管在传统美学中,由于理性传统的压抑,作为情感的自我表现、自我实现的终结的审美方式未能受到重视,但在19世纪和20世纪之交,由于理性传统的失落,情感的本体地位被极大地突出出来,因此,审美方式的高扬,也就是必然的了。

进而,在克罗齐之后,从康德、叔本华、尼采一脉相传下来的主旋律更是响彻西方天宇。经过长期的左冲右突,上下求索,恰似佛教的由小乘而大乘,西方美学也开始日益清醒,逐渐把目标集中在彻底消解理性主义,集中

---

① [德]马克思:《1844年经济学—哲学手稿》,刘丕坤译,人民出版社1979年版,第122页。
② [瑞士]皮亚杰等著:《儿童心理学》,吴富元译,商务印书馆1981年版,第18页。
③ [美]杜卡斯:《艺术哲学新论》,王柯平译,光明日报出版社1988年版,第108页。
④ [英]科林伍德:《艺术原理》,王至元等译,中国社会科学出版社1985年版,第123页。

在刻意去探求某种先于对象性思维的审美方式上。在西方美学看来,源远流长的传统美学必须全盘予以重新审视和检讨,长期雄霸天下的理性思维必须彻底予以深刻反省和批判。原因很清楚,甚至也很简单:西方美学一贯以理性思维作为人类最为根本、最为源初的思维方式甚至生存方式,并且在此基础上推演出了众多的美学体系、美学派别,然而,这一切却绝非真实。实际上,在理性思维之前,还有先于理性思维的思维,在传统美学所津津乐道的我思、反思、自我、逻辑、理性、认识、意识之前,也还有先于我思、先于反思、先于自我、先于逻辑、先于理性、先于认识、先于意识的东西。只有它,才是最为根本、最为源初的,也才是人类真正的生存方式。因此,美学也就必须把理性思维放到"括号"里,悬置起来,而去集中全力研究先于理性思维的东西,或者说,必须从"纯粹理性批判"转向"纯粹非理性批判",必须把目光从"认识论意义上的知如何可能"转向"本体论意义上的思如何可能"。

在克罗齐之后的形形色色的美学派别中,我们看到的,正是这样一种共同的美学追求。叶维廉指出:"所有的现代思想及艺术,由现象哲学家到 Jean Duduffet 的'反文化立场',都极力要推翻古典哲人(尤指柏拉图及亚里士多德)的抽象思维系统,而回到具体的存在现象。几乎所有的现象哲学家都提出此问题。"①应该说,叶氏的洞见是准确的。

具体来说,弗雷泽、马雷特、列维-布留尔、卡西尔、荣格和拉康是立足于从时间上的"先于"去探求某种先于理性思维的东西。在这方面的探索,甚至可以追溯到 18 世纪的维柯,他对于"想象的类概念"的考察,应该说,开了从时间上的"先于"去探求某种先于理性思维的东西这一路径的先河。当然,与他相比,弗雷泽、马雷特、列维-布留尔、卡西尔、荣格和拉康的工作要更为深刻。例如列维-布留尔通过对于"原始思维"的研究,指出:"在同一社会中,常常(也可能是始终)在同一意识中存在着不同的思维结构。"②并且实

---

① 叶维廉:《比较诗学》,台北东大图书公司版,第 56 页。
② [法]列维-布留尔:《原始思维》,丁由译,商务印书馆 1985 年版,第 3 页。

证地说明了"原始思维"在时间上的早于"逻辑思维"(阿瑞提在《创造的秘密》中也指出审美活动与"旧逻辑思维"的关系)。例如卡西尔也提出了一种神话的隐喻思维,并且强调:人早在他生活在科学的世界中之前,就已经生活在一个客观的世界中了⋯⋯给予这种世界以综合统一性的概念,与我们的科学概念不是同一种类型,也不是处在同一层次上的。它们是神话的或语言的概念。因此,除了纯粹的认识功能以外,我们还必须努力去理解语言思维的功能、神话思维和宗教思维的功能,以及艺术直观的功能。苏珊·朗格在为卡西尔《语言与神话》所写的序言中说:卡西尔要求郑重研究"先于逻辑的概念和表达方式","这样一种观点必将改变我们对人类心智的全部看法。"[①]确实如此。荣格则一方面继承了弗洛伊德的衣钵,一方面又受9世纪末开始兴盛起来的人类学、神话学、语言学的影响,从集体无意识的角度,论证了先于理性思维的思维的存在。这先于理性思维的思维,在进入文明社会之后,则只能被保护在审美活动之中。至于拉康,则从个体发展的早期状态的角度说明,在婴儿的身上,同样存在着某种先于理性思维的东西。

更多的美学家却"百尺竿头,更进一步",从不同的角度论证说:审美方式不仅仅在时间上,而且在逻辑上就是先于理性思维的。从克罗齐的表现主义美学出发,闵斯特堡从"孤立"角度,谷鲁斯从"内模仿"角度,立普斯从"移情"角度,布洛从"距离"角度,论证了审美活动的基本特征。科林伍德则把克罗齐的"直觉"改造为"想象",全面突出了与理性思维的对立。杜威继承了桑塔耶那的衣钵,从"人们经验可以具有美"的角度论证了审美活动的特殊性格。风靡西方世界的现象学也如此:"现象学并不纯是研究客体的科学,也不纯是研究主体的科学,而是研究'经验'的科学。现象学不会只注意经验中的客体或经验中的主体,而要集中探讨物体与意识的交接点。因此,现象学要研究的是意识的意向性活动,意识向客体的投射,意识通过意向性活动而构成的世界。主体和客体,在每一经验层次上(认识或想象

---

① 苏珊·朗格。[德]卡西尔:《语言与神话》,英文版序言。

等)的交互关系才是研究重点,这种研究是超越论的,因为所要揭示的,乃纯属意识、纯属经验的种种结构;这种研究要显露的,是构成神秘主客关系的意识整体结构。"①这种"意识整体结构",正是指的主体与客体同一的意向性活动——直觉。杜夫海纳则从胡塞尔现象学美学起步,指出:"在人类经历的各条道路的起点上,都可能找出审美经验;它开辟通向科学和行动的途径。原因是它处于根源部位上,处于人类在与万物混杂中感受到自己与世界的亲密关系的这一点上。"并且详细论证了审美经验本身的两大方面:"既包括构成审美经验的东西,又包括审美经验所构成的东西。"②作为卡西尔的弟子,苏珊·朗格进一步论证了"常新的、无限复杂的审美活动",在其可能采取的表达方式也有无限多样的变化。至于阿恩海姆所创建的格式塔美学,则别出心裁地从"完形"的角度消解了二分的对象性思维,为审美活动的研究奠定了心理学基础。还值得一提的是维特根斯坦。他所开创的分析美学,以严密的剖解拒对象性思维于美学之外。"凡是不能说的事情,就应该沉默"。Don't think, but look!(不要想,而要看!)你看,维特根斯坦的这一名言与胡塞尔"直面事物本身"的名言又是何其相似!

迄至20世纪50年代前后,从康德、叔本华、尼采一脉相传下来的主旋律尽管仍旧令人瞩目,但是其中的内涵却有了根本的变化。这变化,从"直觉"的范畴逐渐被"敞开""显现""澄明""照耀""呼唤""游戏"等范畴所取代中可以看到。其中的原因,可以从两个方面加以说明。首先,从外部的角度来看,是由于在20世纪初,西方首先将外在的世界消解为虚无。这可以叔本华的"世界是我的表象"为例,它意味着两个东西的消解。其一是外在的对象世界,其二是内在的理性世界。其结果,是人类失去了外在的根本依赖,而只以非理性的实体作为依赖。尼采称之为:"上帝死了"。然而,由于失去了外在世界,内在的非理性的世界最终也就难以维持。到了20世纪50年

---

① 美国学者詹姆士·艾迪语。参见郑树森:《现象学与文学批评》,台湾东大图书公司1984年版,第2页。
② [法]杜夫海纳:《美学与哲学》,孙非译,中国社会科学出版社1985年版,第8、1页。

代,西方又将内在的非理性世界消解为虚无。其结果,是人类又失去了内在的根本依赖。德里达称之为:"人死了"(作为非理性实体的人死了)。对于前一个过程,我们可以把它概括为从外在的世界到孤独的人;对于后一个过程,我们可以把它概括为从孤独的人到此在。至此,不但理性主体不复存在,非理性主体也不复存在。① 对于非理性的理性、实体的非理性的高扬,转向了对于理性的非理性、功能的非理性的高扬。这一切,积极的意义在于从反主体性深化到了反主体性的基础主客二分,同时真正地把人的自我超越问题提了出来,消极的意义在于事实上又把这些问题推向了无法解决的绝境,而这无论积极还是消极的意义,无疑都会影响及审美观念的转换。

其次,从内部的角度来看,则是由于审美观念的转换所致。具体来说,正如杰姆逊所指出的:"只有透过某种主导性文化逻辑或者支配性价值规范的观念,我们才能够对后现代主义与现代主义之间的真正差异作出评估。"② 那么,代表着 20 世纪 50 年代审美观念的转换的"支配性价值规范的观念"是什么呢？马丁·埃斯林认为:"最真实地代表了我们自己时代的贡献的,看来还是荒诞派戏剧所反映的观念。"③这显然是有其充分的根据的。具体来说,从审美方式的角度来看,荒诞,意味着无主体的审美、虚无的审美。在 20 世纪初,审美方式与非理性的实体密切相关。或者说,是以非理性主体作为

---

① 例如,对于弗洛伊德的作为非理性的主体的无意识的存在,列维-斯特劳斯与拉康就通过语言(与弗洛伊德认为在精神分析中最为重要的考察对象是梦不同,拉康认为最为重要的考察对象是语言。并且把弗洛伊德的组合—移置转换为换喻,把弗洛伊德的聚合—压缩转换为隐喻,从而把结构语言学引入了精神分析学)的中介进而指出:这无意识的存在中还存在着一个内在的结构。而这结构又是与社会文化因素密切相关的。具体来说,列维-斯特劳斯主要着眼于人类群体的心灵结构,拉康主要着眼于人类个体的心灵结构。但是目的都是一个,所谓无意识的存在只是一个构造与结果,而不是一个源泉。这样,弗洛伊德的作为先天的人的本质的无意识的存在就被否定了。
② [美]杰姆逊:《晚期资本主义的文化逻辑》,张旭东编,三联书店 1997 年版,第 432 页。
③ 马丁·埃斯林。参见伍蠡甫主编:《现代西方文论选》,上海译文出版社 1983 年版,第 357 页。

唯一的支撑。这样做，固然是禀赋着以一个内在的形式世界去抵制外在的异化世界的良好期望。然而由于这是建立在对整个客体世界的否定的基础上的，因此对于非理性主体的高扬实际上同时就是对它的消解。我们在现代美学中所看到的不断内缩、不断向内转的趋势，就是出于这一原因。[①] 最终，非理性主体一旦耗尽，就必然窘迫地发现：非理性主体也是不真实的。于是，相当一部分人陷入了精神上的绝望。嬉皮士、垮掉的一代、朋克的出现，可以作为典范的例证。在绝望中，他们失去了信心，干脆对文明及其一切大打出手，然后就抽身遁入伊甸园之门。

然而，伊甸园之门却根本就不存在。那么，新的出路何在？在更多的美学家那里，"敞开""显现""澄明""照耀""呼唤""游戏"等范畴由此而应运诞生。这意味着：这一时期，美学家纷纷从非理性主体再向后撤，毅然举起了反对唯我论、超越主客二分的旗帜，在这方面，海德格尔的看法堪称典范。我们知道，西方对于审美方式的内在奥秘的真正觉察，是从康德的真正把审美方式与自由联系起来加以考察之时开始的。所谓自由，我们可以理解为在把握必然的基础上的自我超越。传统美学也并非就不把对于审美方式的考察与对于自由的考察联系起来，但是在他们那里，自由意味着对必然的把握。因此，从认识方式的角度去理解审美方式，从必然、一般、本质、历史、世界的角度去理解审美方式，在他们来说，就是必然的。而从康德、席勒、叔本华、尼采开始，却转而从自我超越的角度去理解自由之为自由。这无疑是登堂入室，真正地把握了自由的内涵。这种转向的真正完成，是在20世纪50年代，它意味着从不但超越理性而且超越非理性的生存方式的角度去理解审美方式，从不但超越理性而且超越非理性的偶然、个别、现象、可能、自我

---

① 因此，现代美学与传统美学有着重大区别。例如，对于客体对主体的依赖关系的强调，例如，艺术的形式不再不以人的意志为转移，而是开始以人的意志为转移。例如，从传统美学的对于人的主人地位的美化到对于人的可悲处境的揭露，例如，从人只是社会关系的不自觉的产物到自觉地意识到异化，而且自觉地反抗着这异化，从对于物质困境（政治压迫、经济压迫）的揭露到对于人的精神困境的揭露，等等。

的角度去理解审美方式。结果,自由第一次成为超出于必然性的东西。它并非逻辑所可以论证,也并非理性所可以阐释。换言之,自由在必然性、逻辑、理性之外。而海德格尔的重大贡献,恰恰在此。

在海德格尔看来,与从理性的角度来理解的人相比,人之为人的奥秘要更多一些,与从非理性的角度理解人相比,人之为人的奥秘要更少一些。由此出发,他从既非理性实体,也非非理性实体的角度,提出了一个区别于"理性的人"和"孤独的人"的新范畴:"此在"。并且,融合前此的全部研究成果,建立了自己的基本本体论,以区别于传统的一般本体论。在他看来,最为值得注意的不是存在物,而是存在。

> 万物与我们本身都沉入一种麻木不仁的境界,但这不是单纯的全然不见的意思,而是万物在如此这般隐去的同时就显现于我们眼前。①

这个"如此隐去"却又"显现于我们"的,就是存在。它代表着人与世界之间的一种更为根本、更为源初的关系。而要使存在彰显出来,恬然澄明,就必须要把存在延伸到个体的感性存在之中,或者说,个体的人必须主动站出来生存,主动承当这一切。然而主客二元的理性思维却把这一切统统遮蔽了起来,存在因此也不得不抽身远遁。这样,要重返真实的生命存在,就必须走出主客二元的模式,"站出自身""站到世界中去"。由此,他提出了由此在与世界所构成的"在之中"这一人与存在一体的思路。这个此在与世界所构成的"在之中",是"存在的敞开状态",是二元对立的超越,不同于传统的二元对立基础上的主体与客体所构成的"在之中"(那是彼此外在、相互对立的两个实体,存在着空间关系),而且前者先于后者。前者是超出于必然性的领域,后者是必然性的领域(在必然性领域并非不能达到主客统一,但那只是外在性的,只是对必然性的认识)。前者涉及的是超必然性的自由情

---

① [德]海德格尔:《形而上学是什么》,见洪谦主编:《西方现代资产阶级哲学论著选辑》,商务印书馆1982年版,第350页。

感,后者涉及的是必然性的自由知识(这使我们意识到,康德之所以提出限制知识,就是在强调真正的自由是在知识之外的,只有超出知识,才能面对自由)。前者不是理性思维为基础的认识活动,然而,也不再是以非理性思维为基础的直觉活动,后者却只是理性思维为基础的认识活动,或者是以非理性思维为基础的直觉活动,对此,乔治·斯坦纳有着深刻的颖悟:"思基本上不是分析而是怀念、回忆在,从而把在带入发光的显示之中。这样的怀念,海德格尔奇怪地再次拉近于柏拉图——是前逻辑的。因此,思想的第一法则是在的法则,而不是逻辑的某个法则。"[①]所谓审美方式(怎样是),与前者有关,而认识方式(是什么)则与后者有关。因此,审美方式超出知识,也超出主客二元,但是又并非抛弃知识与主客二元,而是高出于它们。它从根本上超出于主体与客体、有限与无限、现实与理想、经验与超验之类的对立。正是通过审美方式,存在之为存在出场,彰显自身,趋达恬然澄明之境。

毋庸置疑,海德格尔的贡献是极为重要的。因为,直觉虽然开风气之先,但是却毕竟是依赖于对客体的否定和对非理性主体的高扬,例如,在叔本华那里"我思"变成"我"即意志,在尼采那里干脆就是"我来了,我征服,我胜利"(尼采),同样都是只有非理性而没有理性,客体的一方被消解了。其中的缺点已如前述。而从海德格尔开始,这一缺陷开始得到纠正。在海德格尔,是把这主体往客体的方向转化,所谓"主体的退让"。[②] 这正是对于从生命哲学开始,又在柏格森、克罗齐思想中得以发扬的单一非理性的抑制。于是,人只是"存在得以呈现的场所",成为存在的牧羊人。在这里,人不再

---

① [美]乔治·斯坦纳:《海德格尔》,阳仁生译,湖南人民出版社1988年版,第175—176页。
② 在胡塞尔,是把它还原到了"前我思的"纯粹意识状态,同时把主体方面的理性搁置起来,但也不承认物质存在的第一性。于是把客观的世界也搁置起来,回到事物本身,尽管回到的却是纯粹意识这种我思前的我思。这样,主体的主体性的霸主地位被削弱了,又设想了"主体间性"这东西,以便承认"他者"的地位和存在的不可取消性。

是任何的"什么",而就是"是"。他既不在逻辑之先,也不在时间之先,而是就在时间之中,最终从"能被思维者"走向了"能存在者",从知识世界走向了自由境界。至于审美方式,也已不再通过直觉以及表现、符号等方式出现,因为这都是奠基于情欲、情感、生命力的基础之上的。在海德格尔看来,它们都是一些先在的东西,真正的人应当是一个一切尚付阙如的"此在",审美活动就产生于这一"此在"向真正的存在敞开、显现的澄明状态之中。结果,在这里,此在不是被决定、被限制的东西,而第一次成为自我决定的东西。他设法寻求着人与世界的和谐、主体与客体的和谐、人与自然的和谐,同时也避免了两个方面的失误,既没有像理性认识那样把我抽象为我们,也没有像非理性的直觉那样把我逼入自我封闭的险境,这是后期工业社会相对于20世纪之初的对于早期工业社会的异化的反抗,我们可以把海德格尔的探索看作20世纪中叶开始的对于后工业社会的异化的再次反抗的先声。当然,这反抗并非问题的真正解决。因为它虽然否定了非理性主体,但是却把自由的内涵即自我超越与自由的条件即对于必然性的把握割裂了开来,因此也就仍旧不能达到与客体世界的真正统一。结果,所谓审美方式,必然同时就是荒诞的展示方式。

从海德格尔开始,我们发现:审美方式往往建立在"被抛""怕""畏""虚无"的基础上,原因就在这里。取"直觉"而代之的"敞开""显现""澄明""照耀""呼唤""游戏"等范畴,都是以虚无为根据,以无为依托,并且由此出发去寻找人之存在的意义,或者说,都是以审美方式作为意义寻找的方式、途径。当然,它已经不再像直觉那样是象征的,而是隐喻的、呈现的。因此,它立足于暴露非理性主体的全部否定的性质:孤独、绝望、无助,并且对这种否定性的主体加以全面的肯定。这意味着:过去没有意识到非理性主体的虚无,现在却完全意识到了。既然世界根本就没有意义,既然人毕竟还是要在这无意义的世界中存在,同时毕竟不能永远生存于无意义之中,因此就总是要为自己找到存在的理由。唯一的可能就是:行动。不论行动会具有什么本质,只要行动,就有了寻找本质的可能性。行动是人的存在获得肯定的唯一方式。萨特说的"人被判定是自由的"与"绝望者的希望",就是这个意思。其典型的例子是西西弗斯,做不到也要做,选择就是自由。在寻找意义的过程中寻找意义,于是,重要的就不再是逃避无意义,而是在选择中揭露这无意义。当代文学中的"反英雄"大量出现,以及卡夫卡的《诉讼》、约瑟夫·海勒的《第二十二条军规》,无疑都以这一审美方式为背景。在萨特那里,"虚无"并非一个消极的范畴,所谓"虚无"就是"非存在"。它不是是其所是,而是是其所不是,也不是对现实生活、生命的绝对否定,而是对现实生活、生命的绝对肯定。正因为什么都不是,所以就什么都可以是。这显然给每一个人去成就任何事业以巨大的鼓舞。联想到佛教的"缘起""性空",对萨特的"虚无"当不难理解。"天高任鸟飞",在这里,审美方式就是自由方式,既然所谓本质是通过不断地选择而达到的,那么,重要的就不是什么是本质,而是不断地去选择本质。长期以来为传统美学所忽视了的偶然性、过程、创造、不确定的一面,因此而获得阐释。这无疑是积极的。正如萨特所强调的,人的存在是自由的。然而,由于离开了自由的条件即对必然的把握,我们又可以说,这实际上又是一种无意义的选择。在这个意义上,又正如加缪所强调的,人的存在是荒诞的。

这正是我们在20世纪50年代以后所看到的审美方式的另外一面。与直觉相比较,不难发现,直觉是在"破碎的意象堆积"的背后,还希望建立终极理想、终极意义,现在则干脆是历史的断裂化、时间的空间化、意象的离散化;直觉在内容上固然是非逻辑的,但是还存在着一个有机的整体形式,但是现在连有机的整体形式也消失了。这是因为,20世纪50年代以后,在对审美方式的考察中,一方面,是对于内在非理性实体的否定,但另一方面,尽管竭力向外转,但又无法真正地转向客体世界,因为一旦以非人的面目冷漠地面对世界,世界也只好冷漠地面对人。这就是阿兰-罗伯-葛利叶所看到的:"但我这里,人的眼睛坚定不移地落在物件上,他看见它们,但不肯把它们变成自己的一部分,不肯同它们达成任何默契或暧昧的关系,他不肯向它们要求什么,也不同它们形成什么一致或不一致。他偶尔也许会把它们当作他感情的支点,正像把它们当作视线的支点一样。然而,他的视线限于摄取准确的度量,同样,他的激情也只停留于物的表面,而不企图深入,因为物的里面什么也没有;并且也不会作出任何感情表示,因为物件不会有所反应。"①这,也就是现象学、阐释学的对意义本原的怀疑,以及法兰克福学派的对意义本原的绝望。这样,就只能转入在其中人的荒谬性和世界的无意义同时得到了前所未有的揭示的荒诞的审美方式。它从自我变为非我,从人变成非人,从人与物的世界变成物与物的世界。物与人物行为之间的统一性也丧失了(例如阿兰·罗布-格里耶的《窥视者》),叙事也转向客观化、非情感化。显然,它充其量也只是一种绝对不自由中的绝对自由,并非面对异化世界的巨大困惑的正确解决。不过,这种解决方式本身却毕竟已经区别于直觉。它是面对意义的缺席、面对无处可逃所采取的一种嘲笑的态度,所谓一笑了之。这样,正如利奥塔德指出的:以直觉为代表的审美方式是把"不可表现的东西当作失却的内容实现出来",而20世纪50年代以后的审美方式(游戏)却是把"不可表现的东西"用"排斥优美的形式的愉悦"的方式实现出来,而且,其目的"并非为了享受它们",而是为了"传达一种强烈的不可表现之感"。简而言之,假如说以直觉为代表的审美方式是对不可表现之物的表现,那么现在就是对于不可表现之物的不可表现性的承认。

§3. 审美方式的从认识方式向生存方式的转移

由此我们看到,通过审美方式(传统的)与非审美方式的会通,当代美学建构起了一个关于审美方式的地位的新观念。这就是:审美方式的从认识方式向生存方式的转移。这转移,无疑给我们以重大启迪。

首先,审美方式的从认识方式向生存方式的转移使我们意识到:在当代社会,审美方式已经不仅仅是反映、再现、表现,而被赋予了更为重要的使命。它禀赋着人类自我超越、自我复归的天命。胡塞尔说人是意义的源头,海德格尔说人是存在的澄明之所。而现在存在的意义却被"客观主义的思维方式"所一笔勾销,存在的澄明之所也被"对思想的技术性阐释"所遮蔽。

---

① [法]阿兰·罗伯-葛利叶(即阿兰·罗布-格里耶)。见伍蠡甫主编:《现代西方文论选》,上海译文出版社1983年版,第319—320页。

当代文明造成了人与现实、生活、物质的空前接近,但是"接近"并非"亲近",而且恰恰是在"接近"中人与世界空前地被疏远了。置身于20世纪,却要掉过头来去寻根,这无非是因为已经失去了根。置身于理性世界之中,却要掉过头来去寻找感性世界,也无非是因为已经失去了感性世界。在当代,感性之所以越来越重要,无非是因为它越来越成为问题;感性之所以一再被关注,也无非是因为它一再被丧失。值此之际,人类所关注的,已经不是距离的"接近",而是存在的"亲近"。然而,生命存在已经成为"断片"(席勒)、"痛苦"(叔本华)、"颓废"(尼采)、"焦虑"(弗洛伊德)、"烦"(海德格尔),怎样才能回到对于存在的"亲近"? 于是,近现代的美学家纷纷给出了自己的答案:"游戏"(席勒)、"静观"(叔本华)、"沉醉"(尼采)、"升华"(弗洛伊德)、"回忆"(海德格尔)……由此,审美方式的地位便得以空前地提高(值得注意的是,几乎所有的存在主义者在追问了存在之后,都走向了审美)。在我看来,"歌即生存"(荷尔德林),以审美之路作为超越之路,以审美方式作为自我拯救的方式,通过审美方式去创造生活的意义,以抵御技术文明的异化对人的侵犯,强调人的感性、生命、个体、生存与审美方式的关系,这无论如何都是极为值得关注的。因为,正是它,提醒着人类既不"逐物",也不"迷己",回到人的自然,回到物之为物的物性和人之为人的人性,当然,另一方面,审美方式又毕竟不是万能的。正如我在前面已经剖析过的,文明使人人化,使人成其为人,但是文明也使人异化,使人不成其为人。文明只能通过压抑人性的某个方面的方式来发展人性本身。因此,文明自身无所谓异化。文明的异化来自人的自我异化,即文明本来是为人自身创造的,结果却成为人的异己力量(文明拜物教),其中包括文明对物的自然的束缚和文明对人的自然的束缚。而这就有必要根据个体感性的需要重塑文明。这个工作,离开了实践活动本身,是不可想象的。从文明的异化中复归,是文明的延续,而不是文明的中断;是文明的进步,而不是文明的落后;是文明的发展,而不是文明的毁灭。因此,克服文明的异化的最有力的武器,事实上还是文明本身。而这就离不开实践活动。离开了实践活动,走向文明会使人异化为天使,回到自然则会使人异化为野兽。而当代美学的最大缺憾则恰恰是对于实践活动这一根本环节的无视,这样,其中存在的美学乌托邦、审美乌托邦、审美主义倾向,又是我们时时需要加以高度警惕的。①

其次,审美方式的从认识方式向生存方式的转移,意味着它开始与自我超越密切相关。假如说,在传统美学人类是走向了自由的一极,即自由的条件一极,在当代美学人类则走向了自由的另外一极,即自由的理想一极。这使得它不再是认识自由,而开始体验自由。或者说,它本身就成为自由。于是,审美方式与超越性的关系就不能不引起我们的高度重视。由此入手,直觉性、创造性、愉悦性、无功利性,都可以得到深刻说明。不过,这里的超越性又不同于传统美学所强调的超越性。它关注的不是一事物与其本质之间的关系(庄子称之为"以物观之,自贵而相贱"),而是一事物与其他事物之间的关系(庄子称之为"以道观之,物无贵贱"),我想,是否可以理解为,是对于系统质的把握。换言之,假如传统美学所谓的超越性是执着于在场的东西(所以才要借助思维、概念),当代美学则执着于不在场的东西,或者说,执着于在场者与不出场者的关系(这类似中国的"隐"与"秀"、"形"与"神"、"意"与"境")。不是确定性而是不确定性,不是现实性而是可能性,不是同一性而是差异性,成为关注的中心。审美方式也因此而超出思维所能得到的可能性,超出亚里士多德所强调的"可能发生的事情"、"应当有"的样子,而达到思维无法达到的可能性。而从方式的角度看,它完全是一个功能中心,不排斥思维,但是又超越思维。不是无家园,但却是以无家园为家园,也不是无理想,但却是以无理想为理想,所以后期维特根斯坦竟然会说,不妨一边玩一边制定规则,甚至一边玩一边修改规则。所谓"家族相似"。德里达则

---

① 我多次指出:与现代性对于人性的无情侵吞这一负面效应进行殊死抗争的审美主义思潮,是20世纪最为重要的美学现象。就其源头而言,应该说它开始于卢梭,荷尔德林、施莱格尔、诺瓦利斯等人,都曾率先响应。而最早在美学上为其奠定理论基础的,无疑是康德。康德之后,费希特、谢林、席勒、叔本华、尼采,都是极为重要的提倡者。而卢卡契,则是把审美主义引入马克思主义美学的第一人(法兰克福学派均步其后尘)。在此之后,审美主义就在20世纪蔚为大观,其中,包括西方的艺术实验(例如现代主义与后现代主义),也包括东方的政治实验。其中的美学内涵极为丰富,亟待认真考察。

甚至说游戏规则就是"自由游戏"的一个组成部分。因此,置身于当代的审美方式,很像是置身于一种围棋的境界:根本没有一个中心(传统美学则像象棋,始终存在一个中心)。但无中心即多中心,到处都不在,实际上也就是无处不在。结果,这种审美方式就成为一种边缘性的审美方式,正如人们常说的那样,它不关注他人的眼光,因为自己也是眼光,不承认法则,因为自己就是法则,不模仿世界,因为自己就是世界。而且在边缘已经无路可走,因为,自己的行走就是道路。

再次,审美方式的从认识方式向生存方式的转移还意味着,超越主客二元的提出无疑是十分重要的。它意味着审美活动从主客对峙的关系回到了超主客对峙的源初的关系。杜夫海纳指出:

在审美经验中,如果说人类不是必然地完成他的使命,那么至少是最充分地表现他的地位,审美经验揭示了人类与世界的最深刻和最亲密的关系。①

这个发现对人们正确认识所谓"源初的关系"很有帮助。在这里,"源初"并不是指原始,而是根本。它强调:从被主客对峙关系抽象化、片面化了的存在,重返超越于理性的丰富多彩的感性之根。只有如此,才能建构起"人类与世界的最深刻和最亲密的关系"。同时,还意味着审美活动从彼此的认识回到相互的对话。由于从主客对峙的关系回到了超主客对峙的源初关系,物我之间就不再是一种对象性的我—它关系而是一种非对象性的我—你关系。联想到杜夫海纳所发现的:"意向性就是意味着自我揭示的'存在'的意向——这种意向,就是揭示'存在'——它刺激主体和客体去自我揭示。""它永远表现客体与主体的相互依赖关系。"②我们当不难悟出其中的深刻意蕴。杜夫海纳又说:

---

① [法]杜夫海纳:《美学与哲学》,孙非译,中国社会科学出版社1985年版,第3页。
② [法]杜夫海纳:《美学与哲学》,孙非译,中国社会科学出版社1985年版,第52页。

> 价值表现的既非人的存在,也非世界的存在,而是人与世界间不可分割的纽带。
>
> 我在世界上,世界在我身上。①

这使我们意识到:物我双方的融契所联接的,也并非别的什么,而是一根最具人性的审美纽带,一根确证着"人与世界之间不可分割的纽带"。正是这纽带,导致了当代的审美方式的出场,或者说,使当代的审美方式成为可能。

因此,当代的审美方式的诞生意味着消解了理性思维的魔障,从形形色色的心灵镣铐中超逸而出,并且转而以活生生的生命与活生生的世界融为一体,所以,人才得以俯首啜饮生命之泉,得以进入一种自由的境界,得以禀赋着一种审美的超然毅然重返尘世。杜夫海纳就十分强调审美主体与审美对象、"知觉"与"知觉对象"、"内在经验"与"经验世界"的"不可分",强调审美活动"所描述的事物乃与人浑然一体的事物",主张"追本溯源,返归当下,回到人与世界最原始的关系中",并且大声疾呼:为了方便说明,我们立刻就提出现象学的口号:回到事物本身。② 胡塞尔也强调人应该从我思中超逸而出,回到"那种未经污染的原初状态"中,寻找"纯粹内在意识",对万事万物进行"本质直观"。梅洛-庞蒂同样指出:

> 回到事物本身,那就是回到这个在认识以前而认识经常谈起的世界,就这个世界而论,一切科学规定都是抽象的、只有记号意义的、附属的,就像地理学对风景的关系那样,我们首先在风景里知道什么是一座森林、一座牧场、一道河流的。③

---

① [法]杜夫海纳:《美学与哲学》,孙非译,中国社会科学出版社1985年版,第33页。
② 参见[法]杜夫海纳:《文学批评与现象学》,载杜夫海纳:《美学与哲学》,孙非译,中国社会科学出版社1985年版。
③ [法]梅洛-庞蒂:《知觉现象学·前言》英文版。

海德格尔则强调人必须"出到自身之外去","回到无典可稽的起点"上去,因为"最初的'无典可稽'的东西,原不过是解说者即人类的不证自明的原初经验"。白瑞德对此曾作过详赡剖析,他指出:

> 在海德格尔看来,人与世界之间并没有隔着一个窗户,因此也不必像莱布尼兹那样隔着窗向外眺望。实际上,人就在世界中,并且与世界息息相关。故"现象"这个字——时至今日,这个词已经是所有欧洲语言中的日常用语——在希腊文里的意思是"彰显自己的事物"。所以,在海德格尔来讲,现象学的意义就是设法让事物替它自己发言。他说,唯有我们不强迫它穿上我们现成的狭窄的概念夹克,它才会向我们彰显它自己……照海德格尔的看法,我们之认识客体,并不是靠着征服式击败它,而是顺应其自然,同时让它彰显出它的实际状况。同理,我们自己的人类存在,在它最直接、最内部的微细差别里,将会彰显出它自己,只要我们有耳朵去聆听。①

这意味着,不是我思故我在,而是我审美故我在。它是人之为人的根本,也是人类根本的存在。人正是最为根本、最为源初、最为直接地生存在审美活动之中,才最终地成为人。当代美学对于审美方式的地位的关注,实际上是人类自身生存方式上的美学革命,是人类精神生命的自由、解放。道理很简单,"我思"只是在"我审美"的基础上,对人与世界的某一方面的描述、说明和规定。它并非人类生存本身,而只是人类生存的一种工具、手段。任何一种审美对象,与审美自我都禀赋着一种全面的、丰富的关系,一旦把它放在理性思维的层面上,不论"是什么",都是一种割裂、歪曲、单一的处理,都会导致全面的、丰富的关系的丧失。只有把"是什么"加上括号,根本就不关注它"是什么",而是直接回到主客同一的源初层面,审美对象才会真实显现出来,审美自我也才能在全面的、丰富的关系中体验到真实的生命存

---

① [美]白瑞德:《非理性的人》,彭镜禧译,黑龙江教育出版社1988年版,第216页。

在,体验到一种精神生命的自由、解放。正像杜夫海纳指出的:"我在认识世界之前就认出了世界,在我存在于世界之前,我又回到了世界。""我们不妨滑稽地模仿康德有关时间的一句名言,说:我在世界上,世界在我身上。""我出现在世界上,但好似在我的祖国。所以我能够赞成世界。里克尔,新的俄耳浦斯说:这里的存在就是辉煌。"①

§4. "欲不死,生于诗"②

其次,审美活动的根源之所以为越来越多的人所瞩目,还与近代以来人类生命的困境密切相关。

众所周知,以英美代表的现代化,直面的是自然的奴役、神的迷信、君主的专制,而它们所提倡的"科学""理性""民主"则恰好正是对于这三大奴役的破解。但是,在破解了这三大奴役之后,是否就有理由去控制自然、去遗弃神、去奴役他人?是否就不再需要重返"天地人神"共在的境地?是否就不要去关注自己在没有了彼岸庇护之后的被剥夺了的存在状态?

无疑,由于置身其中的缘故,英美等先发的现代化国家很难意识及此,同样的"最高价值的自行贬黜",在英美却不是被称之为"虚无主义",而只是被轻描淡写地称之为"无政府主义",就是例证。而一种本能的恐惧,却促使后发的德国、俄国、中国等禀赋深厚文化积淀的传统文明国家敏捷地意识到了世界现代化进程中的缺憾。抵制虚无主义以及对于自己所希望生活的救赎,则成为这三个后发国家的共同目标。

显然,当代社会所带来的巨大困惑更在于:人类精神生态的蜕化。就当代社会而言,人类遇到的困境主要是精神的。法国社会学家戴哈尔特·德·夏尔丹曾经设想过一个"精神圈",它意味着对世界的信仰,对世界中精神的信仰,对世界中精神不朽的信仰和对世界中不断增长的人格的信仰。

---

① [法]杜夫海纳:《美学与哲学》,孙非译,中国社会科学出版社1985年版,第26、33、50页。

② 本小节在本次再版中有所增补。

通过它可以达到"人类发展的巅峰"。① 卡西尔也指出:"人不再仅仅生活在一个单纯的物理宇宙之中,而是生活在一个符号宇宙之中……"②今道友信则断言:"人的生存原来是作为一种精神来确保自由和永生,去克服自己限定者的限定作用的。"③然而,在当代社会,"精神的失落""精神的蜕化""精神的失范",却成为令人痛心的现象。乔伊斯发现:"与文艺复兴运动一脉相承的物质主义,摧毁了人的精神功能,使人们无法进一步完善。""现代人征服了空间,征服了大地,征服了疾病,征服了愚昧,但是所有这些伟大的胜利,都只不过是在精神的熔炉里化为一滴泪水!"④贝塔朗菲指出:"简而言之,我们已经征服了世界,但是却在征途中的某个地方失去了灵魂。"⑤中国台湾诗人罗门也疾呼:"当那个被物质文明推动着的世界,日渐占领人类居住的任何地区,人类精神文明便面临了可怕的威胁与危机。……人不再去度过幽美的心灵生活,人失去精神上的古典与超越的力量,人只是猛奔在物欲世界中的一头文明的野兽。"⑥

正像本书已经一再分析的那样,近代以来改造自然推进文明的巨大胜利,把人类逼到无路可退的地步,成为一个"可怕的空虚":

　　一切都瓦解了
　　中心再也不能保持
　　只是一片混乱来到这个世界里

---

① [德]豪克:《绝望与信心》,李永平译,中国社会科学出版社1992年版,第213页。
② [德]卡西尔:《人论》,甘阳译,上海译文出版社1985年版,第33页。
③ [日]今道友信:《存在主义美学》,崔相录等译,辽宁人民出版社1987年版,第120页。
④ 乔伊斯,转引自《文艺复兴运动文学的普遍意义》,见《外国文学报道》1985年第6期。
⑤ [奥地利]贝塔朗菲、[美]拉威奥莱特:《人的系统观》,张志伟等译,华夏出版社1989年版,第19页。
⑥ 张汉良、萧萧:《现代诗导读·理论篇》,台湾故乡出版社1982年版,第49页。

这就是诗人叶芝唱出的忧伤。"难道不是你将月神拉下了马车,将树神赶出了森林,将尼芙仙女逐出溪流,还赶走了草地上的精灵和我在罗望子树下的梦?"这则是美国诗人爱伦·坡对近代以来改造自然推进文明的巨大胜利的抱怨。而伟大的思想家海德格尔则干脆把近代以来改造自然推进文明的巨大胜利称为"技术主义的行星时代",称为"世界的暗夜"。于是,人们失落在毫无根基的人与世界、人与自然、人与自我的分离状态之中,沉溺于理性崇拜、金钱崇拜、信息崇拜、数字崇拜、文凭崇拜、地位崇拜、分数崇拜……之中,结果,使自己越来越远离真实的生命存在,一步步坠入了消解的深渊。尤其是,从商品异化进而拓展到文化的异化,这样一个世纪转换使得文明的异化首次开始为全社会所关注。对于20世纪精神生产与消费的内在机制和文化异化的根本联系的深刻反省,更是迫在眉睫。可惜,令人震惊的是,即便如此,人们却仍旧沉浸在自欺欺人的光明行、安乐颂以及种种人为编织的美好的前景之中,某些学人更是自觉地充当着报喜不报忧的喜鹊的角色,甚至充当着盲目乐观的麻雀的角色。但是,为他们所未曾注意到的一个严峻事实却是,人类正拥挤在一艘非常狭窄的宇宙飞船中彼此相濡以沫,这,使得人类已经没有再犯错误的余地了。因此,全部的问题在于,我们如何为自己谨慎地选择一个未来。然而,正如人类在20世纪所遇到的发展机遇是空前的一样,人类在20世纪所遇到的生存困境同样也是空前的。为此,人类要为自己谨慎地选择一个未来,就必须从醉生梦死的安乐之梦中醒来。在这当中,跨世纪的一代学人更必须勇于充当报凶的乌鸦和啼血的杜鹃,为人类敲响报警的钟声。之所以如此,理由十分简单,人类的最大敌人,从来都是人类自己。人类的未来也取决于人类自己。正如杜牧在《阿房宫赋》中疾呼的:"灭六国者,六国也,非秦也;族秦者,秦也,非天下也。"

在这样的时刻,究竟是谁将成为使人站出来生存的救赎之星?究竟是谁将敢于拉开帷幔去窥视美杜莎的头而不惮于化作岩石?究竟是谁将成为挺身而出承担绝对责任、绝对自由的俄瑞斯特斯?难道不正是人们自己吗?既然是人单方面不负责任地扼杀了生命,那么,他就必须独自远征去领承再造生命的天命。一切取决于人们对人之为人的终极根据的笃信和祈祷,一切取决于用复苏的终极关怀来重新俯瞰人生,一切取决于每个人我行我素和义无反顾地固守圣洁的天国,一切取决于毅然终止无谓的聒噪并保持超然的沉默,一切取决于远离灵魂的猥琐而走进恰然澄明,这是人们迅速逃离困境的唯一途径。而这一切,不又统统要以重新理解"生命的存在与超越如何可能"作为辉煌起点,作为绝对尺度吗?而审美活动不也正因此而成为生命的核心和推动力量,因此而成为生命的再生之地和终极目标吗?

在这个意义上,鲍桑葵发现,西方近代哲学的崛起有两个原因,其中第一个,就是德国古典哲学对于美学问题的高度重视,①显然就意味深长。再联想伊格尔顿的发现:

> 任何仔细研究自启蒙运动以来的欧洲哲学史的人,都必定会对欧洲哲学非常重视美学问题这一点(尽管会问个为什么)留下深刻印象。
> 德国这份比重很大的文化遗产的影响已经远远地超出了国界;在整个现代欧洲,美学问题具有异乎寻常的顽固性,由此也引人坚持不断思索:情况为什么会是这样?
> 不是由于男人和女人突然领悟到画或诗的终极价值,美学才能在当代的知识的承继中起着如此突出的作用。②

我们不难意识到:正是从近代开始,"美学对占统治地位的意识形态形式提出了异常强有力的挑战,并提供了新的选择。"因此,伊格尔顿在他的著作中说:"本书倒是试图在美学范畴内找到一条通向现代欧洲思想某些中心问题的道路,以便从那个特定的角度出发,弄清更大范围内的社会、政治、伦理问题。"③

显然,众多的大思想家、大哲学家不约而同地走向美学,其实并无意建

---

① [英]鲍桑葵:《美学史》,张今译,广西师范大学出版社2001年版,151页。
② [英]伊格尔顿:《美学意识形态》导言,王杰等译,广西师范大学出版社1997年版。
③ [英]伊格尔顿:《美学意识形态》导言,王杰等译,广西师范大学出版社1997年版。

立美学学科,而是意在借助美学"找到一条通向现代欧洲思想某些中心问题的道路,以便从那个特定的角度出发,弄清更大范围内的社会、政治、伦理问题"。由此导致的美学繁荣其实只是无心插柳柳成荫而已,但是我们倘若从此就单纯搞起了美学,那无疑就恰恰把事情给完全弄反了。①

不妨看看他们的提示:

> 那些伟大的哲学家并不肩负着美学追求,他们并不想当构筑体系的建筑师。②

> 艺术情感有助于人们发现这些原本就存在于人类深层存在之中的人类存在的结构。③

> 美之所以为美,是因为它在一定的感觉材料之外,还"表现"某些东西,"告诉"我们某些东西,它意味着某种特别重要的东西,这种东西在客观现实的日常经验的内容中是没有的。④

> (美学)是关于诗意在人类生活中创造性角色的基本思考。⑤

这就是埃克伯特·法阿斯严厉批评传统美学的奥秘之所在:"艺术本身最终已经被一种非自然化的艺术理论毒害了,那种理论是由柏拉图,经过奥

---

① "形而上学的任务既不是在我们面前的现实中加入某些思考的东西,也不是用各种概念来构成现实,而是试图在自身中把握、显示和激发现实对我们而言所包含的最深刻的生命力。"([德]奥伊肯:《新人生哲学要义》,张源等译,中国城市出版社2002年版,第160页。)这个"最深刻的生命力"才是我们的美学所必须关注的。
② [英]波普尔:《通过知识获得解放》,李本正等译,中国美术出版社1996年版,第395页。
③ [德]盖格尔:《艺术的意味》,艾彦译,华夏出版社1999年版,第195页。
④ [俄]弗兰克:《实在与人》,李昭时译,浙江人民出版社2000年版,第71页。
⑤ [德]海德格尔:《诗·语言·思》,彭富春译,文化艺术出版社1990年版,第7页。

古斯丁、康德和黑格尔直到今天的哲学家们提出来的。"①海德格尔甚至要贬斥我们所谓的美学是"今日还借'美学'名义到处流行的东西",也是完全正确的。原来,美学的关于审美、关于艺术的思考亟待转型为关于人的思考。美学,其实是借美谈人,借花献佛,借鸡下蛋。美学,其实是通向人的世界、洞悉人性奥秘、澄清生命困惑、寻觅生命意义的一个最佳通道。美学对于审美与艺术的关注,也不是因为人们对于审美奥秘的兴趣,而是因为人们对于人类解放的兴趣,是人文关怀的体现。② 因为,借助于审美与艺术去进而启蒙人性,才是审美与艺术的美学的责无旁贷的天命,也是审美与艺术的价值承诺。

总之,人类曾经是以"神"的名义为人性的启蒙开路,也曾经是以"理性"的名义为人性的尊严呐喊,而现在,却是要以"美"的名义为人性的未来导航。

于是,人类终于发现:"任何进步,首先是道德、社会、政治、风俗和品行的进步。"③首先是人自身精神的进步,终于在安魂曲还没有响起的时刻,意识到了灵魂的充盈像物质的丰富一样值得珍惜,意识到了挚爱、温情、奉献、艺术和美同样是这个世界上不可须臾缺少的无价之宝,犹如阳光、空气和水分。为此,美国哈佛大学赖德勒断言:"当代社会的生存之战通常是情感的生存之战。"奈斯比特则在《大趋势》中大声疾呼着"高技术与高情感的平衡":无论何处都需要有补偿性的高情感,我们的社会里高技术越来越多,我们就希望高情感的环境。我们周围的高技术越多,就越需要人的高情感。④而台湾诗人罗门则在前边所引的文章中,进一步开出了通向"高情感"的救世良方:这一把被物质文明越扣越紧的"死锁",它的钥匙,便是"人内在的联想",唯有这把钥匙能将这把"死锁"打开,而这一把被物质文明抛弃的钥匙,我们说哲学家能找回它,我们更应该说那专为人类的联想世界工作的文学

---

① [加拿大]埃克伯特·法阿斯:《美学谱系学》,阎嘉译,商务印书馆2011年版,第25页。
② 因此,我在前面才一再强调:生命美学是"以探索生命的存在与超越为旨归的美学","追问的是审美活动与人类生存方式即生命的存在与超越如何可能这一根本问题"。
③ [意]奥尔利欧·佩奇:《世界的未来》,王肖萍、蔡荣生译,中国对外翻译出版公司1985年版,第65页。
④ [美]奈斯比特:《大趋势》,梅艳译,中国社会科学出版社1984年版,第56页。

家与艺术家,能找回它。那么,哲学家、文学家和艺术家所瞩目的"找回它"的工作是什么呢?正是审美活动!正如J-M.费里所预言的:"无足轻重的事件可能会决定时代的命运:美学原理,可能有一天会在现代化中发挥头等重要的历史作用;我们周围的环境可能有一天会由于'美学革命'而发生天翻地覆的变化……生态学以及与之有关的一切,预示着一种受美学理论支配的现代化新浪潮的出现。这些都是有关未来环境整体化的一种设想,而环境整体化不能靠应用科学知识或政治知识来实现,只能靠应用美学知识来实现。"①第三次浪潮就是一次精神危机。走向现代化过程中的中华民族同样面对着精神困惑、精神危机。如何予以解决,应该说,是中华民族所面临的一个巨大的挑战。E.拉兹洛曾预言说:"过了现在这段杂乱无章的过渡时期,人类可以指望进入一个更具承受力和更加公正的时代。那里,人类生态学将起关键作用。在人类生态学时代,重点将转移到非物质领域中的进步。这种进步将使生活的质量显著提高。"②"非物质领域中的进步"即精神发展中的困惑的解决,"这种进步将使生活的质量显著提高。"

中国古代诗人说:"欲不死,生于诗。"确实如此,而审美活动也正是因此才为越来越多的人所瞩目。③

§5. 虚无主义的世纪④

具体来说,正如罗马俱乐部在它的第一份报告中就已指出的:"人必须

---

① J-M.费里:《现代化与协调一致》,《神灵》1985年第5期。
② [美]拉兹洛:《即将来临的人类生态学时代》,《国外社会科学》1985年第10期。
③ 在这方面,美学自身存在着从"康德以后"到"尼采以后"的逻辑演进。"只有尼采为一种仍然有待阐述的新美学提供了一个总体的框架,事实上这个总体框架正通过当代科学家以及像我自己一样得益于他们的发现的批评家们的努力而出现。"([加拿大]埃克伯特·法阿斯:《美学谱系学》,阎嘉译,商务印书馆2011年,第34页。)兹事体大,而且涉及我所提出的生命美学的立足之本,详细内容请参看我的其他论述。
④ 本节以下,在本次的再版中根据我的论文《无神的时代,审美何为》,《东南学术》2017年第1期增补。

探索他自己——他的目标和价值——就像他力求改变这个世界一样,献身于这两项任务必然是无止境的。因此问题的关键,不仅在于人类是否会生存,更重要的问题在于人类能否避免陷入在毫无价值的状态中生存。"

然而,人类解放的道路是那样漫长而又艰难,甚至往往背道而驰。"颓废、抑郁、失落、空虚、缺乏值得信仰和值得奉献的东西,证明了人类有史以来的所有的传统价值系统的失败。"(弗洛姆)因为,一位敢于用锤子去面对人生的哲人已经为此大发感叹,他认为:今后的两个世纪将是虚无主义的世纪。

其中的原因无疑已经众所周知:当今之世,世界已经成年,也已经进入无神时代。

人类社会曾经是宗教价值主导、引导的宗教世界与科学价值主导、引导的科学世界,然后,还在20世纪,人类社会的发展就已经逐渐把世界挤出了千余年来精心构筑的伊甸乐园。哥白尼的日心说、达尔文的进化论、马克思的唯物史观、爱因斯坦的相对论、尼采的酒神哲学、弗洛伊德的无意识学说,分别从地球、人种、历史、时空、生命、自我等方面,把上帝、科学从神圣的宝座上拉了下来。"一切都四散了,"叶芝感叹而言,"再也保不住中心,世界上到处弥漫着一片混乱。"为此,他不惜在《基督重临》中预言:"无疑神的启示就要显灵,无疑基督就要重临。"然而这两个"无疑"透露出来的恰恰是"可疑"。

一切的一切都确实可疑。

"基督重临",无疑极为重要,也十分必须。这是因为,起码从历史的进程来看,现代历史的大门是被基督教开启的。我们知道,现代社会的崛起,与作为一种社会取向的价值选择、社会发展的动力选择密切相关。对此,学术界的普遍看法是:与"先基督教起来"密切相关。正是基督教的崛起,促成了为现代社会的崛起所必需的一个充分保证每个人都能够自由自在生活与发展的社会共同体的出现以及在这个共同体中的"一点两面"亦即自由与"在灵魂面前人人平等""在法律面前人人平等"的出现。可是,而今基督教却已经盛世不再。

然而,严峻的问题是,在消解了"非如此不可"的"沉重"之后,人类却又开始面对着"非如此不可"的"轻松":一方面消解了"人的自我异化的神圣形象"(马克思),另一方面却又面对着"非神圣形象中的自我异化"(马克思)。①这"非神圣形象中的自我异化",这(发展到极端的)"非如此不可"的"轻松",又成为20世纪文化所遗留给21世纪文化的文化癌症、文化艾滋病,也成为从20世纪文化开始的对于自由的放逐。而且,在"人的自我异化的神圣形象"时代,现实生活永远并非"就是如此",而是"并非如此"。对生活,它永远说"不",对理想,它却永远说"是"。在此意义上,世界、人生都犹如故事,重要的不在多长,而在多好。我们可以称之为:神圣文化。其根本特征,则是:"非如此不可"的"沉重"。然而,在"非神圣形象中的自我异化"时代,现实生活却永远不是"并非如此",而是"就是如此"。而且,对于生活,它永远说"是",对理想,它却永远说"不"。世界、人生都犹如故事,重要的不在多好,而在多长。这,就是它的坚定信念。我们可以称之为:物性文化。其根本特征,则是:"非如此不可"的"轻松"。

于是,当今之世,就开始从对于"神圣形象的自我异化"的批判进入了对于"非神圣形象的自我异化"的批判。也就是从对于宗教价值主导、引导的宗教世界批判转向对与科学价值主导、引导的科学世界的批判。作为"人的自我异化的神圣形象"的"神"的生存与作为"非神圣形象中的自我异化"的"虫"的生存都已经不复是人类的理想。就西方而言,不单单要走出异化为"神"的"神圣形象的自我异化",而且还要走出异化为"虫"的"非神圣形象中的自我异化",这,也就是要同时从"神"的生存、"虫"的生存回到"人"的生存。

在古老的中国,情况就更为复杂了。宗教的基因先天不足,这在中国是不争的事实;在几大古代文明中,古老的中国文化距"神"最远,这在中国也是不争的事实。当然,这一切都并不意味着中国就无路可走。在古老的中国文化之中,还毕竟幸存着宗教与神的生命基因,这就是"天"。因此,也还毕竟可以有所作为。而今,"天"却不幸而已经塌了!而今也已经没有了西方以基督教作为现代社会孕育而出的温床的特定条件。在西方,由于科学在当时的不发达,基督教的问世实在是适逢其时,因此不但得以独霸一时,

---

① 《马克思恩格斯选集》第1卷,人民出版社1995年版,第2页。

而且更以无可置疑的强势完成了现代社会的建构。现在,情况却全然不同。宗教的神秘以及它自身的魅力都已经被"祛魅",即便是在西方,"上帝"也已经从世界退出。按照西方学者的说法,现在"世界已经成年",因此,即便是西方的基督教信徒,在思考的也都已经是"非宗教的宗教建构",这样,我们哪怕是还想再去重走西方的借助宗教以建构现代社会的老路,都已经绝无可能。

这样看来,不但在西方"基督重临"十分可疑,而且,在中国,"基督降临"也十分可疑。

然而,倘若没有基督教,那么,那个为现代社会的崛起所必需的充分保证每个人都能够自由自在生活与发展的社会共同体又如何可能?在这个共同体中的"一点两面"亦即自由与"在灵魂面前人人平等""在法律面前人人平等"又如何可能?而且,倘若在西方还可以以它们业已脱胎而出作为慰藉,那么,在中国,每个人都能够自由自在生活与发展的社会共同体尚在建构之中,自由以及"在灵魂面前人人平等""在法律面前人人平等"也尚在建构之中,那么,又如何可能?

意识及此,在当代中国所普遍存在着的宗教呼唤以及宗教焦虑也就不难理解了。平心而论,这"呼唤"以及"焦虑",应该说都是于史有据,于理有据的。

然而,就现代社会的建构而言,在宗教与科学之外,也并非就无路可行。

以宗教为例,从西方现代社会的崛起来看,事实上,其中的重大推动作用,从表面看,是源于基督教,从深层看,却是源于在基督教背后所蕴含着的信仰。

如前所述,西方现代社会的崛起确实与"先基督教起来"直接相关,但是,这只是表面现象,面对西方现代社会的崛起,亟待引起我们关注的,其实不仅仅是基督教,还更应该是在基督教中所蕴含的"信仰"。因为西方现代社会崛起中的所谓"先基督教起来",其实却是因为要借此而"先信仰起来"。而这也就意味着,只要能够"先信仰起来",就一定能够先现代化起来。而且,更为重要的是,对于后发的现代社会而言,只要能够"先信仰起来",却又可以不必先"先基督教起来",显然,对于奔进在现代化征程中的全世界的非基督教国家与民族(例如中国),这,实在是一个生死攸关的启示。

具体来看,涂尔干指出:"宗教是一种与既与众不同又不可冒犯的神圣事物有关的信仰与仪轨所组成的统一体系,这些信仰与仪轨将所有信奉它们的人结合在一个被称为'教会'的道德共同体之内。"① 显然,在他看来,宗教应该区分为信仰、仪式、信徒三个因素。其中,"仪式、信徒"两者,可以称之为"宗教组织";"信仰",则可以称之为"宗教精神"。显然,对于"宗教组织"与"信仰"的区别异常重要。因为正是"信仰"的存在,才使得基督教得以真正"表达了神圣事物本质的表象"②,也真正得以"直接由心到心,由灵魂到灵魂,直接发生在人与上帝之间"。③

由此,往往简单否定基督教的对于西方现代社会的崛起的重大推动的人,不难意识到原来历史上对于基督教的批判主要是集中在"宗教组织"而并非"信仰"。例如,对于文艺复兴,马克思其实就已经提示过,它主要是"对教会的攻击"。④ 往往简单肯定基督教对于西方现代社会的崛起的重大推动的人,也不难意识到,原来在肯定基督教"信仰"的时候,其实也不必一并连基督教都肯定下来。

须知,信仰并不仅仅属于基督教,也并不仅仅属于宗教。人类是意义的动物,信仰则是对于人类借以安身立命的终极意义的孜孜以求。卡西尔指出:人类"被一个共同的纽带联结在一起",这个"共同纽带"就是终极意义,也就是"信仰"。⑤ 它是人类的本体论诉求、形而上学本性,也是人类的终极性存在,借用蒂利希的看法:它是"人类精神生活的深层"、"人类精神生活所

---

① [法]涂尔干:《宗教生活的基本形式》,渠东等译,上海人民出版社2006年版,第54页。
② [英]普理查德:《原始宗教理论》,孙尚扬译,商务印书馆2001年版,第67页。
③ [美]詹姆斯:《宗教经验种种》,尚新建译,华夏出版社2005年版,第17页。
④ 《马克思恩格斯全集》第7卷,人民出版社1960年版,第383页。
⑤ 参见[德]卡西尔:《人论》,甘阳译,上海译文出版社1985年版,第5页。

有机能的基础"。①

　　从表面看,宗教似乎只是对某种超自然力量的孜孜以求,但是,真正的宗教,却必须是对超自然力量背后的人类借以安身立命的终极价值的孜孜以求。这就是宗教的"**本体论诉求与形而上学本性**",宗教也因此而与人类的信仰息息相通。所以,黑格尔才会时时提示着宗教中的所谓"庙里的神",②因此,宗教同样具备着人类的本体论诉求与形而上学本性。正如蒂利希曾郑重提示的:宗教是文化的一个维度,而不仅是一个方面。这里的"宗教",其实就是指的宗教背后的"信仰"。这是因为,不是宗教缔造了人,而是人缔造了宗教。宗教的本质无疑也就是人的本质。因而人的超越本性应该也就是宗教的超越本性。而宗教对于人性中的神性的强调,则恰恰是对于人自身中超出自然的部分亦即超越本性的部分的强调。这个部分,当然也就是人类的本体论诉求与形而上学本性。无疑,正是这个"本体论诉求与形而上学本性",使得宗教不但应该蕴含"仪式、信徒",而且还应该遥遥指向"信仰"。

　　换言之,在所追求的超自然力量的背后,宗教还隐现着对于人类借以安身立命的终极价值的追求。它起源于对人的"有限性"之克服和超越的"领悟无限的主观才能","它使人感到有无限者的存在",③这也就是麦克斯·缪勒所揭示的宗教所蕴涵的信仰内涵——"领悟无限",或者斯特伦所揭示的"终极实体":"在宗教意义中,终极实体意味一个人所能认识到的、最富有理解性的源泉和必然性。它是人们所能认识到的最高价值,并构成人们赖以生活的支柱和动力。"④由此,人类的"何以来,何以在,何以归",人类的心有所安、命有所系、灵有所宁、魂有所归,都因此而得以解决。

　　而基督教的对于社会崛起的重大推动作用,也恰恰就在于此。这就犹

---

① ［德］蒂利希:《文化神学》,陈新权等译,工人出版社1988年版,第9页。
② ［德］黑格尔:《逻辑学》上卷,杨一之译,商务印书馆1974年版,第2页。
③ ［英］麦克斯·缪勒:《宗教学导论》,陈观胜等译,上海人民出版社1989年版,第11页。
④ ［美］斯特伦:《人与神:宗教生活的理解》,金泽等译,上海人民出版社1992年版,第3页。

如西方人类学家瓦茨剖析的:"要衡量一个民族的文明程度,几乎没有比这更可靠的信号和标准的了——那就是看这个民族是否达到了这一程度,纯粹的道德命令是否得到了宗教的支持,并与它的宗教生活交织在一起。"①而西方现代社会的崛起,无疑也因为它"得到了宗教的支持,并与它的宗教生活交织在一起"。例如,基督教所带来的,就恰恰是"新信仰的力量"。②

遗憾的是,对此,众多研究者却往往习焉不察。因此才一味祈求"基督再临"或者"基督降临"。其实,我们亟需的并不是基督教(也包括其他宗教),而只是信仰。

换言之,现代社会的崛起,必须一个充分保证每个人都能够自由自在生活与发展的社会共同体的出现,也必须在这个共同体中的"一点两面"亦即自由与"在灵魂面前人人平等""在法律面前人人平等"的出现,但是,推动这一切的出现的,在过去,是间接地借助于基督教,在现在,却可以直接地借助于信仰。

而且,这信仰可以是宗教的,也可以是非宗教的;可以是有神的,也可以是无神的。

总之,可以"无神论",但是,却不可以"无信仰"。

由此,也许我们就可以深刻理解为什么西方哲学家休谟不惜把没有信仰的人比作禽兽,为什么西方思想家托克维尔不惜把没有信仰的人比作奴隶的原因之所在。当然,也就可以深刻理解为什么康德要大声疾呼必须批判知识并为信仰留出地盘的原因之所在。

§6. 信仰如何可能

然而,信仰固然极为重要,但是,它又如何可能?

人类进入信仰的方式,比较常见也比较有效的,当然是宗教。这是为宗教的身心合一的践行方式所决定的,也是为历史所已经证实的。然而,如前

---

① 瓦茨。转引自[德]包尔生:《伦理学体系》,中国社会科学出版社1988年版,第355页。
② [英]汤因比:《历史研究》(上),曹未风译,上海人民出版社1997年版,第160页。

所述,进入无神时代,宗教与信仰之间的"强相关"却已经逐渐转换为了"弱相关"(但是,也并不是"不相关")。那么,人类进入信仰的方式何在?毋庸讳言,众多的学人都因此而非常悲观。认为在人类的前面即将来临的,必将是一个"虚无的时代"。这就是所谓的科学时代。然而,正如西方人常说的,上帝在为人类关上一扇门的时候,也必然会为人类打开一扇窗。在人类进入信仰的方式的问题上也是如此。在"有神的信仰"淡出之后,"无神的信仰"也依旧可能。

这是因为,按照以黑格尔为代表的学术界的普遍看法,组成人类的信仰领域的,并不仅仅是宗教,在宗教之外,还有哲学、审美与艺术。这也就是说,在无神时代,要走向无神的信仰,借助于哲学与审美、艺术,无疑也完全可能。

何况,在"无神的信仰"的时代,哲学、审美、艺术与信仰的关系,也已经从"弱相关"转为了"强相关"。

这当然是由于世界的成熟。所谓信仰,是指的对于人类借以安身立命的终极价值的孜孜以求。在信仰的维度,人类面对的是在生活里没有而又必须有的至大、至深、至玄的人类生存的东西。它必须是具备普遍适用性的,即不仅必须适用于部分人,而且必须适用于所有人,也必须是具有普遍永恒性的。它又必须是人类生存中的亟待恪守的东西,是信念之中的信念,也是信念之上的信念,这就是:"人是目的。"在此意义上,信仰之为信仰,也就是对于以人作为终极价值的固守,并且以之作为先于一切、高于一切、重于一切也涵盖一切的世界之"本"、价值之"本"、人生之"本"。毫无疑问,如此之信仰,在人类之初,还只能主要地借助于宗教的温床去加以培养,而且最好是借助于一神教的温床,哲学与艺术,暂时还只是一种辅助的推动力量,尽管也必不可少。但是,在人类成年以后,信仰的逐步成熟,已经使得它完全可以被移花接木,被完整地移植到哲学与艺术的温床上去继续培养。

例如哲学。在哲学之中,原本就存在着一种信仰与哲学之间的深刻的内在关联,并且完全能够将从宗教中以"启示"的方式孵化而出的深刻思想转而在哲学的追问中予以发扬光大。例如,中世纪以后,全部的西方哲学,究其根本而言,无非也就是把从基督教的启示真理给予人类的感悟转换为哲学的非启示真理转换为理性的思考。像康德,他曾经自述自己的哲学所亟待思考的三大问题是:我能认识什么?我应做什么?我希望什么?众所周知,这也就是他的哲学的三大批判的主题。当然,倘若转换为基督教的语言,那也可以说,他所讨论的问题无非是:"上帝(自由)"是无法认识的(《纯粹理性批判》),但是必须去相信"上帝"(自由)的存在(《实践理性批判》),并且希望借助审美直观,让"上帝"(自由)直接呈现出来(《判断力批判》)。

众所周知,对此,雅斯贝斯称之为"哲学信仰"。这是无神的信仰,是有信仰的思想,也是有思想的信仰,但却不是"以哲学代宗教",而是"以哲学促信仰"。当然,这必然意味着哲学本身的内在转型,意味着从追求真理转向追求自由。能够为已经成年的世界做出自己的贡献的哲学应该是净化灵魂、纯化精神的哲学,应该是对于作为绝对者的存在的言说的哲学,也应该是关注灵魂不朽的哲学,以及在自由中呈现存在、守护存在的哲学。

在中国也如此,尽管在中国佛教等诸多宗教都是积极推动了社会进步的,也都是有益于信仰建设的,但是,有鉴于中国的实际情况,尽管宗教感不强,但是却有自己独立的哲学,这无疑与犹太民族就完全不同;同时,中国又宗教与哲学不分,这无疑又与西方的宗教与哲学鲜明二分截然不同;因此,"以哲学促信仰",起码在中国的信仰建构中,就特别切实可行。

其次,就要谈到审美与艺术。

在中国,尽管没有宗教传统,但是却有美学传统。也因此,在信仰的建构中,艺术的作用、审美的作用就特别突出。

这是因为,与实践活动的通过非我的世界来见证自己因此在非我的世界中也只能见证自己的没有超越必然王国的本质力量、有限的本质力量不同,审美活动亟待完成的,却是见证人类理想的本质力量。而要做到这一点,审美活动亟待去做的,就无疑只能为了见证自我而创造非我的世界——而且,还必须把这个非我的世界就看作自我。换言之,审美活动只能主动地在想象中构造一个外在的对象,并且借此呈现人对世界的全面理解,展示人之为人的理想自我,然后,再加以认领。这样,审美活动就因为在创造一个非我的世界的过程中显示出了自己所禀赋的"人是目的"的全部丰富性而愉悦,同时,也因为在那个自己所创造的非我的世界中体悟到了自己所禀赋的"人是目的"的全部丰富性而愉悦。结果,审美活动因此而成为人之为人的自由的体验,美,则因此而成为人之为人的自由的境界。由此,人之为人的无限之维得以充分敞开,人之为人的终极根据也得以充分敞开,最终,审美活动的全部奥秘也就同样得以充分敞开。

例如,马克思指出,"假定人就是人,而人同世界的关系是一种人的关系,那么你就只能用爱来交换爱,只能用信任来交换信任,等等。"①无疑,这也就是审美活动的假定。在审美活动中,必须"假定人就是人",必须从"人就是人""人同世界的关系是一种人的关系""只能用爱来交换爱,只能用信任来交换信任"的角度去看待外在世界,当然,这样一来,也就必然从自己所禀赋的人的意义、人的未来、人的理想、人所向往的一切的角度去看待外在世界。于是,"人是目的"的出场也就势在必然。因为所谓"人是目的",无非也就是"人就是人""人同世界的关系是一种人的关系""只能用爱来交换爱,只能用信任来交换信任",无非也就蕴含着自己所禀赋的人的意义、人的未来、人的理想、人所向往的一切。无疑,这一切也都是审美活动的根本内涵。

因此,审美活动在人类进入信念的方式中,就意义特别重大。

首先,审美活动是对于人类固守"人是目的"的激励。既然人类在审美活动中把自我变成了对象,变成了自己可以看到也可以感觉到的东西,无疑,其中首先就应该是把人类对于"人是目的"固守变成对象,变成自己可以看到也可以感觉到的东西,并且以之作为自己为之生、为之死的根本目标。其次,审美活动又是人类拒绝固守"人是目的"的鞭策。众所周知,尽管我们期望自己"尽力做到像人那样为人生活",但是,事实上这却毕竟只是理想,现实的状况是:我们偏偏未能固守"人是目的"。正如帕斯卡尔说过:"人既不是天使,又不是禽兽;但不幸就在于想表现为天使的人却表现为禽兽。"②确实,人类不但有在精神上站立的光荣,而且也有精神上爬行的耻辱。而审

---

① 《马克思恩格斯全集》第 42 卷,人民出版社 1979 年版,112 页。
② 帕斯卡尔:《思想录》,何兆武译,商务印书馆 1985 年版,161 页。

美活动之为审美活动的可贵之处就在于:它不但见证着我们距离在精神上的站立有多近,而且更见证着我们距离在精神上的站立有多远。就后者而言,西方哲学家雅斯贝斯说过:"世界诚然是充满了无辜的毁灭。暗藏的恶作孽看不见摸不着,没有人听见,世上也没有哪个法院了解这些(比如说在城堡的地堡里一个人孤独地被折磨至死)。人们作为烈士死去,却又不成为烈士,只要无人做证,永远不为人所知。"①这个时刻,或许人类再一次体验到了亚当夏娃的那种一丝不挂的恐惧与耻辱,然而,审美活动却必须去做证。它犹如一面灵魂之镜,让人类在其中看到了自己灵魂的丑陋。

因此,作为人的自我的对象化的感性显现,作为一种以可感的形式使心灵成为对象的生命活动,审美活动指引着生命又发现着生命,确证着生命也提升着生命,享受着生命更丰富着生命……并且,因此而得以塑造着人类的"以人为终极价值"的灵魂,也塑造着人类的"人是目的"的最高生命。而这当然也就是信仰之为信仰的实现。

美学家经常迷惑不解:为什么在美感中情感的自我实现能成为其他心理需要的自我实现的核心或替代物呢?为什么在美感中情感需要能够体现各种心理需要呢?为什么美感既不能吃又不能穿更不能用,但人类却把它作为永恒的追求对象?其实,原因就在这里。有一句著名的广告语声称:人类失去联想,世界将会怎样?我们更可以说:人类失去审美,世界将会怎样?试想,一旦没有了审美,人类还是人类吗?显然,缺乏美感,将导致人类精神贫血,也必将是人类精神萎弱的象征。在人类生命进程中,是人类选择了美感,正是在美感中,人类才找到了自己。也因此,审美影响的不是人的生命的存在,而是人的生命的质量。何况,在审美中,人类还意外地发现了平等、自由、正义等价值的更加重要,更加值得珍贵。于是,人类也就不再可能回过头来重新置身那些低级的和低俗的东西之中。借此,人类被有效地从动

---

① 雅斯贝斯:《悲剧知识》,转引自《人类审美困境中的审美精神》,刘小枫编,知识出版社1994年版,457页。

物的生命中剥离出来,并且通过重返自由存在来"把肉体的人按到地上",①"来建立自己人类的尊严"。②

反之,莱因在《经验政治学》一书中指出:没有什么可怕的。这话最使人放心,也最令人恐惧。确实,在某些人看来:上帝死了,我们就可以无所不为!但是,在无神的时代,我们就真的可以无所不为了吗?当然,倘若以为上帝之死就是人类之死,那自然就会无所畏惧。可是倘若知道上帝之死并不是人类之死,而是人类之新生,是人类必须挺身而出为自己负起应有的责任,那就必然进而知道:人的绝对尊严、绝对权利、绝对选择、绝对责任,都是绝对不可以亵渎,也都是绝对不可以须臾放弃的。孔子说:"君子有三畏,畏天命,畏大人,畏圣人之言。"孟子说:"人不可以无耻。""耻之于人大矣!为机变之巧者,无所用耻焉。"中国人也常说:"士可杀不可辱。"这里的"畏""知耻""不可辱",就是人类之为人类的底线,也是人类之为人类的"怕"。康·帕乌斯托夫斯基在著名的《金玫瑰》一书中讲道:他曾为蒲宁的《轻轻的气息》而深深感动,并且赞叹说:"它不是小说,而是启迪,是充满了怕和爱的生活本身。"由此,他宣称,正是通过这篇小说,"我第一次彻底地理解了何谓艺术,以及艺术有多么崇高的、永恒的感染力。"③在审美之中,人类所捍卫的,正是这样的"充满了怕和爱的生活本身"。审美的"崇高的、永恒的感染力",也恰恰就在这里。

终其一生,陀思妥耶夫斯基会念念不忘要培养起自己的"花园":"地上有许多东西我们还是茫然无知的,但幸而上帝还赐予了我们一种宝贵而神秘的感觉,就是我们和另一世界、上天的崇高世界有着血肉的联系,我们的思想和情感的根子就本不是在这里,而是在另外的世界里。哲学家们说,在地上无法理解事物的本质,就是这个缘故。上帝从另外的世界取来种子,播

---

① [德]席勒:《论崇高Ⅱ》,《席勒散文选》,张玉能译,百花文艺出版社1997年版,第99—103页。
② [德]康德:《论优美感和崇高感》,何兆武译,商务印书馆2001年版,第3页。
③ [俄]康·帕乌斯托夫斯基:《金玫瑰》,戴骢译,百花文艺出版社1987年版,第291页。

在地上,培育了他的花园,一切可以长成的东西全都长成了,但是长起来的东西是完全依靠和神秘的另一个世界密切相连的感觉而生存的。假使这种感觉在你的心上微弱下去,或者逐渐消灭,那么你心中所长成的一切也将会逐渐灭亡。于是你就会对生活变得冷漠,甚至仇恨。"[1]由上所述,我们不难恍然大悟:这实在是一生都在思考上帝之后人类将何去何从的陀思妥耶夫斯基作为先知先觉者的睿智。其实,这培养起自己的"花园"也就是培养自己的信仰,陀思妥耶夫斯基所发现的,正是在无神时代进入无神信仰中审美活动所肩负的重大使命。

§7. 审美观念的根本转换

然而,意识到了在无神时代进入无神信仰中审美活动所肩负的重大使命,还仍旧不是困惑的结束,而恰恰是一个更为艰难的困惑的开始。

这是因为,我们势必还面临着审美观念的根本转换。

如前所述,中国是一个没有宗教传统的古国,但是又是一个具有美学传统的古国。也因此,一旦意识到在无神时代进入无神信仰中审美活动所肩负的重大使命,众多的学者都立即想当然地认定,这无疑正是中国的优势之所在。早在一百年前,也已经有著名学者喊出了"以美育代宗教"的口号,而且,这口号还迅即在中国风行起来,直到今天。可惜,不要说美育是无法取代宗教的,而只能够与宗教一同去促进信仰,而且,何谓审美?何谓美育?还更是亟待重新思考的。

这是因为,在中国,传统的审美观尽管价值重大,但是,却根本无助于进入信仰。

1918年4月在柏林物理学会举办的麦克斯·普朗克六十岁生日庆祝会上,爱因斯坦曾经做过一个很有哲学意味的判断,他把人们进入科学与艺术的动机区分为:消极的与积极的。消极的动机是"逃避的",他说:"把人们引

---

[1] [俄]陀思妥耶夫斯基:《卡拉马佐夫兄弟》,耿济之译,人民文学出版社1981年版,第479页。

向艺术和科学的最强烈的动机之一,是要逃避日常生活中令人厌恶的粗俗和使人绝望的沉闷,是要摆脱人们自己反复无常的欲望的桎梏。一个修养有素的人总是渴望逃避个人生活而进入客观知觉和思维的世界。"而积极的动机则是"介入的":"人们总想以最适当的方式来画出一幅简化的和易领悟的世界图像,于是他就试图用他的这种世界体系(cosmos)来代替经验的世界,并来征服它。"①

显然,这是一个意义重大的美学贡献。

当然,就人类的审美而言,不论是消极的还是积极的,都无疑是有价值也是有意义的。但是,对于进入信仰而言,却唯独积极的审美动机才是有价值的和有意义的。

审美为人类提供的,是一种象征化的神圣体系。按照马斯洛的提示,应该是为人类提供一种"优心态文化"。可是,所谓的"神圣"与"优心态"又并不相同。还存在现实关怀与终极关怀之分。现实关怀,涉及的只是现实目标的实现。与终极关怀相关的"神圣"与"优心态",按照卡西尔的说法,则"与其说是一种单纯的期望,不如说已变成了人类生活的一个绝对命令。并且这个绝对命令远远超出了人的直接实践需要的范围——在它的最高形式中它超出了人的经验生活的范围。这是人的符号化的未来。"②而且,与现实目标的实现相比,它是"智慧的范围",而现实目标的实现则是"精明的范围",它是"绝对命令",而现实目标的实现则是"远见";它是预言、允诺,而现实目标的实现则是预告、预示。

换言之,积极的审美与"人是目的"密切相关。这是人类从终极关怀的角度为自身所建构的"神圣"与"优心态"。它不能作为人间天堂,也不能作为现实目标,永远也不能彻底地实现于人生的当下之中,只能存在于遥不可及的未来,只是关注人生痛苦的参照系,意在激发人们对现实的不满,但因此它也就永远地吸引着人走向更美好的未来、更完满的人格。歌德指出:

---

① 参见《爱因斯坦文集》,第1卷,许良英等编译,商务印书馆1976年版。
② [德]卡西尔:《人论》,甘阳译,上海译文出版社1985年版,第70页。

"生活在理想世界,也就是要把不可能的东西当作仿佛是可能的东西来对待。"①萨瓦托也认为:"人总是艰难地构造那些无法理解的幻想,因为这样,他才能从中得到体现。人所以追求永恒,因为他总得失去;人所以渴望完美,因为他有缺陷;人所以渴望纯洁,因为他易于堕落。"②无疑,这是"只有'人'才独能具有美的理想,像人类尽在他的人格里面那样;他作为睿智,能在世界一切事物中独具完满性的理想"。③ 至于积极的审美,则可以被认为是这一理想的象征性的实现。

遗憾的是,迄至目前为止,我们还必须说,我们的美学还停留在消极的审美的水平上。从表面看,美学研究的是美、审美与艺术,应该是学界的共识。但是,由于没有意识到现实关怀与终极关怀的根本差异,因而,长期以来都是在审美与人类现实生活之间关系的层面上打转。后来实践美学发现了其中的缺憾,也只是进而把人类现实生活深化为人类实践活动,仅仅避免了审美的成为抽象的意识范畴的隐患,但是,却仍旧没有避免审美的独立价值这一根本问题。把非功利作为审美的核心,视美为实践活动积淀下的"有意味的形式",片面强调"悦耳悦目""悦心悦意""悦志悦神"等为实践活动、道德活动等的"愉悦",作为社会生活的认识或者作为内在情感的传达,把艺术之美降低为工艺之美……总之,是把审美看作现实生活的满足于现实目标的实现。其结果,就是审美成为趣味,成为陶冶,成为宣泄。因此,尽管仍旧可以被称为审美,但是却只是消极的审美,更根本无助于人类的进入信仰。

显然,要进入信仰,就必须从消极的审美转向积极的审美。然而,这也并不容易。因为积极的审美涉及的是精神的世界,犹如三维空间中的存在,消极的审美涉及的是现实的世界,只属于二维平面中的存在。从二维空间向三维空间的过渡,绝对不可能一蹴而就。

---

① 转引自[德]卡西尔:《人论》,甘阳译,上海译文出版社2013年版,第77页。
② [阿根廷]萨瓦托:《英雄与坟墓》,申宝楼等译,云南人民出版社1993年版,第59页。
③ [德]康德:《判断力批判》上卷,宗白华译,商务印书馆1964年版,第71页。

为此,目前亟待完成的,是两个根本的美学转换。

首先,是在审美的一般本性的层面。

在这个层面,生命超越是把握审美的一般本性的钥匙。但是,由于维系于客体的人类现实生活与维系于主体的人类精神生活,以及现实维度、现实关怀与超越维度、终极关怀始终混淆不分,因此,对于审美活动的认识,往往也就始终停留在"悦耳悦目""悦心悦意""悦志悦神"的为实践活动、道德活动等而"悦"的层面,对于审美活动的本体属性,却始终未能深刻把握。然而,只要从维系于主体的人类精神生活以及终极关怀的层面出发,就不难发现,过去每每只注意到审美活动的非功利性,是何等的谬误。而且,由于错误地将审美活动置身于它所不该置身的现实关怀层面,结果,作为审美活动的本体属性的人的自由存在从未进入视野,进入的,仅仅只是作为第二性的角色存在(例如,主体角色的存在),因此,在审美活动中,自由偏偏是缺失的。人是目的、人的终极价值以及人的不可让渡不可放弃的绝对尊严、终极意义也是缺失的。

事实上,置身审美之中的人的存在,只能够是自由的存在。这是因为,从维系于主体的人类精神生活以及终极关怀的层面出发,每个人都不再经过任何中介地与绝对、神圣照面,每个人都是首先与绝对、神圣相关,然后才是与他人相关,每个人都是以自己与绝对、神圣之间的关系作为与他人之间关系的前提,于是,也就顺理成章地导致了人类生命意识的幡然觉醒。人类内在的神性,也就是无限性,第一次被挖掘出来。每个人都是生而自由的,因而每个人自己就是他自己的存在的目的本身,也是从他自身展开自己的生活的,自身就是自己存在的理由或根据;也因此,他只以自身作为自己存在的根据,而不需要任何其他存在者作为自己存在的根据。于是,人也就如同神一样,先天地禀赋了自由的能力。所以,人有(存在于)未来,而动物没有,动物无法存在于未来;人有(存在于)时间,而动物没有,动物无法存在于时间;人有(存在于)历史,动物也没有,动物无法存在于历史;人有(存在于)意识,动物也没有,动物无法存在于意识。这样,人与理想的直接对应使得人不再存在于自然本性,而是存在于超越本性;不再存在于有限,而是存在于无限；不再存在于过去，而是存在于未来。于是，人永远高出于自己，永远是自己所不是而不是自己之所是。

而审美之为审美，也就势必孜孜以求于借助追问自由问题而殊死维护人之为人的不可让渡的无上权利、至尊责任这一唯一前提，人之为人从各种功利角色、功利关系中抽身而出，从关系世界中抽身而出，不再受无数他者的限制，不再是角色中、关系中的自己，而成为自由的自己、无角色无关系的自己。自由也居于优先的、领先的位置，每一个人也因此而真正获得精神上的自由和灵魂得救的自主权。因此，也就走向了积极的审美，并且以自由作为核心，以守护"自由存在"并追问"自由存在"作为根本追求，以尊重和维护每一个体的自由存在，尊重和维护每一个体的唯一性和绝对性，尊重和维护每一个体的绝对价值、绝对尊严作为自身使命。

其次，是在审美的特殊本性的层面。

在这个层面，意象呈现是把握审美的特殊本性的钥匙。可是，我们的美学却往往只关注到人类的现实生活，也只把审美维系于客体，维系于现实，所谓审美，无非就是现实的形象化、思想的形象化、真理的形象化，所谓美也无非就是现实生活的简单转移、位移，现实生活的反映，是现实的异质同构甚至图解，是符号性存在，也是"观物以取象"的结果，因此，完全可以去透过现象看本质，去直接关注符号背后的意义和内容。由此，进入信仰的自身使命自然也就根本无从谈起。

然而，这仅仅只是消极的审美。倘若从积极的审美出发，一切却完全不同了。因为，此时审美之为审美已经转换为一种意象呈现。这"意象呈现"，是意象建构的意思，也就是说，它并不是客体的意义的"再现"，也不是主体的情感的"表现"，而是客体形象对自由生命的建构。人们都熟知黑格尔把艺术的特殊本性规定为"感性直观的思"，而把宗教与哲学两者的特殊本性规定为"超验表象的思""纯粹的思"。可是，何谓"感性直观的思"，却始终没有人能够解释清楚。其实，在我看来，就应该是"意象呈现"，也就是：外在意象对自由生命的建构。

这意味着，所谓的审美关系，其实完全是一种独立的关系形态，也是自由的存在形态。它把审美维系于主体,维系于精神生活,是由客体形象与自由生命之间所形成的一种关系。在其中,仅仅保留形式自身的与自由生命密切相关的表现性一面。现实生活之所以进入审美,也已经不是与现实生活之间的异质同构,而是与精神生活之间的异质同构。它的反映现实生活,也不是为了达到对于现实的认识,而是为了引发体验,为了表现自由生命,是为精神空间的打造而服务。

换言之,审美的意象呈现,是将人类的精神生活凸显而出,也将人之为人的无限本质和内在神性凸显而出,生命的精神之美、灵魂之美,被从肉体中剥离出来。它是生命的第二自然,也是生命的终极意义、根本意义。于是乎,审美只是人类精神生命的象征与呈现。它是借酒浇愁、借花献佛,也就是借现实生活之"酒"浇精神生活之"愁",或者借现实生活之"花"献精神生活之"佛"。现实生活之所以被引入审美,其实不是因为它的重要,而是因为精神生活的无法言喻。而且,也已经是现实生活的提纯、转换。同样,审美的真正价值也不在于它的认识与反映,而在于它的象征与呈现,在于它对于无法言喻的精神生活的象征与呈现,在于它的借用现实生活去塑造的精神王国。中国美学反复强调的"象外之境""言外之意",其不朽的美学贡献也就在这里。"象外"的"境"、"言外"的"意",强调的就是精神之花、本体性存在,它告诉我们,其中,内容与形式是完全同一的,甚至,内容就是形式,形式也就是内容。或者说,内容已经完全转化为形式。而在形式之外则一无所有。于是,特定的形式,也就成为特定生命的自由表现,成为人类特定精神生活的自由表现。审美的"独立之位置""独立之价值",也就在于:它是通过"象外"的"境"、"言外"的"意"的对于生命的自由表现、对于人类精神生活的自由表现,亦即客体形象对自由生命的表现。这正是审美的奥秘之所在,也是审美与人类的内在关联之所在。审美,因此而成为人类的特殊存在方式。

§8. 以审美促信仰

弄清了审美的真实含义,也就不难弄清审美何以能够走向信仰。

仍旧以宗教尤其是基督教为例。事实上,基督教的得以走向信仰,与它所实现的一种内在的生命根本转换有关。西方学者斯特伦指出:"根本转换,是指人们从陷于一般存在的困扰(罪过、无知)中,彻底地转变为能够在最深的层次上,妥善地处理这些困扰的生活境界。这种驾驭生活的能力使人们体验到一种最可信和最深刻的精神实体。"①这就是说,在基督教看来,"从陷于一般存在的困扰(罪过、无知)中",往往能够推动当事人进入宗教之门,也就是所谓的天国,或者说,往往能够推动当事人走向信仰。

无疑,在西方的基督教中所实现的生命的"根本转换"实在是人类生命的"化蛹为蝶",在我看来,它实在是一种神奇。由此起步,宗教才第一次真正得以走向了信仰。

然而,要真正地深刻把握这一神奇,却要从对于基督教自身所实现的从多神教向一神教的深刻转换的这一核心入手。

在基督教之外,世界上的诸多宗教(包括佛教)多是多神教。无疑,多神教的根本缺憾是明显的。多神,意味着在思想的层面还没有能够形成一种统摄一切的力度与高度,这样一来,往往就会形成多种标准、多种力量。其结果,则是现实关怀眼光的形成。首先,多神的相对存在与彼此功能的有限,必然使得宗教自身成为功利的。人与神之间往往会成为一场交易。需要的时候,祭祀之,不需要了,则不祭祀之,或者转而祭祀它神。如此地灵活,一切的原则无疑也就会被置之脑后。其次,多神所形成的世界虽然被号称为有机宇宙,有限的无限,无限的有限,因此而有了希腊所谓的"家园感",形成了希腊的美的宗教、富于人性的宗教以及"爱美的人",也因此而有了中国的"天人合一"与"逍遥游",但是,却也很容易导致人类的牺牲自己,与天地万物为伍。孙悟空的七十二变,庄子的不知道自己是蝴蝶还是人,都曾经被赞美,可是,如果从深层的角度去思考,却不得不说,这无疑会引诱人类忘记自己的本性甚至会去向动物学习。须知,人一旦不能独立存在,就会被命运支配(这就是古希腊命运悲剧的来源)。最后,多神必然导致诸神的权能

---

① [美]斯特伦:《人与神:宗教生活的理解》,金泽等译,上海人民出版社1991年版,第2页。

都十分有限,导致神与神之间的争斗。可是,倘若连诸神自身都难保,那又怎么给人类以鼓舞?"人生不如意事常八九",那么,一个更加合乎人性的光辉未来又在哪里?于是,受苦没有了意义;爱,也无法长久。无论受苦还是爱,都要靠个体的人格来支撑。最终,既然诸神都无法给我们一个更加合乎人性的光辉未来,那也就只好向它们去祈求多子、多福、免灾、晋升等的福利了。

例如,中国人对于"陷于一般存在的困扰(罪过、无知)"的漠视显然就与多神教背景有关。从现实关怀眼光出发,又怎么能够承认"陷于一般存在的困扰(罪过、无知)"的存在,更不要说去毅然直面了,同样地,从现实关怀的眼光出发,则一切都要靠个体的人格来支撑,可是,这又如何可能?如此一来,受苦还有什么意义?爱,又如何长久?也因此,要中国人在"陷于一般存在的困扰(罪过、无知)"之时去为爱转身、为信仰转身,去实现"根本转换"与化蛹为蝶,那全然就是荒诞的天方夜谭!

然而,一神教就截然不同。一神教,意味着一种统摄一切的力度与高度的出现,更意味着终极关怀眼光的出现。

以基督教为例,作为一神教,基督教沿袭犹太教与天主教而来,但是又远为深刻。犹太教的精髓就在于一神崇拜,它提倡的是唯一神,因此,它才能够将散布各地的犹太人在精神上凝聚起来。"原罪",可以让历经不幸的犹太人能够对自己有个交代;"选民",更是让犹太人的未来有了保障。因此信仰也就成为犹太民族历久弥坚的财富。犹太民族的坚忍不拔、犹太民族的强大凝聚力,都可以从这里得到解释。

基督教的起步也由此开始,不过,却又在此基础上做出根本转换。它坚持了一神教的优点,但是把选民变成了"上帝面前人人平等",这就使得追随者从犹太民族扩展到了所有人,遥遥开启了现代"自由、平等、博爱"的源头。"原罪"也被大大拓展。犹太教也关注原罪,但是更看重亚伯拉罕与上帝之间的签约。可是,一旦认定自己是上帝的选民,那也就不会热衷于灵魂的问题了,因为只要恪守着那份签约就一定会得救。基督教不同,它关心原罪的清洗,关心赎罪,由此,也就必然会关注灵魂。这样,重要的就不是意在强调罪人这样一个事实,而是要昭示这样一个希望:每个人都有可能重新做人,因此从"千禧年"转向了"救赎说",也从犹太教的祭祀和律法转向了内在的信仰(基督:我喜爱怜悯,不喜欢祭祀),从犹太教的效果论转向了动机论,从犹太教的直观性转向了形而上学(当然,在犹太教的"肉身"之外,希腊唯心主义哲学为基督教提供了"精神")。而且,基督教对于原罪的强调不但改变了个人的身份,而且还改变了人与上帝的关系(基督不再是复国救主而是灵魂救赎者)。不是罪与罚,而是爱与被爱(犹太教是复仇,基督教是爱),成为了更为基本的关系。而且,从无形的圣灵——上帝,转向有形的救世主——耶稣,至高无上的信仰也得以肉身化了,从而有了更多的普及空间。

基督教对于天主教的转换也值得关注。

基督教是耶稣基督亲自创立的教会。人所共知,它经历了两次大分裂,一次是1054年东正教与天主教的分裂,另一次就是马丁·路德创立的新教(基督教)与天主教的分裂。就后者来看,简单而言,天主教强调教会、神职人员、圣事等中介的重要作用,但是基督教却强调"因信称义",也就是在蒙恩之外,还可以因信,而且,《圣经》具有最高的权威,信徒可以借此直接与上帝相遇,因此而越过了天主教坚持的教会释经权。

具体来看,作为一神教的基督教所带来的根本转换是:

首先,为爱与信仰找到了出口,走出了神的迷宫。一切都不再是神,不再是一个神的战场、英雄的战场,而成为被上帝所创造的。世界成为受造的世界,并且因此而出现了管理的问题(社会科学)、规律的问题(自然科学)、意义的问题(人文科学)、审美的问题(美学)。由此,上帝成为绝对的、无限的,而不再是相对的、有限的。

其次,人不再是万物中的一分子,而是万物之灵。自然成为一个对象,成为偶然和被造,人则要为其负责,同时,动物也与人区分开来,人可以被拯救,动物却不能。这样,人也就离开世界而成为一个自由的主体,成为上帝的肖像,成为上帝的子孙。上帝也只与人对话,人类因此而获得了解放。更为重要的是,每个人都是作为一个不可替代的个体而去独自面对绝对而唯一的神的,每个人都是首先与唯一的神发生关系,然后才是与他人发生关系,人与神的关系先于人与人的关系,由此,也就有了自由意志的问题。

最后,神成为唯一。一切都只有它才能够做到,而且,一切也只有期待它,倘若它不出手,那也只有继续期待。于是,宗教不再是一场交易,而是一种期待。受苦,因此而有了意义。因为靠上帝去支撑,而且上帝不会忘记回报(工作也因此而成为一件快事)。中国常见的愤世嫉俗、怀才不遇因此也就都不常见到。爱,也因为有上帝的支撑而成为常态。一个更加合乎人性的光辉未来,引领着人生并且成为人生的全部。

与此相应,历史也从有限走向了无限,并被附加了目的、意义与价值。爱因斯坦说过:宇宙中最不可理解的,就是我们可以理解宇宙。这是一个奇迹,这个奇迹的创造者,就是基督教。这样,曾经的历史是循环的,无始无终的,而现在是直线的,也有始有终了。自然,开端意味着理由,理由的出现就是历史的根据。同时,开端也意味着希望。于是从命运到天佑,古希腊的宿命被基督教的希望取代了。最后,进步的观念应运诞生。有著名作家说:生活在别处。其实,历史也在别处。于是,历史不再是帝王将相的历史,而成为人类精神的历史,它是人类从有限走向无限的故事,也是人类从相对走向绝对的故事,总之,是从心路历程走向天路历程、从尘世走向天国的故事。

这样一来,区别于中国文化的自在与逍遥(有缘有故的苦难与有缘有故的爱)的"乐感文化"以及印度的苦难与解脱(无缘无故的苦难与无缘无故的放弃)的"苦感文化",西方文化走向了原罪与救赎(无缘无故的苦难与无缘无故的爱)的"罪感文化"。

而且,在基督教文化的影响下,西方文化起码在三个方面出现了根本的变化:

第一个方面,是强调人应离开自然本能而从精神世界的角度来对自己加以评价,所谓灵与肉。也就是不从"肉"的角度来评价自身,而从"灵"的角度来评价自身;不从自然世界的角度来评价自身,而从精神世界的角度来评价自身。结果,就出现了一种新的阐释世界的模式。这种阐释世界的模式发现了这个社会不但有自然的异己力量,而且社会也在成为一种强大的异己力量。"陷于一般存在的困扰(罪过、无知)"就是这样形成的。那么,怎样去战胜它呢?西方走向了信仰,也就是走向了从精神上重新界定痛苦的道路。

第二个方面,是把无限提升到了绝对的精神高度。它把古希腊的自然的人变成了基督教的精神的人,这时人就成了一个终极关怀的象征,成了无限性的象征。西方人得以悟出了一个非常重要的道理:人需要先满足超需要,然后才满足需要;人只有实现超生命,才能实现生命。

第三个方面,是强调了在信仰中获得救赎。什么叫在信仰中获得救赎呢?那就是它发现了人的有限性,也发现了人是无法走出"陷于一般存在的困扰(罪过、无知)"的苦难这一悲剧的。唯一的选择,就是去赌信仰存在,赌上帝存在。也就是靠"赌"的办法去在信仰中获得救赎。"赌",把精神从肉体中剥离了出来,和上帝建立起一种直接的关系。于是,也就赋予了人的精神生命以一种高于世俗秩序的神圣秩序和独立的价值。因此,不论是起初的"信仰后的理解",还是后来的"理解后的信仰",总之是信仰不变,也就是对于精神力量的高扬不变。结果,西方基督教通过对于上帝的信仰而升华了人的存在,使人获得了新的精神生命。

而在这当中,最为关键的是,在基督教中人与人的关系被人与神的关系所取代。人首先要直接对应的是神,至于与他人的对应,则必须要以与神的对应为前提,由此,"陷于一般存在的困扰(罪过、无知)",对于首先关注人与神的关系的人来说,就没有必要去遮遮掩掩,也没有必要去闭目不视,是什么就是什么,一切都是神的安排。进而,如果人生只有一次,那么,复仇、倾轧,就都是必要的。恶的循环历史也就是必然的。可是,假如人生有无数次呢?那么,不去斤斤计较于一时一地的得失就是再自然不过的,于是,真正的审判也就随之转向了天国。试问,是自己去私立公堂去宣判(这就是中国的"快意恩仇"之类的现世报),还是期待着末日的审判?选择是明显的。何况,因为人与神的关系先于人与人的关系,为爱转身,为信仰转身,不去计较尘世的恩怨,而去倾尽全力地为爱为信仰而奉献,也就被禀赋了深刻的意义。受苦,因此也有了意义,更有了重量。因为在这一切的背后都有上帝在支撑,而且,上帝是不会忘记回报的。于是,我们看到了在《传道书》中所竭力提倡的"敬畏上帝,谨守他的诫命,这是人所当尽的本分"。

就是这样,在基督教中,人类才第一次得以在为爱转身,为信仰转身中实现了"根本转换",实现了"化蛹为蝶",人的无限本质和内在神性因此而得以被揭示,精神的人也因此而具有了绝对的意义,人,不再是一个"行者"(例如孙悟空),而成为一个"信者"(例如班扬的《天路历程》、但丁的《神曲》、塞万提斯的《堂吉诃德》、歌德的《浮士德》中的主角),亘古以来的心路历程终于转而成为了天路历程。

而这也就同时让我们洞察到内在的与审美的契合与一致。

这是因为,我们过去在基督教中所看到的人的无限本质和内在神性的被揭示、精神的人的具有了绝对的意义,以及借助对于上帝的信仰而升华了人的存在,并且使人获得了新的精神生命,现在在审美中都完全可以看到。①

在介绍陀思妥耶夫斯基的作品的时候,索洛维约夫曾经说过:"它相信的是人类灵魂的无限力量,这个力量将战胜一切外在的暴力和一切内在的堕落。他在自己的心灵里接受了生命中的全部仇恨,生命的全部重负和卑鄙,并用无限的爱的力量战胜了这一切,陀思妥耶夫斯基在所有的作品里预言了这个胜利。"②无疑,这也正是审美的根本奥秘之所在。为人们所熟知的所谓"审美非功利"问题,如果换一个更为准确的说法,应该是所谓的"边缘情境"。这是德国哲学家雅斯贝斯提出来的一种看法。它指的是当一个人面临绝境——无缘无故的绝境的时候的突然觉醒,这个时候,与日常生活之间的对话关系出现了突然的全面的断裂,赖以生存的世界瞬间瓦解,于是,人们第一次睁开眼睛,重新去认识这个自以为熟识的世界。这个时候,生命的真相得以展现。也是这个时候,每个人也才真正成为了自己,真正恍然大悟,真正如梦初醒。用雅斯贝斯的话说,人只是在面临自身无法解答的问题,面临为实现意愿所做的努力全盘失败时,换一句话说,只是在进入边缘情境时,才会恍然大悟,也才会如梦初醒。于是,就毅然转过身去,去面对爱,面对信仰,所谓为爱转身,为信仰转身,全然地把自己的所作所为倾注于对于爱和信仰的奉献。当然,这也就是"根本转换",也就是"化蛹为蝶",更

---

① 注意,多神教的宗教(例如佛教)也不是不存在与审美的内在一致,但是却主要是与"悦耳悦目""悦心悦意""悦志悦神"的"愉悦"一致,与"趣味的满足"一致,也就是与消极的审美一致。
② [俄]索洛维约夫:《神人类讲座》,张百春译,华夏出版社2000年版,第213页。

当然就是审美之为审美的关键所在。

而且,从表面上看,审美中的为爱转身、为信仰转身仅仅是洁身自好,其实,却绝对不仅仅如此。这是因为,转身,让我们意外地发现了平等、自由、博爱等价值的更加重要,更加值得珍贵。这样一来,我们也就不再可能回过头来再次置身那些低级的和低俗的东西之中了。我们被有效地从动物的生命中剥离出来。须知,为人们所熟知的从希腊美学开始的对于人类精神生命的悲剧"净化"说,道理就在这里。

也因此,审美中的为爱转身、为信仰转身不在于制造奇迹,而在于让人类感受到美好的未来的存在,美好的未来的注视,美好的未来的陪伴。为爱转身、为信仰转身,不是要证明那些看见的人生,而是要证明那些看不见的人生。而当一个人把人生的目标提高到自身的现实本性之上,当一个人不再为现实的苦难而是为人类的终极目标而受难、而追求、而生活,他也就进入了一种真正的人的生活。此时此刻,他已经神奇地把自己塑造成为一个真正的人,并且发现:人就是人自己塑造的东西,为了这一切,人必须从自己的终极目标走向自己。

于是,我们过去在基督教中所看到的人的无限本质和内在神性的被揭示,精神的人的具有了绝对的意义,以及借助对于上帝的信仰而升华了人的存在,并且使人获得了新的精神生命,现在,在审美中也都更可以完全看到。

也因此,在人类走过了宗教时代、科学时代之后,在无神的时代,要实现无神的信仰,借助于审美,也就是完全可能的。人类也必将因此而进入美学的时代,并且从"让一部分人先宗教起来""让一部分人先科学起来"转向"让一部分人先美学起来"。

当然,这也并非易事。正如黑格尔所强调的:"关于精神的知识是最具体的,因而是最高的和最难的。"①

而且,"也许这种不协调的现象也需要更长的时间才能解决,而且我们也无法预料将以什么形式来解决。"鲍桑葵说,"但是,尽管有这一切不利的条件,人现在却是比过去任何时候都更加是人了,他必将能够找到满足他对

---

① [德]黑格尔:《精神哲学》,杨祖陶译,人民出版社2006年版,第1页。

于美的迫切需要的方法。"①

也因此,无论如何,置身无神时代、美学时代,审美,都必将是我们的到信仰之路的第一步,也必将是我们的到信仰之路的最为重要的一步!

当然,这并非易事!

可是,我们又别无选择!

唉,"人类究竟走向何处?我们正在迷失中挣扎!我们需要一种我可以相信并为之献身的价值法则。我们不是因为规劝而'相信并保持忠诚',我们相信它是因为它是真实的。"(弗洛姆)

这个真实的东西不是物质繁荣,不是占有掠夺,也不是宗教迷狂,而是审美活动。

那么,那个马克思当年已一再指示的人的世纪呢?那个我们为之祈祷的世纪呢?我们又该怎样去迎接它呢?

无论如何,尽管只是在象征的意义上,但是,我们毕竟要对海德格尔的预言深表赞同:只有一个上帝能够救渡我们,这就是——审美活动。在精神关系的解放的层面上,我们必须要说,只有审美活动才是真实的,也才可以"救渡我们"。

一切的一切都只能如此,也必然如此。

既然如此,亲爱的读者,在放下本书之后,让我们互相道一声"珍重"。然后,就分别去进入审美活动吧。

啊,世人,你这只小舟,
要一往直前!(歌德)

1989年12月,郑州大学西七楼
2021年3月修订,南京卧龙湖,明庐

---

① [英]鲍桑葵:《美学史》,张今译,商务印书馆1985年版,第598页。

附录一 "通向生命的门"[①]
——生命美学三十年

一

三十年后回顾往事,我首先想提及的,甚至都不是美学,而是一部电影。

香港有一部电影,叫《无间道》。我印象最深的,是其中的一位老警察问年轻的新警察的一个问题:"我问你一个问题,你是想做一个警察呢,还是仅仅只想看上去是一个警察?"这个问题很尖锐,也很真实。我想说,这也是我在研究美学的时候时时刻刻都在追问自己的。"我是想做一个美学学者"呢,还是"仅仅只想看上去是一个美学学者"?

我的关于生命美学的研究,就与上述的追问有关。而今回想起来,其实如果我当年不是过于认真,不是坚持从自己内心的困惑开始,或许也就不会有今天的生命美学研究的一系列思考了。因为,我本来是可以像很多的年轻美学者一样,直接就从当年风行一时的实践美学起步,开始自己的美学研究的。但是,希望自己"做一个美学学者"而不是"仅仅只想看上去是一个美学学者"的内在追求,却使得自己从一开始就走上了生命美学的研究道路。

在这当中,一个必不可少的关键词应该叫作:真相! 当年活跃在美学舞台上的美学家们,有一个共同的特点,就是戴着镣铐跳舞,总是要先有一个所谓唯物论、认识论的理论框架,然后在其中推演出自己的美学理论。例如,在更早的上世纪50年代,高尔泰在写作那篇让他因之而成为右派的论文《论美》之前,是曾经请教过文学大家傅雷先生的,可是,后者是如何回答

[①] 本文原载《美与时代》2015年第1期,收入本书时略有改动。

的呢?"辩证唯物主义和历史唯物主义早已回答了你的问题",这就是他的回答!而我可能是赶上了改革开放的年代,因此从一开始就不愿意去受这些东西的束缚,也非常不屑于这样一种向某种意识形态"效忠"与"告白"式的美学研究。我喜欢美学,只有一个理由:生命的困惑。王国维先生说自己:"体素羸弱,性复忧郁,人生之问题,日往复于吾前,自是始决从事于哲学。"三十年前,我自己的"自是始决从事于"美学,也是同样如此。因此,我的美学研究,开始于生命的困惑。通过美学思考,我希望得以获知的,也只是:"真相。"

具体来说,第一个,应该是我的审美困惑。这无疑与我的创作实践有关。我从少年开始就喜欢写诗歌,也发表过作品,上了大学以后,才转而学习美学,但是,却发现当时风行的实践美学根本无法解释自己的创作实践。例如,人为什么要写诗?我当时就觉得实践美学的解释和自己的感受完全不同。第二个,应该是我的生命困惑。作为从"文革"走出的一个"走资派"与"历史反革命分子"的子女,我对于人的解放、人的尊严、人的自由乃至人的对于美的追求有着天然的兴趣,可是,却发现当时风行的实践美学根本无法解释这一切。1982年年初,我大学毕业,留校做了老师,教文艺理论和美学,从此开始正式接触美学,可是,在纷繁的审美现象里,有两个现象是最令我困惑不解的。一个是"爱美之心为什么人才有之(动物却没有)",第二个是为什么"爱美之心人皆有之"。我当然希望能够从当时流行的实践美学中去寻找答案,结果却非常失望。第三,应该是我的理论困惑。这指的是我的美学研究。当时,尽管自己仅仅是一个初学者,但是,从一开始我就始终认为,一个成熟的、成功的理论,必须满足理论、历史、现状三个方面的追问。令人遗憾的是,当时流行的实践美学却既没有办法在理论上令人信服地阐释审美活动的奥秘,也没有办法在历史上与中西美学家的思考对接,又没有办法解释当代的纷纭复杂的审美现象。

也许就是出于上面的三个原因(当然不只是这三个原因),三十年前,跟很多的同时代的青年美学学者不同,对于当时流行的实践美学,我竟然连一天都没有相信过。

说到这里,我真要向上个世纪80年代道一声"感谢"。那真是1949年以来美学研究的黄金年代。不但思想的束缚最少,而且也没有什么部门去逼迫你申报你根本就不愿意去做,起码是不擅长去做的那些美学课题,没有什么部门去催促你发表所谓的核心期刊论文,至于到处去拉关系送礼以便评一个什么社科奖项,也从来没有什么部门会去暗自鼓励,于是,我仅仅是为了给自己"解惑答疑"而读书而思考。就是这样,在大量地阅读与紧张地思考之后,我终于发现,其实,美学困惑的破解也没有那么地困难,而长期以来美学界之所以不得其门而入,最为根本的,是因为都在"跪着"研究美学。现在,假如我们能够毅然站立起来,就不难发现:审美活动其实就是人类生命活动的根本需要,也就是人类生命活动的根本需要的满足。这是一个呈现在我们面前的看得见摸得着的事实,可是,美学为什么就不能够去实事求是地解释这个事实开始呢?由此,我意识到,其实,审美活动就是进入审美关系之际的人类生命活动,就是一种以审美愉悦("主观的普遍必然性")为特征的特殊价值活动、意义活动,因此,美学应当是研究进入审美关系的人类生命活动的意义与价值之学、研究人类审美活动的意义与价值之学。进入审美关系的人类生命活动的意义与价值、人类审美活动的意义与价值,就是美学研究中的一条闪闪发光的不朽命脉。因此,所谓的美学,不应该是所谓的实践美学,而应该是——生命美学。

凑巧的是,当时我所在的郑州大学要创办一本刊物,叫《美与当代人》,我自己也是责任编辑之一。既然是创刊,当然需要比较重磅的文章,刊物主编张涵教授就要求我自己也写一篇文章。因为有足够的版面,又有自由发言的空间,于是,在1984年年底,我就写了一篇文章,叫《美学何处去》,并且正式提出了自己的看法,认为:"真正的美学应该是光明正大的人的美学、生命的美学。美学应该爆发一场真正的'哥白尼式的革命',应该进行一场彻底的'人本学还原',应该向人的生命活动还原,向感性还原,从而赋予美学以人类学的意义。""因此,美学有其自身深刻的思路和广阔的视野。它远远不是一个艺术文化的问题,而是一个审美文化的问题,一个'生命的自由表现'的问题。"

对我来说,这篇文章就是我提出和研究生命美学的开始,我与生命美学的渊源也就是从这篇文章开始的。后来,在1989年出版的《众妙之门——中国美感心态的深层结构》里,我又提出"美是自由的境界",提出"现代意义上的美学应该是以研究审美活动与人类生存状态之间关系为核心的美学"。① 在《百科知识》1990年第8期,我又发表了《生命活动:美学的现代视界》一文。1991年,我在河南人民出版社出版了《生命美学》。实事求是而言,在中国历史上,从来就没有"生命美学"四个字。这四个字的出现,是从1985年我的文章才开始的。也因此,现在,美学界一般都把我的文章尤其是我的这本书的出版,看作生命美学新学说乃至新学派的正式诞生。

不过,生命美学的发展也有一个过程,在最初的十年里,我主要是围绕着个体生命的角度来阐释审美活动。1996年,我把自己关于生命美学的想法做了第二遍的梳理,出版了《诗与思的对话——审美活动的本体论内涵及其现代阐释》(上海三联书店)。2002年,我又出版了《生命美学论稿》(郑州大学出版社),这意味着我把自己关于生命美学的想法梳理了第三遍。也因此,我一般都把自己从1984年年底开始的美学研究称为:"个体的觉醒。"然而,随着时间的推移,我逐渐发现,仅仅从个体的角度去研究美学还是不够的,审美活动虽然是"主观"的,但是,它所期望证明的东西却是"普遍必然"的。换言之,审美活动能够表达的,只是"存在者",但是,它所期望表达的却是:"存在";审美活动能够表达的,只是"是什么",但是,它所期望表达的却是:"是";审美活动能够表达的,只是"感觉到自身",但是,它所期望表达的却是:"思维到自身";审美活动能够表达的,只是"有限性",但是,它所期望表达的却是:"无限性"。这样,对于"普遍必然"、"存在"、"是"和"思维到自身"的关注,简而言之,对于"无限性"的关注,让我意识到了信仰维度在美学思考中的极端重要性。

"信仰启蒙",就是这样进入了我的视野。2001年的春天,在从1984年

---

① 潘知常:《众妙之门——中国美感心态的深层结构》,黄河文艺出版社1989年版,第4页。

底开始的整整十五年的苦苦求索之后,我在美国纽约的圣巴特里克大教堂终于找到了"通向生命之门"。那一天,我在圣巴特里克大教堂深思了很长时间,从下午一直到晚上关门。在走出圣巴特里克大教堂的时候,我已经清楚地意识到:个体的诞生必然以信仰与爱作为必要的对应,因此,为美学补上信仰的维度、爱的维度,是生命美学所必须面对的问题。这就是说,人类的审美活动与人类个体生命之间的对应也必然导致与人类的信仰维度、爱的维度的对应。美学之为美学,不但应该是对于人类的审美活动与人类个体生命之间的对应的阐释,而且还应该是对于人类的审美活动与人类的信仰维度、爱的维度的对应的阐释。

在应比较文学学会会长乐黛云先生之邀所写的《王国维:独上高楼》(文津出版社2005年)的"后记"中我曾经引用西方诗人里尔克的一首诗说:"没有认清痛苦,/爱也没有学成,/那在死中携我们而去的东西,/其帷幕还未被揭开。"我非常欣赏这几句诗,在我看来,它就是上个世纪百年中国美学的写照。令我欣慰的是,经过多年的求索,我首先是"认清痛苦"("个体的觉醒"),继而是"学成"了爱("信仰的觉醒"),最终开始了"神问"、"信仰维度之问"、"终极关怀之问"和"爱之问",生命美学的"帷幕"由此得以彻底"揭开"。

顺理成章地,2009年,在江西人民出版社出版了《我爱故我在——生命美学的视界》,继而,2012年,我又把自己关于生命美学的想法梳理了第四遍,出版了《没有美万万不能——美学导论》(人民出版社)。至此,经过三十年的努力,在"个体的觉醒"与"信仰的觉醒"的基础上,我关于生命美学的思考基本趋于定型,也基本趋于成熟。

二

生命美学的起步,是对于国内美学界的根本困惑的突破。

在生命美学之前,中国当代的包括实践美学在内的所有美学探索,尽管不可谓不认真,但是,路径却都错了,因为,它们都坚持"美是客观的",都怕被说成是"唯心主义"。蔡仪的美学不用去说了,朱光潜的美学也不用去说了,即便是李泽厚的美学,也是如此,李泽厚的美学其实已经意识到了人与审美对象的关系,我们知道,其实,早在康德那里就已经指明:审美活动的根本奥秘,就是"主观的普遍必然性",换言之,审美活动的根本奥秘在于:它是主观的客观,又是客观的主观,它是客观的生命活动,然而又偏偏是以主观的精神活动的形式表现出来。因此,只要从"审美活动使对象产生价值与意义"的角度出发,就不难进而破解审美活动的奥秘,可是,由于既不敢逾越"反映—认识"的框架,也不敢逾越"劳动创造美"的金科玉律,于是,李泽厚的美学就只好千方百计把美论证为"社会存在",把美感论证为"社会意识",一方面去竭力诋毁审美活动,认定它不能创造美,只能反映美,另一方面,抬高物质实践活动,认定只有物质实践活动才能创造美,结果,通过笨拙地绕道物质实践活动,先论证物质实践活动创作了美,然后再论证审美活动反映了美,由此,李泽厚先生就自以为可以大功告成了。可是,所谓的社会本质、人的本质力量到底是怎样积淀进美的?人类物质实践活动创造的很多东西为什么不美?人类的物质实践活动没有创造的月亮为什么却很美?实践美学却总是解释不清,因为,它从一开始就是错误百出的。例如,对马克思说的"劳动创造了美"的理解就完全不对,对马克思的"人的对象化"与"对象的人化"也理解得完全不对,就后者而言,本来应该从"人"的角度去理解,但是,李泽厚的美学却偏偏从"物"的角度去加以理解,如此等等。

还有美学家提出过"美在和谐"。"美在和谐"就是美在关系。然而,所谓"关系",其实只是对审美发生的条件的考察,但却不是对于审美的本体性的揭示。列宁说:仅仅相互作用等于空洞无物。因此,也还是没有涉及问题的解决。

严格而言,稍好一点的,倒是高尔泰。在当时的美学喧嚣中,他是唯一一位能够脱身而出的美学家,我想,为美学而美学的真诚以及艺术创作的切身实践,在其中可能是起到了至关重要的作用。他不怕被批评为"唯心主义",毅然决然地提出:美感创造美。坦率说,高尔泰先生这样说,无疑是出之于一种正确的审美感觉,遗憾的是,他毕竟是多年以来根本就得不到一张书桌,基本的理论修养还是准备不足,因此,也就无法去逻辑地阐释自己的那种正确的审美感觉。例如,犹如西方的直觉说、移情说、表现说、游戏说、距离说,在他那里,审美活动又成为了一种主观的精神活动,没有了客观的属性,无疑,高尔泰先生由此也就误入了歧途。

其实,问题的关键在于:美并不是客观的存在。试想,柏拉图为什么会提示说,猴子本来是"最美的",但是与人相比,却"还是丑"?他的言下之意,恰恰就正是在说明:美并不客观。外在世界只是审美愉悦的机会,至于审美愉悦的原因,那还是存在于审美活动自身。

也因此,传统的"认识—反映"框架只适合研究物性,并不适合研究人性。因为在对象身上寻找一种美的客观属性,是不现实的,鲜花亘古如斯,然而,历经了"不美"到"美"的演进,对于今人,其中的美客观存在,对于古人,其中的美却客观不存在。显然,客体对象的固有的自然性质——物理属性、化学属性尽管亘古存在,但是,美却并不亘古存在,换言之,鲜花成为审美对象,并不来自具有价值的"鲜花",而是来自审美活动对于"鲜花"的价值评价,值此之际,鲜花所呈现的,也只是自身中那些远远超出自身特性的某种能够充分满足人类的特性,也就是某种能够满足人类自身的价值,而鲜花身上的某种能够满足人类自身的价值中的共同的价值属性,就是美。

另一方面,美不是客观的,但是,作为生命活动的一种,审美活动本身却是客观的。千万不能因为它以一种主观的精神活动的形式表现出来就否认它的客观性,误以为它无法创造价值与意义(区别于李泽厚的美学),但是,也千万不能因为它以一种主观的精神活动的形式表现出来就误以为它就仅仅是主观的(区别于高尔泰的美学)。因为一旦陷入"主观"的陷阱,也就无法对于审美活动的价值与意义的创造作出准确的说明。

事实上,审美活动所从事的,不啻一次精神产品的生产,它不但与主观的心理活动、感觉活动相联系,也与客观的审美存在、审美需要、审美能力相联系,实质上是一种以主观的精神活动的形式出现的客观的生命活动。而且,作为一种客观的生命活动,审美活动尽管无法改变外在世界,但是,它却可以使得外在世界产生价值与意义;审美活动无法创造外在世界,但却可以创造外在世界的美。当然,审美活动面对的不是普遍概念而是具体概念,不是抽象普遍性而是具体普遍性。它是从特殊(主观)出发去寻找普遍(必然性)的一种生命活动。它所面对的外在世界也不是与自身对立的世界,而是自身直接生活于其中的世界,是由自身所构成的世界。也因此,它在外在世界身上看到的,其实完全是自己所希望看到的东西,而这,就正是外在世界的价值与意义。这,应该就是康德的"主观的普遍必然性"所提示的真正涵义?!

这样,在实践美学那里,是"反映—认识"的框架,是一切依赖于物质实践活动,人与对象的关系被颠倒了,对象决定了人,美也决定了人(自由的形式,也还是形式化的客体)。而在生命美学这里,是"价值—意义"框架,是一切依赖于审美活动,对象是被审美活动创造的,美也是被审美活动创造的。

所以,简单地说,把被实践美学颠倒过去的再颠倒过来,这,就是生命美学。

同时,因为审美活动是必须对象地进行的一种活动,是在外在对象上获得精神愉悦,"精神愉悦",则成为其中的关键特征。这意味着:审美活动其实是在通过借助外在对象来创造一个非我的世界的办法来证明自己,也就是通过去主动地构造一个非我的世界来展示人的自我。正如马克思所说的,只有通过外在对象,人"才能表现自己的生命"。不过,这里的外在世界不是满足人的物质享受的物质产品,而是满足人的精神享受的精神产品。由此,其中的关键不是"反映",而是"选择"。"选择"的根本原则,则是人类是乐于接受、乐于接近、乐于欣赏,还是不乐于接受、不乐于接近、不乐于欣赏。因此,这是一种价值与意义的"有利于",而不是一种生理的"有利于",也不是从对象身上获取生理快乐,而是从对象身上获取精神愉悦,是在客体对象身上创造美,在客体对象身上作出有利于自己的选择。

也因此,与通过非我的世界来见证自己之不同的实践活动不同,审美活动是创造一个非我的世界以便从外在对象身上去获取精神愉悦,这样一来,那就只有主体首先在通过借助外在对象来创造一个非我的世界的过程中显示出自己的丰富性,被借助的外在对象才会相应地对人显示出它的丰富性。因此,审美活动在对象身上看到的人的全部、人的未来、人的理想、人所向往的一切,都正是人之为人最为真实的自身的全部、未来、理想与所向往的一切。正如马克思所说:"我们现在假定人就是人,而人同世界的关系是一种人的关系,那么你就只能用爱来交换爱,只能用信任来交换信任,等等。"他说"假定人就是人",那也就是说,假定我们从"人就是人""人同世界的关系是一种人的关系""只能用爱来交换爱,只能用信任来交换信任"的角度去看待外在世界,那么,也就必然从人之为人最为真实的自身的全部、未来、理想与所向往的一切的角度去看待外在世界。于是,也就必然导致信仰、爱与终极关怀的出场。

不难看出,这,也正是我在生命美学的研究中一再强调"信仰的觉醒",一再强调爱,也一再强调终极关怀的原因之所在。因为所谓信仰、爱和终极关怀,无非也就是"人就是人""人同世界的关系是一种人的关系""只能用爱来交换爱,只能用信任来交换信任",无非也就是人之为人最为真实的自身的全部、未来、理想与所向往的一切。

三

三十年的生命美学研究,还有一个重要的方面,就是关于生命美学的"体系"的思考。当然,还在初涉美学的时候,就看到过李泽厚先生的告诫,说是年轻学者不要去弄什么体系,而要去多做一些具体的研究。但是,我却对此一直持怀疑态度。因为李泽厚先生自己就是在年轻的时候创立的实践美学体系,可惜,这个实践美学体系根本无法指导我们这些当时的年轻学者去进行研究,更加重要的是,与李泽厚相比,我更相信康德的话。康德说,没有体系可以获得历史知识、数学知识,但是却永远不能获得哲学知识,因为在思想的领域是"整体的轮廓应当先于局部"。我认为,这话很有道理。而且,三十年来中国的美学基本理论研究之所以进展甚微,除了前面所述研究路径的错误之外,不注重美学体系的研究,也是一个原因。

关于生命美学的体系,我始终都在探索之中。具体来说,可以说是一个中心、两个基本点。

"一个中心",涉及的是美学研究的逻辑起点,也就是审美活动。

与实践美学以实践活动作为逻辑起点不同,我的生命美学研究以审美活动为逻辑起点。在我看来,所谓美学,无非就是要把这个审美活动的奥秘讲清楚。对此,我先后探索过三种"讲法":第一种是在《生命美学》之中,我提出了从"审美活动是什么、审美活动怎么样、审美活动为什么"这样三个角度来破解审美活动的奥秘。第二种是在《诗与思的对话——审美活动的本体论内涵及其现代阐释》之中,我提出从"审美活动是什么、审美活动如何是、审美活动怎么样、审美活动为什么"这样四个角度来破解审美活动的奥秘。第三种是在《没有美万万不能——美学导论》之中,我直接把关于审美活动奥秘的破解分为两个问题,第一个问题是:"人类为什么非审美不可?"第二个问题是:"人类为什么非有审美活动不可?"第一个问题涉及的是人类的特定需要,"人类为什么需要审美?"具体分为两个方面,第一个方面是从"人类为什么非审美不可"和"人类为什么需要审美"的历史根源的角度加以讨论;第二个方面是从"人类为什么非审美不可"和"人类为什么需要审美"的逻辑根源的角度加以讨论。第二个问题涉及的则是对于人类的特定需要的特定满足,"审美为什么能够满足人类?"

倘若再具体一点,那么,在第二种"讲法"的基础上,我曾经又做过如下条分缕析:在一级水平上,可以把研究对象确定为审美活动,然后在二级水平上把它具体展开为"审美活动是什么、审美活动如何是、审美活动怎么样、审美活动为什么"四个方面。然后,再在三级甚至四级水平上去做更加具体的展开。

例如,首先考察的是审美活动的"为什么",即人类为什么需要审美活动。在这里,审美活动的"为什么"又被在三级水平上展开为审美活动的历史发生与审美活动的逻辑发生,它们涉及的是对审美活动在人类生命活动中的根源、意义、功能的考察。其次考察的是审美活动的"是什么"。它关涉到对于审美活动的本体意义的性质的阐释,同时又被在三级水平上展开为对审美活动与人类生命活动之间外在关系的考察(在四级水平上,又被具体展开为对审美活动作为活动类型、价值类型、评价类型的考察),以及对作为人类生命活动之一的审美活动的内在关系的考察(在四级水平上,又被具体展开为横向的共时轴和纵向的历时轴)。又次考察的是审美活动的"怎么样",即审美活动所构成的特殊内容,它指的是审美活动的性质是"怎么样"在具体的审美活动中展现出来的。它在三级水平上又被具体展开为历史形态与逻辑形态,即历史上"曾经怎么样"、逻辑上"应当怎么样"两个部分,更具体一些,则从历史的方面,审美活动在四级水平上可以分为东方形态、西方形态(从空间区分),以及传统形态、当代形态(从时间区分)四类,从逻辑的方面,在四级水平上可以分为三个方面,即纵向的特殊内容:美、美感、审美关系;横向的特殊内容:丑、荒诞、悲剧、崇高、喜剧、优美;剖向的特殊内容:自然审美、社会审美、艺术审美。最后考察的是审美活动的"如何是",即所谓构成审美活动的东西,它意味着从构成审美活动的特殊方式的角度去阐释审美活动,并且在三级水平上被展开为两个方面,其一是审美活动的生成方式,其二是审美活动的结构方式(在四级水平上展开为意向层面、指向层面、评价层面)。

不难看出,在这里,关于美学基本理论的研究,其实就是关于呈现在三级与四级水平上的审美活动的研究,当然,审美活动还可以被具体展开为五级、六级水平,例如,在五级水平上把艺术审美活动再展开为文学审美活动、艺术审美活动,在六级水平上把文学审美活动再展开为小说审美活动、诗歌审美活动,等等,不过,这无疑已经超出了美学基本理论研究的要求,也已经没有必要。

"两个基本点",涉及的是美学研究的逻辑前提,这当然是指的我在前面一再提及的生命美学研究中的两大觉醒:"个体的觉醒"与"信仰的觉醒"。

"生命的觉醒",无疑就是生命美学的觉醒。从生命活动入手来研究美学,涉及人的活动性质的角度,更涉及人的活动者的性质的角度,而就人的活动者的性质的角度来看,只有从"我们的觉醒"走向"我的觉醒",才能够从理性高于情感、知识高于生命、概念高于直觉、本质高于自由,回到情感高于理性、生命高于知识、直觉高于概念、自由高于本质,也才能够从认识回到创造、从反映回到选择,总之,是回到审美,"我审美,故我在!""我在,故我审美!"由此,生命美学的全部内容,才得以合乎逻辑地全部加以展开。

更为重要的是"信仰的觉醒"。"个体的觉醒"必然还要继之以"信仰的觉醒"。因为在康德所揭示的审美活动的"主观的普遍必然性"的秘密中,"个体的觉醒"是"主观的普遍必然性"中的"主观"的"觉醒",而"信仰的觉醒"却是"主观的普遍必然性"中的"普遍必然性"的"觉醒"。

新世纪伊始,我开始频频强调美学研究的信仰维度、爱的维度的至关重要,原因就在这里。我们知道,西方的英籍犹太裔物理化学家和哲学家波兰尼(1891—1976)曾经有过一个重要的发现:一个科学家、作家的创新活动可以被分为两个层面,一个是可以言传的层面,他称之为"集中意识",还有一个不可言传只可意会的层面,他称之为"支援意识"。而一个科学家、作家的创新无疑应该是这两个层面的融会贯通。举个通俗的例子,在科学家的研究工作里,他的研究能力就是"集中意识",而他的价值取向则是"支援意识"。在作家的创作过程里,他的写作能力就是"集中意识",而他的价值取向则是"支援意识"。显然,在这里"支援意识"是非常重要的。因为任何一个科学家、作家的创新其实都是非常主观的,而不是完全客观的。可是,即便是科学家、作家本人也未必就对其中的"主观"属性完全了解,因为在他非常"主观"地思考问题的时候,他的全部精力都是集中在"思考问题"上的,至于"如何"思考问题,这却可能是为他所忽视不计的。何况,不论他是忽视还是不忽视,这个"如何"都还是会自行发生着作用。例如,同样是面对火药,中国人想到的是可以用来驱神避邪,西方人想到的却是可以用来制作大炮;同样是面对指南针,中国人想到的是用来看风水,西方人想到的是可以用来做航海的罗盘,其中,就存在着"主观的思考"的差别,也存在着"主观的如何思考"的差别。

信仰维度、爱的维度,涉及的就是"主观的如何思考",或者叫作:价值取向。这是一个不可言传只可意会的层面:"支援意识"。在西方,由于信仰维度与爱的维度是始终存在的,因此,这一切对于他们来说,其实已经化为血肉,融入身心。可是,对于中国这样一个自古以来就不存在信仰维度、爱的维度的国家而言,这一切却还都是一个问题。当我们看到苏格拉底所疾呼的审美活动是在"代神说话"、"不是人的而是神的,不是人的制作而是神的诏语",当我们看到柏克所疾呼的美"能引起爱",以及哈特曼所疾呼的美是

"有所领悟的爱的生活",当我们看到杜夫海纳说美是"永久不在的场所的那个空间"、马利坦说美是"存在之源"、伽达默尔说美总是意味着恒久、斯特伦说美是人类存在最根本的东西,当我们看到克莱夫·贝尔的提示"把艺术和宗教看作是一对双胞胎",往往都会无动于衷,或者以为是唯心主义,或者以为是相当于我们的"天人合一"而已。于是,我们的所有美学研究都错误地沦落入现实关怀的层面,而西方的美学却自始至终都是在终极关怀的层面上加以展开。结果是,尽管在中国同样有"美"的存在,但是却始终没有"美学"的存在,"美学地谈论美学",在国内当前的美学家,还亟待着真正地开始。

也因此,关于"个体的觉醒"和"信仰的觉醒",应该是我在三十年的美学研究中呼吁最多也研究最多的。其中,关于"个体的觉醒",我在2002年出版的我的《生命美学论稿》(郑州大学出版社)中做了集中的讨论;关于"信仰的觉醒",我在2012年出版的《没有美万万不能——美学导论》(人民出版社)以及2014年出版的《头顶的星空——美学与终极关怀》(广西师范大学出版社)中做了集中的讨论。而且,现在我还一定要再强调一下,在我看来,如果不想让我们的美学研究再一次重蹈南辕北辙的悲剧命运,那么,"个体的觉醒"和"信仰的觉醒",就是我们在研究之初就必须率先思考清楚的。

四

需要指出的是,所谓美学研究,在我看来,应该涵盖"理论、历史、现状"这三个层面。在这当中,三十年的生命美学研究,可以称之为"理论"的研究,毋庸置疑,这应当是我的美学研究中最为核心的部分。不过,关于美学研究的"历史"与"现状"的研究,三十年中,我也给予了充分的关注。

在美学研究中,关于"历史"与"现状"的研究,涉及的是美学研究的逻辑展开。假如说,"理论"的研究是"历史"的研究、"现状"的研究的逻辑浓缩,那么,"历史"的研究、"现状"的研究就是"理论"的研究的逻辑展开。也因此,任何的美学研究,都应当是"理论、历史、现状"的融会贯通。

遗憾的是,或许是由于当代的实践美学等美学甚至在理论上都难以自圆其说,因此往往只能匆匆写就一部专著或者几篇论文,顶多也就是再由自己的学生出面写几篇呼应的文章,不但在国内美学界甚少呼应与同道,而且,既没有从"历史"的研究、"现状"的研究的层面去将自己的"理论"研究加以逻辑展开,也没有从"理论"研究的层面去将自己的"历史"的研究、"现状"的研究加以逻辑的浓缩。

而这恰恰是我在三十年的生命美学研究中所竭力避免的。在我看来,没有从"理论"研究的层面去将自己的"历史"的研究、"现状"的研究加以逻辑的浓缩的"理论"研究其实只是"意见""感想""随笔",谈不上真正的"理论"研究。而没有从"历史"的研究、"现状"的研究的层面去将自己的"理论"研究加以逻辑展开的"历史"的研究、"现状"的研究其实也只是"资料整理""美学鉴赏"。正如叔本华所提醒的:缺乏美的青春仍然具有诱惑力,但缺乏青春的美却什么也没有。

因此,自上个世纪80年代提出生命美学以来,在与实践美学等其他美学主张进行论战的同时,我也逐渐越来越多地把研究的重点转向"历史"的研究与"现状"的研究。有心的同行可能不难看出,我已经越来越少地参加这类的论战——甚至也很少参加美学界的活动,这当然是因为我已经逐渐厌倦了那种"集体自言自语"式的论战,也厌倦了那种言不及义、无所事事的学术会议。以一己之私见,我日益觉得,各家各派与其无休无止地这样争论下去,远不如以自己所提出的美学主张来对形形色色的美学"现状"、美学"历史"去做出"前人所未言""前人所未能"的独到阐释。不难想象,如果你的阐释能够令人耳目一新,而且也能够令人信服,那么,你所提出的美学主张就无疑同样也是令人耳目一新和令人信服的。反之,如果你提出的美学主张根本就无法对形形色色的美学"现状"、美学"历史"做出令人耳目一新和令人信服的阐释,那么,你自然也就无话可说,而且自然也就与其临渊羡鱼,不如退而结网,也就老老实实地退回书斋去进行必要的美学补习了。

令人欣慰的是,由于生命美学立足于正确的逻辑起点与逻辑前提之上,三十年来,在从"历史"的研究、"现状"的研究的层面去将自己的"理论"研究加以逻辑展开的"历史"的研究、"现状"的研究中,我发现,不论是中国美学传统的再阐释、西方美学传统的再认识还是西方现代美学的再接受,或者是当代审美实践的再考察,也不论是宏观的、微观的、比较的,还是理论的、个案的研究……生命美学禀赋着无限的"历史"与"现状"的阐释空间。

具体来说,在"现状"的研究层面,三十年来,我陆续出版了四本书,它们是:《反美学——在阐释中理解当代审美文化》(学林出版社1995年版)、《美学的边缘——在阐释中理解当代审美观念》(上海人民出版社1998年版)、《大众传媒与大众文化》(上海人民出版社2002年版)、《流行文化》(江苏教育出版社2002年版)。

其中,从美学研究的角度来看,前两部更为重要。《反美学——在阐释中理解当代审美文化》是对于通过当代审美文化(狭义的而并非广义的)所折射出来的当代审美观念与传统审美观念的差异的考察,来反省美学基本理论的再建构的问题。《美学的边缘——在阐释中理解当代审美观念》是通过对于当代审美观念与传统审美观念的差异的考察,来反省美学基本理论的再建构的问题。也因此,在这当中,我所关注的,都是它们对于人们习以为常的美学边界的突破。例如,审美活动与非审美活动之间的交融导致了本体视界的转换,审美价值与非审美价值之间的碰撞导致了价值定位的逆转,审美方式与非审美方式之间的会通导致了心理取向的重构,艺术与非艺术之间的换位导致了边界意识的拓展……而我所从事的,也都是将事实的财富提升为思想的财富、美学的财富的工作,也就是提升为生命美学的"理论"研究的工作。我所提出的生命美学的美学研究思路,在这里得到了验证,也在这里得到了丰富。在我看来,这仍旧是"理论"的生命美学研究的一个组成部分,而且是一个必不可少的组成部分。

《大众传媒与大众文化》、《流行文化》是关于大众文化、流行文化的研究。如果从《反美学——在阐释中理解当代审美文化》算起,直到2002年的《大众传媒与大众文化》,应该说,我在国内对于传媒与文化尤其是与大众文化的关系的研究还是最早的学者之一。在上述两本书中,我从深刻地把握住为技术而生并因技术而生这一直接渊源和以满足为需要而需要的虚拟幻想为目的的这一根本内涵以及公共的审美追求、文化趣味以及共享的文化这一最大特征入手,对于大众文化的利弊得失,做出了自己的判断。而在这一判断的背后,应该说,也还是禀赋了生命美学的眼光。没有生命美学的探索,也就没有我的对于大众文化、流行文化的研究。

至于近年来我的转而开拓"传播研究"的领域(出版了《传媒批判理论》,新华出版社2002年版;《中国传媒与新意识形态》,澳门银河2013年版),虽然与美学研究没有直接关联,但是却也完全区别于所谓"传播学研究",我把它看作在失去新时期以来曾经拥有的文化建设权、政治参与权、社会精英权之后的当代中国知识分子面对社会发言时的一个阵地、一个场域、一个契机。作为区别于传统知识分子(traditional intellectual)和有机知识分子(organic intellectual)的特殊知识分子(specific intellectual),传播研究,正是我为自己选择的一个介入现实的角色定位。而且,犹如西方的法兰克福美学学派的美学家们一样,我转向传播研究只是对于新的学术进向的开拓,而绝不意味着对于美学研究的放弃。

还有一本小书,《人之初——审美教育的最佳时期》(海燕出版社1993年版),则是我对于运用生命美学的基本思路于幼儿审美教育的系统思考。

三十年来,我花费时间与精力最多的,还是关于"历史"的研究。在这层面,我陆续出版过十二本书,它们是:《美的冲突》(学林出版社1989年版)、《众妙之门》(黄河文艺出版社1989年版)、《中国美学精神》(江苏人民出版社1993年版)、《生命的诗境》(杭州大学出版社1993年版)、《中西比较美学论稿》(百花洲文艺出版社2000年版)、《独上高楼——中西美学对话中的王国维》(文津出版社2004年版)、《谁劫持了我们的美感——潘知常揭秘四大奇书》(学林出版社2007年版)、《〈红楼梦〉为什么这样红——潘知常导读〈红楼梦〉》(学林出版社2008年版)、《说〈红楼〉人物》(上海文化出版社2008年版)、《说〈水浒〉人物》(上海文化出版社2008年版)、《说〈聊斋〉》(上海文化出版社2010年版)、《职场〈红楼〉》(文汇出版社2010年版)。

令我倍感欣慰的是,美学界的专家学者对于我在这方面的研究,也给予了热情的肯定。

《中国美学精神》被台湾报刊评价为"大陆中西美学、中西诗学比较研究中的扛鼎之作"(《鹅湖》1993年第12期),被曹顺庆先生评价为"有相当深度,比过去的研究更深刻了,更丰富了"(《思想文综》,暨南大学出版社1998年版),被王岳川先生评价为"还原了中国美学的活生生的审美生命","一本很有特色的美学研究著作,尤其是在研究方法上做了大胆的尝试"(《中国比较文学通讯》1993年第3期),被朱良志先生评价为"是一本很有特色的美学研究著作","尤具卓见"(《东方丛刊》第9辑),"逼近美学真谛,自成一家之言"(《读书》,1994年第7期)。

《众妙之门》被蒋孔阳先生、朱立元先生评价为"可以与西方当代美学平起平坐地对话"(《文艺理论研究》1990年6期),被聂振斌先生评价为"值得肯定、学习的优点、长处可谓丰矣。……写作态度比较严肃认真,实事求是,不卖弄,不唬人,不说连自己也似懂非懂的话"(《哲学动态》1990年3期)。

不过,限于篇幅,在这里实在无法去全面地回顾我在美学的"历史"研究方面的心得与收获。然而,我必须要郑重提示的是:区别于时下的中西美学史的研究,我的关于美学的"历史"研究,其实也还仍旧是"理论"的生命美学研究的一个组成部分,而且是一个必不可少的组成部分。

由此,在我的美学的"历史"研究中,我所关注的,也就大多是"历史"研究中的"理论"取向。

例如,在关于中西美学"历史"的研究中,我发现分别存在着两个截然不同的美学传统。具体来说,在中国美学里存在着一个从《诗经》到《水浒传》的美学传统,它意味着一个"忧世"的美学传统,一个现实关怀的美学传统,一个按照王国维的话说是"以文学为生活"的美学传统,而且,它实际也正是中国美学的主流。不过,"主流"却并不等于"精华"。因此,它也就不是中国美学中的"活东西"。同时,在中国美学里还存在着一个从《山海经》到《红楼梦》的美学传统,它意味着一个"忧生"的美学传统,一个终极关怀的美学传统,一个按照王国维的话说是"为文学为生活"的美学传统。从表面看,它并非中国美学的主流,因此往往被中国美学的"主流"遮蔽,或者被中国美学的"主流"扭曲,但是,它却是中国美学的"精华",也是中国美学中历久弥新的"活东西"。

西方美学中也是一样。在西方同样始终存在着两大美学传统,一个,是"我思故我在"的或者"我欲故我在"的美学传统;一个,是"我爱故我在"的或者"我信仰故我在"的传统。前者着眼的是人的现实本性,认为人的现实本性"理"所当然和"欲"所当然地应该进入审美,而审美活动的功能也就是反映生活或者表现生活的。这在文学方面的代表作品是古典主义文学或者文艺复兴文学。无疑,这是一个为中国人所熟悉的美学传统、理性传统(非理性只是它的反面而已)。但是,它却并非是一个真正纯粹的美学传统,因为它们都远离了终极关怀这个根本标准。至于后者,它着眼的是人类的超越本性,也就是永远在追求中的本性,显然,这才是一个真正的美学传统,也才是西方美学的精华、西方美学中的历久弥新的"活东西"。它着眼的是人的超越本性,认为只有人的超越本性才应当理所当然地进入审美活动,而审美活动的功能也就是见证人之为人的超越本性。在这方面,文学的代表作品与代表作家,首先就是四大作家:荷马、但丁、莎士比亚、歌德,还有托尔斯泰、陀思妥耶夫斯基、卡夫卡、雨果、荷尔德林、里尔克、安徒生、艾略特、帕斯捷尔纳克,等等。无疑,只有后者,才是西方美学的"精华",也是西方美学中历久弥新的"活东西"。

由此,正如博尔赫斯所说:所有的书都是一本书。在多年的认真研究的基础上,我也要说,不论是西方美学传统,还是中国美学传统,其中的"精华"与历久弥新的"活东西"也都是一本书——它们都是指向生命美学的,也都是生命美学的逻辑展开。

又如,在从《诗经》到《水浒传》的美学传统中,我所特别关注的,是对于"小说教"的批判。在这个方面,我觉得上个世纪的五四新文化对于儒教的批评是完全正确的,但是还不够深入,还没有发现其实不但"崖山之后,已无中华",而且"明清之后,已无华夏",原始儒家、原始道家对于中国的影响已经让位于"小说教"(以《三国演义》《水浒传》为代表),也就是鲁迅先生所提示的"三国气""水浒气"的影响。它们对我们在价值观念方面的影响,其深刻程度和巨大程度,我们到现在也还是缺乏清醒与深刻的估计。我认为,这已经构成了五四新文化运动的一个缺失。在这方面,还有必要"接着"我们的五四前辈去"说"。同时,在从《山海经》到《红楼梦》的美学传统中,我所特别关注的,还是《红楼梦》美学本身。而且,我的著述中,"《红楼梦》美学"甚至其实已经是一个专有名词,它指的不仅仅是《红楼梦》,而且更是一个以《红楼梦》为代表的"带着爱上路"的中国的美学传统。这个美学传统与以《三国演义》《水浒传》为代表的美学传统针锋相对,聚集了中国美学的全部精华,例如庄子的生命美学,例如魏晋六朝的个体美学,例如明末清初的主体美学;这个美学传统也孕育了王国维、鲁迅、张爱玲、沈从文、海子、史铁生等一大批《红楼梦》的美学传人。我一直觉得:把握中国美学,这是一个最好的角度;继承中国美学,这是一个最好的传统;发扬中国美学,这也是一个最好的起点。因为,它其实就是中国的生命美学的先声。

再如,我一直情有独钟的,还是我在《中国美学精神》《生命的诗境》和《中西比较美学论稿》中反复讨论的"中国庄禅美学与西方海德格尔现象学美学的对话"这一课题。在我看来,这无疑是一个十分重要的课题,也无疑与生命美学的再建构密切相关。

之所以如此,无疑是有鉴于在中国美学传统与西方美学传统之间在话语谱系方面存在着的根本的差异,或者说,存在着的根本的不可通约。例如,我的《美的冲突》对于中西近代美学发展道路的差异的考察,《众妙之门》对于中西审美心态的深层结构的差异的考察,《生命的诗境》对于中国的禅宗美学与西方美学传统的差异的考察,《中国美学精神》对于中国美学传统(而不是中国传统美学)与西方美学传统的差异的考察,就都是着眼于此。而在我看来,假如找不到一个为西方美学传统与中国美学传统所能够共同理解的"中介",那么,不论是站在中国美学传统的角度,还是站在西方美学传统的角度,都无法成功地实现中西美学间的对话,也无法在中西美学的对话中完成生命美学的再建构。而西方的海德格尔现象学美学恰恰就处在这样一个十分理想的中介的位置上。它是西方美学传统的终点,又是西方当代美学的真正起点,既代表着对西方美学传统的彻底反叛,又代表着对中国美学传统的历史回应,这显然就为中西美学间的历史性的邂逅提供了一个契机。为此,我曾经在《中国美学精神》一书中感叹:"历史也许最后一次地为我们提供了再一次接通中国美学根本精神的一线血脉。"同样,我们也可以说,历史也许最后一次地为我们提供了再一次接通西方美学根本精神的一线血脉。抓住这"一线血脉",无疑有助于我们真正理解西方美学传统,也无疑有助于我们真正理解中国美学传统,更无疑有助于我们真正地实现中西美学之间的对话,从而在对话中完成生命美学的再建构。而这,正是"中国庄禅美学与西方海德格尔美学的对话"这一课题的重大意义之所在。当然,在我的研究中,这一课题都还只是开了个头。来日方长,今后,我会就"中国庄禅美学与西方海德格尔现象学美学的对话"展开更为详尽的研究。因为,在我看来,这正是生命美学在中西方美学"历史"层面的逻辑展开。

五

利奥塔说过:恋爱中的人没有一个参加哲学家的宴会。歌德也说过,理论是灰色的,但是生活之树长青。可是,问题也存在着另外一面,因为,"谁敢说,对生命做出理论性的思考不也是生活,也许还是更丰盛的生活。"美学研究也是如此,作为思想王国的"最后贵族",在一个数码英雄辈出的时代,它已经风光不再,也无法再像上世纪80年代那样依然故我,然而,历史也是公平的。对于艰辛前行者,它也不吝鼓励。

就我而言,三十年前开始提倡生命美学的时候,只是为了直面自己的种种困惑,只是不肯背对"真相"。可是,正如西方那个著名的首先倾听上帝而不是谈论上帝的卡尔·巴特在描述自己写作《罗马书注释》一书时的心路历程时所说的:"当我回顾自己走过的历程时,我觉得自己就像一个沿着教堂钟楼黑暗的楼道往上爬的人,他力图稳住身子,伸手摸索楼梯的扶手,可是抓住的却不是扶手而是钟绳。令他非常害怕的是,随后他便不得不听着那巨大的钟声在他的头上震响,而且不只是他一个人的头上震响。"(巴特:《罗马书注释》)这,也是我将近二十年中所走过的心路历程!

三十年后,尽管经过了种种磨难(我为此甚至还被国内的某些著名报刊专门发表长篇文章点名批判过两次,罪名是"反马克思主义""自由化",等等),可是,现在无论是谁,都再也无法掩住自己的耳朵,自我欺骗地声称:他没有听到生命美学"那巨大的钟声在他的头上震响"。

还在上个世纪90年代,当《生命美学》一书刚刚问世的时候,著名美学家劳承万教授就在《社会科学家》1994年第5期《当代美学起航的信号》中热情洋溢地宣布:生命美学"是当代中国美学起航的信号"。随后,相继对生命美学褒奖有加的著名美学家更为数众多。例如,著名美学家周来祥教授在《新中国美学50年》(载《文史哲》2000年第4期)中说:"随着朱光潜、蔡仪、吕荧等老一辈的相继去世,随着美学探讨的发展,美坛上也由老四派发展为自由说、和谐说、生命美学说等新三派。"著名美学家阎国忠教授在他的《走出古典——中国当代美学论争述评》(安徽教育出版社1996年版)一书中说:"潘知常的生命美学坚实地奠定在生命本体论的基础上,全部立论都是围绕审美是一种最高的生命活动这一命题展开的,因此保持理论自身的一贯性与严整性。比较实践美学,它更有资格被称为一个逻辑体系。"同时,阎国忠教授在《文艺研究》1997年第1期《评实践美学与生命美学的论争》中还说:实践美学与生命美学的论争"虽然也涉及哲学基础方面问题,但主要是围绕美学自身问题展开的,是真正的美学论争,因此,这场论争同时将标志着中国(现代)美学学科的完全确立"。陈望衡教授在《20世纪中国美学本体论问题》(湖南教育出版社2001年版)中也做出了这样的评价:"生命美学是中国20世纪的五大美学本体论之一,生命美学是一种普遍能认同的美学,80年代末,在批判实践美学的各种言论中,潘知常先生提出了生命美学。"

国内的关于20世纪美学史的研究方面的著作与论文,也从上个世纪90年代开始,就把对于生命美学的研究列入其中,做了专章、专节与专门的介绍、评价,例如,阎国忠的《走出古典——中国当代美学论争述评》(安徽教育出版社1996年版)、阎国忠的《美学建构中的尝试与问题》(安徽教育出版社2001年版)、陈望衡的《20世纪中国美学本体论问题》(湖南教育出版社2001年版)、戴阿宝等的《问题与立场——20世纪中国美学论争辩》(首都师范大学出版社2006年版)、薛富兴的《分化与突围——中国美学1949—2000》(首都师范大学出版社2006年版)、刘三平的《美学的惆怅——中国美学原理的回顾与展望》(中国社会科学出版社2007年版)、章辉的《实践美学——历史谱系与理论终结》（北京大学出版社2006年版），等等。

还有相当多的专著与论文，也在研究生命美学。据贵州大学的林早副教授统计，收录于中国知网期刊数据库的生命美学主题论文共计600篇左右，而中国国家图书馆收录的生命美学主题专著也已经有23本（实际还不止这个数字，因为仅我一个人所出版的这方面的书籍，就已经是21部了）。这些著作的作者，除了我以外，还有王世德、张涵、陈伯海、朱良志、成复旺、司有仑、封孝伦、刘成纪、范藻、黎启全、姚全兴、雷体沛、杨蔼琪、周殿富、陈德礼、王晓华、王庆杰、刘伟、王凯、文洁华、叶澜、熊芳芳，等等，以及古代文学大家袁世硕先生与哲学大家俞吾金。而且，还可以看到相当数量的研究生命美学的研究生学位论文。在台湾，也已经出现了专门研究生命美学的研究生课程。同时，国内的《光明日报》已经在1998年与2000年两次开设过生命美学的研究专栏，《学术月刊》也曾经在2002年和2004年两次集中发表过两组关于生命美学的文章，刘再复、阎国忠、杨春时、张弘、林岗、潘知常、封孝伦、刘成纪、阎翔林、刘强教授均纷纷撰文参与。刘再复、林岗教授在文章中指出：潘知常"从美学领域提出应该接续上世纪初由王国维、鲁迅开创的生命美学的'一线血脉'，并且反思这'一线血脉'被中断之后给美学进一步发展造成的困境；为开解这个困境，只有引入西方信仰之维、爱之维，才能完成美学新的'凤凰涅槃'。他的看法非常有见地，切中问题的要害。他的论文，与笔者多年的看法，不谋而合；从不同的问题出发，竟然得到相近的结论。笔者极其希望这种有益的学术探讨带来更大的收获。"2015年，《贵州大学学报》也将专门开设生命美学的研究专栏。这无疑都是对于生命美学的呼应与支持。

再从国内美学界的情况来看，坦率地说，曾为主流美学的实践美学已经完成了自己的历史使命，也已经成为历史。何况，连李泽厚先生本人也不断从"实践本体"退到"情本体"再退到最近提出的要回归"比语言更根本的'生'——生命，生活，生存"，这其实已经清楚表明，李先生事实上已经成为生命美学的同路人。

再从实践美学的几种变体来看，不论是朱立元的"实践存在论美学"，还是张玉能的新实践美学,或者邓晓芒的新实践美学,其实还都是在设法扩大"物质实践活动"的内涵(把物质实践活动与人类生命活动完全等同起来),都是在拼命突出其中的主观与精神因素。尤其是朱立元和邓晓芒,对于他们来说,所谓"实践"都只是空洞的外衣了,拿掉"实践"外衣之后,他们的美学在研究的,其实是生命美学所早就提出要去研究的内容。例如,邓晓芒自己就直接说过,实践活动就是"具有无限丰富性的生命活动"。

还有就是近年来出现的生态美学。

我个人坚持认为:生态美学应该是属于环境美学、景观美学的系列,而并不属于美学的基本理论研究。不过生态美学的提倡者自命自己是"生命美学的生态美学",倒是很有一点道理。也因此,国内喜欢说从生命美学到生态美学,甚至说什么生命美学是小生命美学,生态美学却是大生命美学,而且似乎这已经被看作是一个公认的演进规律。在这里我要郑重提出,这根本就是不存在的。超越主客观、天地人神合一、人与世界和谐,诸如此类,生命美学早就在提倡,也根本不是从生态美学开始的。而且,生命美学无疑是远远大于生态美学的。生态美学涉及的只是人与自然,而生命美学涉及的则是人与自然、人与人、人与自我。至于要从生态出发去审美,而不要从人出发去审美,要从价值与意义关系退回到物态关系,那就实在是太奇怪了,如果还把它称为新的美学基本理论,那就更加奇怪了。人所共知,审美对象是外在世界的价值属性,美则是审美对象的价值属性,可是,如果不从人出发,这个价值属性又从哪里来呢?而且,生态的问题不正是人提出来的吗?不从人出发,又哪里会有生态的问题呢?

其实,生态美学的真正大有可为的领域,是环境美和景观美的创造。不过,这是需要扎实的环境科学的研究和景观科学的研究作为基础的,绝不是既不去认真研究美学基本理论者也不去认真研究环境科学、景观科学者所可以问津的。至于在美学会议上谈"生态感想"或者在美学论著中谈"生态感想",态度诚可贵,然而,却毕竟是把美学基本理论的创新想得太简单,也太轻松了。美学必须是"一种尽力在通晓思维的历史和成就的基础上的理论思维",必须是历史性的思想和思想性的历史,这一点,在有人不惜借助

"非生态"的评判来把过去的美学基本理论研究一并予以断然否定的时候，我觉得，还是有必要在此小心翼翼地提醒一下的。

当然，生命美学还需要自我深化，我认为，在新世纪，生命美学所要去做的，就是坚持从人类解放的角度去阐释审美活动的奥秘。客体世界不依赖于人，但是，客体世界的美却依赖于人；美是结果，不是原因，不是美导致了审美活动，而是审美活动导致了美。同时，也坚持从信仰与爱的维度去阐释审美活动。审美活动是一种终极关怀，审美活动实现的是一种生命的"根本转换"，是为爱转身，也是为信仰转身。毋庸讳言，这一切，都是需要从各个角度各个层面各个方面去加以论证与说明的。

不过，这一切毕竟还是后话。在今天，生命美学更加需要期待的，是历史的已经迟到了的肯定。而且，我认为，经过三十年的艰苦努力，生命美学已经为自己赢得了应有的尊严。而今，我毕竟早就已经"不是一个人在战斗"，而是已经有那么多的美学教授以及美学学者的参加，有那么多美学研究专著与美学研究论文的问世，有那么实在的美学影响与美学前景，公平而论，在当代美学的历史上，除了实践美学，生命美学的如此成绩，暂时还没有哪一种美学可以达到。因此，生命美学理应赢得应有的尊严。也因此，正如在《人类群星闪耀时》中作者茨威格曾经说过的："一个人生命中最大的幸运，莫过于在他的人生中途，即在他年富力强的时候发现了自己的使命。"其实，这也是我"生命中最大的幸运"！借用西方的基督关于生命之门的描述："那条路很窄，通向生命的门不宽，找到门的人也只有极少数。"无疑，通向美学的"生命的门不宽，找到门的人也只有极少数"，非常幸运的是，在过去的三十年里，我毕竟已经找到了美学领域的这座"通向生命的门"！

而且，我还要说，在过去的三十年里，我也确实是尽到了自己的"不欺之力"。在文章的开篇，我提到过香港电影《无间道》中的那个问题："你是想做一个警察呢，还是仅仅只想看上去是一个警察？"其实，在这个方面，说得更好的是丰子恺先生，他曾经总结自己向李叔同先生学到的人生真谛，那就是：做一个十分像人的人！确实，做一个十分像美学学者的美学学者，做一个美学学者，而不是仅仅看上去是美学学者，也是我在三十年中的一以贯之的努力。当前,在项目、奖项、核心期刊等浮华之物已经完全遮蔽了真实的美学困惑之后,能否还像三十年前那样坚持去做一个十分像美学学者的美学学者,坚持去面对真实的美学困惑,实在已经成了一场严峻的考验,而且是一场势必孤独的考验——太多、太多的人早就已经胜利大逃亡,已经拜倒在头衔、项目、奖项、核心期刊等之下,成为驯服的臣民,已经越来越精通于借助头衔、项目、奖项、核心期刊来包装自己,满足于"仅仅看上去是美学学者"。不过,正如我在三十年前说过的:"如掷剑挥空,莫论及与不及。"既然在三十年前就已经做出了选择,就已经走上了直面真实的美学困惑的不归之路,而今,我也就别无选择。

我将继续努力,不懈努力。

"待到雪消去,自然春到来。"

这是禅境!

这,也是我当下的心境!

附录二　生命美学:"我将归来开放"[1]
——重返80年代美学现场

（本文系全国唯一美学月刊《美与时代》的约稿，为2018年该刊举办的将在该刊持续一年的纪念改革开放四十周年"生命美学专题"讨论而专门撰写。）

一

三十三年前的现在，1985年，当我在《美与当代人》（现在的《美与时代》）1985年第1期发表自己的关于生命美学的最初思考的时候，无疑并没有想到直到三十三年后的2018年，人们还会记得生命美学，而且，还会有越来越多的人们在关注生命美学，甚至，现在还会把生命美学作为改革开放四十年美学界的重要成果来加以纪念。

鉴于我从2001年开始，大约在十几年中都没有涉足过美学界，因此确实也不太清楚生命美学的具体发展状况。不过，借助范藻教授登录国家图书馆的查询结果，可以看到：在改革开放的四十年中，生命美学在国内已经有众多学者参与讨论，四十年中，这些学者们一共出版了58本书，发表了2200篇论文（2014年林早副教授在《学术月刊》也曾经撰文做过类似的介绍），对比一下实践美学的29本书、3300篇论文，实践存在论的8本书和450篇论文，新实践美学的8本书、450篇论文，和谐美学的12本书、1900篇论文，我觉得，应该说，这是生命美学在改革开放四十年中的一个不错的成绩。

后来，我又看到，范藻教授曾为此而专门撰文，将生命美学称为"崛起的美学新学派"，文章载于《中国社会科学报》2016年3月14日。

---

[1] 本文原载《美与时代》2018年第1期，收入本书时略有改动。

当然,根据论著与论文数量的统计来判断某一美学主张的兴衰,其实也只能是众多评价标准中的一种,有长处,但是肯定也有短处,因此只能提供某种参考,不宜过分依赖。至于"美学新学派",其实也只能视作对于生命美学众多提倡者的辛勤工作的某种表彰,无疑,一个真正的美学学派的出现,可能还有待于未来。但是,范藻教授的查询结果以及对于生命美学的肯定,却毕竟是对于改革开放四十年来所有致力于生命美学研究的学者的探索与努力的一个鼓励。联想到三十三年前,我在《美与当代人》1985年第1期发表《美学何处去》、在《百科知识》1990年第8期发表《生命活动——美学的现代视界》(它同时是我1990年在浙江师范大学召开的"当代中国的美学研究"学术讨论会上宣读的论文)以及在1991年我出版《生命美学》(河南人民出版社1991年版)的时候,"生命美学"在国内还是一个十分生疏的术语,但是,仅仅在三十三年中,关于生命美学,却已经出现了58本书、2200篇论文,这确实令人欣慰!

当然,同样令人欣慰的,是国内学界对于生命美学的鼓励。并且,这鼓励其实在生命美学的整个发展历程中又是始终就存在的。例如,早在1991年我的《生命美学》出版以后,著名美学家劳承万教授(湛江师范学院前中文系主任)就在《社会科学家》1994年第5期发表了名为《当代美学起航的信号》的文章,预言说:生命美学"是当代中国美学起航的信号"。同时,阎国忠先生(北京大学教授、博导)在《文艺研究》1994年第1期《第四届全国美学会议综述》中也说:生命美学的出现对于超越建国之后先后占据主导地位的认识论美学与实践美学的"自身局限"有积极意义。

继而,阎国忠先生又在他的《走出古典——中国当代美学论争述评》(安徽教育出版社1996年版)一书中指出:"潘知常的生命美学坚实地奠定在生命本体论的基础上,全部立论都是围绕审美是一种最高的生命活动这一命题展开的,因此保持理论自身的一贯性与严整性。比较实践美学,它更有资格被称为一个逻辑体系。"(第410页)又说:上个世纪的90年代初,当代美学从实践美学时期向后实践美学时期转换。后实践美学时期"比较重要和产生较大影响的是出现了……'生命美学'……等等。美学于此脱出了实践美学的'襁褓',而呈现出更加开放的态势。"(第410页)"事实上,实践美学确实遇到不少问题,这一点不仅李泽厚意识到了,其他许多学者也感到了,正是这个缘故,所以……'生命美学'……等等先后问世,美学确实……开始脱离了'实践美学'的襁褓,跨入了新的探索时期。"(第466页)因此,实践美学"即将成为过去的风景","它作为一种美学思考,无疑已经过去了。但是它的生命已注入进美学的肌体中,成为它不可缺少的一个部分。它本身虽然没有超出古典美学的范围,但是它却培育了超出古典美学的若干现代因素,从而使我国美学迅速地跨进到20世纪及21世纪成为可能。所谓……生命美学……的提出,或许可以作为一种例证。"(第410页)

一年后,阎国忠先生又在《文艺研究》1997年第1期(又载人大《美学》复印资料1997年第3期)发表了名为《评实践美学与生命美学的论争》的长篇论文。他认为:实践美学与生命美学的论争"虽然也涉及哲学基础方面问题,但主要是围绕美学自身问题展开的,是真正的美学论争,因此,这场论争同时将标志着中国(现代)美学学科的完全确立"。

然后,又在两年以后,阎国忠先生又在《美学百年·序》(载《中华读书报》1999年10月13日)中说:"中国需要美学,而且百年来已建构和发展了自己的美学。从王国维的以'境界'为核心概念的美学,到宗白华、朱光潜、吕荧等的以美感态度或美感经验为核心概念的美学,蔡仪的以典型为核心概念的美学,到李泽厚、蒋孔阳等的以'实践'为基础概念的美学,再到周来祥的以'和谐'为核心概念的美学以及另一些人主张的以'生命'或'存在'为基础概念的美学,中国至少已形成了六七种模式,且各有其独特贡献。"

对于生命美学,著名美学家周来祥先生(山东大学教授、博导)的看法也十分类似。他在《光明日报》1997年2月12日撰文称:"实践美学应为自由美学,后实践美学应为生命美学……"随后,他又在《新中国美学50年》(载《文史哲》2000年第4期)中说:"随着朱光潜、蔡仪、吕荧等老一辈的相继去世,随着美学探讨的发展,美坛上也由老四派发展为自由说、和谐说、生命美学说新三派。"对此,倘若我们参照一下由今日中国哲学编辑委员会主编的《今日中国哲学》,不难发现,对改革开放以来的中国美学,该书也同样是选编了三种不同的美学观点,即美是和谐说、美是自由说、美是生命说(参见《今日中国哲学》,广西人民出版社1996年版,第339页、702页)。并且指出:"……当然对美的本质还有一些不同的见解,但当今美坛主要的有这三大派别,大概已逐步趋于共识。"

还有,著名美学家陈望衡(武汉大学教授、博导)在《20世纪中国美学本体论问题》(湖南教育出版社2001年版)中也做出了这样的评价:"生命美学是中国20世纪的五大美学本体论之一,生命美学是一种普遍能认同的美学,80年代末,在批判实践美学的各种言论中,潘知常先生提出了生命美学。"

国内的关于20世纪美学史的研究方面的著作与论文,也从上个世纪90年代开始,就把对于生命美学的研究列入其中,做了专章、专节与专门的介绍、评价,据不完全统计,例如,阎国忠的《走出古典——中国当代美学论争述评》(安徽教育出版社1996年版)、阎国忠的《美学建构中的尝试与问题》(安徽教育出版社2001年版)、陈望衡的《20世纪中国美学本体论问题》(湖南教育出版社2001年版)、戴阿宝等的《问题与立场——20世纪中国美学论争辩》(首都师范大学出版社2006年版)、薛富兴的《分化与突围——中国美学1949—2000》(首都师范大学出版社2006年版)、刘三平的《美学的惆怅——中国美学原理的回顾与展望》(中国社会科学出版社2007年版)、章辉的《实践美学——历史谱系与理论终结》(北京大学出版社2006年版)、郭勇健的《中国当代美学论衡》(清华大学出版社2014年版),等等。

同时,国内的《光明日报》也曾经在1998年与2000年两次开设过生命美学的研究专栏,《学术月刊》在2002年、2004年、2014年也有过三次集中发表了三组关于生命美学的文章,刘再复、阎国忠、杨春时、张弘、林岗、潘知常、封孝伦、刘成纪、阎翔林、刘强、林早等均纷纷撰文参与。刘再复、林岗教授在文章中指出:潘知常"从美学领域提出应该接续上世纪初由王国维、鲁迅开创的生命美学的'一线血脉',并且反思这'一线血脉'被中断之后给美学进一步发展造成的困境;为开解这个困境,只有引入西方信仰之维、爱之维,才能完成美学新的'凤凰涅槃'。他的看法非常有见地,切中问题的要害。

他的论文,与笔者多年的看法,不谋而合;从不同的问题出发,竟然得到相近的结论。笔者极其希望这种有益的学术探讨带来更大的收获。"2015年,《贵州大学学报》也专门开设了生命美学的研究专栏。在2016年开设生命美学专栏的还有《四川文理学院学报》,这无疑都是对于生命美学的呼应与支持。2018年,为纪念改革开放四十周年,展示美学界改革开放四十周年的重要成果,作为生命美学的诞生地,《美与时代》杂志社也将全年举办关于生命美学的专题讨论。

与生命美学的研究相关,我的《让一部分人在中国先信仰起来——关于中国文化的"信仰困局"》一文分为上中下三篇,约4.5万字,在《上海文化》2015年第8、10、12期刊出后,也已经引起较大反响,《上海文化》为此开辟了专门的讨论专栏,迄今为止已经发表了十几篇著名专家例如陈伯海教授、阎国忠教授等撰写的讨论文章。随后,2016年3月6日,由北京大学文化研究发展中心、四观书院、《上海文化》等单位发起召开了学术讨论会,专门就我的《让一部分人在中国先信仰起来——关于中国文化的"信仰困局"》一文展开讨论,任登第、阎国忠、毛佩琦、宋澎、李景林、孟宪实、郭英剑、牛宏宝、刘成纪、摩罗、郭家宏、周易玄、王一、潘知常教授等出席。2016年4月16日,上海社科院文学所、《学术月刊》编辑部、《上海文化》编辑部再次召开学术讨论会,展开相关的学术讨论。陈伯海、高瑞泉、陈卫平、李向平、李天纲、王杰、许明、毛时安、胡慧林、杨剑龙、王振复、陶飞亚、方汉文、包亚明、张曦、叶祝弟、潘知常等出席。与此同时,著名经济学家赵晓教授还在评论文章中对我的论文予以鼓励,指出:"这篇文章让我感觉到潘教授乃人中翘楚,不可方物。""或许有一天,潘教授能把神学、美学与哲学完美地结合起来,成为中国的奥古斯丁。""潘教授一系列哲学、美学与信仰的文章,相当了不起,非常有力量。如果潘教授在信仰上有经历和实践,在知识上有神学、哲学和美学的打通,那他很可能会是中国奥古斯丁式的人物。"

还值得一提的是,在借助生命美学的基本设想去剖析中国美学精神所置身的社会环境时,我所提出的定律——"塔西佗陷阱"(参见潘知常:《谁劫持了我们的美感——潘知常揭秘四大奇书》的第25页),也已经产生了较大的反响。2014年,国家领导人在一次讲话中也提到了"塔西佗陷阱"。随之,国内的媒体更是把"塔西佗陷阱""修昔底德陷阱"和"中等收入陷阱"并列,作为我们国家要避免坠入的三个"陷阱",这无疑就使得"塔西佗陷阱"成为网络热词和各级领导干部与各界学者在讲话与论著中经常提及的关键词。据米斯茹博士统计,在搜索引擎"百度"上输入该词,相关结果显示约833,000个(截止到2017年12月31日)。在百度新闻的高级搜索上显示标题中含有该词的有711篇;在"人民网"有591篇有关"塔西佗陷阱"的页面;"中国知网"为244条,其中不乏硕士论文和为数不少的核心期刊论文。据"超星发现"软件统计,有关"塔西佗陷阱"这一名词的研究论述主要涉及政治、法律等人文社会学科领域,并被广泛运用于"现代传媒对社会群体的引导"、"政府如何应对新媒体的传播"以及"基层治理的困境"等方面。核心期刊论文的议题主要围绕:"群体性事件""地方政府""历史学家""政府""社会管理""政府公信力""突发事件""信任""自媒体"等展开。也因此,有媒体甚至把"塔西佗陷阱"称为"一个中国美学教授命名的西方政治学定律"。2017年6月8日国务院研究室副主任韩文秀在长安讲坛上发表名为《"四个陷阱"的历史经验与中国发展面临的长期挑战》的报告,他说:与其他几大陷阱相比,"中等收入陷阱""修昔底德陷阱""金德尔伯格陷阱"等都有相应英文表述,都是西方人的发明。不同的是,"塔西佗陷阱"只有中文表述,外文中没有对应的概念。因为它是中国人的发明。对此,韩文秀副主任认为:"中国学者作出这种概括有其道理,具有原创性,开了风气之先。如果在国际上被广泛接受,则可以看作中国学者对于社会科学世界的话语体系的一个贡献。"

然而,回顾三十三年来的生命美学的发展,却也不能不说,其中也不可避免地存在着种种遗憾。例如,相对于有些美学主张的提倡者的由老师挂帅然后师门弟子一人写作一本来加以拓展、深化的做法相比,生命美学三十三年来始终都是奉行的自觉自愿的方式,往往都是散兵游勇,各自自说自话。再如,生命美学的争鸣精神也明显不足。多年来,针对生命美学的讨论众多,但是,却很少看到生命美学的提倡者出来参与争鸣。……当然,诸如此类,实际并不会影响生命美学本身的健康发展,但是,长此以往,也确实会造成对于生命美学本身的某种不必要的伤害。

就以多年来的针对生命美学的讨论来看,生命美学的提倡者往往不出面参与争鸣,这样做,当然初衷是意在虚心听取方方面面的讨论意见,但是,从多年来的实际效果来看,却也无形之中造成了对于生命美学的种种误读乃至误解。例如厦门大学的郭勇健副教授,在他2014年出版的《当代中国美学论衡》(清华大学出版社2014年版)一书中,辟有"潘知常:为爱作证还是为美作证?"的一章(第267—284页),他把生命美学以及我本人列入研究内容,无疑是对于生命美学的影响的一大肯定,例如,他指出:"90年代初,较为年轻的潘知常在学界崛起,以初生牛犊不怕虎的劲头,提倡'生命美学',对抗李泽厚'实践美学'的一统天下。"(第17页)"在当代中国美学的诸多探索中,潘知常的生命美学探索无疑是极具影响力的。"(第267页)但是,遗憾的是,由于他错误地选择了我本人的一部美学评论方面的论文集《我爱故我在——生命美学的视界》(江西人民出版社2009年版)作为讨论生命美学的美学思考的唯一文本,而没有选择我在此之前出版的《生命美学》《诗与思的对话——审美活动的本体论内涵及其现代阐释》或者《生命美学论稿》作为文本,因此,对于生命美学以及我本人的美学基本理论研究,也就未能予以准确到位的剖析与批评。

"嘤其鸣矣,求其友声",鉴于上述情况,为了促进美学界对于生命美学研究的准确了解,也为了总结自己的生命美学研究的基本心得,更为了引起进一步的争鸣与讨论,我认为,有必要客观介绍一些生命美学在"80年代"以及之后问世的一些具体情况——当然,这只是我的介绍,生命美学的提倡者众多,我的介绍无法代替他们的经历,也不能代替他们的回忆,当然,也因此,我也就更加希望我的看法能够引起他们的回应,无疑,这些回应将是极为有利于生命美学的深入思考的。

二

生命美学的诞生不是孤立的,它是我们国家改革开放的伟大时代的产物,改革开放的四十年,也恰恰就是生命美学的四十年。四十年里,生命美学披荆斩棘,艰难前行,固然离不开美学界众多学者们的共同努力,但是,没有人能够否认,拜改革开放时代所赐,才是生命美学四十年来一路迤逦前行、不断茁壮成长的根本原因之所在。没有改革开放的时代,就没有生命美学的问世。生命美学是改革开放四十年的产物,同时,也是改革开放四十年的见证。

具体来说,没有改革开放四十年的思想解放、"冲破牢笼",就没有生命美学。

改革开放的四十年,首先就是源于思想解放,突破陈规。正是当年那场缘起于南京大学的思想解放的大讨论催生了我们国家的改革开放。自由的思想一旦被桎梏在"牢笼"之中,就一定是一个僵化、保守的时代的到来,想象力就会萎缩,创造力更会蜕化,"万马齐喑究可哀"的沉闷局面也是必然的。也因此,改革开放的四十年,思想解放与改革开放,应该是一条清晰可见的生命线、主旋律。改革开放的四十年,也就是思想解放的历史。没有各种观念激烈冲撞、各种思想的深刻嬗变,整整四十年的大思路、大决策、大提速,都是无法想象的。

对于生命美学而言,自然也是这样。思想解放的滚滚春潮,激励着一代学人意气风发、锐意创新。在最先提出生命美学的设想的1985年,我还是一个二十八岁的青年,躬逢其盛,沐浴着改革开放的春风雨露,在这个思想创新的时代成长起来。当时,邓小平"摸着石头过河""大胆试,大胆闯"的呼唤激励着所有的国人,也激励着所有的美学学者,更激励着我这个年轻的学人。而且,也犹如我们的时代,亟待思想观念的相互撞击,需要百家争鸣、百花齐放的探讨,以便让传统观念在碰撞中更新,让真理越辩越明,让创新的思想通过激烈论战喷涌而出,并且能够像原子弹那样迸发巨大的裂变。这就正如《国际歌》里所唱到的:"冲破牢笼。"确实,思想解放就是要"冲破牢笼"。美学的思考也是这样。必须看到,在改革开放之初,美学思想的桎梏是十分严重的,"打棍子、戴帽子、抓辫子"的做法也时有所见。要冲破思想的"牢笼",也确实并非易事。在创新与探索的道路上,不但要与别人的陈腐思想作斗争,而且要与自身的陈腐思想作斗争,不但要否定他人,而且更要否定自己,恰似破茧化蝶,进步恰恰与痛苦同在。值得庆幸的是,生命美学没有辜负这个时代,也没有愧对这个时代。

展望未来,我要说,不论是美学的创新,还是生命美学的创新,都仍旧亟待思想解放的推动。过去的美学发展告诉我们,谁先解放思想,谁就占据主动。抢占学术创新的先机,抢抓美学发展的机遇,在美学研究中拥有主动权、话语权,都是与率先解放思想息息相关的。今后的美学发展也必将如此。因此,我们要超越前四十年的辉煌,要再一次创下美学界蓬勃发展的奇迹,就必须再一次让思想"冲破牢笼"。

我还要说,正是改革开放的时代激励着生命美学去矢志不渝地坚持真理。

思想解放,说说容易,其实却充满艰辛。偶尔可看到个别学人,在别人大胆创新的时候,他去明里暗里大力批判,并且以此去取悦权贵,并且借此去换取一点权力、地位、头衔、项目、奖励之类的残汤剩饭,可是现在却又摇身一变,以学术创新自居,把别人筚路蓝缕浴血奋战获得的成果说成是自己的创新。似乎创新就是一个可以随意打扮的小女孩。但是,其实当然不是如此。思想的创新,是无比艰难的。一个创新者,要付出的也绝对不仅仅是汗水与心血,其实还包括利益、荣辱、误解、诋毁,甚至面临着个别学霸的要把你驱逐出美学界的叫嚣。四十年后的今天,我想,我自己终于可以坦荡地说,这一切,我全都经历过了!然而,也正是改革开放的时代教会了我,绝不屈服,也绝不后退!

钱锺书先生曾经跟妻子杨绛说:要想写作而没有可能,那只会有遗恨;有条件写而写出来的不是东西,那就要后悔了,而后悔的味道无疑不好受。所以,他强调说:"我宁恨毋悔。""宁恨毋悔",也是我在坚持生命美学的探索的时候所最想告诉自己,也最想告诉我们这个时代的。回首前尘,从2001年到2015年,我大约完全离开了美学界十五年左右,我离开的时候,是四十四岁,当时,我已经在美学界做成了创始生命美学这件事情,相比很多人的四十四岁,算是没有青春虚度。可是,我却不得不选择了离开。无疑,这"离开"当然不是我的主动选择。1984年底提出生命美学设想的时候,我只有二十八岁,那个时候,还是实践美学的一统天下,一个年轻人竟然要分道而行甚至要逆流而上,各方面的压力自然很大,而在当时的大学里,也还是年龄比我大二三十岁的那些老先生们在"一言九鼎",因此,是"探索"还是"狂妄"?是"认真"抑或"浮躁"?是为"真理"而"辩"还是为"学术大师"而"炒作"?我一时也百口莫辩。总之,那时的我和那时的生命美学,可以说都是人微言轻,也动辄被人所"轻"。何况,每当一种新说被提倡,总是会有一些人不是去进行学术争辩,而是去下作地猜测、指摘提倡者是"想出名""想牟利",这无疑立刻就会令一个年轻人"百口莫辩"。

例如,在2001年前后,讨论生命美学简直是举步维艰。别人批判我可以,可是我只要一反驳,就被某些老先生看作是自吹自擂。他们的逻辑是:"结论就是唯有生命美学一个派别可以成立;而生命美学又只有潘知常一人为代表。下一个结论就是:20世纪中国只有潘知常一人是真正的美学家。"闻听此言,我顿时无言!而且,在随后的十几年内,我都只能无言。欲加之"过",何患无辞?可是,按照这个逻辑,对于当时出场批判我的实践美学的领军人物,是否也可以这样推论:"结论就是唯有你自己的看法可以成立;而这个看法又以你为代表。下一个结论就是:20世纪中国只有你一人是对的。"再按照这个逻辑,每个学者在批评别人的时候都会被逆推为:"结论就是唯有你自己的看法可以成立;而这个看法又以你为代表。下一个结论就是:20世纪中国只有你一人是对的。"所谓创新,当然就是"虽千万人,吾往矣",可是,如果谁一旦离开"千万人"而"吾往矣",就被加之以这样的逻辑,那创新也就必然会胎死于腹中。

幸而我没有屈服!被迫离开美学界,而且也再也没有参加过国内的美学学会组织的任何活动,也不再担任中国青年美学学会副会长、中华美学学会理事,迄今为止,已经整整十八年,我却自认为仍旧还是一个美学爱好者。借用古代荀子的话:"天下有中,敢直其身;先王有道,敢行其意;上不循于乱世之君,下不俗于乱世之民;仁之所在无贫穷,仁之所亡无富贵;天下知之,则欲与天下同乐;天下不知之,则傀然独立天地之间而不畏:是上勇也。"多年以来,我虽非"上勇",但是对于"上勇"却是时时心向往之。而且,正如爱因斯坦所说:"我不能容忍这样的科学家,他拿出一块木板来,寻找最薄的地方,然后在容易钻透的地方钻许多孔。"生命美学的经历也告诉我们,美学的真正探索永远不会在那些指定的思想区域,也不在那些人为编排的所谓课题里,而是在时代艰难思考的云深不知处。因此,我们首先要做的,就是必须尊重自己的内心感受,文章绝不为应时而做,应权贵而做,应时髦课题而做——一次也不!因为这是一个真正的学人的尊严所在(美学界应该树立这样的"一次也不"的风气,应该以固守学人的尊严为荣)。1823年,贝多芬将《D大调庄严弥撒曲》手稿献给鲁道夫大公,并题词:"出自心灵,但愿它能抵达心灵。"其实,所有的学术研究也都应该如此:"出自心灵,抵达心灵。"生命美学的动力,当然也是因此。

而且,生命美学的实践也告诉我们,思想的创新还要贵在坚持。从1985年到现在,三十三年过去了,弹指一挥间,我也已经看到了太多太多的"兴衰浮沉",但是,生命美学却仍旧在壮大,仍旧在发展,生命美学已经从过去的"百口莫辩"到了不屑一辩——因为生命美学的成长已经毋庸置疑,也已经无可否认。谁是谁非,更早就已经有了定论。这让我想起,当年日本的德川家康曾被提问:"杜鹃不啼,而要听它啼,有什么办法?"他的回答是:"等待它啼。"这个回答,我很喜欢。很多东西,如果你等不及,那,也就等不到!对于生命美学,我也想这样说。

也因此,也许与其他美学学人不同,我在此以前的全部美学生命,都是与生命美学荣辱与共的。有一首流行歌曲唱得真好:"若是没有你,我苟延残喘!"生命美学也是这样,我也可以说:"若是没有你,我苟延残喘!"不过,这毕竟只是问题的一个方面。其实,生命美学的成长还有另外一个方面,这就是美学在思想解放大潮中逐步形成的宽松、宽容、相互扶助的良好氛围。过去在读《第二十二条军规》的作者海勒的《上帝知道》这部作品的时候,我曾经为其中的一句话而感动:"人怎能独自温暖?"其实,在创新和探索的道路上,同样谁也不能够"独自温暖"。就我个人的经历而言,无疑也是如此。我愿意直言,这么多年来,我为此而倍感艰辛,例如,还在上个世纪80年代中叶,我刚开始提倡生命美学的时候,就已经开始了磕磕碰碰。仅仅是被作为"资产阶级自由化"加以公开批判,就有两次,还被在北京的一次学术会议上作为"资产阶级自由化"在美学界的代表点名批判一次。其他的曲折,就更不用去说了。但是,我却又绝对不是一个人在"战斗"。

就以李泽厚先生为例,我幼年在北京长大,居住在北京东城区和平里九区一号,美学界的学人都熟知,那里正是实践美学的诞生地,因为李泽厚先生"文革"前后就一直住在那里。我家与李泽厚先生的家是前后排,因此我认为自幼就应该是深受李泽厚先生的熏陶,而且,我至今也认为他的学术贡献无人可及,堪称一代大师。或许也由于这个原因,当年我最早批评实践美学的时候,确实也心怀忐忑。但是,李泽厚先生却不以为忤。我1991年把拙作《生命美学》寄给李泽厚先生指正的时候,他立即回信,给我以鼓励,而且,还提出可以开一个学术讨论会,他愿意亲自到会。蒋孔阳先生也是这样。上个世纪90年代,我在给蒋孔阳先生的信中提及自己对于实践美学的疑惑以及自己对于实践美学的批评的时候,他立即给我回信。在信中,他写道:"来信收到,甚为高兴!我也曾听说过,你写了评'美是人的本质力量对象化'的文章,我认为很好。学术上谁也不应称霸,应当有自由的争鸣空气。不能只让我说,不让他说。争鸣空气愈是激烈,议论愈是××(信件字迹看不清楚),学术就愈是繁荣。不然,只是一家独鸣,大家喊万岁,那还有什么学术?"只要想一想当时我还只有三十多岁,初生牛犊,而蒋孔阳先生早已名动天下,而且,我还是在批评实践美学,那么,立刻就会知道,蒋孔阳先生的信写下的其实不是他一个人的心声,而是一个时代的心声。确实,实践美学与生命美学之争其实只是形式,而其中的最为内在的内涵,却是我们所有的人都共同拥有着一个目标,这就是:"为真理而斗争。"

还有阎国忠先生对我的美学研究工作的关心与批评。从上个世纪的80年代开始,我提出了自己的关于生命美学的设想,以我当时二十多岁的年龄,无疑决然想象不到这会给我日后的学术生涯带来什么。探索者的艰难,是我在后来的经历中才逐渐咀嚼到的。可是,早在1995年,阎国忠老师就在《走出古典——当代中国美学论争述评》中给了生命美学以与实践美学等其他美学主张同等的地位。只要联想到那个时候的我还只是一个不满四十岁的年轻人,就会知道,阎国忠老师的这一评价是何等不易。继之,在1997年第1期的《文艺研究》,阎国忠老师又发表了《关于审美活动——评实践美学与生命美学的论争》,再后来,在2001年第6期的《郑州大学学报》,阎国忠老师又发表了《何谓美学——100年来中国学者的追问》,不久,他又把这篇文章扩展成了一本专著:《美学建构中的尝试与问题》,把生命美学与其他六种美学模式并列,作为20世纪中国美学探索的主要成就。可是,这对于一个当时仅仅四十多岁的年轻学人来说,该是何等的诚惶诚恐?! 无疑,阎国忠老师的鼓励对于我的鞭策是十分重要的。当然,阎国忠老师对生命美学也多有商榷,不过,这些商榷,也早就化作了我在推进、完善生命美学时的动力。

还必须感谢的,是王世德先生。我与王世德先生的相识,是在上个世纪的1987年。我去成都的四川师范大学开会,第一次见到了与会的王世德先生(也就在这次的会议中,我还结识了王教授的两位高足:封孝伦、薛富兴),令我意外的是,对于我的浅见,他却给予了我极大的鼓励。这鼓励的弥足珍贵,应该说,对当时的我而言,是无论怎样评价都不为过分的。

然而,更为令人感动的是,当年王世德先生还曾经力排众议,全力支持他的硕士研究生封孝伦(后为贵州大学常务副校长)完成了自己的硕士学位论文《艺术是人类生命意识的表达》。而今回首往事,我想说,没有相当的理论勇气与敏锐的学术眼光,这样的题目,在生命美学萌芽之初的时期,无疑是早在开题阶段就会被保护性地无情"枪毙"掉的。

王世德教授对于生命美学研究的支持还不仅仅是我和封孝伦两人,在2002年,我还注意到,他又热情地为范藻教授的新著《叩问意义之门——生命美学论纲》写了评论,而且明确表态说:"我赞同和欣赏新提出的生命美学观这一美学思潮。""我赞同和欣赏生命美学这样的美学观和审美思潮。"

王世德教授对于生命美学研究的支持还不仅仅是一时的,而且是一贯的。2015年,我也注意到,他在《贵州大学学报》的第1期中,又发表了《喜读封孝伦新著〈生命之思〉》。这一次,他仍旧明确表态说:我"很赞同生命美学论"。

还必须提及的,是众多的生命美学的爱好者的鼓励与鞭策。在这个方面,多年来,我经历了很多,也无数次地被感动过。例如,2016年,我在江苏大丰做美学讲座的时候,主持人就在现场介绍了一位在座的老年舞蹈老师在多年前曾经受到我的《生命美学》一书影响的故事;2015年,在江苏省的戏剧编剧培训班上,作为主持人,江苏的一位著名编剧也曾经在现场回忆,他本人在早年的艰难探索中,就受到我的《生命美学》一书的启发,并且当场朗诵了拙著中的一段……

古人云:"吹尽黄沙始到金。"现在,在改革开放四十年到来的时候,我终于可以说,生命美学的过去已经成为美好的回忆,成为传奇,也必将会进入中国当代美学史。但是,而今美学界的思想解放也仍旧并不容易。与过去截然不同,斗转星移的当今学术界,不少人已经把拿到项目的多少、获奖数目的多少、核心期刊发表论文的多少作为评判学术研究的标准。"著书"却不"立说",在现在的学术界已经见惯不惊了,人们也早已不以为平庸,反以为光荣。"著名"却不"留名",某些学者在当下的学术活动中地位显赫,但是在悠久的学术历史中却难寻踪迹,或许也会成为未来的一个学术景观。不过,我却始终固执己见。因为实在没有办法设想,康德与黑格尔怎么去组织一个学术团队,更无法设想,黑格尔的《哲学史讲演录》《美学》《历史哲学》《宗教哲学讲演录》竟然是他指导不同学术团队合力完成的成果。在人文科学,其实谁都知道,倘若如此,那只是笑柄而已。

也因此,无论别人如何选择,我多年来是始终固执坚持不去申报诸如重大项目之类的项目。当然,这会因此而影响诸多的"福利",那也只能如此了。在我看来,起码对人文科学来说,对于研究成果的最高评判标准,只能是:出思想。也因此,我始终认为,在中国当代的美学界,就美学的基本理论研究而言,实践美学的提出(不仅仅是李泽厚先生,还有刘纲纪先生、蒋孔阳先生,等等)以及后实践美学的问世(超越美学、生命美学,等等),还包括其他一些美学新论的首创,才是当代中国美学研究中最值得关注的成就与贡献(当然,这里论及的只是"最值得关注",因此,绝不意味着对于任何的认真的美学研究成果的不敬)。"尔曹身与名俱灭,不废江河万古流",不妨大胆想象,将来在历史中终将沉淀下来的,必将也首先就是这些成就与贡献。

我记得杜近芳曾经告诉丁晓君,当年她拜师时听到的第一句话是,王瑶卿先生问她:你是想当好角儿,还是想成好角儿?王瑶卿先生解释说:当好角儿很容易,什么都帮你准备好了。成好角儿不是,要真正自己付出一定的辛苦,经历一番风雨,你才成为一个好角儿。而牟宗三先生在《为学与为人》中也告诫过我们:做学问就是要把自己生命中最为核心的东西挖掘出来。在我看来,牟先生的话绝对正确。倘若要想在美学界"成为一个好角儿",要想在美学界真做学问,那也只能如此了:"把自己生命中最为核心的东西挖掘出来。"至于某些课题或者项目,或者某些献媚权贵之作,某些应时之作,在我看来,都是一些伪学问,不做也罢!

三

当然,生命美学的出现也不是孤立的,而是直接与置身改革开放四十年的大背景下的中国当代美学的发展密切相关。

首先,生命美学是在与实践美学的长期论战中脱颖而出的。实践美学有其历史功绩,这毋庸置疑,但是,实践美学也有其缺点,这同样毋庸置疑。只是现在对于实践美学的批评已经并非难事,也已经很难想象到在过去倘若公开批评实践美学会意味着多么大的风险。因此,现在出现了不少学者,在批评实践美学已经没有任何风险而且也已经成为时髦的时候,纷纷自称自己是实践美学的最早批评者,更有人时时在有意无意地把批评实践美学的"事迹"算在自己的身上。还有一些学者,因为时代久远,也因为对于当时的情况缺乏实事求是的研究,因此在谈及这一段史实的时候会出现种种张冠李戴的谬误。

然而,历史的真相却难以掩饰,更难以篡改。我常说,在这里,唯一的标准无疑应该是去考证公开发表论文或者论著的时间。

例如,现在一般学者都认为后实践美学的发端是1994年,这是因为在这一年杨春时先生发表了为"后实践美学"颁发出生证的论文《超越实践美学,建立超越美学》(《社会科学战线》1994年第1期)。对此,我没有异议。

不过,倘若论及国内最早的对于实践美学的批评以及对于美学新说的提倡,则不能从1994年算起。因为早在上个世纪80年代的中期,高尔泰先生以及我本人就已经开始刊发相关论文了。因此,应该将在1994年之前的对于实践美学的批评以及新观点的提出作为最为重要的前驱,才符合美学历史的实际情况,也才是真正尊重美学历史。例如,高尔泰先生的《美的追求与人的解放》一文是最早批评实践美学的"积淀说"的,时间早在1983年第5期的《当代文艺思潮》。而我本人也早在1985年就发表了《美学何处去》,又在1990年发表了《生命活动——美学的现代视界》(《百科知识》1990年第8期)。倘若以最早批评实践美学并且提出美学新说而论,这几篇文章无疑才是目前公认的最早的经典文献(同时,我在1989年出版的《众妙之门——中国美感心态的深层结构》里已经提出"美是自由的境界"、"现代意义上的美学应该是以研究审美活动与人类生存状态之间关系为核心的美学"、"文学艺术具有比反映重要得多的使命、职能,这使命、这职能就在于文学艺术是人类生存的世界,是此在的世界,与科学和伦理相比较,文学艺术更深地触及了人类的生存之根。"见该书第4、336页)。

再如,我看到有学者以陈炎先生发表在《学术月刊》1993年第5期的《试论"积淀说"与"突破说"》一文作为国内美学界批评实践美学并提出美学新说的起点。这无疑也并无根据。陈炎先生的文章固然有其历史地位,但是,高尔泰先生以及我本人发表同类文章的时间,都要比他早得多。而且,高尔泰先生的《美是自由的象征》一书是1986年出版的,我的《生命美学》一书是1991年出版的,因此即便是批评实践美学并提出美学新说的专著也都早于陈炎先生的那篇批评文章。显然,以陈炎先生的那篇文章作为国内美学界第一个引发对于实践美学的批评的开端,在美学界无疑可能很难服众,更可能会引起学术争鸣。

还有一种说法认为,改革开放四十年来中国当代美学可以划分为实践美学——后实践美学——新实践美学(含实践存在论)三个阶段。遗憾的是,这种划分无疑是十分草率的。所谓后实践美学、新实践美学之类的分期术语,不仅十分混乱,而且经不起认真的推敲。比如,生命美学是1985年出现的,1991年就已经出版了《生命美学》(河南人民出版社),但是后实践美学却是在1994年才出现的。早在九年前就已经问世的生命美学如果硬要放进后实践美学,那么,后实践美学为什么是从1994年开始,而偏偏不是从生命美学出现的1985年开始?何况,同样被列入后实践美学的体验美学(王一川),却是在1988年就已经出现了,也是远远早于1994年的。因此,如果一定要使用后实践美学这样的分期概念,那就一定要同时确认,它是从1985年开始。现在流行的从1994年算起的后实践美学,其实是完全站不住脚的。新实践美学也是如此,有人说,新实践美学的出现是在晚于后实践美学的2001年,可是,邓晓芒提出的新实践美学却是在1989年,远远早于所谓后实践美学出现的1994年,也远远早于新实践美学出现的2001年。因此,如果硬要使用新实践美学的分期概念,那如同我建议的后实践美学要从1985年算起一样,新实践美学则应该从1989年算起。正是出于这个原因,我历来都是本着尊重任何学说、学派的"首创"价值的立场,严格根据出现的时间排序,统一称之为:实践美学(1957,李泽厚)、生命美学(1985,潘知常)、超越美学(1994,杨春时)、新实践美学(2001,张玉能)、实践存在论美学(2003,朱立元)……

同时,后实践美学与实践美学是外部的区分,类似于汉代与唐代的区分;实践美学和新实践美学却是内部的区分,仅仅类似汉代的西汉与东汉的区分。无疑,实践美学与后实践美学构成了对立,因此可以以"后"来区分,但是"新实践美学"(含实践存在论)与"实践美学"却并不存在对立,而是相互补充的关系,这一点,从它们彼此之间都没有离开"实践"二字,就可以看出。因此,新实践美学(含实践存在论)无疑有其自身的贡献,但是断言它已经构成了一个全新的阶段、全新的美学,显然是不妥当的,也是对于美学基本理论的论争的真实情况若明若暗的真实反映。何况,实践美学与后实践美学两者都已经完全冲破了自身的门户,各自都有广泛意义的大批拥护者,但是,新实践美学(含实践存在论)却远没有达到这一水准,它们没有例外都主要还只是在师生几个人之间口耳相传。一般都是老师带领自己的几个学生写几本相同主题的专著,然后往往都是老师还在继续深入思考,但是弟子们却大多没有再更多地去加以关注。这当然与"开辟美学新阶段"这一历史界定相差得还比较远。平心而论,师生们共同努力,写出同一主题的若干专著,确实令人敬重,也值得点赞,但是要开辟"美学新阶段",毕竟还需要师门之外的广泛意义上的大批学者的赞同、支持与参加,否则,中国的"美学新阶段"的标准是否也有点太低了,而且是否也界定得太随意了?因此,如果再囫囵吞枣地使用下去,必将制造出许多的混乱,更会给后来的美学史学习者、研究者带来不必要的麻烦。在这里,不妨就以生命美学为例,仅仅以参与人数之广泛,应该就不是实践美学之外的其他种种美学所可以比拟的。坦率而言,不是师生结盟,而是学术界自由组合,而且是众多学者自愿参加,这在中国,目前还只有实践美学与生命美学可以做到。就生命美学而言,据范藻教授统计,过去写作过力主生命美学的美学专著的,也最少就有潘知常、王世德、张涵、陈伯海、朱良志、成复旺、司有仑、封孝伦、刘成纪、范藻、黎启全、姚全兴、雷体沛、杨藹琪、周殿富、陈德礼、王晓华、王庆杰、刘伟、王凯、文洁华、叶澜、熊芳芳,等等,当然,他们的研究角度各异,内容也各有不同,甚至对于生命美学的定义也并不完全相同,但是,也必须看到,在关注"人的生命及其意义"、关注审美活动与人类生命活动之间的结盟这一点上,他们却又是高度一致的。至于写作过关于生命美学的论文的,那参加的作者更是应该以百(人次)记、以千(人次)计了,例如,其中就包括著名哲学家、复旦大学文科资深教授俞吾金教授,他在2000年的《学术月刊》上发表的《美学研究新论》一文,就明确提出了美学研究要"回到生命"以及"美在生命"的基本看法。俞吾金教授是哲学研究的大家,他从哲学研究的感悟进而力主生命美学,同样是对于生命美学的重要支持。显然,这种来自其他学科的著名学者的旗帜鲜明的支持的情况,不要说是新实践美学(含实践存在论),即便是实践美学,也并不多见。也因此,关于改革开放四十年中美学的发展,正确的说法,应该就是从实践美学(1957)到后实践美学(1985)!至于新实践美学(1989,含实践存在论)则只是属于实践美学本身的自我弥补与拓展,仍旧应该隶属于实践美学本身。还有后来的生态美学、环境美学、生活美学、文化美学等,则全都应该属于美学的部门美学的深入拓展。它们与美学基本理论的拓展、争鸣没有关系,也无法与实践美学与后实践美学的讨论、争鸣并列。因此,自然也就无法轻易地被赞誉为美学发展的新阶段了。

就以近年来十分热门的生态美学而言,一般而言,国内美学界把生态美学的诞生界定在2003年。但是,就是2003年才迟迟诞生的生态美学,却每每认为自己开创了全新的美学理论。为此,它竟然一再强调自己的对于实践美学的在根本观念上的突破,例如,摒弃了主客体二元对立的认识论;例如,对于海德格尔存在论哲学的关注;例如,从传统认识论到当代存在论的转型;例如,从工具理性世界观转向生态世界观;例如,从主客二分转向有机整体;例如,从"人化的自然"到"人与自然的共生";例如,从人对自然的审美态度的单纯审美观到一种人生观与世界观,并且,也还一再提示,这一切都是它为美学研究所提供的"新发展、新视角、新延伸和新立场"。但是,大凡对于改革开放四十年美学历程稍有了解的学者都应该知道,其实,在与实践美学的商榷中,从上个世纪80年代开始,上述"新发展、新视角、新延伸和新立场",在生命美学(1985)、超越美学(1994)的出场中就已经被率先标举,并已经被国内美学界所广泛接受,而且,在后实践美学之外,在其他美学家的论述中,例如张世英先生、叶朗先生,等等,也早已频繁涉及。因此,作为在时间上明显远远晚于后实践美学以及众多美学家的讨论的生态美学的提出者,无视实践美学之后的众多美学成果,也不去从实践美学之后的众多美学成果接着讲,而是干脆直接越过这一切成果,仍旧去接着早已被后实践美学以及众多美学家已经批评了一二十年的实践美学的早期缺憾去评说,并且在此基础上去提出自己的"新发展、新视角、新延伸和新立场",并且完成自己的"生态学转向",从而,进而把自己的生态美学与前此在国内提出美学观新说的实践美学、超越美学、生命美学等去并列起来,应该说,是证据完全不足的,而且也是根本不能令人信服的。

进而,即便是提出生态美学,也无疑并不能就自我表彰,把自己标榜为所谓的美学新说。因为生态美学仅仅涉及了人与环境的关系,远远未能涵盖美学基本理论的全部问题,例如悲剧、崇高,等等,充其量也仅仅只是部门美学之一。何况,其他的美学新论的提出者也并不是对于生态美学毫无关注,而只是并不认为生态问题可以上升为全部的美学基本理论问题,因此没有也不愿意去提出生态美学这样一个也许并不存在的美学新说而已。因此,生态美学的提出者固然有其贡献,但是倘若以为自己最先涉及生态问题,并且可以在美学基本理论研究领域都傲视群雄,无疑是草率的。

例如,就生命美学而言,它确实并不提倡生态美学,但是,这却绝对不等于它同时就无视生态问题甚至无视生态学的研究维度,也绝对不等于一定要等到生态美学的出现才意识到生态问题以及生态学的研究维度的重要。其实,早在生态美学提出自己的"新发展、新视角、新延伸和新立场"(国内公认,这大约是在2003年左右)之前,准确地说,早在1997年,生命美学就已经敏感地关注到生态问题,并且就已经提示了生态学的研究所给予美学本身的一切可能的启迪。

事实胜于雄辩,下述文字应该已经足够——

> 从实践活动原则转向人类生命活动原则,可以更好地容纳当代哲学所面对的大量新老问题,老问题如自由问题,主客体的分裂问题,真善美、自由与必然、事实与价值、规律与选择、感性与理性、灵与肉的分裂,但它们也有了新内容;新问题如痛苦、孤独、焦虑、绝望、虚无,因核武器、环境污染、生态危机所导致的全球性人类生存问题,相对论、测不准关系、控制论、信息论、耗散结构以及发生认识论、语言哲学、科学哲学所涉及的哲学问题……这些问题用实践活动是难以概括的,事实上,它们都是根源于人类的生命活动,发展于人类生命活动,也最终必然解决于人类生命活动的。[①]

人在世界中的使命事实上应该是两重的。其一是自然的消费者,其二则是自然的看护者,而且,应该以后者为主。所谓人是万物之灵,

---

① 潘知常:《诗与思的对话——审美活动的本体论内涵及其现代阐释》,上海三联书店1997年版,第48页。

也只能从这样的角度去理解:人是宇宙中唯一的觉醒者,他肩负着看护包括自身在内的自然这一神圣使命。在这里,看护自身与看护自然是统一的,看护自身就是看护自然,看护自然也就是看护自身。过去,由于我们只是从生态危机的角度意识到人要看护自然的生存,把人为什么要这样去做理解为一种权宜之计,因而很难提高到美学的角度来思考。现在,当我们意识到人类的天职就是自然的看护者,其中的美学内涵也就十分清楚地显示出来了。事实上,审美活动的本体论内涵正是在于:它是人类自身与自然的看护者。①

正如 J－M. 费里所预言的:"无足轻重的事件可能会决定时代的命运:'美学原理'可能有一天会在现代化中发挥头等重要的历史作用;我们周围的环境可能有一天会由于'美学革命'而发生天翻地覆的变化……生态学以及与之有关的一切,预示着一种受美学理论支配的现代化新浪潮的出现。这些都是有关未来环境整体化的一种设想,而环境整体化不能靠应用科学知识或政治知识来实现,只能靠应用美学知识来实现。"②

事实上,第三次浪潮本身就是一次精神危机,所以 E. 拉兹洛才预言:"过了现在这段杂乱无章的过渡时期,人类可以指望进入一个更具承受力和更加公正的时代。那里,人类生态学将起关键作用。在人类生态学时代,重点将转移到非物质领域中的进步。这种进步将使生活的质量显著提高。"(E. 拉兹洛:《即将来临的人类生态学时代》,载《国外社会科学》

---

① 潘知常:《诗与思的对话——审美活动的本体论内涵及其现代阐释》,上海三联书店 1997 年版,第 123 页。
② 潘知常:《诗与思的对话——审美活动的本体论内涵及其现代阐释》,上海三联书店 1997 年版,第 137 页。

1955年第10期。)①

显而易见,生态问题以及生态学的研究维度,是生命美学早在1997年就已经正式提出的。生态问题以及生态学的研究维度中所蕴含的所谓"新发展、新视角、新延伸和新立场",也是生命美学早在1997年就已经正式关注了的,因此,也许仅仅是因为被认为毫无必要,因此生命美学才没有进而提出所谓的"生态美学"。因为它只是涉及了美学中的人与自然维度。因此,仅仅因为提出了生态美学,就被定义为美学基本理论的一大进步,甚至被定义为美学发展的新阶段,这种做法是实在简单粗暴的。

还有国内的文化研究。其实,严格而论,文化研究无疑不应该隶属于美学研究。而文化研究之所以在美学研究中一直站不住脚,关键也就在此。其实,关于文化研究,生命美学在国内也应该算是始作俑者,我的《反美学——在阐释中理解当代审美文化》出版于1995年,而且当年立即被再版(可惜的是,有些文化研究的开创者宁肯把自己出版时间远远在后的文化研究专著列为文化研究的开创之作,却偏偏对这本书视而不见)。可是,到了2000年以后,我就不再用"审美文化"这个术语了,我那时出版的书籍,就直接叫作《大众传媒与大众文化》(上海人民出版社2002年版)、《流行文化》(江苏教育出版社2002年版)。可是,后来我却开始对自己有所怀疑了。因为我意识到:文化研究当然十分重要,但是更重要的是,既然已经转行研究文化了——哪怕是视觉文化,就不必要再羞羞答答地躲在美学研究的招牌背后了,而完全可以勇敢地独立出去,自立旗号。当然,这也是我后来没有再继续介入文化研究的根本原因。

四

还值得一提的是,中国的改革开放的四十年也并不是孤立的,而是世界

---

① 潘知常:《诗与思的对话——审美活动的本体论内涵及其现代阐释》,上海三联书店1997年版,第152页。

现代化大潮的一个有机组成部分,更是直接牵动着中国文化源远流长的文化精魂。而这也正是生命美学的优长之处。在此,也有必要予以简单提示。

首先是中国自古至今的生命美学传统。

生命美学当然是自1991年我的《生命美学》一书的出版才宣告正式诞生的,①但是,它却与中国美学的源头活水密切相关。在中国美学,所谓审美活动,指的就是生命自身的转化、提升。它涵融全部生命,致力于对生命的开拓、涵养,使被尘浊沉埋着的生命得以超拔、扩充。可以认为,正是对于诗性人生的关注,才构成了中国美学的中心。这导致中国美学的方方面面,无不围绕着诗性的人生而展开,也导致中国美学毅然以诗性人生的实现,作为中国人的安身立命之地。同时,这还意味着,中国美学并不关注审美与艺术的现实价值、现实关怀,而是转而关注审美与艺术的终极价值、终极关怀,并且以之作为世界之"本"、价值之"本"、人生之"本",因此以自由为经,以爱为纬,以守护"自由存在"并追问"自由存在"作为自身的美学使命。遗憾的是,中国美学对于诗性人生的关注以及对于终极价值、终极关怀的关注都没有真正建立在本体论的基础之上。因此不是"救赎",而是"逍遥",甚至是"解脱",不但没有真正达到审美形而上学的高度,而且也没有达到审美救赎的高度,而这,也正是生命美学自诞生以来的努力方向。

更加令人瞩目的是,在上个世纪的前半叶,我们惊喜地发现,尽管尚未提出生命美学这个名称,但是,从王国维的"生命意志"开始,鲁迅的"进化的生命"、张竞生的"生命扩张"、宗白华的"生命形式"、方东美的"'广大和谐'的生命精神"、吕澂的美是"主体生命和情感在物象上的投射"、范寿康的美的价值就是"赋予生命的一种活动"、朱光潜(早期)的"人生的艺术化"……都已经在逐渐把目光集中在"生命"与美学这样一个焦点之上。必须要指

---

① 而且,在三十多年的美学研究中,借助于二十余部美学专著,我已经把生命美学的思考成功运用于对于中国古代美学的阐释,对于西方美学的领悟(例如西方审美观念的转型,例如法兰克福学派的思想),对于当代审美文化、大众文化的讨论,对于古今中外经典作品的阐发,等等,应该说,就这一点而言,即便是实践美学也是迄今尚未完全做到的。

出,这无疑是一个20世纪美学的历史奇观,由此开始,直到20世纪80年代,生命美学在中国的呱呱坠地,以及"生命美学"的被正式命名,应该说,是一个中国的美学家所做出的重大学术贡献。并且,可以预言,随着百年美学历史的流逝,它一定也会逐渐成为一个被后来的研究者频频瞩目的重大学术课题。

再从西方美学的发展来看,对于诗性人生以及审美与艺术的终极价值、终极关怀的关注也无疑是一个极具生命力的生命美学传统。也因此,从康德开始,叔本华和尼采的唯意志论美学,狄尔泰、西美尔、柏格森、奥伊肯、怀特海的生命美学,弗洛伊德的精神分析美学,荣格的分析心理学美学,如果把外延再拓展一些,还可以包括海德格尔、雅斯贝斯、舍勒、梅洛-庞蒂、萨特和福柯等为代表的存在主义美学,以及以马尔库塞、弗洛姆等为代表的法兰克福学派美学,当然,还有后现代主义美学中的身体美学,等等,都属于生命美学的美学谱系。为此,西方学者甚至会断言:就西方而言,在希腊,关注的是"存在";在中世纪,关注的是"上帝";在17、18世纪,关注的是"自然";在19世纪,关注的是"社会";在20世纪,关注的则是"生命"。而从哲学史的视角看,生存论哲学也是继古代本体论哲学、近代认识论哲学之后出现的哲学的第三大发展阶段。"从浪漫主义时代以来,在'唯美主义'的幌子下,美学越来越多地假定了某种成熟的生命哲学的特征。正是这个信念把从席勒到福楼拜,再到尼采,再到王尔德,一直到超现实主义者的各个不同的审美领域的理论家们统一起来了。尽管这些人之间存在着种种差异和区别,但他们都同意这样一个事实:审美领域体现了价值和意义的源泉,它显然高于单调刻板日常状态中的'单一生活'。"[①]"与美学相比,没有一种哲学学说,也没有一种科学学说更接近于人类存在的本质了。""每一个新的、伟大的艺术作品都揭示了人类存在的新的深度,并且因此而重新创造人类。"[②]

---

① [美]沃林:《存在的政治——海德格尔的政治思想》,周宪等译,商务印书馆2000年版,第217页。
② [德]盖格尔:《艺术的意味》,艾彦译,华夏出版社1999年版,第194、196页。

而且,在这当中,特别需要予以关注的,是尼采美学以及法兰克福学派的美学。以后者为例,因为对于诗性人生以及审美与艺术的终极价值、终极关怀的关注,亦即因此而形成的两大主题:对于审美形而上学的关注与对审美救赎的关注,正是法兰克福学派的题中应有之义。这正如韦伯所说:"在生活的理智化和合理化的发展条件下,艺术正越来越变成一个掌握了独立价值的世界。无论怎样解释,它确实承担起一种世俗的救赎功能,从而将人们从日常生活中,特别是从越来越沉重的理论的与实践的理性主义的压力下拯救出来。"①而这与中国的生命美学的对于审美形而上学的关注与对审美救赎的关注则是完全一致的。

当然,也有不同,西方的生命美学更加侧重于理性的丰富性,以便给予自我感觉以充分的形而上的根据,而中国侧重的则是自由意志与自由权利。在西方,是期望从窒息理性的使人不成其为人的"铁笼"中破"笼"而出,在中国,却应当是从窒息人性的不把人当人的"铁屋"中破"屋"而出。自由意志与自由权利的成长,也因此而成为审美救赎的中国特色、中国方案。

进而言之,西方生命美学较多关注的毕竟只是美学的批判维度,却都忽视了美学的建构维度。他们没有意识到:对于审美的普遍关注,是因为在宗教时代、科学时代之后的美学时代的莅临。一个以美学价值作为主导价值、引导价值的"美学时代"正在姗姗而来。时代的最强音已经从"让一部分人先宗教起来""让一部分人先科学起来"转向了"让一部分人先美学起来",而且,也已经从"上帝就是力量""知识就是力量"转向了"美是力量"。这是宗教的觉醒、科学的觉醒之后的第三次觉醒:美的觉醒!从"信以为善"到"信以为真"再到"信以为美"。现在,已经不是"美丽",而是"美力"。而且已经进入了"扫(美)盲"时代,亟待着"全世界爱美者联合起来"。因此,西方生命美学尽管十分重视美学与生命的关联,但是就美学的意义而言,却毕竟仅仅意识到美学的在行将结束的科学时代的救赎作用,但是却未能意识到美学在即将到来的美学时代的主导作用、引导作用。因此他们对于美学的关注

---

① 转引自李健:《审美乌托邦的想象》,社会科学文献出版社2009年版,第44页。

也就只能是天才猜测,而无法落到实处。例如,尽管卡西尔已经知道了人是符号的,而且形成了一个次第展开的文化扇面,但是却只是将各种文化形态平行地置入其中,却未能意识到在这个次第展开的文化扇面中还始终存在一种主导性、引导性的文化。例如,未能注意到宗教文化作为主导性、引导性的文化的宗教文化时代,科学文化作为主导性、引导性的文化的科学文化时代。因此,也就忽视了当今正在向我们健步走来的美学文化作为主导性、引导性的文化的美学文化时代。关键是要回答:美学的主导价值、引导价值是什么? 与此相应,西方的生命美学对于美学在即将到来的美学时代的主导作用、引导作用也就关注得不够,而这却恰恰是我所提出的生命美学以及当代中国的生命美学的理论探索的重中之重。其次,西方生命美学因此未能去进而关注美学所建构的世界是什么。西方生命美学较多关注的只是美学的批判维度,例如法兰克福学派就自觉地以美学为利器,去批判资本主义社会,批判理性至上,批判技术霸权,并且孜孜以求于"艺术与解放"的提倡,但他们却没能意识到,美学不仅仅要关注对于当下的批判,而且还要关注对于未来的构建,因此未能去关注美学的"按照美的规律来建造"的建构维度。例如,伊格尔顿就关注到了这一奇特现象。在《美学意识形态》里,他一再提醒我们:"任何仔细研究自启蒙运动以来的欧洲哲学史的人,都必定会对欧洲哲学非常重视美学问题这一点(尽管会问个为什么)留下深刻印象。"[1]至于其中的原因,他也曾经指出:"美学对占统治地位的意识形态形式提出了异常强有力的挑战,并提供了新的选择。""试图在美学范畴内找到一条通向现代欧洲思想某些中心问题的道路,以便从那个特定的角度出发,弄清更大范围内的社会、政治、伦理问题。"[2]对此,我经常强调,在西方美学历史上,值得关注的往往是哲学家的美学而不是美学教授的美学。但是,我们也必须看到:这条"通向现代欧洲思想某些中心问题的道路"在西方生命美学的探

---

[1] [英]伊格尔顿:《美学意识形态》,王杰等译,广西师范大学出版社1997年版,第1—3页。
[2] [英]伊格尔顿:《美学意识形态》,王杰等译,广西师范大学出版社1997年版,第3、1页。

索中却始终晦暗不明,于是,"从那个特定的角度出发,弄清更大范围内的社会、政治、伦理问题"的目标也就随之而落空了。但是,令人欣慰的是,从"小美学"走向"大美学",从对于文学艺术的关注转向对于人的解放的关注,立足于美学时代来重新阐释美学之为美学的意义以及美学在当代社会所禀赋的重要的价值重构的使命,正是我所提出的生命美学以及当代中国的生命美学所做出的重大贡献。换言之,关键是要回答:美学时代是一个什么样的时代?是从"宗教地看世界""科学地看世界"转向"美学地看世界"。类似孔子呼唤的"天下归仁",现在亟待"天下归美"。沃尔夫冈·韦尔施在《重构美学》中曾谈到他自己的美学探索:"本书的指导思想是,把握今天的生存条件,以新的方式来审美地思考,至为重要。现代思想自康德以降,久已认可此一见解,即我们称之为现实的基础条件的性质是审美的。现实一次又一次证明,其构成不是'现实的',而是'审美的'。迄至今日,这见解几乎是无处不在,影响所及,使美学丧失了它作为一门特殊学科、专同艺术结盟的特征,而成为理解现实的一个更广泛,也更普遍的媒介。这导致审美思维在今天变得举足轻重起来,美学这门学科的结构,便也亟待改变,以使它成为一门超越传统美学的美学,将'美学'的方方面面全部囊括进来,诸如日常生活、科学、政治、艺术、伦理学,等等。"①这其实也是我所提出的生命美学以及当代中国的生命美学的所思所想。而且,在这个方面,我所提出的生命美学以及当代中国的生命美学始终都在直面"我们称之为现实的基础条件的性质是审美的",直面"美学丧失了它作为一门特殊学科、专同艺术结盟的特征",直面美学与人的解放之间的密切关联,在"审美思维在今天变得举足轻重起来"的时代,担当起了时代领航者的光荣使命。同时,我所提出的生命美学以及当代中国的生命美学已经"成为一门超越传统美学的美学,正在将'美学'的方方面面全部囊括进来",因此而开始的对于美学在当代世界所导致的重构自然、重构社会、重构生活、重构自我的"价值重估",无疑也弥补了西方生命美学的一个"价值真空"。

---

① [德]韦尔施:《重构美学》,陆扬等译,上海译文出版社2002年版,第1页。

换言之,在改革开放四十年中生命美学的与西欧从康德、尼采、海德格尔到法兰克福学派(西方西欧的"西马")的对话与互补,以及实践美学的与把西方东欧的列宁、卢卡契等的美学思想的对话与互补,无疑是中国当代美学史的一个重要特色,也是真正值得关注的中国当代美学所做出的世界级的美学贡献。

　　而且,生命美学也同样从马克思主义的美学思想中汲取了宝贵的营养。对于审美活动在人类生命活动中所处的本体地位的关注,是马克思主义美学的一个基本特色。它提示着我们要从传统的被局限在对于作为把握方式的审美活动的操作过程(外部特征)的认识论的美学传统中摆脱出来,进而转向对于作为生存方式的审美活动的本体意义、存在意义、生命意义的阐释。对此,在马克思的著作中有着大量论述。例如,"任何人类历史的第一个前提无疑是有生命的个人的存在。"①"生命活动的性质包含着一个物种的全部特性、它的类的特性,而自由自觉的活动恰恰就是人的类的特性。"并且,就一般意义而言,我"在活动时享受了个人的生命表现",人的"正常的生命活动",②是"生命的表现和证实",③是"人的一种自我享受";④就现实意义而言,人的"生命表现为他的生命的牺牲,他的本质的现实化表现为他的生命的失去现实性",⑤"人同自己的劳动产品、自己的生命活动、自己的类本质相异化这一事实所造成的直接结果就是人同人相异化。"⑥等等。因此,就审美活动而言,必须看到,不是马克思所阐释的"人的本质力量的对象化"的思想,而是马克思所强调的"自我确证"的思想、"自由地实现自由"的思想、"生命的自由表现"的思想,才真正给我们以深刻的启迪。由此,马克思的美学同样与生命美学息息相通,同样存在着对于审美形而上学的与精神关系的

---

① 《马克思恩格斯全集》第3卷,人民出版社1960年版,第23页。
② 《马克思恩格斯全集》第23卷,人民出版社1972年版,第97页。
③ 《马克思恩格斯全集》第25卷,人民出版社1974年版,第921页。
④ 《马克思恩格斯全集》第42卷,人民出版社1979年版,第124页。
⑤ 《马克思恩格斯全集》第42卷,人民出版社1979年版,第124页。
⑥ 《马克思恩格斯全集》第42卷,人民出版社1979年版,第97页。

解放的关注,也就毫无疑义了。不过,这一切毕竟都还没有来得及深入研究,也毕竟未成体系,而这,则正是中国的生命美学自诞生以来的努力方向。

五

总之,中国的改革开放的四十年,造就了中国的生命美学,也造就了中国的生命美学的"'后美学时代'的审美哲学"、"'后形而上学时代'的审美形而上学"以及"'后宗教时代'的审美救赎"这三大贡献(详见我的论文:《生命美学:从"新时期"到"新时代"》)。这无疑是时代为我们所提供的千载难逢的良机:"中""西""马"三者作为中国生命美学的源头活水,激发着中国美学的整整一代的美学家们的苦苦求索。而且,这求索并不是中国美学的直接提升,也不是马克思美学的简单照搬,更不是西方美学——例如西方马克思主义美学中的"西马"(法兰克福学派)的平行挪移,而恰恰是意义重大的时代创新。

遥想当年,佛教东来,中国的原始儒家、原始道家在与佛教文化的千年对话中产生了三大成果:宗教方面的禅宗、哲学方面的心学,美学方面的《红楼梦》,亦即惠能禅学、阳明心学和《红楼》美学,而今,在"中""西""马"的新千年对话中,中国同样期待着新宗教、新哲学和新美学的出现。

无疑,在我看来,对于生命美学而言,是完全可以寄予"新美学的诞生"这一厚望的。

再则,对于生命美学的厚望,还来自我们所置身其中的"新时代"。

十九大提出的"人民日益增长的美好生活需要与我们现在不平衡不充分的发展两者之间的矛盾",是从"发展起来前"的主要矛盾向"发展起来后"的主要矛盾的一个转移,也是从"患寡"问题的解决向"患不均"问题的解决的一个转移。从中华民族伟大复兴的角度看,它意味着我们从"站起来"(1.0版)、"富起来"(2.0版)到"强起来"(3.0版)的一种新的飞跃,亦即:原来的"硬需求"无疑并没有消失,而且继续呈现出升级态势,但是新生的"软需求"则不断涌现,而且呈现多样化多层次多方面的特点。

其中,"强起来"的一个重要方面,就是:"美起来"。

它包括"美好生活"亟待从"好的生活"向"美的生活"的提升,也包括公民的民主、文化需求以及自由权利(包括审美权利)等方面的不充分、不平衡的解决。

首先从从"好的生活"向"美的生活"的提升来看,"美起来"体现为在愉悦感、获得感、幸福感、安全感,以及自由、尊严、当家作主基础上的审美愉悦等更具主观色彩的"软需求"的满足,或者说,人的全面发展与社会全面进步等等更具主观色彩的"软需求"的满足。

生活美本来就是审美活动的应有之义。它构成了审美活动的真实的一极。

对此,可以从三个方面加以说明。

从社会看,生活美是始终存在的。然而在传统社会,由于物质生产与精神生产的分工,造成了物质享受与精神享受的分离,生活美因此而被压抑。美被从艺术美的角度加以强化,艺术美取代了生活美。进入当代社会,由于物质生产与精神生产的日益融合,生活美的由隐而显,是必然的。

第二,从劳动过程看,在传统社会,人们往往更重视精神产品,轻视物质产品。劳动过程也被区别为"动脑"(设计)和"动手"(制作)两部分。对此,恩格斯早就提出批评:"在所有这些首先表现为头脑的产物并且似乎统治着人类社会的东西面前,由劳动的手所制造的较为简易的产品就退到了次要的地位;……迅速前进的文明完全被归功于头脑,归功于脑髓的发展和活动。"马克思也提示我们要注意传统社会"高傲地撇开人的劳动的这一巨大部分"即物质生产这一根本缺憾,因为它造成了技术与艺术的分离。人们称机器为"钢铁的怪物""丑陋的机器",正是着眼于此。在当代社会,物质生产与精神生产的逐渐合一,同样也导致了"动手"的魅力、技术自身的美的被发现。

第三,从发展的角度看,审美与生活的对立只是生命活动在特定社会中的一种特定的表现,在人类之初,物质活动与精神活动混淆不分,审美活动也侧身其中。后来物质活动与精神活动两分,审美活动被通过艺术活动的方式部分地独立出来,但是审美活动不能总是停留在艺术之中,因为这也会限制审美活动的发展。于是随着物质活动与精神活动的再次合一,审美活动也就从艺术活动扩展到物质生产之中,从而进入全部社会生活。生活美就是此时的必然产物。

由此我们看到,正如有学者指出的,人们经常说"适者生存",然而在"适"中求得生存,却是人与动物所共同具有的。只有"美者优存",在"美"中求得生存,才是人所独有的,也是人之为人的根本规律。审美活动的诞生,正是"美者优存"的具体表现。美与人类生命活动同在。在此意义上,根本不存在功利性的审美活动并不存在,真正存在的只是功利性或多或少的问题。生活美的诞生,正是在此意义上成为可能。它是对审美活动的边缘地带的新拓展,也是对审美活动的内涵的深化。正是它,把"爱美之心,人皆有之"这一理想真正变成现实。

而从"不平衡不充分的发展"来看,满足"美好生活"的"美起来"的目标也赋予了"平衡""充分"以深刻的审美价值导向。须知,由于每个人的权利空间都是出之于相同的自由意志,因此,每个人的权利空间也就因此而同样普遍、同样平等、同样神圣不可侵犯。相比自由意志的对于自由存在的直面,是人之为人进入社会关系前的存在方式,自由权利(包括审美权利)则是进入社会关系之后的存在方式,是对于自由存在的具体显现。它不可让渡、不可替代、不容剥夺、不容蔑视,倘若它们无法得到实现,则人类的其他权利都统统无法得到保障,人类的尊严也将无处存身。因为人们只有自由地分享了这些权利,才有可能去自由地选择自己的生活,去为生活而生活,为自由而生活,国家的种种公权也才有可能被有效地抑制。因此,康德才在著名的"人性公式"中指出:"你要如此行动,即无论是你的人格中的人性,还是其他任何一个人的人格中的人性,你在任何时候都同样当作目的,绝不仅仅当作手段来使用。"[1]这人性公式即:必须把自己和他人人格中的人性用作目的,而不能仅仅用作手段,而且,这还采取的是定言命令的基本表述形式。

---

[1] 参见[德]康德:《康德全集》第4卷,李秋零主编,中国人民大学出版社2010年版,第429页。

"要只按照你同时能够愿意它成为一个普遍法则的那个准则去行动。"①由此,康德指出:"人性本身就是一种尊严;因为人不能被任何人(既不能被他人,也甚至不能被自己)纯然当作手段来使用,而是在任何时候都必须同时当作目的来使用,而且他的尊严(人格性)正在于此,由此他使自己高于一切其他不是人,但可能被使用的世间存在者,因而高于一切事物。""我对别人怀有的,或者一个他人能够要求于我的敬重(对他人表示敬重),就是对其他人身上的一种尊严的承认,亦即对一种无价的、没有可以用价值评估的客体与之交换的等价物的价值的承认。"②而且,这尊严自身就存在价值,而不是因为对我有用:"他拥有一种尊严(一种绝对的内在价值)"。③ 无疑,康德的思考对于人类尤为可贵。这正如康德指出的:"如果我的哲学不能对他人确立其人性的权利有丝毫帮助的话,我甚至觉得自己的价值还不如普通劳动者。"④"如果公正和正义沉沦,那么人们就再也不值得在这个世界上生活了。"⑤他并且以卢梭为例,说卢梭让他学会尊重人,学会去"确立一切人的权利和价值"。⑥ 其实,每一个思想家、美学家也必须如是去规范自己、要求自己。也就是:尊重自己和他人的人性。因为"在实施中,目的是最后的东西,但在观念和意图中,它却是最先的东西"。⑦ 因此,它也就有了充分的理由,成为了人类的终极关怀与审美追求。而这当然也就使得我们意识到,并不是所有的"平衡""充分"都是"美好"的,由此,也就呼唤着美学的积极参与,

---

① 参见[德]康德:《康德全集》第4卷,李秋零主编,中国人民大学出版社2010年版,第421页。
② 参见[德]康德:《康德全集》第6卷,李秋零主编,中国人民大学出版社2010年版,第462页。
③ 参见[德]康德:《康德全集》第6卷,李秋零主编,中国人民大学出版社2010年版,第435页。
④ 转引自王福玲:《康德尊严思想研究》,中国社会科学出版社2014年版,第64页。
⑤ [德]康德:《法的形而上学原理——权利的科学》,沈叔平译,商务印书馆1991年版,第165页。
⑥ [德]康德:《论优美感和崇高感》,何兆武译,商务印书馆2001年版,第4页。
⑦ 参见[德]康德:《康德全集》第6卷,李秋零主编,中国人民大学出版社2010年版,第6页。

呼唤着美学去赋予"平衡""充分"以美学的合法性。尤其是，这所谓的不"平衡"、不"充分"，也还包含着自由权利（包括审美权利）的不"平衡"、不"充分"，它们更加亟待解决。何况，在这个方面，还突出存在着"一个快、一个慢""一条腿长、一条腿短"的严峻问题，因此，美学的努力也任重而道远！

总之，不难发现，当今之世，关注的光圈变大了，但是问题的对焦却越发精确，"物质文化需求"被提升为"美好生活需要"，"落后的社会生产"也转换为"不平衡、不充分的发展"。这意味着：当我们进入"新时代"，更加精准的经纬度已然呈现，昔日陈旧的航海图也不复有效，以"增长率"论英雄已经成为明日黄花，值此之际，美学必将大有作为！尤其是一贯强调人的自由与尊严、强调"惟有自由与爱与美不可辜负"的生命美学必将大有作为！

李敖有诗云："坏的终能变得好/弱的总会变得壮/谁能想到丑陋的一个蛹/却会变成翩翩的蝴蝶模样/像一朵入夜的荷花/像一只归巢的宿鸟/或像一个隐居的老哲人/我消逝了我所有的锋芒与光亮/漆黑的隧道终会凿穿/千仞的高冈必被爬上/当百花凋谢的日子/我将归来开放！"

在历经了数十年的美学岁月之后，也在我本人离开美学界十八年之后重返美学界之际，面对即将莅临的改革开放的新的四十年、新的时代，我也想说：

"我将归来开放！"

生命美学——也"将归来开放！"

而这，也就正是我们对于即将莅临的改革开放的新的美学四十年的、新的美学时代的美好期待！

2017.12.31. 南京大学

附录三　生命美学:"归来仍旧少年"[①]

"他把名字写在水上"——题记

2017年10月12日中午,在我第二次攀登巍巍黄山的路途中,获知了《美与时代》编辑部为纪念改革开放四十周年而举办"生命美学专栏"的消息,并且,我还被告知,该刊邀请我担任"专栏"主持人。

我非常感谢王世德、涂武生、劳承万、李天道、范藻、张伟、余开亮、熊芳芳、肖朗、封孝伦、向杰、张涵、潘启明、肖祥彪、邓桂英、章辉、刘剑、蔡贻象、马正平十九位专家学者。在一年的时间里,是他们的辛勤工作支撑了这个专栏的讨论,也是他们的工作,在美学界第一次集中展示了生命美学研究的方方面面。

我要说明的是,在这一年中,我没有同意过我的任何一位弟子参加专栏的讨论,因为我确信:一个新学说、新学派的确立,前提必须应该是获得门派以外的学人的广泛支持(找自己的弟子写几篇支持文章,然后就堂而皇之宣告新学说、新学派的诞生,这种做法实在是应该退出历史舞台了);我要致谢的是,美学界早已习惯了"一团和气",可是,马正平先生却被我反复敦请,最终在百忙中完成了批评生命美学的专题文章;我还要致敬的是,王世德、涂武生、劳承万三位先生都已经年逾八旬,都是著名美学家,这次也专门撰文,参加了讨论。

一、生命美学:我曾经说过什么?

时间确实是十分漫长,1985年发表《美学何处去》的时候,我不到三十

[①] 本文原载《美与时代》2018年第12期,收入本书时略有改动。

岁;1991年出版《生命美学》的时候,我刚告别"三十而立"的黄金岁月。而今回首,我不能不说,那是一个年轻的时代:改革开放的时代很年轻,作者很年轻,生命美学——也很年轻。

令人欣慰的是,经过三十多年的学术探索,现在,对于生命美学本身,学术界已经普遍予以认可了。在众多学者的共同努力之下,生命美学也已经根深叶茂,俨然成为中国当代美学舞台上的一个重要美学学派。

当然,生命美学本身也还需要继续努力、继续深化、继续完善。近年,我计划推出一百四十万字的关于生命美学的专著(上、下两部,上部《走向生命美学——后美学时代的美学建构》已经基本完成,下部《我审美故我在——生命美学论纲》也已经在孕育之中),应该说,就是着眼于此。为此,我竭诚欢迎学术界继续的讨论与继续的批评!也竭诚期待着学术界有志于生命美学研究的同仁们一起继续共同奋斗!

不过,生命美学的发展本身也还存在亟待为自我辩护之处。例如,最近几年我陆续看到几篇文章,它们当然都认可"生命美学"的提出确实是因为我的《生命美学》这本书而发端,但是,却又认为:我当时只是提出了"美学研究应该从生命开始",然而却一直没有对"生命美学的具体内容"提出自己的阐释。这无疑是不正确的,评论者很可能只是风闻"生命美学",但是却没有认真看过我的《生命美学》。这种学风实在堪忧!而且,对于生命美学,过去比较常见的是不屑一顾的排挤,现在比较常见的却摇身一变,成了醋意大发的无视。1985年前后的时候,是"跪倒"在实践美学面前,而且因此而享受尽了头衔、项目、学会职务、发表文章方面的好处,可是现在却一方面大言不惭地宣扬自己反对实践美学的"功绩"(他们以为自己当年的"跪倒"的所作所为、论文专著早已被自己涂抹得人不知鬼也不觉了),并且开始装模作样地自立门户,一方面却蓄意对生命美学当年的"虽千万人吾往矣"的"首创"与"独创"视而不见。总之,始终都是自己一贯正确,始终都是"说你不行,行也不行"。

那么,1991年的时候,我在《生命美学》里说了什么?

《生命美学》是1991年由河南人民出版社出版的。

学术界都知道,学术的发展,最最重要的就是提出问题,学术史的贡献,也每每要以谁能够提出问题来加以客观衡量。就我而言,经历了这么多年以后,无疑也毋须客气,我的一生,至今为止,是与我"首创"与"独创"的"生命美学""塔西佗陷阱"这九个字密切相关。这九个字就是我,我也就是这九个字。而且,"生命美学"尽管是在1985年就已经提出了的,但是却恰恰是在《生命美学》里正式加以详细阐释的。

不过,关于何谓生命美学,却还是要先加说明。关于生命美学,存在两种理解,一种是"关于生命的美学",一种是"基于生命的美学"。两者互有交叉,并不完全区别,但是,也截然不同。"关于生命的美学"着眼的主要是生命与美的关系,是"为生命"的美学。在这方面,其实早在中国现代美学史上,就已经有美学家开始提及(尽管十分零碎。而且,在当代美学史上重新开启这一问题的探索的时候,应该说,鉴于"文革"之后的特殊情况,也对于这些先行者的探索完全一无所知),不过,那其实与我所谓的"生命"关系不大。因为他们还仍旧是在浪漫美学意义上理解"生命"的,而没有把"生命"作为一个本体性的、根本性的视界,也没有在形而上学和存在论的意义上去理解"生命"。因此,他们当年所提倡的"生命",其实与我们在当代美学史中所孜孜以求的"生命"并没有什么内在关联。"基于生命的美学"的着眼点则不同,对此,我在1991年,在《生命美学》一书的封面上,就已经言明:"本书从美学的角度,主要辨析什么是审美活动所建构的本体的生命世界。"这也就是说,我所提出的生命美学与前此的中国现代美学史上的若干美学家的零星探索截然不同。它是"因生命"的美学。正如我在1990年发表的文章的题目:《生命活动:美学研究的现代视界》(见《百科知识》1990年第8期)。换言之,我在《生命美学》中已经反复强调过,生命美学不是什么部门美学,而就是美学。区别仅仅在于:生命美学是以"生命"作为现代视界的(犹如实践美学的以"实践"为现代视界)。因为"生命"的不同于"自然",因此,借助于生命的启迪,我们意识到:再也不能以自然科学的方法来建构美学。于是,借助于生命的立场、视界来冲击本质主义的思维,冲击包括实践美学在内的传统美学,并且建构"新美学",也就成为生命美学的必然选择。

不得不说,偶尔会看到美学界的个别学者在文章中指责我的生命美学对于生命的关注不够、研究不够,其实,是他们误解了我所提倡的生命美学。必须强调,我所提倡的生命美学不是"关于生命的美学",而是"基于生命的美学"。因此,我关注得更多的是以"生命"为视界去研究审美活动,而不是转而去研究生命的方方面面,更不是仅仅局限于去研究生命与美的问题(尽管必然会涉及)。而且,我要说,只有弄清楚了何谓生命美学,才会弄清楚,在《生命美学》这本处女作里,我为什么要从批评实践美学等"无根的美学、冷美学"起步(第1页),为什么会认定实践美学等所追问的都是"假问题"(第13页),而且,还在研究对象、研究内容、研究方法三个方面都存在着根本的失误(第2—5页)。因为,在我看来,他们都忽略了"审美的本体意义、存在意义、生命意义"(第7页)。当然,那个时候国内还是实践美学的一统天下,敢于在国内这样去说,肯定是空谷足音,也无疑是要有点"虽千万人吾往矣"的勇气的。

进而,在《生命美学》这本处女作里,我在国内首次提出:美学考察的出发点"只能是'人类为什么需要审美',它意味着转而把审美活动作为一种本体活动或一种生命存在方式,并由此出发去考察审美活动"(第8页),我当时并且坚定地预言:由此出发,才"庶几可以期望破解审美活动之谜"(第8页)。"美学必须以人类自身的生命活动作为自己的现代视界,换言之,美学倘若不在人类自身的生命活动的地基上重新构建自身,它就永远是无根的美学,冷冰冰的美学,它休想真正有所作为。"(第2页)至于何谓生命美学,该书的界定则是:生命美学是"以人类的自身生命作为现代视界的美学"(第7页),"美学即生命的最高阐释,即关于人类生命的生存及其超越如何可能的冥思。"(第6页)生命美学"追问的是审美活动与人类生存方式的关系即生命的存在与超越如何可能这一根本问题。换言之,所谓'生命美学',意味着一种以探索生命的存在与超越为旨归的美学"(第13页)。

具体来看,《生命美学》一书(全书一共311页)正是围绕着"审美活动是人类最高的生命存在活动"(第290页)展开的。全书的论述是围绕着三个方面展开的:首先是"审美活动是什么"(第一、二章),考察的是审美活动为什么是生命的最高存在方式;其次是"审美活动怎么样"(第三、四、五章),考察的是审美活动为什么能够满足人类生命的需要,所谓"因审美,而生命",所谓"审美活动以何种方式使生命成为可能"(第209页);最后是"审美活动为什么"(第六章),考察的是人类生命为什么需要审美活动,所谓"因生命,而审美",所谓"审美活动使生命成为可能"(第209页)。

具体来说,在第一部分即"审美活动是什么"的考察中,我首先界定的是:何谓"生命"?当然,我也看到,后来有个别研究者认为我没有具体界定何谓"生命",并且认为只有把生命界定为自然生命、精神生命、社会生命等才算界定了生命,其实,这是值得商榷的。把生命界定为自然生命、精神生命、社会生命等,其实并没有界定生命,而只是界定了生命的具体分类,但是却忽视了一个第一性的问题,就是在自然生命、精神生命、社会生命等背后的"生命"究竟是什么,其实,只有回答了这个问题,才是真正触及了生命,界定了生命。因此,相对于其他学者,应该说,《生命美学》对于"生命"的界定不但最早,而且还要远为根本、远为深刻,也更为准确。《生命美学》指出:"基于生命的美学"所基于的"生命"是区别于动物的生命的,因此,对于审美活动而言,"在现实生命中生命并不存在"(第91页),审美活动所涉及的是人的生命,也就是"真实的生命"(第16页)、"自由生命"(第28页)。这个"真实的生命"、"自由生命"即"不断向意义生成"(第28页)的生命、"生命的有限的超越"(第21页)的生命、"超越的生命"(第91页)。因此,"对于生命的有限的超越,不正是真实的生命的答案吗?"(第21页)

然后,对于何谓"生命的有限的超越",我又区分了"虚无的超越""宗教的超越""审美的超越"。

具体来说,我在《生命美学》中详细论证了,生命美学之所谓"生命",或者说,所"基于"的"生命",是作为"理性本性的理想生命"(第28—42页),它体现的是"内在需要的最高需要"(第43—50页),达成的则是"个体自我的自由个性"(第50—58页)。而且,与动物的生命不同,生命美学之所谓"生命"意味着:"从超验而不是经验的角度来规定人","从未来而不是过去的角度来规定人","从自我而不是对象的角度来规定人"(第39—42页)。

也因此,《生命美学》认为——

"审美活动的缘由、根据是什么?要回答这个问题,必须从对人及其人的生命活动的讨论开始"(第60页),因为人的生命的理想实现只有在审美活动中才能够得以达成。具体来说:"审美活动与人的理想本性同在,是自由生命的全面实现";"审美活动与人的内在需要同在,是最高需要的全面实现";"审美活动与人的个体自我同在,是自由个性的全面实现"(第28—58页)。

由此,我们不难发现:审美活动是生命的独特意义的创造(第97—105页),正是审美活动,才使生命活动成为可能(第209—274页)。"审美活动是生命活动中唯一真实的东西,也是生命活动中最为神圣的东西。""审美活动为我们提供了一种唯一的生命存在方式去超越生命的有限,使生命的存在与超越成为可能",审美活动"是人生的最高的生命存在方式"(第23页)。

进而,《生命美学》又"从起点、内涵和标准三个方面",对于审美活动的性质作了"更为深入的讨论,以俾对审美活动的性质有一个更为全面的把握"(第59页)。该书指出:审美活动起源于"对于自身的生命沉沦的拒斥","对生命的有限的拒绝",也就是"自我审判"。"自我审判是对非审美的生命活动的悬置";"自我审判是审美活动的必不可少的前提";"自我审判是审美活动直接彻悟真实的生命"(第80—84页)。审美活动的内涵,则是"对于生命的超越","使有限的生命企达无限的生命,成为自由生命或审美生命"。"审美活动是生命的创造";"审美活动是生命意义的创造";"审美活动是对生命的独特意义的创造"(第97—105页)。至于审美活动的标准,那无疑只能是也必须是:"终极关怀"(第106—139页)。

在《生命美学》的第二部分,我考察的是"审美活动怎么样"。首先,考察的是审美活动的分类,根据向自由的生命活动的生成的特定途径的思路,区分审美活动为肯定性审美活动即"在审美活动中通过对自由的生命活动的肯定上升到最高的生命存在"与否定性的审美活动即"在审美活动中通过对不自由的生命活动的否定而间接进入自由的生命活动",前者包括优美、喜剧、崇高,后者包括丑、荒诞、悲剧(第140—179页)。进而,考察了审美与哲学的关系、审美与艺术的关系,以及作为自由境界的美亦即作为生命的意义世界显现的美(第180—208页)。继而,考察了审美活动的方式:审美体验。"审美体验是对生命意义的一种体验活动。"并且具体考察了审美体验的五个层面:生命的反思、生命的时间、生命的回忆、生命的想象、生命的感性生成等等(第209—274页)。而且,因为没有时间意识就没有生命意识,所谓非生命状态的人其实就是没有时间意识的人,没有时间意识的人也就是非生命状态的人。因此,人的生命始于时间终于时间,当然,生命美学也就是奠基于时间的美学。此外的关于回忆、想象等的探索也是如此。因此,必须说,早在1991年,生命美学关于审美体验的研究就已经找到了正确的方向,而且至今也是并不落后的(不妨联想一下海德格尔的《存在与时间》、柏格森的《时间与自由意志》,等等)。

在《生命美学》的第三部分,我考察了"审美活动为什么"。审美活动"是人类的自由本性的守望,对人类的精神家园的守望"。相对于改造自然推进文明的人类的宏观解放,审美活动涉及的是人类的微观解放,引导着人类"向更合乎人性的方向发展。它是人性的悬剑!"(第285页)"审美活动使人实现了全面发展和自由这一人类解放的根本目的"(第291页),因此,"以美导真""以美储善"等实践美学的"误解"都是亟待纠正的(第292页),"在审美活动中,人实现了自己的最高生命,但这实现本身也正是对最高生命的创造",审美活动"规定着生命,又发现着生命;确证着生命,又完满着生命;享受着生命,又丰富着生命……"(第293页)。而且,十分重要的是,早在1991年,我就已经把爱的维度引入了美学研究,已经不断在强调"象征着终极关怀的终极之爱"的极为重要(第297页),并且指出:"学会爱,参与爱,带着爱上路,是审美活动的最后抉择,也是这个世界的最后抉择!"(第298页)

综上所述,就是《生命美学》的基本内容。当然,我当时的想法一定还有不足,因为那时我毕竟只是一个三十刚出头的青年学者,独立无援,艰难思考。可是,如果考虑到那是早在二十七年前,而且还在所有的学者都尚一起一致地站在实践美学一边的时候,我就毅然开始了独立的思考、艰难的美学跋涉,并且,不但已经说了如此之多,何况还都是自己在创造性地说、在独创地说,更重要的是,还至今都没有过时,"尔曹身与名俱灭,不废江河万古流",应该说,我已经问心无愧了!

还值得注意的是,六年之后,我在《诗与思的对话——审美活动的本体论内涵及其现代阐释》(上海三联书店1997年版)中,又用了401页的篇幅,对于生命美学更有了全面、深入、具体的讨论。我介绍过多次,它其实就是第二版的《生命美学》,也是第二版的生命美学原理(只是因为出版社出于市场销售的需要,才不得不用了现在的题目)。而且,相比之下,它要比《生命美学》更为成熟、更为全面。现在有些人一说起生命美学,往往就要说起我的所谓的"诗意的文笔",个别人甚至对此还不乏贬义,觉得有点不够学术,其实,这都是因为《生命美学》一书留给他的印象太深刻了,因为在第二版的《生命美学》、第二版的生命美学原理——《诗与思的对话——审美活动的本体论内涵及其现代阐释》里,我就已经回归到严谨的理论语言、学术表达了。而且,不必说我的《生命美学》,即便是这本《诗与思的对话——审美活动的本体论内涵及其现代阐释》,也比后来较早的生命美学专著,例如封孝伦先生的《人类生命系统中的美学》(安徽教育出版社1999年版)要早两年;比后来较晚的生命美学专著,例如陈伯海先生的《审美体验与生命超越》(三联书店2012年版)要早十五年。因此,鉴于直到1997年,国内关于生命美学还主要是我一个人在艰难探索、执着思考,这本书中关于生命美学的思考无疑也有其"首创"与"独创"的意义,当然,也就同样值得关注。

具体来看,在这本书中,我提出要立足于人类生命活动原则,将实践美学关注的"人如何可能"深化为"审美如何可能"(在美学研究中,完全可以假定人已经可能,而直接对审美如何可能加以考察),并且将"人化"与"美化"分离开来(实践美学的失误在于把"人如何可能"与"审美如何可能"、"人化"与"美化"等同起来,并且以对于前者的研究来取代对于后者的研究,事实上,美学研究开始于两者的差异性,并且主要应以后者为主),从对于"美"的本质论的、共名的、抽象的、对象化(面对美这一对象)的"是什么"的研究转向对于审美活动的存在论的、意义的、描述的、现象学(面对审美活动这一现象)的"如何是"的研究,其结果,就是不再"从实践活动的角度来考察美学",

不再跟在实践美学的后面对"审美活动如何产生""美如何产生""美感如何产生"以及"审美活动与实践活动之间的同一性"等问题做美学发生学层面的考察,而是"从人类生命活动的角度考察美学",开始对"审美活动如何可能""美如何可能""美感如何可能"以及"审美活动与实践活动之间的差异性"等问题作出真正美学层面上的讨论。

换言之,假如说实践美学意在强调从实践活动的角度去研究美学,生命美学则意在强调从人类生命活动的角度去研究美学。它意味着,生命美学将不去着重追问作为审美活动的外化的美和内化的美感,不去着重追问作为审美活动的凝固的审美关系,也不去着重追问作为审美活动的二级转化的艺术,更不去追问作为把握方式的审美活动本身(在生命美学看来,这些问题都是"假问题",起码是美学研究中的次要问题),而去追问作为人类自由本性的理想实现的超越性生命活动——审美活动本身,追问审美活动与人类生存方式的关系,即生命的存在与超越如何可能这一根本问题。

进而,该书更围绕着"审美活动如何可能"这一核心,并且以它的具体展开即审美活动"是什么"(性质)、审美活动"怎么样"(形态)、审美活动"如何是"(方式)、审美活动"为什么"(根源)作为研究内容(这意味着审美活动研究即"审美活动如何可能"的在二级水平上的展开)。

该书的第一篇考察的是审美活动的"为什么",即人类为什么需要审美活动。在这里,审美活动的"为什么"在三级水平上被展开为审美活动的历史发生与审美活动的逻辑发生,它们涉及对审美活动在人类生命活动中的根源、意义、功能的考察,也是生命美学的理所当然的开始。第二篇考察的是审美活动的性质"是什么"。它关涉到对于审美活动的本体意义的性质的阐释,并且在三级水平上被展开为对审美活动与人类生命活动之间外在关系的考察(在四级水平上被展开为对审美活动作为活动类型、价值类型、评价类型的考察),以及对作为人类生命活动之一的审美活动的内在关系的考察(在四级水平上展开为横向的共时轴和纵向的历时轴),等等。第三篇考察的中心是审美活动的"怎么样",即审美活动所构成的特殊内容,它指的是审美活动的性质是"怎么样"在具体的审美活动中展现出来的。它在三级水平上被展开为历史形态与逻辑形态,即历史上"曾经怎么样"、逻辑上"应当怎么样"两个部分,而在四级水平上,从历史的方面,审美活动可以分为东方形态、西方形态(从空间区分),以及传统形态、当代形态(从时间区分)四类,从逻辑的方面,可以分为三个方面,即纵向的特殊内容:美、美感、审美关系;横向的特殊内容:丑、荒诞、悲剧、崇高、喜剧、优美;剖向的特殊内容:自然审美、社会审美、艺术审美。第四篇考察的中心是审美活动的"如何是",即所谓构成审美活动的东西,它意味着从构成审美活动的特殊方式的角度去阐释审美活动,并且在三级水平上被展开为两个方面,其一是审美活动的生成方式,其二是审美活动的结构方式(在四级水平上展开为意向层面、指向层面、评价层面)。当然,这里的"生成方式"与"结构方式",其实无疑还是1991年的《生命美学》一书的对于审美体验问题研究的继续。

至于该书的主题词,我当时郑重写下的是:生命、超越、体验、审美。

同时,在这本书里,我还增加了对于美学的学科定位的思考,提出了要从"美学何谓"转向"美学何为",也就是从对于"什么是美学"的思考转向对于"什么是美学的意义"的思考,明确提出美学研究要以人类生命本体论为背景,以审美活动的本体论内涵为研究对象,并且,区别于西方的所谓"把哲学诗化"(卡西尔),也就是把美学引入哲学,从审美活动看生命活动,生命美学则是"把诗哲学化"(卡西尔),也就是把哲学引入美学,是从生命活动来看审美活动,由此,生命美学开始了诗与思的对话、美学与哲学的对话,从而推动着美学从哲学的殿军一跃而成为哲学的前卫。

显然,到了1997年,关于生命美学的思考,就我而言,应该说已经基本成熟,而且,在1997年之后,包括封孝伦、范藻、陈伯海等在内的一批学者也相继开始了对于生命美学的研究。生命美学也从起初的"首创""独创"时代进入了"共创""同创"时代,因此,对于我在1997年之后的生命美学研究,例如《生命美学论稿》(郑州大学出版社2002年版)、《没有美万万不能——美学导论》(人民出版社2012年版),这里也就不再详述了。

二、生命美学：它意味着什么？

加塞尔曾经说过："在历史的每一刻中都总是并存着三种世代——年轻的一代、成长的一代、年老的一代。也就是说，每一个'今天'实际都包含着三个不同的'今天'：要看这是二十来岁的今天、四十来岁的今天，还是六十来岁的今天。"①

而今回首当年，我也想说，那是置身于"二十来岁的'今天'"的我，青春年少的我，当我走上美学舞台的时候，还是实践美学的一统天下，只是，面对实践美学的学者已经改变了——在"成长的一代、年老的一代"之外，又出现了"年轻的一代"。于是，我在1985年时的所见，正是1985年以前的其他学者的所不见。

那么，作为"年轻的一代"，作为"二十来岁的'今天'"，我所提倡的生命美学究竟意味着什么？

第一，生命美学："贫乏时代的美学"。

生命美学，可以称之为"贫乏时代的美学"。因为，任何一种成熟的美学思考，一定是来自对于时代问题的思考，而且，这一思考又一定会被提升为美学的思考，一定会以美学的方式表现出来。生命美学也是如此！相对于时代危机的问题始终没有被实践美学所积极回应，相对于实践美学的为能够"吃饭"而愉悦，生命美学的问世与对于时代危机的回应与反思密切相关。

其中又存在世界的一般背景与中国的特殊背景。

就世界的一般背景而言，生命美学起源于"使人不成其为人"的技术文明与虚无主义。在西方世界，伴随着"上帝之死"，历史悠久的"教堂"已经不复发挥作用。大众传媒、艾滋病、信用卡作为特定标志的时代期待着全新的审美生存与全新的美学阐释。结论是严酷的：人类文化经过20世纪的艰辛努力，一方面消解了"非如此不可"的"沉重"，另一方面却又面对着"非如此

---

① ［西］加塞尔：《什么是哲学》，商梓书等译，商务印书馆1994年版，第14—15页。

不可"的"轻松";一方面消解了"人的自我异化的神圣形象",①另一方面却又面对着"非神圣形象中的自我异化"。② 于是,当今之世,竟然令人瞠目结舌地从"神"的生存走向了"虫"的生存。

这个时代面对的已经不再是马克思所批判的"贫困的疾病",而是"富足的疾病"。人们对于技术文明和虚无主义的青睐已经不遗余力,"沉于物,溺于德",业已成为常态。伽达默尔称之为:科学与哲学的紧张关系。正如汤因比发现的:"我们通常称之为文明的'进步',始终不过是技术和科学的提高。这跟道德上(伦理上)的提高,不能相提并论。""人类道德行为的平均水平,至今没有提高。"而且"跟过去旧石器时代前期的社会相比,跟至今仍完全保持着旧石器时代的社会相比,也没有任何提高"。③ 还正如贝塔朗菲发现的:"我们已经征服了世界,但是却在征途中的某个地方失去了灵魂。"④

终于,在安魂曲还没有响起的时刻,人类意识到灵魂的充盈像物质的丰富一样值得珍惜,意识到审美同样是这个世界上不可须臾缺少的无价之宝,犹如阳光、空气和水分。为此,美国哈佛大学赖德勒断言:"当代社会的生存之战通常是情感的生存之战。"奈斯比特则在《大趋势》中大声疾呼着"高技术与高情感的平衡"。正如茨威格指出的:"自从我们的世界外表上变得越来越单调,生活变得越来越机械的时候起,(文学)就应当在灵魂深处发掘截然相反的东西。"⑤

"在灵魂深处发掘截然相反的东西",是生命美学的使命。正如高尔基所指出的:"这种对人的观点已经不允许把人看得一钱不值,不允许把人看作替别人建造幸福的材料;同时,这种观点也会助长人对自己的工作的不满

---

① 《马克思恩格斯全集》第 1 卷,人民出版社 1956 年版,第 453 页。
② 同上。
③ [英]汤因比:《展望二十一世纪——汤因比与池田大作对话录》,荀春生等译,国际文化出版公司 1985 年版,第 388 页。
④ [奥]贝塔朗菲:《人的系统观》,张志伟等译,华夏出版社 1981 年版,第 19 页。
⑤ [奥地利]茨威格:《茨威格小说集》译文序,高中甫等译,百花文艺出版社 1982 年版,第 7 页。

意情绪。生活将常常是不够完满的,这样,人对于更美好的生活的愿望才不至于消失。"①"你就是自己尊贵而自由的塑形者,可以把自己塑造成任何你偏爱的形式。"②

就中国的特殊背景而言,生命美学起源于"把人不当作人"的人权与尊严的空场。在中国,所谓时代的危机,不但有着普世的特征,而且还有其自身的特征,这就是:对于封建愚昧时代的反省与抗争。从传统社会步入现代社会的特殊道路,使得中国的生命美学不得不把自己的目光集中于自由意志以及自由权利的获得。对此,我们可以称之为"中国特色",也可以称之为在启蒙方面的"补课"。

古代中国的最大特征,就在于它是一个"权力社会"。有权力,无权利,有保障权力的制度,无保障权利的制度,就是古代中国的现实。因此,在古代中国,权力被公然转化为权利,可是强力本身并不具备任何的正当性。无疑,传统中国的一切的一切,都可以从这里去解读。自由意志的匮乏、自由权利的缺席,因而也就成为从传统社会步入现代社会之际生命美学应运而生的温床。

由此,就中国美学而言,它更多关注的是虚"物"的问题,而生命美学却要进而去关注虚"无"的问题。类似于"上帝死了"之后的"教堂"的退出主流舞台,"父亲死了"之后,中国的"祠堂"与"中堂"也不复存在。生命美学则正是缘此而生。"审美形而上学""审美救赎"也因此而成为生命美学的主题词。

再就西方美学而言,相对于西方的侧重于理性的丰富性,以便给予自我感觉以充分的形而上的根据,在中国,生命美学侧重的是自由意志与自由权利。在西方,是期望从窒息理性的使人不成其为人的"铁笼"中破"笼"而出,在中国,却应当是从窒息人性的不把人当人的"铁屋"中破"屋"而出。自由

---

① [俄]高尔基:《高尔基选集·文学论文选》,孟昌等译,人民文学出版社1958年版,第8—9页。
② [意]皮科·米兰多拉:《论人的尊严》,顾超一等译,北京大学出版社2010年版,第21页。

意志与自由权利的成长,因此而成为生命美学所关注的根本困惑,更成为生命美学提出中国特色"审美救赎"的中国方案的特定背景。

生命美学起步之初就要与实践美学背道而驰,就正是因为实践美学是为了论证所有人都有权利"吃饭",审美愉悦则是"吃饭"之后的快乐。生命美学不同,它强调的是:人的审美权利是神圣不可侵犯的。因为审美权利是人的生命权利、人的自由权利、人的私有财产权利的集中体现。要把人当人看,不要把人当工具,不要把人不当人看。人不是作为手段,而是作为目的,这一切,就是人为自己所立的法,也是人所必须遵循的法。因为,自由权利是一个基本的权利。物质只是必要条件,不是充分条件。因此,人的尊严也主要不在物质,而在精神。当然,这也是生命美学为自己所立的法,也是生命美学所必须遵循的法。

生命美学认为:真正的美学,必须以自由为经,以爱为纬,必须以守护"自由存在"并追问"自由存在"作为自身的美学使命。然而,实践美学的"实践存在"却是一个历史大倒退。它从人的"自由关系"退到了"角色关系"。可是,从康德美学开始,西方美学的精华就在:"自由存在"。我们在关注康德的人为自然界立法的时候,不应该只关注到他的颠倒了的主客关系,而应该进而去关注他的对于自由关系的绝对肯定,所谓"让一部分人先自由起来",所谓"唯自由与爱与美不能辜负"。绝对不可让渡的自由存在,才是人的第一身份、天然身份。至于"主体性"等功利身份,则都是后来的。因此,追问和确立人的"自由存在",这当然不是形而上学,但是却是形上之思。这,正是生命美学的题中应有之义。

第二,生命美学:完成了从"知识论美学范式"向"人文学美学范式"的转向。

对于美学研究而言,重要的不是美学的问题,而是美学问题。美学的问题是指的美学之为美学的具体研究。美学问题则是指美学之为美学的根本假设。而且,就后者而言,美学还是永恒的提问。不可能一劳永逸地解决问题。因此,美学的追问就永远要重新开始。不过,无论如何,对于美学而言,一切从人以外的存在开始的追问都是"假问题",只有那些始终从人自身生命出发的追问才是真问题。事实证明:但凡那些从外在根据出发的,哪怕是从"实践",都无非是在做甜蜜之梦,而只有从人自身生命出发,才预示着人之梦醒。反之,不同的美学又只能提出自己力所能及的问题。因此问题的深度就是提问者的深度、某种美学主张的深度。何况,以何种方式提问题,提问者就是何种人,提问者的美学也就是何种美学。因此,选择哪一种美学,又取决于他是哪一种人。

具体来说,在生命美学看来,对于审美问题的思考,势必有其不可或缺的生命前提,可是传统的知识论的美学范式恰恰丢失了这一生命前提,因此,知识论的美学范式的陷入困境无疑也就是必然的。遗憾的是,在生命美学出现之前,却一直没有出现对于知识论的美学范式的深刻反省。曾几何时,国内关注的都是"美学何谓""什么是美学",这就正如马克思所批评的:"这些新出现的批判家中甚至没有一个人想对黑格尔体系进行全面的批判,尽管他们每一个人都断言自己已超出了黑格尔的哲学。"[①]美学界也是如此,尽管希望有所突破,但是却从来未能对于知识论传统的美学范式"进行全面的批判"。

例如,每每出现的错误表现为:把"美学之为美学"首先理解为对于"美学是什么"的追问,而不是首先理解为对于"美学何为"的追问。"美学是什么",是一种知识型的追问方式。按照维特根斯坦的提示,知识型的追问方式来源于一种日常语言的知识型追问:"这是什么?"在这里,起决定作用的是一种认识关系。而被追问的对象则必然以实体的、本质的、认识的、与追问者毫不相关的面目出现。"美学是什么"的追问也如此。作为一种知识型的追问方式,在其中起决定作用的仍旧是一种认识关系。它关注的是已经作为现成的对象存在的"美学",而并非与追问者息息相关的"美学"。而美学一旦以认识论的名义出现,对于"美是什么""美感是什么"……的追问,就都是顺理成章的事情了。

这就是知识论的美学范式的失误。以理解物的方式去理解美学,以与

---

① 《马克思恩格斯全集》第3卷,人民出版社1960年版,第21页。

物对话的方式去与美学对话。其实质,却是以人类自身的生命活动的遮蔽和消解为代价。在这里,执着地去思考美学背后的终极根据其实并没有错,错的仅仅是,竟然误以为这个终极根据就是:"本质"。结果,在古代,追问的是"美的本质(理式)",最有代表性的是柏拉图美学;在近代,追问的是"美感的本质(判断力)",最有代表性的是康德的美学;或者,追问的是"艺术的本质(理念)",最有代表性的是黑格尔的美学。结果,美学本身也就隐身而去了。从古到今,学人们纷纷感叹"美是难的""美学是难的",原因就在这里。

美学并非无路可行!因为,倘若离开认识论的美学范式,倘若不再为审美活动追求一种知识论的存在根据,不再在认识论的美学靴子内打转,不再去从事"本质"层面的"有底"的追问,不再去做概念木乃伊的制作者、概念偶像的侍从先生,美学就可以走出困境。在20世纪的西方,或者从直觉论、表现论、精神分析论入手去讨论,例如杜夫海纳的《审美经验现象学》,或者从形式论入手去讨论,例如苏珊·朗格的《感受与形式》,就代表着这一努力。在中国,生命美学的宣布开始全新的美学思考——从爱知识转向爱生命的美学思考,以及以人文学的美学范式取代知识论的美学范式,也代表着这一努力。

人作为"在世之在",首先是生存着的。人与世界的关系,第一位的不可能是一种抽象的求知的关系,而只能是一种意义关系。在世之初,人只会去关注与自己的生存休戚与共的东西。尼采说:艺术比真理更宝贵。[①] 他其实也就是说:生命比真理更宝贵。在进入科学活动之前,生命已在;在进入实践活动之前,生命也已在。因此,人的生存是无法简单概括为认识的,因为人首先在一个意义的世界、价值的世界。也因此,作为意义因素、价值因素的"支援系统","猜想"乃至"假设"才会对"集中意识"等认识的解释与结论产生不可避免的积极影响。归根结底,人是首先生活在意义的世界的。在知识世界之下,还存在着一个意义世界,这就是结论!于是,从知识世界走向意义世界,从知识论美学范式走向人文学美学范式,也就成为必须与必然。

---

① [德]尼采:《权力意志》,张念东、凌素心译,商务印书馆1991年版,第444页。

美学家们都误以为美学所要探索的终极根据就是"本质",然而,这其实都必须要归咎于他们所置身的现实维度与现实关怀,以及因此而形成的知识论美学范式(过去的美学是通过客观知识来探求真实存在,这已如前述)。可是,倘若转而置身超越维度与终极关怀,并且从人文学美学范式来看,则就不难发现,美学所要探索的终极根据恰恰不应是什么"本质",而只应是"意义"。这样,只要我们从"本质"的歧途回到"意义"的坦途,长期以来的美学困惑也就迎刃而解了。换言之,我们不妨简单地说,"本质"确实是"难的",因为它根本就是一个虚假的美学问题,但是,"意义"却不是"难的",因为它完完全全是一个真问题,一个真正的美学问题。而且,不论是西方美学,还是中国古典美学,我们看到,都遥遥指向了一个方向,这就是:"意义"。

而这也正是三十三年来我在生命美学中所始终孜孜以求的指向。

生命美学亟待为自己建立的,是一个人文学的美学范式。审美活动是进入审美关系之际的人类生命活动,它是人类生命活动的根本需要,也是人类生命活动的根本需要的满足,同时,它又是一种以审美愉悦("主观的普遍必然性")为特征的特殊价值活动、意义活动,因此,美学应当是研究进入审美关系的人类生命活动的意义与价值之学、研究人类审美活动的意义与价值之学。进入审美关系的人类生命活动的意义与价值、人类审美活动的意义与价值,就是美学研究中的一条闪闪发光的不朽命脉。

"美学之为美学"首先必须被理解为对于"美学何为"的追问。这意味着一种本体论层面的追问。在其中,起决定作用的不再是一种认识关系,而是一种意义关系。追问者所关注的也只是美学的意义。以海德格尔为例,他就曾明确地指出在追问"哲学之为哲学"时,至关重要的不应该是"什么是哲学",而应该是"什么是哲学的意义",也就是说,只有首先理解了哲学与人类之间的意义关系,然后才有可能理解"哲学是什么"。美学也如此。当我们在追问"美学之为美学"之时,首先要追问的应该是,也只能是"人类为什么需要美学"即"美学何为"。只有首先理解了美学与人类之间的意义关系,对于"美学是什么"的追问才是可能的。

美学的意义正是人文学美学范式的理论表达。正是在这一思考中,美学才形成了自己的特殊问题、特殊性质、特殊价值。美学家也才意识到:自己应该去关心那些能够被称之为美学的东西,而不是那些只是被声称为美学的东西;应该去关心怎样去正确地说一句话而不仅仅是怎样说十句正确的话。因为好的美学与坏的美学之间的区别恰恰在于能否正确地说话,美学与非美学之间、美学与伪美学之间的区别恰恰也在于能否正确地说话。至于审美活动,作为人类生存的根本方式,其秘密也只能从人文学的美学范式的角度去加以破解。

第三,生命美学:把"生命"引入美学的视界。

1868年,尼采致信朋友洛德,提示他说:"亲爱的朋友,我请求你把你的目光直接牢牢盯住一个即将起步的学术生涯。"确实,把"目光直接牢牢盯住一个即将起步的学术生涯",对于一个即将走上学术舞台的年轻学人来说,至关重要。无疑,对于美学而言,也是如此。而在我看来,这个"即将起步的学术生涯",就是:"生命"。所谓生命美学,也无非就是以"生命"去撬动美学这个神秘的星球。

学术研究的价值体现在能够提出问题。学者之为学者,最具创造性的工作也不在于解决了什么,而在于提出了什么。这也就是说,最具创造性的工作在于:提出一个世世代代都必须回答的问题,而且,因为世世代代的每一次的回答都使得他所提出的问题增值。因此,他的工作也就得以进入了人类美学的历史。显然,生命美学所提出的"生命",就正是这样一个势必会被写入美学历史的问题。

生命美学,作为"基于生命的美学",在中国,第一次把"生命"引入了美学的视界。

审美与艺术的秘密并不隐身于实践关系之中,也不隐身于认识关系之中,而是隐身于生命关系之中。这是一种在实践关系、认识关系之外的存在性的关系。也因此,对于生命美学而言,"实践"必须被"加括号",必须被"悬置"。唯有如此,才能够将被实践美学遮蔽与遗忘的领域,被实践美学窒息的领域,以及实践美学未能穷尽的领域、未及运思的领域展现出来,而且,其实后来的"新实践美学"的"新"、"实践存在论美学"的"存在",也都是在给

"实践""加括号"与"悬置",是"打左转灯却向右转",是在向后实践美学无底线地靠近。幸而,后实践美学早已如此,生命美学更是如此。因此,如果说实践美学的功绩是从认识论到本体论,转而以"实践"为本体,那么,生命美学就是从一般本体论——实践本体论,转向"基础本体论"——生命本体论。

立足于人类生存的生命向度,在生命美学看来,"世界是生命的境界;生命是世界的本体"。它们相互生成、交互敞开,犹如"外师造化,中得心源"。人走向世界,世界也走向人,相看不厌,去敞开、去成为、去成就、去生成……人的存在性敞开与世界的存在性呈现并存。这是一个生命的共同体。置身生命关系、本真关系,人在认识与实践之前就已经与世界邂逅,"我存在"而且"必须存在"是第一位的,因此也就必然会走向生命。去从人的先存在来解释先存在,而无法借助于任何超验的假定。个人的存在,就是一切存在的前提和根据。存在先于真理,存在先于本质。

例如,人的生命只要满足了生之所需就会快乐;反之也是一样,因此,为了满足生之所需,一切的一切也就必定会被创造出来!施莱格尔说:"对于我们所喜欢的,我们具备天才!"确实如此。进而,沿着这样的逻辑起点,我们不难想见:此处的"快乐"——也就是"快感",当然,这"快感"其实是已知的,也是其他学科所已经解释清楚了的。由功利、概念引发的情感,是明确的。与欲望引发的情感,也是明确的。尽管它们都是通过情感传达以满足生命的需要,这都不需要我们去研究。未知并且异常神秘的,只是特殊的"快乐"——"美感",也就是"由形象而引发的无功利的快乐",或者,因为"美与不美"而引发的"无功利的快乐"!例如,少女可以为失去的爱情而歌唱,守财奴却无法为失去的金钱而歌唱,就与"快乐"的是否存在"功利"有关。而且,植物没有感觉,进化到了动物,则有了快感,再到人,又为自己进化出了美感——只与对象的外形形式有关的情感体验,其中无疑必然大有深意,也值得专门研究!这样一来,美学也就应运而生了。

然而,如此一来,美学研究也就不能以"实践"为视界,而只能以"生命"为视界。

因为,首先,实践并不是审美得以产生的最远源头,也就是说,从"本源"

的角度,"实践"不是最远的。

　　首先亟待面对的是一个常识问题:人类是先有生命,还是先有实践,进而,实践创造了人?那么,又是谁创造了实践?何况,我们的祖先从两足行走到制造石器工具,几乎有五百万年的间隔,这五百万年的间隔,其实都与实践无关。但是,人已经是人,也已经有生命!因此,生命才是实践的根本原因。生命的延续与发展才是第一需要,至于实践,那只是第二需要。而且,人非实践不可吗?不一定!但是,人却非审美不可!而且,实践美学的"积淀"也很牵强,其实绝大部分的生命都来自先于实践的自然自身的进化,实践能够积淀到人类生命的部分十分有限,例如,人的生命中对于节奏——对称——均衡——光滑的追求,就不是实践给予的,而是早于实践的生命给予的。单独标举实践,显然就会以偏概全,无法正确解释审美的奥秘。

　　其次,实践也不是距离审美活动最近,也就是说,从"本性"的角度,"实践"也不是最近的。

　　这意味着,审美活动当然也与人类其他活动有关——例如实践活动,然而,审美活动却是生命活动本身——生命的最高存在方式。它是人类因为自己的生命需要而导致的意在满足自己的生命需要的特殊活动。它服从于人类自身的某种必欲表达而后快的生命动机。对此,柏拉图猜测为"理式",黑格尔猜测为"绝对理念",荣格猜测为"心理原型"……遗憾的是,我们过去是错误地从"有神论"或者"唯心主义"的角度去加以研究的。而今一旦从"生命"的角度去研究,一切也就昭然若揭了。这,当然也就是生命的天命,也是审美的天命!尤其是康德"先验范畴"!黑格尔称赞他解开了"谜样的东西":"主观的普遍必然性"。其实,这无非就是"由形象引发的非功利愉悦",也就是主观的客观性与客观的主观性。"主观的普遍必然性",作为"先验范畴",无非就是客观化了的最高也最根本的生命动机。因此,从最根本的角度,实践还是不及生命——我们可以说:审美是生命的最高境界,可是,却不能说审美是实践的最高境界。这意味着:审美与生命有着直接的对应关系,但是与实践却只有着间接的对应关系。因此,只有生命,才距离审美的"本性"最近。

即便是与实践有关,实践与审美的关系也仅仅类似于大地与鲜花、粮食与美酒、地球的公转与自转的关系。美学要研究的,无疑只是鲜花、美酒和地球的自转。因此,或者是生命为什么需要审美,或者是审美为什么能够满足生命,美学无非就是这两大困惑,显然,它们都与生命有关,而与实践无关。因此,因生命,而审美;因审美,而生命!但是,我们却不能说:因实践,而审美;因审美,而实践。

例如,李泽厚先生晚期的实践美学无疑意识到了实践美学的这个致命缺憾!因此,他才毅然转向。而且,这个转向的力度远比"新实践美学"和"实践存在论美学"要更大。当然,因此逻辑断裂也就最明显!"新实践美学"和"实践存在论美学"实际均未涉及生命本体。审美,在他们那里也均不是生命本体。但是,李先生的晚期美学却直指生命本体,可惜,"妾身未分明"。因为这个"本体"是无论如何都无法来自实践活动的"积淀"的!为了走出困局,李泽厚先生拼尽了全力:从"人类学本体论"到"人类学历史本体论",从"工具本体"到"心理本体",从"社会实践本体论"到"情感本体论"……并且不惜以"主体性"作为中介,以"积淀说"作为中介。可是,他孜孜以求的"心理本体""情感本体",其实就是生命美学从起步之初就提出的"生命"!

不过,这"生命"又与汪济生、祁志祥等人提倡的"生命"全然不同。数十年来,汪济生、祁志祥等人始终都只是三五个人组成的一个"美学小团队",他们的声音在美学界也始终没有被普遍关注,但是,他们却每每觉得只有他们四五个人才是生命美学的代表,因此也每每与我所提倡的生命美学不愿同日而语。可惜,几十年过去了,他们几个人提倡的所谓"科学的生命美学"至今也没有什么反响。这是因为,所谓"生命",全世界的生命哲学、生命美学都是基本一致的,都是在"基于生命"的意义上考察的,而不是在"关于生命"的意义上考察的(只有汪济生等人才这样看,而且他们还错误地从自然科学而不是人文科学的角度去看待生命)。生命美学的为美学引入"生命",只是在引入现代视界的意义上,在无视生命就是无视美学的意义上,在强调不得将人作为被等量或者等质交换的物看待的意义上,在强调生命必然是时间上的唯一、空间上的唯一一点的意义上,在因此也必然要从整体中解放出来的意义上。也因此,这里的"生命",过去一直被汪济生、祁志祥等人每每无端指责为"没有科学解释""没有说清楚"(他们所提倡的美学只是自然科学意义上的美学,而并非人文科学意义上的美学,这导致他们与美学界一直缺乏共同语言,也始终无法融入),是毫无道理的。因为这里的"生命",主要是在"基于生命"的意义上,所谓"我在。但我没有我。所以我们生成着"(恩斯特·布洛赫),所谓不是"更多的生命"而是"比生命更多"(西美尔),换言之,这里的"生命",不是"活着",而是——"活出"(也因此,我在研究生命美学的时候,关于"生命",是从一开始就讲得清清楚楚的)。

而且,一旦以这个"生成着"、"比生命更多"和"活出"的"生命"为生命,美学之为美学也就焕然一新。如前所述的从知识论到生命论的转向,就是在此基础上才得以发生的。长期以来,我一直都在提示:生命美学是从实践美学的"纯粹理性批判"转向"纯粹非理性批判",从"逻辑的东西"转向"先于逻辑的东西",或者,转向"逻辑背后的东西"。在实践美学,关注的只是概念的、逻辑的和反思的,而生命美学却要求趋近使得概念的、逻辑的和反思的得以成立的领域,因而也就是前概念的、前逻辑的和前反思的。它当然不是海德格尔在《真理的本质》一文中所说的"符合论",但是却是他所关注的"敞开状态"或"活动着的参与"。或者,借助"生命",生命美学意识到:实践美学所要"积淀"到感性的所谓"理性"恰恰就是思想的最为顽固的敌人,由此,也就有可能真正开始思想。当然,这并不是放弃思想,而只是学会思想,并且比实践美学更为深刻地去思想。由此回过头来再回忆一下,应该说,维柯提出的"新科学"以及"诗性智慧",已经实实在在地回到了生命活动的根源和本源,距离审美的根源和本源已经非常之近。鲍姆嘉通的成功则在于进入了最为接近"生命"的所在,也就是人的心智分析,所谓美是"研究完善的感性的学说",在此意义上,实在不能算错,因为正是在正确地提倡感性生命,遗憾的是没有发现感性生命的独立性,而且反而错误地称之为"低级的认识"。康德也走在同样的道路之上。他找到了"趣味判断",并且用四个二律背反确定了它的独立性。这其实就是找到了"感性生命"的独立性,无异于石破天惊!经过叔本华与尼采,随之而来的是克罗齐,他的"表现",更是从

"基于生命"的角度对于审美奥秘的揭示,抓住了要害,但是,却失之狭隘。因此,有人说:人类关注的中心,在希腊,是"存在";在中世纪,是"上帝";在17、18世纪,是"自然";在19世纪,是"社会";在20世纪,则是"生命",确实是很有道理!

毋庸置疑,几十年来,我的美学研究恰恰就是以"生命"为核心的,而且也是从生命本身来美学地理解生命的。我的美学思考,就是建基于"生命"之上;"生命立场",是我的美学研究的必不可少的前提。而且,犹如一个具有同心圆的有机发展,生命美学的全部体系、全部问题都从而以更加深刻和原初的方式在全新的意义上被追问。在我看来,给出美学的理由的,不是"实践",而是"生命"。生命,而不是实践,才是美学之为美学的先天条件。因此,相对于实践美学的"知识的觉醒",生命美学则是"生命的觉醒"。过去的那种置身生命之外去观察和抽象的研究,无疑是荒谬的。正确的方式,只能是在生命之中去体验、去直觉。由此,长期以来,我才一再警示:以实践美学为代表的传统美学,都只是假问题、假句法、假词汇。事实上,在现实世界根本没有"真理",只有"真在",只有"生命"。因此"真理"必须变成鲜活的"生命"才是真实的。换言之,实事求是而言,根本没有"物自体",也没有"现象界",甚至也不可能"相对于实践",而只能是"相对于生命"。维特根斯坦断言:想象一种语言就是想象一种生活方式。确实,对于我而言,想象一种美学就是想象一种生命、想象一种生存方式。维特根斯坦还断言:神秘的不是世界是怎样的,而是它是这样的。对于我而言,神秘的也不是世界是理性的,而是它就是生命的。对知识之谜、理性之谜的解答的前提都是对于人的生命之谜的解答。要把握本体的生命世界,理性,只是辅助型的工具,而且,它还是一柄双刃剑,还存在着把人类带入歧途的可能。唯一的方式,就是回到生命,而回到生命也就是回到审美。也因此,审美与生命也就成为了彼此的对应物,两者互为表里。当然,这就是审美之所以与生命始终相依为命的根本原因。

第四,生命美学:在信仰与爱的终极关怀维度的美学重构。

生命美学的特征,还在于以信仰与爱的终极关怀为终极视域。

人与世界之间,在三个维度上发生关系。首先,是"人与自然",这个维度,又可以被叫作第一进向,它涉及的是"我—它"关系。其次,是"人与社会",这个维度,也可以被称为第二进向,涉及的是"我—他"关系。同时,第一进向的人与自然的维度和第二进向的人与社会的维度,又共同组成了一般所说的现实维度与现实关怀。

幸而,人与世界之间还存在第三个维度,人与意义的维度。这个维度,应该被称作第三进向,涉及的是"我—你"关系。它构成的,是所谓的超越维度与终极关怀。

置身超越维度与终极关怀的人类生命活动是意义活动。人类置身于现实维度,为有限所束缚,但是,却又绝对不可能满足于有限,因此,就必然会借助于意义活动去弥补实践活动和认识活动的有限性,并且使得自己在其他生命活动中未能得到发展的能力得到"理想"的发展,也使自己的生存活动有可能在某种层面上构成完整性。由此,只有意义活动,才是对于人类自由的真正实现。它以对于必然的超越,实现了人类生命活动的根本内涵。

意义活动构成了人类的超越维度,它面对的是对于合目的性与合规律性的超越,是以理想形态与灵魂对话,涉及的只是本体界、价值领域以及自由的归宿,瞩目的也已经是彼岸的无限。因此,超越维度是一个意义形态、一个人类的形而上的求生存意义的维度,用人们所熟知的语言来表述,则是所谓的终极关怀。

至于审美活动,它奠基于超越维度与终极关怀,同样是人类的意义活动,也禀赋着人类的意义活动的根本内涵。

马克思曾经指出,在意义活动中,必须"假定人就是人,而人同世界的关系是一种人的关系,那么你就只能用爱来交换爱,只能用信任来交换信任,等等"。[①] 这也就是说,意义活动必须"假定人就是人",必须从"人就是人""人同世界的关系是一种人的关系""只能用爱来交换爱,只能用信任来交换信任"的角度去看待外在世界,当然,这样一来,也就必然从自己所禀赋的人

---

① 《马克思恩格斯全集》第 42 卷,人民出版社 1979 年版,第 112 页。

的意义、人的未来、人的理想、人所向往的一切的角度去看待外在世界。于是,超越维度与终极关怀的出场也就成为必然。因为所谓超越维度、所谓终极关怀,无非也就是"人就是人""人同世界的关系是一种人的关系""只能用爱来交换爱,只能用信任来交换信任",无非也就蕴含着自己所禀赋的人的意义、人的未来、人的理想、人所向往的一切。无疑,这一切也都是审美活动的根本内涵。

这正是康德在审美活动中所发现的"谜样的东西":"主观的普遍必然性"("主观的客观性"),在黑格尔看来,这是美学家们有史以来所说出的"关于美的第一句合理的话"。具体来说,审美活动能够表达的只是"主观"的东西,但是,它所期望见证的东西却是"普遍必然"的东西;审美活动能够表达的,只是"存在者",但是,它所期望见证的却是"存在";审美活动能够表达的,只是"是什么",但是,它所期望见证的却是"是";审美活动能够表达的,只是"感觉到自身",但是,它所期望见证的却是"思维到自身";审美活动能够表达的,只是"有限性",但是,它所期望见证的却是"无限性"。

实践美学对于审美活动的认识却错误地始终停留在"悦耳悦目""悦心悦意""悦志悦神"的为实践活动、道德活动等而"悦"的层面,可是,对于审美活动的本体属性,却始终未能深刻把握。生命美学则不然,它关注的不再是某种趣味,而是超越性价值、绝对价值、根本价值。其结果,就是艺术与宗教、哲学之间的内在关联得以充分呈现。由此,审美作为现实的形式、内在形式,也不是意在顺从现实,而是提供一个与现实对抗的现实,是要让现实也接受审美的规则,以便重构现实的尊严。同理,审美也是要在"爱的交往"中实现"真在",而不是在学术讨论中找到"真理"。因此,马里奥·佩尼奥拉在《当代美学》中指出:"生命美学获得了政治学意义","活跃于生命政治学","当直觉从个体人当中产生,并且将生命当作自己的一般对象时,它就成了哲学,也就是说,成了形而上学"。[①] 就是这个道理。人类可以离开

---

① [意]里奥·佩尼奥拉:《当代美学》,裴亚莉译,复旦大学出版社2017年版,第2、22页。

"神",但是不能离开"神性",可以离开"信教",但是不能离开"信仰",可以离开"宗教",但是不能离开"宗教精神",因此,"学问若不转向爱,有何价值?"(13世纪的神学大师安多尼每次讲学都以此话作开场。)

对生命美学而言,这里的人的存在,其实就是自由的存在。置身于人与理想的直接对应,个人都不再经过任何中介地与绝对、神圣照面,每个人都是首先与绝对、神圣相关,然后才是与他人相关,每个人都是以自己与理想之间的关系作为与他人之间关系的前提,于是,也就顺理成章地导致了人类生命意识的幡然觉醒。人类内在的神性——也就是无限性第一次被挖掘出来。每个人都是生而自由的,因而每个人自己就是他自己的存在的目的本身,也是从他自身展开自己的生活的,自身就是自己存在的理由或根据;也因此,他只以自身作为自己存在的根据,而不需要任何其他存在者作为自己存在的根据。所谓社会关系,在生而自由而言,也是第二位的,自由的存在才使得一切社会关系得以存在,而不是社会关系才使得个人的自由存在得以存在。

而美学之为美学,当然也必须以自由为核心,以守护"自由存在"并追问"自由存在"作为自身使命,以尊重和维护每一个体的自由存在,尊重和维护每一个体的唯一性和绝对性,尊重和维护每一个体的绝对价值、绝对尊严作为自身使命。而这也正是生命美学的始终不渝的选择。而且,也正是由于生命美学的不懈努力,在中国,"人的自由存在"才第一次地得以真正进入了美学。而关注终极价值、终极意义,永远都应该是美学研究的核心与根本。关注审美活动的形而上学属性,关注审美活动的本体维度,也永远都应该是美学研究的核心与根本。对于"意义"的追求,将人的生命无可选择地带入了无限。维特根斯坦说:"世界的意义必定是在世界之外。"人生的意义也必定是在人生之外。意义,来自有限的人生与无限的联系,也来自人生的追求与目的的联系。没有"意义",生命自然也就没有了价值,更没有了重量。有了"意义",才能够让人得以看到苦难背后的坚持,仇恨之外的挚爱,也让人得以看到绝望之上的希望。因此,正是"意义",才让人跨越了有限,默认了无限,融入了无限,结果,也就得以真实地触摸到了生命的尊严、生命的美丽、生命的神圣。应运而生的，是一种把精神从肉体中剥离出来的与人之为人的绝对尊严、绝对权利、绝对责任建立起一种直接关系的全新的阐释世界与人生的模式。

三、生命美学：美学的新大陆

最后，我还要说的，是生命美学的未来。因为，三十三年之后，在我看来，生命美学仍旧年轻，也仍旧有着巨大的发展空间。

而且，作为生命美学研究的亲历者，我也终于可以自豪地宣称：三十三年，"那美好的仗我已经打过了，当跑的路我已经跑尽了，所信的道我已经守住了的。"

事实胜于雄辩！就以最近在中华全国美学学会的 2018 年年会上看到的一篇学术论文《改革开放四十年美学的热点嬗变研究——基于 CitesPace 以 CNKI 数据库为中心的可视化分析》(陈政)为例：作者指出——从 1978 至 2018 年间，美学研究热点一直聚焦于"艺术、美学、审美"三大方向，对其出现频次与年代跨越考察可见，其中"艺术"及相关标签作为关键词，从 1979 年与 1990 年"艺术家""文艺创作"的高频出现，到 1978 年、1990 年、2000 年、2010 年四个时间节点"艺术"一词均高频出现，该方向在四十年来的美学研究中一直居于中心热点。而"美学"及相关标签作为关键词，从 1991 年"古典美学"高频出现，到 1994 年"美学观"高频出现，到 1997 年"美学"与"中国美学"的高频出现，再到 2000 年"美学""实践美学""美学思想""马克思主义美学""生命美学""美学范畴"的高频出现，美学学科越来越进入细分；2002 年"生态美学"高频出现，2012 年"当代美学"与"环境美学"高频出现，随着时代的发展与进步，美学研究呈现系统化、细分化。"审美"及相关标签作为第三类关键词，从 1979 年与 1990 年"审美客体""审美对象"的高频出现，到 1994 年与 2000 年"审美文化"的高频出现，再到 1997 年、2000 年与 2010 年"审美"的高频出现，其研究跨度也经历四十年的变迁，依然处于美学研究的中心热点。除以上三大类范畴之外，从 1978—1999 年这二十年间，"人类"、"对象"与"对象化"、"作家"、"美"、"接受美学"高频出现，2010 年"美学""生态美学""美学思想""中国美学""实践美学""生命美学""美的本质"一直作为高频词汇,形成美学研究热点的传承与延续。伴随着时间走入新世纪,"美育"成为自2000年到今天的研究热点,以"美育""艺术教育""审美教育""美术教育"相关标签高频出现,成为今天美学研究领域的新热点。

从中不难看出——

1. 从美学学派的角度,实践美学、生命美学在四十年中的影响高居榜首。

2. 从部门美学的角度,生态美学、美育、环境美学、马克思主义美学、美育、审美文化、接受美学、中国美学、当代美学研究在四十年中的影响高居榜首。

当然,数据不能说明一切,但是,数据是否也确实说明了一些重要的东西呢?例如,说明了不同美学的贡献与影响的客观根据。在现在已经习惯于靠在美学学会或者美学圈混个脸熟来出名的学术风气下,在学术门派已经形成了稳固的学术江湖的学术风气下,不同美学的贡献与影响的客观根据,是否也理应保留下来,聊以作为一块可以掩盖学术龌龊的遮羞布呢?

当然,犹如"趣味无争辩",美学贡献的大小在一定意义上也无争辩。不过,无论如何,生命美学自问世以来,毕竟在当代中国美学的开疆拓土中开辟出了一片美学的新大陆:不再把一切都交付给"实践",不再无视生命深层的潜力和丰富,不再封闭生命的多元。伴随着向理性传统说"不"的生命美学的出现,被实践美学遮蔽起来的真正的世界与人生出现了。

而且,生命美学也并不是"一个人在战斗"。多年以来,不但从实践美学阵线里破围而出的朱立元、张玉能、邓晓芒等的"实践存在论美学""新实践美学"独具风貌,在实践美学之外,文艺美学、生态美学、环境美学、生活美学、身体美学、中西美学……等更是各擅胜场。尤其是杨春时的"超越美学",作为长期并肩前进的美学派别,更是给生命美学支持良多。尽管"超越美学"主要是现象学的,"生命美学"却主要是存在论的;"超越美学"建构的主要是主体间性美学,"生命美学"建构的,则主要是审美形而上学的美学(终极关怀的美学)。但是,同属审美现代性的美学,则是其中的异中之同。

总之,这意味着:美学是以学派的方式推进的,每个美学家的使命都在于必须比过去的每一次都追问得更好。没有"唯一"的美学,只有"不同"的美学。因此,美学之为美学,究其根本,也不是要走出疑问,而是要走进疑问。美学家之为美学家,最终也还是要靠成果、靠贡献来说话,靠"首创""独创"来说话。

当然,还有着更加重要的,那就是,与其他的美学探索一样,生命美学也有自己的灿烂未来。

具体来说,在我看来,生命美学还可以在三个方面继续进行艰辛的探索——

未来的方向之一:后美学时代的审美哲学。

众所周知,由于本质主义传统的颓然退场,而今对于"美"的研究已经没有必要,而且也已经成为了一个"假问题",但是,在生命美学看来,对于"审美"的研究却仍旧必要,而且还是一个"真问题"。只是,对于"审美"的研究无法再由"美学"来完成,因为它是奠基于传统的知识论思路之上的。能够胜任这一研究的,只能是:审美哲学。①

换言之,以"审美哲学"取代"美学",绝对不是意气用事,也绝对不是术语之争,而是意味着关于审美问题的思考的从科学范式向人文范式、从知识论向生命论的深刻转换。它远离了所谓的智慧与真理,直接回归于人类的审美活动,也是对于"美学何为""美学对人类的意义"的回答。于是,重要的也就不再是"美是什么",而是"人类的生命活动为什么需要审美";与此相应,于是,审美活动也就不再是一种认识活动,而成为一种特殊的价值活动、意义活动,它是人类生命活动的根本需要,也是人类生命活动的根本需要的满足。

换言之,在这里,所谓审美活动,最为惹人注目的不是它的"意谓""本

---

① 熟悉生命美学的人都应该知道,早在1991年的时候,我就已经明确提出:我们所从事的研究工作,应该隶属于"审美哲学"(潘知常:《生命美学》,河南人民出版社1991年版,第12页)。其中的道理,显然也就在这里。

553

质",而是它的"意义"。而对于审美活动的意义的研究,当然只能是阐释的,只能是哲学的。因此,与其说关于审美的研究是美学的,就远不如说是哲学的要更为准确。哲学,是"时代精神的精华"、"文明的活的灵魂"的自觉与觉醒,然而,这"自觉"与"觉醒"一般当然是通过理性反思亦即"纯粹的思"的形式体现出来,但是有的时候,也会通过"感性直观的思"的形式体现出来,这就是所谓的审美。而对于体现了"时代精神的精华"、"文明的活的灵魂"的"自觉"与"觉醒"的"感性直观的思"的形式的哲学研究,应该就是审美哲学(而不是"审美学")。因此,对于审美活动的意义的哲学阐释,这,就是生命美学所谓的审美哲学。

这也就是说,真正的美学问题其实都是哲学问题。而哲学之所以关注审美问题,则是因为恰恰是在审美活动中,才隐藏着解决哲学问题的钥匙。由此,伴随着哲学日益自觉关注人的生存,无疑也就会日益自觉地去关注为了人也以人为本的审美活动、作为人的本体性活动的审美活动。因为恰恰是审美活动才构成了哲学反思的根本维度。哲学的追问,说到底,无非也就是对审美活动的追问。在这里,审美问题不是哲学反思的一个问题,而是哲学反思的核心问题、根本问题。就哲学家而言,无视审美,则无法进入哲学的门槛,也必然会把自己排除在哲学的殿堂之外。就美学家而言,无视哲学,则无法进入美学的门槛,也必然会把自己排除在美学的殿堂之外。因而,审美哲学不是美学的偏移,而是美学的深化。它是理论向人的生存的深化,也是自觉地从审美维度出发重构哲学,也重构美学的开端。美学是第一哲学,作为第一哲学的美学。在此意义上,盖格尔在《艺术的意味》中有一段谈美学的话,就说得非常到位:"与美学相比,没有一种哲学学说,也没有一种科学学说更接近于人类存在的本质了。它们都没有更多地揭示人类生存的内在结构,没有更多地揭示人类的人格。因此,对于解释全部存在的一部分来说,对于这个世界的人的方面来说,与其说伦理学、宗教哲学、逻辑学,甚至心理学是核心的东西,还不如说美学是核心的东西。"①

---

① [德]盖格尔:《艺术的意味》,艾彦译,华夏出版社1999年版,第194页。

事实上,审美活动就是生命活动。生命自己生成自己,自己推动自己,自己创生自己,也自己毁灭自己,这一切岂不是都与审美活动十分相似?因此,审美活动与生命活动其实就是同一个东西,也是一对可以互换的概念。这就是说:从生命活动的角度看,审美活动是生命活动的最高存在;从审美活动的角度看,生命活动则是审美活动的存在源头。

由此来看,从人的生命活动出发去考察人类的审美与艺术,或者,研究进入审美关系的人类生命活动的意义与价值的学科,就是所谓的生命美学,也就是所谓的审美哲学。而且,在这个领域,三十三年来,我已经做过了深入的探索,具体的成果如:《美学何处去》(《美与当代人》1985年1期)、《生命活动:美学的现代视界》(《百科知识》1990年第8期)、《生命美学》(河南人民出版社1991年版)、《美学的边缘——在阐释中理解当代审美观念》(上海人民出版社1998版)、《生命美学论稿》(郑州大学出版社2001年版)、《没有美万万不能——美学导论》(人民出版社2012年版),等等。

未来的发展方向之二:后形而上学时代的审美形而上学。

其次,就审美哲学的根本取向(的深度)来说,就生命活动与审美活动而言,生命美学更加偏重于审美形而上学。它涉及的是审美的本体论维度,侧重的是审美对于精神的意义,关注的是诗与思的对话,讨论的是"诗与哲学"(诗化哲学)的问题,是"因生命,而审美"。关键词是:终极关怀。

确实,形而上学是人类的宿命。因此,尽管过去形而上学确实问题重重,但是,却丝毫不意味着对于形而上学重建工作的忽视(甚至,我们对海德格尔重建形而上学的工作也没有给以足够重视,人们津津乐道的,也是海德格尔与现象学,而不是海德格尔与形而上学的重建)。事实上,亟待否定的,只能是具体的形而上学,而并非形而上学本身。而且,"哲学就是在这些问题中看到了自己的真正历史使命。所以,形而上学就是表示真正哲学的别称。"[1]美学无疑也是如此。把美学变成消费美学,把审美超越变为审美宣泄,在"祛魅"的旗号下走向泛审美甚至审美的泛滥,无疑无论如何都不是美

---

① [德]海德格尔:《尼采》,孙周兴译,商务印书馆2002年版,第438页。

学的正途。因此,无论美学历经了多少坎坷而重新上路,形而上学的问题都永远会是第一问题,没有形而上学,其实也就无所谓思想,没有形而上学,同样其实也就无所谓对于形而上学的克服。形而上学是美学之母,美学则是形而上学之子。重新确立美学的形而上学维度,就是重新确立审美的至高无上的精神维度,重新确立审美的至高无上的绝对尊严,美学也会因此而得以光荣"复魅"。

更为重要的是,某种具体的形而上学没落之时,恰恰也就是它所蕴含的真理真正显露之时。深刻的思想就隐身在趋于黄昏时刻的形而上学之中。显然,正是因为洞察到了这一点,阿多诺才毫不犹豫地将保存形而上学真理的任务拱手交给了审美经验。"第一哲学在很大程度上变成了审美的哲学",①审美,就是这样,不但被带进了审美哲学,而且也被带进了审美形而上学,带进了哲学本身。因此,形而上学只有作为美学才是可能的;反之也是一样,美学只有作为形而上学才是可能的。

于是,在审美中,人得以凭借形而上的体验以取代昔日的认识,尼采因此才认为:艺术是更加本质的现象,认识反而不是(把尼采与形而上学联系起来,实属海德格尔的一个创见)。因此,审美也就禀赋了在理解人的本质之时的优先性。于是,审美也就自然要比道德、比认识都更加根本;审美也就自然要成为人所固有的形而上活动。由此,审美也就必须要与形而上学联系起来。这,当然就是审美形而上学的应运而生。

卡西尔指出:"把诗哲学化,把哲学诗化——这就是一切浪漫主义思想家的最高目标。"②"从尼采之后的哲学家,诸如维特根斯坦和海德格尔……都卷入了柏拉图所发动的哲学与诗之争辩中,而两者最后都试图拟就光荣而体面的条件,让哲学向诗投降。"③而诗之所以能够取代哲学,当然是因为它自身所禀赋的那谢林所谓的"直观"特性,亦即本体可以被直观,由此,过

---

① [德]韦尔施:《重构美学》,陆扬、张岩冰译,上海译文出版社2006年版,第58页。
② [德]卡西尔。见蒋孔阳主编《二十世纪西方美学名著选》,复旦大学出版社1987版,第16页。
③ [美]罗蒂:《偶然、反讽与团结》,徐文瑞译,商务印书馆2003年版,第41页。

去是诗让位于哲学,现在却是哲学让位于诗。而且,"与美学相比,没有一种哲学学说,也没有一种科学学说更接近于人类存在的本质了。""每一个新的、伟大的艺术作品都揭示了人类存在的新的深度,并且因此而重新创造人类。"①

在生命美学看来,从根本上来看,生命其本身就是审美的,这就是审美形而上学。换言之,审美对于个体生命而言,就是生命的形而上的需求,这也就是审美形而上学。再换言之,审美对于人的生存而言,具有本体论的意义,只有审美的生存,才是真正的人的生存,这还是审美形而上学。

而且,审美活动不再被看作人的生命活动中的一种,而是被看作人的活动的根本维度。这就是审美形而上学。人的生命活动,只有在审美的维度上进行的才是真正属人的活动。这也是审美形而上学。同时,人类的认识活动、道德活动、语言活动,乃至理解、意志、交往、生存、实践活动,等等,总之,无论何种活动,都只有首先在审美的维度上进行,才是真正属人的活动,这还是审美形而上学。当然,在这个领域,我也已经有过了长期的思考,具体的成果,也已经有《关于审美活动的本体论内涵》(《文艺研究》1997年第1期)、《诗与思的对话——审美活动的本体论内涵及其现代阐释》(上海三联书店1997年版)、《头顶的星空——美学与终极关怀》(广西师范大学出版社2016年版),等等。

未来的发展方向之三:后宗教时代的审美救赎诗学。

再次,就审美哲学的根本取向(的广度)来说,就审美活动与生命活动而言,生命美学更加偏重于审美救赎诗学。它涉及的是审美的价值论维度,侧重的是审美对于人生的意义,关注的是诗与人生的对话,讨论的是"诗与人生"(诗性人生)的问题,是"因审美,而生命"。关键词则是:审美救赎。

问题的源头,在于"宗教的退场",也就是后宗教时代的到来。

但是,即便在后宗教时代,人类理想的生命存在仍旧是需要赎回的,也是已经失落了的。在过去的"宗教"与"有神"时代,是借助于宗教去赎回(也

---

① [德]盖格尔:《艺术的意味》,艾彦译,华夏出版社1999年版,第194、196页。

有人是借助于理性),但是,在"非宗教"与"无神"的后宗教时代,却只能借助于审美去赎回。因为,"人与神"的时代,是以神为中心,通过宗教,传播的是上帝救赎的福音,在"人与人"的时代("无神的时代"),是以人为中心,通过审美,传递的是审美救赎的福音。

审美救赎,意味着对于自己所希望生活的以审美方式的赎回。人注定为人,但是却又命中注定生活在自己并不希望的生活中,而且也始终处于一种被剥夺了的存在状态,它一直存在,但是却又一直隐匿不彰,以致只是在变动的时代中我们才第一次发现,也才意识到必须要去赎回,然而,因为已经没有了彼岸的庇护,因此,这所谓的赎回也就只能是我们的自我救赎。

于是,当今之世,就开始从对于"神圣形象的自我异化"的批判进入到了对于"非神圣形象的自我异化"的批判。可是,必须指出的是,无论作为"人的自我异化的神圣形象"的"神"的生存,抑或作为"非神圣形象的自我异化"的"虫"的生存,都已经不复是人类的理想。这样,不单单要走出异化为"神"的"神圣形象的自我异化",而且还要走出异化为"虫"的"非神圣形象的自我异化",同时从"神"的生存、"虫"的生存回到"人"的生存,已经成为一个共同的选择。

这样,在无神的现代,人如何独自承担起全部的责任?在非宗教、无宗教的时代,人如何获救?无疑,失落的生命的赎回的一个重要的途径(当然,并非唯一的途径),就是审美活动。值得注意的是,早在1991年出版的《生命美学》中,我就已经提出,要把虚无主义作为直面的对象,认为"今后的两个世纪将是虚无主义的世纪"。而且,值此之际,却"只有一个上帝能够救渡我们,这就是:审美活动"。因为审美与艺术,"正是人类的自我拯救"。①

而生命美学的深刻无疑也就在这里。相对于其他美学对于"异化"(例如启蒙美学)、"生态危机"(例如生态美学)、"物化"(例如日常生活审美化)、

---

① 潘知常:《生命美学》,河南人民出版社1991年版,第308、272页。

"愚昧"(例如实践美学)等的关注,生命美学关注的正是当代世界的根本困惑:虚无主义;而要建构的,则正是在克服虚无主义的基础上的截然不同于传统美学的审美救赎诗学。

这当然就要呼唤美学自身的转型!在传统美学,"救赎"的内涵并不被关注,因为已经有了宗教的救赎,因此,审美只是一种趣味、一种品位,而现在,审美却必须被提升为救赎,也只能是救赎。

在此意义上,虚无主义与现代性如影随形,而生命美学的表达则是对于虚无主义的表达的克服,生命美学就正是对于虚无主义的克服,也是对于"审美救赎诗学"的呼唤。

在无神的现代,人如何独自承担起全部的责任?生命美学,就是一种思考存在、拒绝虚无的美学,一种重新美学地肯定这个世界的美学。因为,"审美活动固然不会产生导真、储善之类的作用,但却可以去塑造人的灵魂,塑造人的最高生命。"①

在生命美学看来,审美生存,就是生命的理想状态,因此,审美的人生是人类失去了的理想生命的赎回,这就是审美救赎诗学;换言之,对于虚无主义的文化而言,审美生存,是起死回生的良方,这也是审美救赎诗学;再换言之,审美生存不是人类众多生存方式中的一种,而是人类生存方式的顶点,至于其他的人类生存方式,都只有在审美生存的尺度上才能够被理解与阐释,这还是审美救赎诗学。

也因此,相对于"终极关怀"成为了审美形而上学的关键词,"审美救赎",则成为了审美救赎诗学的关键词。对此,生命美学也早已予以了充分的关注。例如,早在1991年,《生命美学》一书就已经援引陀思妥耶夫斯基的名言"美能拯救人类",并且对"救赎之爱""救赎之星"②背后的"审美救赎"问题,做出了认真的反思与研究。在这个意义上,虚无主义的问题视阈成了生命美学的根本预设。在宗教衰微以后,亟待去寻找新的精神替代物,以

---

① 潘知常:《生命美学》,河南人民出版社1991年版,第293页。
② 潘知常:《生命美学》,河南人民出版社1991年版,第27、305、307页。

"审美救赎"去取代"宗教救赎",正是生命美学所面对的重大课题。

确实,在无宗教的时代,宗教救赎的退场呼唤着审美救赎的出场。因为,对于我们而言,每一次的审美经验,都无异于一次走失的天堂的赎回,也因此,在天堂消失之后的今天,审美,也就理所当然地成了"天堂"。当然,审美救赎不能包办一切(例如,不能取代马克思所关注的"劳动救赎"),审美救赎也与宗教救赎并不相同,但是,审美救赎却又确实意义重大。马尔库塞说:"艺术不能改变世界,但是,它能够致力于变革男人和女人的意识和冲动,而这些男人和女人是能够改变世界的。"①应该也就是这个意思。但是,审美救赎究竟是如何"变革男人和女人的意识和冲动"的?对此,马尔库塞乃至西方的众多美学家却也毕竟都语焉未详,而这,就正是中国的生命美学、中国的审美救赎诗学期冀大展身手的舞台。

同样,在这个领域,我也已经有所开拓,例如,《反美学——在阐释中理解当代审美文化》(学林出版社1995年版)、《传媒批判理论》(新华出版社2002年版,详细梳理了西方法兰克福学派,等等)、《新意识形态与中国传媒》(香港银河出版社2001年版,从法兰克福学派美学出发的文化批评、美学批评)、《最后的晚餐——CCTV春节联欢晚会与新意识形态》(主编,未刊)、《信仰建构中的审美救赎》(人民出版社2018年版)、《大众传媒与大众文化》(上海人民出版社2002年版)、《流行文化》(江苏教育出版社2002年版),等等。

总之,三十三年前,那还是1985年,在《美学何处去》的结尾,我曾经借歌德的话而"言志",那时,置身于"二十来岁的'今天'"的我、青春年少的我是这样慷慨而言的:感性的领域是康德未竟的事业,生命美学则正是由此起步——

或许由于偏重感性、现实、人生的"过于入世的性格",歌德对德国古典美学有着一种深刻的不满,他在临终前曾表示过自己的遗憾:"在我们德国哲学里,要做的大事还有两件。康德已经写了《纯粹理性批判》,这是一项极

---

① [美]马尔库塞:《审美之维》,李小兵译,广西师范大学出版社2001年版,第212页。

大的成就,但是还没有把一个圆圈画成,还有缺陷。现在还待写的是一部更有重要意义的感觉和人类知解力的批判。如果这项工作做得好,德国哲学就差不多了。"

我们应该深刻地回味这位老人的洞察。他是熟识并推誉康德《判断力批判》一书的,但却并未给以较高的历史评价。这是为什么?或许他不满意此书中过分浓烈的理性色彩?或许他瞩目于建立在现代文明基础上的马克思美学的诞生?没有人能够回答。

但无论如何,歌德已经有意无意地揭示了美学的历史道路。确实,这条道路经过马克思的彻底的美学改造,在21世纪,将成为人类文明的希望!

确实,从1985年到今天,我的思考始终都是同样的,生命美学的最后一站,必然是也只能是"更有重要意义的感觉和人类知解力的批判"、"纯粹非理性批判"。歌德说,"如果这项工作做得好,德国哲学就差不多了",其实,这还远远不够,在我看来,如果这项工作做得好,人类哲学就差不多了!而且,我在1985年所作出的精准预言:"确实,这条道路经过马克思的彻底的美学改造,在21世纪,将成为人类文明的希望!"在当今时代,也正在逐渐变成现实!美学之为美学,无疑更是已经成为人类文明的希望!①

四、生命美学:"历史开始了"

以上所言,就是我在三十三年的美学跋涉路途中的所思所想,而且,尽管被迫离开了美学界十八年,也仍旧不改初衷。

"愿你出走半生,归来仍旧少年"。三十三年之后,尽管我已经从"年轻的一代"变成了"年老的一代",从"二十来岁的今天"到了"六十来岁的今天"。但是,我和我所提倡的生命美学,都"归来仍是少年"。歌德有言:"理论是灰色的,生命之树常青。"生命美学同样"长青"。因此,我今后的使命也

---

① 这个问题十分重要,涉及到新轴心时代——美学时代——生命模式,也涉及到新轴心时代——美学时代——生命模式背景下的美学建构本身,可参见我的《走向生命美学——后美学时代的美学建构》以及该著的姊妹篇《我审美故我在——生命美学论纲》。

仍旧是:"在生命之树上为凤凰找寻栖所。"(叶芝)

"这不是结束,甚至并不是结束的序幕,但可能是序幕的结束。"丘吉尔1942年在阿拉曼战役胜利后这样说过。

在三十三年之后,我要说的也是:"这不是结束,甚至并不是结束的序幕,但可能是序幕的结束。"

而且,生命美学还将再次出发。

"这时,我们明白了。历史开始了。"[①]

是的,生命美学的历史——也开始了!

2018年12月1日,南京大学

[①] [法]米歇尔·塞尔:《万物本原》,蒲北溟译,三联书店1996年版,第186页。

潘知常生命美学系列

- ◆《美的冲突——中华民族三百年来的美学追求》
- ◆《众妙之门——中国美感心态的深层结构》
- ◆《生命美学》
- ◆《反美学——在阐释中理解当代审美文化》
- ◆《美学导论——审美活动的本体论内涵及其现代阐释》
- ◆《美学的边缘——在阐释中理解当代审美观念》
- ◆《美学课》
- ◆《潘知常美学随笔》

Life Aesthetics Series